Springer-Lehrbuch

Springer
Berlin
Heidelberg
New York
Hongkong
London
Mailand
Paris
Tokio

Günter Fandel · Andrea Fey
Birgit Heuft · Thomas Pitz

Kostenrechnung

Zweite, neu bearbeitete und erweiterte Auflage

Unter Mitarbeit von Heike Raubenheimer

Mit 52 Abbildungen und 40 Tabellen

 Springer

Professor Dr. Günter Fandel
Dr. Andrea Fey
Dipl. Kffr. Birgit Heuft
Dr. Thomas Pitz

Fernuniversität Hagen
Fachbereich Wirtschaftswissenschaft
Lehrstuhl für Betriebswirtschaft
Universitätsstraße 41
58084 Hagen

guenter.fandel@fernuni-hagen.de

ISBN 3-540-20841-0 Springer-Verlag Berlin Heidelberg New York
ISBN 3-540-66282-0 1. Auflage Springer-Verlag Berlin Heidelberg New York

Bibliografische Information Der Deutschen Bibliothek
Die Deutsche Bibliothek verzeichnet diese Publikation in der Deutschen Nationalbibliografie; detaillierte bibliografische Daten sind im Internet über <http://dnb.ddb.de> abrufbar.

Springer-Verlag ist ein Unternehmen von Springer Science+Business Media

springer.de

© Springer-Verlag Berlin Heidelberg 1999, 2004
Printed in Germany

Umschlaggestaltung: Design & Production GmbH, Heidelberg

SPIN 10982280   42/3130-5 4 3 2 1 0 – Gedruckt auf säurefreiem Papier

Vorwort zur zweiten Auflage

Der Text ist an manchen Stellen inhaltlich überarbeitet worden. Dabei sind wir auch den wertvollen kritischen Anmerkungen von Studenten der FernUniversität gefolgt, die sich in einer schriftlichen Befragung zum Verständnis des Textes und der Rechenbeispiele geäußert haben.

Zugleich haben wir die Literaturstellen überarbeitet. Die Quellenangaben wurden zeitlich aktualisiert; mitunter sind neue Literaturverweise hinzugekommen.

Schließlich wurde das Buch um ein zusätzliches Kapitel ergänzt, in dem auf weitere Ansätze zur Kostenrechnung bzw. zum Kostenmanagement eingegangen wird, die sich aus Praxisberatungen herausgebildet haben oder aber die eine ganz andere methodische Herangehensweise wählen, als sie sonst in der traditionellen Kostenrechnung üblich ist.

Frau Heike Raubenheimer hat mich bei der Überarbeitung des Buches unterstützt. Ihr danke ich besonders für ihre tatkräftige Mithilfe.

Hagen, Januar 2004

Günter Fandel

Vorwort zur ersten Auflage

Die Kostenrechnung soll wichtige Informationen für innerbetriebliche Entscheidungen und die Wirtschaftlichkeitskontrolle des Unternehmens ebenso wie für externe Zwecke der Gewinn- und Verlustrechnung sowie der Bilanzierung bereitstellen. Das macht es im besonderen Maße erforderlich, die Grundlagen der Kostenrechnung klar herauszuarbeiten und die Prinzipien der Kostenverrechnung transparent zu machen. Dabei fußen die Kostenverrechnungen auf Kostenfunktionen, die ihrerseits unter Anwendung des Postulats der Minimalkostenkombination aus den zugrunde liegenden Produktionsfunktionen hergeleitet werden. Insofern sind die Produktions- und Kostentheorie Basis der Kostenrechnung. Zugleich fungiert die Kostenrechnung aber auch als wichtiges wertorientiertes Bindeglied zwischen Produktions- und Kostentheorie und der Produktionsplanung. Dieser Einordnung der Kostenrechnung in einen größeren Zusammenhang dienen die einführenden Abschnitte über Produktions- und Kostenfunktionen. Auf Ressourcenkategorien der Produktionstheorie sind Gliederungen der Kostenartenrechnung ausgerichtet. Arbeitsplätze, Betriebsmittel und Maschinenstandorte definieren die Kostenstellen, deren Input-Output-Beziehungen Ausgangspunkt für die innerbetriebliche Leistungsverrechnung sind. In der Kostenträgerrechnung orientieren sich schließlich die Kalkulationsformen an den Fertigungstypen.

Die weiteren Ausführungen des Buches leiten dann von der Istkostenrechnung über die verschiedenen Systeme der Plankostenrechnung bis hin zur Prozesskostenrechnung. Es sind dabei nicht die alten traditionellen Überlegungen zur Kostenremanenz, welche die kostentheoretischen Betrachtungen dominieren, sondern vielmehr wird implizit das Konzept der Produktionsfunktion heute dazu genutzt, über die Aufteilung der Kosten in variable und fixe Bestandteile hinaus die Gemeinkosten in der Prozesskostenrechnung nach dem Verursachungsprinzip in möglichst viele Bestandteile variabler Kosten zu zerlegen.

Wir haben uns bemüht, den behandelten Stoff durch eine Vielzahl von Abbildungen und Beispielsrechnungen didaktisch so aufzubereiten, dass die Lerninhalte schrittweise aufgenommen werden können. Eine Fülle von Übungsaufgaben mit Lösungen ermöglichen dem Leser eine individuelle Erfolgskontrolle.

Ohne die uneigennützige Hilfe und tatkräftige Unterstützung vieler Mitarbeiter am Lehrstuhl wäre das Buch in der aktuellen Form nicht entstanden. So schulden wir Frau MICHAELA BARTELDREES, Herrn STEFFEN BLAGA, Frau CATHRIN HEGENER, Frau CAROLA MERTEN und Frau NADINE SCHATZ großen Dank für oftmaliges Korrektur lesen. Herr THORSTEN BECKER hat die Vereinheitlichung des Manuskripts vorgenommen und Frau SANDRA LUDWIG hat die Vorlagen zu den Abbildungen erstellt. Beiden danken wir dafür sehr. Unser größter Dank gilt jedoch Herrn JÜRGEN KLIPPERT, der sich an der Erstellung von Abbildungen sowie dem Korrektur lesen beteiligt hat, darüber hinaus aber die mehrmalige redaktionelle Überarbeitung des Buches mit viel Sorgfalt und Übersicht eigenständig durchgeführt hat. Die Autoren hoffen, dass das Buch, dessen Entstehung von der Kooperation vieler Mitarbeiter getragen worden ist, beim Leser auch die Synergieeffekte freisetzt, die wir ihm beim Erlernen der Inhalte wünschen.

Hagen, Juni 1999   Die Autoren

Inhaltsverzeichnis

1 Einführung in die Kosten- und Leistungs- rechnung

1.1 Einordnung der Kosten- und Leistungsrechnung

Das betriebliche Rechnungswesen ist ein System zur „Ermittlung, Aufbereitung, Darstellung, Analyse und Auswertung von Zahlen (Mengen- und Wertgrößen) über den einzelnen Wirtschaftsbetrieb und seine Beziehungen zu anderen Wirtschaftssubjekten."[1] Demnach umfasst das betriebliche Rechnungswesen sowohl externe als auch interne Aufgaben zu den Zwecken der Dokumentation, Kontrolle und Disposition,[2] die mit unterschiedlichen Schwerpunkten üblicherweise in getrennten Bereichen ausgeführt werden.[3]

Das externe Rechnungswesen, auch Finanz- und Geschäftsbuchhaltung genannt, richtet sich an unternehmensexterne Adressaten, z.B. Banken und Aktionäre, und dient in erster Linie der Dokumentation und Rechenschaftslegung. Es erfüllt auf der Basis vergangenheitsbezogener Daten die Aufgaben der Finanz- und Liquiditätskontrolle sowie der Erstellung des handelsrechtlich vorgeschriebenen Jahresabschlusses, der aus Bilanz, Gewinn- und Verlustrechnung und bei Kapitalgesellschaften zusätzlich aus dem Anhang und dem Lagebericht besteht.[4] Es werden überwiegend Geschäftsvorfälle zwischen dem Unternehmen und der Außenwelt ausgehend von einer pagatorischen Rechnung, d.h. an Zahlungsvorgänge anknüpfend, erfasst. Das Kontensystem der doppelten Buchführung mit Bestands- und Erfolgskonten dient in diesem Zusammenhang als arbeitstechnische Grundlage.[5]

---

[1] Weber, H.K.: Betriebswirtschaftliches Rechnungswesen, Bd. 1: Bilanz- und Erfolgsrechnung, 4. Aufl., München 1993, S. 2.

[2] Vgl. Wöhe, G.: Einführung in die Allgemeine Betriebswirtschaftslehre, 19. Aufl., München 1996, S. 963.

[3] Vgl. Kilger, W.: Einführung in die Kostenrechnung, 3. Aufl., Wiesbaden 1992, S. 7.

[4] Vgl. §242 HGB i. V. m. §264 HGB.

[5] Vgl. Wöhe, G.: Einführung in die Allgemeine Betriebswirtschaftslehre, a.a.O., S. 965ff.

Das interne Rechnungswesen, auch Betriebsbuchhaltung genannt, hat die Aufgabe, der Geschäftsleitung entscheidungsorientierte Daten zur Verfügung zu stellen. In diesem Bereich ist die Kosten- und Leistungsrechnung als zukunftsorientiertes Planungs- und Steuerungsinstrument angesiedelt. Zur Unterstützung unternehmensinterner Entscheidungen werden darin nur die dem eigentlichen Betriebszweck dienenden Teile des Unternehmensgeschehens zahlenmäßig erfasst und verarbeitet, wobei mengen- und wertmäßige Analysen des Faktorverbrauchs und des innerbetrieblichen Prozesses der Leistungserstellung im Vordergrund stehen. Es handelt sich um kalkulatorische Berechnungen, die insbesondere verschiedene Wirtschaftlichkeitsanalysen ermöglichen.

Im Unterschied zur jährlichen Bilanz der Finanzbuchhaltung wird die Kosten- und Leistungsrechnung meist monatlich durch die Betriebsergebnisrechnung abgeschlossen. Die Informationsanforderungen an moderne Kostenrechnungssysteme haben dazu geführt, dass sich neben der externen Rechnungslegung ein eigenständiges internes Rechnungswesen entwickelt hat. Aufgrund ihrer flexiblen und aussagekräftigen Auswertungsmöglichkeiten stellt die moderne Kosten- und Leistungsrechnung ein wertvolles Instrument der Unternehmensführung dar, das dazu beitragen kann, den Wettbewerbsanforderungen am Markt standzuhalten.[6]

Während die in gesetzlichen Vorschriften (des Handels- und Steuerrechts) fixierte Verpflichtung zur Rechenschaftslegung das externe Rechnungswesen unabdingbar macht, liegt das Führen der nicht gesetzlich vorgeschriebenen Kosten- und Leistungsrechnung sowie ihre konkrete Ausgestaltung (z.B. die Berücksichtigung von Voll- oder Teilkosten oder die Unterscheidung von Ist-, Normal- oder Plankosten) im Ermessen des Betriebes.[7]

1.2 Aufbau der Kosten- und Leistungsrechnung

Die Kosten- und Leistungsrechnung unterscheidet nach Funktionsbereichen die Teilgebiete Kostenartenrechnung, Kostenstellenrechnung und Kostenträgerrechnung.[8]

In der Kostenartenrechnung wird zunächst der mengenmäßige Verbrauch an Produktionsfaktoren ermittelt und anschließend bewertet. Dadurch werden die in einer Abrechnungsperiode angefallenen Gesamtkosten bestimmt, die nach Kos-

---

[6]   Vgl. Haberstock, L.: Kostenrechnung I, Einführung mit Fragen, Aufgaben, einer Fallstudie und Lösungen, 11. Aufl., Hamburg 2002, S. 24.

[7]   Vgl. Wöhe, G.: Einführung in die Allgemeine Betriebswirtschaftslehre, a.a.O., S. 969f.

[8]   Vgl. Kilger, W.: Einführung in die Kostenrechnung, a.a.O., S. 12.

tenarten gegliedert zu erfassen sind. Diese Einteilung der Kosten nach dem so genannten Kostenartenplan ist Voraussetzung für die nachfolgenden Berechnungen in der Kostenstellen- und der Kostenträgerrechnung.

Die Daten, die in die Kostenartenrechnung eingehen, stammen entweder direkt aus der Finanzbuchhaltung oder zusätzlich aus anderen Bereichen, die aufgrund ihres Volumens zunächst eigenständig abgerechnet werden, wie Material- und Anlagenrechnung oder Lohn- und Gehaltsbuchhaltung. Bereits in der Kostenartenrechnung muss der Hinweis erfolgen, wie jede einzelne Kostenart weiter zu verrechnen ist, d.h. ob Einzel- oder Gemeinkosten vorliegen. Während Einzelkosten direkt bestimmten Endprodukteinheiten in der Kostenträgerrechnung zugeordnet werden können, ist diese direkte Zurechenbarkeit bei den Gemeinkosten nicht gegeben. Um die Gemeinkosten aber dennoch möglichst verursachungsgerecht den Kostenträgern anzulasten, werden sie über die Kostenstellenrechnung weiterverrechnet.[9]

Die Kostenstellenrechnung unterteilt ein Unternehmen in so genannte Kostenstellen, die eindeutig abgrenzbare Abteilungen oder betriebliche Teilbereiche darstellen. Den Kostenstellen werden zunächst die in der Kostenartenrechnung erfassten Gemeinkosten zugeordnet. Im nächsten Schritt werden diese Kosten gemäß der Inanspruchnahme innerbetrieblicher Leistungen auf andere Kostenstellen verteilt. Diese Kostenumlage ist allerdings erst auf Basis einer detaillierten Erfassung der innerbetrieblichen Leistungsverflechtungen möglich. Abschließend ermittelt die Kostenstellenrechnung Kalkulationssätze, mit deren Hilfe die Gemeinkosten aus der Kostenstellenrechnung auf die Endprodukte verteilt werden.[10]

Aufbauend auf der Kostenstellenrechnung erfolgt eine Kostenkontrolle mit Soll-Ist-Vergleichen zur Überwachung der Wirtschaftlichkeit der Kostenverursachung. Derartige Kontrollrechnungen müssen alle Kosten der Kostenartenrechnung einbeziehen, d.h. beispielsweise auch die Einzelkosten, die nicht über die Kostenstellenrechnung verrechnet werden.[11]

Die Kostenträgerrechnung teilt sich auf in

- die Kostenträgerstückrechnung, auch Kalkulation genannt, und
- die Kostenträgerzeitrechnung, auch als kurzfristige Erfolgsrechnung oder Betriebsergebnisrechnung bezeichnet.

---

[9] Zur Unterscheidung von Einzel- und Gemeinkosten vgl. Kapitel 2.2.5.
[10] Die genaue Vorgehensweise wird in Kapitel 4.2 dargestellt.
[11] Zur Kostenkontrolle im Rahmen der Kostenstellenrechnung vgl. insbesondere Kapitel 6.3.3.

Ziel der Kalkulation ist die Ermittlung von Kosten je Einheit des Endproduktes, d.h. von Selbstkosten, bestehend aus Herstellkosten zuzüglich Verwaltungs- und Vertriebskosten pro Kostenträgereinheit, auf deren Basis z.B. preispolitische Entscheidungen getroffen werden können.

In der kurzfristigen Erfolgsrechnung wird nach Produktarten oder -gruppen gegliedert der monatliche Erfolg einer Unternehmung ausgewiesen. Abgesetzte Erzeugnisse werden dabei mit ihren Selbstkosten, Halb- oder Fertigwarenbestände in der Regel mit ihren Herstellkosten bewertet. Damit diese Werte vorliegen, muss der kurzfristigen Erfolgsrechnung die Kalkulation vorgeschaltet sein.[12]

1.3 Aufgaben einer entscheidungsorientierten Kosten- und Leistungsrechnung

Die Bezeichnung „Kosten- und Leistungsrechnung" bringt bereits zum Ausdruck, dass in diesem Bereich des betrieblichen Rechnungswesens die Gegenüberstellung von Kosten und Leistungen eines Unternehmens erfolgt.[13]

Unter Kosten versteht man den mit „Faktorpreisen bewerteten Verzehr an Sachgütern und Dienstleistungen während einer Abrechnungsperiode, die zum Zwecke der Erhaltung der betrieblichen Leistungsbereitschaft, der Leistungserstellung und Leistungsverwertung benötigt werden. Hinzukommen kann ein weiterer betrieblicher Wertabgang, wie er beispielsweise durch Steuern verursacht wird, die mit dem Betriebszweck des Unternehmens in Zusammenhang stehen."[14]

Als Gegenstück zu den Kosten ist der Begriff Leistung ebenfalls nicht im physikalischen, sondern im wertmäßigen Sinne als bewertete, sachzielbezogene bzw. dem Betriebszweck dienliche Güter oder Dienstleistungen einer Abrechnungsperiode zu verstehen.[15]

---

[12]   Vgl. Kilger, W.: Einführung in die Kostenrechnung, a.a.O., S. 14ff. und ausführlichere Erläuterungen zur Kostenträgerrechnung in Kapitel 4.3.

[13]   Anstelle von Kosten und Leistungen wird von manchen Autoren auch das Begriffspaar Kosten und Erlöse verwendet. Vgl. z.B. Schweitzer, M. / Küpper, H.-U.: Systeme der Kosten- und Erlösrechnung, 7. Aufl., München 1998, S. 31.

[14]   Fandel, G.: Produktion I, Produktions- und Kostentheorie, 5. Aufl., Berlin et al. 1996, S. 219.

[15]   Vgl. Busse von Colbe, W. / Laßmann, G.: Betriebswirtschaftstheorie, Bd. 1, Grundlagen, Produktions- und Kostentheorie, 5. Aufl., Berlin et al. 1991, S. 207 (Fußnote 1); Schweitzer, M. / Küpper, H.-U.: Systeme der Kosten- und Erlösrechnung, a.a.O., S. 31. Die Begriffe Auszahlung, Ausgabe, Aufwand, Kosten und Einzahlung, Einnahme, Ertrag, Leistung werden ausführlich in den Kapiteln 2.1.1 und 2.1.2 erläutert.

Unter Einbeziehung aller betrieblichen Aktivitäten soll die Kosten- und Leistungsrechnung eine realistische Abbildung der wirtschaftlichen Lage eines Unternehmens liefern, die insbesondere als Informationsbasis für zukunftsorientierte Entscheidungen dienen soll. Grundsätzlich ist dabei zu beachten, dass für die Kosten- und Leistungsüberlegungen immer die gleiche Periodenlänge zugrunde gelegt wird, um die Vergleichbarkeit der Ergebnisse im Zeitverlauf zu gewährleisten.

Es werden drei Kategorien von Aufgaben unterschieden, die durch eine Kosten- und Leistungsrechnung zu erfüllen sind. Es handelt sich um die auf die internen Belange des Betriebes ausgerichteten Aufgaben der

– Dokumentation,
– Kontrolle und
– Disposition.[16]

Diese drei Aufgabenkategorien sind in allen der im vorangegangenen Kapitel 1.2 dargestellten drei Bereiche Kostenarten-, Kostenstellen- und Kostenträgerrechnung relevant. Es gibt allerdings Schwerpunktsetzungen durch die Unterscheidung von so genannten Haupt- und Nebenaufgaben.[17]

Zu den Hauptaufgaben zählt die dispositive, d.h. planungs- und steuerungs- bzw. zukunfts- und entscheidungsorientierte Ausrichtung der Kostenträgerstückrechnung insbesondere in Form der Angebotspreisermittlung, die die Selbstkostenbestimmung als Vorkalkulation beinhaltet. Die Angebotspreise – aus Unternehmenssicht als Preisuntergrenzen bezeichnet – stellen diejenigen Preise dar, die mindestens erzielt werden müssen, damit die Aufnahme der Produktion überhaupt sinnvoll ist. Stellt man die auf Vergangenheitswerten oder Schätzungen basierenden Planpreise der Enderzeugnisse den veranschlagten Preisuntergrenzen gegenüber, so lassen sich beispielsweise Aussagen über den zu erwartenden Erfolg der betrieblichen Tätigkeit ableiten. In diesem Zusammenhang kommt der Gegenüberstellung von Preisen und Kosten besondere Bedeutung zu. Im Rahmen der Kostenträgerstückrechnung wird durch die Differenzbildung aus Preis und (variablen) Stückkosten der Deckungsbeitrag[18] pro Endprodukteinheit ermittelt, der als

---

[16] Vgl. Kilger, W.: Einführung in die Kostenrechnung, a.a.O., S. 9ff.; Kloock, J. / Sieben, G. / Schildbach, T.: Kosten- und Leistungsrechnung, 8. Aufl., Düsseldorf 1999, S. 14ff.; Kloock, J.: Betriebliches Rechnungswesen, 2. Aufl., Köln 1997, S. 5.

[17] Vgl. Zimmermann, G.: Grundzüge der Kostenrechnung, 7. Aufl., München-Wien 1998, S. 4.

[18] Vgl. Kapitel 2.3 und Kapitel 5.3.

wichtiges Entscheidungskriterium z.B. in die kurzfristige Produktionsprogramm-planung einfließt.

Ebenso als Hauptaufgabe ermöglicht die Gegenüberstellung von geplanten Kosten aus der Vorkalkulation und den aus der Nachkalkulation gelieferten, reali-sierten Stückselbstkosten Rückschlüsse darüber, welche Bestandteile der Stück-selbstkosten in welcher Höhe zu Abweichungen geführt haben, was in den Bereich der kostenartenorientierten Kontrolle in der Kostenträgerstückrechnung fällt.

Eine weitere wichtige Hauptaufgabe der Kostenrechnung besteht in der Kon-trolle der Wirtschaftlichkeit der Leistungserstellung und -verwertung einzelner Kostenstellen. Die Planung der Aktivitäten von Kostenstellen erfordert zunächst die Bestimmung möglicher Handlungsalternativen dergestalt, dass die angestreb-ten Ziele, z.B. die Bearbeitung einer bestimmten Stückzahl von Erzeugnissen, er-reicht werden können. Im Hinblick auf das Oberziel der Gewinnmaximierung werden dann die Konsequenzen, d.h. die zu erwartenden Kosten und Leistungen der Alternativen, ermittelt und die optimale Alternative ausgewählt, die als Pla-nung für die Kostenstelle festgehalten wird. Nach Ablauf der Planperiode können die tatsächlich aufgetretenen Istdaten erhoben und mit den Plandaten verglichen werden. Die Gegenüberstellung von Plan- und Istdaten kann zu einer detaillierten Soll-Ist-Abweichungsanalyse erweitert werden, so dass genau feststellbar wird, welche Faktoren im Einzelnen die Abweichungen der Kosten- und Leistungsdaten von ihren Plan- bzw. Sollwerten bewirkt haben. So lässt sich z.B. zeigen, für wel-chen Anteil an der Gesamtabweichung ein Kostenstellenleiter verantwortlich ge-macht werden kann. Der Soll-Ist-Vergleich von Kosten- und Leistungsdaten einer Kostenstelle erlaubt Aussagen über deren Wirtschaftlichkeit sowie die Ableitung so genannter Vorgaben, die zukünftig und bei wirtschaftlicher Betriebsgebarung von einer Kostenstelle nicht überschritten werden dürfen. Dabei darf nicht verges-sen werden, dass auch die Berechnungsmethodik sowie die verwendeten Daten an sich einer ständigen Begutachtung unterliegen sollten. Schon bei den Planungs-bzw. Prognoserechnungen ist es beispielsweise von erheblicher Bedeutung, ob ein geeignetes Verfahren eingesetzt wird und wann zukünftige Preis- oder Mengen-schwankungen erkannt und in die Berechnungen integriert werden.

Als eine Nebenaufgabe der Kosten- und Leistungsrechnung wird die Planung zum Zwecke der Betriebslenkung betrachtet, d.h. es handelt sich insbesondere um die Disposition bezüglich der Kostenträgerzeitrechnung, wozu die Bestimmung des kurzfristigen Periodenerfolges zählt. In diesen gehen beispielsweise die De-ckungs- bzw. Erfolgsbeiträge der im Unternehmen hergestellten Produktarten ein. Wird bei der Ermittlung des Periodenerfolges eine stufenweise Deckungsbeitrags-

rechnung[19] angewendet, so erfolgt schrittweise eine Datenverdichtung der Erfolgsbeiträge von einzelnen Produkten bzw. Aufträgen bis hin zum Gesamtunternehmen, wobei auf jeder Aggregationsstufe der dieser Stufe direkt zurechenbare Fixkostenblock Berücksichtigung findet. Auf diese Weise wird z.B. genau ersichtlich,
welche Betriebsbereiche welche Beiträge zum Gesamterfolg des Unternehmens
leisten können.

Darüber hinaus zählt zu den Nebenaufgaben die Dokumentation im Bereich der
Kostenträgerstückrechnung in Form der Ermittlung von Wertansätzen für Halb-
und Fertigfabrikate als Vorarbeit für den Jahresabschluss des externen Rechnungswesens.

1.4 Übungsaufgaben zu Kapitel 1

Übungsaufgabe 1.1:   Externes und internes Rechnungswesen

Skizzieren Sie Inhalt und Aufgaben des externen und des internen Rechnungswesens.

Übungsaufgabe 1.2:   Grundstruktur der Kosten- und Leistungsrechnung

---

Welche Grundstruktur weist die Kosten- und Leistungsrechnung auf, und was sind
die Inhalte und Aufgaben der einzelnen Teilgebiete?

Übungsaufgabe 1.3:   Aufgaben einer entscheidungsorientierten Kosten- und
                      Leistungsrechnung

Wie lassen sich die Aufgaben einer entscheidungsorientierten Kosten- und Leistungsrechnung systematisieren, und in welchen Bereichen sind Schwerpunkte erkennbar?

---

[19]   Die Deckungsbeitragsrechnung wird in Kapitel 5.3 noch ausführlicher behandelt.

2 Grundbegriffe und Grundüberlegungen in der Kosten- und Leistungsrechnung

2.1 Grundbegriffe des betrieblichen Rechnungswesens

2.1.1 Abgrenzung von Auszahlung, Ausgabe, Aufwand und Kosten

Die folgende Abbildung 2.1 veranschaulicht zunächst die möglichen Zusammenhänge zwischen den Begriffen Auszahlung, Ausgabe, Aufwand und Kosten.[20]

Abb. 2.1: Abgrenzung von Auszahlung, Ausgabe, Aufwand und Kosten

Unter dem Begriff Auszahlung versteht man den Geldbetrag, der die Unternehmung innerhalb einer Abrechnungsperiode in Richtung Beschaffungs-, Geld- oder Kapitalmarkt verlässt. Einer Auszahlung liegt also immer ein tatsächlicher Zahlungsvorgang zugrunde.

Eine Ausgabe hingegen erfordert nicht unbedingt einen entsprechenden Abgang von Zahlungsmitteln in der betrachteten Abrechnungsperiode. Entscheidend für die Definition des Begriffs Ausgabe ist, dass die Lieferung eines Guts erfolgt. Um die Ausgaben einer Periode zu ermitteln, muss also der gesamte Auszahlungsbetrag um diejenigen Werte korrigiert werden, die aus Vorgängen resultieren, bei denen entweder Güterzugänge jetzt, aber Zahlungen zu einem anderen Zeitpunkt,

---

[20] Vgl. Olfert, K.: Kostenrechnung, 12. Aufl., Ludwigshafen (Rhein) 2001, S. 40ff.; Däumler, K.-D. / Grabe, J.: Kostenrechnung 1, Grundlagen, 8. Aufl., Herne-Berlin 2000, S. 18ff.; Plinke, W.: Industrielle Kostenrechnung, 6. Aufl., Berlin et al. 2002, S. 10ff.

oder aber Zahlungen jetzt und Güterzugänge zu einem anderen Zeitpunkt stattfinden.

Zur Abgrenzung von Auszahlung und Ausgabe dienen die Felder A und B. Die beiden Begriffe führen immer dann zu abweichenden Beträgen, wenn Zahlung und Lieferung in unterschiedlichen Perioden erfolgen. Dem Fall A liegt entweder die Vorauszahlung einer Anschaffung zugrunde, deren Übergabe erst in einer späteren Periode erfolgt, oder aber die Bezahlung für Güter, die bereits in vorangegangenen Perioden geliefert wurden. Es liegen also Zahlungsvorgänge vor, denen keine Güterströme entsprechen. Im Fall B dagegen finden Güterbewegungen statt, allerdings stehen diesen in der Abrechnungsperiode keine Geldströme gegenüber. Folglich wurde die Warenlieferung entweder in einer Vorperiode bezahlt, d.h. eine Forderung aufgrund der geleisteten Anzahlung erlischt im Fall der Lieferung, oder aber die Zahlung erfolgt in einer späteren Periode. Hier entsteht eine Verbindlichkeit gegenüber dem Lieferanten.

Bei dem Aufwand einer Periode handelt es sich um erfolgswirksame Ausgaben, die sich in der Gewinn- und Verlustrechnung der Finanzbuchhaltung niederschlagen. Charakteristisch für die Definition des Begriffs Aufwand ist der tatsächlich erfolgte Verbrauch von Gütern. Die Ausgaben einer Periode sind also um diejenigen Positionen zu korrigieren, bei denen Ausgaben jetzt, die tatsächlichen Verbräuche aber später, oder bei denen tatsächliche Verbräuche jetzt und Ausgaben in anderen Perioden erfolgen. Des Weiteren sind nicht erfolgswirksame Ausgaben bei der Herleitung des Aufwands aus den Ausgaben herauszurechnen.

Zur Abgrenzung von Ausgabe und Aufwand dienen die Felder C und D. Es kommt immer dann zu Abweichungen, wenn in einer Periode Lieferung und Verbrauch bezogen auf eine Rohstoffart nicht genau gleich sind. Im Fall C wird mehr beschafft als verbraucht, d.h. es liegt ein Lagerzugang vor. Im Fall D hingegen ist der Verbrauch höher als die Lieferung, was sich in der Verminderung des Lagerbestandes niederschlägt.

Gemäß der wertmäßigen Auffassung nach SCHMALENBACH[21] umfasst der Begriff Kosten „den bewerteten Verbrauch von Produktionsfaktoren für die Herstellung und den Absatz der betrieblichen Erzeugnisse und die Aufrechterhaltung der hierfür erforderlichen Kapazitäten"[22] in einer Abrechnungsperiode. Entscheidend für den Kostenbegriff ist also, dass das gesamte Betriebsgeschehen berücksichtigt werden soll. Die Aufrechterhaltung der Kapazitäten, d.h. die Sicherung des Fort-

---

[21]   Vgl. Schmalenbach, E.: Kostenrechnung und Preispolitik, 8. Aufl., Köln-Opladen 1963, S. 5f. und die Erläuterungen in Kapitel 2.1.1 zum Kostenbegriff.

[22]   Kilger, W.: Einführung in die Kostenrechnung, a.a.O., S. 23.

bestehens einer Unternehmung, wird durch die Ermittlung von aussagefähigen und möglichst realistischen Informationen über die wirtschaftliche Lage angestrebt.

Die Abgrenzung von Aufwand und Kosten verdeutlichen die Fälle E und F. In der nachfolgenden Abb. 2.2 sind die beiden Fälle detaillierter dargestellt.[23]

Gesamtaufwand			
Neutraler Aufwand	Zweckaufwand		
Neutraler Aufwand	Als Kosten verrechneter Zweckaufwand	Nicht als Kosten verrechneter Zweckaufwand	
		Anderskosten	Zusatzkosten
	Grundkosten	Kalkulatorische Kosten	
	Gesamtkosten		

Abb. 2.2: Detaillierte Abgrenzung von Aufwand und Kosten

Zur Ermittlung der Kosten muss in einem ersten Schritt der Gesamtaufwand einer Periode um den so genannten neutralen Aufwand, dargestellt durch Fall E, vermindert werden. Er entsteht durch so genannte neutrale Geschäftsvorfälle und setzt sich zusammen aus betriebsfremden, außerordentlichen und periodenfremden Aufwandspositionen.

Betriebsfremder Aufwand entsteht, wenn Güter zu einem anderen als dem eigentlichen Betriebszweck eingesetzt werden, z.B. in karitativen, außerbetrieblichen Sozialeinrichtungen. Im außerordentlichen Aufwand spiegeln sich Ereignisse wider, die nicht regelmäßig bei der betrieblichen Leistungserstellung auftreten, so z.B. Feuer-, Sturm- und Diebstahlschäden, sowie Buchverluste bei Veräußerung von Betriebsmitteln. Periodenfremder Aufwand liegt vor, wenn beispielsweise nach einer Betriebsprüfung nachträglich Steuern zu zahlen sind. Ver-

---

[23] Vgl. z.B. Mayer, E. / Liessmann, K. / Mertens, H.W.: Kostenrechnung, Grundwissen für den Controllerdienst, 5. Aufl., Stuttgart 1994, S. 14; Plinke, W.: Industrielle Kostenrechnung, a.a.O., S. 14; Kilger, W.: Einführung in die Kostenrechnung, a.a.O., S. 25.
Abweichend von der hier gewählten Darstellungsweise wird insbesondere bei SCHWEITZER / KÜPPER und KLOOCK / SIEBEN / SCHILDBACH der mit „nicht als Kosten verrechneter Zweckaufwand" bezeichnete Teil des Gesamtaufwands dem neutralen Aufwand als „bewertungsbedingter neutraler Aufwand" zugeordnet. Vgl. Schweitzer, M. / Küpper, H.-U.: Systeme der Kosten- und Erlösrechnung, a.a.O., S. 28; Kloock, J. / Sieben, G. / Schildbach, T.: Kosten- und Leistungsrechnung, a.a.O., S. 35.

mindert man den Gesamtaufwand einer Periode um den neutralen Aufwand, so erhält man den Zweckaufwand, der aus den eigentlichen Betriebsaufgaben resultiert. Beim Zweckaufwand unterscheidet man noch einmal danach, ob dieser Aufwand als Kosten verrechnet wird oder nicht. Den als Kosten verrechneten Zweckaufwand nennt man auf Kostenebene Grundkosten. Die nicht als Kosten verrechneten Zweckaufwendungen, so genannte Anderskosten, resultieren meist aus Wertansätzen, die von denen der Finanzbuchhaltung abweichen, d.h. in der Kostenrechnung wird ein anderer Kostenbetrag angesetzt. Dieser Tatbestand findet in dem Bereich der kalkulatorischen Kosten Berücksichtigung.

Die kalkulatorischen Kosten beinhalten darüber hinaus so genannte Zusatzkosten, dargestellt durch Fall F, die bei der Kostenermittlung zum Zweckaufwand hinzuaddiert werden. Bei den Zusatzkosten handelt es sich um Kostenarten, denen in der Finanzbuchhaltung keine Aufwandspositionen gegenüberstehen, zumeist Opportunitätskosten,[24] die also in der Kostenrechnung zusätzlich berücksichtigt werden müssen. Kalkulatorische Kostenarten sind beispielsweise kalkulatorische Abschreibungen, Zinsen, Wagnisse, Unternehmerlöhne und Mieten. Kalkulatorische Abschreibungen, kalkulatorische Zinsen und kalkulatorische Wagnisse gehören in den Bereich der Anderskosten. Bei kalkulatorischen Unternehmerlöhnen und kalkulatorischen Mieten handelt es sich um Zusatzkosten.[25]

2.1.2 Abgrenzung von Einzahlung, Einnahme, Ertrag und Leistung

Abb. 2.3 veranschaulicht die nachfolgenden Erläuterungen zur Abgrenzung der Begriffe Einzahlung, Einnahme, Ertrag und Leistung.

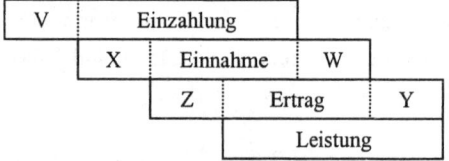

Abb. 2.3:   Abgrenzung von Einzahlung, Einnahme, Ertrag und Leistung

Der Begriff Einzahlung umfasst diejenigen Geldbeträge, die innerhalb einer Abrechnungsperiode von Absatz-, Geld- oder Kapitalmärkten sowie von öffentlicher

---

24   Vgl. Kilger, W.: Einführung in die Kostenrechnung, a.a.O., S. 19ff.
25   Vgl. Götzelmann, F.: Kosten, in: Corsten, H. (Hrsg.): Lexikon der Betriebswirtschaftslehre, 4. Aufl., München-Wien 2000, S. 490-493, hier S. 491.

Hand in das Unternehmen eingehen. Die tatsächlich erfolgte Übertragung von Zahlungsmitteln ist entscheidend.

Demgegenüber erfordert der Begriff Einnahme nicht zwangsläufig den Eingang von Zahlungsmitteln in der betrachteten Abrechnungsperiode. Charakteristisch für die Definition von Einnahmen ist die erfolgte Lieferung eines Gutes. Die Einnahme, auch als Umsatz, Erlös oder Umsatzerlös bezeichnet, bestimmt sich dadurch, dass die abgesetzten Mengen x_{Aj} einer Periode multipliziert mit den Nettoverkaufspreisen p_j über alle Produktarten $j\,(j = 1, ..., J)$ summiert werden, d.h.:

$$U = \sum_{j=1}^{J} p_j \cdot x_{Aj} \,.$$

Zur Abgrenzung von Einzahlung und Einnahme dienen die Felder V und W. Es entstehen immer dann abweichende Beträge, wenn Zahlung und Lieferung in unterschiedlichen Perioden erfolgen. Dem Fall V liegt die erhaltene Anzahlung für eine Lieferung zugrunde, deren Übergabe erst später erfolgt, oder aber der Eingang einer Zahlung für Güter, die bereits in vorangegangenen Perioden geliefert wurden. Es handelt sich um Zahlungsvorgänge, denen in der betrachteten Abrechnungsperiode keine Güterströme gegenüberstehen. Im Fall W dagegen liegen Güterbewegungen vor, die nicht in derselben Periode bezahlt werden. Folglich findet die Auslieferung von Gütern statt, auf die entweder in der Vorperiode eine Vorauszahlung geleistet wurde, d.h. eine Verbindlichkeit aufgrund der erhaltenen Anzahlung wird beglichen, oder deren Bezahlung erst in einer späteren Periode erfolgen wird, d.h. es entsteht eine Forderung gegenüber dem Empfänger der Produkte.

Der Ertrag spiegelt den durch Produktion und Absatz von Gütern entstandenen Wertzuwachs ohne Einbeziehung des bewerteten Faktorverbrauchs, d.h. den so genannten Bruttowertzuwachs, wider. Er wird dadurch ermittelt, dass man die Einnahmen um die – in der Regel mit Herstellkosten bewerteten – Bestandsveränderungen von Halb- und Fertigfabrikaten korrigiert. Zur Berechnung des Ertrags werden also nicht nur die tatsächlich verkauften sondern auch die auf Lager produzierten Güter berücksichtigt.

Zur Abgrenzung von Einnahme und Ertrag dienen die Felder X und Y. Es treten immer dann Abweichungen auf, wenn in einer Periode Produktions- und Absatzmengen nicht genau übereinstimmen. Um dies darzulegen, wird von der Situation ausgegangen, dass in einer Periode jeweils produzierte Mengen x_{Pj} und abgesetzte Mengen x_{Aj} der Produktart $j\,(j = 1, ..., J)$ übereinstimmen und folglich auch der Umsatz U und der Ertrag E gleich sind, d.h. es gilt:

$$U = \sum_{j=1}^{J} p_j \cdot x_{Aj} = \sum_{j=1}^{J} p_j \cdot x_{Pj} = E \,.$$

Wird in einer Periode mehr produziert als verkauft, so entsteht eine Lagerbestandszunahme, die durch den Fall Y dargestellt ist. Für diesen Fall muss zunächst geprüft werden, ob der Verkaufspreis der Produkte über oder unter den Herstellkosten liegt. Da der Ertrag den tatsächlichen Wertzuwachs messen soll, werden für die Bewertung der Lagerbestandszunahme unter dem Gesichtspunkt der kaufmännischen Vorsicht fallweise zwei unterschiedliche Prinzipien angewendet.

Liegt der Verkaufspreis über den Herstellkosten, d.h. es gilt $p_j > k_{Hj}$, so werden gemäß dem Realisationsprinzip die Herstellkosten, d.h. ohne Verwaltungs- und Vertriebskosten, als Ertrag angesetzt. Der Gesamtertrag ermittelt sich nach der Formel:

$$E = \sum_{j=1}^{J} p_j \cdot x_{Aj} + \sum_{j=1}^{J} k_{Hj} \cdot \left(x_{Pj} - x_{Aj} \right) .$$

Darin bezeichnet

$$\sum_{j=1}^{J} k_{Hj} \cdot \left(x_{Pj} - x_{Aj} \right)$$

den Anteil des Ertrags für die zu lagernden Endproduktmengen.

Sind die Herstellkosten größer oder gleich dem Verkaufspreis, d.h. es gilt $p_j \leq k_{Hj}$, so werden die produzierten, nicht abgesetzten Gütereinheiten gemäß dem Niederstwertprinzip mit Verkaufspreisen bewertet. Für den Gesamtertrag ergibt sich:

$$E = \sum_{j=1}^{J} p_j \cdot x_{Aj} + \sum_{j=1}^{J} p_j \cdot \left(x_{Pj} - x_{Aj} \right) = \sum_{j=1}^{J} p_j \cdot x_{Pj} \,.$$

Der Ertrag nimmt in diesem Fall genau die Höhe des Umsatzes bezogen auf die gesamte Produktionsmenge an. Der tatsächliche Verkauf der nicht abgesetzten, zu lagernden Menge $\left(x_{Pj} - x_{Aj} \right)$ erfolgt aber erst in einer späteren Periode.

Die fallweise Anwendung von Realisations- oder Niederstwertprinzip bezeichnet man als Imparitätsprinzip.

Dem Fall X liegt eine Lagerbestandsabnahme zugrunde, d.h. es wurde in dieser Periode mehr abgesetzt als produziert. Die Voraussetzung dafür ist, dass in einer vorangegangenen Periode ein Lagerbestand aufgebaut worden ist, also eine ertragsmäßige Erfassung der hergestellten Produkte gemäß Fall Y bereits stattgefunden hat. Bei einer Lagerbestandsabnahme wird folglich immer ein Umsatzerlös realisiert, dem in der betrachteten Periode keine Ertragsbuchung gegenübersteht. Zur differenzierteren Betrachtung von Fall X wird die vorangegangene Unterscheidung von Realisations- und Niederstwertprinzip noch einmal aufgegriffen.

War zum Bewertungszeitpunkt der Verkaufspreis höher als die Herstellkosten, was nach dem Realisationsprinzip eine Bewertung mit Herstellkosten bedeutet, so ermittelt sich der über den Ertrag für die produzierten Mengen der aktuellen Periode hinaus zu registrierende Ertrag E_Δ für die in Vorperioden hergestellten Mengen gemäß der folgenden Formel:

$$E_\Delta = \sum_{j=1}^{J} \left(p_j - k_{Hj} \right) \cdot \left(x_{Aj} - x_{Pj} \right).$$

Der wertmäßigen Lagerbestandsabnahme in Höhe von

$$\sum_{j=1}^{J} k_{Hj} \cdot \left(x_{Aj} - x_{Pj} \right)$$

steht in der betrachteten Periode kein Ertrag gegenüber.

Wurde dagegen in einer Vorperiode nach dem Niederstwertprinzip mit Verkaufspreisen bewertet, so ergibt sich als über den Ertrag für die in der aktuellen Periode hergestellten Mengen hinaus zu registrierender Ertrag E_Δ für die in Vorperioden auf Lager produzierten Mengen:

$$E_\Delta = \sum_{j=1}^{J} \left(p_j - p_j \right) \cdot \left(x_{Aj} - x_{Pj} \right) = 0 .$$

Unter der Annahme, dass der in der vorangegangenen Periode erzielte Verkaufspreis dem Verkaufspreis der aktuellen Rechnungsperiode entspricht, ist die Höhe der bewerteten Lagerbestandsabnahme gleich dem dafür in der Vorperiode erfassten Ertrag. In der betrachteten Periode steht dem der Lagerbestandsabnahme entsprechenden Umsatz kein Ertrag gegenüber, daher ist auch dieser Fall dem Feld X der Abb. 2.3 zuzuordnen.

Als Gegenstück zu den Kosten wird der Begriff Leistung ebenfalls „nicht im physikalischen Sinn (Arbeit / Zeiteinheit) verstanden, sondern gemeint sind in Geld bewertete hergestellte Sachgüter bzw. erbrachte Dienstleistungen je Bezugsperiode";[26] es handelt sich also um „die betriebszweckbezogenen, periodenge-rechten, ordentlichen Erträge."[27]

Zur Abgrenzung von Ertrag und Leistung dient Fall Z. Die Ermittlung der Leis-tung eines Unternehmens, auch als Betriebsleistung bezeichnet, wird bestimmt, indem man den Gesamtertrag einer Periode um die so genannten neutralen Ge-schäftsvorfälle korrigiert. Fall Z beinhaltet den neutralen Ertrag, der analog zum neutralen Aufwand aus betriebsfremden, außerordentlichen und periodenfremden Ertragspositionen besteht. Betriebsfremde Erträge resultieren z.B. aus landwirt-schaftlichen Nebenbetrieben oder Beteiligungen an anderen Unternehmen. Außer-ordentliche Erträge entstehen nicht regelmäßig im Rahmen der betrieblichen Leis-tungserstellung, z.B. Versicherungserstattungen bei Schadensfällen oder Buchge-winne bei Verkauf von Anlagen. Periodenfremde Erträge beziehen sich auf eine andere als die Abrechnungsperiode, hierzu zählt beispielsweise eine Steuerrück-erstattung.[28]

2.1.3 Erfolgsermittlung

In der jährlich erstellten Gewinn- und Verlustrechnung der Finanzbuchhaltung wird der Unternehmenserfolg oder Gesamterfolg durch die Differenz von Erträgen und Aufwendungen dargestellt:

Unternehmenserfolg = Ertrag – Aufwand.

Auf der Grundlage der zuvor erläuterten Begriffe zielt die Kostenrechnung in der monatlich durchgeführten Betriebsergebnis- oder kurzfristigen Erfolgsrech-nung hingegen auf die Ermittlung von differenzierteren Erfolgsgrößen ab. Um dies aufzuzeigen, wird zunächst der Unternehmenserfolg der Finanzbuchhaltung in detaillierterer Form gezeigt:

Unternehmenserfolg = (Leistung – Zweckaufwand)

   + (neutraler Ertrag – neutraler Aufwand)

 = Leistungserfolg

   + neutraler Erfolg.

---

[26]   Busse von Colbe, W. / Laßmann, G.: Betriebswirtschaftstheorie, Bd. 1, a.a.O., S. 207 (Fußnote 1).

[27]   Seicht, G.: Moderne Kosten- und Leistungsrechnung, Grundlagen und praktische Ge-staltung, 11. Aufl., Wien 2001, S. 31.

[28]   Vgl. Kilger, W.: Einführung in die Kostenrechnung, a.a.O., S. 32ff.; Wöhe, G.: Ein-führung in die Allgemeine Betriebswirtschaftslehre, a.a.O., S. 985.

Setzt man an die Stelle des Zweckaufwands den Kostenbegriff, wobei folgender Zusammenhang gilt:

Zweckaufwand = Gesamtkosten
+ Anderskosten
– kalkulatorische Kosten,

so ergibt sich für den Unternehmenserfolg:

Unternehmenserfolg = (Leistung – Gesamtkosten)
+ (neutraler Ertrag – neutraler Aufwand)
+ (kalkulatorische Kosten – Anderskosten)
= Leistungserfolg der Kostenrechnung
+ neutraler Erfolg
+ Abstimmungsdifferenz zwischen Finanzbuchhaltung und Kostenrechnung,

wobei sich der Leistungserfolg der Kostenrechnung, auch Betriebsergebnis genannt,[29] wie folgt zusammensetzt:

Leistungserfolg = Umsatz
+ Lagerbestandsveränderungen
(z.B. bewertet zu Herstellkosten)
– Gesamtkosten.

Mit den Verbrauchsmengen an Produktionsfaktoren r_i, den Faktorpreisen q_i und den Faktor- bzw. Kostenarten $i\,(i=1,...,I)$ wird diese Definition des Leistungserfolges der Kostenrechnung in die folgende Formel umgewandelt:

$$\text{Leistungserfolg} \quad = \sum_{j=1}^{J} \Big[\, p_j \cdot x_{Aj} + k_{Hj} \cdot \big(x_{Pj} - x_{Aj} \big) \Big] - \sum_{i=1}^{I} q_i \cdot r_i \,.$$

Von den nach den Produktarten j gegliederten Leistungen werden in dieser Gleichung die nach den Faktorarten i gegliederten Gesamtkosten subtrahiert.[30]

[29]   Vgl. z.B. Wöhe, G.: Einführung in die Allgemeine Betriebswirtschaftslehre, a.a.O., S. 985.

[30]   Vgl. Kilger, W.: Einführung in die Kostenrechnung, a.a.O., S. 28ff.

2.2 Kostenbegriffe bei verschiedenen Rechenzielen

2.2.1 Allgemeiner Kostenbegriff

Für die betriebswirtschaftliche Theorie und Praxis ist die Zweckmäßigkeit und Bedeutung der Bewertung von Faktorverbräuchen zur Ermittlung der Kosten, die in Zusammenhang mit der Produktion entstehen, unmittelbar einsichtig. Trotzdem existiert kein einheitlicher Kostenbegriff. Es haben sich vielmehr unterschiedliche Bewertungsauffassungen herausgebildet, die verschiedene Zwecke erfüllen sollen. Am häufigsten anzutreffen ist die Unterscheidung des wertmäßigen und des pagatorischen Kostenbegriffs.

Der wertmäßige Kostenbegriff definiert Kosten als den mit Faktorpreisen bewerteten Verzehr an Sachgütern und Dienstleistungen während einer Abrechnungsperiode, die zum Zwecke der Erhaltung der betrieblichen Leistungsbereitschaft, der Leistungserstellung und Leistungsverwertung erforderlich sind. Der weitere betriebliche Wertabgang, z.B. in Form von Steuern, die in Zusammenhang mit dem Betriebszweck des Unternehmens anfallen, sollte ebenfalls Berücksichtigung finden. Nach dieser Definition umfassen Kosten also den bewerteten Verzehr an dispositiven Faktoren sowie Elementar- und Zusatzfaktoren,[31] die in einer Produktionsperiode für die Herstellung der Güter im Betrieb und für ihre Vermarktung benötigt werden.

Der auf SCHMALENBACH zurückgehende wertmäßige Kostenbegriff knüpft demnach nicht an Zahlungsströmen an, die in Verbindung mit der Ressourcenbeschaffung entstehen, sondern bewirkt die entscheidungsorientierte Bewertung des Güterverzehrs im Unternehmen. Die Betrachtung des Güterverzehrs vor dem Hintergrund des allgemeinen betrieblichen Entscheidungsfeldes soll die Ermittlung der besten alternativen Verwendungsmöglichkeit durch den Ansatz von Opportunitätskosten gewährleisten. Als Wertansatz für den Faktorverbrauch wird das Grenznutzenkonzept gewählt. Für eine geeignete Bewertung des Güterverzehrs müssen demnach zu den Beschaffungspreisen der Faktoren die ihrem jeweiligen innerbetrieblichen Knappheitsgrad entsprechenden Wertedifferenzen hinzugerechnet werden. Daraus ergibt sich, dass die wertmäßigen Kosten für ein und denselben Produktionsfaktor in unterschiedlichen Entscheidungssituationen und folglich auch besonders in verschiedenen Unternehmen stark voneinander abweichen können.

---

[31]   Zu den Produktionsfaktoren vgl. ausführlichere Erläuterungen in Kapitel 3.2.1.

Der wertmäßige Kostenbegriff setzt prinzipiell bei der innerbetrieblichen Faktorbewegung an. Sein Sinn besteht darin, die knappen Faktoren denjenigen Verwendungsmöglichkeiten zuzuordnen, die nach bestimmten unternehmerischen Zielvorstellungen optimal sind. Die wertmäßigen Kosten sind daher oftmals auch innerhalb desselben Entscheidungsfeldes nicht notwendigerweise konstant. Sie können in Abhängigkeit der Verfügbarkeitsschranken der Faktoren variieren und ergeben sich streng genommen erst aus der optimalen Ressourcenverteilung.

Die Tatsache, dass die Kostenbestimmung nach dem wertmäßigen Kostenbegriff aus der optimalen Produktion erfolgt, gleichzeitig aber auch ihre Voraussetzung ist, bezeichnet man als Dilemma der Kostenbewertung.

Der Grenznutzen bzw. der Opportunitätskostensatz einer Ressource ist häufig nur schwer feststellbar oder aufwendig zu ermitteln. Die Annahme der vollständigen Konkurrenz auf den Beschaffungsmärkten impliziert aber die automatische Zuführung der Ressourcen zu den profitabelsten Verwendungsmöglichkeiten, so dass der Einfachheit halber von der Unterstellung ausgegangen wird, dass die dort geltenden Preise in etwa die Grenznutzen der Faktoren wiedergeben. Im Hinblick auf eine praktikable Vorgehensweise wird das Dilemma der Kostenbewertung gelöst, indem für den wertmäßigen Kostenbegriff in der Regel Wiederbeschaffungspreise als Bewertungsmaßstäbe verwendet werden.

Dem wertmäßigen Kostenbegriff steht der pagatorische Kostenbegriff gegenüber. Er knüpft an die mit dem betrieblichen Güterverzehr verbundenen Zahlungsströme an und beruht auf den tatsächlich beobachtbaren Geldausgaben, d.h. der Ressourcenverbrauch wird mit den Anschaffungspreisen bewertet. Kalkulatorische Kosten, wie beispielsweise der kalkulatorische Unternehmerlohn, besitzen nach der pagatorischen Auslegung keinen Kostencharakter, da die Orientierung der Kostenerfassung ausschließlich auf das für die einzusetzenden Produktionsfaktoren zu entrichtende Entgelt abzielt. Der pagatorische Kostenbegriff vernachlässigt bewusst die Einbeziehung des betrieblichen Entscheidungsfeldes, d.h. er ist nicht entscheidungsorientiert. Sein methodischer Ausgangspunkt liegt vielmehr in den außerbetrieblichen Faktorbewegungen, wobei die benötigte Information den für die Beschaffung der Faktoren getätigten Ausgaben des Unternehmens zu entnehmen ist. Pagatorische Kosten können daher für alle Unternehmen einheitlich empirisch ermittelt werden.

Für die Verwendung des wertmäßigen oder des pagatorischen Kostenbegriffs ist vornehmlich der Zweck entscheidend, den die jeweilige Unternehmensrechnung verfolgt, so dass man sich nicht unbedingt von vornherein auf eine der beiden Begriffsdefinitionen festlegen muss. Produktions- und kostentheoretische Überlegungen basieren auf der Annahme, dass die für eine bestimmte Produktion erforderlichen Faktoreinsatzmengen erst im Anschluss an die kostenoptimale Entscheidung beschafft werden. Sofern sie bereits vorhanden sind, geht man davon aus, dass die Faktormengen ohne Beeinträchtigung des zukünftigen Entscheidungsspielraums im Produktionsbereich zur Verfügung gestellt bzw. ersetzt werden. Folglich liegt eine Rechnung mit Wiederbeschaffungswerten nahe. Für die weiteren Ausführungen wird daher der wertmäßige Kostenbegriff verwendet, wobei jeweils konstante Wiederbeschaffungspreise gelten sollen. Die Kosten ermitteln sich dann wie folgt:

$$K = q_1 \cdot r_1 + q_2 \cdot r_2 + \ldots + q_I \cdot r_I.$$

Die Einsatzmengen r_i der $i\,(i = 1, \ldots, I)$ Faktorarten beschreiben das Mengengerüst und die Faktorpreise q_i das Wertgerüst der Kosten. Als Faktorpreise werden beispielsweise die Preise der Roh-, Hilfs- und Betriebsstoffe, die Lohnsätze der Arbeitskräfte sowie die Abschreibungen der Betriebsmittel eingesetzt.

Durch die Kostenermittlung anhand von Ressourcenpreisen werden qualitativ unterschiedliche Inputmengen in Geldeinheiten vergleichbar. Damit ist ein weiterer Schritt zur Beurteilung der Wirtschaftlichkeit der Produktion im Sinne der Kostenminimierung vollzogen. Für das Verständnis der Kosten ist dabei wichtig, dass sie nur bezogen auf den Betriebszweck der Leistungserstellung und -verwertung und jeweils nur für eine bestimmte Abrechnungsperiode definiert sind. Dem Betriebszweck entspricht es beispielsweise sicherlich nicht, wenn während der Arbeitszeit Geburtstagsfeiern abgehalten werden. Es liegt dann zwar ein unternehmerischer Aufwand für die vergeudete Arbeitsleistung vor, diesem steht allerdings kein kostenmäßiges Äquivalent gegenüber. Weiterhin dürfen bezogen auf die Abrechnungsperiode z.B. nur solche Rohstoffausgaben als Kosten verrechnet werden, die dem tatsächlichen periodenmäßigen Verbrauch dieser Rohstoffe entsprechen.[32]

2.2.2 Gesamtkosten mit variablen und fixen Kostenbestandteilen

Die Gesamtkosten umfassen denjenigen Kostenbetrag, der insgesamt für die Herstellung einer bestimmten Produktmenge x anfällt. Aus Vereinfachungsgründen erfolgt die Betrachtung eines Einproduktunternehmens, so dass anstelle von $x_j\,(j = 1, \ldots, J)$ das x ohne Index Verwendung findet. Die Gesamtkosten K sind

---

[32]   Vgl. Fandel, G.: Produktion I, a.a.O., S. 219ff.

also abhängig von x, d.h. sie können als $K(x)$ dargestellt werden, und setzen sich zusammen aus den variablen Kosten K_v und den fixen Kosten K_f:

$$K(x) = K_v + K_f.$$

Als variabel gelten diejenigen Kosten, die mit einer Änderung der Ausbringungsmenge x variieren, also von Art und Stärke der Beschäftigung determiniert sind. Sie können daher in der Form $K_v = K_v(x)$ geschrieben werden, wobei $x = 0$ zu $K_v(0) = 0$ führt.

Kosten, die auf Produktmengenänderungen nicht reagieren, bezeichnet man als fixe oder konstante Kosten. Sie fallen unabhängig vom Beschäftigungsniveau stets in gleicher Höhe an und werden formal charakterisiert durch $K_f = c$, wobei c eine Konstante ist. Zu den fixen Kosten gehören z.B. die Gehälter für Angestellte, da die Gehaltszahlungen in einer Produktionsperiode unabhängig von der ausgebrachten Produktionsmenge getätigt werden müssen. Fixe Kosten lassen sich also auch nicht abbauen, wenn die Ausbringung auf $x = 0$ zurückgeht.

Häufig fallen fixe Kosten mit dem Einsatz von Potentialfaktoren, d.h. im Zuge der Bereitstellung von Fertigungskapazitäten, an. Die verfügbare Einsatzmenge eines Potentialfaktors wird mit r^1 bezeichnet. r^1 kann andererseits interpretiert werden als maximale Menge, die der Potentialfaktor 1 auszubringen vermag, und bedingt somit die Fertigungskapazität x^1. Die fixen Kosten des Potentialfaktors 1, bezeichnet als K_{1f}, bleiben dann bezogen auf die Ausbringungsmenge bis zur Kapazitätsgrenze x^1 konstant.

Wird die Kapazitätsgrenze x^1 durch eine herzustellende Produktmenge $x = \bar{x}$ überschritten, d.h. es gilt $\bar{x} > x^1$, so werden zusätzliche Einsatzmengen r^2 des Potentialfaktors, d.h. insgesamt $r^1 + r^2$, erforderlich. Die Kapazitätsgrenze erhöht sich dadurch von x^1 auf x^2. Anders ausgedrückt gestatten die erweiterten Kapazitäten nun eine maximale Ausbringungsmenge von $x = x^2$. Durch die Kapazitätserweiterungen erhöhen sich gleichzeitig die fixen Kosten auf K_{2f}. Ein anschauliches Beispiel für diesen Tatbestand stellen die Lkw-Versicherungen einer Spedition dar, die unabhängig von den abgegebenen Transportleistungen für zwei Lastzüge doppelt so hoch anfallen wie für einen.

Solche Kosten, die von verschiedenen Kapazitätsstufen eines Potenzialfaktors ℓ, nicht aber unmittelbar von der Ausbringungsmenge abhängig sind, bezeichnet man als sprungfixe oder intervallfixe Kosten $K_{\ell f}$. Sie sind nur für bestimmte Intervalle

$$I_\ell = \left[x^{\ell-1}, x^\ell \right)$$

von Ausbringungsmengen konstant. Sprungfixe Kosten werden also durch die Beziehung $K_{tf} = K_{tf}(x) = c^{\ell}$ charakterisiert, wobei $x^{\ell-1} \leq x < x^{\ell}$ gilt. Die Konstante c^{ℓ} gibt dabei die gesamten fixen Kosten für das Intervall zwischen den Kapazitätsgrenzen $x^{\ell-1}$ und x^{ℓ} an $(\ell = 1, 2, \ldots)$, wobei $c^{\ell-1} < c^{\ell}$ angenommen wird.[33]

Die folgende Abb. 2.4 veranschaulicht die geschilderten Zusammenhänge.[34]

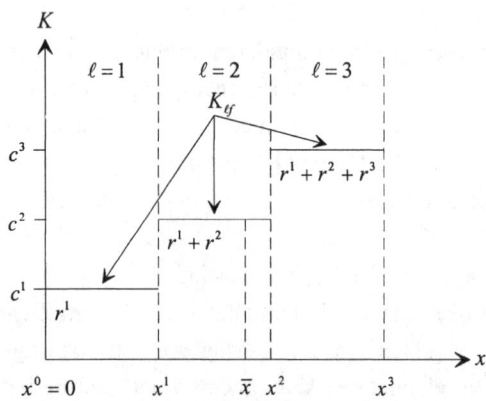

Abb. 2.4: Sprungfixe oder intervallfixe Kosten

Im Zusammenhang mit der Unterscheidung von variablen und fixen Kosten mit Blick auf ihre Abbaubarkeit ist der Begriff der Kostenremanenz bedeutsam. Dieser kennzeichnet die in der Praxis anzutreffende zeitlich verzögerte Reaktion von Kosten auf Beschäftigungsänderungen. Bei sinkender Beschäftigung können beispielsweise aufgrund von Kündigungszeiten der Personalbestand und die entsprechenden Kosten nicht sofort angepasst werden. Im umgekehrten Fall, d.h. bei zunehmender Beschäftigung, können die Kosten mit einer gleich bleibenden, aber effektiver arbeitenden Belegschaft auf einem gleich bleibenden Niveau gehalten werden, während nach einer gewissen Zeit dann doch Neueinstellungen oder Anschaffungsinvestitionen erforderlich werden. Bei sinkender Beschäftigung ist allerdings mit einer hartnäckigeren Kostenremanenz zu rechnen. Ursachen für Kostenremanenzen können z.B. rechtlicher, politischer, sozialer, prestigemäßiger,

---

[33] Vgl. Fandel, G.: Produktion I, a.a.O., S. 228f.
[34] Vgl. Fandel, G.: Produktion I, a.a.O., S. 229.

unternehmenspolitischer, technischer, marktmäßiger oder psychologischer Natur sein.[35]

2.2.3 Stück- oder Durchschnittskosten und Grenzkosten

Die Gesamtkosten pro Stück – auch als Stückgesamtkosten, Durchschnittskosten oder Stückkosten bezeichnet – werden dadurch ermittelt, dass man die Gesamtkosten $K(x)$ für eine Ausbringungsmenge x durch diese Mengeneinheiten dividiert. Die Gesamtkosten pro Stück $k(x)$ betragen also:

$$k(x) = \frac{K(x)}{x}.$$

$k(x)$ gibt als Stückkostenfunktion an, was die Erzeugung einer einzelnen Produktionseinheit gekostet hat.

Analog zu der Aufteilung der Gesamtkosten $K(x)$ können die Gesamtkosten pro Stück $k(x)$ in variable Kosten pro Stück und fixe Kosten pro Stück zerlegt werden.

Die variablen Kosten pro Stück, auch variable Stückkosten genannt, lauten:

$$k_v(x) = \frac{K_v(x)}{x}.$$

Sie ergeben sich aus der Division der variablen Gesamtkosten $K_v(x)$ durch die Ausbringungsmenge x. Bei einer konstanten Funktion der variablen Stückkosten gilt, dass sich die variablen Kosten der Produktion auf alle hergestellten Produktionseinheiten gleichmäßig verteilen, also ein linearhomogener Kostenverlauf (linearer Verlauf der Funktion der variablen Kosten durch den Ursprung) vorliegt. Von einem derartigen Verlauf der Funktion der variablen Stückkosten wird im Folgenden ausgegangen.

Die fixen Kosten pro Stück – auch fixe bzw. konstante Stückkosten genannt – resultieren aus der Division der fixen Kosten K_f durch die jeweilig hergestellte Produktmenge x und lauten demnach:

$$k_f(x) = \frac{K_f}{x}.$$

Zu beachten ist, dass im Gegensatz zu den gesamten Fixkosten K_f die Fixkosten pro Stück $k_f(x)$ sehr wohl von der Ausbringungsmenge x abhängig sind. Da

---

[35]   Vgl. Seicht, G.: Moderne Kosten- und Leistungsrechnung, a.a.O., S. 59ff.

die gesamten Fixkosten K_f konstant sind, ergeben sich für steigende Ausbringungsmengen sinkende Fixkosten pro Stück.

Aus der Gesamtkostengleichung $K(x) = K_v(x) + K_f$ wird die Bestimmungsgleichung für die gesamten Kosten pro Stück abgeleitet:

$$k(x) = \frac{K(x)}{x} = \frac{K_v(x)}{x} + \frac{K_f}{x} = k_v(x) + k_f(x).$$

Mit den Grenzkosten wird ein weiterer spezieller Kostenbegriff eingeführt, der zur Charakterisierung des Verlaufs von Kostenfunktionen beiträgt. Unter der Annahme differenzierbarer Gesamtkostenfunktionen stellen die Grenzkosten $K'(x)$ die Ableitung der Gesamtkosten $K(x)$ nach der Produktmenge x dar, d.h. es gilt:

$$K'(x) = \frac{\partial K(x)}{\partial x} = \frac{\partial K_v(x)}{\partial x} + \frac{\partial K_f}{\partial x} = \frac{\partial K_v(x)}{\partial x} = K'_v(x).$$

Die Grenzkosten beschreiben also, wie sich die Gesamtkosten ändern, wenn die Ausbringungsmenge x um eine infinitesimal kleine Einheit variiert wird. Geometrisch wird durch die Grenzkosten die Steigung der Gesamtkostenfunktion an dem Punkt einer bestimmten Ausbringungsmenge x ermittelt. Da die fixen Kosten K_f unabhängig von der Ausbringungsmenge sind, ist ihre erste Ableitung nach x stets gleich Null, d.h.:

$$\frac{\partial K_f}{\partial x} = K'_f = 0 \text{ für alle } x.$$

Daraus folgt, dass die Grenzkosten an allen Produktionspunkten x mit der Steigung der Funktion $K_v(x)$ übereinstimmen. Dies bedeutet die Beziehung $K'(x) = K'_v(x)$.[36]

2.2.4 Allgemeine Kostenverläufe

Mit Hilfe der bisher genannten Kostenbegriffe lassen sich wichtige Kostenverläufe beschreiben. Eingezeichnet sind in den folgenden Abbildungen die Gesamtkosten K, variable und fixe Gesamtkosten, K_v und K_f, Grenzkosten K' sowie die Stückgesamtkosten k bestehend aus variablen und fixen Stückkosten k_v und k_f.[37]

---

[36] Vgl. Fandel, G.: Produktion I, a.a.O., S. 229ff.
[37] Vgl. Fandel, G.: Produktion I, a.a.O., S. 232f.; Kloock, J. / Sieben, G. / Schildbach, T.: Kosten- und Leistungsrechnung, a.a.O., S. 45ff.

Lineare Kosten bedeuten einen in Abhängigkeit von der Ausbringungsmenge linear steigenden Gesamtkostenverlauf. Die Grenzkosten stimmen mit den variablen Stückkosten überein und sind positiv und konstant. Die gesamten Stückkosten bilden eine Hyperbel, die sich für x gegen Null an die Ordinate und für x gegen unendlich an die Parallele zur Abszisse in Höhe der variablen Stückkosten annähert.

Progressive Kosten liegen vor, wenn die Gesamtkosten bei Erhöhung der Produktionsmenge überproportional ansteigen. Die Grenzkosten steigen stärker als die variablen Stückkosten an.

Degressive Kosten beinhalten ein unterproportionales Ansteigen der Gesamtkosten bei Erhöhung der Ausbringungsmenge. Variable Stückkosten und Grenzkosten sind als Hyperbeln dargestellt, wobei die variablen Stückkosten oberhalb der Grenzkosten verlaufen.

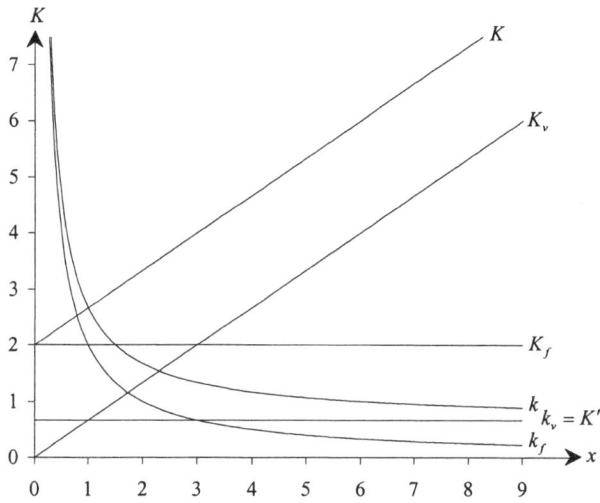

Abb. 2.5: Lineare Kosten am Beispiel: $K(x) = \dfrac{2}{3}x + 2$

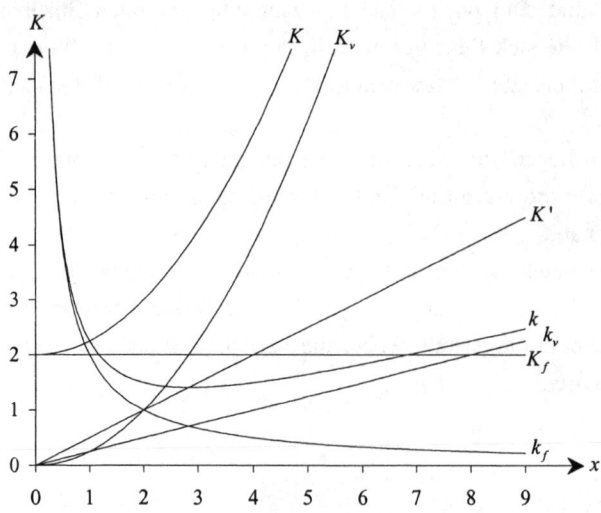

Abb. 2.6:   Progressive Kosten am Beispiel: $K(x) = \frac{1}{4}x^2 + 2$

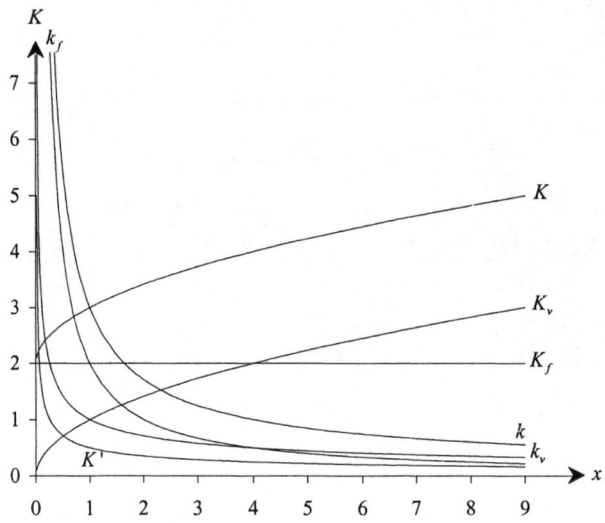

Abb. 2.7:   Degressive Kosten am Beispiel: $K(x) = \sqrt{x} + 2$

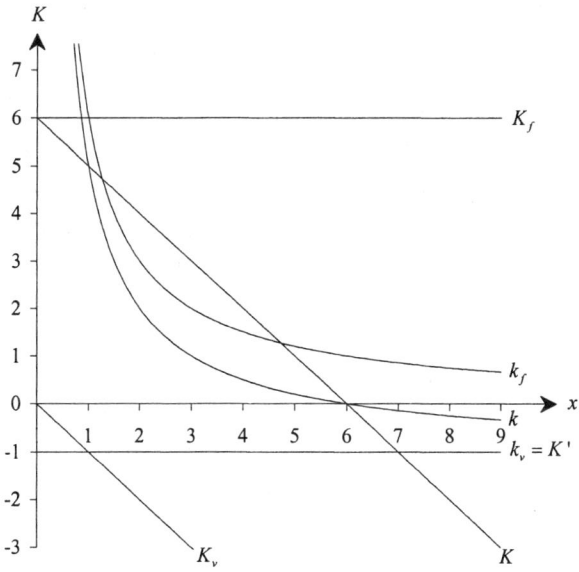

Abb. 2.8: Regressive Kosten am Beispiel: $K(x) = -x + 6$

Es handelt sich um regressive Kosten, wenn die Gesamtkosten mit zunehmender Ausbringungsmenge fallen. Bei einem linear regressiven Kostenverlauf stimmen variable Stückkosten und Grenzkosten überein und sind negativ und konstant.

2.2.5 Einzel- und Gemeinkosten

Der Einteilung in Einzel- und Gemeinkosten liegt die unterschiedliche Zurechenbarkeit zu hergestellten oder abgesetzten Produkten als Kostenträgern zugrunde.[38]
Wenn sich die Kosten direkt, d.h. ohne Schlüsselungen einem Kostenträger zurechnen lassen, so handelt es sich um Einzelkosten.
Ist lediglich eine auftragsbezogene Zurechnung der Kosten möglich, so liegen Sondereinzelkosten vor. Beispiele für Sondereinzelkosten der Fertigung sind Kosten für Spezialwerkzeuge, Lizenzen oder Modelle, die für einen bestimmten Auftrag extra erworben bzw. angefertigt werden müssen. Zu den Sondereinzelkosten des Vertriebs zählen beispielsweise Verpackungs- oder Frachtkosten.[39]

---

[38]   Vgl. Fuchs, E. / von Neumann-Cosel, R.: Kostenrechnung, Grundlegende Einführung in programmierter Form, 6. Aufl., München 1988, S. 40.
[39]   Vgl. Kilger, W. : Einführung in die Kostenrechnung, a.a.O., S. 75.

Gemeinkosten lassen sich nicht direkt, sondern nur indirekt, d.h. mit Hilfe von Schlüsselgrößen bzw. gedanklichen Hilfskonstruktionen auf die Kostenträger verteilen.[40]

Häufig werden Kosten aus Wirtschaftlichkeitsgründen als Gemeinkosten behandelt, obwohl eine eindeutige Zuordnung zu einem Produkt möglich wäre. Ein typisches Beispiel dafür sind Kosten für Hilfsstoffe, wie beispielsweise Knöpfe bei der Kleiderfabrikation, deren Verbrauch meist nur monatlich für die Gesamtleistung einer Kostenstelle, nicht aber für jede Endproduktart und erst recht nicht für einzelne Mengeneinheiten des Endproduktes erfasst wird. Diese Kosten nennt man unechte Gemeinkosten.[41]

Die genannten Begriffe werden nachfolgend an einem Beispiel erläutert. Bei der Endmontage eines Fahrrades werden zwei Räder und eine bestimmte Anzahl von Schrauben benötigt, d.h. in Bezug auf den Kostenträger „Fahrrad" stellen die Beschaffungskosten für zwei Räder und eine bestimmte Anzahl von Schrauben Kostenträgereinzelkosten dar. Des Weiteren müssen in verschiedenen Vorgängen der Endmontage einige Tropfen Öl an die zu montierenden Teile gegeben werden, wobei die Anzahl der zu montierenden Teile je nach Fahrradtyp variiert. Es wird genau erfasst, wie viele Liter Öl in die Kostenstelle „Endmontage" eingehen. Da allerdings die verbrauchte Ölmenge je Fahrrad eines bestimmten Typs nur geschätzt werden kann, ist das Öl bezogen auf den Kostenträger „Fahrrad" keine direkt zurechenbare Größe mehr, d.h. es liegen Gemeinkosten bezüglich des Kostenträgers vor. Ergänzend wird nun angenommen, dass zur Fahrradherstellung Strom benötigt wird, beispielsweise bei der Benutzung eines Akkuschraubers zur Befestigung insbesondere von Schutzblechen, Gepäckträger und Beleuchtung. Dabei wird nicht genau erfasst, wie viele Stromeinheiten je Schraubvorgang eingesetzt werden, so dass auch die Stromkosten als (unechte) Gemeinkosten mit Hilfe von Schlüsselgrößen auf die Kostenträger weiterverrechnet werden müssen.

Das allgemeine Grundschema der Schlüsselung und Verrechnung von Gemeinkosten wird im Folgenden durch ein einfaches Beispiel vorgestellt:[42]

---

[40]   Vgl. z.B. Haberstock, L.: Kostenrechnung I, a.a.O., S. 57; Heinen, E.: Kosten und Kostenrechnung, Nachdruck der 1. Aufl., Wiesbaden 1992, S. 15.

[41]   Vgl. z.B. Mayer, E. / Liessmann, K. / Mertens, H.W.: Kostenrechnung, a.a.O., S. 11; Hummel, S. / Männel, W.: Kostenrechnung 1, Grundlagen, Aufbau und Anwendung, Nachdruck der 4. Aufl., Wiesbaden 1990, S. 98; Kloock, J.: Betriebliches Rechnungswesen, a.a.O., S. 85; Olfert, K.: Kostenrechnung, a.a.O., S. 53.

[42]   Zur Gemeinkostenumlage vgl. auch Kapitel 4.2.4 zur innerbetrieblichen Leistungsverrechnung.

Zu verteilende Gemeinkosten

in Geldeinheiten (GE): 1.000 GE

Summe der Schlüsselgrößeneinheiten

in Maschinenstunden (MStd.): 500 MStd.

Kostensatz:

$$\frac{\text{zu verteilende Gemeinkosten}}{\text{Summe der Schlüsselgrößeneinheiten}} = \frac{1.000}{500} \qquad 2\,\frac{GE}{MStd.}$$

Maschinenstunden von Kostenstelle A: 20 MStd.

Anteilige Gemeinkosten von Kostenstelle A:

$$2\,\frac{GE}{MStd.} \cdot 20\,MStd. \qquad\qquad 40 \quad GE.$$

Diesem Beispiel liegt die Annahme zugrunde, dass die Verursachung der Gemeinkosten von 1.000 GE in einer proportionalen Beziehung zu den Maschinenstunden steht. Es könnte sich hier konkret um Stromkosten des gesamten Fertigungsbereiches handeln, die auf die Kostenstellen der Fertigung (z.B. Vor-, Zwischen-, Endmontage) verteilt werden müssen. Befinden sich in den Kostenstellen gleichartige Maschinen, die je Arbeitsstunde die gleiche Strommenge beanspruchen, so kann die Wahl der Maschinenstunden als Schlüsselgröße für die Gemeinkosten eine geeignete Verteilungsgrundlage darstellen. Teilt man die Gemeinkosten durch die Summe der Maschinenstunden, so erhält man den Stromkostensatz je Maschinenstunde. Die Maschinenlaufzeit in den einzelnen Kostenstellen ist genau registriert, so dass durch Multiplikation der Maschinenstunden mit den Kosten je Maschinenstunde die anteiligen Stromkosten für die betrachteten Kostenstellen bestimmt werden können.

Die willkürliche Wahl der Schlüsselgrößen zur Verteilung von Gemeinkosten birgt die große Gefahr von Verteilungsfehlern in sich. Auch wenn man gedankliche Hilfskonstruktionen bzw. Schlüsselgrößen findet, die ein proportionales Verhältnis zu den Gemeinkosten plausibel erscheinen lassen, z.B. beheizte Quadratmeter oder Anzahl der Heizrippen zur Verteilung der Heizungskosten, ist dadurch nicht sichergestellt, dass eine annähernd verursachungsgerechte Kostenverteilung gefunden wurde. Dies wird deutlich, wenn man mehrere Verteilungsschlüssel zur Auswahl hat, die alle zu verschiedenen Ergebnissen führen. Zur Reduzierung der Fehlerwahrscheinlichkeit wird häufig die Kombination möglicher Schlüssel vorgeschlagen, aber auch hierbei handelt es sich lediglich um eine heuristische Vorgehensweise, die das Fehlerpotential nicht reduziert.[43] Aus diesem Grund ist es erstrebenswert, möglichst viele Kostenarten als Einzelkosten zu erfassen.[44] Der Einsatz neuester EDV-Technologien kann dazu beitragen, den Erfassungsaufwand für viele Kostenarten zu reduzieren und damit den Anteil unechter Gemeinkosten auf ein Minimum zu beschränken.

Abschließend sollen die Zusammenhänge zwischen den Einzel- und Gemeinkosten und den variablen und fixen Kosten genauer betrachtet werden.

	Fixkosten	Variable Kosten
Einzelkosten	?	X
Gemeinkosten	X	X

Abb. 2.9:   Einzel- und Gemeinkosten und variable und fixe Kosten

Gemäß den vorangegangenen Begriffsdefinitionen gilt, dass Einzelkosten immer variabel sind und fixe Kosten immer gleichzeitig auch Gemeinkosten darstellen. Umgekehrt bestehen die variablen Kosten allerdings nicht nur aus Einzelkosten, sondern auch Gemeinkosten können durchaus mit der Beschäftigung, d.h. in Abhängigkeit von der Produktionsmenge schwanken.

In der Abb. 2.9 weist das Feld von Fixkosten und Einzelkosten ein Fragezeichen auf, da noch überlegt werden soll, ob Fixkosten tatsächlich niemals Einzelkosten sein können. Betrachtet man beispielsweise die in der Praxis weit verbreitete Maschinenstundensatzrechnung, in der minuten- oder sekundengenau die Betriebsmittelkosten einzelnen bearbeiteten Kostenträgereinheiten zugeordnet werden, so mutet dies an, als würde man Fixkosten – in diesem Falle beispielsweise die Abschreibungen für die betrachtete Maschine – doch verursachungsgenau wie Einzelkosten zuordnen können. Die Zeit als Maßeinheit für die Leistungsabgabe der Maschine an die bearbeiteten Kostenträgereinheiten stellt jedoch lediglich eine Schlüsselgröße für die Zuordnung der für die Maschine als Ganzes anfallenden Kosten dar. Die Abschreibungen werden zunächst der Maschine und erst in einem zweiten Schritt über den Zeitverteiler den Kostenträgern zugeordnet, es handelt sich also nicht um Einzelkosten. In Abb. 2.10 fehlt folglich eine Ver-

---

[43]   Vgl. Chmielewicz, K.: Rechnungswesen, Bd. 2, Pagatorische und kalkulatorische Erfolgsrechnung, Bochum 1988, S. 184f.

[44]   Vgl. Hummel, S. / Männel, W.: Kostenrechnung 1, a.a.O., S. 98; Fuchs, E. / von Neumann-Cosel, R.: Kostenrechnung, grundlegende Einführung in programmierter Form, a.a.O., S. 41.

bindungslinie zwischen Fixkosten und Einzelkosten. Fixkosten lassen sich nicht direkt einzelnen Kostenträgern zuordnen.

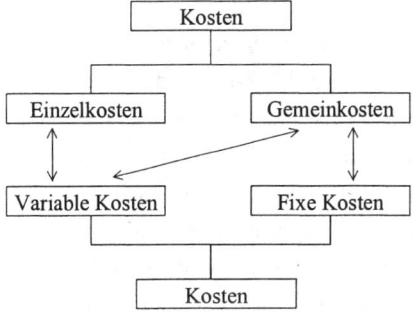

Abb. 2.10: Zusammenhang zwischen Einzel- und Gemeinkosten und variablen und fixen Kosten[45]

2.2.6 Primäre und sekundäre Kosten

Die Unterscheidung von primären und sekundären Kosten wird nach dem Kriterium der Herkunft der Kosten getroffen.

Primäre Kosten entstehen durch den Verbrauch von Gütern, Arbeits- und Dienstleistungen, die von außen, d.h. von den Beschaffungsmärkten, in den Betrieb eingehen.

Sekundäre Kosten stellen den bewerteten Verzehr innerbetrieblicher Leistungen dar. Es wird berücksichtigt, dass ein Unternehmen nicht nur Leistungen erbringt, die für den Absatzmarkt bestimmt sind, sondern auch solche, die innerhalb des Betriebes Verwendung finden. Dabei handelt es sich beispielsweise um Reparaturleistungen der betriebseigenen Werkstatt.[46]

2.2.7 Ist-, Normal- und Plankosten

Bei den Istkosten handelt es sich um in der Vergangenheit effektiv angefallene Kosten. Zu ihrer Ermittlung werden die Istverbrauchsmengen mit den Istpreisen,

45   Däumler, K.-D. / Grabe, J.: Kostenrechnung 1, a.a.O., S. 136.
46   Vgl. Wöhe, G.: Einführung in die Allgemeine Betriebswirtschaftslehre, a.a.O., S. 1277f.; Haberstock, L.: Kostenrechnung I, a.a.O., S. 58f.

d.h. den tatsächlichen Anschaffungspreisen, multipliziert. Preisschwankungen, etwa aufgrund von Rohstoffpreisschwankungen, gehen dabei voll in die Berechnungen und Ergebnisse ein. Berücksichtigt man bei der Kostenarten-, Kostenstellen- und Kostenträgerrechnung nur Istkosten, so spricht man von einer Istkostenrechnung. Zu beachten ist allerdings, dass es bestimmte Kostenarten gibt, die Plan- bzw. Durchschnittscharakter haben, z.B. kalkulatorische Zinsen, d.h. eine reine Istkostenrechnung existiert nicht. Als Vorteil erweist sich bei der Istkostenrechnung neben der Einfachheit des Abrechnungssystems, dass für bestimmte Kostenstellen oder Aufträge im Nachhinein die tatsächlich angefallenen Kosten erfasst werden können. Dies ist z.B. für Maschinenbauunternehmen mit kundenauftragsorientierter Einzelfertigung unerlässlich. Es ist allerdings auch ein Nachteil darin zu sehen, dass dieses System nur vergangenheitsbezogene Daten zur Verfügung stellt, auf deren Basis lediglich innerbetriebliche Zeitvergleiche oder zwischenbetriebliche Vergleiche möglich sind. Für eine wirksame Wirtschaftlichkeitskontrolle fehlen Sollkosten mit Vorgabecharakter. Ein weiterer Nachteil resultiert aus den erfassten Preisschwankungen in der Istkostenrechnung. Für jede Abrechnungsperiode müssen im Rahmen der Kostenstellen- und der Kostenträgerrechnung für alle Leistungen neue Verrechnungs- bzw. Kalkulationswerte ermittelt werden, wodurch das System umfangreich und aufwendig wird.

Normalkosten stellen Durchschnittswerte, d.h. um außergewöhnliche Vorfälle bereinigte Istkosten, vergangener Perioden dar. Der Durchschnittsbildung oder Normalisierung können dabei verschiedene Vorgehensweisen, wie aktualisierte oder statistische Mittelwertbildung, zugrunde liegen.[47] Geht man bei der Kostenarten-, Kostenstellen- und Kostenträgerrechnung von Normalkosten aus, so ist von Nachteil, dass eine exakte Nachkalkulation nicht mehr erfolgen kann. Gegenüber der Istkostenrechnung besteht in der Normalkostenrechnung der Vorteil, dass Zufallsschwankungen durch die Normalisierung geglättet werden und somit der Abrechnungsaufwand sinkt. Allerdings wird auch durch die Normalkostenrechnung eine wirksame Wirtschaftlichkeitskontrolle noch nicht möglich. In Kombination mit einer Istkostenrechnung können lediglich Über- oder Unterdeckungen als Differenz aus Normal- und Istkosten für Vergleichszwecke ermittelt werden.

Im Gegensatz zu Ist- und Normalkosten handelt es sich bei Plankosten um zukunftsorientierte Kosten. Ihnen liegt die Berechnung von Kosten zugrunde, die mit der Realisierung bestimmter Handlungsalternativen bei angestrebtem wirtschaftlichen Verhalten entstehen müssten bzw. dürften. Zur Ermittlung von Plankosten

---

[47]   Vgl. Kilger, W. / Pampel, J. / Vikas, K.: Flexible Plankostenrechnung und Deckungsbeitragsrechnung, 11. Aufl., Wiesbaden 2002, S. 47f.

wird die Plan- oder Sollverbrauchsmenge mit dem Planpreis multipliziert. In Abhängigkeit von der Anpassungsfähigkeit an Beschäftigungsschwankungen unterscheidet man Systeme der starren und der flexiblen Plankostenrechnung; in Abhängigkeit davon, ob den Kostenträgern die gesamten oder nur die variablen Kosten zugerechnet werden, erfolgt bei der flexiblen Plankostenrechnung die Unterscheidung von Systemen auf Voll- und auf Teilkostenbasis.[48] In Kombination mit einer Istkostenrechnung ergibt sich für die Plankostenrechnung der große Vorteil, dass eine wirksame Wirtschaftlichkeitsanalyse möglich wird, die Kontroll- und Vorgabeinformationen sowie Aussagen zu dispositiven Zwecken liefert.[49]

2.3 Deckungsbeitrag

Der Begriff Deckungsbeitrag bringt die Funktion des Bruttogewinns zum Ausdruck, der zur Deckung der einem Kalkulationsobjekt nicht direkt zurechenbaren oder nicht zugerechneten Kosten beiträgt. Der Deckungsbeitrag ermittelt sich allgemein als Differenz aus den Stückerlösen und den Stückeinzelkosten, die einem Kalkulationsobjekt nach dem Kostenverursachungsprinzip direkt zugerechnet werden können. Dadurch wird der Betrag ermittelt, den ein Kalkulationsobjekt zur Deckung der ihm nicht direkt zurechenbaren Kosten erwirtschaftet. Ein Deckungsbeitrag entsteht, wenn ein Objekt oder eine Handlungsalternative realisiert wird, und er entsteht nicht, wenn die Realisation entfällt.

Die Deckungsbeitragsrechnung stellt ein Instrument zur Erfolgsplanung und Erfolgskontrolle dar. Je nach gewählter Bezugsbasis lassen sich Deckungsbeiträge für unterschiedliche, hierarchisch angeordnete Objekte ermitteln. Denkbar ist die Anordnung der Berechnung von Deckungsbeiträgen für:

$\rightarrow$ Produkteinheit
  $\rightarrow$ Produktart
    $\rightarrow$ Produktgruppe
      $\rightarrow$ Kostenstelle
        $\rightarrow$ Betriebsbereich
          $\rightarrow$ Gesamtunternehmung.

In der Kalkulation werden zunächst die Kosten je Kostenträgereinheit ausgewiesen und anschließend den entsprechenden Einzelerlösen gegenübergestellt. Zur

---

[48] Vgl. Kapitel 5.1 sowie Kapitel 6.
[49] Vgl. Haberstock, L.: Kostenrechnung I, a.a.O., S. 172ff.

Aggregation auf der nächsthöheren Ebene werden die so ermittelten Deckungsbeiträge pro Einheit mit den Stückzahlen multipliziert, je nach Zugehörigkeit zu einer Produktart summiert und um die auf dieser Ebene zusätzlich zurechenbaren Kosten vermindert. Diese Aggregation erfolgt bis hin zur Ermittlung des Gesamtgewinns eines Unternehmens, wobei die Summe aller Deckungsbeiträge, d.h. der Bruttoerfolg, den nach Kostenstellen differenzierten gesamten Fixkosten gegenübergestellt wird. Da die Deckungsbeitragsrechnung sowohl die Erfolgsplanung als auch die Erfolgskontrolle zum Ziel hat, werden zu ihrer Durchführung nicht nur Ist-, sondern auch Plankosten- und -erlösdaten benötigt.[50]

2.4 Verursachungsprinzip

In der Kostenrechnung wird angestrebt, sämtliche Kosten beginnend bei der Kostenartenrechnung über die Kostenstellenrechnung bis hin zur Kostenträgerrechnung nach dem Prinzip der Kostenverursachung zu verteilen. Dafür ist zunächst zu klären, welche Größen für die Entstehung von welchen Kosten verantwortlich sind. Die Festlegung dieser so genannten Kostenverursachungsgrößen ist der erste Schritt, dem sich die Untersuchung der Gesetzmäßigkeiten des Kostenverhaltens anschließt. Zur Ermittlung der funktionalen Beziehungen zwischen Kosten und ihren Verursachungsgrößen kann z.B. die Regressionsanalyse eingesetzt werden.

Die Kostenartenrechnung berücksichtigt das Verursachungsprinzip bereits insofern, als unter Kosten nur derjenige bewertete Güter- und Dienstleistungsverzehr erfasst wird, der in einer bestimmten Abrechnungsperiode angefallen und mit dem eigentlichen Betriebszweck verbunden ist; ansonsten handelt es sich um neutralen Aufwand.

In der allgemeinen Form besagt das Verursachungsprinzip, dass einem Bezugsobjekt (z.B. einer Kostenstelle) nur diejenigen Kosten zugerechnet werden dürfen, die dieses verursacht hat.

Die spezielle Form des Verursachungsprinzips bedeutet, dass einer Kostenträgereinheit (z.B. einer Endprodukteinheit) nur genau diejenigen Kosten zuzuordnen sind, die durch sie verursacht wurden bzw. die bei ihrer zusätzlichen Herstellung entstehen und bei Unterlassen entfallen würden.

Bei der Verrechnung von Fixkosten in der Kostenträgerrechnung kann wie in Kapitel 2.2.5 erläutert das Verursachungsprinzip nicht eingehalten werden. Daraus folgt die Überlegung, Fixkosten ganz von der Berechnung auszuklammern und

---

[50]   Zur Deckungsbeitragsrechnung vgl. Kapitel 5.

eine Teil- bzw. Grenzkostenrechnung zu nutzen, in der den Kostenträgern nur variable Kosten zugerechnet werden. Soll dennoch auf der Basis von Vollkosten kalkuliert werden, so setzt man für die Verteilung der Fixkosten vom Verursachungsprinzip abweichende Verteilungsgrundsätze an, die dann allerdings keine korrekten Ergebnisse liefern können.[51]

Das Verursachungsprinzip wird in der Literatur insbesondere kausal als Ursache-Wirkung-Beziehung (causa efficiens) oder final als Zweck-Mittel-Beziehung (causa finalis) interpretiert.[52] Die kausale Interpretation des Verursachungsprinzips besagt, dass zwischen der Leistungserstellung und dem Verbrauch von Produktionsfaktoren eine Ursache-Wirkung-Beziehung besteht, d.h. Kosten entstehen durch die Erstellung von Leistungen und sind diesen verursachenden Leistungen zuzuordnen. Es handelt sich um eine enge Interpretation des Verursachungsprinzips, da nur diejenigen Kosten angesprochen werden, die durch den willentlichen Güterverbrauch mit dem Ziel der Erstellung bestimmter Güter entstanden sind.[53] Konkret sollten Kostenstellen oder Kostenträgern nur die direkt zurechenbaren variablen, d.h. die beschäftigungs- bzw. leistungsabhängigen Kosten (einschließlich der variablen Gemeinkostenanteile) zugeordnet werden. Eine pauschale Umlage von Kosten aus übergeordneten Bereichen auf untergeordnete entfällt ebenso wie die Berücksichtigung der fixen Kostenträgergemeinkosten. Damit stellt die kausale Interpretation des Verursachungsprinzips das tragende Prinzip der Grenzkostenrechnung dar, in der die tatsächlichen kostenmäßigen Konsequenzen bestimmter Entscheidungen aufgezeigt werden sollen.[54]

Im Unterschied zum kausalen Ansatz besagt die finale Interpretation des Verursachungsprinzips, dass zwischen dem Faktorverbrauch und der Leistungserstellung eine Zweck-Mittel-Beziehung besteht, was bedeutet, dass die aus dem Verbrauch von Produktionsfaktoren resultierenden Kosten ein Mittel zum Zweck der Leistungserstellung darstellen bzw. auf diese einwirken, weshalb das Finalprinzip auch als Kosteneinwirkungsprinzip bezeichnet wird. Den erstellten Gütern sind nach dieser Interpretation des Verursachungsprinzips diejenigen bewerteten Güterverbräuche zuzuordnen, ohne deren Einsatz die Erstellung nicht möglich gewesen

---

[51] Vgl. Haberstock, L.: Kostenrechnung I, a.a.O., S. 47f.; Kloock, J. / Sieben, G. / Schildbach, T.: Kosten- und Leistungsrechnung, a.a.O., S. 51f.

[52] Vgl. Vormbaum, H.: Kalkulationsarten und Kalkulationsverfahren, 4. Aufl., Stuttgart 1977, S. 15.

[53] Vgl. Schweitzer, M. / Küpper, H.-U.: Systeme der Kosten- und Erlösrechnung, a.a.O., S. 87.

[54] Vgl. Seicht, G.: Moderne Kosten- und Leistungsrechnung, a.a.O., S. 61f.

wäre, d.h. nach dem Finalprinzip müssen auch Fixkosten den Kostenträgern zuge-ordnet werden.[55]

KILGER stellt das Kausalprinzip in Frage, indem er sagt, dass die Ursache für die Entstehung von Kosten letztlich die Entscheidungen sind, die dazu führen, dass bestimmte Leistungen produziert werden sollen. Demnach sind Kostenentstehung und Produktion „funktionalverbundene Wirkungen bestimmter Entscheidun-gen".[56] Solche funktionalen Verknüpfungen, die eben gerade nicht kausaler Art sind, liegen mehrheitlich den Überlegungen zum Verursachungsprinzip zugrunde. Beim Kausalprinzip gilt die Leistungserstellung als Ursache für die Kostenentste-hung, hingegen wird beim Finalprinzip die Leistungserstellung als Wirkung der Kostenentstehung interpretiert. Insofern ist das Finalprinzip lediglich die Umkeh-rung des Kausalprinzips, und die angeführte Kritik zum Kausalprinzip gilt für bei-de Ansätze gleichermaßen. Beide Ansätze vermögen nicht, die Fixkostenproble-matik zu lösen. Interpretiert man nach dem Finalprinzip die Fixkosten als Mittel zum Zweck der Aufrechterhaltung der Betriebsbereitschaft, so sind sie der Ge-samtheit der mit der gegebenen Kapazität erstellten Leistungen zuzuordnen. Die direkte Zuordnung zu einer Leistungsart oder -einheit ist aber auch mit dem Final-prinzip nicht möglich.[57]

Einen Sonderfall des Final- bzw. Kosteneinwirkungsprinzips stellt das so ge-nannte Beanspruchungsprinzip dar, das im Rahmen der Prozesskostenrechnung relevant wird. Zusätzlich zum Einwirkungsprinzip gilt für einen Anstieg der Be-schäftigung, dass eine zusätzliche Ressourcenbeanspruchung erfolgt (beispiels-weise werden bei einer Erhöhung der Beschäftigung bisher nicht ausgelastete Mit-arbeiter stärker beansprucht), dass aber nicht notwendigerweise die Kosten der be-trachteten Periode ansteigen (da in diesem Beispiel Löhne und Gehälter der stärker beanspruchten Mitarbeiter ohnehin gezahlt werden).[58]

Auch RIEBEL übt Kritik am Verursachungsprinzip und schlägt das so genannte Identitätsprinzip vor,[59] wonach eine Zurechnung nur damit begründet werden kann, „daß die einander gegenüberzustellenden Größen auf dieselbe, identische Ent-

---

[55]   Vgl. Kosiol, E.: Kostenrechnung der Unternehmung, 2. Aufl., Wiesbaden 1979, S. 31f.

[56]   Kilger, W.: Einführung in die Kostenrechnung, a.a.O., S. 75.

[57]   Vgl. Haberstock, L.: Kostenrechnung I, a.a.O., S. 49f.

[58]   Vgl. Schiller, U. / Lengsfeld, S.: Strategische und operative Planung mit der Pro-zeßkostenrechnung, in: Zeitschrift für Betriebswirtschaft (1998) 5, S. 525-547, hier S. 528.

[59]   Zum Riebelschen Konzept der Relativen Einzelkosten- und Deckungsbeitrags-rechnung vgl. Kapitel 5.3.2.2.

scheidungsalternative oder Maßnahme zurückgeführt werden können, die die Existenz beider Größen auslöst."[60] Sowohl der Faktorverbrauch als auch die Entstehung des Kalkulationsobjektes müssen demnach durch dieselbe Entscheidung verursacht worden sein, und aufgrund der Produktionsbedingungen stehen sie in einem bestimmten Verhältnis zueinander. Diese Aussage steht grundsätzlich nicht im Widerspruch zu den Inhalten des (kausalen) Verursachungsprinzips. Präzisiert werden könnten die Zusammenhänge durch die Bezeichnungen Relevanz- oder Funktionalprinzip. Nach der Meinung von KILGER sollten „eingebürgerte Begriffe der Kostenrechnung (...) aber durch neue Bezeichnungen nur ersetzt werden, wenn hierzu eine zwingende Notwendigkeit besteht."[61]

Die finale Interpretation des Verursachungsprinzips bedingt – wie oben erläutert – die Durchführung einer Vollkostenrechnung, wobei eine Zuordnung von Fixkosten zu einzelnen Kostenträgereinheiten nicht möglich ist. Will man trotz dieser Fixkostenproblematik eine Vollkostenrechnung durchführen,[62] bedient man sich so genannter Hilfsprinzipien, von denen die wichtigsten nachfolgend erläutert werden.

Ein Vorschlag zur Umsetzung des Finalprinzips stellt das so genannte Durchschnittsprinzip dar, nach dem im Einproduktfall die gesamten Fixkosten durch die gesamte Leistungsmenge dividiert und im Mehrproduktfall mit Hilfe von Schlüsselgrößen verteilt werden. Es handelt sich hierbei um eine rechnerisch erzeugte, d.h. künstliche Fixkostenproportionalisierung, weshalb die Anwendung des Durchschnittsprinzips in einer entscheidungsorientierten Kostenrechnung als sehr kritisch einzustufen ist. Der Begriff des Proportionalitätsprinzips wird häufig als Synonym für das Durchschnittsprinzip eingesetzt. HABERSTOCK weist allerdings darauf hin, dass es zur Einhaltung des Proportionalitätsprinzips nicht ausreicht, lediglich einen linearen Gesamtkostenverlauf anzunehmen, vielmehr muss das Verursachungsprinzip erfüllt sein, d.h. die unterstellte Proportionalität muss auf einer direkten Zuordenbarkeit basieren. Die synonyme Begriffsverwendung ist folglich nicht korrekt, da das Durchschnittsprinzip die oben beschriebene künstliche Fixkostenproportionalisierung beinhaltet. Auf den Begriff Proportionalitätsprinzip sollte daher ganz verzichtet werden.[63]

---

[60] Riebel, P.: Deckungsbeitrag und Deckungsbeitragsrechnung, in: Grochla, E. / Wittmann, W. (Hrsg.): Handwörterbuch der Betriebswirtschaft, Bd. I/1, 4. Aufl., Stuttgart 1974, Sp. 1137-1155, hier Sp. 1141.

[61] Kilger, W.: Einführung in die Kostenrechnung, a.a.O., S. 76.

[62] Vgl. Abb. 5.1.

[63] Vgl. Haberstock, L.: Kostenrechnung I, a.a.O., S. 52 (Fußnote 2).

Ein weiteres Hilfsprinzip zur Lösung der Fixkostenproblematik stellt das Leistungsentsprechungsprinzip dar. Nach diesem sollen die Gesamtkosten auf die gesamten Leistungseinheiten gemäß der Größenrelation zwischen den Leistungseinheiten, d.h. leistungsentsprechend und möglichst gerecht, verteilt werden. Bei homogenen Leistungen würde sich dann der auf eine Leistungseinheit entfallende Kostenanteil aus der Division der Gesamtkosten durch die Gesamtzahl der Leistungseinheiten ergeben.[64]

Relevant für die Verteilung der Gemeinkosten nach dem Tragfähigkeitsprinzip ist schließlich die Fähigkeit der erstellten Leistungseinheiten, Kosten zu übernehmen, wobei diese Fähigkeit anhand des Bruttostückgewinns beurteilt wird. Da der Absatzpreis allerdings keinen begründeten Zusammenhang zum Kostenanfall aufweist, ist auch die Sinnhaftigkeit der Kostenzurechnung nach dem Tragfähigkeitsprinzip sehr kritisch zu sehen.[65]

Zusammenfassend ist das Verursachungsprinzip als dominierende Regel der Kostenverrechnung anerkannt. Bei einer Vollkostenrechnung können aufgrund der Fixkostenproblematik auch die Hilfsprinzipien keine korrekten Ergebnisse liefern. Grundsätzlich beinhalten aber alle Prinzipien gleichermaßen die gemeinsame Forderung, dass bei der Zuordnung bzw. Verrechnung von Kosten willkürliche Verteilungen zu vermeiden sind.[66]

2.5 Zurechnungsproblem

Zurechnungsprobleme entstehen in Situationen, in denen aus dem Gesamtwert einer Kombination die Werte ihrer einzelnen Teile ermittelt werden sollen. In vielen praktischen Situationen ist lediglich der Wert einer Gesamtkombination bekannt, allerdings sind teilbezogene Wertangaben zur Beurteilung und Disposition der Teilkomponenten erforderlich.

Der Begriff Zurechnung ist nicht gleichbedeutend mit dem Begriff Bewertung. Bei der Bewertung werden allgemein Objekten oder Aktionen unter Beachtung einer Zielsetzung Werte zugeordnet. Dagegen beinhaltet die Zurechnung die Ab-

---

[64]   Vgl. Seicht, G.: Moderne Kosten- und Leistungsrechnung, a.a.O., S. 64; Zimmermann, G.: Grundzüge der Kostenrechnung, a.a.O., S. 73.

[65]   Vgl. Zimmermann, G.: Grundzüge der Kostenrechnung, a.a.O., S. 74f.; Schweitzer, M. / Küpper, H.-U.: Systeme der Kosten- und Erlösrechnung, a.a.O., S. 92. Das Tragfähigkeitsprinzip findet später im Rahmen der Kuppelkalkulation in Kapitel 4.3.3.4.2 Anwendung.

[66]   Vgl. Haberstock, L.: Kostenrechnung I, a.a.O., S. 47f.

leitung von Werten einzelner Objekte entweder aus den Werten anderer Objekte oder aus dem Gesamtwert der Kombination der einzelnen. Man unterscheidet sachbezogene und zeitbezogene Zurechnung je nachdem, ob die Objekte, auf die zugerechnet wird, Sachgrößen oder Zeitabschnitte sind.

In der Kosten- und Leistungsrechnung können Zurechnungsprobleme z.b. bei der Verteilung von Kosten auf Kostenstellen und Kostenträger auftauchen, da die Eindeutigkeit der Zuordnung nicht für alle Arten von Kosten bzw. nicht für alle betrieblichen Situationen gegeben ist. Neben der allgemeinen Problematik der Schlüsselung von Fix- bzw. Gemeinkosten ist beispielsweise die Kostenzurechnung zu den Output-Größen einer Kuppelproduktion ein nicht zu lösendes Zurechnungsproblem.[67]

Kostenzurechnungsprinzipien stellen Grundsätze oder Konventionen dar, nach denen Kosten auf Bezugsobjekte, wie Kostenstellen oder Kostenträger, verteilt werden. Die wichtigsten Zurechnungsprinzipien wurden bereits in Kapitel 2.4 erläutert (z.B. Verursachungs-, Identitäts-, Durchschnitts-, Leistungsentsprechungs- und Tragfähigkeitsprinzip).

Die Diskussionen um Kausalität und Finalität des Verursachungsprinzips und die Frage, ob Kosten und Leistungen überhaupt in einer direkten Ursache-Wirkung-Beziehung stehen, führten zu Vorschlägen, die das Verursachungsprinzip nicht widerlegen,[68] sondern es präzisieren oder in verschiedene Richtungen interpretieren, wonach einerseits die nach „objektiven" Prinzipien nicht eindeutig zurechenbaren Kosten – dabei wird es sich meist um die fixen Gemeinkostenanteile handeln – ganz von der Betrachtung ausgeschlossen werden könnten, was zu Teilkostenrechnungen führt. Um die Fixkosten nicht völlig unberücksichtigt zu lassen, wird andererseits der Aufbau von Bezugsgrößenhierarchien vorgeschlagen, die es ermöglichen, mit Hilfe einer stufenweisen Vorgehensweise alle Kosten eindeutig zuzuordnen.[69] Parallel dazu oder ersatzweise wird empfohlen, nach betriebspolitischen Gesichtspunkten Anlastungsprinzipien heranzuziehen, nach denen Kosten zweckbedingt, allerdings willkürlich den Objekten zugeteilt werden. Die Wahl von Zurechnungsprinzipien und Schlüsseln wird so zu einer unternehmenspolitischen Entscheidung. Ihre Zweckmäßigkeit und Richtigkeit lässt sich allgemein nur schwer beurteilen. Ein möglicher Ansatz zur Systematisierung von Zurechnungs-

---

[67]   Vgl. Hörner, W.: Zurechnung, in: Grochla, E. / Wittmann, W. (Hrsg.): Handwörterbuch der Betriebswirtschaft, Bd. I/3, 4. Aufl., Stuttgart 1976, Sp. 4752-4767, hier Sp. 4756.

[68]   Vgl. Vormbaum, H.: Kalkulationsarten und Kalkulationsverfahren, a.a.O., S. 15.

[69]   Zur Deckungsbeitragsrechnung vgl. Kapitel 5.

prinzipien nach verschiedenen Rechnungszwecken unterscheidet zwischen eindeutig zwingender und zweckgerichteter individueller Zurechnung.[70] In jedem Fall allerdings sollen die Methoden und ihre Auswahl nachvollziehbar und begründet sein.

2.6 Übungsaufgaben zu Kapitel 2

Übungsaufgabe 2.1:   Auszahlung, Ausgabe, Aufwand, Kosten

Definieren Sie die Begriffe Auszahlung, Ausgabe, Aufwand und Kosten, und grenzen Sie diese voneinander ab.

Übungsaufgabe 2.2:   Einzahlung, Einnahme, Ertrag, Leistung

Definieren Sie die Begriffe Einzahlung, Einnahme, Ertrag und Leistung.

Übungsaufgabe 2.3:   Imparitätsprinzip und Abgrenzung von Einnahme und Ertrag

Erläutern Sie das Imparitätsprinzip, und stellen Sie dieses mit den zugehörigen Ertragsformeln dar. Erläutern Sie darauf aufbauend die Fälle, dass ein Ertrag aber keine Einnahme bzw. eine Einnahme aber kein Ertrag vorliegt.

Übungsaufgabe 2.4:   Leistungserfolg in der Kostenrechnung

Wie ist der Leistungserfolg in der Kostenrechnung definiert, und inwiefern ist er in der Erfolgsermittlung der Finanzbuchhaltung berücksichtigt?

Übungsaufgabe 2.5:   Wertmäßiger Kostenbegriff und Dilemma der Kostenbewertung

Wie ist der wertmäßige Kostenbegriff definiert, und worin besteht das Dilemma der Kostenbewertung?

Übungsaufgabe 2.6:   Grafische Darstellung einer beispielhaften Kostenfunktion

Zeichnen Sie die Kostenfunktion $K(x) = 2x + 3$ in ein Koordinatensystem ein.

---

[70]   Vgl. Hörner, W.: Zurechnung, a.a.O., Sp. 4755ff.

Übungsaufgabe 2.7:   Variable und fixe Kosten, Stück- oder Durchschnittskosten und Grenzkosten

Bestimmen Sie für die folgenden drei Beispiele die variablen und die fixen Kosten, die Stück- oder Durchschnittskosten und die Grenzkosten.

(1) $K(x) = 2x^2 + 2$ (2) $K(x) = \sqrt{4x} + \dfrac{1}{2}$

(3) $K(x) = -6x + 10$.

Übungsaufgabe 2.8:   Lineare, progressive, degressive, regressive Kostenfunktion

Geben Sie jeweils ein Beispiel für die Kostenfunktion eines linearen, progressiven, degressiven und regressiven Kostenverlaufs an.

Übungsaufgabe 2.9:   Einzel- und Gemeinkosten in Abgrenzung zu variablen und fixen Kosten

Charakterisieren Sie Einzel- und Gemeinkosten in Abgrenzung zu variablen und fixen Kosten. Geben Sie außerdem die entsprechenden Funktionen der variablen und fixen Gesamtkosten an, und stellen Sie diese grafisch dar.

Übungsaufgabe 2.10:   Primäre und sekundäre Kostenarten

Geben Sie jeweils drei Beispiele für primäre und sekundäre Kostenarten an.

Übungsaufgabe 2.11:   Ist- und Plankostenrechnungssysteme

Welche Vor- und Nachteile weisen die Systeme der Ist- und der Plankostenrechnung im Hinblick auf die Kalkulation von Gütern bei Einzelfertigung bzw. bei Massenfertigung auf?

Übungsaufgabe 2.12:   Verbale Darstellung des Deckungsbeitrags

Erläutern Sie verbal Bedeutung und Inhalt des Deckungsbeitrags.

Übungsaufgabe 2.13:   Verursachungsprinzip

Welches ist die grundlegende Aussage des Verursachungsprinzips, auf welche Objekte kann es sich beziehen, und welche Verteilungsgrundsätze können hilfsweise anstelle des Verursachungsprinzips zum Einsatz kommen?

Übungsaufgabe 2.14: Zurechnungsproblem

Für welchen Anteil der Gesamtkosten eines Unternehmens entsteht ein Zurechnungsproblem, und welche Lösungsvorschläge gibt es?

3 Produktions- und kostentheoretische Grundlagen

3.1 Verbindungen von Produktions- und Kostentheorie zur Kostenrechnung

In Kapitel 1.3 wurde dargestellt, dass zu den Aufgaben einer entscheidungsorientierten Kostenrechnung die Dokumentation, Kontrolle und Disposition gehören. Die Erfüllung der beiden letztgenannten Aufgaben erfordert unter anderem eine detaillierte Planung der zukünftig anfallenden Kosten. Eine sinnvolle Gestaltung der Kostenplanung setzt wiederum die Kenntnis der (gesetzmäßigen) Beziehungen zwischen den Kosten und ihren Einflussgrößen voraus. Die Untersuchung der Abhängigkeit der Kostenhöhe von verschiedenen Einflussgrößen erfolgt auf der Grundlage von Kostenfunktionen,[71] wobei sich die Kosteneinflussgrößen sowohl auf das Mengengerüst (Faktoreinsätze) als auch auf das Wertgerüst (Faktorpreise) der Kosten beziehen können.

Die Formulierung und Analyse von Kostenfunktionen sind Gegenstand der Erklärungsaufgabe der Kostentheorie. Dabei sind die entsprechenden Kosteneinflussgrößen sichtbar zu machen und systematisch zu erfassen.

Neben der Erklärungsaufgabe kommt der Kostentheorie auch eine Gestaltungsaufgabe zu. Die Gestaltungsaufgabe der Kostentheorie besteht darin, die Kosteneinflussgrößen so zu bestimmen und gegeneinander festzulegen, dass die Produktionsentscheidung im Hinblick auf die unternehmerische Zielsetzung optimal ausfällt. Hieraus folgen zwei spezielle Teilaufgaben. Inhalt der ersten Teilaufgabe ist es, unter den möglichen Kombinationen von Produktionsfaktoren stets diejenige zu ermitteln, die ein nach Art und Menge festgelegtes Produktionsergebnis mit den geringsten Kosten verwirklicht. Eine solche Faktorkombination wird als Minimalkostenkombination bezeichnet. Gegenstand der zweiten Teilaufgabe ist es, für die eingesetzten Produktionsfaktoren jene innerbetrieblichen Wertansätze zu bestimmen, welche die Verwendung der knappen Ressourcen im Unternehmen in

---

[71] Vgl. Kapitel 3.4.

der Weise gewährleisten, dass das Ziel der Unternehmung – der maximale Gewinn – erreicht wird. Dies führt zu dem Problem der Ermittlung geeigneter Verrechnungspreise, die eine gewinnmaximale Ressourcenallokation im Betrieb ermöglichen. Streng genommen ergeben sich die als innerbetriebliche Verrechnungspreise bezeichneten Werte jedoch erst aus der optimalen Ressourcenallokation. Man bezeichnet diesen Sachverhalt als Dilemma der Kostenbewertung.[72]

Der Werteverzehr durch den betrieblichen Kombinationsprozess ist Untersuchungsgegenstand der Kostentheorie.[73] Es ist allerdings zu beachten, dass bei der Erfassung der Kosteneinflussgrößen oder der Ermittlung der kostenminimalen Faktorkombination auch die Untersuchung von Mengengrößen in den Aufgabenbereich der Kostentheorie fällt. Die wertmäßigen Zusammenhänge lassen sich also nicht losgelöst von den mengenmäßigen Zusammenhängen betrachten. Vielmehr entstehen die Kosten erst dadurch, dass dem Mengengerüst des betrieblichen Kombinationsprozesses entsprechende Wertgrößen zugeordnet werden.[74]

Das Mengengerüst des betrieblichen Kombinationsprozesses stellt den Untersuchungsgegenstand der Produktionstheorie dar.[75] Ihre Aufgabe besteht in der Ermittlung und Darstellung der (gesetzmäßigen) Beziehungen, welche zwischen den mengenmäßig ausgebrachten Produkten und den eingesetzten Produktionsfaktoren bestehen. Zur Behandlung dieser Fragestellung bedient sich die Produktionstheorie der Formulierung von Produktionsmodellen, in denen die Beziehungen zwischen den Faktoreinsatzmengen und den Produktausbringungsmengen formal durch Technologien oder durch hieraus abgeleitete Produktionsfunktionen explizit aufgezeigt werden.[76]

3.2 Beschreibung von Produktionszusammenhängen

3.2.1 Produkte und Produktionsfaktoren

Die Produktionstheorie beschäftigt sich mit der Herstellung und Umwandlung von Gütern. Sie untersucht die Zusammenhänge zwischen eingesetzten Gütern, Pro-

---

[72] Vgl. hierzu Kapitel 2.2.1.

[73] Vgl. Kilger, W.: Produktions- und Kostentheorie, Wiesbaden 1972, S. 8.

[74] In dieser Begründung bauen Kostenfunktionen über die Bewertung der Faktorverbräuche und die Anwendung der Kostenminimierung in logischer Fortführung auf den Produktionsfunktionen auf.

[75] Vgl. Kilger, W.: Produktions- und Kostentheorie, a.a.O., S. 8.

[76] Vgl. Fandel, G.: Produktion I, a.a.O., S. 218ff.

duktionsfaktoren genannt, und hergestellten Gütern, die als Produkte bezeichnet werden. Produktionsfaktoren und Produkte sind so zwei wesentliche Elemente der Produktionstheorie. Die Verschiedenartigkeit der Produkte einerseits und der Produktionsfaktoren andererseits wird deutlich, wenn man die Produkte nach ihrer Verwendbarkeit und die Produktionsfaktoren nach ihrer Wirkungsweise im Produktionsprozess klassifiziert. Die nachfolgende Abb. 3.1 gibt zunächst einen Überblick über die Einteilung der Produkte.

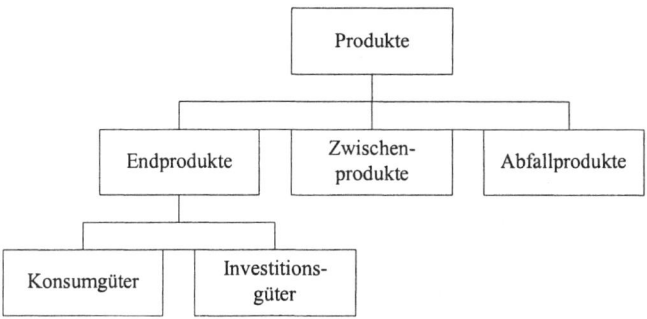

Abb. 3.1: Einteilung der Produkte

Als Endprodukte bezeichnet man jene Produkte, die vom Unternehmen hergestellt und an andere Wirtschaftssubjekte abgegeben werden. Es kann sich hierbei sowohl um Konsumgüter wie z.B. Lebensmittel oder Kleidung, die zum Ver- oder Gebrauch verwendet werden, als auch um Investitionsgüter wie z.B. Maschinen oder Werkzeuge, die zur Erstellung anderer Produkte dienen, handeln.

Zwischenprodukte sind Produkte, die aus einem Herstellungs- bzw. Umwandlungsprozess hervorgehen und in einem mehrstufigen Fertigungsprozess wiederum als Produktionsfaktoren zum Einsatz kommen. Stuhlbeine und Tischplatten sind in einer Möbelfabrik beispielsweise als derartige Zwischenprodukte aufzufassen. Die Kennzeichnung von Zwischenprodukten zeigt, dass gelegentlich die Trennung zwischen Produkten und Produktionsfaktoren schwer fällt und nur die Stellung im Produktionsablauf über ihre Klassifizierung entscheidet.

Abfallprodukte sind solche Produkte, die bei der Güterherstellung oder -verwertung anfallen und nicht mehr als Konsum- oder Produktionsgüter genutzt werden können. Beispiele dafür sind leere Streichholzschachteln oder Stoffreste bei der Kleiderproduktion.[77]

---

[77]   Vgl. Fandel, G.: Produktion I, a.a.O., S. 32.

Bei der Einteilung der Produktionsfaktoren wird in der Betriebswirtschaftslehre üblicherweise folgende, auf GUTENBERG zurückgehende Klassifikation zugrunde gelegt.[78]

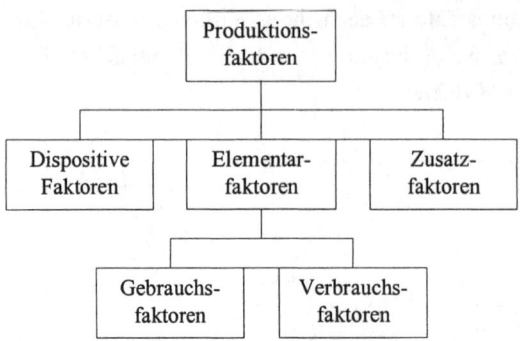

Abb. 3.2:   Einteilung der Produktionsfaktoren

Als dispositiven Faktor bezeichnet man denjenigen Anteil des Produktionsfaktors menschliche Arbeitsleistung, der für die leitenden Tätigkeiten im Unternehmen verwendet wird. Die leitenden Tätigkeiten erstrecken sich auf alle Bereiche der Unternehmung. Allgemein handelt es sich bei den dispositiven Aufgaben um Planung, Organisation und Kontrolle. Konkret sind folglich auch Aufgaben aus dem Beschaffungsbereich im Hinblick auf die Kombination der Produktionsfaktoren sowie im Zusammenhang mit dem Absatz der hergestellten Produkte durch den dispositiven Faktor zu erledigen. Daher ist der dispositive Faktor den übrigen Faktoren und Produkten übergeordnet. Seine Leistung lässt sich nicht den einzelnen Produkten oder Produktionsprozessen zurechnen. Die vom dispositiven Faktor verursachten Kosten werden im Rahmen der Kostenartenrechnung entweder als Personalkosten oder als sonstige Kosten (kalkulatorischer Unternehmerlohn) erfasst.[79]

Der Begriff Zusatzfaktoren umfasst kostenverursachende Faktoren, die zur Leistungserstellung und -verwertung benötigt werden, denen aber häufig keine Mengengrößen zur Kennzeichnung ihres Verbrauchs zugeordnet werden können. Zusatzfaktoren sind beispielsweise Zinsen, Steuern oder Abgaben, falls sie in Ver-

---

[78]   Vgl. Busse von Colbe, W. / Laßmann, G.: Betriebswirtschaftstheorie, a.a.O., S. 83. Das an der angegebenen Stelle dargestellte Klassifikationsschema wird hier in etwas vereinfachter Form präsentiert.

[79]   Vgl. Fandel, G.: Produktion I, a.a.O., S. 33f. und die Ausführungen in Kapitel 4.1.3.2.

bindung mit der Produktion anfallen. In der Kostenartenrechnung werden sie zum größten Teil als sonstige Kosten erfasst.[80]

Die Elementarfaktoren sind im Verhältnis zu dem dispositiven Faktor und den Zusatzfaktoren für die Formulierung von Produktionsfunktionen von größerer Bedeutung, da sich ihr Zusammenwirken im Produktionsprozess und die dadurch bedingten Verbräuche am ehesten mengenmäßig quantifizieren lassen und sie so am leichtesten das Aufstellen funktionaler Beziehungen zum Output gestatten.

Es lassen sich drei Arten von Elementarfaktoren unterscheiden, und zwar produktionsbezogene, nicht dispositive menschliche Arbeitsleistung, Betriebsmittel und Werkstoffe. Entsprechend dieser Einteilung der Elementarfaktoren werden die durch ihren Einsatz entstehenden Kosten in der Kostenartenrechnung als Personalkosten, Betriebsmittelkosten und Material- bzw. Werkstoffkosten erfasst.[81]

Nach den Merkmalen ihres Beitrages zur Leistungserstellung lassen sich die Elementarfaktoren in Verbrauchs- und Gebrauchsfaktoren unterteilen.

Verbrauchsfaktoren sind dadurch charakterisiert, dass sie bei einmaligem Einsatz als selbständige Güter entweder in der Produktion untergehen wie z.b. Werkstoffe, schnell verschleißende Werkzeuge, Antriebsenergie, oder ihre Eigenschaften im Produktionsprozess dadurch ändern, dass sie zu Gütern anderer Art oder Bestandteil eines neuen Gutes werden. Zum Beispiel werden Stoffe nach Mustern geschnitten, die einzelnen Stoffteile maschinell zusammengenäht und aus ihnen zusammen mit Knöpfen und Reißverschlüssen Kleider und Röcke hergestellt.

Gebrauchsfaktoren stellen Nutzungspotentiale dar, die Leistungen in den Produktionsprozess abgeben, wie z.B. Maschinen, menschliche Arbeitskraft, längerlebige Werkzeuge. In der Kleiderfabrikation sind dies beispielsweise die Schneide- und Nähmaschinen sowie Schraubenschlüssel und Nadeln. Sie werden in ihrer Eigenschaft als betriebliche Gebrauchsgegenstände auch als Betriebsmittel bezeichnet.[82]

3.2.2 Aktivität und Technologie

In der Praxis spielen für die Produktionsprozesse industrieller Unternehmen nur endlich viele Güter eine Rolle. Aus diesem Grund gehen in ein Produktionsmodell ebenfalls nur endlich viele Güter ein, deren Anzahl im Folgenden mit K bezeich-

---

[80] Vgl. Kapitel 4.1.3.4.
[81] Vgl. Kapitel 4.1.3.1 bis 4.1.3.3.
[82] Vgl. Fandel, G.: Produktion I, a.a.O., S. 34.

net wird. Diese K Güter werden in J Endprodukte, S Zwischenprodukte und I Produktionsfaktoren unterteilt. Daher muss gelten:

$$K = J + S + I \,.$$

Jede im Produktionsmodell auftretende Kombination von End- und Zwischenprodukten sowie Produktionsfaktoren lässt sich nun als Gütervektor v darstellen:

$$v = \begin{pmatrix} v_1 \\ \vdots \\ v_K \end{pmatrix} = \left(v_1, \ldots, v_K \right)' \,.$$

Hierbei gibt eine Komponente v_k des Vektors v die Menge des am Produktionsprozess beteiligten Gutes k $\left(k = 1, \ldots, K \right)$ an. Die Gütervektoren v sind in dieser Schreibweise Elemente des K-dimensionalen reellen Zahlenraums, d.h. es gilt $v \in \mathbb{R}^K$, wobei $\mathbb{R}^K$ auch als Güterraum bezeichnet wird.

Je nachdem, ob ein Gut k mit einer bestimmten Menge in die Produktion eingeht oder mit einer bestimmten Menge aus der Fertigung hervorgeht, bedarf es im Rahmen solcher Gütervektoren einer qualitativ unterschiedlichen Handhabung. Die von einem Gut eingesetzte Menge (Inputmenge) wird innerhalb eines Gütervektors mit einem negativen Vorzeichen versehen, während die von einem Gut ausgebrachte Menge (Outputmenge) ein positives Vorzeichen erhält. Im allgemeinen Fall mit K Gütern lässt sich dann jede Komponente k eines Gütervektors $v \in \mathbb{R}^K$ mit $k \in \{1, \ldots, K\}$ wie folgt interpretieren:

– wenn $v_k < 0$, so werden $|v_k|$ Einheiten von Gut k entweder als Input benötigt oder, falls es sich bei Gut k um einen Output handelt, vernichtet. $|v_k|$ gibt den positiven Betrag von v_k an;

– wenn $v_k > 0$, so werden v_k Einheiten von Gut k erzeugt;

– wenn $v_k = 0$, so spielt das Gut k im Produktionsprozess entweder keine Rolle oder, falls es sich bei Gut k um ein Zwischenprodukt handelt, wird von diesem auf den Vorstufen genauso viel hergestellt, wie auf den nachfolgenden Stufen verbraucht wird.

Jeder Gütervektor $v \in \mathbb{R}^K$ mit diesen Eigenschaften zur Kennzeichnung von Produktionsvorgängen wird als Aktivität oder Produktionspunkt bezeichnet. Eine Aktivität beschreibt somit eine mögliche produktionsmäßige Realisation des technischen Wissens, das einem industriellen Fertigungsunternehmen zur Erzeugung von Produkten zur Verfügung steht. Allerdings werden nur die Quantitäten derjenigen Güter angegeben, die das jeweilige Produktionsverfahren charakterisieren.[83] Für eine Aktivität $v \in \mathbb{R}^5$ mag beispielsweise gelten:

$$v = (3, 0, -2, -5, 0)',$$

d.h. mit Hilfe von 2 Einheiten von Gut 3 und 5 Einheiten von Gut 4 lassen sich 3 Einheiten von Gut 1 herstellen. Die Güter 2 und 5 spielen bei dieser Produktion mengenmäßig keine Rolle.

Die Menge aller Aktivitäten, die einem Unternehmen bekannt sind, beschreibt die technischen Möglichkeiten, die das Unternehmen besitzt. Diese Menge wird Technologie genannt und durch das Symbol T gekennzeichnet. Technologien sind Teilmengen des $\mathbb{R}^K$, d.h. es gilt $T \subset \mathbb{R}^K$, und werden formal dargestellt als:

$$T = \{v \mid v \text{ ist ein dem Unternehmen bekanntes Produktionsverfahren}\}.$$

Es ist zweckmäßig, die einzelnen Komponenten einer Aktivität gemäß der eingangs getroffenen Güterunterscheidung zu erfassen. Die Anordnung der Komponenten erfolgt von vorne beginnend, nach Güterarten geordnet, und zwar werden zunächst die Endprodukt-, dann die Zwischenprodukt- und schließlich die Faktormengen aufgeführt. Die Endproduktmengen werden mit x_j $(j = 1, ..., J)$, die Zwischenproduktmengen mit y_s $(s = 1, ..., S)$, und die Faktormengen mit r_i $(i = 1, ..., I)$ bezeichnet. Dementsprechend kann die Aktivität $v \in \mathbb{R}^K$ geschrieben werden als:

$$v = (x_1, ..., x_J, y_1, ..., y_S, r_1, ..., r_I)',$$

mit $v_k = x_j$ für $k = j = 1, ..., J$, $v_k = y_s$ für $k = J + s$, $s = 1, ..., S$, und $v_k = r_i$ für $k = J + S + i$, $i = 1, ..., I$.[84]

Gehen in ein Produktionsmodell nur zwei oder drei Güter ein, gilt also $K = 2$ oder $K = 3$, so lassen sich der Güterraum, die Aktivitäten und die Technologiemenge grafisch veranschaulichen. Betrachtet man beispielsweise den Zwei-Güter-Fall, wobei das erste Gut den Output und das zweite Gut den Input darstellt, und stehen dem Unternehmen zur Produktion folgende fünf Aktivitäten

$$v^1 = \begin{pmatrix} 3 \\ -5 \end{pmatrix}, \quad v^2 = \begin{pmatrix} 5 \\ -6 \end{pmatrix}, \quad v^3 = \begin{pmatrix} 2 \\ -3 \end{pmatrix}, \quad v^4 = \begin{pmatrix} 4 \\ -4 \end{pmatrix}, \quad v^5 = \begin{pmatrix} 4 \\ -6 \end{pmatrix}$$

---

[83]   Für das Wort Aktivität werden gelegentlich auch die Wörter Produktion oder Produktionsverfahren gebraucht.

[84]   Vgl. Fandel, G.: Produktion I, a.a.O., S. 35ff.

zur Verfügung, dann entspricht der Güterraum $\mathbb{R}^2$ der Ebene, in die sich die Aktivitäten v^1 bis v^5 als Produktionspunkte gemäß Abb. 3.3 eintragen lassen.

Sind die Aktivitäten v^1 bis v^5 die einzigen Aktivitäten, die dem Produktionsunternehmen aufgrund seines technischen Wissens bekannt sind, so lautet die Technologiemenge T ohne weitere zusätzliche Annahmen:

$$T = \left\{ v^1, v^2, v^3, v^4, v^5 \right\} \subset \mathbb{R}^2.$$

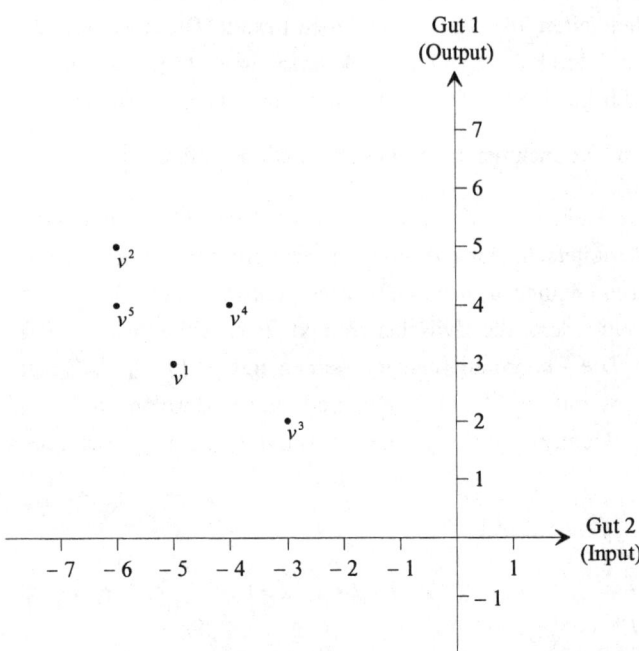

Abb. 3.3: Güterraum für zwei Güter

3.2.3 Das Effizienzkriterium

Durch die Technologiemenge T sind alle durchführbaren Aktivitäten bzw. Produktionsverfahren eines Unternehmens beschrieben. Damit ist aber noch nicht festgelegt, welche Produktionsalternativen $v \in T$ das Unternehmen zur Produktion heranziehen wird. In dieser Entscheidungsfrage wird das Unternehmen jedoch darum bemüht sein, Produktionsverfahren, die als offensichtlich schlecht anzusehen sind, von vornherein auszusondern, und sich nach Möglichkeit auf die guten Produktionsalternativen beschränken. Die Trennung der schlechten von den guten Aktivitäten erfolgt unter Anwendung des Wirtschaftlichkeitsprinzips bzw. des

daraus hergeleiteten Effizienzkriteriums. Dies soll anhand eines Beispiels verdeutlicht werden. Einem Unternehmen stehen folgende sechs Aktivitäten zur Verfügung (vgl. auch Abb. 3.4):

$$v^1 = \begin{pmatrix} 1 \\ -2 \end{pmatrix}, \quad v^2 = \begin{pmatrix} -2 \\ -3 \end{pmatrix}, \quad v^3 = \begin{pmatrix} 0 \\ 0 \end{pmatrix}, \quad v^4 = \begin{pmatrix} 0 \\ -4 \end{pmatrix}, \quad v^5 = \begin{pmatrix} 2 \\ -4 \end{pmatrix}, \quad v^6 = \begin{pmatrix} 0,5 \\ -1 \end{pmatrix}.$$

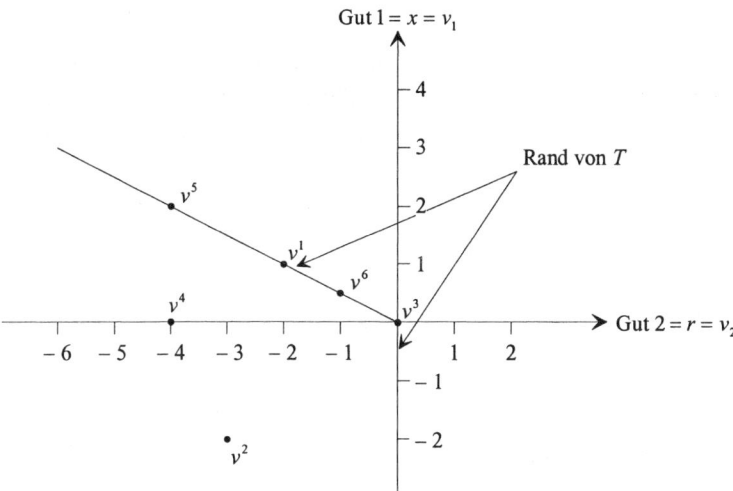

Abb. 3.4: Effiziente und dominierte Aktivitäten

Der Produktionspunkt v^4 ist dadurch gekennzeichnet, dass durch Einsatz von
4 Einheiten des Produktionsfaktors $\left(r^4 = v_2^4 = -4\right)$ keine Menge des Endproduktes
$\left(x^4 = v_1^4 = 0\right)$ hergestellt wird. Der Produktionsfaktor, in diesem Fall Gut 2, wird
beim Produktionsverfahren v^4 also lediglich verschwendet. Mit Aktivität v^5
lassen sich hingegen bei Einsatz der gleichen Faktormenge $\left(r^5 = v_2^5 = -4\right)$ zwei
Einheiten des Endproduktes $\left(x^5 = v_1^5 = 2\right)$ herstellen. Aus wirtschaftlichen
Gründen ist also v^5 gegenüber v^4 vorzuziehen, da mit demselben Faktoreinsatz
eine größere Produktmenge realisiert werden kann.

Gilt für zwei Produktionspunkte $w, v \in T$, dass w mit einem Input, der kleiner
oder gleich dem Input von v ist, einen größeren Output erzielt als v, so dominiert
w den Produktionspunkt v. Die Aktivität $w \in T$ dominiert also die Aktivität $v \in T$
genau dann, wenn

$w_k \geq v_k$ für alle $k \in \{1, ..., K\}$ und

$w_k > v_k$ für mindestens ein $k \in \{1, ..., K\}$

gilt. Das bedeutet, dass mit denselben oder geringeren Faktoreinsatzmengen höhere Endproduktmengen erzielt werden oder dieselben bzw. größere Endproduktmengen mit geringerem Faktoreinsatz hergestellt werden.

Nach dieser Definition wird die Aktivität v^4 auch von der Aktivität v^1 dominiert. Entsprechend sind auch die Produktionspunkte v^3 und v^6 dem Produktionspunkt v^4 wirtschaftlich überlegen. Ähnliche Dominanzbeziehungen lassen sich aufstellen, wenn man wahlweise die Produktionsverfahren v^1, v^3 oder v^6 mit der Aktivität v^2 vergleicht.

Beim Vergleich der Produktionspunkte v^1 und v^5 lässt sich jedoch keine wirtschaftliche Überlegenheit des einen über den anderen mehr feststellen. Die Aktivität v^5 liefert zwar einen Output von $x^5 = v_1^5 = 2$, während sich mit v^1 nur eine Einheit des Endproduktes $\left(x^1 = v_1^1 = 1 \right)$ herstellen lässt; dafür benötigt v^5 jedoch auch einen Input von $r^5 = v_2^5 = -4$, während bei v^1 nur zwei Faktoreinheiten $\left(r^1 = v_2^1 = -2 \right)$ verbraucht werden. Umgekehrt gilt für v^1, dass hier mit dem Einsatz einer kleineren Faktormenge auch die Herstellung einer kleineren Produktmenge erfolgt. Für die Beziehung zwischen den beiden Aktivitäten gilt also, dass keine die andere dominiert. Dies bedeutet, dass weder

$$v_k^1 \geq v_k^5 \text{ für alle } k \in \{1, 2\} \text{ und } v_k^1 > v_k^5 \text{ für mindestens ein } k \in \{1, 2\} \text{ noch}$$

$$v_k^5 \geq v_k^1 \text{ für alle } k \in \{1, 2\} \text{ und } v_k^5 > v_k^1 \text{ für mindestens ein } k \in \{1, 2\} \text{ gilt.}$$

Darüber hinaus lässt sich aber für diese beiden Aktivitäten v^1 und v^5 keine von ihnen verschiedene andere Aktivität $w \in T$ finden, die v^1 oder v^5 dominiert, d.h. es gibt für v^1 und v^5 keine Aktivität $w \in T$, die mit demselben oder einem geringeren Faktoreinsatz eine größere oder dieselbe Produktmenge erzielt. Die Produktionspunkte v^1 und v^5 bezeichnet man deshalb als effiziente Produktionspunkte. Entsprechendes gilt für v^3 und v^6.

Eine Produktion $v \in T$ heißt effizient, wenn es keine andere Produktion $w \in T$ mit $w \neq v$ gibt, welche dieselben bzw. mehr Produktmengen mit geringeren bzw. denselben Faktoreinsatzmengen herstellt. Mit Bezug auf die Dominanzdefinition gilt: Eine Produktion $v \in T$ heißt effizient, wenn sie von keiner anderen Produktion $w \in T$ dominiert wird.

Bildlich gesprochen im $\mathbb{R}^2$ bedeutet die Dominanz, dass ein Produktionspunkt dominiert wird, wenn rechts oberhalb von ihm noch ein anderer Produktionspunkt der Technologie liegt. Ist dies nicht der Fall, so ist der Produktionspunkt effizient. In Abb. 3.4 ist der Produktionspunkt v^1 beispielsweise effizient, da es keinen anderen Produktionspunkt der Technologie gibt, der rechts oberhalb von v^1 liegt. v^1 selbst wiederum liegt rechts oberhalb von v^2 und dominiert somit v^2. Aus der Effizienzdefinition sowie der bildlichen Erklärung wird unmittelbar klar, dass effiziente Produktionspunkte nie im Inneren, sondern immer nur auf dem Rand einer Technologie liegen können.[85] Andererseits sind nicht alle Randpunkte einer Technologie effizient. In Abb. 3.4 werden sämtliche Produktionspunkte auf der negativ gerichteten Koordinatenachse für Gut 1 vom Produktionsstillstand v^3 dominiert, der stets effizient ist.

Der effiziente Rand einer Technologie, der alle effizienten Produktionen enthält, wird mit T_e bezeichnet, und es gilt:

$$T_e = \left\{ v \in T \mid v \text{ ist effizient} \right\}.$$

In Abb. 3.4 wird für den Fall, dass auch alle Produktionspunkte auf der Geraden durch v^3 und v^5 zur Technologie gehören, T_e durch den Teil des Randes repräsentiert, der im linken oberen Quadranten verläuft.[86]

3.2.4 Verbindungen zwischen Produktionsfunktion und Technologie

Der Prozess der Leistungserstellung eines Unternehmens ist durch den Einsatz von Produktionsfaktoren und die Ausbringung von Produkten charakterisiert. Die bestehenden Beziehungen zwischen den eingesetzten und ausgebrachten Mengen effizienter Aktivitäten werden durch Produktionsfunktionen beschrieben. „Eine Produktionsfunktion gibt symbolisch die funktionale Beziehung zwischen der Produktionsausbringung einer Unternehmung und den in ihr eingesetzten Produktionsfaktormengen an".[87]

In Kapitel 3.2.2 wurde dargestellt, dass die Technologiemenge T sämtliche Produktionsmöglichkeiten oder Aktivitäten beschreibt, die einem Unternehmen aufgrund seines technischen Wissens bekannt sind. Dabei wurden innerhalb einer Aktivität oder eines Produktionspunktes die Inputgüter mit negativem und die Outputgüter mit positivem Vorzeichen versehen.

Produktionsfunktionen erfassen und beschreiben nicht alle Produktionsmöglichkeiten, sondern sie beziehen ausschließlich die effizienten Produktionsmöglichkeiten ein. Des Weiteren werden die Input- und Outputmengen im Rahmen von Produktionsfunktionen nicht durch unterschiedliche Vorzeichen gekennzeichnet, sondern sowohl Faktor- als auch Produktquantitäten werden in positiven Ein-

---

[85] Der Darstellung des Randes der Technologie in Abb. 3.4 liegt die Annahme der Größenproportionalität zugrunde. Vgl. hierzu: Fandel, G.: Produktion I, a.a.O., S. 41.

[86] Vgl. Fandel, G.: Produktion I, a.a.O., S. 48ff.

[87] Kilger, W.: Produktions- und Kostentheorie, a.a.O., S. 11.

heiten gerechnet. Es lässt sich folgende einfache formale Beziehung zwischen Technologie und Produktionsfunktion aufstellen:

Sei $f: \mathbb{R}^K \to \mathbb{R}$ eine Abbildung vom Güterraum in die Menge der reellen Zahlen, dann heißt f Produktionsfunktion zur Technologie T, wenn sie genau die effizienten Aktivitäten dieser Technologie in die Null abbildet, d.h. also wenn gilt:

$$f(v) = 0 \text{ genau dann, wenn } v \in T_e, v = (v_1, \ldots, v_K)'.$$

Mit anderen Worten beschreibt die Produktionsfunktion also den effizienten Rand T_e der ihr zugrunde liegenden Technologie.[88] Die Darstellungsweise $f(v) = 0$ bezeichnet man als implizite Form der Produktionsfunktion.

Daneben existiert die Möglichkeit, die Produktionsfunktion explizit darzustellen, falls sich die Funktion $f(v) = 0$ nach der Komponente v_k mit $k \in \{1, \ldots, K\}$ des Vektors v auflösen lässt. Die Produktionsfunktion lautet dann:

$$v_k = f_k(v_1, \ldots, v_{k-1}, v_{k+1}, \ldots, v_K).$$

Wird in einem einstufigen Produktionsprozess durch einmalige Kombination von Faktoreinsatzmengen $(r_1, \ldots, r_I)$ ohne Einbeziehung von Zwischenprodukten nur ein Endprodukt (x) hergestellt, so lässt sich die Produktionsfunktion in der nachfolgenden Form schreiben:

$$x = f(r_1, \ldots, r_I).$$

3.2.5 Einteilung der Produktionsfunktionen

Unterteilt man die Produktionsfunktionen nach dem Austauschbarkeitsverhältnis der an der Produktion beteiligten Produktionsfaktoren, so können zunächst allgemein limitationale und substitutionale Produktionsfunktionen unterschieden werden.

Limitationale Produktionsfunktionen zeichnen sich dadurch aus, dass ein bestimmtes Produktionsergebnis aus technischen Gründen nur durch eine feste Faktormengenkombination effizient hergestellt werden kann. Die Produktionsfaktormengen können nicht gegeneinander ausgetauscht werden, sondern stehen in einem technisch bindenden Verhältnis zueinander und zur Produktmenge. Das folgende Beispiel veranschaulicht die den limitationalen Produktionsfunktionen zugrunde liegenden Zusammenhänge.

---

[88]   Vgl. Kapitel 3.2.3.

Zur Herstellung eines Autos (x) werden vier Räder (r_1) und eine Karosserie (r_2) benötigt. Die entsprechenden Faktoreinsatzfunktionen, die die Beziehung zwischen benötigter Faktormenge in Abhängigkeit von der Ausbringungsmenge angeben, lauten:

$$r_1 = 4 \cdot x \text{ und } r_2 = 1 \cdot x .$$

Die Produktionskoeffizienten

$$a_i = \frac{r_i}{x} , \qquad i = 1, 2$$

der Faktoren kennzeichnen das Verhältnis der jeweiligen Faktoreinsatzmenge zur Outputmenge. Sie geben an, welche Menge des Faktors i benötigt wird, um eine Einheit des Endproduktes in effizienter Weise herzustellen. Das für limitationale Produktionsfunktionen typischerweise feste Verhältnis der erforderlichen Faktoreinsatzmengen r_1 bzw. r_2 zur Outputmenge x spiegelt sich in dem angeführten Beispiel durch die Produktionskoeffizienten

$$a_1 = \frac{r_1}{x} = 4 \text{ bzw. } a_2 = \frac{r_2}{x} = 1$$

wider. Das bindende Einsatzverhältnis $r_1 : r_2$ zwischen den Faktoren wird durch den Quotienten der Produktionskoeffizienten $a_1 : a_2 = 4$ angezeigt. Die auf den Einsatzbeziehungen basierende Produktionsfunktion ist in der Form der Isoquantendarstellung in Abb. 3.5 veranschaulicht.[89] Die effizienten Produktionen liegen auf den Eckpunkten der Isoquanten bzw. auf der Geraden durch den Ursprung, deren Steigung durch den Quotienten

$$a_2 : a_1 = \frac{1}{4}$$

der Produktionskoeffizienten gegeben ist.

Die Limitationalität ist dadurch gekennzeichnet, dass eine höhere Ausbringungsmenge nur dann erzeugt werden kann, wenn alle Produktionsfaktormengen entsprechend ihrem Verhältnis zur Ausbringungsmenge erhöht werden. Setzt man in der Produktion beispielsweise drei Karosserien $(r_2 = 3)$ aber nur vier Räder $(r_1 = 4)$ ein (vgl. Punkt A in Abb. 3.5), so lässt sich nach wie vor nur ein Auto

---

[89] Als Isoquante bezeichnet man den geometrischen Ort aller Faktormengenkombinationen, die zur selben Ausbringungsmenge führen. Vgl. Fandel, G.: Produktion I, a.a.O., S. 53.

$(x=1)$ herstellen. Daher liegt der Punkt A ebenfalls auf der Isoquante $x=1$, ist jedoch ineffizient.

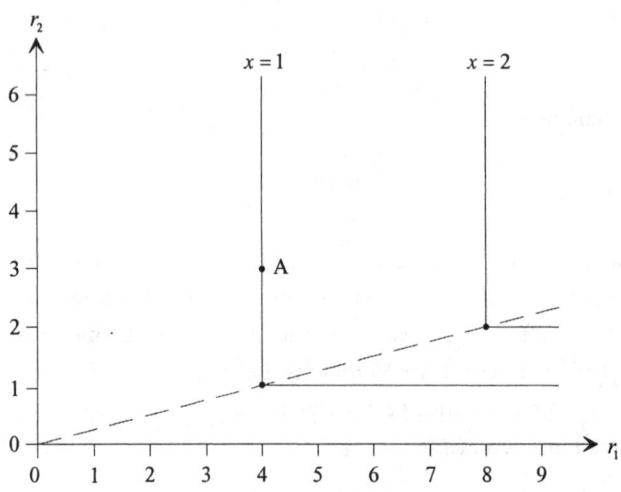

Abb. 3.5:   Limitationalität der Produktionsfaktoren

Bei limitationalen Produktionsfunktionen stehen die Faktoreinsatzmengen zwar stets in einem eindeutigen Verhältnis zur Ausbringungsmenge, die Limitationalität bedingt damit aber nicht notwendigerweise konstante Produktionskoeffizienten. So gibt es limitationale Produktionsfunktionen mit konstanten und solche mit variablen Produktionskoeffizienten.

Substitutionale Produktionsfunktionen sind dadurch gekennzeichnet, dass eine bestimmte Ausbringungsmenge durch unterschiedliche effiziente Kombinationsmöglichkeiten von Faktoreinsatzmengen hergestellt werden kann. Die Produktionsfaktoren können also gegeneinander ausgetauscht werden. Zur Erläuterung der Substitutionalität dient das folgende Beispiel: Zum Ausheben eines Grabens von 200 m Länge können entweder vier Arbeiter und zwei Bagger oder zwanzig Arbeiter und nur ein Bagger eingesetzt werden.

Im Gegensatz zu limitationalen Produktionsfunktionen kann in substitutionalen Produktionsfunktionen möglicherweise durch die Erhöhung der Einsatzmenge nur eines Produktionsfaktors bei Konstanz der Einsatzmengen aller übrigen Produktionsfaktoren die Ausbringungsmenge erhöht werden. Dies wird in Abb. 3.6 verdeutlicht.

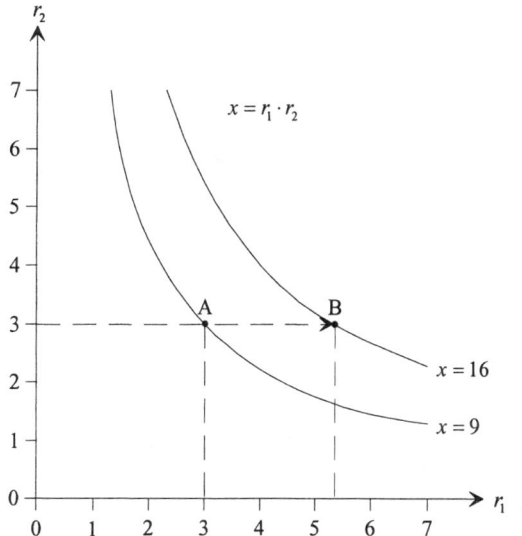

Abb. 3.6: Substitutionalität der Produktionsfaktoren

Vom Punkt A $\left(r_1 = 3,\ r_2 = 3\right)$ auf der Produktionsisoquante $x = 9$ ausgehend erreicht man den Punkt B $\left(r_1 = 5\frac{1}{3},\ r_2 = 3\right)$ auf der Produktionsisoquante $x = 16$ durch alleinige Erhöhung der Faktoreinsatzmenge r_1 um $2\frac{1}{3}$ Mengeneinheiten. Bei der Substitution ändern sich – anders als im limitationalen Fall – die Produktionskoeffizienten.

Bei den substitutionalen Produktionsfunktionen unterscheidet man zwischen den klassischen und den neoklassischen Produktionsfunktionen. Während eine klassische Produktionsfunktion durch den ertragsgesetzlichen Verlauf charakterisiert ist, d.h. bei der Variation einer Faktoreinsatzmenge zunächst einen Bereich zunehmender Grenzerträge und anschließend abnehmender Grenzerträge besitzt, sind neoklassische Produktionsfunktionen dadurch gekennzeichnet, dass sie bei partieller Faktorvariation von Anfang an abnehmende Grenzerträge aufweisen.[90]

Die nachfolgende Abb. 3.7 gibt einen zusammenfassenden Überblick über die Klassifizierung von Produktionsfunktionen, wobei als Einteilungskriterium die Beziehung zwischen den Produktionsfaktoren zugrunde liegt.

---

[90] Vgl. Fandel, G.: Produktion I, a.a.O., S. 53ff. Zur grafischen Darstellung klassischer und neoklassischer Produktionsfunktionen vgl. Fandel, G.: Produktion I, a.a.O., S. 71 und S. 76.

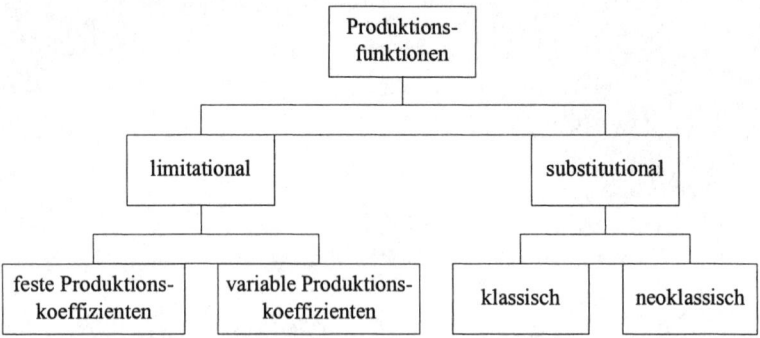

Abb. 3.7:   Einteilung der Produktionsfunktionen

3.2.6 Eignung von Produktionsfunktionen zur Darstellung industrieller Produktionszusammenhänge

Die Frage, ob substitutionale Produktionsfunktionen zur Beschreibung industrieller Produktionsvorgänge geeignet sind, ist in der Literatur sehr umstritten. Auch wenn die Substituierbarkeit der Einsatzfaktoren in einigen Industriezweigen, wie z.B. in der chemischen Industrie, durchaus ihre Bedeutung hat, vertreten verschiedene Autoren die Auffassung, dass substitutionale Produktionsfunktionen zur Beschreibung industrieller Produktionszusammenhänge ungeeignet sind.[91] Aufgrund der in der industriellen Produktion vielfach zu beobachtenden festen Faktoreinsatzrelationen, die vorwiegend technisch und durch die Automation bedingt sind, wird oftmals die Ansicht vertreten, dass die limitationalen Produktionsfunktionen mit ihren fixen Faktorproportionen eher zur Darstellung industrieller Produktionszusammenhänge geeignet sind.

Dieser Ansicht folgend werden in den anschließenden Kapiteln lediglich die limitationalen Produktionsfunktionen als theoretische Grundlage der Kostenrechnung ausführlich behandelt.

---

[91]   Vgl. Gutenberg, E.: Grundlagen der Betriebswirtschaftslehre, Bd. I: Die Produktion, 24. Aufl., Berlin et al. 1983, S. 318ff.

3.3 Limitationale Produktionszusammenhänge

3.3.1 Die Leontief-Produktionsfunktion

Die Leontief-Produktionsfunktion zeichnet sich durch die folgenden Merkmale aus. Zum einen sind die Beziehungen zwischen den eingesetzten Produktionsfaktoren limitational, d.h. es bestehen keine Substitutionsmöglichkeiten zwischen den Faktoren. Zum anderen herrschen zwischen den Faktoreinsatz- und Ausbringungsmengen lineare Beziehungen, was durch konstante Produktionskoeffizienten zum Ausdruck kommt. Gemäß Abb. 3.7 gehört die Leontief-Produktionsfunktion also zu den limitationalen Produktionsfunktionen mit festen Produktionskoeffizienten. Im Folgenden wird die Leontief-Produktionsfunktion für die Fälle der ein- und mehrstufigen Produktion untersucht.

3.3.1.1 Die Leontief-Produktionsfunktion bei einstufiger Produktion

Einstufige Produktion ist dadurch gekennzeichnet, dass die Erstellung eines oder mehrerer Endprodukte ohne die Zwischenschaltung von Zwischenprodukten durch die einmalige Kombination der Faktoreinsatzmengen in einem Arbeitsgang erfolgt.[92]

Bezüglich eines beliebigen Produktionsfaktors i, z.B. Betriebsstoffe wie Energie oder Schmieröl, gilt die lineare Faktoreinsatzfunktion:

$$r_i = a_i \cdot x \, .$$

Darin bezeichnet:

r_i die von Produktionsfaktor i eingesetzte Menge,

a_i die pro Endprodukteinheit erforderliche Menge des Produktionsfaktors i (Produktionskoeffizient) und

x die Ausbringungsmenge des Endproduktes.

Werden I verschiedene Produktionsfaktoren zur Fertigung des Endproduktes x benötigt, so lässt sich der Produktionsprozess durch folgende I Faktoreinsatzfunktionen darstellen:

---

[92]   Vgl. Fandel, G.: Produktion I, a.a.O., S. 37.

$$r_1 = a_1 \cdot x$$
$$r_2 = a_2 \cdot x$$
$$\vdots \qquad \qquad \text{bzw. } r_i = a_i \cdot x, \qquad i = 1, \ldots, I.$$
$$r_I = a_I \cdot x$$

Die Leontief-Produktionsfunktion wird durch die Gesamtheit dieser Faktorein-satzfunktionen beschrieben und besitzt die nachfolgend erläuterten Eigenschaften. Die jeweiligen Produktionskoeffizienten sind konstant:

$$a_i = \frac{r_i}{x} = \text{const.} > 0, \quad \text{für alle } i \in \{1, \ldots, I\}.$$

Diese Eigenschaft impliziert, dass es sich bei der Leontief-Produktionsfunktion um eine linear-homogene Produktionsfunktion handelt, wobei Linear-Homogeni-tät bedeutet, dass eine λ-fache Erhöhung sämtlicher Einsatzmengen zu einer λ-fachen Erhöhung der Ausbringungsmenge führt.

Die Einsatzmengen der Produktionsfaktoren stehen in einem konstanten Ver-hältnis zueinander, das dem Verhältnis ihrer Produktionskoeffizienten entspricht, d.h. es gilt:

$$\frac{r_i}{r_{i'}} = \frac{a_i}{a_{i'}} = \text{const.} > 0, \quad \text{für alle } i, i' \in \{1, \ldots, I\}.$$

Diese Eigenschaft bringt zum Ausdruck, dass es sich bei der Leontief-Produk-tionsfunktion um eine linear-limitationale Produktionsfunktion handelt. Soll die Ausbringungsmenge des Endproduktes erhöht werden, so müssen sämtliche Pro-duktionsfaktoren gemäß ihrem Einsatzverhältnis erhöht werden.

Bislang wurde die Leontief-Produktionsfunktion lediglich auf der Grundlage eines effizienten Produktionsverfahrens dargestellt. Stehen einer Unternehmung mehrere effiziente Produktionsverfahren zur Verfügung, so lässt sich für jedes Produktionsverfahren eine entsprechende Leontief-Produktionsfunktion aufstel-len.[93]

3.3.1.2 Die Leontief-Produktionsfunktion bei mehrstufiger Produktion

In einer mehrstufigen Produktion können sowohl einteilige als auch mehrteilige Endprodukte gefertigt werden. Bei der Erstellung einteiliger Endprodukte liegt eine mehrstufige Produktion dann vor, wenn an dem Einsatzstoff, aus dem das entsprechende Endprodukt allein hervorgeht, mehrere Arbeitsvorgänge nachein-

---

[93]   Vgl. Fandel, G.: Produktion I, a.a.O., S. 90ff.

ander durchzuführen sind. Die mehrstufige Produktion mehrteiliger Endprodukte ist dadurch gekennzeichnet, dass auf der niedrigsten Produktionsstufe Einzelteile bzw. Vorprodukte erzeugt werden, die dann auf höheren Produktionsstufen (eventuell unter Zukauf von Fremdbezugsteilen) zu Baugruppen bzw. Zwischenprodukten montiert werden. Diese werden dann wiederum in der höchsten Produktionsstufe zum Endprodukt zusammengesetzt.[94]

Während sich zur Darstellung der mehrstufigen Produktion einteiliger Endprodukte die später noch darzustellende Gutenberg-Produktionsfunktion eignet, lässt sich die mehrstufige Produktion mehrteiliger Endprodukte auf der Grundlage der Leontief-Produktionsfunktion darstellen.

Ausgangspunkt der folgenden Erläuterungen ist, dass auf einer Produktionsstufe k das Gut k $(k = 1, ..., K)$ hergestellt wird, bei dem es sich um ein Vor-, Zwischen- oder Endprodukt handeln kann. Zur Herstellung des Gutes k wird von einer vorgelagerten Produktionsstufe k' das Gut k' $(k' = 1, ..., K)$ benötigt, bei dem es sich um einen Produktionsfaktor, ein Vor- oder ein Zwischenprodukt handelt. Bezeichnet man mit

x_k die von Gut k herzustellende Menge auf Produktionsstufe k,

$x_{k'k}$ die Menge des Gutes k', die direkt zur Herstellung der Menge x_k benötigt wird und

$a_{k'k}$ die direkt benötigte Menge des Gutes k' pro Einheit des Gutes k (Produktionskoeffizient),

so ergibt sich die folgende Faktoreinsatzfunktion:

$x_{k'k} = a_{k'k} \cdot x_k$.

Erstellt man für alle Güter k' $(k' = 1, ..., K)$, die zur Herstellung der Güter k $(k = 1, ..., K)$ benötigt werden, die entsprechenden Faktoreinsatzfunktionen, so wird die Leontief-Produktionsfunktion durch die Gesamtheit dieser Faktoreinsatzfunktionen repräsentiert.

Bezeichnet man mit $x_{k'}$ die Menge von Gut k', die insgesamt erforderlich ist, um die Mengen x_k $(k = 1, ..., K)$ herzustellen, so erhält man $x_{k'}$ aus der Gleichung:

$$x_{k'} = \sum_{k=1}^{K} x_{k'k} = \sum_{k=1}^{K} a_{k'k} \cdot x_k , \qquad k' = 1, ..., K .$$

---

[94]   Vgl. Glaser, H. / Geiger, W. / Rohde, V.: PPS, Produktionsplanung und -steuerung, Grundlagen – Konzepte – Anwendungen, 2. Aufl., Wiesbaden 1992, S. 395 und S. 404.

Die Summe

$$\sum_{k=1}^{K} a_{k'k} \cdot x_k$$

bezeichnet darin die Sekundärbedarfsmenge an Gut k'. Sie wird aus dem jeweiligen Bedarf der Güter k abgeleitet, zu deren Herstellung Gut k' direkt erforderlich ist.

Für Gut k' kann gegebenenfalls auch ein Primärbedarf auftreten, wenn Gut k' beispielsweise als Ersatzteil direkt verkauft wird. Bezeichnet man mit $n_{k'}$ die extern auftretende Primärbedarfsmenge an Gut k', so ergibt sich die von Gut k' insgesamt benötigte Menge als Summe aus Sekundär- und Primärbedarf gemäß der Gleichung:

$$x_{k'} = \sum_{k=1}^{K} x_{k'k} + n_{k'} = \sum_{k=1}^{K} a_{k'k} \cdot x_k + n_{k'}, \qquad k' = 1, \ldots, K.$$

Werden gemäß

$$x_{k'} = \sum_{k=1}^{K} a_{k'k} \cdot x_k + n_{k'}$$

sämtliche Gleichungen für $k' = 1, \ldots, K$ und $k = 1, \ldots, K$ aufgestellt, so erhält man ein lineares Gleichungssystem, das sämtliche Produktionsbeziehungen der mehrstufigen Produktion mehrteiliger Endprodukte abbildet:

$$
\begin{aligned}
x_1 &= a_{11} \cdot x_1 &&+ a_{12} \cdot x_2 &&+ a_{13} \cdot x_3 &&+ \ldots &&+ a_{1K} \cdot x_K &&+ n_1 \\
x_2 &= a_{21} \cdot x_1 &&+ a_{22} \cdot x_2 &&+ a_{23} \cdot x_3 &&+ \ldots &&+ a_{2K} \cdot x_K &&+ n_2 \\
&\vdots \\
x_K &= a_{K1} \cdot x_1 &&+ a_{K2} \cdot x_2 &&+ a_{K3} \cdot x_3 &&+ \ldots &&+ a_{KK} \cdot x_K &&+ n_K.
\end{aligned}
$$

Dieses Gleichungssystem bildet die Grundlage für die im Rahmen der Kostenstellenrechnung durchzuführende innerbetriebliche Leistungsverrechnung mit Hilfe des Gleichungsverfahrens.

In der Vektor- und Matrixschreibweise lässt sich das lineare Gleichungssystem verkürzt in der Form

$$x = D \cdot x + n$$

schreiben, wobei

$$x = (x_1, x_2, \ldots, x_K)' \qquad \text{den Gesamtbedarfsvektor,}$$

$$n = (n_1, n_2, \ldots, n_K)' \qquad \text{den Primärbedarfsvektor und}$$

$$D = \begin{pmatrix} a_{11} & \cdots & a_{1K} \\ \vdots & \ddots & \vdots \\ a_{K1} & \cdots & a_{KK} \end{pmatrix} \quad \text{die Direktbedarfsmatrix}$$

beschreibt.

Bei den Elementen $a_{k'k}$ $(k', k = 1, ..., K)$ der Direktbedarfsmatrix D handelt es sich um die entsprechenden Produktionskoeffizienten, die angeben, welche Menge des Gutes k' pro Mengeneinheit des Gutes k direkt benötigt wird. Das angegebene lineare Gleichungssystem lässt sich folgendermaßen umformen:

$$
\begin{array}{rcl}
(1 - a_{11}) \cdot x_1 \quad - a_{12} \cdot x_2 \quad - a_{13} \cdot x_3 \quad - ... \quad - a_{1K} \cdot x_K & = & n_1 \\
- a_{21} \cdot x_1 \quad + (1 - a_{22}) \cdot x_2 \quad - a_{23} \cdot x_3 \quad - ... \quad - a_{2K} \cdot x_K & = & n_2 \\
\vdots & & \\
-a_{K1} \cdot x_1 \quad - a_{K2} \cdot x_2 \quad - a_{K3} \cdot x_3 \quad - ... \quad + (1 - a_{KK}) \cdot x_K & = & n_K.
\end{array}
$$

In der Vektor- und Matrixdarstellung erhält man entsprechend:

$$(I - D) \cdot x = n .$$

$$I = \begin{pmatrix} 1 & 0 & \cdots & 0 \\ 0 & 1 & \ddots & \vdots \\ \vdots & \ddots & \ddots & 0 \\ 0 & \cdots & 0 & 1 \end{pmatrix} \quad \text{bezeichnet dabei die Einheitsmatrix.}$$

Die Elemente der Einheitsmatrix I weisen alle den Wert 0 auf, bis auf die Elemente der Hauptdiagonalen, die den Wert 1 besitzen.[95] Die Matrix $(I - D)$ bezeichnet man als Technologiematrix. Löst man obige Gleichung nach x auf, indem man die Technologiematrix $(I - D)$ invertiert, so erhält man:

$$x = (I - D)^{-1} \cdot n .$$

Die Inverse der Technologiematrix $(I - D)^{-1}$ bezeichnet man als Gesamtbedarfsmatrix G. Somit ergibt sich

$x = G \cdot n$, wobei

$$G = \begin{pmatrix} g_{11} & \cdots & g_{1K} \\ \vdots & \ddots & \vdots \\ g_{K1} & \cdots & g_{KK} \end{pmatrix} \quad \text{die Gesamtbedarfsmatrix darstellt.}$$

---

[95] Für die Elemente der Hauptdiagonalen gilt $k' = k$ für $k', k = 1, ..., K$.

Die Elemente $g_{k'k}\,(k',k=1,...,K)$ der Gesamtbedarfsmatrix G geben jeweils an, welche Menge des Gutes k' pro Mengeneinheit des Gutes k insgesamt benötigt wird. Stellt man $x = G \cdot n$ als Gleichungssystem für $k',k=1,...,K$ dar, so erhält man:

$$
\begin{aligned}
x_1 &= g_{11} \cdot n_1 &&+ g_{12} \cdot n_2 &&+ g_{13} \cdot n_3 &&+...+ && g_{1K} \cdot n_K \\
x_2 &= g_{21} \cdot n_1 &&+ g_{22} \cdot n_2 &&+ g_{23} \cdot n_3 &&+...+ && g_{2K} \cdot n_K \\
&\vdots \\
x_K &= g_{K1} \cdot n_1 &&+ g_{K2} \cdot n_2 &&+ g_{K3} \cdot n_3 &&+...+ && g_{KK} \cdot n_K \,.
\end{aligned}
$$

Direktbedarfs- und Gesamtbedarfsmatrix sind von zentraler Bedeutung für die Kalkulation mehrteiliger Produkte. Während beispielsweise die Stufenkalkulation auf der Direktbedarfsmatrix aufbaut, wird im Rahmen der summarischen Kalkulation die Gesamtbedarfsmatrix herangezogen.[96] Die Vorgehensweise bei der Matrizeninversion zur Bestimmung der Gesamtbedarfsmatrix wird an dieser Stelle nicht genauer erläutert. Im Folgenden wird aber anhand eines Beispiels gezeigt, wie die Gesamtbedarfsmatrix mit Hilfe eines Gozinto-Graphen ermittelt werden kann.[97]

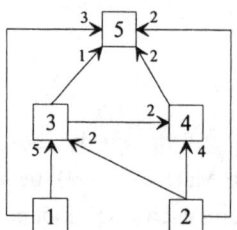

Abb. 3.8: Gozinto-Graph

Ein Endprodukt 5 setzt sich aus drei Stücken des Einzelteils 1, aus je zwei Teilen der Baugruppe 4 und des Einzelteils 2 sowie einem Teil der Baugruppe 3 zusammen. Die Baugruppe 4 wird aus zwei Teilen der Baugruppe 3 und vier Teilen

---

[96] Vgl. Kapitel 4.3.3.3.

[97] Ein Gozinto-Graph setzt sich aus Knoten und Pfeilen zusammen, wobei die Knoten Einzelteile, Baugruppen oder Endprodukte darstellen und die Pfeile angeben, in welcher Richtung sich der Montagefluss vollzieht. Die Pfeile sind mit Zahlen versehen, die jeweils den Produktionskoeffizienten angeben, also welche Menge jeweils für eine nächstfolgende Einheit erforderlich ist. Vgl. Fandel, G.: Teilebedarfsrechnung in der Mehrstufenfertigung, in: Wirtschaftswissenschaftliches Studium (1980) 10, S. 449-456, hier S. 450.

des Einzelteils 2 zusammengebaut, und schließlich besteht die Baugruppe 3 aus zwei Teilen des Einzelteils 2 und fünf Stücken des Einzelteils 1.

Die Direktbedarfsmatrix D kann sofort angegeben werden und ist der Abb. 3.9 zu entnehmen.[98]

Die Gesamtbedarfsmatrix G lässt sich mit Hilfe des Gozinto-Graphen ermitteln, indem man für sämtliche Wege, auf denen ein Teil in ein anderes Teil eingeht, die Menge berechnet (durch Multiplikation der Produktionskoeffizienten), die von dem Teil auf dem jeweiligen Weg benötigt wird, und dann die Mengen über sämtliche Wege aufsummiert. So geht beispielsweise Einzelteil 1 direkt mit drei Einheiten in Endprodukt 5 ein. Über die Baugruppe 3 gehen $5 \cdot 1 = 5$ Einheiten von Einzelteil 1 in Endprodukt 5 ein. Schließlich geht über die Baugruppe 3 und 4 das Einzelteil 1 mit $5 \cdot 2 \cdot 2 = 20$ Einheiten in das Endprodukt 5 ein. Es werden also insgesamt $3 + 5 + 20 = 28$ Einheiten von Einzelteil 1 benötigt, um eine Einheit des Endprodukts 5 herzustellen. Führt man diese Berechnung für sämtliche Teile durch, so erhält man die Gesamtbedarfsmatrix G aus Abb. 3.10.

in / von	1	2	3	4	5
1			5		3
2			2	4	2
3				2	1
4					2
5					

Abb. 3.9: Direktbedarfsmatrix

in / von	1	2	3	4	5
1	1		5	10	28
2		1	2	8	20
3			1	2	5
4				1	2
5					1

Abb. 3.10 Gesamtbedarfsmatrix

3.3.2 Die Gutenberg-Produktionsfunktion

Ähnlich wie die Leontief-Produktionsfunktion geht die Gutenberg-Produktionsfunktion ebenfalls grundsätzlich von der Limitationalität der Produktionsfaktoren aus, allerdings können bei GUTENBERG variable Produktionskoeffizienten der Faktoren auftreten.

Zur Ermittlung der im Zusammenhang mit der Produktion entstehenden Faktorverbräuche unterteilt GUTENBERG die Ressourcen zunächst in Gebrauchs- und Verbrauchsfaktoren. Die Gebrauchsfaktoren – vornehmlich Maschinen und Betriebsmittel – können jeweils für sich oder zu Gruppen zusammengefasst als Ag-

---

[98] Aus Übersichtlichkeitsgründen werden in der ersten Zeile und der ersten Spalte die Einzelteile, Baugruppen und das Endprodukt aufgeführt.

gregate oder andere betriebliche Teileinheiten aufgefasst werden. Sie dienen als betriebliche Orte, an denen jeweils getrennt die Faktorverbräuche im Sinne von Faktorfunktionen erhoben werden. Dabei beziehen sich die Verbrauchserhebungen sowohl auf die Leistungsabgaben der Gebrauchsfaktoren im Sinne des produktionsbedingten Potentialgüterverzehrs als auch auf die Mengen der Verbrauchsfaktoren – hier hauptsächlich Werkstoffe –, die bei der Produktion an den verschiedenen Aggregaten des Betriebes zum Einsatz gelangen.

Während bei der Leontief-Produktionsfunktion zwischen den Faktoreinsatzmengen und der Ausbringungsmenge eine unmittelbare Beziehung besteht, ist dies bei der Gutenberg-Produktionsfunktion nicht unbedingt der Fall. Dort gilt zwar grundsätzlich auch, dass der Faktorverbrauch bzw. die Leistungsabgabe der Gebrauchsfaktoren direkt von der herzustellenden Endproduktmenge abhängig ist, allerdings besteht bei den Verbrauchsfaktoren – bedingt durch ihren Einsatz an den Aggregaten – nur eine mittelbare Beziehung zwischen ihrem Verbrauch und der herzustellenden Endproduktmenge. Die Verbrauchsfaktormengen werden unmittelbar durch die technischen Eigenschaften eines Aggregates, beispielsweise seine Leistungsintensität oder seine Produktionszeit, determiniert. Dies soll im Folgenden näher erläutert werden.[99]

3.3.2.1 Die Gutenberg-Produktionsfunktion auf der Grundlage von Verbrauchsfunktionen

Eine Verbrauchsfunktion stellt die Beziehung zwischen dem Stückverbrauch eines Verbrauchsfaktors und der Leistungsintensität einer maschinellen Anlage dar. Für den Verbrauch des Verbrauchsfaktors i $(i = 1, ..., I)$ an der Maschine m $(m = 1, ..., M)$ lässt sich allgemein die Verbrauchsfunktion

$$\rho_{im} = \rho_{im} \left(\lambda_m \right)$$

beschreiben, wobei

ρ_{im} den Stückverbrauch von Verbrauchsfaktor i an Maschine m (gemessen in Faktoreinheiten pro Produkteinheit) und

λ_m die Leistungsintensität bzw. Produktionsgeschwindigkeit von Maschine m (gemessen in Produkteinheiten pro Zeiteinheit)

kennzeichnet.

Anhand des folgenden Beispiels soll die Verbrauchsfunktion erklärt werden. Der Benzinverbrauch ρ eines Kraftwagens je km in Abhängigkeit von der Fahr-

---

[99]   Vgl. Fandel, G.: Produktion I, a.a.O., S. 101.

geschwindigkeit sinkt zunächst mit zunehmender Leistungsintensität (Geschwindigkeit gemessen in km pro Stunde) bis in λ^* die Optimalintensität bezüglich des Benzinverbrauchs erreicht ist (vgl. Abb. 3.11).[100] Danach steigt der Benzinverbrauch für höhere Geschwindigkeiten wieder an. Die Verbrauchsfunktion $\rho(\lambda)$ ist demnach eine u-förmige Kurve. Im Allgemeinen lässt sich die Leistungsintensität einer Maschine nicht beliebig variieren, sondern es existiert ein Leistungsbereich $\underline{\lambda} \leq \lambda \leq \overline{\lambda}$, wobei $\underline{\lambda}$ die Minimal- bzw. $\overline{\lambda}$ die Maximalintensität der Maschine darstellt.

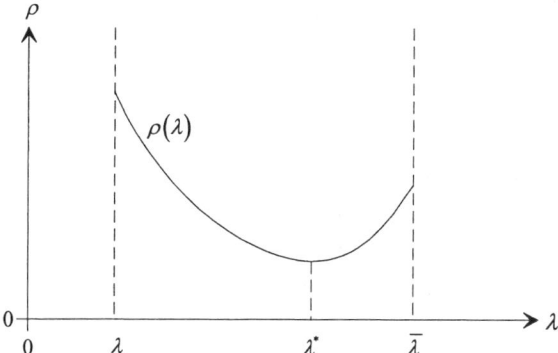

Abb. 3.11: Verbrauchsfunktion für einen Faktor

Aus Abb. 3.11 ist ersichtlich, dass die Produktionskoeffizienten der Verbrauchsfaktoren nun nicht mehr wie bei LEONTIEF konstant sind, sondern mit sich ändernder Leistungsintensität der Aggregate variieren. Wird allerdings die Leistungsintensität des Aggregates konstant gehalten, so erhält man hier ebenfalls konstante Produktionskoeffizienten. Die Gutenberg-Produktionsfunktion enthält also als Sonderfall die Leontief-Produktionsfunktion.

Auf der Grundlage der Verbrauchsfunktionen lassen sich nun Faktoreinsatzfunktionen bestimmen. Dabei wird im Folgenden davon ausgegangen, dass man bei einem maschinellen Aggregat sowohl die Leistungsintensität als auch die Produktionszeit verändern kann. Es lassen sich dann zur Erzeugung unterschiedlicher Ausbringungsmengen zwei Anpassungsformen differenzieren, und zwar

---

[100] Vgl. Busse von Colbe, W. / Laßmann, G.: Betriebswirtschaftstheorie, a.a.O., S. 149f.; Fandel, G.: Produktion I, a.a.O., S. 102.

intensitätsmäßige Anpassung bei konstanter Produktionszeit und zeitliche Anpassung bei konstanter Leistungsintensität.[101]

3.3.2.2 Faktoreinsatzfunktionen bei intensitätsmäßiger Anpassung

Bei der reinen intensitätsmäßigen Anpassung wird unterstellt, dass eine Erhöhung bzw. Verringerung der Ausbringungsmenge nur dadurch erreicht werden kann, dass bei konstanter Produktionszeit $\bar{t}_m$ der Maschine m die Leistungsintensität λ_m der betreffenden Maschine verändert wird.[102]

Der Gesamtverbrauch r_{im} des Produktionsfaktors i an der Maschine m wird ermittelt, indem man den Stückverbrauch ρ_{im} mit der Ausbringungsmenge x des Produktes multipliziert:

$$r_{im} = \rho_{im} \cdot x = \rho_{im}(\lambda_m) \cdot x.$$

Der Gesamtverbrauch r_{im} ist somit von der Leistungsintensität λ_m und der Ausbringungsmenge x abhängig. Die Ausbringungsmenge x wiederum entspricht dem Produkt aus Leistungsintensität λ_m (gemessen in Produkteinheiten pro Zeiteinheit) und Produktionszeit t_m (gemessen in Zeiteinheiten):

$$x = \lambda_m \cdot t_m.$$

Bei konstanter Produktionszeit $\bar{t}_m$ ist die Leistungsintensität λ_m somit eindeutig durch die Ausbringungsmenge x bestimmt, und es gilt:

$$\lambda_m = \frac{x}{\bar{t}_m}.$$

Setzt man diese Beziehung in die Gleichung für den Gesamtverbrauch ein, so erkennt man, dass der Gesamtverbrauch r_{im} jetzt nur noch von der Ausbringungsmenge x abhängt:

$$r_{im} = \rho_{im}\left(\frac{x}{\bar{t}_m}\right) \cdot x = g_{im}(x).$$

Wird der Produktionsfaktor i an m $(m = 1, ..., M)$ verschiedenen Maschinen verbraucht, so erhält man seine insgesamt benötigte Einsatzmenge, indem man bei den entsprechenden Maschinen die jeweils entstehenden Gesamtverbräuche addiert:

---

[101]   Vgl. Fandel, G.: Produktion I, a.a.O., S. 102ff. Zur quantitativen Anpassung bei mehreren funktionsgleichen Aggregaten vgl. derselbe, S. 113ff.

[102]   Vgl. Fandel, G.: Produktion I, a.a.O., S. 104ff.

$$r_i = \sum_{m=1}^{M} r_{im} = \sum_{m=1}^{M} \rho_{im} \left(\frac{x}{\bar{t}_m} \right) \cdot x = \sum_{m=1}^{M} g_{im}(x) = g_i(x), \qquad i = 1, \ldots, I \ .$$

3.3.2.3 Faktoreinsatzfunktionen bei zeitlicher Anpassung

Bei der reinen zeitlichen Anpassung wird davon ausgegangen, dass eine Erhöhung bzw. Verringerung der Ausbringungsmenge nur dadurch erreicht werden kann, dass bei konstanter Leistungsintensität $\bar{\lambda}_m$ der Maschine m die Produktionszeit t_m variiert wird.[103]

Den Gesamtverbrauch r_{im} des Produktionsfaktors i an der Maschine m erhält man wieder durch Multiplikation des Stückverbrauchs ρ_{im} mit der Ausbringungsmenge x. Allerdings ist zu beachten, dass der Stückverbrauch ρ_{im} bei konstanter Leistungsintensität $\bar{\lambda}_m$ und zeitlicher Anpassung – im Unterschied zur intensitätsmäßigen Anpassung – ebenfalls konstant ist:

$$r_{im} = \bar{\rho}_{im} \cdot x = \rho_{im}(\bar{\lambda}_m) \cdot x = a_{im} \cdot x \ .$$

Die an allen Maschinen, die den Faktor i verbrauchen, insgesamt benötigte Menge von Produktionsfaktor i erhält man wie im Fall der intensitätsmäßigen Anpassung durch Addition der entstehenden Gesamtverbräuche an den entsprechenden Maschinen:

$$r_i = \sum_{m=1}^{M} r_{im} = \sum_{m=1}^{M} \bar{\rho}_{im} \cdot x = \sum_{m=1}^{M} \rho_{im}(\bar{\lambda}_m) \cdot x = \sum_{m=1}^{M} a_{im} \cdot x = a_i \cdot x, \qquad i = 1, \ldots, I \ .$$

Bei a_i handelt es sich um einen konstanten Produktionskoeffizienten, der die von Faktor i insgesamt benötigte Menge pro Produkteinheit angibt. Es wird somit unmittelbar deutlich, dass die Gutenberg-Produktionsfunktion die Leontief-Produktionsfunktion für den Fall der zeitlichen Anpassung enthält.

Die im Rahmen der Gutenberg-Produktionsfunktion ermittelten Faktoreinsatzfunktionen bei intensitätsmäßiger und zeitlicher Anpassung bilden eine wesentliche Grundlage für die in einer Plankostenrechnung durchzuführende Gemeinkostenplanung und -kontrolle. Darauf wird in Kapitel 6 näher eingegangen. Aufbauend auf den Erkenntnissen über die Produktionsfunktionen nach LEONTIEF und GUTENBERG werden anschließend die entsprechenden Kostenfunktionen erläutert. Für die Kostenstellen- bzw. Kostenträgerrechnung sind dabei die Kostenfunktionen auf der Grundlage der Leontief-Produktionsfunktion von besonderer Relevanz, da diese in Abhängigkeit von der Ausbringungsmenge einen linearen Ver-

---

[103] Vgl. Fandel, G.: Produktion I, a.a.O., S. 104ff.

lauf aufweisen, der implizit auch bei den Verfahren der innerbetrieblichen Leistungsverrechnung sowie bei den Kalkulationsverfahren unterstellt wird.[104]

3.4 Kostenfunktionen auf der Grundlage limitationaler Produktionsfunktionen

3.4.1 Kostenfunktionen auf der Grundlage der Leontief-Produktionsfunktion

Entsprechend der Unterscheidung von Leontief-Produktionsfunktionen bei ein- und mehrstufiger Fertigung werden die zugehörigen Kostenfunktionen bei ein- und mehrstufiger Produktion betrachtet.

3.4.1.1 Kostenfunktionen bei einstufiger Produktion

Ausgangspunkt der Ermittlung von Kostenfunktionen bei einstufiger Produktion bildet die in Kapitel 3.3.1.1 dargestellte Leontief-Produktionsfunktion:

$$r_1 = a_1 \cdot x$$
$$r_2 = a_2 \cdot x$$
$$\vdots \qquad \text{bzw. } r_i = a_i \cdot x, \qquad i = 1, \ldots, I \, .$$
$$r_I = a_I \cdot x$$

Die Kosten K stellen den bewerteten Faktorverzehr dar und entsprechen dem Produkt aus Faktorpreisen q_i und Faktormengen r_i. Für $i = 1, \ldots, I$ Faktoren lautet dann die allgemeine Kostendefinition:

$$K = \sum_{i=1}^{I} q_i \cdot r_i = q_1 \cdot r_1 + q_2 \cdot r_2 + \ldots + q_I \cdot r_I \, .$$

Setzt man für r_i gemäß der Leontief-Produktionsfunktion $a_i \cdot x$ ein, so ergibt sich in Abhängigkeit von der Ausbringungsmenge die Kostenfunktion:

$$K = \sum_{i=1}^{I} q_i \cdot a_i \cdot x = q_1 \cdot a_1 \cdot x + q_2 \cdot a_2 \cdot x + \ldots + q_I \cdot a_I \cdot x \, .$$

Bei der Summe

---

[104]   Vgl. Kapitel 4.2.4.2 und 4.3.3.

$$\sum_{i=1}^{I} q_i \cdot a_i$$

handelt es sich um die variablen Stückkosten, die bei konstanten Faktorpreisen q_i und Produktionskoeffizienten a_i ebenfalls konstant sind. Die Gesamtkosten, die in diesem Fall lediglich aus variablen Kosten bestehen, sind dementsprechend linear abhängig von der Produktionsmenge x.

Stehen einer Unternehmung mehrere effiziente Produktionsverfahren zur Verfügung und soll die Produktionsmenge x kostenminimal produziert werden, so ist zunächst das Produktionsverfahren zu ermitteln, das zu minimalen Kosten führt. Für dieses Verfahren kann dann die Kostenfunktion aufgestellt werden.[105]

3.4.1.2 Kostenfunktionen bei mehrstufiger Produktion

Ausgangspunkt zur Ermittlung der Kostenfunktion bei mehrstufiger Produktion bildet folgendes Gleichungssystem, das die produktiven Beziehungen bei mehrstufiger Fertigung repräsentiert:[106]

$$
\begin{aligned}
x_1 &= g_{11} \cdot n_1 + g_{12} \cdot n_2 + g_{13} \cdot n_3 + \ldots + g_{1K} \cdot n_K \\
x_2 &= g_{21} \cdot n_1 + g_{22} \cdot n_2 + g_{23} \cdot n_3 + \ldots + g_{2K} \cdot n_K \\
&\vdots \\
x_K &= g_{K1} \cdot n_1 + g_{K2} \cdot n_2 + g_{K3} \cdot n_3 + \ldots + g_{KK} \cdot n_K \,.
\end{aligned}
$$

Aus Vereinfachungsgründen wird angenommen, dass lediglich für das Endprodukt K ein Primärbedarf besteht. Somit gilt $n_1 = n_2 = \ldots = n_{K-1} = 0$, und die dem Gleichungssystem zugrunde liegenden Faktoreinsatzfunktionen lauten nun:

$$
\begin{aligned}
x_1 &= g_{1K} \cdot n_K \\
x_2 &= g_{2K} \cdot n_K \\
&\vdots \qquad\qquad \text{bzw.}\quad x_{k'} = g_{k'K} \cdot n_K, \qquad k' = 1, \ldots, K \,. \\
x_K &= g_{KK} \cdot n_K
\end{aligned}
$$

$x_{k'}$ gibt in diesem Zusammenhang die von Gut k' insgesamt zur Herstellung von n_K Einheiten des Endproduktes K benötigte Menge an. Um die Kostenfunktion herzuleiten, ist in der Gleichung

$$K = \sum_{k'=1}^{K} q_{k'} \cdot x_{k'} = q_1 \cdot x_1 + q_2 \cdot x_2 + \ldots + q_K \cdot x_K$$

---

[105]   Vgl. Fandel, G.: Produktion I, a.a.O., S. 272ff.
[106]   Vgl. Kapitel 3.3.1.2.

$x_{k'}$ durch $g_{k'K} \cdot n_K$ zu ersetzen. Man erhält dann:

$$K = \sum_{k'=1}^{K} q_{k'} \cdot g_{k'K} \cdot n_K = q_1 \cdot g_{1K} \cdot n_K + q_2 \cdot g_{2K} \cdot n_K + \ldots + q_K \cdot g_{KK} \cdot n_K \,.$$

Es ist zu beachten, dass in der dargestellten Kostenfunktion sämtliche zur Herstellung des Endproduktes K benötigten Güter k' mit ihren Faktorpreisen bewertet wurden. Diese Vorgehensweise ist dann unproblematisch, wenn es sich bei den eingesetzten Gütern ausschließlich um Fremdbezugsteile handelt. Nun ist aber für die mehrstufige Produktion mehrteiliger Erzeugnisse charakteristisch, dass Fremdbezugsteile und / oder selbsterstellte Einzelteile zu Baugruppen und diese wiederum zum Endprodukt montiert werden. Dabei entstehen Material- und Montagekosten, die dann anstelle der Faktorpreise anzusetzen sind. Diese Kosten werden als primäre variable Kosten bezeichnet.

Die Vorgehensweise zur Ermittlung der Kostenfunktion wird anhand des Beispiels aus Kapitel 3.3.1.2 verdeutlicht (vgl. Abb. 3.8). Es wird angenommen, dass es sich bei Einzelteil 1 um ein Fremdbezugsteil handelt, das zu einem Faktorpreis in Höhe von 5 € pro Stück $(q_1 = 5)$ beschafft werden kann. Einzelteil 2 wird in Eigenfertigung erstellt, wobei Materialkosten in Höhe von 3 € pro Stück $(q_2 = 3)$ anfallen. Für die Baugruppe 3 bzw. 4 fallen Montagekosten in Höhe von 7 € pro Baugruppe 3 $(q_3 = 7)$ bzw. 11 € pro Baugruppe 4 $(q_4 = 11)$ an. Für das Endprodukt 5 entstehen schließlich Endmontagekosten in Höhe von 20 € pro Endprodukt $(q_5 = 20)$.

Die Kostenfunktion lautet allgemein:

$$K = \sum_{k'=1}^{5} q_{k'} \cdot g_{k'5} \cdot n_5 = q_1 \cdot g_{15} \cdot n_5 + q_2 \cdot g_{25} \cdot n_5 + \ldots + q_5 \cdot g_{55} \cdot n_5 \,.$$

Für q_1 bis q_5 sind die oben angegebenen Werte einzusetzen. Die Gesamtbedarfskoeffizienten g_{15} bis g_{55} entsprechen der letzten Spalte der Gesamtbedarfsmatrix in Abb. 3.10 $(g_{15} = 28, g_{25} = 20, g_{35} = 5, g_{45} = 2, g_{55} = 1)$. Somit erhält man:

$$K = 5 \cdot 28 \cdot n_5 + 3 \cdot 20 \cdot n_5 + 7 \cdot 5 \cdot n_5 + 11 \cdot 2 \cdot n_5 + 20 \cdot 1 \cdot n_5 = 277 \cdot n_5 \,.$$

Die variablen Stückkosten zur Herstellung einer Einheit von Endprodukt 5 betragen 277 €.

Aus kostenrechnerischer Sicht entspricht die obige Ermittlung der Kostenfunktion der summarischen Kalkulation, die zur Kalkulation der Kosten mehrteiliger Produkte eingesetzt wird.[107]

---

[107]   Vgl. Kapitel 4.3.3.3.

3.4.2 Kostenfunktionen auf der Grundlage der Gutenberg-Produktionsfunktion

Entsprechend der Unterscheidung der Gutenberg-Produktionsfunktion nach intensitätsmäßiger und zeitlicher Anpassungsform werden zunächst die zugehörigen Kostenfunktionen bei (rein) intensitätsmäßiger und (rein) zeitlicher Anpassung betrachtet. Anschließend werden die Kostenfunktionen bei optimaler Kombination von zeitlicher und intensitätsmäßiger Anpassung untersucht.[108]

3.4.2.1 Kostenfunktionen bei intensitätsmäßiger Anpassung

Zur Ermittlung von Kostenfunktionen bei intensitätsmäßiger Anpassung ist von der Beziehung[109]

$$r_i = g_i(x), \qquad i = 1, \ldots, I,$$

auszugehen und in der Gleichung

$$K = \sum_{i=1}^{I} q_i \cdot r_i$$

r_i entsprechend zu ersetzen. Man erhält dann:

$$K = \sum_{i=1}^{I} q_i \cdot g_i(x) = g(x).$$

Die konkrete Form dieser Kostenfunktion ist von den jeweils unterstellten Verbrauchsfunktionen abhängig, was anhand des folgenden Beispiels deutlich wird. Auf einer Schleifmaschine werden Motorblöcke feingeschliffen. Die Leistungsintensität λ der Schleifmaschine (gemessen in Motorblöcken pro Tag) kann zwischen $\underline{\lambda} = 8$ und $\overline{\lambda} = 30$ Motorblöcken pro Tag variiert werden. Zum Betrieb der Maschine werden die Produktionsfaktoren Elektrische Energie (gemessen in kWh) und Kühlmittel (gemessen in Liter) benötigt. Die Stückverbrauchsfunktionen lauten folgendermaßen:[110]

Elektrische Energie: $\rho_1 = \lambda^2 - 23 \cdot \lambda + 104$ [kWh / Motorblock]

Kühlmittel: $\rho_2 = 0,25 \cdot \lambda^2 - 11 \cdot \lambda + 123$ [Liter / Motorblock].

---

[108]   Vgl. Fandel, G.: Produktion I, a.a.O., S. 278ff.

[109]   Vgl. Kapitel 3.3.2.2.

[110]   Da in diesem Beispiel nur eine Maschine betrachtet wird, kann bei den Verbrauchsfunktionen, der Leistungsintensität und der Produktionszeit auf den Index *m* verzichtet werden.

Die Faktorpreise betragen 1,50 € pro kWh $(q_1 = 1,5)$ und 3 € pro Liter Kühlmittel $(q_2 = 3)$. Die konstante Produktionszeit $\bar{t}$ beträgt 25 Tage.

Den Gesamtverbrauch r_1 an Produktionsfaktor Elektrische Energie erhält man als Produkt aus Stückverbrauch ρ_1 und Ausbringungsmenge x:

$$r_1 = \rho_1 \cdot x = \left(\lambda^2 - 23 \cdot \lambda + 104 \right) \cdot x \, .$$

Für den Gesamtverbrauch r_2 des Kühlmittels gilt entsprechend:

$$r_2 = \rho_2 \cdot x = \left(0,25 \cdot \lambda^2 - 11 \cdot \lambda + 123 \right) \cdot x \, .$$

Setzt man in die Gleichung $x = \lambda \cdot t$ für t die konstante Produktionszeit $\bar{t} = 25$ ein und löst nach λ auf, so ergibt dies:

$$\lambda = \frac{x}{25} \, .$$

Diese Beziehung kann nun in die Gesamtverbrauchsfunktionen r_1 und r_2 eingesetzt werden:

$$r_1 = \left(\left(\frac{x}{25} \right)^2 - 23 \cdot \left(\frac{x}{25} \right) + 104 \right) \cdot x = 0,0016 \cdot x^3 - 0,92 \cdot x^2 + 104 \cdot x$$

$$r_2 = \left(0,25 \cdot \left(\frac{x}{25} \right)^2 - 11 \cdot \left(\frac{x}{25} \right) + 123 \right) \cdot x = 0,0004 \cdot x^3 - 0,44 \cdot x^2 + 123 \cdot x \, .$$

Zur Ermittlung der Kostenfunktion werden die Gesamtverbrauchsfunktionen r_1 und r_2 mit den jeweiligen Faktorpreisen q_1 und q_2 multipliziert und anschließend addiert:

$$\begin{aligned} K &= q_1 \cdot r_1 + q_2 \cdot r_2 \\ &= 1,5 \cdot \left(0,0016 \cdot x^3 - 0,92 \cdot x^2 + 104 \cdot x \right) + 3 \cdot \left(0,0004 \cdot x^3 - 0,44 \cdot x^2 + 123 \cdot x \right) \\ &= 0,0036 \cdot x^3 - 2,7 \cdot x^2 + 525 \cdot x \, . \end{aligned}$$

Diese Kostenfunktion gilt nur für bestimmte Ausbringungsmengen x, und zwar muss x zwischen $\underline{\lambda} \cdot \bar{t}$ $(= 8 \cdot 25 = 200)$ und $\bar{\lambda} \cdot \bar{t}$ $(= 30 \cdot 25 = 750)$ liegen. Für die Kostenfunktion bei intensitätsmäßiger Anpassung gilt also:

$$K = 0,0036 \cdot x^3 - 2,7 \cdot x^2 + 525 \cdot x \qquad \text{für } 200 \le x \le 750 \, .$$

3.4.2.2 Kostenfunktionen bei zeitlicher Anpassung

Zur Ermittlung der Kostenfunktion bei zeitlicher Anpassung wird die Gleichung[111]

$$r_i = a_i \cdot x, \qquad i = 1, \ldots, I,$$

herangezogen und in die allgemeine Kostenfunktion

$$K = \sum_{i=1}^{I} q_i \cdot r_i$$

eingesetzt. Dies liefert:

$$K = \sum_{i=1}^{I} q_i \cdot a_i \cdot x.$$

Der Term

$$\sum_{i=1}^{I} q_i \cdot a_i$$

kennzeichnet die variablen Stückkosten. Der Wert des konstanten Produktions-koeffizienten a_i ist davon abhängig, welche konstante Leistungsintensität gewählt wurde. Man wird nun bei der zeitlichen Anpassung nicht irgendeine beliebige Leistungsintensität, sondern die optimale Leistungsintensität λ^* wählen. Die optimale Leistungsintensität λ^* ist die Leistungsintensität, bei der die variablen Stückkosten minimal sind. Es gilt dann:

$$\sum_{i=1}^{I} q_i \cdot a_i = k_{vmin},$$

und als Kostenfunktion erhält man:

$$K = k_{vmin} \cdot x.$$

Für das Beispiel aus Kapitel 3.4.2.1 soll nun die Kostenfunktion bei zeitlicher Anpassung ermittelt werden. Bis auf die Änderung, dass die Produktionszeit t zwischen $0 (= \underline{t})$ und $25 (= \bar{t})$ variiert werden kann, gelten dieselben Daten.

Zunächst muss die optimale Leistungsintensität λ^* ermittelt werden. Dies geschieht, indem man die Funktion der variablen Stückkosten $k_v(\lambda)$ in Abhängigkeit von λ aufstellt und dann die erste Ableitung gleich Null setzt. Die variablen Stückkosten $k_v(\lambda)$ entsprechen der Summe der mit den jeweiligen Faktorpreisen bewerteten Stückverbräuche. Für die Stückverbrauchsfunktionen

---

[111] Vgl. Kapitel 3.3.2.3.

$\rho_1 = \lambda^2 - 23 \cdot \lambda + 104$ und

$\rho_2 = 0,25 \cdot \lambda^2 - 11 \cdot \lambda + 123$

betragen die variablen Stückkosten:

$$\begin{aligned}
k_v(\lambda) &= q_1 \cdot \rho_1 + q_2 \cdot \rho_2 \\
&= 1,5 \cdot \left(\lambda^2 - 23 \cdot \lambda + 104\right) + 3 \cdot \left(0,25 \cdot \lambda^2 - 11 \cdot \lambda + 123\right) \\
&= 2,25 \cdot \lambda^2 - 67,5 \cdot \lambda + 525.
\end{aligned}$$

Die notwendige Bedingung für ein Minimum ist, dass die erste Ableitung gleich Null wird:

$$\frac{\partial k_v(\lambda)}{\partial \lambda} = 4,5 \cdot \lambda - 67,5 \overset{!}{=} 0$$

$$\Leftrightarrow \quad \lambda^* = 15 \quad \in [8; 30].$$

Die hinreichende Bedingung für ein Minimum erfordert, dass die zweite Ableitung größer Null wird, was in diesem Beispiel erfüllt ist:

$$\frac{\partial^2 k_v(\lambda)}{(\partial \lambda)^2} = 4,5 > 0.$$

Die optimale Leistungsintensität λ^* beträgt also 15 Motorblöcke pro Tag und liegt innerhalb des vorgegebenen Intervalls zwischen 8 und 30 Motorblöcken pro Tag. Die bei λ^* entstehenden minimalen variablen Stückkosten erhält man durch Einsetzen von λ^* in die Funktion der variablen Stückkosten:

$$\begin{aligned}
k_{vmin} = k_v(\lambda^*) &= 2,25 \cdot (\lambda^*)^2 - 67,5 \cdot \lambda^* + 525 \\
&= 2,25 \cdot (15)^2 - 67,5 \cdot 15 + 525 \\
&= 18,75.
\end{aligned}$$

Die zugehörige Kostenfunktion lautet demnach:

$K = 18,75 \cdot x$.

Auch diese Kostenfunktion gilt nur für bestimmte Ausbringungsmengen x, und zwar muss x zwischen $\lambda^* \cdot \underline{t}$ $(= 15 \cdot 0 = 0)$ und $\lambda^* \cdot \overline{t}$ $(= 15 \cdot 25 = 375)$ liegen. Für die Kostenfunktion bei zeitlicher Anpassung gilt dann:

$K = 18,75 \cdot x$ \qquad für $0 \leq x \leq 375$.

3.4.2.3 Kostenfunktionen bei optimaler Kombination von zeitlicher und intensitätsmäßiger Anpassung

Im Folgenden wird davon ausgegangen, dass zur Herstellung einer bestimmten Ausbringungsmenge sowohl die Leistungsintensität λ als auch die Produktionszeit t der betreffenden Maschine variiert werden können. Es ist zu untersuchen, welche Anpassungsform gewählt wird, wenn die jeweilige Ausbringungsmenge kostenminimal produziert werden soll.

Die Produktion der Ausbringungsmenge x erfolgt dann kostenminimal, wenn zunächst bei optimaler Leistungsintensität λ^* eine zeitliche Anpassung der Produktionszeit t im Intervall $\underline{t} \leq t \leq \overline{t}$ erfolgt. Anschließend ist bei maximaler Produktionszeit $\overline{t}$ eine Anpassung der Leistungsintensität λ im Intervall $\lambda^* \leq \lambda \leq \overline{\lambda}$ vorzunehmen.

Bei der zeitlichen Anpassung liegt die Ausbringungsmenge x im Intervall $\lambda^* \cdot \underline{t} \leq x \leq \lambda^* \cdot \overline{t}$, und es entstehen Kosten in Höhe von $k_{v\,min} \cdot x$. Die intensitätsmäßige Anpassung liefert Ausbringungsmengen x im Intervall $\lambda^* \cdot \overline{t} \leq x \leq \overline{\lambda} \cdot \overline{t}$, und es fallen Kosten in Höhe von $g(x)$ an. Die Kostenfunktion bei optimaler Kombination von zeitlicher und intensitätsmäßiger Anpassung lautet dann in allgemeiner Form:

$$K = \begin{cases} k_{v\,min} \cdot x & \text{für} & \lambda^* \cdot \underline{t} \leq x \leq \lambda^* \cdot \overline{t}, \\ g(x) & \text{für} & \lambda^* \cdot \overline{t} \leq x \leq \overline{\lambda} \cdot \overline{t}. \end{cases}$$

Bezogen auf das Beispiel liegt die Ausbringungsmenge x bei optimaler Kombination von zeitlicher und intensitätsmäßiger Anpassung zunächst zwischen $0 (= 15 \cdot 0)$ und $375 (= 15 \cdot 25)$ Motorblöcken, solange die Schleifmaschine zeitlich angepasst wird. Die intensitätsmäßige Anpassung liefert Ausbringungsmengen zwischen $375 (= 15 \cdot 25)$ und $750 (= 30 \cdot 25)$ Motorblöcken. Die Kostenfunktion lautet dementsprechend:

$$K = \begin{cases} 18{,}75 \cdot x & \text{für} & 0 \leq x \leq 375 \\ 0{,}0036 \cdot x^3 - 2{,}7 \cdot x^2 + 525 \cdot x & \text{für} & 375 \leq x \leq 750. \end{cases}$$

3.5 Übungsaufgaben zu Kapitel 3

Übungsaufgabe 3.1:   Aufgaben der Kostentheorie

Worin bestehen die Erklärungs- und die Gestaltungsaufgabe der Kostentheorie?

Übungsaufgabe 3.2:   Einteilung der Produkte

Auf welche Weise lassen sich Produkte nach ihrer Verwendbarkeit klassifizieren?

Übungsaufgabe 3.3:   Einteilung der Produktionsfaktoren

Auf welche Weise lassen sich Produktionsfaktoren nach ihrer Wirkungsweise im Produktionsprozess klassifizieren?

Übungsaufgabe 3.4:   Effizienzkriterium

Welche Aufgabe erfüllt das Effizienzkriterium?

Übungsaufgabe 3.5:   Einteilung der Produktionsfunktionen

Welche Produktionsfunktionen lassen sich nach dem Austauschbarkeitsverhältnis der an der Produktion beteiligten Produktionsfaktoren unterscheiden?

Übungsaufgabe 3.6:   Leontief-Produktionsfunktion

Durch welche Eigenschaften ist die Leontief-Produktionsfunktion gekennzeichnet?

Übungsaufgabe 3.7:   Gutenberg-Produktionsfunktion

Durch welche Eigenschaften ist die Gutenberg-Produktionsfunktion gekennzeichnet?

Übungsaufgabe 3.8:   Effiziente Produktionspunkte

---

a) Welche der folgenden Produktionspunkte sind effizient?

$$v^1 = (-4, -8, -300, 20, 24)'$$
$$v^2 = (-4, -8, -160, 32, 32)'$$
$$v^3 = (-12, -8, -200, 28, 28)'$$
$$v^4 = (-4, -8, -180, 32, 24)'$$
$$v^5 = (-16, 0, -200, 24, 28)'$$
$$v^6 = (-12, -4, -180, 32, 28)'$$
$$v^7 = (-8, -8, -160, 28, 32)'$$

$$v^8 = (-20, -36, -160, 8, 44)'$$
$$v^9 = (-25, -40, -140, 8, 44)'.$$

b) Welche der in den Abbildungen 1 bis 3 dargestellten Produktionspunkte sind ineffizient (Konstanz aller anderen Faktor- und Produktmengen)?

Wobei: x_j = Menge des Produktes j $(j = 1, 2)$
r_i = Menge des Faktors i $(i = 1, 2)$.

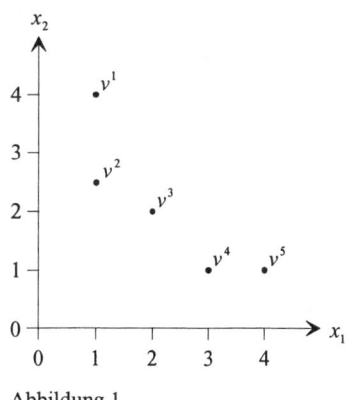

Abbildung 1

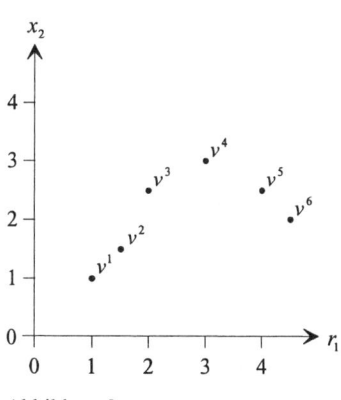

Abbildung 2

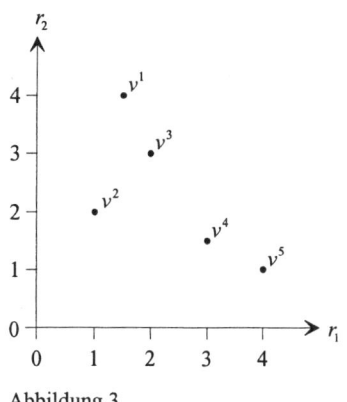

Abbildung 3

Übungsaufgabe 3.9:   Kostenfunktionen auf Basis der Leontief-Produktionsfunktion

---

In der Entwicklungsabteilung einer Unternehmung werden neue Verfahren zur Fertigung ultraleichter Regale erprobt. Prinzipiell stehen 4 Fertigungsverfahren zur Verfügung. Die dabei jeweils benötigten Faktoreinsatzmengen pro Regal sind in folgender Tabelle angegeben:

Produktionsfaktoren	Verfahren 1	Verfahren 2	Verfahren 3	Verfahren 4
Aluminiumpulver in kg	14,0	16,0	15,0	14,0
Magnesiumpulver in kg	12,5	18,0	16,0	14,0
Elektrische Energie in kWh	5,0	4,0	4,0	3,5
Arbeit in Min.	24,0	22,0	20,0	25,0

a) Sind alle Fertigungsverfahren effizient? Begründen Sie Ihre Antwort.

b) Formulieren Sie für jedes effiziente Verfahren die entsprechenden Faktoreinsatzfunktionen.

c) Die Preise der Produktionsfaktoren betragen:

   – 18 Geldeinheiten pro kg Aluminiumpulver,
   – 49 Geldeinheiten pro kg Magnesiumpulver,
   – 3 Geldeinheiten pro kWh Elektrische Energie und
   – 6 Geldeinheiten pro Min. Arbeit.

Ermitteln Sie für alle effizienten Verfahren die variablen Stückkosten sowie die Funktion der gesamten variablen Kosten in Abhängigkeit von der Anzahl der hergestellten Regale.

d) Mit welchem Verfahren würden Sie das Regal fertigen? Begründen Sie Ihre Antwort.

Übungsaufgabe 3.10: Kostenfunktionen auf Basis der Gutenberg-Produktionsfunktion

---

Die Noris AG produziert und verkauft Bratwurstmett. Zur Herstellung des Metts werden auf einem Aggregat zwei Verbrauchsfaktoren eingesetzt. Die Verbrauchsfunktionen der Faktoren lauten:

$$\rho_1 = 0,01 \cdot \lambda$$

$$\rho_2 = 0,00125 \cdot \lambda^2 - 0,27 \cdot \lambda + 19 .$$

Die Leistungsintensität λ des Aggregats kann zwischen 40 und 150 kg Mett pro Stunde, die Laufzeit t des Aggregats zwischen 0 und 8 Stunden variiert werden. Die Preise der beiden Verbrauchsfaktoren betragen $q_1 = 2 \, €$ und $q_2 = 1 \, €$.

a) Um welche Arten von Produktionsfaktoren könnte es sich bei den beiden Verbrauchsfaktoren handeln?

b) Bestimmen Sie die Kostenfunktion in Abhängigkeit von der Ausbringungsmenge bei optimaler Kombination von zeitlicher und intensitätsmäßiger Anpassung.

4 Grundstruktur von Kostenrechnungssystemen

4.1 Kostenartenrechnung

4.1.1 Begriff und Aufgaben der Kostenartenrechnung

Die Kostenartenrechnung stellt den Ausgangspunkt und die Grundlage für die gesamte Kostenrechnung dar, d.h. ihre Ergebnisse gehen sowohl in die Kostenstellen- als auch in die Kostenträgerrechnung ein. Deshalb ist es sehr wichtig, dass schon in der Kostenartenrechnung möglichst sorgfältig und genau vorgegangen wird.

Die Kostenartenrechnung erhält ihre Daten zu einem großen Teil aus vorgelagerten Bereichen des betrieblichen Rechnungswesens wie Finanz-, Material-, Personal- und Anlagenbuchhaltung. Informationen, die nicht aus diesen Rechnungen ersichtlich sind, werden in speziell für die Kostenartenrechnung entwickelten Sonderrechnungen generiert.

Die Aufgabe der Kostenartenrechnung liegt in der systematischen Erfassung und dem Ausweis sämtlicher Istkosten, die innerhalb einer Periode für die Erstellung und Verwertung betrieblicher Leistungen angefallen sind. Es handelt sich dabei nicht immer um konkrete Berechnungen, sondern grundsätzlich um die belegmäßige Erfassung der Kosten, die gemäß den Grundsätzen der Kostenartenrechnung nach einzelnen Kostenarten gegliedert sind. Die Kostenartenrechnung gibt somit Auskunft darüber, welche Kosten in welcher Höhe in einer Periode angefallen sind.

Im Hinblick auf die Aufgaben der Dokumentation, Kontrolle und Disposition ermöglicht die Kostenartenrechnung beispielsweise den horizontalen Vergleich der Anteile verschiedener Kostenarten an den Gesamtkosten eines Unternehmens. Des Weiteren sind vertikale Kostenvergleiche durch die Beobachtung der Entwicklung einzelner Kostenarten über mehrere Abrechnungsperioden möglich, woraus unter Umständen erste Hinweise auf Unwirtschaftlichkeiten resultieren können.[112]

4.1.2 Grundsätze und Gliederungskriterien der Kostenartenrechnung

Die Kostenartenbildung ist so vorzunehmen, dass alle anfallenden Kostenbelege auch von verschiedenen Sachbearbeitern eindeutig, zweifelsfrei und kontinuierlich den jeweiligen Kostenarten zugeordnet werden können. Um dies zu gewährleisten, sind einige Grundsätze bei der Kostenartenbildung zu beachten.

Der Grundsatz der Vollständigkeit besagt, dass die Kostenartenbildung so zu erfolgen hat, dass alle anfallenden Kosten vollständig untergebracht werden können. Die Kostenartengliederung darf folglich keine Lücken aufweisen.

Nach dem Grundsatz der Eindeutigkeit muss die Definition des Inhaltes einer Kostenart eindeutig und klar verständlich sein, um eine zweifelsfreie Kosteneinordnung zu ermöglichen. Eine eindeutige Kostenarteneinteilung und -bezeichnung erleichtert den zuständigen Sachbearbeitern die Entscheidung, bei welcher Kostenart ein bestimmter Geschäftsvorfall untergebracht werden soll.

Der Grundsatz der Einheitlichkeit erfordert eine gleich bleibende Zuordnung von Kosten zu bestimmten Kostenarten, um über mehrere Perioden hinweg die Vergleichbarkeit der Ergebnisse der Kostenrechnung zu gewährleisten.

Der Grundsatz der Reinheit fordert, dass für den Inhalt einer Kostenart nur eine Kostengüterart, d.h. ein kostenverursachender Produktionsfaktor bzw. Input, bestimmend ist. Daraus folgt, dass eine zu grobe Kostenartenbildung zu vermeiden ist. Wird beispielsweise eine Kostenart „Gebühren und Beiträge" ohne weitere Differenzierungen gebildet, so fallen darunter unter anderem Porto- und Telefonkosten oder Beiträge für Verbände als Kostengüterarten. Die getrennte Betrachtung von Porto- und Telefonkosten oder Verbandsbeiträgen wäre in diesem Falle nicht möglich.[113]

Dem Grundsatz der Reinheit folgend wäre eine sehr differenzierte Kostenartengliederung zu wählen. Diese Differenzierung darf allerdings nicht so weit gehen, dass die Wirtschaftlichkeit der Kostenartenrechnung in Frage gestellt würde.

Die Gesamtkosten einer Unternehmung lassen sich unter Beachtung der angeführten Grundsätze nach verschiedenen Kriterien in einzelne Kostenarten auf-

---

[112]   Vgl. Mayer, E. / Liessmann, K. / Mertens, H.W.: Kostenrechnung, a.a.O., S. 102; Kiesel, M.: Kostenartenrechnung, in: Corsten, H. (Hrsg.): Lexikon der Betriebswirtschaftslehre, a.a.O., S. 493-497, hier S. 494.
[113]   Vgl. Abb. 4.1 bei den Sonstigen Kostenarten.

spalten. Die im Folgenden vorgestellten Gliederungsmöglichkeiten stellen grobe Raster der Kostenarteneinteilung, d.h. Kostenartengruppen, vor, die für den praktischen Einsatz noch weiter differenziert werden müssen.

Die Gliederung nach der Art der verbrauchten Produktionsfaktoren kann in Anlehnung an die Einteilung der Produktionsfaktoren in Material, menschliche Arbeitsleistung und Betriebsmittel zu folgenden Kostenartengruppen führen:

- Materialkosten,
- Löhne und Gehälter,
- Betriebsmittelkosten und
- sonstige Kostenarten.

Die funktionsorientierte Gliederung der Kosten könnte z.B. durch folgende Kostenartengruppen dargestellt werden:

- Beschaffungskosten,
- Fertigungskosten,
- Vertriebskosten und
- Verwaltungskosten.

Nach der Art der Verrechnung ergibt sich die Einteilung in:

- Einzelkosten und
- Gemeinkosten.[114]

Gemäß dem Verhalten bei Beschäftigungsschwankungen können folgende Kostenartengruppen gebildet werden:

- variable Kosten und
- fixe Kosten.[115]

Darüber hinaus sind noch weitere Gliederungskriterien denkbar. Als Hauptgliederungsmerkmal bei der Kostenarteneinteilung sollte aber grundsätzlich die faktororientierte Unterteilung gewählt werden. Da in der anschließenden Kostenstellen- und Kostenträgerrechnung die Kostenbeträge ohnehin den einzelnen Stellen und Trägern zugeordnet werden, reicht diese Unterteilung vollständig aus. Als Ergänzung zu der produktionsfaktororientierten Kostenarteneinteilung sind kostenstellen- und kostenträgerorientierte Einteilungskriterien zwar zulässig, allerdings weitgehend zu vermeiden, denn sie erhöhen unnötig die Anzahl der Kostenarten, ohne die Ergebnisse zu verbessern, was einen Verstoß gegen das Wirtschaftlich-

---

[114] Vgl. Kapitel 2.2.5.
[115] Vgl. Kapitel 2.2.2.

keitsprinzip bedeutet. Wählt man hingegen ausschließlich kostenstellen- oder kostenträgerorientierte Einteilungskriterien, so besteht die Gefahr, „unsaubere" oder „gemischte" Kostenarten zu erhalten, die dem Grundsatz der Reinheit nicht genügen und die Kostenartenrechnung unübersichtlich und fehleranfällig machen. Beispiele für solche unsauberen Kostenarten sind Raumkosten, Reparaturkosten oder Versandkosten, denn sie enthalten z.B. sowohl Personalkosten als auch Hilfs- und Betriebsstoffkosten. Für die Durchführung einer aussagekräftigen Kostenrechnung sind gemischte Kostenarten zu vermeiden.

Das Ergebnis der Kostenartengliederung nach den genannten Kriterien und Grundsätzen ist der Kostenartenplan. Die Kennzeichnung einer Kostenart erfolgt darin durch eine Kostenartennummer und eine Kostenartenbezeichnung. Durch die Zusammenfassung ähnlicher Kostenarten werden Kostenartengruppen gebildet.

Bei der Kontierung werden die Kostenbelege zunächst mit der Kostenartennummer und -bezeichnung markiert. Darüber hinaus muss erkennbar sein, welcher Geschäftsvorfall den entsprechenden Betrag verursacht hat und wie dieser Beleg im System der Kostenrechnung weiterverrechnet werden soll. Belege für Kosten, die Einzelkosten darstellen, werden durch Produkt-, Artikel- oder Auftragsnummern gekennzeichnet. Dadurch wird die unmittelbare Verbindung zu den betrieblichen Produkten oder Aufträgen hergestellt. Auf den Belegen, die Gemeinkosten beinhalten, sind die Kostenstellennummern derjenigen Abteilungen zu vermerken, in denen die betrachteten Kostenbeträge entstanden sind.

Da in der Praxis die angeführten Grundsätze der Kostenartenbildung wegen der großen Anzahl von Einsatzfaktoren und Buchungsfällen oft nur ansatzweise eingehalten werden können, empfiehlt es sich, an diesen Stellen den Kontenplan um Kontierungshinweise und -beispiele zu erweitern und die Regeln der Zuordnung zu einzelnen Kostenarten zu erläutern. Als Beispiel könnte ein möglicher Kontierungshinweis zu der Kostenart „Bewirtungs- und Repräsentationskosten"[116] lauten:

- Darunter fallen nur die rein geschäftlich veranlassten Bewirtungskosten.
- Kosten für die Arbeitnehmerbewirtung bei Besprechungen oder Betriebsveranstaltungen sind der Kostenart „Sonstige Bürokosten" zuzuordnen.
- Übernachtungs- und Fahrtkosten, die beim Besuch von Delegationen, Beratern usw. entstehen, gehören zu den „Sonstigen Betreuungs- und Repräsentationskosten".

---

[116]   Vgl. Abb. 4.1 bei den Sonstigen Kostenarten.

Einen einheitlichen Kostenartenplan, der für alle Industriebetriebe gleichermaßen Gültigkeit besitzt, gibt es nicht, da in den verschiedenen Branchen Produktionsfaktorgruppen mit unterschiedlicher Bedeutung und zum Teil in erheblich voneinander abweichenden Zusammensetzungen auftreten. Als Orientierungshilfe und Arbeitsgrundlage zur Erstellung von Kostenartenplänen, die in der Praxis meist als Kontenpläne bezeichnet und eingesetzt werden, dienen der Gemeinschaftskontenrahmen der Industrie (GKR) und der Industriekontenrahmen (IKR). Darauf aufbauend kann jedes Unternehmen einen den individuellen Erfordernissen angepassten Kostenarten- bzw. Kontenplan entwerfen. Die folgende Abb. 4.1 gibt einen Überblick über eine mögliche Kostenartengliederung, die sich an der faktororientierten Grobgliederung in Material, Personal und Betriebsmittel orientiert.[117]

4.1.3 Erfassung und Verrechnung wichtiger Kostenarten

Die bereits in Abb. 4.1 enthaltene faktororientierte Kostenarteneinteilung in Material-, Personal-, Betriebsmittel- und sonstige Kostenarten lässt sich in das Klassifikationsschema der Produktionsfaktoren nach GUTENBERG[118] mit den dispositiven, Elementar- und Zusatzfaktoren einordnen. Dem dispositiven Faktor entsprechen diejenigen Personalkosten, die für bestimmte dispositive Aufgaben entstehen; diese umfassen z.B. auch kalkulatorische Unternehmerlöhne. Den Elementarfaktoren sind die Kosten für Material, Betriebsmittel und objektbezogene Arbeit zuzurechnen. Die Kosten der Zusatzfaktoren sind unter den sonstigen Kostenarten aufgeführt.

4.1.3.1 Materialkostenarten

Unter Materialkosten versteht man den bewerteten Verzehr an Roh-, Hilfs- und Betriebsstoffen. Rohstoffe verursachen den größten Teil der Materialkosten, denn sie umfassen alle Werkstoffarten, die in ein Erzeugnis eingehen. Rohstoffkosten können in der Regel als Einzelkosten erfasst werden. Hilfsstoffe haben meist nur ergänzende Funktion und einen geringen wertmäßigen Anteil am Endprodukt. Ihre Erfassung erfolgt aus Wirtschaftlichkeitsgründen meist als unechte Gemeinkosten. Betriebsstoffe gehen nicht direkt in die Erzeugnisse ein, sie dienen vielmehr dem

---

[117] Vgl. Kilger, W.: Einführung in die Kostenrechnung, a.a.O., S. 70ff.; Olfert, K.: Kostenrechnung, a.a.O., S. 81ff.
[118] Vgl. Kapitel 3.2.1.

40/41/42 Roh-, Hilfs- und Betriebsstoffe

4001 Materialart A
4002 Materialart B
⋮
4009 Materialart Z

4011 Klein- und Normteile
⋮
4019 Handelsware

4121 Hilfsstoffe
4122 Betriebsstoffe (ohne
      Brennstoffe u. Energie)
4123 Werkzeuge und Geräte
⋮
4129 Material für innerbetrieb-
      liche Leistungen

Brennstoffe und Energie
4201 Feste Brenn- und Treib-
      stoffe
4202 Flüssige Brenn- und
      Treibstoffe
4203 Gasförmige Brenn- und
      Treibstoffe

43/44   Personalkosten

4301 Fertigungslöhne

4311 Hilfslöhne für Vorarbeiter
4312 Hilfslöhne für Transport-
      und Lagerarbeiten
4313 Hilfslöhne für Reini-
      gungsarbeiten
⋮
4319 Sonstige Hilfslöhne

4351 Gehälter

Personalnebenleistungen
4401 Gesetzliche Sozialab-
      gaben für Arbeiter
4402 Gesetzliche Sozialab-
      gaben für Angestellte

4409 Freiwillige Sozialabgaben
⋮
4420 Kalkulatorische Sozial-
      kosten für Arbeiter

4430 Kalkulatorische Sozial-
      kosten für Angestellte

Sonstige Personalkosten
4451 Lohnzulagen
4452 Mehrarbeitszuschläge für
      Arbeiter
4453 Zusatzlöhne für Akkord-
      arbeiter

4461 Gehaltszulagen
4462 Mehrarbeitszuschläge für
      Angestellte

4471 Kalkulatorischer Unter-
      nehmerlohn

45   Betriebsmittelkosten

Kalkulatorische Abschreibungen
4501 Kalkulatorische Abschrei-
      bungen auf unbewegliches
      Anlagevermögen
4502 Kalkulatorische Abschrei-
      bungen auf bewegliches
      Anlagevermögen

Kalkulatorische Zinsen
4511 Kalkulatorische Zinsen
      auf unbewegliches
      Anlagevermögen
4512 Kalkulatorische Zinsen
      auf bewegliches Anlage-
      vermögen

Reparatur- und Instandhaltungskosten
4521 Reparatur- und Instand-
      haltungsleistungen für un-
      bewegliches Anlage-
      vermögen
4522 Reparatur- und Instand-
      haltungsleistungen für
      bewegliches Anlage-
      vermögen

Sonstige Betriebsmittelkosten
4531 Mieten für Grundstücke
      und Gebäude
4532 Mieten für Maschinen
      und Anlagen

Abb. 4.1: Beispiel eines Kostenartenplan

46/47/48 Sonstige Kostenarten

Kostensteuern, Gebühren, Beiträge und Versicherungsprämien
4601 Grundsteuer
4602 Kraftfahrzeugsteuer
4603 Gewerbekapitalsteuer
4604 Gewerbeertragsteuer
⋮
4609 Sonstige Kostensteuern

4611 Gebühren und Abgaben
      (ohne Postgebühren)

4621 Beitrag für Industrie-
      und Handelskammer
4622 Beitrag für Arbeitgeber-
      verband
4623 Beitrag für Fachverband
⋮
4629 Sonstige Beiträge

4631 Kraftfahrzeug-
      versicherung
4632 Feuerversicherung
4633 Betriebshaftpflicht-
      versicherung
⋮
4639 Sonstige Versicherungs-
      leistungen

Büro-, Verkehrskosten
und dergleichen
4701 Sonstige Mieten (nicht für
      Betriebsmittel)

4711 Postgebühren
4712 Büromaterial, Druck-
      sachen
4713 Bücher und Zeitschriften

4721 Personentransport
4722 Reisespesen und Über-
      nachtungskosten
4723 Bewirtungs- und Reprä-
      sentationskosten
4724 Sonstige Betreuungs- und
      Repräsentationskosten
4725 Sonstige Bürokosten

4741 Beratungsleistungen

Sondereinzelkosten des
Vertriebs
4791 Provisionen
4792 Verpackungsmaterial

Sonstige kalkulatorische Kosten
4801 Kalkulatorische Zinsen
      auf das Umlaufvermögen
4802 Kalkulatorische Wagnisse

Sonstige Leistungen
4831 Fremde Forschungs-
      leistungen
4832 Fremde Entwicklungs-
      leistungen
4833 Fremde Konstruktions-
      leistungen
⋮
4839 Sonstige fremde
      technische Leistungen

4841 Ausschuß und Nacharbeit

**49   Kosten der innerbetrieblichen
       Leistungsverrechnung
       (Sekundäre Kosten)**

4901 Stromkosten
4902 Dampfkosten
4903 Gaskosten
4904 Preßluftkosten
4905 Wasserkosten

4921 Raumkosten

4931 Kosten der Sozialstellen

4941 Kosten für Transport-
      stellen

4951 Kosten der Schlosserei
4952 Kosten der Elektriker-
      werkstatt
⋮
4959 Kosten sonstiger Werk-
      stätten

4961 Kosten der Leitungs-
      stelle

Abb. 4.1: Beispiel eines Kostenartenplans (Fortsetzung)

Betriebsprozess insgesamt und können nur als echte Gemeinkosten erfasst werden.[119]

In der Materialabrechnung sind folgende Aufgaben zu erfüllen:

„ a) Erfassung der mengenmäßigen Materialbewegungen, d.h. der Zu- und Abgänge,

b) Ermittlung und Kontrolle der mengenmäßigen Materialbestände,

c) Bewertung der Materialverbrauchsmengen, d.h. Ermittlung der Materialkosten,

d) Bewertung der Materialbestände,

e) Weiterverrechnung und Kontrolle der Materialkosten.“[120]

Die Erfassung und Kontrolle der mengenmäßigen Materialbewegungen bzw. -bestände sind die Grundlage für die Ermittlung von Materialkosten bzw. für die Bewertung der Materialbestände. Darauf aufbauend kann die Weiterverrechnung und Kontrolle der Materialkosten erfolgen. Die Aufgabenbereiche der Erfassung, Bewertung und Weiterverrechnung der Materialverbrauchsmengen sind Bestandteile der Kostenartenrechnung.

Um eine lückenlose Erfassung der Materialbestände und -verbrauchsmengen zu gewährleisten, werden alle Materialarten eines Unternehmens systematisch geordnet und durch eine Materialartenbezeichnung und eine Materialnummer gekennzeichnet. Der Nummernschlüssel sollte dabei logisch aufgebaut sein, z.B. bezeichnet die erste Ziffer die Materialhauptgruppe, die beiden folgenden die Materialuntergruppen. Die übrigen Ziffern dienen der laufenden Nummerierung der Materialarten, wobei zwei Ziffern häufig ausreichen, so dass sich eine fünfstellige Materialnummer ergibt. Zur eindeutigen Festlegung der Einheiten, die der Bestandsführung und Verbrauchserfassung zugrunde liegen, werden allen Materialnummern Dimensionsangaben zugeordnet, z.B. Stück, m² oder kg.

4.1.3.1.1 Erfassung der Materialverbrauchsmengen

Für die Erfassung der Materialverbrauchsmengen stehen unterschiedliche Verfahren zur Verfügung:

– Erfassung ohne Bestandsführung,

– Inventurverfahren,

– retrogrades Verfahren und

---

[119]   Vgl. Kiesel, M.: Kostenartenrechnung, a.a.O., S. 460.
[120]   Kilger, W.: Einführung in die Kostenrechnung, a.a.O., S. 78.

– Materialentnahmescheinverfahren.

Die Erfassung ohne Bestandsführung ist das einfachste Verfahren zur Feststellung des mengenmäßigen Materialverzehrs. Hier gilt die Bestimmungsgleichung:

Materialverbrauchsmenge = Materialzugangsmenge.

Für eine monatlich durchzuführende Kostenrechnung ist die Verbrauchsmengenerfassung ohne Bestandsführung zu ungenau, denn Zugangs- und Verbrauchsmengen stimmen in diesem kurzen Abrechnungszeitraum nur in wenigen Fällen überein. Lediglich für bestimmte Materialarten, die sehr selten oder einmalig für einen bestimmten Verwendungszweck und sofortigen Einsatz beschafft werden, so dass Lagerung und Bestandsführung entfallen, ist die Materialverbrauchsmengenerfassung ohne Bestandsführung zulässig.

Als Beispiel wird angenommen, dass in der betrachteten Periode zu verschiedenen Terminen folgende Materialzugänge in Mengeneinheiten (ME) registriert wurden:

07.03.	3.500 ME
16.03.	1.500 ME
30.03.	2.000 ME.

Nach der Methode ohne Bestandsführung errechnet sich die Materialverbrauchsmenge der betrachteten Periode durch Summierung der Einzelzugänge auf 7.000 ME.

Dem Inventurverfahren liegt die Betrachtung von Bestandsveränderungen zugrunde, wobei sich der mengenmäßige Materialverbrauch gemäß der folgenden Gleichung bestimmt:

Materialverbrauchsmenge = Anfangsbestand + Zugang – Endbestand.

Durch Stichtagsinventuren, z.B. Zählen, Wiegen, Messen jeweils am Jahresende, müssen sowohl die Anfangs- als auch die Endbestände einer Abrechnungsperiode festgestellt werden. Als Voraussetzung für den Einsatz des Inventurverfahrens müssen des Weiteren die Materialzugänge mit Hilfe von Liefer- oder Wareneingangsscheinen erfasst werden. Die arbeitsaufwendigen monatlichen Bestandsaufnahmen stellen allerdings einen großen Nachteil des Inventurverfahrens dar. Weiterhin ermöglicht es keine genauen Rückschlüsse auf Lagerverluste, und die Zuordnung von Materialverbrauchsmengen zu einzelnen Kostenstellen und -trägern erfordert zusätzliche Angaben. Das Inventurverfahren kann also eine Wirtschaftlichkeitskontrolle des Materialverbrauches nicht erfüllen und genügt

somit auch nicht den Anforderungen einer entscheidungsunterstützenden Kostenrechnung.

Als Beispiel wird ein Lageranfangsbestand von 4.000 ME und ein Lagerendbestand von 5.200 ME angenommen. Der Lagerzugang wurde gemäß der obigen
Aufstellung in Höhe von 7.000 ME erfasst. Daraus ergibt sich:

Materialverbrauchsmenge = 4.000 + 7.000 − 5.200 = 5.800 ME ,

d.h. nach der Inventurmethode wurden 5.800 ME der Materialart verbraucht.

Das retrograde Verfahren berechnet ausgehend von den produzierten Mengen
an Fertigerzeugnissen rückwärts mit Hilfe des Planmaterialverbrauchs, z.B. durch
Stücklistenauflösung, den planmäßigen Verbrauch der Materialarten. Die Materialarten werden mit $i\,(i=1,\ldots,I)$, die erzeugten Produktmengen einer Produktart
$j\,(j=1,\ldots,J)$ mit x_j und die geplanten Verbrauchsmengen einer Materialart i
pro Produkteinheit j mit $a_{ij}^{(P)}$ bezeichnet. Dann ermittelt man den gesamten mengenmäßigen Materialverbrauch $r_i^{(P)}$ mit Hilfe der folgenden Formel:

$$r_i^{(P)} = \sum_{j=1}^{J} a_{ij}^{(P)} \cdot x_j \,, \qquad i = 1, \ldots, I \,.$$

Der Vorteil dieses Verfahrens liegt darin, dass die Materialverbrauchsmengen
von vornherein nach Produktarten differenziert erfasst werden können. Als Nachteil ist dabei allerdings zu sehen, dass es sich bei den retrograd ermittelten Verbrauchsmengen nicht um Ist-, sondern lediglich um Sollverbrauchsmengen handelt, so dass beispielsweise eine Nachkalkulation auf Basis von Istwerten nicht
erfolgen kann. Da aber bereits geringfügige Abweichungen von den geplanten
Materialverbrauchsmengen zu erheblichen Abweichungen bei den Materialkosten
führen können, dieser Tatbestand in dem retrograden Verfahren allerdings völlig
unberücksichtigt bleibt, entspricht auch diese Methode zur Erfassung der Materialverbrauchsmengen nicht den Anforderungen einer entscheidungsorientierten
Kostenrechnung.

Als Beispiel für die Ermittlung der Materialverbrauchsmengen nach dem retrograden Verfahren wird ein Erzeugnis 1 betrachtet, in das pro Stück 3 ME der Materialart A und 4 ME der Materialart B eingehen. Ein weiteres Erzeugnis 2 besteht
pro Stück aus 2 ME der Materialart A und 5 ME der Materialart C. Von dem Erzeugnis 1 wurden $x_1 = 500\,\text{ME}$, von dem Erzeugnis 2 $x_2 = 350\,\text{ME}$ hergestellt. Die
Berechnungen

$$r_A^{(P)} = 3 \cdot 500 + 2 \cdot 350 = 2.200 \text{ ME}$$

$$r_B^{(P)} = 4 \cdot 500 = 2.000 \text{ ME}$$

$$r_C^{(P)} = 5 \cdot 350 = 1.750 \text{ ME}$$

ergeben die Verbrauchsmengen der Materialarten A, B und C nach der retrograden Methode.

Das am besten geeignete Verfahren zur Erfassung der Materialverbrauchsmengen erfolgt mit Hilfe von Materialentnahmescheinen, auch bezeichnet als Skontrations- oder Fortschreibungsmethode.[121] Alle Materialarten sind dabei über Materialbestandskonten abzurechnen, und für jede Materialentnahme wird ein Materialentnahmeschein ausgestellt, der etwa folgende Angaben enthalten sollte:[122]

- Materialartenbezeichnung,
- Materialnummer,
- Kennzeichnung des Lagerortes,
- Verbrauchsmenge,
- Preis pro Mengeneinheit,
- Wert / Betrag (= Verbrauchsmenge · Preis),
- Kontierungsangaben (z.B. Kostenstelle, Kostenart, Auftrags- oder Artikel-Nr.),
- Ausgabevermerke (Datum, Name),
- Quittung des Empfängers,
- Buchungsvermerke (Datum, Name).

Durch die Isterfassung von Materialentnahmen und die geforderten Angaben auf dem Materialentnahmeschein werden sowohl Nachkalkulationen und folglich kostenträgerbezogene Soll-Ist-Vergleiche als auch Kontrollberechnungen bezogen auf einzelne Kostenstellen ermöglicht. Die systematische Anwendung des Verfahrens wird durch den Einsatz eines geeigneten rechnergestützten Systems zur Materialwirtschaft erheblich vereinfacht.

Die Verbrauchsmenge r_{ij} der Materialart $i \, (i = 1, ..., I)$, die zur Herstellung einer bestimmten Menge von Produktart $j \, (j = 1, ..., J)$ anfällt, wird wie folgt ermittelt:

r_{ij} = Summe der Verbrauchsmengen laut Materialentnahmeschein.

Aufgrund der Genauigkeit dieser Registrierungsmethode ist eine körperliche Inventur nicht mehr zum Schluss eines jeden Geschäftsjahres erforderlich. Nach

---

[121] Vgl. z.B. Kloock, J. / Sieben, G. / Schildbach, T.: Kosten- und Leistungsrechnung, a.a.O., S. 80; Hummel, S. / Männel, W.: Kostenrechnung 1, a.a.O., S. 145.
[122] Vgl. Kilger, W.: Einführung in die Kostenrechnung, a.a.O., S. 81.

dem Materialentnahmescheinverfahren kann für diesen Zeitpunkt „der Bestand der Vermögensgegenstände nach Art, Menge und Wert auch ohne körperliche Bestandsaufnahme"[123] festgestellt werden.

Die Bestände werden dann rechnerisch im Sinne einer permanenten Inventur[124] fortgeschrieben, wobei ausgehend von den Istwerten der tatsächlich erfolgten Inventur laufend ein rechnerischer Endbestand ermittelt wird und bei der nächsten körperlichen Inventur die Ursachen für eventuell auftretende Abweichungen zwischen rechnerischem und erhobenem Endbestand zu ergründen sind.[125]

Als Beispiel wurden vier verschiedene Materialentnahmevorgänge einer Materialart A zur Herstellung der Endproduktmenge x_1 registriert:

04.03.   1.000 ME
08.03.   1.500 ME
19.03.   2.700 ME
28.03.   1.400 ME.

Durch die Summierung der Mengenangaben der Materialentnahmescheine erhält man die gesamte Verbrauchsmenge der Materialart A, die zur Herstellung der gewünschten Menge von Produktart 1 erforderlich ist, d.h. $r_{A1} = 6.600$ ME .

4.1.3.1.2 Bewertung der Materialverbrauchsmengen

Im Anschluss an die mengenmäßige Erfassung des Materialeinsatzes ist die Bewertung der Materialverbrauchsmengen anhand der Materialpreise pro Mengeneinheit vorzunehmen. Die folgenden Verfahren werden hierzu vorgestellt:

- Istpreisbewertung:
  - partieweise Istpreisbewertung,
  - Bewertung zu Istdurchschnittspreisen:
    - periodische Durchschnittspreisbildung,
    - permanente Durchschnittspreisbildung,
- Planpreisbewertung.

Die Istpreisbewertung wird im Rahmen der laufenden Abrechnung einer Istkostenrechnung vorgenommen, wobei geklärt sein muss, welche Preis- und Kostenbestandteile in die Bewertung der Materialverbrauchsmengen einfließen sol-

---

[123]   § 241 Abs. 2 HGB.
[124]   Vgl. Zimmermann, G.: Grundzüge der Kostenrechnung, a.a.O., S. 32.
[125]   Vgl. Kilger, W.: Einführung in die Kostenrechnung, a.a.O., S. 79ff.; Schweitzer, M. / Küpper, H.-U.: Systeme der Kosten- und Erlösrechnung, a.a.O., S. 105ff.

len.[126] Alle Verfahren der Istpreisbewertung haben gemeinsam, dass die Bewertung der Materialverbrauchsmengen anhand von Isteinstandspreisen erfolgt.

Bei der partieweisen Istpreisbewertung wird jede einzelne Mengeneinheit mit ihrem tatsächlich gezahlten Isteinstandspreis bewertet. Diese Vorgehensweise entspricht dem „first in, first out" (FIFO)-Verfahren, wonach unterstellt wird, dass die Materialzugänge entsprechend der Reihenfolge ihres Lagerzugangs abgebaut werden. Den Verbrauchsmengen können so die effektiv gezahlten Einstandspreise zugeordnet werden, was den Prinzipien der Istkostenrechnung entspricht. Die partieweise Istpreisbewertung ist allerdings für den praktischen Einsatz häufig zu aufwendig oder sogar undurchführbar, da der Preis pro Einheit bzw. Lieferung vom Einkauf bis zum Einsatz des Materials lückenlos verfolgt werden muss.[127]

Ein Beispiel soll die Vorgehensweise der partieweisen Istpreisbewertung erläutern, wobei folgende Daten gegeben sind:

Lageranfangsbestand und Isteinstandspreis pro Mengeneinheit der Einzelmaterialart A:

01.03.   3.000 ME $5,60 \dfrac{\text{€}}{\text{ME}}$.

Zugänge der Einzelmaterialart A und Isteinstandspreise pro Mengeneinheit:

07.03.   3.500 ME $5,30 \dfrac{\text{€}}{\text{ME}}$

16.03.   1.500 ME $5,40 \dfrac{\text{€}}{\text{ME}}$

30.03.   2.000 ME $4,80 \dfrac{\text{€}}{\text{ME}}$.

Verbräuche der Einzelmaterialart A laut Materialentnahmeschein:

04.03.   1.000 ME
08.03.   1.500 ME
19.03.   2.700 ME
28.03.   1.400 ME.

Die Vorgehensweise der partieweisen Istpreisbewertung wird durch Tabelle 4.1 veranschaulicht.

---

[126]   Vgl. Kilger, W.: Einführung in die Kostenrechnung, a.a.O., S. 83f.
[127]   Vgl. Schweitzer, M. / Küpper, H.-U.: Systeme der Kosten- und Erlösrechnung, a.a.O., S. 107f.

Tabelle 4.1: Partieweise Istpreisbewertung

	Datum	ME	€	$\frac{€}{ME}$
Anfangsbestand	01.03.	3.000	16.800,00	5,60
Verbrauch	04.03.	– 1.000	– 5.600,00	5,60
Zugang	07.03.	3.500	18.550,00	5,30
Verbrauch	08.03.	– 1.500	– 8.400,00	5,60
Zugang	16.03.	1.500	8.100,00	5,40
Verbrauch	19.03.	– 500	– 2.800,00	5,60
		– 2.200	– 11.660,00	5,30
Verbrauch	28.03.	– 1.300	– 6.890,00	5,30
		– 100	– 540,00	5,40
Zugang	30.03.	2.000	9.600,00	4,80
Endbestand	31.03.	1.400	7.560,00	5,40
		2.000	9.600,00	4,80
Endbestand gesamt	31.03	3.400	17.160,00	

Eine Vereinfachung gegenüber der partieweisen Istpreisbewertung stellt die Istpreisbewertung mit periodischer Durchschnittspreisbildung dar. Hier wird einmal, und zwar am Ende der Abrechnungsperiode, ein Durchschnittspreis gebildet, indem man zum bewerteten Anfangsbestand sämtliche mit ihren jeweiligen Preisen bewerteten Zugänge der Periode addiert und durch die Summe ihrer mengenmäßigen Anteile dividiert. Mit dem so ermittelten Durchschnittspreis werden alle Verbrauchsmengen der betrachteten Periode bewertet. Der Vorteil der periodischen Durchschnittspreisbewertung besteht in dem geringen Rechenaufwand.

Mit den Ausgangsdaten des Beispiels zur partieweisen Istpreisbewertung ergeben sich für die periodische Durchschnittspreisbildung die in Tabelle 4.2 gezeigten Ergebnisse.

Tabelle 4.2: Periodische Durchschnittspreisbildung

	Datum	ME	€	$\frac{€}{ME}$
Anfangsbestand	01.03.	3.000	16.800,00	5,60
Zugang	07.03.	3.500	18.550,00	5,30
Zugang	16.03.	1.500	8.100,00	5,40
Zugang	30.03.	2.000	9.600,00	4,80
		10.000	53.050,00	5,31
Summe Verbrauch		− 6.600	− 35.013,00	5,31
Endbestand	31.03.	3.400	18.037,00	5,31

Bei der permanenten Durchschnittspreisbildung werden die Materialverbrauchsmengen mit Istdurchschnittspreisen bewertet, die nach jedem Materialzu-
gang neu zu bilden sind. Diese permanente Neuberechnung der Durchschnitts-
preise erweist sich insbesondere für Materialarten mit häufigen Bestandsveränderungen als sehr arbeitsaufwendig, ist aber mit Rechner- und entsprechendem Soft-
wareeinsatz durchaus praktikabel und daher zu empfehlen.

Ausgehend von den Daten des oben eingeführten Beispiels wird die Istpreisbewertung mit permanenter Durchschnittspreisbildung durchgeführt.

Sobald ein neuer Zugang zu verzeichnen ist, müssen mengen- und wertmäßiger
Lagerbestand ermittelt werden, z.B. beträgt am 07.03. der Lagerbestand 5.500 ME
mit einem Gesamtwert in Höhe von 29.750,00 €. Den Durchschnittspreis erhält
man durch Division des wertmäßigen Bestandes durch die Anzahl der Mengeneinheiten, d.h. für den 07.03. ergibt sich:

$$\frac{29.750}{5.500} = 5{,}409 \, \frac{€}{ME} \, .$$

Die Verbräuche werden dann mit dem jeweils aktuell berechneten Durchschnittspreis bewertet. Alle Berechnungen der permanenten Durchschnittspreisbildung sind in Tab. 4.3 aufgeführt.

Tabelle 4.3: Permanente Durchschnittspreisbildung

	Datum	ME	€	$\dfrac{€}{ME}$
Anfangsbestand	01.03.	3.000	16.800,00	5,60000
Verbrauch	04.03.	– 1.000	– 5.600,00	5,60000
Zugang	07.03.	3.500	18.550,00	5,30000
		5.500	29.750,00	5,40909
Verbrauch	08.03.	– 1.500	– 8.113,64	5,40909
Zugang	16.03.	1.500	8.100,00	5,40000
		5.500	29.736,36	5,40661
Verbrauch	19.03.	– 2.700	– 14.597,85	5,40661
Verbrauch	28.03.	– 1.400	– 7.569,26	5,40661
Zugang	30.03.	2.000	9.600,00	4,80000
Endbestand	31.03.	3.400	17.169,26	5,04978

Die Einführung einer Plankostenrechnung führt zu der Bewertung von Materialverbrauchsmengen mit Planpreisen, die den erwarteten Durchschnittspreisen einer Planungsperiode möglichst entsprechen sollten. Ihre Ermittlung erfolgt am genauesten mit Hilfe statistischer Verfahren, z.B. gleitende Durchschnittsbildung oder Trendermittlung nach der Methode der kleinsten Abweichungsquadrate auf Basis von Istpreis-Zeitreihen vergangener Perioden.[128] Die Extrapolation ist mit einem relativ hohen Arbeitsaufwand verbunden und wird daher in der Praxis nur für sehr wichtige Materialarten vorgenommen. Die Planpreise der übrigen Materialarten werden aufgrund aktueller Angebote oder erwarteter Entwicklungen geschätzt.[129]

Die Planpreisbewertung hat gegenüber den Verfahren der Istpreisbewertung den wesentlichen Vorteil, dass sie rechentechnisch einfacher ist. Nachteilig ist allerdings, dass bei alleiniger Durchführung der Planpreisbewertung auftrags- oder produktbezogene Nachkalkulationen auf Basis der Istmaterialkosten nicht oder erst im Nachhinein durch Korrektur der Abweichungen der Istpreise von den Planpreisen erfolgen können.

---

[128] Zu den Methoden der statistischen und analytischen Planung vgl. Kapitel 6.2.3.2.

[129] Vgl. Kilger, W. / Pampel, J. / Vikas, K.: Flexible Plankostenrechnung und Deckungsbeitragsrechnung, a.a.O., S. 166ff.; Däumler, K.-D. / Grabe, J.: Kostenrechnung 3, Plankostenrechnung, Mit Fragen und Aufgaben, Antworten und Lösungen, Testklausur, 6. Aufl., Herne-Berlin 1998, S. 39ff.

Das oben erläuterte Beispiel wird um die Angabe eines Planpreises pro Mengeneinheit in Höhe von 5,60 € für die eingesetzte Materialart A ergänzt. Bei dem Verfahren der Planpreisbewertung werden nun sämtliche Materialbewegungen mit dem Planpreis bewertet.

Eine Kontrolle zur Ermittlung von Plan-Ist-Abweichungen der Materialkosten wird möglich, wenn parallel zu der Planpreisbewertung eine Istpreisbewertung der verbrauchten Materialmengen erfolgt. Die Kostenabweichungen werden auf so genannten Preisdifferenz-Bestandskonten registriert, wobei den mit Planpreisen bewerteten Materialzugängen die den Lieferantenrechnungen entsprechenden Zugänge zu Istpreisen gegenübergestellt werden.

Ausgehend von den Daten des vorangegangenen Beispiels wird die Kontrolle der Plan-Ist-Abweichung der Materialzugangskosten durchgeführt.

Tabelle 4.4: Planpreisbewertung

	Datum	ME	€	$\dfrac{€}{ME}$
Anfangsbestand	01.03.	3.000	16.800,00	5,60
Summe Zugang		7.000	39.200,00	5,60
		10.000	56.000,00	5,60
Summe Verbrauch		− 6.600	− 36.960,00	5,60
Endbestand	31.03.	3.400	19.040,00	5,60

Tabelle 4.5: Ergebnisse der Planpreisbewertung

	Datum	Menge	Planpreisbewertung	Istpreisbewertung	Abweichung
		ME	€	€	€
Anfangsbestand	01.03.	3.000	16.800,00	16.800,00	0,00
Zugang	07.03.	3.500	19.600,00	18.550,00	1.050,00
Zugang	16.03.	1.500	8.400,00	8.100,00	300,00
Zugang	30.03.	2.000	11.200,00	9.600,00	1.600,00
		10.000	56.000,00	53.050,00	2.950,00

Die Division des Abweichungsbetrages durch die Summe aus zu Planpreisen bewertetem Anfangsbestand und bewerteten Zugängen ergibt den Preisabweichungsprozentsatz[130] in Höhe von:

---

[130] Vgl. Kilger, W.: Einführung in die Kostenrechnung, a.a.O., S. 92.

$$\frac{2.950}{56.000} \cdot 100 = 5,27\,\%.$$

Durch Multiplikation dieses Prozentsatzes mit den zu Planpreisen bewerteten gesamten Materialverbrauchsmengen erhält man:

$36.960 \cdot 0,0527 = 1.947\ \text{€}.$

Subtrahiert man den Abweichungsbetrag von 1.947 € von dem mit Planpreisen bewerteten Materialverbrauch von 36.960 €, so ergibt sich ein Istbetrag von:

$36.960 - 1.947 = 35.013\ \text{€},$

was genau den Materialkosten gemäß der periodischen Durchschnittspreisbildung entspricht. Multipliziert man den zu Planpreisen bewerteten Endbestand mit dem Preisabweichungsprozentsatz, so ergibt sich ein Abweichungsbetrag in Höhe von:

$19.040 \cdot 0,0527 = 1.003\ \text{€}.$

Durch Subtraktion dieses Abweichungsbetrages von dem mit Planpreisen bewerteten Endbestand erhält man den ermittelten Wert des Endbestandes der periodischen Durchschnittspreisbildung:

$19.040 - 1.003 = 18.037\ \text{€}.$

Die Summe der Abweichungsbeträge von Verbrauch und Endbestand ergibt den gesamten Abweichungsbetrag der Materialzugangskosten-Kontrolle in Höhe von:

$1.003 + 1.947 = 2.950\ \text{€}.$

Die folgenden Tabellen 4.6 und 4.7 geben einen Überblick über die dargestellten Zusammenhänge.

Tabelle 4.6:   Vergleich der Ergebnisse bei Plan- und bei Istpreisbewertung

	Menge	Planpreisbewertung	Istpreisbewertung	Abweichung
	ME	€	€	€
Anfangsbestand	3.000	16.800,00	16.800,00	0,00
Zugänge	7.000	39.200,00	36.250,00	2.950,00
	10.000	56.000,00	53.050,00	2.950,00

Tabelle 4.7: Vergleich der Ergebnisse bei Plan- und bei Istpreisbewertung mit periodischer Durchschnittspreisbildung

	Menge	Planpreisbewertung	Istpreisbewertung mit periodischem Durch- schnittspreis	Abweichung
	ME	€	€	€
Verbräuche	6.600	36.960,00	35.013,00	1.947,00
Endbestand	3.400	19.040,00	18.037,00	1.003,00
	10.000	56.000,00	53.050,00	2.950,00

4.1.3.1.3 Verrechnung der Materialkosten

Die Art der Weiterverrechnung von Materialkosten ist davon abhängig, ob eine Ist-, Normal- oder Plankostenrechnung zugrunde liegt.

In einer Istkostenrechnung werden sämtliche Istmaterialkosten einer Abrechnungsperiode auf die Kostenträger verrechnet. Dabei können Ist-Materialeinzelkosten nach den Angaben der Materialentnahmescheine direkt den Kostenträgern zugeordnet werden, während Ist-Materialgemeinkosten zunächst in die Kostenstellenrechnung eingehen. Dort sind für jede Abrechnungsperiode aktuelle Istkostensätze zu bilden, mit deren Hilfe auch die Istgemeinkosten auf die Kostenträger verteilt werden können.

Die den Materialeinzelkosten entsprechenden Verbrauchsmengen werden in einer Normalkostenrechnung zunächst anhand so genannter Normalverbrauchsmengen pro Endprodukteinheit oder Auftrag, die aufgrund von Erfahrungswerten der Vergangenheit gebildet werden, festgelegt. Diese normalisierten Verbrauchsmengen bewertet man mit festen Verrechnungspreisen, wobei es sich um Istdurchschnitte der Preise vergangener Perioden oder Preisschätzungen handelt. In einer Normalkostenrechnung werden den Kostenträgern folglich nur normalisierte Materialeinzelkosten übertragen. Die Abweichungen zu den Ist-Materialeinzelkosten können als Unter- oder Überdeckungen registriert werden. Die Bewertung von Istverbrauchsmengen des Gemeinkostenmaterials erfolgt ebenfalls mit festen Verrechnungspreisen. Die Materialgemeinkosten werden anschließend analog zur Istkostenrechnung den verursachenden Kostenstellen angelastet. In der Normalkostenrechnung werden zur Weiterverrechnung in die Kostenträgerrechnung normalisierte Gemeinkostenverrechnungssätze gebildet, d.h. in die Kalkulationen gehen nur Materialgemeinkosten ein, die den normalisierten Gemeinkostensätzen entsprechen. Unter- oder Überdeckungen der Materialgemeinkosten werden nicht gesondert ermittelt, sondern gehen in die globalen Unter- oder Überdeckungen der Kostenstellen ein.

Bei Anwendung der Plankostenrechnung erfolgt die exakte Planung des Einzelmaterialverbrauches pro Produktmengeneinheit oder Auftrag. Bei Standarderzeugnissen können die Einzelmaterialmengen einer Periode im Voraus geplant werden. Für eine Einzel- oder Auftragsfertigung erfolgt die Planung dagegen parallel zur Auftragsabwicklung, da die benötigten Stücklisten und Konstruktionszeichnungen erst nach Auftragseingang erstellt werden. Es gibt unterschiedliche Vorgehensweisen zur Kostenplanung, wobei sehr häufig aus den geplanten Nettoeinzelmaterialverbräuchen zuzüglich eines Planprozentsatzes für Abfall die Bruttomaterialmengen ermittelt und mit Planpreisen bewertet werden. Zunächst werden den einzelnen Produktarten und Aufträgen die geplanten Materialeinzelkosten angelastet. Die mit Planpreisen bewerteten geplanten Verbrauchsmengen für Gemeinkostenmaterial werden den verursachenden Kostenstellen angelastet und anhand der Gemeinkostenzuschlagssätze ebenfalls auf die Kostenträger verteilt. Wird parallel zu der Plankostenrechnung gleichzeitig eine Istkostenrechnung geführt, so sind Kontrollen von Materialeinzel- und -gemeinkosten möglich. Die geplanten Materialeinzelkosten werden den in der Materialabrechnung erfassten Ist-Materialeinzelkosten in einem Soll-Ist-Kostenvergleich für Einzelmaterial gegenübergestellt. Auftretende Einzelmaterial-Verbrauchsabweichungen können bei der Einzel- und Auftragsfertigung in der Nachkalkulation den Aufträgen angelastet werden. Bei Standardprodukten werden diese zusammen mit Einzelmaterial-Preisabweichungen in der kurzfristigen Erfolgsrechnung den jeweiligen Produktarten oder -gruppen zugeordnet. Die mit Planpreisen bewerteten Istverbrauchsmengen für Gemeinkostenmaterial werden den verursachenden Kostenstellen zugeordnet und den bewerteten geplanten Verbrauchsmengen gegenübergestellt. Ermittelte Verbrauchsabweichungen[131] erlauben Rückschlüsse auf die Wirtschaftlichkeit der betrachteten Kostenstellen beim Verbrauch von Gemeinkostenmaterial.[132]

4.1.3.2 Personalkostenarten

Die Personalkosten bestehen aus Löhnen, Gehältern und Sozialkosten. Löhne stellen ein Entgelt dar, das durch die Verpflichtung des Arbeitsvertrags vom Arbeitgeber an die Arbeiter gezahlt wird. Bei den Gehältern handelt es sich um

---

[131]   Zur Einzel- und Gemeinkostenkontrolle bei einer Plankostenrechnung vgl. Kapitel 6.3.2 und 6.3.3.

[132]   Vgl. Kilger, W.: Einführung in die Kostenrechnung, a.a.O., S. 93ff.

Zahlungen an die kaufmännischen und technischen Angestellten eines Unternehmens. Neben den Löhnen und Gehältern muss der Arbeitgeber seinen Anteil gesetzlicher Sozialleistungen zur Renten-, Arbeitslosen-, Kranken-, Pflege- sowie Unfallversicherung beitragen. Freiwillige Sozialleistungen werden durch Absprachen zwischen Arbeitgeber und -nehmer oder durch Betriebsvereinbarungen festgelegt.[133]

4.1.3.2.1 Lohnkosten

Die Erfassung und Kontierung der Lohnkosten ist Inhalt der Lohnabrechnung, die im Einzelnen folgende Aufgaben zu erfüllen hat:[134]

- Bruttolohnabrechnung,
- Nettolohnabrechnung,
- Lohnverteilung und
- sonstige Aufgaben der Lohnabrechnung.

In der Bruttolohnabrechnung erfolgt die Ermittlung aller Bruttolöhne, die den Arbeitern für eine Abrechnungsperiode zustehen. Die Bruttolöhne setzen sich meistens aus den folgenden Bruttolohnarten zusammen:[135]

Bruttolohn = Tariflohn
+ gesetzlicher Soziallohn (z.B. für Urlaub und Feiertage)
+ übertarifliche Lohnzulagen
+ Leistungs- und sonstige Prämien
+ Zusatzlöhne
+ Zuschläge für Überstunden, Sonntags-, Feiertags- und Nachtarbeit.

Gesetzliche Soziallöhne beinhalten beispielsweise Urlaubs- und Feiertagslöhne, die zusammen mit den gesetzlichen und freiwilligen Sozialabgaben verrechnet werden.

Die Bruttolöhne werden in der Nettolohnabrechnung um die gesetzlich vorgeschriebenen Abgaben, welche insbesondere die Sozialversicherungsbeiträge sowie

---

133 Vgl. Kiesel, M.: Kostenartenrechnung, a.a.O., S. 461; Däumler, K.-D. / Grabe, J.: Kostenrechnung 3, Plankostenrechnung, a.a.O., S. 41f.

134 Vgl. Kilger, W.: Einführung in die Kostenrechnung, a.a.O., S. 95.

135 Vgl. ebenda. Zur Lohn- und Gehaltsabrechnung vgl. auch Gaugler, E.: Personalkosten, in: Chmielewicz, K. / Schweitzer, M. (Hrsg.): Handwörterbuch des Rechnungswesens, 3. Aufl., Stuttgart 1993, Sp. 1525-1537, hier Sp. 1528ff.

die vom Arbeitgeber einzubehaltenden Lohn- und Kirchensteuern beinhalten, vermindert. Der Nettoarbeitslohn wird wie folgt ermittelt:[136]

Nettolohn = Bruttolohn
- Lohn- und Kirchensteuer
- Kranken-, Renten-, Pflege- und Arbeitslosenversicherungs-
  beiträge
- Solidaritätsbeitrag.

Die auszuzahlenden Beträge erhält man durch die weitere Verminderung der Nettolöhne um persönliche Abzüge, wie z.B. Vorschüsse, Essensgelder oder in Rechnung gestellte Sachbezüge.

Bei der Lohnverteilung werden die Bruttolöhne – zunächst ohne die gesetzlichen Soziallöhne[137] – denjenigen Kostenstellen oder -trägern zugeordnet, durch die sie verursacht worden sind, d.h. es erfolgt die Kontierung auf Auftrags- oder Kostenstellennummern.

Sonstige Aufgaben der Lohnabrechnung umfassen alle lohn- und leistungsstatistischen Auswertungen sowie die Ermittlung von Bezugsgrößen der Kostenstellenrechnung.

Da für die Kostenartenrechnung lediglich die Ergebnisse der Bruttolohnabrechnung und nicht die der Nettolohnabrechnung relevant sind, werden im Folgenden nur die wichtigsten Grundlagen der Bruttolohnabrechnung, insbesondere Verfahren zur belegmäßigen Erfassung der Arbeitszeiten und sonstiger Bemessungsgrundlagen der Lohnzahlung, erörtert.

Aus den unterschiedlichen Ermittlungsverfahren von Bruttolöhnen ergeben sich die drei Lohnformen:

- Zeitlohn,
- Akkordlohn und
- Prämienlohn.

Die Zeitlohnvergütung erfolgt auf der Basis von effektiv geleisteten Arbeitsstunden, die man auf Zeitlohnscheinen erfasst. Im Fertigungsbereich werden diese durch Zeiterfassungsgeräte oder durch die Mitarbeiter selbst ausgestellt und von den Meistern abgezeichnet. Ein Zeitlohnschein sollte etwa folgende Angaben enthalten:

- Lohnartenbezeichnung,

---

[136] Vgl. Kilger, W.: Einführung in die Kostenrechnung, a.a.O., S. 96.
[137] Vgl. Kapitel 4.1.3.2.3.

- Art der Tätigkeit,
- Name des Mitarbeiters, Personal-Nr.,
- Anzahl der geleisteten Stunden,
- Lohngruppe, Lohn pro Stunde,
- Lohnbetrag (geleistete Stunden · Stundenlohn),
- Kontierungsangaben (z.B. Kostenstelle, Kostenart oder Auftrags-, Artikel-Nr.),
- Ausstellungsvermerke (Datum, Name des Ausstellers, Unterschrift des Meisters),
- Lohnabrechnungsvermerke (Datum, Name),
- Lohnbuchungsvermerke (Datum, Name).

Die Ermittlung des Bruttolohnbetrags K_η, der einem Mitarbeiter η für eine Abrechnungsperiode vergütet wird, lässt sich durch die folgende Formel darstellen, wobei q_L den Lohnsatz pro Stunde, $T_{m\eta}^{(I)}$ die von einem Mitarbeiter η in einer Kostenstelle m insgesamt geleisteten Istarbeitsstunden, m $\left(m = 1, ..., M\right)$ den Kostenstellenindex und η die Personalnummer bezeichnet:

$$K_\eta = \sum_{m=1}^{M} q_{Lm\eta} \cdot T_{m\eta}^{(I)} \ .$$

Die in den nach Kostenstellen sortierten Zeitlohnscheinen angegebenen Stunden werden aufsummiert und stellen die Einsatzzeiten $T_{m\eta}^{(I)}$ dar.[138]

Als Kontrollrechnung werden den vergüteten Lohnstunden die Anwesenheitszeiten jedes Mitarbeiters gegenübergestellt. Dabei sollte die folgende Gleichung immer erfüllt sein, ansonsten ist eine Überprüfung der Zeitlohnscheine erforderlich:

$$(\text{Anwesenheitszeit}) - (\text{nicht entlohnte Pausen}) = \sum_{m=1}^{M} T_{m\eta}^{(I)} \ .$$

Das folgende Beispiel veranschaulicht die Kontrolle der Stundenerfassung und die Zeitlohnvergütung. Der Mitarbeiter mit der Personalnummer 5 hat in der vergangenen Woche in den Kostenstellen 1 und 2 gemäß der nachfolgenden Aufstellung Arbeitsstunden geleistet. Der Lohnsatz pro Stunde beträgt in der 1. Stelle 23 € und in der 2. Stelle 25 €. Laut Stechkarte war er 41,5 Stunden anwesend, davon sind 2,5 Stunden nicht entlohnte Pausen.

---

138   Vgl. Kilger, W.: Einführung in die Kostenrechnung, a.a.O., S. 97f.

Tabelle 4.8:   Von dem Mitarbeiter mit der Personalnummer 5 geleistete Arbeitsstunden der Abrechnungsperiode in den Kostenstellen 1 und 2

	Montag	Dienstag	Mittwoch	Donnerstag	Freitag	Summe
Stelle I: Std.	4,50	3,00	4,50	4,00	3,00	19,00
Stelle II: Std.	4,75	5,75	3,25	3,75	2,50	20,00

Für diese Aufstellung wurden die Zeitlohnscheine des Mitarbeiters mit der Personalnummer 5 bereits nach Kostenstellen sortiert. Die je Kostenstelle bzw. insgesamt geleisteten Arbeitsstunden betragen:

$$T_{15}^{(I)} = 19 \text{ Std.}, \; T_{25}^{(I)} = 20 \text{ Std.} \Rightarrow \sum_{m=1}^{2} T_{m5}^{(I)} = 39 \text{ Std.}$$

Für die Kontrollrechnung subtrahiert man die 2,5 Stunden nicht entlohnte Pausen von den 41,5 Stunden Gesamtanwesenheitszeit und erhält so 39 Stunden, die mit den summierten Stundenangaben der Zeitlohnscheine übereinstimmen. Die Zeiterfassung auf den Zeitlohnscheinen wurde also korrekt ausgeführt. Als Bruttolohnbetrag ergibt sich:

$$K_5 = 19 \text{ Std.} \cdot 23 \, \frac{\text{€}}{\text{Std.}} + 20 \text{ Std.} \cdot 25 \, \frac{\text{€}}{\text{Std.}} = 937,00 \text{ €.}$$

Im Unterschied zu der erläuterten Zeitlohnvergütung ist die Akkordlohnvergütung ein leistungsorientiertes Entgeltsystem, in dem sich grundsätzlich der Lohn proportional zu den hergestellten Mengeneinheiten verhält. Die nachfolgend vorgestellte Ausprägung des Akkordlohnes wird auch als Zeitakkord bezeichnet, da sie auf der Ermittlung so genannter Vorgabezeiten basiert, d.h. es wird eine bestimmte Zeit für die Herstellung einer Mengeneinheit vorgesehen. Unterschreitet ein Mitarbeiter die Vorgabezeit, so erhöht sich automatisch sein Stundenlohn, da der Akkordlohn nur im Hinblick auf die geleisteten Stückzahlen berechnet wird und die tatsächlich verbrauchte Arbeitszeit unberücksichtigt lässt. Die Erfassung der geleisteten Stückzahlen mit den entsprechenden Vorgabezeiten und die Berechnung der zugehörigen Akkordlöhne erfolgen anhand von Akkordlohnscheinen.

Die Festlegung von Vorgabezeiten für die verschiedenen Produktarten und Arbeitsgänge hat im System der Akkordlohnvergütung besondere Bedeutung. Daher werden spezielle Abteilungen für Zeitstudien mit der Ermittlung von Vorgabezeiten anhand analytischer oder synthetischer Verfahren beauftragt. Bei den synthetischen Verfahren ermittelt man die Vorgabezeiten von Arbeitsabläufen durch die Summierung vorbestimmter Zeiten ihrer Einzelbewegungen. Zu den analytischen Verfahren zählt z.B. das REFA-Verfahren, das von gemessenen Istzeiten ausgeht und mit Hilfe geschätzter Leistungsgrade die Vorgabezeiten errechnet.

Die gesamte Vorgabezeit eines Fertigungsauftrags, nach REFA[139] Auftragszeit genannt, setzt sich aus der Rüstzeit und der Ausführungszeit zusammen. Die Rüstzeit umfasst dabei diejenigen Zeiten, die zur Vorbereitung der ausführenden Arbeit sowie zur Rückversetzung der Betriebsmittel in ihren ursprünglichen Zustand dienen. Während die Rüstzeit normalerweise von der bearbeiteten Stückzahl unabhängig ist, verhält sich die Ausführungszeit als Summe der Teilzeiten der ausführenden Arbeit proportional zur Serien- oder Partiegröße. Die Ausführungszeit schwankt mit variierenden Fertigungsstückzahlen. Daher ist es sinnvoll, nicht für jede mögliche Auftragsgröße die vorzugebende Bearbeitungszeit festzulegen, sondern die Ausführungszeit je Einheit zu bestimmen, die dann mit der jeweiligen Auftragsgröße multipliziert wird. Die folgende Grundgleichung stellt die geschilderten Zusammenhänge dar, wobei $t_{Auftrag}^{(P)}$ die geplante Auftragszeit, $t_R^{(P)}$ die geplante Rüstzeit, $t_A^{(P)}$ die geplante Ausführungszeit je Einheit und $x_P^{(I)}$ die tatsächliche aufgetretene Istserien- oder -partiegröße kennzeichnet:

$$t_{Auftrag}^{(P)} = t_R^{(P)} + t_A^{(P)} \cdot x_P^{(I)} .$$

Die genannten vier Größen – Rüstzeit, Ausführungszeit je Einheit, bearbeitete Stückzahl und Auftragszeit – müssen in den Akkordlohnscheinen angegeben werden. Sie treten an die Stelle der in den Zeitlohnscheinen aufgeführten Position „Anzahl der geleisteten Stunden". Der tarifliche Stundenlohnsatz q_L in € pro Stunde ist für die Akkordlohnermittlung in einen Lohnsatz pro Minute umzurechnen, da die Vorgabezeiten meist in Minuten ermittelt werden. Weiterhin ist ein Akkordzuschlag a in Prozent zu berücksichtigen. Der Lohnsatz in € pro Minute wird auch als Minutenfaktor MF_η bezeichnet und nach der folgenden Gleichung ermittelt:

$$MF_\eta = \frac{q_L \cdot \left(1 + \dfrac{a}{100}\right)}{60} .$$

Ansonsten sind für die Erfassung und Verrechnung des Akkordlohnes die gleichen Angaben zu machen wie für den Zeitlohn. Darüber hinaus gehen in die Ermittlung des Bruttolohnes K_η eines Akkordmitarbeiters mit der Personalnummer

---

[139] Vgl. Verband für Arbeitsstudien und Betriebsorganisation e.V. (Hrsg.): REFA, Methodenlehre des Arbeitsstudiums, Teil 2, Datenermittlung, München 1978, S. 42ff.

η für eine Abrechnungsperiode die Auftrags- oder Produktarten $j\,(j=1,...,J)$, die von ihm in der Kostenstelle m bearbeitete Anzahl der Serien von Erzeugnis j pro Abrechnungsperiode $v_{mj\eta}^{(I)}$ sowie entsprechend die Rüstzeit $t_{Rmj}^{(P)}$ in Minuten pro Serie, die abgelieferte Stückzahl pro Abrechnungsperiode $x_{Pmj\eta}^{(I)}$, die Ausführungszeit je Einheit $t_{Amj}^{(P)}$ in Minuten pro Stück und der Minutenfaktor MF_η der Lohngruppe des Mitarbeiters mit der Personalnummer η ein:

$$K_\eta = \sum_{m=1}^{M} \sum_{j=1}^{J} \left[\left(v_{mj\eta}^{(I)} \cdot t_{Rmj}^{(P)} \right) + \left(x_{Pmj\eta}^{(I)} \cdot t_{Amj}^{(P)} \right) \right] \cdot MF_\eta \;.$$

$\left(v_{mj\eta}^{(I)} \cdot t_{Rmj}^{(P)} \right)$ steht dabei für die Rüstzeiten, die sich durch Multiplikation von Rüsthäufigkeit bzw. Anzahl der Serien und Rüstzeit je Serie ergeben.

$\left(x_{Pmj\eta}^{(I)} \cdot t_{Amj}^{(P)} \right)$ bezeichnet die Ausführungszeit als Produkt aus Produktionsmenge und Zeit je Einheit.

Der eckige Klammerausdruck, summiert über die Anzahl der Kostenstellen und die Anzahl der Auftrags- oder Produktarten, gibt die insgesamt von dem Mitarbeiter mit der Personalnummer η während der Abrechnungsperiode geleisteten Vorgabeminuten an. Setzt man diese Größe ins Verhältnis zur Istarbeitszeit $T_\eta^{(I)}$, so erhält man den durchschnittlichen Zeitleistungs- oder Leistungsgrad $\gamma_{\varnothing\eta}$ des Akkordmitarbeiters mit der Personalnummer η :

$$\gamma_{\varnothing\eta} = \frac{\sum_{m=1}^{M} \sum_{j=1}^{J} \left[\left(v_{mj\eta}^{(I)} \cdot t_{Rmj}^{(P)} \right) + \left(x_{Pmj\eta}^{(I)} \cdot t_{Amj}^{(P)} \right) \right]}{T_\eta^{(I)}} \;.$$

Für die Bestimmung der Ist-Akkordarbeitszeit eines Mitarbeiters werden gemäß der Formel

$$T_\eta^{(I)} = \left[\left(\text{Anwesenheitszeit} \right) - \left(\text{nicht entlohnte Pausen} \right) - \left(\text{Zeitlohnstd.} \right) \right] \cdot 60 \, \frac{\text{Min.}}{\text{Std.}}$$

von der Anwesenheitszeit die nicht entlohnten Pausenzeiten sowie die von dem betreffenden Mitarbeiter im Zeitlohn geleisteten Stunden abgezogen und in Minuten umgerechnet.[140]

Als Beispiel zur Akkordlohn-Ermittlung wird von den folgenden Daten ausgegangen:

---

[140]   Vgl. Kilger, W.: Einführung in die Kostenrechnung, a.a.O., S. 99ff.

Personalnummer: $\eta = 7$,

Lohnsatz: $q_L = 12 \dfrac{€}{\text{Std.}}$,

Akkordzuschlag: $a = 5\%$,

2 Kostenstellen: $m = 1, 2$,

2 Produktarten: $j = 1, 2$.

Mitarbeiter 7 hat in jeder Kostenstelle und dabei für jede Produktart jeweils einen Rüstvorgang ausgeführt, d.h.:

$$v_{mj7}^{(I)} = 1 \frac{\text{Serie}}{\text{Periode}}, \qquad m = 1, 2, \; j = 1, 2.$$

Für die Rüstzeiten $t_{Rmj}^{(P)}$, die Ausführungszeiten je Einheit $t_{Amj}^{(P)}$ und die von dem Mitarbeiter mit der Personalnummer 7 gefertigten Stückzahlen $x_{Pmj7}^{(I)}$ gelten die Angaben in Tabelle 4.9.

Tabelle 4.9:   Rüstzeiten, Ausführungszeiten und gefertigte Stückzahlen

	$t_{Rmj}^{(P)}$ in $\dfrac{\text{Min.}}{\text{Serie}}$		$t_{Amj}^{(P)}$ in $\dfrac{\text{Min.}}{\text{ME}}$		$x_{Pmj7}^{(I)}$ in $\dfrac{\text{ME}}{\text{Periode}}$	
	$m = 1$	$m = 2$	$m = 1$	$m = 2$	$m = 1$	$m = 2$
$j = 1$	12	20	2,5	3,0	200	200
$j = 2$	13	18	1,5	3,5	200	200

Laut Stechkarte war der Mitarbeiter mit der Personalnummer 7 in der Abrechnungsperiode 164 Stunden anwesend, davon sind 10 Stunden nicht entlohnte Pausen und 117 Stunden der Zeitlohnarbeit zuzuordnen.

Als Minutenfaktor für den Mitarbeiter mit der Personalnummer 7 erhält man:

$$MF_7 = \frac{12 \cdot \left(1 + \dfrac{5}{100}\right)}{60} = 0,21 \; \frac{€}{\text{Min.}} \; .$$

Zunächst werden die von dem Mitarbeiter mit der Personalnummer 7 geleisteten Rüstzeiten $\left(v_{mj7}^{(I)} \cdot t_{Rmj}^{(P)}\right)$ und die Ausführungszeiten $\left(x_{Pmj7}^{(I)} \cdot t_{Amj}^{(P)}\right)$ der Abrechnungsperiode gemäß der nachfolgenden Tabelle 4.10 ermittelt.

Tabelle 4.10: Rüstzeiten und Ausführungszeiten

	$\left(v_{mj7}^{(I)} \cdot t_{Rmj}^{(P)}\right)$ in $\dfrac{\text{Min.}}{\text{Periode}}$		$\left(x_{Pmj7}^{(I)} \cdot t_{Amj}^{(P)}\right)$ in $\dfrac{\text{Min.}}{\text{Periode}}$	
	$m = 1$	$m = 2$	$m = 1$	$m = 2$
$j = 1$	12	20	500	600
$j = 2$	13	18	300	700
Summe	25	38	800	1.300

Über alle Kostenstellen und Produktarten summiert ergibt sich:

$$\sum_{m=1}^{2} \sum_{j=1}^{2} \left[\left(v_{mj7}^{(I)} \cdot t_{Rmj}^{(P)}\right) + \left(x_{Pmj7}^{(I)} \cdot t_{Amj}^{(P)}\right) \right] = 25 + 38 + 800 + 1.300$$

$$= 2.163 \, \frac{\text{Min.}}{\text{Periode}}.$$

Der Akkordlohn für Mitarbeiter mit der Personalnummer 7 bezogen auf die beiden Produkte und Kostenstellen beträgt dann:

$$K_7 = 0,21 \, \frac{\text{€}}{\text{Min.}} \cdot 2.163 \, \frac{\text{Min.}}{\text{Periode}} = 454,23 \, \frac{\text{€}}{\text{Periode}}.$$

Als Istarbeitszeit bei Akkordlohnarbeit ergibt sich für den Mitarbeiter mit der Personalnummer 7:

$$T_7^{(I)} = \left(164 - 10 - 117\right) \frac{\text{Std.}}{\text{Periode}} \cdot 60 \, \frac{\text{Min.}}{\text{Std.}} = 2.220 \, \frac{\text{Min.}}{\text{Periode}}.$$

Daraus lässt sich der durchschnittliche Leistungsgrad für die geleistete Akkordarbeit des Mitarbeiters mit der Personalnummer 7 ableiten:

$$\gamma_{\varnothing 7} = \frac{2.163}{2.220} \approx 0,9743 = 97,43\,\%.$$

Eine weitere Lohnform der Lohnabrechnung ist der Prämienlohn. Prämien werden beispielsweise für bestimmte Mengen-, Ersparnis-, Termin- oder Qualitätsleistungen gezahlt. Bei Prämien für Mengenleistungen erhalten die Mitarbeiter einen garantierten Mindestlohn. Mehrleistungen werden nur teilweise zusätzlich vergütet. Alle übrigen Prämienlöhne beziehen sich jeweils auf eine bestimmte Bemessungsgrundlage, von der die erlangten Prämien abzuleiten sind. Die Erfassung und Kontierung von Prämien basiert auf Prämienlohnscheinen, die vergleichbare Angaben enthalten müssen wie die Zeit- und Akkordlohnscheine.[141]

Die Art der Weiterverrechnung von Lohnkosten hängt – wie bei der Verrechnung von Materialkosten – davon ab, ob eine Ist-, Normal- oder Plankostenrechnung zugrunde liegt.

In der Istkostenrechnung werden die angefallenen Lohnkosten einer Abrechnungsperiode auf die Kostenträger verteilt. Einzellöhne, die aufgrund der Angaben auf den Lohnscheinen bestimmten Artikeln oder Aufträgen zugerechnet werden können, gehen direkt in die Kostenträgerrechnung. Sie werden auch Fertigungslöhne genannt. Im Unterschied dazu bezeichnet man als Hilfslöhne diejenigen Lohnarten, die als Gemeinkosten anfallen und in die Kostenstellenrechnung weitergeleitet werden.[142] Da in der Istkostenrechnung für jede Abrechnungsperiode neue Istverrechnungssätze zu bilden sind, werden auch die Lohngemeinkosten immer vollständig auf die Kostenträger umgelegt.

Die Vorgehensweise bei der Verrechnung der Lohnkosten in einer Normalkostenrechnung ist die gleiche wie in einer Istkostenrechnung. Allerdings werden in der Kostenträgerrechnung einer Normalkostenrechnung normalisierte Gemeinkosten-Verrechnungssätze zugrunde gelegt, so dass nur die den Normalkostensätzen entsprechenden Gemeinkostenlöhne in die Kalkulationen eingehen.

Die Verteilung von Einzelkosten geschieht in einer Plankostenrechnung in gleicher Weise wie in Ist- oder Normalkostenrechnungen. Für Akkordlohnarbeiten ergeben sich Sollvorgaben für die Fertigungsstellen durch Einsatz der Vorgabezeiten unmittelbar aus den geplanten Produktmengen. Soll- und Istkosten stimmen bei gleich bleibender Lohnhöhe stets überein. Für Zeitlohnarbeiten ist es schwierig, Vorgabezeiten zu bestimmen, da die Produktionsbedingungen solcher Arbeiten im Zeitablauf meist nicht konstant sind. Trotzdem erfordert eine Plankostenrechnung die Bestimmung von Plan- oder Standardarbeitszeiten, die zur Durchführung eines Soll-Ist-Kostenvergleiches unerlässlich sind. Den Zeitlöhnen als Istkosten werden die Standardzeiten als Sollkosten gegenübergestellt. Die Istbeträge der Lohngemeinkosten bzw. Hilfslöhne werden den verursachenden Kostenstellen angelastet und dort mit den zugehörigen Sollkosten verglichen. Detaillierte Abweichungsanalysen lassen Rückschlüsse auf die Wirtschaftlichkeit des Arbeitseinsatzes zu.[143]

---

[141] Vgl. Kilger, W.: Einführung in die Kostenrechnung, a.a.O., S. 101f.; Schweitzer, M. / Küpper, H.-U.: Systeme der Kosten- und Erlösrechnung, a.a.O., S. 110.

[142] Vgl. Kiesel, M.: Kostenartenrechnung, a.a.O., S. 461.

[143] Vgl. in Kapitel 6.1.2 die Abschnitte zur Kostenkontrolle in der flexiblen Plankostenrechnung.

Zwei Besonderheiten bei der Verrechnung von Lohnkosten sind zu beachten. Die Akkordlöhne bedürfen vor dem Hintergrund der unterschiedlichen Art der Verrechnung innerhalb der Kostenrechnungssysteme besonderer Beachtung. Akkordlöhne basieren auf geplanten Vorgabezeiten und haben insofern Plancharakter. Andererseits werden für Akkordarbeiten stets nur die den Vorgabeminuten entsprechenden Löhne vergütet, so dass sie gleichzeitig auch Istkosten darstellen. Abweichungen können bei Akkordlöhnen also nicht aus zeitlichen Differenzen, sondern nur aus Lohnerhöhungen resultieren. Die Lohnerhöhungen als zweite Besonderheit haben zur Folge, dass die Ist-Lohnkostensätze von den geplanten Lohnkostensätzen abweichen. Derartige Tarifabweichungen sind in einer Plankostenrechnung aus den Berechnungen auszuklammern. Dies kann einerseits mit einer doppelten Lohnabrechnung durch die detaillierte Gegenüberstellung der gezahlten und geplanten Lohnsätze oder andererseits durch Zuhilfenahme von Korrekturprozentsätzen erreicht werden.[144]

4.1.3.2.2 Gehaltskosten

Die Erfassung und Kontierung der Gehaltskosten ist Aufgabe der Gehaltsabrechnung, die folgende Teilgebiete umfasst:

„ a) Bruttogehaltsabrechnung
  b) Nettogehaltsabrechnung
  c) Gehaltsverteilung."[145]

Bei der Bruttogehaltsabrechnung werden die vereinbarten Bruttogehälter unmittelbar den Personalstammdateien der Angestellten entnommen. Leistungsabhängige Daten finden keine Berücksichtigung, lediglich Prämien oder ähnliche Zulagen werden durch gesondert ausgestellte Belege erfasst. Gesetzliche Sozialabgaben bleiben wie in der Bruttolohnabrechnung auch in der Bruttogehaltsabrechnung unberücksichtigt.

In der Nettogehaltsabrechnung erfolgt wie in der Nettolohnabrechnung die Verminderung der Bruttogehälter um die gesetzlich vorgeschriebenen Abzüge. Werden Nettogehälter weiter um persönliche Abzüge vermindert, so ergibt dies die auszuzahlenden Beträge.

Die Gehaltsverteilungsliste gibt Aufschluss darüber, in welchen Kostenstellen die Angestellten mit welchen Bruttogehältern eingesetzt wurden. Ist ein Gehaltsempfänger während einer Abrechnungsperiode für mehrere Kostenstellen gleich-

---

[144]   Vgl. Kilger, W.: Einführung in die Kostenrechnung, a.a.O., S. 102.
[145]   Kilger, W.: Einführung in die Kostenrechnung, a.a.O., S. 105.

zeitig tätig, so wird sein Gehalt prozentual entsprechend der zeitlichen Arbeitsbelastung auf die betreffenden Kostenstellen verteilt. Da die Gehaltsverteilungsliste über einen längeren Zeitraum gültig ist, sollte bei der Ermittlung der prozentualen Kostenstellenanteile von durchschnittlichen Jahresbelastungen ausgegangen werden.

Zur Verrechnung der Gehaltskosten erfolgt in allen Kostenrechnungssystemen zunächst die monatliche Belastung der Kostenstellen mit den Istgehältern. Die Istgehälter werden in der Istkostenrechnung vollständig auf die Kostenträger umgelegt, während in einer Normalkostenrechnung nur die den normalisierten Kalkulationssätzen entsprechenden Gehaltsanteile in die Kostenträgerrechnung eingehen. In einer auf der Plankostenrechnung aufbauenden Kostenkontrolle erfolgen Soll-Ist-Vergleiche der Kostenstellenkosten durch Gegenüberstellung von Istgehältern und geplanten Gehaltskosten. Wie für die Lohnkostenverrechnung dargestellt, müssen auch hier zunächst die Tarifabweichungen eliminiert werden. Die Ursache für Gehaltskostenabweichungen können daher nur Personalbestandsveränderungen sein.[146]

4.1.3.2.3 Sozialkosten

Bei der Erfassung von Sozialkosten, die ein Unternehmen zu tragen hat, unterscheidet man zwischen gesetzlichen und freiwilligen Sozialabgaben. Zu den so genannten „gesetzlichen Sozialaufwendungen" zählen insbesondere die Urlaubs- und Feiertagslöhne sowie die Beiträge zur Sozialversicherung, d.h. Kranken-, Pflege-, Renten- und Arbeitslosenversicherung. Die Arbeitnehmerbeiträge zur Sozialversicherung werden bereits bei der Nettolohn- bzw. der Nettogehaltsabrechnung erfasst. Daher empfiehlt es sich, die Arbeitgeberanteile ebenfalls in der Lohn- bzw. der Gehaltsbuchhaltung zu ermitteln. Anschließend werden die Arbeitgeber- und Arbeitnehmerbeiträge in die Finanzbuchhaltung zur Abrechnung mit den Sozialversicherungsträgern geleitet. Die Kostenrechnung eines Unternehmens berücksichtigt nur die vom Arbeitgeber zu tragenden gesetzlichen Sozialversicherungsanteile, da die Bruttolöhne und -gehälter bereits die entsprechenden Arbeitnehmerbeiträge beinhalten. Die freiwilligen Sozialabgaben bestehen aus primären und sekundären Sozialkosten. Primäre freiwillige Sozialaufwendungen umfassen z.B. Zusatz-Pensionen oder -Renten, Ausbildungsbeihilfen, Fahrgelderstattungen sowie Aufwendungen für Jubiläen, Betriebsfeiern oder Trauerfälle. Die Finanzbuchhaltung erfasst diese Vorfälle auf gesonderten Belegen und leitet sie an

---

[146] Vgl. Kilger, W.: Einführung in die Kostenrechnung, a.a.O., S. 105f.; Haberstock, L.: Kostenrechnung I, a.a.O., S. 68.

die Betriebsabrechnung weiter. Sekundäre freiwillige Sozialaufwendungen sind Kosten für betriebliche Sozialeinrichtungen, d.h. allgemein für Garderoben, Duschanlagen, Aufenthaltsräume u.ä., aber auch für Werkswohnungen, Kantinen oder Betriebsratsbüros. Diese Kosten können erst mit Hilfe der Kostenstellenrechnung ermittelt werden.[147]

Auch bei der Verrechnung der Sozialkosten wird danach unterschieden, ob eine Ist-, Normal- oder Plankostenrechnung zugrunde liegt. In einer Istkostenrechnung werden die Istbeträge der Sozialkosten erfasst und weiterverrechnet. Diese können jahreszeitlich oder zufallsbedingt erheblich schwanken. Insbesondere Urlaub oder Feiertage, Krankheitstage, bestimmte Termine für Betriebsfeiern oder Fortbildungsveranstaltungen tragen zu Veränderungen des Sozialkostenniveaus bei. Die Kalkulationsergebnisse können folglich durch die Istverrechnung der Sozialkosten stark voneinander abweichen. Die Normalkostenrechnung bereinigt die Daten um die Schwankungen der Sozialkosten durch die Bildung normalisierter Durchschnittsprozentsätze für die Weiterverrechnung. In der Plankostenrechnung erfolgt die Sozialkostenplanung mit Hilfe kalkulatorischer Verrechnungssätze, die gesetzliche sowie primäre und sekundäre freiwillige Sozialkosten umfassen. Zunächst werden bei der Kostenplanung die jährlichen Bruttolohn- und Bruttogehaltssummen sowie die jährlich geplanten Sozialkosten festgelegt. Die Division der Sozialkosten durch die zugehörige Bezugsgrundlage, z.B. jährlich zu leistende Arbeitsstunden, ergibt die jährliche Durchschnittsbelastung in Prozent. Die so ermittelten kalkulatorischen Verrechnungssätze der Sozialkosten werden sowohl mit den geplanten als auch mit den tatsächlich angefallenen Istlöhnen und -gehältern multipliziert, woraus die Plan- und Istbeträge der kalkulatorischen Sozialkosten für die monatlichen Soll-Ist-Kostenkontrollen resultieren. Werden Sozialkosten in der Kostenartenrechnung kalkulatorisch erfasst, so dürfen die monatlich anfallenden Istbeträge zunächst nur in der Finanzbuchhaltung registriert und in der Betriebsabrechnung auf ein statistisches Abrechnungskonto gespeichert werden. Die Istkosten werden den in der Kostenstellenrechnung verrechneten Sozialkostenarten gegenübergestellt und erst am Jahresende als Gesamtsaldo in die Erfolgsrechnung gebucht.[148]

---

[147]   Vgl. Haberstock, L.: Kostenrechnung I, a.a.O., S. 68ff.; Mayer, E. / Liessmann, K. / Mertens, H.W.: Kostenrechnung, a.a.O., S. 109.

[148]   Vgl. Kilger, W.: Einführung in die Kostenrechnung, a.a.O., S. 106ff.

4.1.3.2.4 Sonstige Personalkosten

Sonstige Personalkosten, die für Lohn- und Gehaltsempfänger entstehen können, sind beispielsweise verschiedene Zulagen oder Überstunden- und Mehrarbeitsvergütungen.

Weiterhin ist ein kalkulatorischer Unternehmerlohn für diejenigen Einzelfirmen oder Personengesellschaften zu ermitteln, bei denen Inhaber oder Gesellschafter in der Geschäftsleitung mitarbeiten. Die Höhe des kalkulatorischen Unternehmerlohnes sollte etwa den branchentypischen Bezügen eines leitenden Angestellten in einer vergleichbaren Position und Firma entsprechen. In der Kostenrechnung werden die Monatsbeträge des kalkulatorischen Unternehmerlohns den Kostenstellen der Unternehmensleitung oder der Verwaltung zugerechnet, in denen die Inhaber oder Gesellschafter tätig sind.

4.1.3.3 Betriebsmittelkostenarten

Der Begriff Betriebsmittel umfasst sämtliche Einrichtungen und Anlagen, die für die technischen Bedingungen der betrieblichen Leistungserstellung bestimmend sind, z.B. Gebäude, Maschinen, Transportmittel, Werkzeuge und Büroeinrichtungen. Betriebsmittel sind eine notwendige Voraussetzung für die Produktion, sie gehen aber nicht als wesentliche Bestandteile in die Enderzeugnisse ein. In Abhängigkeit von Kriterien wie Modernität, Abnutzung oder Eignung für bestimmte Produktionen variiert die Leistungsfähigkeit der Betriebsmittel eines Unternehmens. Betriebsmittelkosten entstehen unmittelbar durch den Einsatz von Einrichtungen und Aggregaten und werden in der Kostenrechnung erfasst durch:

– Kalkulatorische Abschreibungen,
– kalkulatorische Zinsen,[149]
– Reparatur- und Instandhaltungskosten und
– sonstige Betriebsmittelkosten.

Die Anlagenbuchhaltung verwaltet mit der Anlagenkartei die Daten sämtlicher Gegenstände des Anlagevermögens und liefert so die wichtigsten Informationen für die Berechnung von Betriebsmittelkosten. Im Zeitpunkt der Anschaffung eines Betriebsmittels wird ein neuer Datensatz angelegt. Für geringwertige Wirtschaftsgüter erfolgt die Registrierung in Sammeldatensätzen. Die Datensätze für bewegliche Gegenstände wie Maschinen oder Anlagen enthalten Angaben über:[150]

---

[149] Zur Abgrenzung von Grundkosten und kalkulatorischen Kosten vgl. Kapitel 2.1.1.
[150] Vgl. Kilger, W.: Einführung in die Kostenrechnung, a.a.O., S. 110.

- Bezeichnung, Fabrikate-Nr., Baumuster / Typ, Hersteller, Lieferfirma,
- Rechnungs-Nr., Kto.-Nr. der Finanzbuchhaltung, Inventar-Nr., Kostenstellen-Nr.,
- Datum der Inbetriebnahme,
- Anschaffungswert,
- kalkulatorische Nutzungsdauer,
- Abschreibungsprozentsatz für Handelsbilanz, Abschreibung für Abnutzung (AfA) - Prozentsatz und
- Maschinendaten, Leistungsangaben und Ähnliches (z.B. Reparaturen).

Tageswert, Restbuchwert und kalkulatorischer Abschreibungsbetrag des Anlagegegenstandes sind abhängig von dessen Nutzungsdauer. Unbewegliche Gegenstände des Anlagevermögens, z.B. Gebäude, erfordern in etwa die gleichen Angaben, lediglich bei den technischen Informationen sind abweichende Daten zu erwarten, und darüber hinaus müssen spezielle Grundbuch- und Steuerdaten genannt werden. Die Kontierung von Betriebsmittelkosten erfolgt anhand derjenigen Kostenstellennummer, in der das Betriebsmittel eingesetzt wird. Bei Veränderung des Einsatzortes und bei Verkauf oder Verschrottung muss eine Veränderungsmeldung erfolgen. Die laufende Aktualisierung der Anlagenkartei ist notwendig für die richtige Kontierung von Betriebsmittelkosten.

4.1.3.3.1 Kalkulatorische Abschreibungen

Durch den Einsatz von kalkulatorischen Abschreibungen in der Kostenrechnung wird angestrebt, die tatsächliche Wertminderung des Anlagevermögens zu erfassen. Im Gegensatz zu bilanziellen Abschreibungen, bei denen vom Anschaffungswert ausgegangen und mittels einer geschätzten Nutzungsdauer der Wertverzehr entsprechend den handels- und steuerrechtlichen Vorschriften berechnet wird, basieren kalkulatorische Abschreibungen auf den Wiederbeschaffungswerten der Anlagen mit dem Ziel der substantiellen Kapitalerhaltung.

Der Wertverzehr bei langfristig nutzbaren Produktionsfaktoren kann durch verschiedene Abschreibungsursachen ausgelöst werden, von denen als wichtigste der Gebrauchs- und der Zeitverschleiß zu nennen sind. Gebrauchsverschleiß bedeutet die Abnutzung eines Betriebsmittels in Abhängigkeit von seiner Beschäftigung. Dies betrifft vor allem bewegliche Teile, wie Antriebsaggregate oder Getriebe. Der Zeitverschleiß eines Betriebsmittels ist unabhängig von den geleisteten Betriebs- oder Laufstunden und resultiert beispielsweise aus Korrosions- und Witterungseinflüssen sowie Materialermüdung, wegfallenden Produktionsmöglichkeiten oder technisch-wirtschaftlichen Ursachen. Die beiden genannten Abschreibungsursachen stehen selten isoliert nebeneinander, sondern wirken meist gleichzeitig wertmindernd auf die Betriebsmittel ein.

Die Nutzungsdauer umfasst den Zeitraum des Einsatzes eines Gegenstandes des Anlagevermögens. Bei ausschließlichem Gebrauchsverschleiß könnte ein Betriebsmittel bis zur technischen Maximalnutzungsdauer eingesetzt werden. Allerdings wird in der Praxis diese Zeitspanne durch den Zeitverschleiß auf eine kürzere wirtschaftliche Nutzungsdauer reduziert. Mit Hilfe der Investitionsrechnung ließe sich die wirtschaftliche Nutzungsdauer theoretisch genau berechnen. Aufgrund der erforderlichen Daten sind derartige Berechnungen aber zu kompliziert bzw. zu ungewiss, so dass aus Erfahrungswerten abgeleitete Schätzungen zugrunde gelegt werden. Geschätzte und realisierte Einsatzzeiten stimmen aber nicht immer überein, d.h. ein Gegenstand des Anlagevermögens scheidet vor oder nach Ablauf der geschätzten Nutzungsdauer aus dem Betrieb aus. Im ersten Fall werden vom Zeitpunkt des Ausscheidens an in der Kostenrechnung keine Abschreibungen mehr verrechnet. Ein eventueller Restbuchwert wird in der Gewinn- und Verlustrechnung der Finanzbuchhaltung als außerordentlicher Aufwand verbucht, dem im Falle eines Verkaufes der Nettoliquidationserlös als außerordentlicher Ertrag gegenübersteht. Ein Betriebsmittel, das über die geschätzte Nutzungsdauer hinaus eingesetzt wird, verursacht in der betreffenden Kostenstelle kalkulatorische Abschreibungen, obwohl der Gegenstand bereits voll abgeschrieben wurde. Für die Abschreibungsermittlung wird zu der ursprünglich geschätzten Nutzungsdauer die nun noch zusätzlich erwartete Nutzungsdauer addiert.[151]

Für die Anpassung von Abschreibungen an im Zeitverlauf steigende Wiederbeschaffungspreise wird der so genannte Zeitwert eines Betriebsmittels angesetzt. Preisniveauschwankungen werden dabei mit Hilfe eines Zeitwertfaktors ZWF_t eliminiert, der durch Division des Preisindexes der laufenden Abrechnungsperiode $\hat{q}_t$ durch den Preisindex der Anschaffungsperiode $\hat{q}_A$ ermittelt wird. Für den Zeitwert ZW_t der laufenden Periode t, der dann die neue Berechnungsbasis der Abschreibungen darstellt, gilt die folgende Formel, wobei A den Anschaffungswert eines Betriebsmittels kennzeichnet:

$$ZW_t = A \cdot ZWF_t = A \cdot \frac{\hat{q}_t}{\hat{q}_A}.$$

Erhöhte Wiederbeschaffungspreise von Betriebsmitteln basieren aber nicht nur auf generellen Erhöhungen des Preisniveaus, sondern auch auf Verbesserungen der Leistungsfähigkeit durch technischen Fortschritt. Diese Komponente kann

---

[151] Vgl. z.B. Kilger, W.: Einführung in die Kostenrechnung, a.a.O., S. 110ff.

durch den Vergleich der Leistung des vorhandenen Betriebsmittels λ_A mit der des neuen Betriebsmittels in der betrachteten Periode λ_t mittels der prozentualen Leistungsveränderung

$$\frac{\left(\lambda_t - \lambda_A\right)}{\lambda_t}$$

erfasst werden. Für den bereinigten Zeitwert erhält man:

$$ZW_t = A \cdot \frac{\hat{q}_t}{\hat{q}_A} \cdot \left(1 - \frac{\lambda_t - \lambda_A}{\lambda_t}\right) = A \cdot \frac{\hat{q}_t}{\hat{q}_A} \cdot \frac{\lambda_A}{\lambda_t} \,.$$

Um zu gewährleisten, dass am Ende der Nutzungsdauer der Wiederbeschaffungspreis zur Verfügung steht, wäre es erforderlich, die exakten Ersatzzeitpunkte, Wiederbeschaffungspreise und Leistungsfähigkeiten der betrachteten Anlagen zu kennen, d.h. es liegt zunächst die Idee nahe, dass beispielsweise anstelle des Preisindexes der laufenden Abrechnungsperiode derjenige der Wiederbeschaffungsperiode angesetzt werden müsste.[152] Derartige Daten liegen aber wegen der langen Einsatz- und Planungszeiten von Betriebsmitteln nur unter großer Unsicherheit bzw. aufgrund von Schätzungen vor. Darüber hinaus sollte sich die kurzfristig ausgerichtete Kosten- und Leistungsrechnung am gegenwärtigen Preis- und Leistungsniveau orientieren, da ansonsten ein Vergleich der Kosten, die durch in der Zukunft liegende Preis- und Leistungsniveaus determiniert werden, mit den entsprechenden heute erzielbaren Erlösen zu falschen Ergebnissen führen kann. Das Ziel der Substanzerhaltung kann somit durch kalkulatorische Abschreibungen nie vollständig erfüllt werden.[153]

Im Folgenden werden drei Verfahren zur Ermittlung der Abschreibungsbeträge in ihren Grundzügen vorgestellt:[154]

– lineare Abschreibung,
– geometrisch-degressive Abschreibung und

---

[152]   Vgl. Hoitsch, H.-J.: Kosten- und Erlösrechnung, Eine controllingorientierte Einführung, 2. Aufl., Berlin et al. 1997, S. 234.

[153]   Vgl. Kilger, W.: Betriebliches Rechnungswesen, in: Jacob, H. (Hrsg.): Allgemeine Betriebswirtschaftslehre: Handbuch für Studium und Prüfung, 5. Aufl., Wiesbaden 1988, S. 921-1044, hier S. 956f.

[154]   Zu den Abschreibungsverfahren vgl. z.B. Kilger, W.: Betriebliches Rechnungswesen, a.a.O., S. 950ff.; Mayer, E. / Liessmann, K. / Mertens, H.W.: Kostenrechnung, a.a.O., S. 132ff.; Haberstock, L.: Kostenrechnung I, a.a.O., S. 83ff.; Küpper, H.-U. / Bösl, K. / Breid, V. / Koch, I.: Übungsbuch zur Kosten- und Erlösrechnung, 3. Aufl., München 1999, S. 2.

– arithmetisch-degressive Abschreibung.

Bei der Vorstellung der Verfahren wird nachfolgend die jährliche Abschreibungsermittlung betrachtet. Für die unterjährigen Berechnungen der Kostenrechnung sind diese jährlichen Beträge entweder gleichmäßig oder aufgrund weiterer Informationen auf die Perioden des Jahres zu verteilen.

Im Folgenden bezeichnet:

K_{At} den Abschreibungsbetrag im Jahr t,

B_t den Restbuchwert am Ende des Jahres t,

A den Anschaffungswert bzw. allgemein (z.B. für die Berücksichtigung von Preisniveauveränderungen oder technischen Leistungssteigerungen) die Abschreibungsbasis, auch bezeichnet als Abschreibungssumme,[155]

L den geplanten Liquidationserlös am Ende der Nutzungsdauer,

T die geplante Nutzungsdauer des Betriebsmittels in Jahren und

y den Abschreibungsprozentsatz.

Die lineare Abschreibung ermittelt jährlich konstante Abschreibungsbeträge, die ausgehend vom Anschaffungswert bis zum Liquidationserlös am Ende der geschätzten Nutzungsdauer linear fallende Buchwerte herbeiführen. Für den Abschreibungsbetrag K_{At} des Jahres t gilt bei der linearen Abschreibungsmethode:

$$K_{At} = \frac{A - L}{T} \, .$$

Den Restbuchwert B_t am Ende des Jahres t bestimmt man unter Verwendung der linear ermittelten Abschreibungsbeträge K_{At} durch die folgende Formel:

$$B_t = A - t \cdot \left(\frac{A - L}{T} \right) = A - \frac{t}{T} \cdot \left(A - L \right) = \frac{T - t}{T} \cdot \left(A - L \right) + L \, .$$

Bei der geometrisch-degressiven Abschreibung werden die Abschreibungsbeträge K_{At} durch Multiplikation der Restbuchwerte mit einem konstanten Abschreibungsprozentsatz y in Prozent berechnet. Zu Beginn ist der Restbuchwert gleich dem Anschaffungswert. In dem darauf folgenden Jahr wird der Anschaffungswert um die erste Abschreibung

$$\left(A \cdot \frac{y}{100} \right)$$

---

155   Vgl. Hummel, S. / Männel, W.: Kostenrechnung 1, a.a.O., S. 166; Plinke, W.: Industrielle Kostenrechnung, a.a.O., S. 67.

vermindert usw. Für die Abschreibungsbeträge erhält man:

$$K_{A1} = \left(A \cdot \frac{y}{100} \right)$$

$$K_{A2} = \left(A - \left(A \cdot \frac{y}{100} \right) \right) \cdot \frac{y}{100} \qquad = \left(A \cdot \frac{y}{100} \right) \cdot \left(1 - \frac{y}{100} \right)^{1}$$

$$K_{A3} = \left(A - \left(A \cdot \frac{y}{100} \right) - A \cdot \frac{y}{100} \cdot \left(1 - \frac{y}{100} \right) \right) \cdot \frac{y}{100} = \left(A \cdot \frac{y}{100} \right) \cdot \left(1 - \frac{y}{100} \right)^{2}$$

$$\vdots$$

$$K_{At} \qquad\qquad = \left(A \cdot \frac{y}{100} \right) \cdot \left(1 - \frac{y}{100} \right)^{t-1}.$$

Die Restbuchwerte ergeben dann:

$$B_1 \quad = A - \left(A \cdot \frac{y}{100} \right) \qquad\qquad = A \cdot \left(1 - \frac{y}{100} \right)^{1}$$

$$B_2 \quad = A \cdot \left(1 - \frac{y}{100} \right)^{1} - A \cdot \left(1 - \frac{y}{100} \right)^{1} \cdot \frac{y}{100} \qquad = A \cdot \left(1 - \frac{y}{100} \right)^{2}$$

$$B_3 \quad = A \cdot \left(1 - \frac{y}{100} \right)^{2} - A \cdot \left(1 - \frac{y}{100} \right)^{2} \cdot \frac{y}{100} \qquad = A \cdot \left(1 - \frac{y}{100} \right)^{3}$$

$$\vdots$$

$$B_t \qquad\qquad = A \cdot \left(1 - \frac{y}{100} \right)^{t}.$$

Sowohl die jährlichen Abschreibungsbeträge als auch die Restbuchwerte haben bei der geometrisch-degressiven Abschreibungsmethode einen zeitlich abnehmenden Verlauf, d.h. zu Beginn des Einsatzes werden höhere Abschreibungen berechnet als gegen Ende der Nutzungszeit.

Am Ende der Nutzungsdauer gilt:

$$B_T = A \cdot \left(1 - \frac{y}{100} \right)^{T} = L,$$

woraus durch Umformulierung die Bestimmungsgleichung für den Abschreibungsprozentsatz hergeleitet werden kann:

$$y = \left(1 - \sqrt[T]{\frac{L}{A}} \right) \cdot 100.$$

Die Beträge der arithmetisch-degressiven, auch als digital bezeichneten Abschreibungen werden in jedem Jahr um den gleichen Betrag K_A vermindert, d.h. im ersten Jahr ist K_A T-mal und im letzten Jahr einmal zu verrechnen:

$$K_{A1} = T \cdot K_A$$
$$K_{A2} = (T-1) \cdot K_A$$
$$K_{A3} = (T-2) \cdot K_A$$
$$\vdots$$
$$K_{AT-1} = 2 \cdot K_A$$
$$K_{AT} = 1 \cdot K_A$$

Für die Ermittlung des Betrages K_A wird davon ausgegangen, dass die Summe der Abschreibungsbeträge über alle T Jahre der Differenz zwischen dem Anschaffungs- und dem Restbuchwert entspricht. Unter Gültigkeit der Beziehung

$$\sum_{t=1}^{T} t = \frac{T \cdot (T+1)}{2}$$

erhält man:

$$A - L = K_A \cdot \left(\frac{T \cdot (T+1)}{2} \right).$$

Daraus kann die Bestimmungsgleichung für den Degressionsbetrag K_A abgeleitet werden:

$$K_A = \frac{2 \cdot (A-L)}{T \cdot (T+1)}.$$

Der Abschreibungsbetrag eines Jahres t bei arithmetisch-degressiver Abschreibung wird dann folgendermaßen ermittelt:

$$K_{At} = K_A \cdot (T-t+1) = \left(\frac{2 \cdot (A-L)}{T \cdot (T+1)} \right) \cdot (T-t+1).$$

Ein Beispiel verdeutlicht die genannten Abschreibungsverfahren. Folgende Daten werden vorausgesetzt:

Anschaffungswert einer Maschine:	400.000 €
geschätzte Nutzungsdauer:	10 Jahre
geschätzter Liquidationserlös:	42.950 €.

Bei Anwendung der linearen Abschreibungsmethode erhält man folgenden Abschreibungsbetrag:

$$K_{At} = \frac{400.000 - 42.950}{10} = 35.705\,€.$$

In einer Übersicht, wie in Tabelle 4.11 dargestellt, werden anschließend die jährlichen Abschreibungsbeträge K_{At} und die Restbuchwerte dargestellt.

Bei Anwendung der geometrisch-degressiven Abschreibungsmethode muss zunächst der Abschreibungsprozentsatz berechnet werden:

$$y = \left(1 - \sqrt[10]{\frac{42.950}{400.000}}\right) \cdot 100 \approx 20\,\% \,.$$

Für die jährlichen Abschreibungsbeträge K_{At} und die Restbuchwerte B_t bei geometrisch-degressiver Abschreibung erhält man die Ergebnisse in Tabelle 4.12.

Tabelle 4.11: Lineare Abschreibung

Jahr	Abschreibung	Restbuchwert
1	35.705,00	364.295,00
2	35.705,00	328.590,00
3	35.705,00	292.885,00
4	35.705,00	257.180,00
5	35.705,00	221.475,00
6	35.705,00	185.770,00
7	35.705,00	150.065,00
8	35.705,00	114.360,00
9	35.705,00	78.655,00
10	35.705,00	42.950,00
Summe	357.050,00	–

Tabelle 4.12: Geometrisch-degressive Abschreibung

Jahr	Abschreibung	Restbuchwert
1	79.999,76	320.000,24
2	63.999,85	256.000,39
3	51.199,92	204.800,47
4	40.959,97	163.840,50
5	32.768,00	131.072,50
6	26.214,42	104.858,08
7	20.971,55	83.886,53
8	16.777,25	67.109,27
9	13.421,81	53.687,46
10	10.737,46	42.950,00
Summe	357.050,00	–

Um die arithmetisch-degressive Abschreibungsmethode anzuwenden, wird zunächst der Degressionsbetrag K_A ermittelt:

$$K_A = \frac{2 \cdot (400.000 - 42.950)}{10 \cdot (10 + 1)} = 6.491,82 \, €.$$

Die jährlichen Abschreibungsbeträge K_{At} und die Restbuchwerte B_t bei arithmetisch-degressiver Abschreibung sind aus der folgenden Aufstellung in Tabelle 4.13 ersichtlich.

Tabelle 4.13: Arithmetisch-degressive Abschreibung

Jahr	Abschreibung	Restbuchwert
1	64.918,18	335.081,82
2	58.426,36	276.655,46
3	51.934,55	224.720,91
4	45.442,73	179.278,18
5	38.950,91	140.327,27
6	32.459,09	107.868,18
7	25.967,27	81.900,91
8	19.475,45	62.425,46
9	12.983,64	49.441,82
10	6.491,82	42.950,00
Summe	357.050,00	–

4.1.3.3.2 Kalkulatorische Zinsen

Kalkulatorische Zinsen stellen das kostenmäßige Äquivalent für die Kapitalbindung eines Unternehmens dar, d.h. sie messen den potentiellen Ertrag, den ein Kapitaleigner bei anderweitiger Anlage hätte erzielen können.

Als Basis für die Berechnung von kalkulatorischen Zinsen dient das betriebsnotwendige Kapital, das ausgehend von den Beständen sowohl des Anlage- als auch des Umlaufvermögens hergeleitet wird. Insofern stellen kalkulatorische Zinsen nicht ausschließlich Betriebsmittelkosten dar, ihre Erläuterung erfolgt aber an dieser Stelle, da ein großer Teil der kalkulatorischen Zinsen dem Anlagevermögen, das durch die Betriebsmittelbestände determiniert wird, zuzurechnen ist. Die Behandlung kalkulatorischer Zinsen auf das Umlaufvermögen wird noch einmal in Kapitel 4.1.3.4 bei den sonstigen Kostenarten aufgegriffen. Die Ermittlung des betriebsnotwendigen Kapitals geschieht ausgehend vom Wert des (betriebsnotwendigen) Umlauf- und Anlagevermögens, bezeichnet als betriebsnotwendiges Vermögen.[156] Dieses ist um das so genannte Abzugskapital zu bereinigen, das solche Kapitalanteile enthält, die dem Unternehmen unentgeltlich zur Verfügung stehen, z.B. Kundenanzahlungen und Lieferantenverbindlichkeiten. Durch Subtraktion des Abzugskapitals vom betriebsnotwendigen Vermögen ergibt sich das betriebsnotwendige Kapital, auf das der kalkulatorische Zinssatz anzuwenden ist.[157]

Die Festlegung des so genannten kalkulatorischen Zinssatzes ist theoretisch exakt nur schwer möglich. Man verwendet häufig den Kalkulationszinsfuß der Investitionsrechnung oder legt aus der betrieblichen Erfahrung gewonnene Schätzungen zugrunde.

Grundsätzlich gibt es zwei Vorgehensweisen zur Erfassung und Verrechnung kalkulatorischer Zinsen, und zwar:[158]

– das Globalverfahren und
– die positionsweise Berechnung kalkulatorischer Zinsen.

Bei dem Globalverfahren ermittelt man das betriebsnotwendige Kapital ausgehend vom Gesamtwert der bilanziellen Vermögenspositionen. Die berechneten gesamten kalkulatorischen Zinsen für die betrachtete Periode werden dann anhand der geschätzten durchschnittlichen Kapitalbindung in den Kostenstellen auf diese

---

[156]   Vgl. z.B. Jost, H.: Kosten- und Leistungsrechnung, Praxisorientierte Darstellung, 7. Aufl., Wiesbaden 1996, S. 74.

[157]   Vgl. Hummel, S. / Männel, W.: Kostenrechnung 1, a.a.O., S. 174ff.

[158]   Vgl. Kilger, W.: Einführung in die Kostenrechnung, a.a.O., S. 135ff.

verteilt. Die Genauigkeit des Verfahrens ist entscheidend davon abhängig, inwieweit die gewählten Kapitalverteilungsschlüssel die tatsächliche Kapitalbindung im Unternehmen wiedergeben.

Die positionsweise Erfassung und Verrechnung kalkulatorischer Zinsen differenziert von vornherein zwischen den in einzelnen Kostenstellen gebundenen Vermögenspositionen, d.h. es werden verursachungsgerecht die kostenstellenbezogenen kalkulatorischen Zinsen berechnet.

Der Wert des Umlaufvermögens, bestehend aus z.B. Roh-, Hilfs- und Betriebsstoffen sowie Halb- und Fertigfabrikatbeständen, schwankt im Zeitablauf einer Abrechnungsperiode zum Teil erheblich. Die Berechnung der entsprechenden kalkulatorischen Zinsen basiert daher auf effektiv erfassten bzw. geplanten Durchschnittsbeständen.[159]

Die meist EDV-gestützte Anlagenkartei bildet die Grundlage für die positionsweise Ermittlung kalkulatorischer Zinsen auf das Anlagevermögen; sie liefert die erforderlichen detaillierten Informationen über die in den Kostenstellen vorhandenen Betriebsmittel. Die Berechnung der auf das Anlagevermögen entfallenden kalkulatorischen Zinsen kann anhand der nachfolgend erläuterten Verfahren erfolgen:[160]

– Restwertverzinsung und
– Durchschnittswertverzinsung.

Die Restwertverzinsung legt für die kalkulatorische Zinsberechnung des Anlagevermögens die durchschnittlichen Restwerte der Abrechnungsperioden zugrunde, d.h. den durchschnittlichen Betrag aus dem Restwert der Vorperiode R_{t-1} und dem der Abrechnungsperiode R_t. Für den kalkulatorischen Zinsbetrag K_{Zt} der Periode t mit dem kalkulatorischen Zinssatz i gilt bei der Restwertverzinsung folgende Bestimmungsgleichung:

$$K_{Zt} = \frac{(R_{t-1} + R_t)}{2} \cdot \frac{i}{100}.$$

Der durchschnittliche Restwert

$$\frac{(R_{t-1} + R_t)}{2}$$

---

[159] Die ausführliche Behandlung kalkulatorischer Zinsen auf das Umlaufvermögen erfolgt in Kapitel 4.1.3.4 bei den sonstigen Kostenarten.

[160] Vgl. Jost, H.: Kosten- und Leistungsrechnung, a.a.O., S. 74; Haberstock, L.: Kostenrechnung I, a.a.O., S. 96ff.

stimmt für nicht abschreibungsfähige Betriebsmittel, wie z.B. Grundstücke, mit dem Anschaffungs- bzw. Zeitwert überein.

Bei der Durchschnittswertverzinsung des Anlagevermögens wird das durchschnittlich gebundene Kapital der gesamten Nutzungszeit verzinst. Die Basis der Berechnungen ist also einerseits die Differenz aus dem Anschaffungswert A und dem Nettoliquidationserlös L, die sich durchschnittlich, d.h. zur Hälfte, verzinst, und andererseits der Liquidationserlös L, der in jeder Periode voll in die Zinsermittlung eingehen muss. Der gesamte kalkulatorische Zinsbetrag einer Abrechnungsperiode, z.B. eines Jahres, der für die Berücksichtigung in der monatlichen Kostenrechnung anschließend noch durch zwölf dividiert werden müsste, beträgt dann:

$$K_{Z\varnothing} = \left(\frac{A - L}{2} + L \right) \cdot \frac{i}{100} = \left(\frac{A + L}{2} \right) \cdot \frac{i}{100} \,.$$

In einem Beispiel werden die Verfahren der kalkulatorischen Zinsermittlung für das Anlagevermögen (unter Vernachlässigung von Umlaufvermögen und Abzugskapital) gegenübergestellt. Bei der Ermittlung der Restwerte für die ersten fünf Jahre wird die lineare Abschreibung zugrunde gelegt. Für ein Betriebsmittel gelten folgende Daten:

Anschaffungswert:	A	$= 22.000 \,€$
Nutzungsdauer:	T	$= 5 \text{ Jahre}$
Nettoliquidationserlös:	L	$= 2.000 \,€$
Kalkulatorischer Zinssatz:	i	$= 15 \,\%.$

Bei Anwendung der Restwertverzinsung zur Ermittlung kalkulatorischer Zinsen ergibt sich die Übersicht in Tabelle 4.14.

Tabelle 4.14: Restwertverzinsung

Jahr	Abschreibung	Restwert	Zinsen
1	4.000,00	18.000,00	3.000,00
2	4.000,00	14.000,00	2.400,00
3	4.000,00	10.000,00	1.800,00
4	4.000,00	6.000,00	1.200,00
5	4.000,00	2.000,00	600,00
Summe	20.000,00	–	9.000,00

Bei der Durchschnittswertverzinsung wird aufbauend auf dem durchschnittlichen Restwert der kalkulatorische Zinsbetrag für jeweils eine Abrechnungsperiode t bestimmt:

$$K_{Z\varnothing} = \frac{22.000 + 2.000}{2} \cdot \frac{15}{100} = 1.800 \ \text{€} \ .$$

In jeder Abrechnungsperiode fällt ein Zinsbetrag in Höhe von 1.800 € an. Auf die gesamte Nutzungsdauer bezogen ergeben sich auch nach dieser Methode kalkulatorische Zinsen von insgesamt 9.000 €.

4.1.3.3.3 Reparatur- und Instandhaltungskosten

In Abhängigkeit vom Umfang der auszuführenden Arbeiten unterscheidet man zwei Arten der Erfassung und Verrechnung von Reparatur- und Instandhaltungskosten. Kosten für Reparatur- und Instandhaltungsarbeiten, deren Gesamtbeträge eine festzulegende Grenze, z.B. 500 €, nicht überschreiten, werden direkt durch Angabe der Kostenstellennummer auf den Materialentnahme- oder Lohnscheinen den verursachenden Kostenstellen zugeordnet. Für größere, über mehrere Perioden vorzunehmende Reparatur- und Instandhaltungsarbeiten ist es sinnvoll, die entstehenden Kosten zunächst auf so genannten Werkauftrags-Nummern zu erfassen, bevor sie in die Kostenstellenrechnung geleitet werden. Diese Vorgehensweise ermöglicht nach Abschluss längerer Reparatur- oder Instandhaltungsarbeiten, den gesamten Kostenbetrag der Maßnahme zu erfassen. Ein Werkauftrags-Nummernschlüssel für die auftragsweise Verrechnung von Reparatur- und Instandhaltungskosten sollte so aufgebaut sein, dass die Ziffern erkennen lassen, an welchen Gegenständen und für welche Bereiche die Arbeiten ausgeführt wurden, z.B. an Maschinen, Lagereinrichtungen oder Gebäuden bestimmter Kostenstellen. Alle im Zusammenhang mit den Reparatur- und Instandhaltungsarbeiten entstehenden Belege, wie Rechnungen, Materialentnahme- oder Lohnscheine, werden durch die Werkauftrags- und die Kostenstellennummer gekennzeichnet.

In einer Istkostenrechnung erfolgt die Bewertung und Verrechnung der eingesetzten Mengen an Reparaturmaterial bzw. Ersatzteilen mit Istpreisen, in der Normalkostenrechnung und der Plankostenrechnung hingegen mit festen Verrechnungs- bzw. Plansätzen. Die Arbeitsstunden der Betriebshandwerker werden je nach zugrunde liegendem System mit Ist-, Normal- oder Plankostensätzen bewertet. Zur besseren Überschaubarkeit der innerbetrieblichen Leistungsverrechnung werden in der Istkostenrechnung primäre und sekundäre Reparatur- und Instandhaltungskosten meist getrennt ausgewiesen, wohingegen in Normal- und Plankostenrechnungen die mit festen Verrechnungssätzen bewerteten Leistungen als eine Kostenart dargestellt sind. In einer Plankostenrechnung werden für sämtliche Kostenstellen Planvorgaben festgelegt, so dass nach der Anpassung an die zugehörige Istbeschäftigung ein Soll-Ist-Kostenvergleich vorgenommen werden kann.[161]

4.1.3.3.4 Sonstige Betriebsmittelkosten

Tatsächlich gezahlte Mieten für betrieblich genutzte Gebäude und Räume sowie Maschinen und Anlagen können gemäß deren Einsatz den betreffenden Kostenstellen ohne Schwierigkeiten zugeordnet werden. Für Gebäude und Räume im Eigentum des zu untersuchenden Unternehmens wäre alternativ zu der Ermittlung kalkulatorischer Abschreibungen und Zinsen der Ansatz kalkulatorischer Mieten, die den am Markt üblichen Preisen für vergleichbare Objekte entsprechen müssen, denkbar.[162]

4.1.3.4 Sonstige Kostenarten

Für die bisher aufgeführten Kostenartengruppen – Material-, Personal- und Betriebsmittelkosten – werden aufgrund des dort abzuwickelnden Datenvolumens jeweils der eigentlichen Kostenrechnung vorgelagerte Hilfsrechnungen durchgeführt, d.h. Material-, Personal- und Anlagenabrechnung. Im Unterschied dazu gehen die meisten der nachfolgend genannten Kostenarten nicht aus gesonderten Abrechnungsbereichen hervor. Die sonstigen Kostenarten werden in der Finanzbuchhaltung oder direkt in der Betriebsabrechnung belegmäßig erfasst und kontiert.

Einen wichtigen Bereich der sonstigen Kosten stellen die so genannten Kostensteuern, d.h. die vom Betrieb zu zahlenden Steuern ohne die Körperschaft- und die Mehrwertsteuer, dar. Es handelt sich bei den Kostensteuern um diejenigen Steuern, deren Bemessungsgrundlage betriebsfremde Einrichtungen, nicht betriebsnotwendige Vermögenswerte oder neutrale Erträge ausschließt. Es ist die Aufgabe der Finanzbuchhaltung, in der Regel am Jahresende die effektiven Jahresbeträge der Steuern zu ermitteln. Die Kostenrechnung berücksichtigt bei ihren monatlichen Berechnungen im Voraus geschätzte Raten, die denjenigen Kostenstellen

---

[161]   Vgl. Kilger, W.: Einführung in die Kostenrechnung, a.a.O., S. 138f.
[162]   Vgl. Haberstock, L.: Kostenrechnung I, a.a.O., S. 113; Däumler, K.-D. / Grabe, J.: Kostenrechnung 1, a.a.O., S. 189f.; Gornas, J.: Grundzüge einer Verwaltungskostenrechnung, 2. Aufl., Baden-Baden 1992, S. 95.

angelastet werden, denen sich die entsprechenden Steuerbemessungsgrundlagen zurechnen lassen. Bei den Kostensteuern handelt es sich beispielsweise um die Grund-, Kraftfahrzeug- oder Gewerbekapitalsteuer.

Von den Gebühren, Beiträgen und Versicherungskosten fallen die ersten beiden Kostenarten üblicherweise für das Unternehmen als Ganzes an, d.h. sie werden der kaufmännischen Leitung oder der Sammelkostenstelle des Verwaltungsbereiches angelastet. Die Portogebühren sollen nicht an dieser Stelle, sondern bei den weiter unten erläuterten Bürokosten ausgewiesen werden. Zu den Gebühren und Beiträgen auf Unternehmensebene gehören beispielsweise Beiträge für die Industrie- und Handelskammer oder Arbeitgeberbeiträge. Versicherungskosten sind je nach Zugehörigkeit der versicherten Objekte einzelnen Kostenstellen zuzuordnen, z.B. Kfz-Versicherung dem Pkw- oder Lkw-Dienst, Versicherungen gegen Einbruch-, Sturm- oder Wasserschäden den betreffenden Raumkostenstellen und Betriebshaftpflicht- oder Betriebsunterbrechungsversicherungen dem kaufmännischen Bereich bzw. der Verwaltungssammelkostenstelle.

Ein weiterer Bestandteil der sonstigen Kostenarten sind die Büro-, Verkehrs-, Werbemittelkosten und dergleichen. Zu den Bürokosten zählen u.a. Telefon- und Portokosten. Eine Zuordnung dieser Kosten zu den verursachenden Kostenstellen ist möglich, sofern entsprechende belegmäßige Aufzeichnungen geführt werden. Eine exakte Erfassung der Büromaterialkosten kann anhand von Entnahmescheinen erfolgen, die in die Materialabrechnung weitergeleitet werden. Reise-, Bewirtungs- und Repräsentationskosten sind von den Verantwortlichen mit der betroffenen Kostenstelle und dem Anlass der Reise, Bewirtung oder Veranstaltung zu versehen, so dass eine Zuordnung ohne Schwierigkeiten vorgenommen werden kann. Beratungshonorare, z.B. für Steuerberater oder Wirtschaftsprüfer, sind wiederum der kaufmännischen Leitung oder der Verwaltungssammelkostenstelle zuzuordnen. Werbemittelkosten stellen üblicherweise Vertriebsgemeinkosten dar und werden mittels Zuschlagssätzen den Trägern angelastet. Sofern sie allerdings für einzelne Erzeugnisse und Aufträge eingesetzt und erfasst werden, handelt es sich um Sondereinzelkosten des Vertriebs.

Zu den Sondereinzelkosten des Vertriebs zählen weiterhin beispielsweise Verkaufsprovisionen oder Kosten für Verpackungsmaterial. Verkaufsprovisionen sind bestimmten Kostenträgern direkt zurechenbar, ihre Ermittlung erfolgt in der Regel prozentual bezogen auf die Verkaufserlöse. Verpackungsmaterial hingegen wird bereits in der Materialabrechnung erfasst, wobei auf den Entnahmescheinen die Nummern der entsprechenden Produktarten oder Aufträge anzugeben sind.

Zu den sonstigen kalkulatorischen Kostenarten zählen:

– kalkulatorische Zinsen auf das Umlaufvermögen und
– kalkulatorische Wagniskosten.

Die kalkulatorischen Zinsen auf das Umlaufvermögen wurden bereits in Verbindung mit den kalkulatorischen Zinsen auf das Anlagevermögen bei den Betriebsmittelkosten erwähnt. Da die Vermögenswerte des Umlaufvermögens während einer Abrechnungsperiode starken Schwankungen unterliegen können, ist die genaue Erfassung der entsprechenden kalkulatorischen Zinsen mit Schwierigkeiten verbunden. Die Basis für die Zinsermittlung umfasst folgende Vermögenswerte:

– Bestände an Roh-, Hilfs- und Betriebsstoffen sowie Ersatzteilen,
– Bestände an Halb- und Fertigfabrikaten sowie Handelswaren und
– Debitorenbestände und liquide Mittel.

Monatlich müssen durchschnittliche Istbestände dieser Positionen ermittelt und mit dem kalkulatorischen Zinssatz multipliziert werden. Kalkulatorische Zinsen auf Bestände an Roh-, Hilfs-, Betriebsstoffen, Ersatzteilen und Fertigfabrikaten können ihren Lagerkostenstellen zugerechnet werden. Zinsen auf Halbfabrikatebestände werden üblicherweise den verantwortlichen Leitungsstellen im Fertigungsbereich angelastet, da ihre detaillierte Erfassung in den einzelnen Zwischenlägern der Fertigung zu aufwendig ist. Kalkulatorische Zinsen für Debitorenbestände entfallen auf die zuständigen Verkaufsstellen oder die Finanzbuchhaltung, der das Mahnwesen untersteht. In einer Plankostenrechnung werden für das Umlaufvermögen Planbestände angesetzt, aus denen Planbeträge der kalkulatorischen Zinsen resultieren. Im Unterschied zu den kalkulatorischen Zinsen des Anlagevermögens sind die des Umlaufvermögens zu einem großen Teil proportional zu den Mengen der Bestände des Umlaufvermögens, d.h. die Bestände des Umlaufvermögens und folglich auch die darauf berechneten Zinsen variieren in Abhängigkeit von den Produktions- und Absatzmengen. Der Soll-Ist-Vergleich der Plankostenrechnung stellt die der effektiven Beschäftigung entsprechenden kalkulatorischen Zinsen den geplanten und an die Beschäftigung angepassten Vorgaben gegenüber.

Kalkulatorische Wagniskosten werden nur für leistungsbedingte Einzelwagnisse und nicht für das allgemeine Unternehmensrisiko angesetzt. Wagnisse und Risiken, die durch Versicherungsverträge geschützt sind, dürfen ebenfalls nicht in die kalkulatorischen Wagniskosten eingehen, da die Versicherungsprämien bereits als Kosten erfasst werden. Leistungsbedingte Einzelwagnisse, für die kalkulatorische Wagniskosten berücksichtigt werden können, sind z.B. produktionsbedingte Luftverschmutzungs- oder Abwässerschäden sowie Gewährleistungsrisiken bei Garantievereinbarungen. Da das Auftreten der leistungsbedingten Einzelwagnisse zufallsbedingt ist, legt man bei der Ermittlung der zu verrechnenden Kostenbeträge aus Erfahrungen zu erwartende durchschnittliche Jahreswerte an, bezieht diese auf die entsprechenden Leistungseinheiten und erhält somit normalisierte bzw. standardisierte Verrechnungssätze. Auf einem statistischen Konto der Betriebsabrechnung werden den einzelnen kalkulatorischen Kostenarten die jeweils effektiv angefallenen Kosten gegenübergestellt. Am Jahresende werden die Konten durch Ausbuchung der Salden in die Betriebsergebnisrechnung abgeschlossen. Die kalkulatorischen Wagniskosten werden in der Kalkulation meist als Sondereinzelkosten der Fertigung ausgewiesen.

Zu den sonstigen Kostenarten zählen weiterhin z.B. Kosten für fremde Forschungs-, Entwicklungs- und Konstruktionsleistungen. Diese fasst man mit den Kosten für Ausschuss und Nacharbeit unter dem Oberbegriff „Sonstige Leistungen" zusammen.

Bei den Kostenarten der innerbetrieblichen Leistungsverrechnung handelt es sich um so genannte sekundäre Kostenarten, die im Rahmen der Kostenstellenrechnung bedeutsam sind und dort auch genauer erläutert werden.[163]

4.2 Kostenstellenrechnung

4.2.1 Aufgaben und Inhalt der Kostenstellenrechnung

Die Kostenstellenrechnung ist der Kostenartenrechnung nachgelagert und stellt ein weiteres, zentrales Teilgebiet im System der Kosten- und Leistungsrechnung dar. Sie hat die nachfolgend beschriebenen Aufgaben zu erfüllen.

Nach der zum Abschluss der Kostenartenrechnung erfolgten Zuordnung der primären Gemeinkosten auf die verursachenden Kostenstellen besteht eine Aufgabe der Kostenstellenrechnung in der Durchführung der innerbetrieblichen Leistungsverrechnung. Hierbei erfolgt die Verteilung der primären Gemeinkosten der Hilfskostenstellen auf die Hauptkostenstellen. Die primären Gemeinkosten der Hilfskostenstellen werden entsprechend der Inanspruchnahme innerbetrieblicher Leistungen den beanspruchenden Kostenstellen angelastet und dort als sekundäre

---

[163] Vgl. Kilger, W.: Einführung in die Kostenrechnung, a.a.O., S. 143ff.

Gemeinkosten registriert.[164] Dies erfordert im Vorfeld eine detaillierte Analyse der Leistungsverflechtungen zwischen den Kostenstellen. Grundlage der Verrechnung der bewerteten innerbetrieblich ausgetauschten Leistungen bilden unterschiedliche Verfahren zur Ermittlung von Verrechnungssätzen. Auf Basis dieser Verfahren wird die Gemeinkostenumlage so vorgenommen, dass sämtliche Gemeinkosten am Ende nur noch den Hauptkostenstellen zugeordnet sind. Als abrechnungstechnisches Hilfsmittel für die innerbetriebliche Leistungsverrechnung wird in der Praxis meistens der so genannte Betriebsabrechnungsbogen (BAB) verwendet.

Erst nach Abschluss der innerbetrieblichen Leistungsverrechnung und Umlage der primären Gemeinkosten kann eine aussagefähige Kostenkontrolle durchgeführt werden. Diese erfolgt durch den Soll-Ist-Kostenvergleich für einzelne Kostenstellen, wobei Ursachen für Kostenabweichungen, wie z.B. Schwankungen der Materialqualitäten oder der Arbeitsgeschwindigkeit sowie unwirtschaftliches Verhalten der Kostenstellenmitarbeiter, genau analysiert werden können.[165]

Ebenfalls auf Basis der verteilten Gemeinkosten besteht abschließend eine Aufgabe der Kostenstellenrechnung in der Ermittlung von Gemeinkostenzuschlagssätzen, die eine möglichst verursachungsgerechte Verteilung der Gemeinkosten auf die betrieblichen Erzeugnisse oder Aufträge gewährleisten sollen.[166]

Die folgende Abb. 4.2 zeigt die Einordnung der Kostenstellenrechnung sowie die grundsätzlichen Datenbeziehungen im Gesamtsystem der Kostenrechnung.

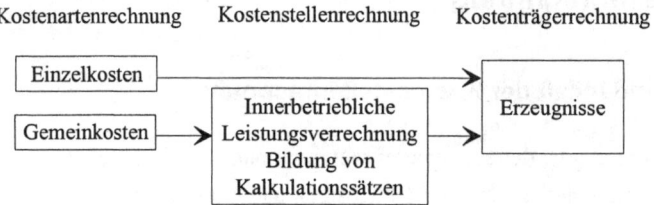

Abb. 4.2: Datenbeziehungen und Grundstruktur der Kostenrechnung

Die Kostenstellenrechnung geht von einer Einteilung des Unternehmens in Kostenstellen aus. Durch die Kostenstellenbildung wird die Genauigkeit der Kostenkontrolle und der anschließenden Kalkulation in erheblichem Maße bestimmt. Deshalb werden in Kapitel 4.2.2 wichtige Grundsätze zur Kostenstellenbildung gesondert erläutert.

---

[164]   Vgl. Kapitel 2.2.6.
[165]   Vgl. Kapitel 6.3.
[166]   Vgl. Haberstock, L.: Kostenrechnung I, a.a.O., S. 104.

Die Wahl geeigneter Kostenbestimmungsfaktoren oder Bezugsgrößen ist ebenfalls eine wichtige Voraussetzung für die Aussagefähigkeit der Kostenstellenrechnung. Der Diskussion der Bezugsgrößen ist daher das Kapitel 4.2.3 gewidmet. Für die Qualität der Kostenkontrolle und die Exaktheit der Ergebnisse in der anschließenden Kalkulation sind die genaue Erfassung der innerbetrieblichen Leistungsverflechtungen und ebenso die daran anknüpfende Wahl adäquater Verfahren zur Verteilung der diesen Leistungen entsprechenden Kosten von entscheidender Bedeutung. Die Verfahren der innerbetrieblichen Leistungsverrechnung werden in Kapitel 4.2.4.2 ausführlich behandelt.

4.2.2 Grundsätze der Kostenstellenrechnung

Kostenstellen sind Abteilungen oder betriebliche Teilbereiche, die in der Kostenrechnung als selbständige Kontierungseinheiten abgerechnet werden. Um die Aufgaben der Kostenstellenrechnung erfüllen zu können, müssen bei der Einteilung eines Unternehmens in Kostenstellen die folgenden allgemeinen Grundsätze oder Gliederungsprinzipien beachtet werden:[167]

– Verantwortungsprinzip:
  Nach dem Verantwortungsprinzip soll die Kostenstellenbildung derart vorgenommen werden, dass jede Kostenstelle einen eigenständigen Verantwortungsbereich darstellt, für den eine Person, der Kostenstellenleiter, verantwortlich ist.

– Bezugsgrößenprinzip:
  Das Bezugsgrößenprinzip besagt, dass die Kostenstellenbildung so erfolgen muss, dass sich für jede Kostenstelle eindeutige Kostenbestimmungsfaktoren als Bezugsgrößen, d.h. eindeutige Maßgrößen der Kostenverursachung, festlegen lassen.

– Kontierungsprinzip:
  Das Kontierungsprinzip fordert eine Kostenstelleneinteilung, auf deren Basis sämtliche Kostenartenbelege ohne Kontierungsprobleme eindeutig den jeweils verursachenden Kostenstellen zugeordnet werden können.

---

[167] Vgl. z.B. Kilger, W.: Einführung in die Kostenrechnung, a.a.O., S. 15; Zimmermann, G.: Grundzüge der Kostenrechnung, a.a.O., S. 68ff.; Hummel, S. / Männel, W.: Kostenrechnung 1, a.a.O., S. 196f.

– Wirtschaftlichkeitsprinzip:

Das Wirtschaftlichkeitsprinzip besagt schließlich, dass durch eine zu starke Differenzierung bei der Kostenstelleneinteilung nicht die Wirtschaftlichkeit der Kostenrechnung insgesamt in Frage gestellt werden darf.

Den Zielen der ersten drei Kriterien, die eine detaillierte Kostenstellengliederung implizieren, steht das Streben nach Wirtschaftlichkeit gegenüber. Es existieren keine operationalen Methoden zur Festlegung von Kostenstellen. Die jeweiligen betriebsindividuellen Gegebenheiten sowie weitere spezielle Kriterien sind in den Gliederungsprozess einzubeziehen.

Zur konkreten Einteilung eines Unternehmens in Kostenstellen müssen folglich über die allgemeinen Kriterien hinaus spezielle Gliederungsgrundsätze berücksichtigt werden.

Aus einer Vielzahl von möglichen speziellen Gliederungsansätzen für die Kostenstellenbildung werden nachfolgend die beiden wichtigsten Einteilungskriterien vorgestellt. Dabei handelt es sich um:

– die funktionale Einteilung und
– die Einteilung nach leistungstechnischen Gesichtspunkten.

Unterteilt man ein Unternehmen nach den betrieblichen Funktionsbereichen, auch bezeichnet als funktionale Einteilung, so erhält man z.B. die folgenden Kostenstellen:

– Materialkostenstellen,
– Fertigungskostenstellen,
– Verwaltungskostenstellen und
– Vertriebskostenstellen.

Im Hinblick auf leistungstechnische Gesichtspunkte unterscheidet man Hilfs-, Neben- und Hauptkostenstellen. Hilfskostenstellen werden häufig auch als sekundäre oder Vorkostenstellen und Hauptkostenstellen auch als primäre oder Endkostenstellen bezeichnet.

Die Leistungen der Hauptkostenstellen werden nicht von anderen Kostenstellen in Anspruch genommen, sondern direkt an die Kostenträger abgegeben. Neben den Fertigungshauptkostenstellen, die unmittelbar an der Produktion der Enderzeugnisse beteiligt sind (z.B. Dreherei, Schleiferei), zählen auch die Material- sowie die Verwaltungs- und Vertriebskostenstellen zu den Hauptkostenstellen.

Hilfskostenstellen tragen nur mittelbar zur Erzeugung absatzfähiger Endprodukte bei. Ihre Leistungen werden an Hauptkostenstellen oder andere Hilfskostenstellen abgegeben, wobei die entsprechenden Kosten durch die innerbetriebliche

Leistungsverrechnung als sekundäre Gemeinkosten in die Hauptkostenstellen eingehen und über diesen Verrechnungsweg den Kostenträgern angelastet werden können.

In Nebenkostenstellen werden schließlich Leistungen an solchen Produkten erbracht, die nicht zum eigentlichen Produktionsprogramm gehören, z.b. Abfallgüter oder minderwertige Kuppelprodukte.

In der Praxis ist häufig eine Kombination aus der funktionsorientierten und der verrechnungstechnischen Kostenstelleneinteilung anzutreffen. Daraus resultieren folgende Kostenstellentypen, die dann entsprechend der betriebsindividuellen Struktur noch feiner zu untergliedern sind:

- Allgemeine Hilfskostenstellen,
- Fertigungshilfskostenstellen,
- Materialhauptkostenstellen,
- Fertigungshauptkostenstellen,
- Verwaltungshauptkostenstellen und
- Vertriebshauptkostenstellen.

Allgemeine Hilfskostenstellen geben Leistungen an fast alle betrieblichen Teilbereiche ab. So ist z.B. die Reparaturwerkstatt des Betriebes für alle Maschinen und Anlagen zuständig, und die Betriebskantine versorgt die gesamte Belegschaft.

Fertigungshilfskostenstellen liefern ihre Leistungen ausschließlich an Fertigungskostenstellen. Hierzu zählen z.B. die Arbeitsvorbereitung oder die Technische Leitung.

In Materialhauptkostenstellen erfolgt der Einkauf, die Eingangskontrolle, die Lagerung und Ausgabe von Roh-, Hilfs- und Betriebsstoffen sowie von Werkzeugen und Geräten.

In den Fertigungshauptkostenstellen findet die eigentliche Produktion der betrieblichen Erzeugnisse statt, z.B. Dreherei oder Endmontage.

Zu den Verwaltungshauptkostenstellen zählen z.B. das Rechnungswesen, das Controlling sowie das Personalwesen.

Vertriebshauptkostenstellen sind für den Absatz der Produkte zuständig; dazu gehören z.B. das Fertigwarenlager, die Versand- und die Werbeabteilungen sowie die Verkaufsbüros.

Das Ergebnis der Kostenstellengliederung nach den genannten Prinzipien und Grundsätzen ist der Kostenstellenplan. Darin wird für jede Kostenstelle die Kostenstellennummer und -bezeichnung aufgeführt. Die erste Zahl der Kostenstellennummer kennzeichnet betriebliche Teilbereiche, die verbleibenden Ziffern dienen der laufenden Nummerierung.

1 Allgemeine Hilfskostenstellen

10 Grundstücke und Gebäude

   100 Fabrikgebäude

   101 Lagerhalle

   102 Büroräume

11 Energiekostenstellen

   110 Strom

   111 Gas

   112 Wasser

12 Sozialkostenstellen

   120 Betriebsrat

   121 Kantine

   122 Werksarzt

13 Reparatur u. Instandhaltung

   130 Schlosserei

   131 Elektrowerkstatt

   132 Bautrupp

14 Transportkostenstellen

   140 Innerbetrieblicher Transport

   141 Lkw-Fuhrpark

   142 Pkw-Fuhrpark

2 Materialkostenstellen

20 Einkauf

   200 Einkaufsleitung

   201 Einkauf Fertigung

   202 Einkauf Verwaltung

21 Lager

   210 Rohstofflager

   211 Werkstattlager

   212 Materialausgabe

   213 Eingangskontrolle

3 Fertigungskostenstellen

30 Fertigungshilfskostenstellen

   300 Technische Betriebsleitung

   301 Arbeitsvorbereitung

   302 Formenbau

   303 Konstruktion

31 Fertigungshauptkostenstellen I

   310 Dreherei

   311 Fräserei

   312 Schleiferei

   313 Bohrerei

32 Fertigungshauptkostenstellen II

   320 Lackiererei

   321 Endmontage I

   322 Endmontage II

4 Verwaltungskostenstellen

40 Geschäftsleitung

   400 Geschäftsführer

   401 Sekretariat

41 Rechnungswesen

   410 Finanzbuchhaltung

   411 Lohn- u. Gehaltsabrechnung

   412 Kostenrechnung / Controlling

42 EDV

   420 Zentralrechner

   421 PC-Netzwerk

5 Vertriebskostenstellen

50 Marketing

   500 Werbung

   501 Marktforschung

51 Verkauf

   510 Verkaufsleitung

   511 Verkauf Inland

   512 Verkauf Ausland

52 Fertigwarenlager

53 Versand

Abb. 4.3: Beispiel eines Kostenstellenplans[168]

---

[168] Vgl. Gabele, E. / Fischer, P.: Kostenstellenrechnung, in: Corsten, H. (Hrsg.): Lexikon der Betriebswirtschaftslehre, a.a.O., S. 509-516, hier S. 513.

Die Abb. 4.3 stellt beispielhaft einen möglichen Kostenstellenplan vor, wobei die oben aufgeführten Kostenstellentypen als Grobgliederung gewählt wurden.

4.2.3 Systematik von Bezugsgrößen

Eine Bezugsgröße ist definiert als Bestimmungsgröße der Kostenverursachung, zu der die zu verrechnenden Kosten in einer proportionalen Beziehung stehen. Als Bezugsgrößen können beispielsweise produzierte Stückzahlen, gefahrene Maschinenstunden oder geleistete Arbeitsverrichtungen herangezogen werden.[169]

Die Wahl geeigneter Bezugsgrößen für die Kostenstellenrechnung ist eine notwendige Voraussetzung für die Ermittlung genauer Kalkulationssätze und die Bestimmung realistischer Vorgaben für die Kostenkontrolle.

4.2.3.1 Verfahren der Bezugsgrößenwahl

Für die Auswahl von Bezugsgrößen stehen zwei Gruppen von Verfahren zur Verfügung. Man unterscheidet statistische und analytische Verfahren zur Bezugsgrößenwahl.[170]

Die Voraussetzung für den Einsatz statistischer Verfahren zur Bezugsgrößenwahl ist, dass Istkosten und Istwerte der möglichen Bezugsgrößen vergangener Perioden bekannt sind. Diese Werte müssen von Zufälligkeiten und Unwirtschaftlichkeiten bereinigt und z.B. an ein einheitliches Preis- oder Lohnniveau angepasst werden. Hierin liegt ein allgemeiner Nachteil der statistischen Verfahren. Die Bereinigungen können nie vollständig erfolgen, so dass Fehler bei der Kostenprognose nicht auszuschließen sind. Statistische Verfahren zur Auswertung der bereinigten Istwerte sind beispielsweise die Regressionsanalyse oder die Korrelationsrechnung.

Die analytischen Verfahren zur Bezugsgrößenwahl basieren auf sorgfältigen, technisch-kostenwirtschaftlichen Einflussgrößenanalysen. Dabei erfolgt die Untersuchung der Produktionsprozesse der Kostenstellen nach Beziehungen zwischen der Leistungserstellung und dem Verbrauch an Produktionsfaktoren. Der Vorteil dieser Verfahren besteht darin, dass keine Istkosten der Vergangenheit erforderlich sind.

---

[169] Vgl. Haberstock, L.: Kostenrechnung II, (Grenz-) Plankostenrechnung mit Fragen, Aufgaben und Lösungen, 8. Aufl., Hamburg 1999, S. 46ff.

[170] Vgl. Kapitel 6.2.3.2 sowie Kilger, W. / Pampel, J. / Vikas, K.: Flexible Plankostenrechnung und Deckungsbeitragsrechnung, a.a.O., S. 243f. und S. 266ff.

Wie bei der Kostenstelleneinteilung ist auch bei der Bezugsgrößenwahl eine zu starke Differenzierung zu vermeiden. Bei homogener Kostenverursachung hängen sämtliche Kostenarten einer Kostenstelle von einem Kostenbestimmungsfaktor ab oder die verschiedenen Kosteneinflussgrößen der Kostenstelle verhalten sich proportional zueinander. In letzterem Fall kommt das „Gesetz der Austauschbarkeit der Maßgrößen" nach RUMMEL zum Tragen, das besagt, man könne „den Maßstab für irgendeine Größe durch einen anderen Maßstab ersetzen, wenn die Maßstäbe untereinander proportional sind."[171] Bei homogener Kostenverursachung bestimmt also nur eine einzige Bezugsgröße die variablen Kosten der Kostenstelle. Im Unterschied dazu werden bei heterogener Kostenverursachung die variablen Kosten der Kostenstelle von unterschiedlichen, voneinander unabhängigen Bezugsgrößen bestimmt. Heterogene Kostenverursachung kann dabei aus der Erzeugung mehrerer Produktarten und unterschiedlichen Verfahrensbedingungen innerhalb einer Kostenstelle resultieren. Beim praktischen Einsatz der Kostenrechnung ist die Erfassung einer Vielzahl von Bezugsgrößen innerhalb einer Kostenstelle allerdings sehr aufwendig. Die hohen Erfassungskosten stehen oft in keinem wirtschaftlichen Verhältnis zur Erhöhung der Genauigkeit der Ergebnisse.[172]

4.2.3.2 Ermittlung der Bezugsgrößenmengen

Man unterscheidet direkte und indirekte Bezugsgrößen. Dies führt zu verschiedenen Ansätzen zur Ermittlung der Bezugsgrößenmengen.[173]

Direkte Bezugsgrößen stehen in direkter Beziehung zu den bearbeiteten Produktmengen bzw. den erstellten Leistungseinheiten einer Kostenstelle. Sie werden direkt durch Messungen und Aufschreibungen oder retrograd aus den Leistungsmengen ermittelt. Dies ist nur möglich, wenn die Leistungen einer Kostenstelle quantifizierbar und laufend erfassbar sind.

Stellt eine Kostenstelle nur eine Leistungsart her, so kann als direkte Bezugsgröße B die Leistungsmenge x der betreffenden Produktart gewählt werden. Für den Wert der direkten Bezugsgröße gilt in diesem Fall:

$$B = x .$$

---

[171] Rummel, K.: Einheitliche Kostenrechnung, 3. Aufl., Düsseldorf 1967, S. 62.

[172] Vgl. Kilger, W. / Pampel, J. / Vikas, K.: Flexible Plankostenrechnung und Deckungs-beitragsrechnung, a.a.O., S. 108f.; Schweitzer, M. / Küpper, H.-U.: Systeme der Kosten- und Erlösrechnung, a.a.O., S. 390.

[173] Vgl. Kilger, W.: Einführung in die Kostenrechnung, a.a.O., S. 164ff.

Werden in einer Kostenstelle dagegen mehrere Produktarten erzeugt, deren Mengeneinheiten als relevante Kosteneinflussfaktoren gelten, so werden die direkten Bezugsgrößeneinheiten durch

$$B = \sum_{j=1}^{J} a_j \cdot x_j$$

bestimmt, wobei a_j die pro Einheit der Produktart j $(j = 1,...,J)$ in Anspruch genommenen Bezugsgrößeneinheiten und x_j die von Produktart j hergestellte Menge bezeichnet.

Wurde in dieser Formel als Bezugsgröße beispielsweise die Maschinenlaufzeit gewählt, so stellt a_j die Fertigungsstückzeit bzw. die Vorgabezeit in Zeiteinheiten pro Mengeneinheit der Produktart j (in ZE je ME_j) dar.

Der retrograden Erfassung des Istwertes direkter Bezugsgrößen $B^{(i)}$ liegt in Analogie zu der genannten Formel für mehrere Produktarten folgende Bestimmungsgleichung zugrunde:

$$B^{(i)} = \sum_{j=1}^{J} a_j^{(P)} \cdot x_j^{(I)},$$

wobei $a_j^{(P)}$ die geplante Inanspruchnahme von Bezugsgrößeneinheiten pro Einheit der Produktart j und $x_j^{(I)}$ die effektive Ausbringungsmenge der Produktart j bezeichnet. Die retrograd erfasste direkte Bezugsgröße $B^{(i)}$ stellt also den Vorgabewert einer Bezugsgröße dar.

Die direkte Erfassung der tatsächlich angefallenen Bezugsgrößeneinheiten $B^{(I)}$ erfolgt z.B. durch Zählen der Mengeneinheiten oder Registrieren der Maschinenlaufzeit. In der Regel gilt für die retrograd und die direkt erfassten direkten Bezugsgrößen die Beziehung:

$$B^{(i)} \le B^{(I)}.$$

Hier liegt die Erfahrung zugrunde, dass die vorgabeorientierten Einsatzkoeffizienten $a_j^{(P)}$ der retrograden Bezugsgröße $B^{(i)}$ in der Realität durch die direkt erfasste Bezugsgröße $B^{(I)}$, die auf den tatsächlich realisierten Einsatzkoeffizienten basiert, selten eingehalten werden.

Im Unterschied zu den direkten Bezugsgrößen haben indirekte Bezugsgrößen keine unmittelbare Beziehung zum Leistungsvolumen der Stellen und werden manchmal zur Vereinfachung der Ermittlung gewählt. Sie sollten sich ebenfalls so weit wie möglich am Kostenverursachungsprinzip orientieren. Indirekte Bezugsgrößen sind z.B. €-Deckungsbezugsgrößen, Lohn- und Gehaltssumme, Kostenartenbeträge oder Umsatz. Die Vereinfachung der Ermittlung durch die Wahl indirekter Bezugsgrößen birgt die Gefahr von ungenauen Ergebnissen der Kostenrechnung. Als Vorteil wird häufig genannt, dass der Erfassungsaufwand erheblich reduziert werden kann. Wenn beispielsweise für den Einkaufs- und Materialbereich die indirekte Bezugsgröße „€-Materialkosten" gewählt wird, so erspart dies das aufwendige Zählen bzw. Erfassen von Bestellungen oder Lagerbewegungen. Dieser Vorteil verliert allerdings vor dem Hintergrund des zunehmenden Einsatzes computergestützter Erfassungs- und Verarbeitungssysteme an Bedeutung, so dass angestrebt werden sollte, möglichst viele direkte Bezugsgrößen auszuwählen.

4.2.3.3 Doppelfunktion der Bezugsgrößen

Bezugsgrößen sollten möglichst eine Doppelfunktion erfüllen und zwar eine Kostenkontrollfunktion und eine Kalkulationsfunktion.

Die Kostenkontrollfunktion einer Bezugsgröße ist dann erfüllt, wenn zwischen allen oder bei heterogener Kostenverursachung zwischen einem bestimmten Teil der variablen Kosten einer Kostenstelle und der Bezugsgröße eine proportionale Beziehung besteht.

Die Kalkulationsfunktion erfordert eine proportionale Beziehung zwischen den Bezugsgrößen und den Einheiten der Kostenträger. Nur unter dieser Voraussetzung ist eine verursachungsgerechte Verteilung der variablen Kosten einer Kostenstelle auf die Kostenträger möglich.

Jede Bezugsgröße muss die Kostenkontrollfunktion erfüllen. Allerdings lassen sich nur im Fertigungsbereich Bezugsgrößen finden, die auch der Kalkulationsfunktion gerecht werden. Bei den Bezugsgrößen der Fertigungskostenstellen handelt es sich um Größen, die entweder mit den jeweiligen Kostenstellenleistungen (z.B. Produktmengen) übereinstimmen oder unmittelbar aus diesen Leistungen abgeleitet werden können. Betrachtet man dagegen beispielsweise die allgemeine Verwaltungskostenstelle „Schreibbüro" und wählt die Bezugsgröße „Anzahl der geschriebenen Seiten", so hat diese Bezugsgröße zwar Einfluss auf die Kostenstellenkosten und wird damit der Kostenkontrollfunktion gerecht, allerdings existiert kein direkter Zusammenhang zu den betrieblichen Endprodukten, so dass die Kalkulationsfunktion nicht erfüllt ist.[174]

---

[174]   Vgl. Haberstock, L.: Kostenrechnung I, a.a.O., S. 47ff.; Däumler, K.-D. / Grabe, J.: Kostenrechnung 3, a.a.O., S. 128.

4.2.4 Innerbetriebliche Leistungsverrechnung

4.2.4.1 Der Betriebsabrechnungsbogen

Der Betriebsabrechnungsbogen (BAB) ist ein abrechnungstechnisches Hilfsmittel der innerbetrieblichen Leistungsverrechnung.

Grundgedanke der innerbetrieblichen Leistungsverrechnung ist, dass einige Kostenstellen auch Leistungen erbringen, die nicht unmittelbar für den Absatz bestimmt sind. Diese Leistungen verbleiben also in dem Unternehmen und werden dort ge- oder verbraucht. Beispiele hierfür sind die von der Hilfskostenstelle Grundstücke und Gebäude bereitgestellten Quadratmeter oder allgemeine Instandsetzungsarbeiten der betriebseigenen Reparaturwerkstatt. Auch wenn nur eine mittelbare Beziehung solcher Leistungen zu den Endprodukten eines Unternehmens besteht, so tragen sie doch erheblich zur Aufrechterhaltung und Sicherung der Betriebsbereitschaft bei und müssen daher in die Kalkulationen mit eingehen.

Die in Kapitel 4.2.1 dargestellte Vorgehensweise der Kostenstellenrechnung spiegelt sich in den Aufgaben des Betriebsabrechnungsbogens wider. Zunächst werden die nach Kostenarten differenzierten primären Gemeinkosten den Kostenstellen verursachungsgerecht zugeordnet. Anschließend erfolgt die Verteilung der Gemeinkosten der Hilfskostenstellen auf die Hauptkostenstellen oder andere Hilfskostenstellen. Die verteilten Kosten werden bei den leistungsempfangenden Kostenstellen als sekundäre Gemeinkosten erfasst. Nach Abschluss der Umlage der Gemeinkosten wird schließlich für jede Hauptkostenstelle eine Bezugsbasis gewählt, anhand derer die Ermittlung von Kalkulationssätzen für die nachfolgende Kostenträgerrechnung vorgenommen wird.

Der Betriebsabrechnungsbogen ist in Form einer Tabelle aufgebaut. Zur Zeilenkennzeichnung werden in der ersten Spalte des BAB sämtliche Gemeinkostenarten der innerbetrieblichen Leistungsverrechnung untereinander aufgeführt. Einer Kostenart entspricht somit jeweils eine Zeile. Bei den primären Kostenarten muss die Zeilensumme mit dem aus der Kostenartenrechnung übernommenen Betrag für die jeweilige Kostenart übereinstimmen. Als Spaltenüberschriften werden im BAB sämtliche Kostenstellen genannt, wobei zuerst die Hilfskostenstellen und nachfolgend die Hauptkostenstellen angeordnet sind.[175]

---

[175] Vgl. Gabele, E. / Fischer, P.: Kostenstellenrechnung, a.a.O., S. 515; Haberstock, L.: Kostenrechnung I, a.a.O., S. 115ff.; Kilger, W.: Einführung in die Kostenrechnung, a.a.O., S. 170ff.; Zimmermann, G.: Grundzüge der Kostenrechnung, a.a.O., S. 94ff.; Hummel, S. / Männel, W.: Kostenrechnung 1, a.a.O., S. 202ff.

Die folgende Abb. 4.4 stellt den Grundaufbau eines Betriebsabrechnungsbogens vor, wobei beachtet werden muss, dass hier beispielhaft lediglich einige wichtige Kostenarten und Kostenstellen aufgeführt sind und als Methode der innerbetrieblichen Leistungsverrechnung exemplarisch das Stufenleiterverfahren, das nachfolgend noch ausführlicher beschrieben wird, zugrunde gelegt ist. Es handelt sich somit nur um einen groben Ausschnitt eines in der Praxis eingesetzten Betriebsabrechnungsbogens.

Anhand der Abb. 4.4 wird die Vorgehensweise bei der Nutzung eines Betriebsabrechnungsbogens für die innerbetriebliche Leistungsverrechnung vorgestellt.

Die Kostenartenrechnung liefert die Beträge der primären Gemeinkostenarten mit den erforderlichen Kontierungsangaben. Diese Beträge werden im ersten Schritt den Kostenstellen zugeordnet, d.h. in dem BAB der Abb. 4.4 sind die Zeilen 1 bis 13 sukzessive zu bearbeiten, wobei die Zuordnung der primären Gemeinkosten auf die Kostenstellen nach dem Verursachungsprinzip erfolgen muss. Auf der Basis von Zeitlohnbelegen lassen sich beispielsweise die Fertigungslöhne eindeutig den Kostenstellen Fertigung I und Fertigung II zuordnen; für diese Kostenart müssten die entsprechenden Werte in Spalte 6 und 7 der ersten Zeile eingetragen werden.

In Zeile 14 erfolgt spaltenweise die Summierung der primären Gemeinkosten. Die jeweiligen Beträge sagen aus, in welcher Höhe primäre Gemeinkosten in den Hilfs- und Hauptkostenstellen des Unternehmens angefallen sind.

Die primären Gemeinkosten der Hilfskostenstellen werden nun im Zuge der Verrechnung der Kosten innerbetrieblicher Leistungen auf die Hauptkostenstellen bzw. andere Hilfskostenstellen umgelegt. Dies ist in Abb. 4.4 durch die Pfeile in den Zeilen 15 bis 19 angedeutet. Auch hier gilt das Verursachungsprinzip, d.h. die Leistungsverflechtungen der Kostenstellen untereinander sollen möglichst realitätsnah abgebildet werden. Die Pfeile zur Darstellung der Kostenumlage der Hilfskostenstellen sind in der Abb. 4.4 stufenweise angeordnet. Hier liegt die Annahme zugrunde, dass eine Abgabe von Leistungen nur an noch nicht abgerechnete Hilfskostenstellen erfolgt. Konkret bedeutet dies, dass z.B. nach der Umlage der Kosten von Grundstücken und Gebäuden in Zeile 15 dieser Hilfskostenstelle, d.h. der Spalte 1, keine Kosten der Zeilen 16 bis 19 mehr zugeordnet werden können. Diese Vorgehensweise erfordert die richtige zeilen- bzw. spaltenweise Anordnung der Hilfskostenstellen sowie den Einsatz des entsprechenden Verfahrens zur Ermittlung der innerbetrieblichen Verrechnungssätze. Es handelt sich um das Stufenleiterverfahren, dessen ausführliche Erläuterungen in Kapitel 4.2.4.2.2 der innerbetrieblichen Leistungsverrechnung folgt.

Betriebsabrechnungsbogen

Zeilen-Nr.	Kostenarten	Hilfskostenstelle					Hauptkostenstelle				
		Grundstücke u. Gebäude	Strom	Sozialein-richtungen	Reparatur	Werkzeug-macherei	Fertigung I	Fertigung II	Einkauf Material	Ver-waltung	Vertrieb
	Spalten-Nr.	1	2	3	4	5	6	7	8	9	10
	Primäre Gemeinkosten										
1	Fertigungslöhne										
2	Hilfslöhne										
3	Sozialkosten für Lohnempfänger										
4	Gehälter										
5	Sozialkosten für Angestellte										
6	Hilfs- und Betriebsstoffe										
7	Treib- u. Heizstoffe										
8	Kostensteuern										
9	Versicherungen										
10	Reisekosten										
11	Werbekosten										
12	kalkulatorische Zinsen										
13	kalkulatorische Abschreibungen										
14	Summe primäre Gemeinkosten										
	Sekundäre Gemeinkosten										
15	Grundstücke und Gebäude										
16	Strom										
17	Sozialeinrichtungen										
18	Reparatur										
19	Werkzeugmacherei										
20	Summe sekundäre Gemeinkosten										
	Summe Gemeinkosten										
	Bezugsbasis										
	Kalkulationssatz										

Abb. 4.4: Beispiel eines Betriebsabrechnungsbogens

Nach der Verteilung der primären Gemeinkosten der Hilfskostenstellen wird in Zeile 20 die Summe der sekundären Gemeinkosten gebildet. Die Summe der primären und sekundären Gemeinkosten muss nach der Kostenumlage für alle Hilfskostenstellen, d.h. für die Spalten 1 bis 5, gleich Null sein. Der in Abb. 4.4 unter den Spalten 1 bis 5 gezeigte Pfeil steht dabei stellvertretend für den Abzug der insgesamt auf einer Hilfskostenstelle aufgelaufenen primären und sekundären Gemeinkosten.[176] Den Hauptkostenstellen sind nach der vollständig erfolgten Kostenverteilung nun verursachungsgerecht sämtliche primären (und sekundären) Gemeinkosten der Hilfskostenstellen zugeordnet und treten dort, in den Zeilen 15 bis 19 der Spalten 6 bis 10, als sekundäre Gemeinkosten der Hauptkostenstellen auf.

Die den Hauptkostenstellen zugeordneten primären und sekundären Gemeinkosten, d.h. Zeile 21 der Spalten 6 bis 10, gehen in Form eines Zuschlagssatzes in die Kostenträgerrechnung ein. Bei der Bildung solcher Gemeinkostenzuschlagssätze ist darauf zu achten, dass die Leistungsabgabe der Kostenstelle an die in ihr bearbeiteten Erzeugnisse so berücksichtigt wird, dass eine möglichst verursachungsgerechte Zuordnung der Kosten auf die Kostenträger erfolgt. Allgemein bestimmt sich ein Zuschlagssatz (in %) durch die folgende Formel:

$$\text{Zuschlagssatz} = \frac{\text{Gemeinkosten der Hauptkostenstelle}}{\text{Bezugsbasis der Hauptkostenstelle}} \cdot 100 \,.$$

Für die Materialkostenstellen verwendet man die Materialeinzelkosten als Bezugsbasis zur Ermittlung der Materialgemeinkostenzuschlagssätze (in %):

$$\text{Materialgemeinkostenzuschlagssatz:} \quad d_M = \frac{\text{Materialgemeinkosten}}{\text{Materialeinzelkosten}} \cdot 100 \,.$$

Für die Fertigungskostenstellen verwendet man üblicherweise die Fertigungslöhne als Bezugsbasis zur Ermittlung der Fertigungsgemeinkostenzuschlagssätze (in %):

$$\text{Fertigungsgemeinkostenzuschlagssatz:} \quad d_F = \frac{\text{Fertigungsgemeinkosten}}{\text{Fertigungslöhne}} \cdot 100 \,.$$

---

[176] Diese Funktion erfüllt der Pfeil aber nur dann, wenn in der betreffenden Zeile (z.B. Zeile 15 im Hinblick auf Spalte 1) auch die Summe der primären und sekundären Gemeinkosten der zugehörigen Spalte vollständig auf die anderen Kostenstellen verteilt wurden, d.h. die entsprechende Zeilensumme der zugehörigen Spaltensumme entspricht.

Als Bezugsbasis für die Verwaltungs- und Vertriebsgemeinkostenzuschlagssätze (in %) werden die Herstellkosten angesetzt:

$$\text{Verwaltungsgemeinkostenzuschlagssatz: } d_{Vw} = \frac{\text{Verwaltungsgemeinkosten}}{\text{Herstellkosten}} \cdot 100$$

$$\text{Vertriebsgemeinkostenzuschlagssatz: } \quad d_{Vt} = \frac{\text{Vertriebsgemeinkosten}}{\text{Herstellkosten}} \cdot 100 \; .$$

Sowohl die gewählte Bezugsbasis als auch die ermittelten Kalkulationssätze müssen abschließend ganz unten in die jeweiligen Spalten der Hauptkostenstellen in den BAB eingetragen werden.[177]

4.2.4.2 Verfahren der innerbetrieblichen Leistungsverrechnung

Ziel der Verfahren der innerbetrieblichen Leistungsverrechnung ist es, für die verschiedenen Hilfskostenstellen eines Betriebes Verrechnungssätze pro Einheit der jeweiligen Leistung, die die betreffende Hilfskostenstelle abgibt, zu ermitteln. Dabei ist zu beachten, dass ein gegenseitiger Leistungstransfer zwischen den sekundären Kostenstellen stattfindet und dass die sekundären Kostenstellen zum Teil auch ihre eigenen Leistungen verbrauchen. Dieser Tatbestand wird als Interdependenz des innerbetrieblichen Leistungsaustauschs bezeichnet.[178]

Unterscheidet man die Verfahren der innerbetrieblichen Leistungsverrechnung danach, inwieweit der wechselseitige Leistungsaustausch zwischen den Hilfskostenstellen berücksichtigt wird, so sind im Wesentlichen das Anbauverfahren, das Stufenleiterverfahren und das Gleichungsverfahren voneinander abzugrenzen. Zur Darstellung dieser drei Verfahren werden zunächst die folgenden Symbole eingeführt:[179]

M Anzahl der Hilfskostenstellen,

m Index der Hilfskostenstellen $(m = 1, ..., M)$,

K_m^P Summe der primären Gemeinkosten der Hilfskostenstelle m,

x_m Gesamterzeugungsmenge innerbetrieblicher Leistungseinheiten in der Hilfskostenstelle m,

---

[177] Vgl. z.B. Haberstock, L.: Kostenrechnung I, a.a.O., S. 119; Däumler, K.-D. / Grabe, J.: Kostenrechnung 1, a.a.O., S. 240ff.
[178] Vgl. Kilger, W.: Einführung in die Kostenrechnung, a.a.O., S. 177.
[179] Vgl. Haberstock, L.: Kostenrechnung I, a.a.O., S. 126ff.

$x_{m'm}$ Anzahl der von Hilfskostenstelle m' an Hilfskostenstelle m abgegebenen innerbetrieblichen Leistungseinheiten und

q_m zu ermittelnder innerbetrieblicher Verrechnungssatz der Hilfskostenstelle m.

4.2.4.2.1 Das Anbauverfahren

Beim Anbauverfahren bleibt der innerbetriebliche Leistungsaustausch zwischen den Hilfskostenstellen völlig unbeachtet. Die Abrechnung der Hilfskostenstellen erfolgt ausschließlich über die Hauptkostenstellen. Der innerbetriebliche Verrechnungssatz q_m der Hilfskostenstelle m bestimmt sich gemäß:

$$q_m = \frac{K_m^P}{x_m - \sum_{m'=1}^{M} x_{mm'}} \, , \qquad m = 1, \ldots, M \, .$$

Die Summe

$$\sum_{m'=1}^{M} x_{mm'}$$

umfasst den Eigenverbrauch x_{mm} von Hilfskostenstelle m und sämtliche Leistungseinheiten $x_{mm'}$, die von Hilfskostenstelle m an alle anderen Hilfskostenstellen m' abgegeben wurden. Diese Summe wird von den insgesamt erzeugten Leistungseinheiten x_m der Hilfskostenstelle m abgezogen. Demnach handelt es sich bei der Differenz

$$x_m - \sum_{m'=1}^{M} x_{mm'}$$

um die von Hilfskostenstelle m an die Hauptkostenstellen abgegebenen Leistungseinheiten.

In einem Betrieb existieren zum Beispiel die drei Hilfskostenstellen Drucklufterzeugung (Hilfskostenstelle 1), Energieerzeugung (Hilfskostenstelle 2) und Reparaturwerkstatt (Hilfskostenstelle 3). Die Leistungsverflechtungen zwischen diesen Hilfskostenstellen und die an nicht näher spezifizierte Hauptkostenstellen abgegebenen Leistungseinheiten sind der folgenden Tabelle 4.15 zu entnehmen.

Tabelle 4.15: Rechenbeispiel zum Anbauverfahren

von	an	Hilfskostenstellen			Hauptko-stenstellen	Summe	Dimension
		1	2	3			
Hilfs-	1	–	450	180	2.870	3.500	nm^3
kosten-	2	5.000	–	3.000	44.000	52.000	kWh
stellen	3	110	50	70	390	620	Std.
primäre Gemeinkosten		14.350	11.000	19.500	–	–	€

In der Hilfskostenstelle 1 (Drucklufterzeugung) fallen primäre Gemeinkosten in Höhe von 14.350 € an. Die primären Gemeinkosten der Hilfskostenstelle 2 (Energieerzeugung) betragen 11.000 €. Hilfskostenstelle 3 (Reparaturwerkstatt) weist primäre Gemeinkosten in Höhe von 19.500 € auf.

Anhand der Tabelle lassen sich die Gesamterzeugungsmengen der einzelnen Hilfskostenstellen bestimmen, indem man für jede Hilfskostenstelle die an andere Hilfskostenstellen und die an Hauptkostenstellen gelieferten Leistungseinheiten aufsummiert. Demnach hat die Hilfskostenstelle 1 insgesamt 3.500 nm^3 Druckluft bereitgestellt. Hilfskostenstelle 2 hat insgesamt 52.000 kWh Energie erzeugt, und bei Hilfskostenstelle 3 betrug die Gesamterzeugungsmenge 620 Reparaturstunden. Nach dem Anbauverfahren ergeben sich dann folgende Verrechnungssätze:

$$\text{Hilfskostenstelle 1:}\quad q_1 = \frac{K_1^P}{x_1 - \sum_{m'=1}^{3} x_{1m'}} = \frac{14.350}{3.500 - (450 + 180)} = 5,00\ \frac{\text{€}}{nm^3}$$

$$\text{Hilfskostenstelle 2:}\quad q_2 = \frac{K_2^P}{x_2 - \sum_{m'=1}^{3} x_{2m'}} = \frac{11.000}{52.000 - (5.000 + 3.000)} = 0,25\ \frac{\text{€}}{\text{kWh}}$$

$$\text{Hilfskostenstelle 3:}\quad q_3 = \frac{K_3^P}{x_3 - \sum_{m'=1}^{3} x_{3m'}} = \frac{19.500}{620 - (110 + 50 + 70)} = 50,00\ \frac{\text{€}}{\text{Std.}}.$$

Zum Anbauverfahren ist kritisch anzumerken, dass die ermittelten Verrechnungssätze nur dann den exakten Verrechnungssätzen des noch darzustellenden Gleichungsverfahrens entsprechen, wenn kein Leistungsaustausch zwischen den Hilfskostenstellen stattfindet. Die nach dem Anbauverfahren ermittelten Verrechnungssätze der Hilfskostenstellen, die viele innerbetriebliche Leistungen von anderen Hilfskostenstellen empfangen und / oder selbst nur wenig Leistungseinheiten an andere Hilfskostenstellen abgeben, sind zu niedrig. Dies führt dazu, dass den Hauptkostenstellen, die viele Leistungseinheiten von Hilfskostenstellen mit zu niedrigen Verrechnungssätzen empfangen, zu geringe Kosten angelastet werden.[180]

4.2.4.2.2 Das Stufenleiterverfahren

Beim Stufenleiterverfahren wird der innerbetriebliche Leistungsaustausch zwischen den Hilfskostenstellen teilweise berücksichtigt. Die Hilfskostenstellen werden nach einer bestimmten Reihenfolge abgerechnet, wobei bei der jeweils abzurechnenden Hilfskostenstelle nur die Leistungen zu berücksichtigen sind, die sie von bereits abgerechneten Hilfskostenstellen empfangen hat. Die Leistungen, die die betreffende Hilfskostenstelle von noch nicht abgerechneten Hilfskostenstellen empfangen hat, werden vernachlässigt.[181] Die Höhe der ermittelten Verrechnungssätze hängt also davon ab, in welcher Reihenfolge die Abrechnung der Hilfskostenstellen erfolgt. Um den innerbetrieblichen Leistungsaustausch möglichst vollständig zu erfassen, sollte zuerst diejenige Hilfskostenstelle abgerechnet werden, die keine oder nur sehr wenige bewertete Leistungen von anderen Hilfskostenstellen empfängt. Als Nächstes ist dann die Hilfskostenstelle abzurechnen, die möglichst wenig bewertete Leistungen von noch nicht abgerechneten Hilfskostenstellen empfängt.[182] Dies wird so lange fortgesetzt, bis alle Hilfskostenstellen abgerechnet wurden. Es ist zu beachten, dass nach der so beschriebenen Umordnung nun die Indizes m bzw. m' im Zusammenhang mit dem Stufenleiterverfahren zwingend angeben, an welcher Stelle gemäß der festgelegten Reihenfolge eine Hilfskostenstelle m bzw. m' abgerechnet wird. Für die an m-ter Stelle abzurechnende Hilfskostenstelle bestimmt sich der Verrechnungssatz gemäß:

$$q_m = \frac{K_m^P + \sum_{m'=1}^{m-1} x_{m'm} \cdot q_{m'}}{x_m - \sum_{m'=1}^{m} x_{mm'}}, \qquad m = 1, \ldots, M \ .$$

[180]   Vgl. Haberstock, L.: Kostenrechnung I, a.a.O., S. 136.
[181]   Vgl. Haberstock, L.: Kostenrechnung I, a.a.O., S. 131.
[182]   Vgl. Kilger, W.: Einführung in die Kostenrechnung, a.a.O., S. 185.

Die Summe

$$\sum_{m'=1}^{m-1} x_{m'm} \cdot q_{m'}$$

beschreibt die mit Verrechnungspreisen bewerteten Leistungen, die die an m-ter Stelle abzurechnende Hilfskostenstelle von bereits abgerechneten Hilfskostenstellen empfangen hat.

Die Summe

$$\sum_{m'=1}^{m} x_{mm'}$$

umfasst den Eigenverbrauch der an m-ter Stelle abzurechnenden Hilfskostenstelle und die Leistungseinheiten, die von ihr an bereits abgerechnete Hilfskostenstellen geliefert wurden.

Für das in Kapitel 4.2.4.2.1 eingeführte Beispiel soll nun die Ermittlung der Verrechnungssätze mit Hilfe des Stufenleiterverfahrens erfolgen. Dafür muss zunächst die Reihenfolge bestimmt werden, nach der die Hilfskostenstellen abzurechnen sind. Im ersten Schritt werden für jede Hilfskostenstelle die mit den noch zu ermittelnden primären Kostensätzen bewerteten Leistungseinheiten, die sie von anderen Hilfskostenstellen empfangen hat, aufaddiert. Die Hilfskostenstelle, die wertmäßig am wenigsten Leistung von anderen verbraucht, ist dann an erster Stelle abzurechnen. Im zweiten und den darauf folgenden Schritten wird diese Vorgehensweise für die bewerteten Leistungen, die die nach jedem Schritt verbleibenden Hilfskostenstellen untereinander austauschen, wiederholt, bis schließlich nur noch eine Hilfskostenstelle übrig ist, die dann als letzte abgerechnet wird. Die primären Kostensätze zur Leistungsbewertung sollen dadurch ermittelt werden, dass man für jede Hilfskostenstelle die primären Gemeinkosten durch die insgesamt erzeugte Leistungsmenge abzüglich eines eventuell auftretenden Eigenverbrauchs dividiert. Die primären Kostensätze $\hat{q}_m$ zur Reihenfolgebestimmung betragen für

Hilfskostenstelle 1: $\hat{q}_1 = \dfrac{14.350}{3.500} = 4{,}10 \, \dfrac{\text{€}}{\text{nm}^3}$

Hilfskostenstelle 2: $\hat{q}_2 = \dfrac{11.000}{52.000} = 0{,}2115 \, \dfrac{\text{€}}{\text{kWh}}$

Hilfskostenstelle 3: $\hat{q}_3 = \dfrac{19.500}{620 - 70} = 35{,}45 \, \dfrac{\text{€}}{\text{Std.}}$.

Man erhält dann für die Hilfskostenstellen folgende bewertete empfangene Leistungseinheiten:

Hilfskostenstelle 1: $x_{21} \cdot \hat{q}_2 + x_{31} \cdot \hat{q}_3 = 5.000 \cdot 0,2115 + 110 \cdot 35,45 = 4.957,00 \,€$

Hilfskostenstelle 2: $x_{12} \cdot \hat{q}_1 + x_{32} \cdot \hat{q}_3 = 450 \cdot 4,10 + 50 \cdot 35,45 = 3.617,50 \,€$

Hilfskostenstelle 3: $x_{13} \cdot \hat{q}_1 + x_{23} \cdot \hat{q}_2 = 180 \cdot 4,10 + 3.000 \cdot 0,2115 = 1.372,50 \,€$.

Demnach ist Hilfskostenstelle 3 an erster Stelle abzurechnen, da sie wertmäßig am wenigsten Leistungen von den Hilfskostenstellen 1 und 2 empfängt. Die bewerteten Leistungseinheiten für die verbleibenden Hilfskostenstellen 1 und 2 betragen:

Hilfskostenstelle 1: $x_{21} \cdot \hat{q}_2 = 5.000 \cdot 0,2115 = 1.057,50 \,€$

Hilfskostenstelle 2: $x_{12} \cdot \hat{q}_1 = 450 \cdot 4,10 = 1.845,00 \,€$.

Hilfskostenstelle 1 ist demnach an zweiter und Hilfskostenstelle 2 an dritter Stelle abzurechnen. Es ergibt sich also die Reihenfolge 3 - 1 - 2 für die Hilfskostenstellenrechnung mit der entsprechenden Umnummerierung der Kostenstellen $\hat{m} = f(m)$ bzw. $\hat{m}' = f(m')$, wobei $1 = f(3)$, $2 = f(1)$ bzw. $3 = f(2)$ gilt. Dies führt nach dem Stufenleiterverfahren zu folgenden Verrechnungssätzen $q_{\hat{m}}$:

$$
(\hat{m} = 1)\,\text{Hilfskostenstelle 3:} \quad q_1 = \frac{K_1^P + \sum\limits_{\hat{m}'=1}^{0} x_{\hat{m}'1} \cdot q_{\hat{m}'}}{x_1 - \sum\limits_{\hat{m}'=1}^{1} x_{1\hat{m}'}} = \frac{K_1^P}{x_1 - x_{11}}
$$

$$
= \frac{19.500}{620 - 70} = 35,45 \,\frac{€}{\text{Std.}}
$$

$$
(\hat{m} = 2)\,\text{Hilfskostenstelle 1:} \quad q_2 = \frac{K_2^P + \sum\limits_{\hat{m}'=1}^{1} x_{\hat{m}'2} \cdot q_{\hat{m}'}}{x_2 - \sum\limits_{\hat{m}'=1}^{2} x_{2\hat{m}'}} = \frac{K_2^P + x_{12} \cdot q_1}{x_2 - x_{21} - x_{22}}
$$

$$
= \frac{14.350 + 110 \cdot 35,45}{3.500 - 180} = 5,497 \,\frac{€}{\text{nm}^3}
$$

$$(\hat{m}=3)\ \text{Hilfskostenstelle 2:}\quad q_3 = \frac{K_3^P + \sum\limits_{\hat{m}'=1}^{2} x_{\hat{m}'3} \cdot q_{\hat{m}'}}{x_3 - \sum\limits_{\hat{m}'=1}^{3} x_{3\hat{m}'}} = \frac{K_3^P + x_{13} \cdot q_1 + x_{23} \cdot q_2}{x_3 - x_{31} - x_{32} - x_{33}}$$

$$= \frac{11.000 + 50 \cdot 35,45 + 450 \cdot 5,497}{52.000 - 3.000 - 5.000}$$

$$= 0,3465 \; \frac{\text{€}}{\text{kWh}}.$$

Es sei nochmals darauf hingewiesen, dass die Indizes 1, 2 und 3 im Rahmen des Stufenleiterverfahrens nicht angeben, dass es sich um Hilfskostenstelle 1, 2 und 3 handelt, sondern dass die Hilfskostenstelle an erster, zweiter oder dritter Stelle abgerechnet wird. x_{21} ist beispielsweise die Leistungsmenge, die die an zweiter Stelle abgerechnete Hilfskostenstelle (Hilfskostenstelle 1) an die an erster Stelle abgerechnete Hilfskostenstelle (Hilfskostenstelle 3) abgibt.

Zum Stufenleiterverfahren ist kritisch anzumerken, dass die ermittelten Verrechnungssätze nur dann mit den exakten Verrechnungssätzen des nachfolgend erläuterten Gleichungsverfahrens übereinstimmen, wenn es gelingt, die Hilfskostenstellen in der Reihenfolge abzurechnen, dass die an erster Stelle stehende Hilfskostenstelle keine Leistungen von anderen Hilfskostenstellen empfängt und alle folgenden Hilfskostenstellen nur von bereits abgerechneten Hilfskostenstellen Leistungen erhalten.[183]

4.2.4.2.3 Das Gleichungsverfahren

Beim Gleichungsverfahren wird der innerbetriebliche Leistungsaustausch zwischen den Hilfskostenstellen vollständig berücksichtigt. Die Ermittlung der exakten Verrechnungssätze erfolgt auf der Grundlage eines linearen Gleichungssystems, in dem die Verrechnungssätze die zu bestimmenden Variablen darstellen und dessen Gleichungsanzahl mit der Anzahl der Hilfskostenstellen übereinstimmt.[184] Für die Hilfskostenstelle m lässt sich folgende Gleichung aufstellen:[185]

$$x_m \cdot q_m = K_m^P + \sum_{m'=1}^{M} x_{m'm} \cdot q_{m'}, \qquad m = 1, \ldots, M \, .$$

---

[183] Vgl. Kilger, W.: Einführung in die Kostenrechnung, a.a.O., S. 186f.
[184] Vgl. Haberstock, L.: Kostenrechnung I, a.a.O., S. 126.
[185] Vgl. Haberstock, L.: Kostenrechnung I, a.a.O., S. 128.

Die Summe

$$\sum_{m'=1}^{M} x_{m'm} \cdot q_{m'}$$

beschreibt die durch den innerbetrieblichen Leistungsaustausch entstehenden sekundären Gemeinkosten der Hilfskostenstelle m. Für das in Kapitel 4.2.4.2.1 eingeführte Beispiel sollen nun die exakten Verrechnungssätze mit Hilfe des Gleichungsverfahrens bestimmt werden. Die aufzustellenden Gleichungen lauten folgendermaßen für

Hilfskostenstelle 1:

$$x_1 \cdot q_1 = K_1^P + \sum_{m'=1}^{3} x_{m'1} \cdot q_{m'} = K_1^P + x_{11} \cdot q_1 + x_{21} \cdot q_2 + x_{31} \cdot q_3$$
$$3.500 \cdot q_1 = 14.350 + 0 \cdot q_1 + 5.000 \cdot q_2 + 110 \cdot q_3$$

Hilfskostenstelle 2:

$$x_2 \cdot q_2 = K_2^P + \sum_{m'=1}^{3} x_{m'2} \cdot q_{m'} = K_2^P + x_{12} \cdot q_1 + x_{22} \cdot q_2 + x_{32} \cdot q_3$$
$$52.000 \cdot q_2 = 11.000 + 450 \cdot q_1 + 0 \cdot q_2 + 50 \cdot q_3$$

Hilfskostenstelle 3:

$$x_3 \cdot q_3 = K_3^P + \sum_{m'=1}^{3} x_{m'3} \cdot q_{m'} = K_3^P + x_{13} \cdot q_1 + x_{23} \cdot q_2 + x_{33} \cdot q_3$$
$$620 \cdot q_3 = 19.500 + 180 \cdot q_1 + 3.000 \cdot q_2 + 70 \cdot q_3 .$$

Das vorliegende Gleichungssystem

Gleichung I: $3.500 \cdot q_1 = 14.350 + 5.000 \cdot q_2 + 110 \cdot q_3$

Gleichung II: $52.000 \cdot q_2 = 11.000 + 450 \cdot q_1 + 50 \cdot q_3$

Gleichung III: $550 \cdot q_3 = 19.500 + 180 \cdot q_1 + 3.000 \cdot q_2$

besteht aus drei Gleichungen mit drei Unbekannten und ist somit – sofern keine linearen Abhängigkeiten zwischen den Gleichungen bestehen – lösbar. Löst man Gleichung I nach q_1 auf, so erhält man:

Gleichung I' : $q_1 = 4,10 + 1,428571 \cdot q_2 + 0,031429 \cdot q_3 .$

Setzt man Gleichung I' in Gleichung II bzw. III ein und löst nach q_2 bzw. q_3 auf, so liefert das:

Gleichung II' : $q_2 = 0,250111 + 0,001249 \cdot q_3$

Gleichung III′ : $q_3 = 37,178779 + 5,983625 \cdot q_2$.

Setzt man schließlich Gleichung II′ in Gleichung III′ ein und löst nach q_3 auf, so erhält man für Hilfskostenstelle 3 den exakten Verrechnungssatz:

$$q_3 = 38,966585 \, \frac{\text{€}}{\text{Std.}} \, .$$

Setzt man diesen Wert in Gleichung II′ ein, so erhält man als exakten Verrechnungssatz für Hilfskostenstelle 2:

$$q_2 = 0,298780 \, \frac{\text{€}}{\text{kWh}} \, .$$

Setzt man die exakten Verrechnungssätze für die Hilfskostenstellen 2 und 3 in Gleichung I′ ein, so beträgt der exakte Verrechnungssatz für Hilfskostenstelle 1:

$$q_1 = 5,751509 \, \frac{\text{€}}{\text{nm}^3} \, .$$

Die unterschiedlichen Verrechnungssätze, die unter Anwendung des Anbau-, Stufenleiter- und Gleichungsverfahrens errechnet wurden, sind in der folgenden Tabelle 4.16 noch einmal gegenübergestellt.

Tabelle 4.16: Vergleich der Ergebnisse

	Anbau-verfahren	Stufenleiter-verfahren	Gleichungs-verfahren	Dimension
Drucklufterzeugung	5,00	5,4970	5,751509	$\frac{\text{€}}{\text{nm}^3}$
Energieerzeugung	0,25	0,3465	0,298780	$\frac{\text{€}}{\text{kWh}}$
Reparaturwerkstatt	50,00	35,4500	38,966585	$\frac{\text{€}}{\text{Std.}}$

Das Gleichungsverfahren ist das einzige, das sämtliche Leistungsverflechtungen zwischen den Kostenstellen berücksichtigt und somit zu exakten Verrechnungssätzen führt. Das Anbauverfahren erfasst diese Leistungsverflechtungen nicht und liefert dementsprechend von den exakten Verrechnungssätzen abweichende Ergebnisse. Im Unterschied dazu können durch das Stufenleiterverfahren mit zumindest einseitiger Berücksichtigung der Leistungsverflechtungen die Verrechnungssätze tendenziell den exakten Ergebnissen des Gleichungsverfahrens angenähert werden.

4.3 Kostenträgerrechnung

In Abhängigkeit des Leistungsumfangs, auf den sich die Kostenträgerrechnung bezieht, kann diese in die beiden Teilbereiche Kostenträgerzeit- und Kostenträgerstückrechnung untergliedert werden. Während erstere eine periodenbezogene Rechnung zum Gegenstand hat, steht bei der Kostenträgerstückrechnung die Ermittlung der Kosten je Leistungseinheit im Vordergrund.[186]

4.3.1 Inhalt und Aufgaben der Kostenträgerstückrechnung

Im Rahmen der Kostenträgerstückrechnung, auch Kalkulation genannt, geht es darum, für sämtliche Wirtschaftsgüter, die eine Unternehmung produziert und verkauft, die auf eine Auftrags- oder Produkteinheit entfallenden Stückkosten zu ermitteln. Man bezeichnet diese Kosten als Selbstkosten pro Kostenträgereinheit. Sie bestehen aus den Herstellkosten, den Verwaltungskosten und den Vertriebskosten. Die Einzelkosten können den jeweiligen Kostenträgern ohne Schlüsselung zugerechnet werden. Sie gehen also direkt von der Kostenartenrechnung in die Kalkulation ein. Die Gemeinkosten hingegen werden mit Hilfe der in der Kostenstellenrechnung ermittelten Kalkulationssätze den Kostenträgern zugerechnet.[187] In der Kostenträgerstückrechnung wird als Kostenträger z.B. eine Produkteinheit (Mengeneinheit einer bestimmten Produktart) herangezogen.

4.3.1.1 Grundschema der Kalkulation

Zur Kalkulation der Selbstkosten eines Produktes existieren unterschiedliche Kalkulationsverfahren. Welches Kalkulationsverfahren für ein bestimmtes Produkt geeignet ist, hängt vom technologischen Aufbau des Produktes und dem zu seiner Herstellung eingesetzten Produktionsverfahren ab. Ein allgemein gültiges Kalkulationsverfahren, das zur Ermittlung der Selbstkosten verschiedenartiger Produkte eingesetzt werden kann, existiert demnach nicht. Da aber in jede Kalkulation die gleichen Kostenartengruppen in einer bestimmten Reihenfolge eingehen, lässt sich das folgende Grundschema der Kalkulation angeben.[188]

---

[186]   Vgl. Moews, D.: Kosten- und Leistungsrechnung, 7. Aufl., München-Wien 2002, S. 135.
[187]   Vgl. Kapitel 4.2.1.
[188]   Vgl. Kilger, W.: Einführung in die Kostenrechnung, a.a.O., S. 266f.

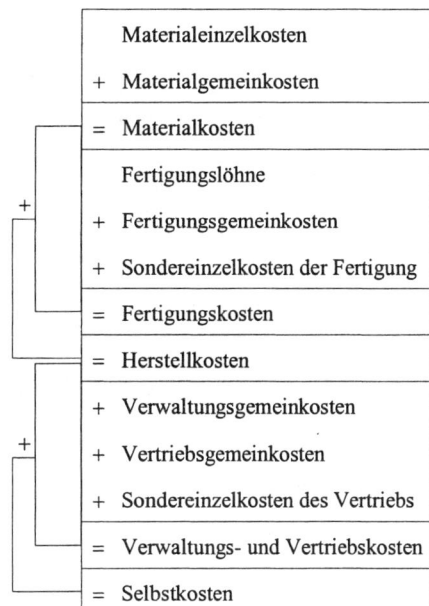

	Materialeinzelkosten
	+ Materialgemeinkosten
	= Materialkosten
	Fertigungslöhne
+	+ Fertigungsgemeinkosten
	+ Sondereinzelkosten der Fertigung
	= Fertigungskosten
	= Herstellkosten
	+ Verwaltungsgemeinkosten
+	+ Vertriebsgemeinkosten
	+ Sondereinzelkosten des Vertriebs
	= Verwaltungs- und Vertriebskosten
	= Selbstkosten

Abb. 4.5:   Grundschema der Kalkulation

Ein Produkt, das zu einem Nettoverkaufspreis von 460 € pro Stück abgesetzt werden kann, bestehe zum Beispiel aus 4 Mengeneinheiten (ME) von Materialart A und 3 ME von Materialart B. Materialart A bzw. B werden zum Preis von 15 € pro ME_A bzw. 31 € pro ME_B fremdbezogen. Der Materialgemeinkostenzuschlag beträgt 6 % der Materialeinzelkosten. Bei der Herstellung des Produktes werden 3,2 Arbeitsstunden eingesetzt. Der Lohnsatz beträgt 25 € pro Stunde. Als Fertigungsgemeinkostenzuschlag werden 48 % der Fertigungslöhne angesetzt. Bei der Fertigung des Produktes wird außerdem ein schnell verschleißendes Spezialwerkzeug eingesetzt, das 5.300 € kostet und ausreicht, um 1.000 Stück des Produktes herzustellen. Der Verwaltungs- bzw. Vertriebsgemeinkostenzuschlag auf die Herstellkosten beläuft sich auf 6 % bzw. 8 %. Der mit dem Verkauf des Produktes beauftragte Vertreter erhält einen Provisionsanteil in Höhe von 7,5 % des Nettoverkaufspreises.

Gemäß dem Grundschema der Kalkulation betragen die Selbstkosten pro Produkteinheit 360,40 € pro Stück (siehe Tabelle 4.17).

Tabelle 4.17: Beispiel zum Grundschema der Kalkulation

	Materialeinzelkosten	$4 \cdot 15 + 3 \cdot 31 =$	153,00
	+ Materialgemeinkosten	$0,06 \cdot 153 =$	9,18
	= Materialkosten	=	162,18
	Fertigungslöhne	$3,2 \cdot 25 =$	80,00
	+ Fertigungsgemeinkosten	$0,48 \cdot 80 =$	38,40
	+ Sondereinzelkosten der Fertigung	$5.300 / 1.000 =$	5,30
	= Fertigungskosten	=	123,70
	= Herstellkosten	=	285,88
	+ Verwaltungsgemeinkosten	$0,06 \cdot 285,88 =$	17,15
	+ Vertriebsgemeinkosten	$0,08 \cdot 285,88 =$	22,87
	+ Sondereinzelkosten des Vertriebs	$0,075 \cdot 460 =$	34,50
	= Verwaltungs- und Vertriebskosten	=	74,52
	= Selbstkosten	=	360,40

4.3.1.2 Aufgaben der Kalkulation

Zu den Aufgaben der Kalkulation gehören:

- interne Bewertung der Kostenträger zu Herstellkosten,
- externe Bewertung der Kostenträger zu Herstellungskosten,
- Ermittlung von Selbstkosten der Kostenträger für die Preispolitik,
- Ermittlung von Selbstkosten der Kostenträger für die kurzfristige Erfolgsplanung und
- Ermittlung von Selbstkosten der Kostenträger für die kurzfristige Erfolgskontrolle.

Zu den Aufgaben der Kalkulation gehört die Ermittlung von Herstellkosten zur internen Bewertung der Halb- und Fertigerzeugnisbestände. Bei den Halb- und Fertigerzeugnisbeständen handelt es sich um noch nicht verkaufte Produktmengen. Ihre interne Bewertung zu Herstellkosten pro Stück ist für die kurzfristige Erfolgsrechnung erforderlich, da die Herstellkosten noch nicht verkaufter Produktmengen bestandsmäßig gespeichert werden müssen, damit diese Leistungen einerseits in der Kostenrechnung berücksichtigt werden können, andererseits aber den Periodenerfolg der Finanzbuchhaltung nicht beeinflussen.[189]

Welche Wertansätze ein Unternehmen zur Bewertung seiner Halb- und Fertigerzeugnisbestände wählt, richtet sich danach, welches Kostenrechnungssystem in dem Unternehmen angewandt wird und welche Zwecke mit der kurzfristigen Erfolgsrechnung verfolgt werden.[190]

Neben der internen Bewertung gehört zu den Aufgaben der Kalkulation auch die externe Bewertung der Halb- und Fertigerzeugnisbestände, die für die Handels- und Steuerbilanz erforderlich ist. Die Wahl der Wertansätze für die externe Bewertung wird sehr stark durch handels- und steuerrechtliche Vorschriften bestimmt.

Die im Rahmen der Kostenrechnung für interne Zwecke ermittelten Herstellkosten entsprechen diesen Vorschriften im Allgemeinen nicht. Zur externen Bewertung werden hingegen so genannte Herstellungskosten angesetzt.[191] Der Unterschied zwischen den internen und den externen Wertansätzen besteht hier in der Behandlung der Verwaltungsgemeinkosten. Während in die Herstellkosten für interne Zwecke weder Verwaltungs- noch Vertriebsgemeinkosten eingehen, dürfen Herstellungskosten für die externe Bewertung Verwaltungsgemeinkosten enthalten.[192]

In diesem Zusammenhang ist insbesondere zu beachten, dass aus der Kostenrechnung gewonnene Wertansätze für das Umlaufvermögen bei der externen Bewertung nicht gegen das Niederstwertprinzip verstoßen dürfen, wenn beispielsweise der Marktpreis für die zu bewertenden Bestände niedriger ist als die ermittelten Herstellungskosten pro Stück.

Die Aufgabe der Ermittlung von Selbstkosten für die Preispolitik besteht darin, Verkaufspreise für die Erzeugnisse einer Unternehmung zu bestimmen. Ausgehend von den vorkalkulierten Selbstkosten der Erzeugnisse werden die Verkaufspreise mit Hilfe von Gewinnzuschlägen ermittelt. Dabei bleibt fragwürdig, auf welcher Grundlage die Gewinnzuschläge bestimmt werden. Außer Zweifel steht

---

[189] Vgl. Kilger, W.: Einführung in die Kostenrechnung, a.a.O., S. 270 sowie Hummel, S. / Männel, W.: Kostenrechnung 1, a.a.O., S. 37f.

[190] Vgl. Kilger, W.: Einführung in die Kostenrechnung, a.a.O., S. 271.

[191] Vgl. Kilger, W.: Einführung in die Kostenrechnung, a.a.O., S. 272. In der Literatur wird die Bezeichnung Herstellungskosten des Öfteren auch für interne Bewertungszwecke herangezogen. Vgl. z.B. Hummel, S. / Männel, W.: Kostenrechnung 1, a.a.O., S. 38 sowie Wöhe, G.: Einführung in die Allgemeine Betriebswirtschaftslehre, a.a.O., S. 1077f.

[192] Vgl. Wöhe, G.: Bilanzierung und Bilanzpolitik, 9. Aufl., München 1997, S. 102.

nur, dass solche Zuschläge nicht mit Hilfe der Kostenrechnung festgelegt werden können, sondern aufgrund von Marktdaten ermittelt werden müssen.[193]

Bei der Ermittlung von Selbstkosten für die kurzfristige Erfolgsplanung geht es darum, die Kostendaten, die für den Aufbau der kurzfristigen Planung benötigt werden, zur Verfügung zu stellen. Im Vordergrund dieser dispositiven Aufgabe der Kalkulation steht die Ermittlung geplanter Selbstkosten für bestimmte Planungsperioden.[194] In der kurzfristigen Produktions- und Absatzplanung als Bereich der Erfolgsplanung sind beispielsweise proportionale Selbstkosten erforderlich, um Entscheidungen über das zu realisierende Produktions- und Absatzprogramm zu treffen.[195]

In der kurzfristigen Erfolgskontrolle erfolgt eine nachträgliche Kontrolle und Analyse des Periodenerfolgs. Weicht der tatsächlich realisierte Gewinn in einer Planungsperiode vom erwarteten Plangewinn ab, so kann dies beispielsweise auf eine Kostenabweichung zurückzuführen sein. Diese Kostenabweichung lässt sich durch Vergleich der Istselbstkosten mit den geplanten Selbstkosten ermitteln. Der Kalkulation kommt also hier die Aufgabe zu, neben den geplanten Selbstkosten auch die Istselbstkosten zu ermitteln, damit eine kurzfristige Erfolgskontrolle durchgeführt werden kann.[196]

4.3.2 Kalkulationsarten

Bei den Kalkulationsarten unterscheidet man zwischen Vor-, Nach- und Plankalkulationen.

Als Vorkalkulation bezeichnet man eine vor Auftragserteilung und vor Produktionsbeginn durchgeführte Selbstkostenberechnung auf der Grundlage geplanter oder geschätzter Kostendaten. Bei Vorkalkulationen handelt es sich um auftragsindividuelle Kalkulationen, d.h. sie nehmen immer Bezug auf bestimmte Kundenanfragen und Einzelaufträge.[197]

Vorkalkulationen sind jeweils nur für einen bestimmten Kalkulationszeitpunkt gültig. In diesem Punkt unterscheiden sie sich von Plankalkulationen, deren Gül-

---

[193]   Vgl. Hummel, S. / Männel, W.: Kostenrechnung 1, a.a.O., S. 28; Kilger, W.: Einführung in die Kostenrechnung, a.a.O., S. 279.
[194]   Vgl. Kilger, W.: Einführung in die Kostenrechnung, a.a.O., S. 276.
[195]   Vgl. Hummel, S. / Männel, W.: Kostenrechnung 1, a.a.O., S. 34; Kilger, W.: Einführung in die Kostenrechnung, a.a.O., S. 278.
[196]   Vgl. Kilger, W.: Einführung in die Kostenrechnung, a.a.O., S. 288.
[197]   Vgl. Kilger, W.: Einführung in die Kostenrechnung, a.a.O., S. 290; Olfert, K.: Kostenrechnung, a.a.O., S. 183.

tigkeit sich jeweils auf bestimmte Planungsperioden bezieht. Des Weiteren werden in Plankalkulationen die geplanten Selbstkosten für alle gleichartigen Produkte bestimmt, die in der Planungsperiode hergestellt werden sollen. Dabei spielt es keine Rolle, ob für diese Produkte Kundenanfragen vorliegen.

Während bei Plankalkulationen die Selbstkosten exakt kalkuliert werden, sind Vorkalkulationen meistens nur Überschlagsrechnungen oder kalkulatorische Näherungsverfahren, da im Kalkulationszeitpunkt noch keine genauen Kalkulationsdaten vorliegen.

Ob die Vorkalkulation in einem Unternehmen angewandt wird, hängt davon ab, ob das Unternehmen standardisierte Produkte herstellt oder ob Einzel- und Auftragsfertigung vorliegt. Bei Einzel- und Auftragsfertigung sind auftragsindividuelle Vorkalkulationen erforderlich, da beispielsweise bei einem Großauftrag ein realistischer Verkaufspreis ohne vorkalkulierte Selbstkosten nicht festgelegt werden kann. Bei standardisierten Produkten hingegen, die in großen Mengen hergestellt und über Fertigwarenlager abgesetzt werden, sind auftragsindividuelle Vorkalkulationen im Allgemeinen nicht erforderlich. Die Verkaufspreise standardisierter Produkte werden für einen längeren Zeitraum festgelegt, so dass anstelle auftragsindividueller Vorkalkulationen zeitraumbezogene Plankalkulationen durchzuführen sind.[198]

Bei der Nachkalkulation geht es darum, die nach Beendigung der Produktion auf eine Produkt- oder Auftragseinheit entfallenden Istkosten zu bestimmen. Durch Nachkalkulationen soll zum einen ermittelt werden, ob die vorkalkulierten Kosten eingehalten oder überstiegen worden sind, und zum anderen, welche Beiträge einzelne Produktarten und Aufträge zur Gewinnerzielung geleistet haben.[199]

In Unternehmen mit Einzel- und Auftragsfertigung ist die auftragsindividuelle Nachkalkulation unverzichtbar, da nur mit ihrer Hilfe die tatsächlich angefallenen Istkosten mit den vorkalkulierten Kosten verglichen und die auftragsindividuellen Gewinnbeiträge ermittelt werden können. In Unternehmen mit standardisierten Produkten ist die auftragsindividuelle Nachkalkulation nicht erforderlich, da Abweichungen von der zeitraumbezogenen Plankalkulation nur selten und in geringem Ausmaß auftreten.[200]

Mit Hilfe der Plankalkulation versucht man den betrieblichen Produkten im Voraus für bestimmte Planperioden exakt kalkulierte Selbstkosten pro Einheit zu-

---

[198] Vgl. Kilger, W.: Einführung in die Kostenrechnung, a.a.O., S. 290 und S. 292.

[199] Vgl. Kilger, W.: Einführung in die Kostenrechnung, a.a.O., S. 292; Olfert, K.: Kostenrechnung, a.a.O., S. 184.

[200] Vgl. Kilger, W.: Einführung in die Kostenrechnung, a.a.O., S. 293f.

zuteilen. Die zur Ermittlung der Selbstkosten benötigten Kostendaten stützen sich hierbei auf eine nach Kostenarten und Kostenstellen differenzierte Kostenplanung.[201]

Um eine exakte Plankalkulation erstellen zu können, muss also zunächst eine Plankostenrechnung durchgeführt werden. Ändert sich die Kostenstruktur während der Planungsperiode, so führt dies normalerweise nicht dazu, dass die geplanten Selbstkosten korrigiert werden. Eine veränderte Kostenstruktur wird durch Kostenabweichungen erfasst und erst im Rahmen der kurzfristigen Erfolgsrechnung mit den verursachenden Kostenträgern identifiziert. Eine Plankalkulation kann ausschließlich in Unternehmen mit standardisierten Produktarten durchgeführt werden, da schon vor Beginn der Planungsperiode sämtliche kalkulationsrelevanten Daten feststellbar sein müssen. In Unternehmen mit Einzel- und Auftragsfertigung sind diese Daten nicht im Voraus für bestimmte Planungsperioden festgelegt, da erst nach tatsächlich erfolgter Erteilung eines Einzelauftrags auftragsspezifische Berechnungen angestellt werden. Die zeitraumbezogene Plankalkulation ist somit für den Einsatz bei Einzel- und Auftragsfertigung ungeeignet.[202]

4.3.3 Kalkulationsverfahren

4.3.3.1 Zusammenhänge zwischen Kalkulationsverfahren und Grundtypen von Fertigungsprogrammen

Für welches Kalkulationsverfahren ein Unternehmen sich entscheidet, hängt sehr stark davon ab, nach welchem Grundtyp von Fertigungsprogrammen sich die Produktion im Unternehmen vollzieht. Für verschiedene Kalkulationsverfahren, die in Kapitel 4.3.3.2 ausführlich vorgestellt werden, folgt die Untersuchung, bei welchem Fertigungsprogrammgrundtyp ihr Einsatz sinnvoll ist. Als Grundtypen von Fertigungsprogrammen lassen sich Massen-, Sorten-, Serien- und Einzelfertigung unterscheiden.[203]

Massenfertigung liegt dann vor, wenn in einem Unternehmen lediglich eine Produktart hergestellt wird, beispielsweise Stromerzeugung in einem Elektrizitätswerk. In Unternehmen, in denen die Produktion nach dem Prinzip der Massenfertigung erfolgt, wird üblicherweise die Divisionskalkulation angewandt.

---

[201]   Vgl. Kilger, W.: Einführung in die Kostenrechnung, a.a.O., S. 294f.
[202]   Vgl. ebenda.
[203]   Vgl. zu den Ausführungen dieses Kapitels: Kloock, J. / Sieben, G. / Schildbach, T.: Kosten- und Leistungsrechnung, a.a.O., S. 131f.

Von Sortenfertigung spricht man, wenn in einem Unternehmen verschiedene Produktarten innerhalb einer einheitlichen Erzeugnisgattung hergestellt werden. Die Produktarten unterscheiden sich meist nur nach Dimension und / oder Qualität. Als Beispiele sind Bleche unterschiedlicher Stärke oder Papier verschiedener Qualität zu nennen. Als Kalkulationsverfahren wird vorwiegend die Äquivalenzziffernkalkulation eingesetzt.

Bei Serienfertigung werden ebenfalls unterschiedliche Produktarten hergestellt, für die oftmals eine komplizierte Zusammensetzung charakteristisch ist. Im Unterschied zur Sortenfertigung können sich bei der Serienfertigung die einzelnen Produktarten zum Teil erheblich voneinander unterscheiden. In der Automobilindustrie werden beispielsweise Serien von unterschiedlichen Automobiltypen gefertigt. Als Kalkulationsverfahren kommt für die Serienfertigung überwiegend die (Lohn-) Zuschlagskalkulation, und zwar insbesondere die elektive (Lohn-) Zuschlagskalkulation, in Betracht.

Einzelfertigung bezeichnet schließlich den Fall, dass jedes Produkt jeweils nach individuellen Kundenwünschen und abweichend von den bislang gefertigten Produkten hergestellt wird. Einzelfertigung kann z.B. in der Schiffbauindustrie vorliegen. Als Kalkulationsverfahren kommt auch hier vorwiegend die elektive (Lohn-) Zuschlagskalkulation in Frage.

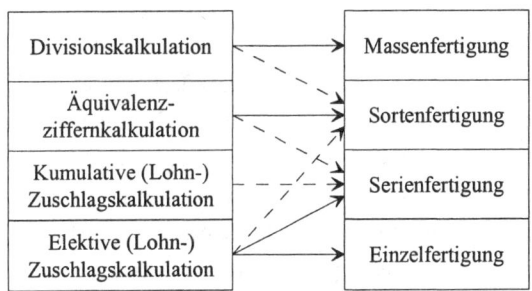

Abb. 4.6: Zuordnung von Kalkulationsverfahren

In der Abb. 4.6 wird noch einmal die Zuordnung der Kalkulationsverfahren zu den verschiedenen Grundtypen von Fertigungsprogrammen dargestellt.[204] Die durchgezogenen Linien geben hierbei an, welches Kalkulationsverfahren bei den verschiedenen Grundtypen von Fertigungsprogrammen in der Praxis üblicherweise eingesetzt wird. Die gestrichelten Linien kennzeichnen die bei den ver-

---

[204] Vgl. Kloock, J. / Sieben, G. / Schildbach, T.: Kosten- und Leistungsrechnung, a.a.O., S. 132.

schiedenen Grundtypen von Fertigungsprogrammen in der Praxis seltener eingesetzten Verfahren.

4.3.3.2 Kalkulation für einteilige Produkte

In diesem Kapitel werden Verfahren zur Kalkulation einteiliger Produkte vorgestellt. Kalkulationsverfahren für mehrteilige Produkte sind Gegenstand von Kapitel 4.3.3.3. Anschließend werden in Kapitel 4.3.3.4 Kalkulationsverfahren diskutiert, die beim Vorliegen von Kuppelproduktion eingesetzt werden können.

4.3.3.2.1 Die Divisionskalkulation

Die Divisionskalkulation ist anwendbar, wenn neben der Voraussetzung, dass nur einteilige Produkte kalkuliert werden, auch die Bedingung erfüllt ist, dass das betrachtete Unternehmen ausschließlich eine Produktart herstellt.[205] Folgende Formen der Divisionskalkulation lassen sich unterscheiden:

- einstufige Divisionskalkulation,
- zweistufige Divisionskalkulation und
- mehrstufige Divisionskalkulation.

Um die einstufige Divisionskalkulation anwenden zu können, müssen zusätzlich folgende Bedingungen erfüllt sein. Zum einen muss die in der Kalkulationsperiode produzierte Menge des Endproduktes mit seiner abgesetzten Menge übereinstimmen, d.h. die Lagerbestandsmenge des Endproduktes darf sich in der Kalkulationsperiode nicht verändern. Dadurch wird sichergestellt, dass sich die Herstellkosten und die Verwaltungs- und Vertriebskosten auf die gleiche Menge beziehen. Zum anderen muss entweder einstufige Produktion vorliegen, d.h. an dem betrachteten Produkt wird nur ein Arbeitsvorgang verrichtet, oder, falls mehrstufige Produktion vorliegt, d.h. zur Erstellung des Endproduktes sind mehrere Fertigungsstellen zu durchlaufen bzw. mehrere aufeinander folgende Arbeitsvorgänge zu verrichten, dürfen sich keine Bestandsveränderungen in den Zwischenlägern ergeben. Durch diese Prämisse wird erreicht, dass sich die Herstellkosten stets auf die gleiche Ausbringungsmenge beziehen.

Sind diese Bedingungen erfüllt, so erhält man die Selbstkosten pro Produkteinheit gemäß folgender Kalkulationsformel:

---

[205] Vgl. zu den folgenden Ausführungen: Kilger, W.: Einführung in die Kostenrechnung, a.a.O., S. 306f.

$$k_S = \frac{K_S}{x_A}.$$

Darin bezeichnet:

k_S die Selbstkosten pro Produkteinheit,

K_S die Selbstkosten der Kalkulationsperiode und

x_A die Absatzmenge des Produktes.

Ein Unternehmen produziere und verkaufe beispielsweise in der Kalkulationsperiode 30.000 Stück eines Produktes. Es fallen Herstellkosten in Höhe von 420.000 € an. Die Verwaltungskosten betragen 62.800 €, die Vertriebskosten 43.400 €.

Die Selbstkosten der Kalkulationsperiode entsprechen der Summe von Herstellkosten, Verwaltungskosten und Vertriebskosten:

$$K_S = 420.000 + 62.800 + 43.400 = 526.200 \text{ €}.$$

Als Selbstkosten pro Stück erhält man:

$$k_S = \frac{526.200}{30.000} = 17,54 \frac{€}{\text{Stück}}.$$

Zur Durchführung dieses sehr einfachen Kalkulationsverfahrens ist eine vorhergehende Kostenarten- und Kostenstellenrechnung nicht notwendig. Dieser Vorteil des geringen Ermittlungsaufwandes wird allerdings dadurch relativiert, dass für die spätere Kostenkontrolle trotzdem noch eine Unterteilung der Kosten nach Kostenstellen erforderlich ist. Die Bedeutung der einstufigen Divisionskalkulation für den praktischen Einsatz in Industrieunternehmen ist nur sehr gering, da die Voraussetzung, dass Produktions- und Absatzmenge übereinstimmen müssen, meistens nur bei Unternehmen erfüllt ist, die nicht lagerfähige Produkte herstellen, wie beispielsweise Dienstleistungsunternehmen oder Elektrizitätswerke.

Wird unter Beibehaltung der übrigen Prämissen die Bedingung, dass sich die Lagerbestandsmenge des Endproduktes in der Kalkulationsperiode nicht verändern darf, aufgehoben, so ist die zweistufige Divisionskalkulation anzuwenden. Da nun die produzierte Menge des Endproduktes nicht mehr mit seiner abgesetzten Menge übereinstimmen muss, ist nicht mehr sichergestellt, dass sich die Herstellkosten und die Verwaltungs- und Vertriebskosten auf die gleiche Menge beziehen. Daher werden bei der zweistufigen Divisionskalkulation die Herstellkosten auf die produzierte Menge verteilt, während die Verwaltungs- und Vertriebskosten der verkauften Menge zuzuordnen sind. Als Bestimmungsgleichung für die Selbstkosten pro Produkteinheit erhält man:

$$k_S = \frac{K_H}{x_P} + \frac{K_V}{x_A} .$$

Darin bezeichnet:

K_H die Herstellkosten der Kalkulationsperiode,

K_V die Verwaltungs- und Vertriebskosten der Kalkulationsperiode und

x_P die hergestellte Menge des Produktes.

In Abänderung des obigen Beispiels werden von den produzierten 30.000 Stück nur 20.000 Stück verkauft. Die Kosten weisen die gleiche Höhe auf. Die Verwaltungs- und Vertriebskosten der Kalkulationsperiode betragen:

$$K_V = 62.800 + 43.400 = 106.200 \ € .$$

Als Selbstkosten pro Stück erhält man:

$$k_S = \frac{420.000}{30.000} + \frac{106.200}{20.000} = 19,31 \frac{€}{\text{Stück}} .$$

Die zweistufige Divisionskalkulation erfordert die Durchführung zumindest einer Kostenstellenrechnung, um die Kosten des Herstellbereichs von den Kosten des Verwaltungs- und Vertriebsbereichs abzugrenzen.

Weicht nicht nur die produzierte Menge des Endproduktes von seiner Absatzmenge ab, sondern wird auch noch die Prämisse aufgehoben, dass bei mehrstufiger Produktion keine Zwischenlager-Bestandsveränderungen entstehen dürfen, so ist die mehrstufige Divisionskalkulation anzuwenden. Da nun nach jeder Fertigungsstelle, die zur Herstellung des Produktes durchlaufen wird, ein Teil der Halbfabrikate gelagert werden kann, ist nicht mehr sichergestellt, dass sich die Herstellkosten verschiedener Fertigungsstellen auf ein und dieselbe Ausbringungsmenge beziehen. Daher müssen die Herstellkosten der jeweiligen Fertigungsstelle auf die Menge bezogen werden, die in der betreffenden Fertigungsstelle bearbeitet wird. Werden zur Erstellung des Endproduktes die Fertigungsstellen $m \ (m = 1, ..., M)$ durchlaufen, so werden die Selbstkosten pro Produkteinheit gemäß folgender Formel ermittelt:

$$k_S = \sum_{m=1}^{M} \frac{K_{Hm}}{x_{Pm}} + \frac{K_V}{x_A} .$$

Darin bezeichnet:

K_{Hm} die Herstellkosten der m-ten Fertigungsstelle $(m = 1, ..., M)$ in der Kalkulationsperiode und

x_{Pm} die Produktionsmenge des Produktes in Fertigungsstelle m.

Zur Erstellung eines Produktes mögen zum Beispiel vier aufeinander folgende Fertigungsstellen durchlaufen werden. In der folgenden Tabelle 4.18 sind für die Kalkulationsperiode, die einen Monat beträgt, die jeweils pro Fertigungsstelle bearbeiteten Produkteinheiten (gemessen in Stück) und die dabei entstandenen Material- und Fertigungskosten aufgeführt.

Im betrachteten Monat werden 1.680 Stück des Produktes auf dem Absatzmarkt verkauft. Die Verwaltungs- und Vertriebskosten betragen 24.360 € pro Monat. Die Herstellkosten der jeweiligen Fertigungsstelle entsprechen der Summe aus Material- und Fertigungskosten. In Fertigungsstelle 1 betragen die Herstellkosten:

$$K_{H1} = 58.400 + 20.600 = 79.000 \, \frac{€}{\text{Monat}}.$$

Tabelle 4.18: Beispiel zur mehrstufigen Divisionskalkulation

	Fertigungsstelle				Dimension
	1	2	3	4	
erstellte Menge	2.000	1.900	1.900	1.750	$\frac{\text{Stück}}{\text{Monat}}$
Materialkosten	58.400	–	–	–	$\frac{€}{\text{Monat}}$
Fertigungskosten	20.600	50.540	33.060	41.125	$\frac{€}{\text{Monat}}$

In den Fertigungsstellen 2, 3 und 4 stimmen die Herstellkosten mit den Fertigungskosten überein. Als Selbstkosten pro Stück erhält man:

$$k_S = \left(\frac{79.000}{2.000} + \frac{50.540}{1.900} + \frac{33.060}{1.900} + \frac{41.125}{1.750} \right) + \frac{24.360}{1.680} = 121,50 \, \frac{€}{\text{Stück}}.$$

Der Klammerausdruck bezeichnet die Herstellkosten pro Stück.

Es ist zu beachten, dass Mengenabweichungen zwischen den einzelnen Fertigungsstellen ausschließlich darauf zurückzuführen sind, dass ein Teil der Halbfertigerzeugnisse eingelagert wird. Mengenabweichungen aufgrund von Ausschuss oder sonstigen Produktionsverlusten werden in der angegebenen Kalkulationsformel nicht erfasst. Die Berücksichtigung von Ausschuss oder sonstigen Produktionsverlusten erfordert eine Modifikation der Kalkulationsformel, auf die an dieser Stelle nicht weiter eingegangen werden soll.[206]

4.3.3.2.2 Die Äquivalenzziffernkalkulation

Man stößt an die Grenzen der Anwendbarkeit der reinen Divisionskalkulation, wenn man mehrere Produktarten kalkulieren will, die nur noch entweder die gleiche Rohstoffbasis haben oder nach dem gleichen Produktionsverfahren gefertigt werden.[207] Die unter solchen Bedingungen hergestellten Produktarten unterscheiden sich meist nach Dimension und / oder Qualität, so dass die Voraussetzungen für eine Kalkulation auf der Basis von Äquivalenzziffern erfüllt sind. Äquivalenzziffern stellen Verhältniszahlen dar, die für die jeweilige Produktart angeben, in welchem Verhältnis ihre Kosten zu den Kosten der als Einheitssorte gewählten Produktart stehen. Derjenigen Produktart, die als Einheitssorte gewählt wird, teilt man in der Regel die Äquivalenzziffer 1 zu. Erhält eine andere Produktart die Äquivalenzziffer 1,25, so bedeutet dies, dass diese Produktart Kosten verursacht, die die Kosten der Einheitssorte um 25 % übersteigen. Es besteht einerseits die Möglichkeit, Äquivalenzziffern auf die gesamten Selbstkosten zu beziehen, andererseits können auch für verschiedene Kostenarten (z.B. Material- oder Fertigungskosten) gesonderte Äquivalenzziffern ausgewiesen werden. Entsprechend dieser Unterteilung spricht man von einer Äquivalenzziffernkalkulation mit einer Ziffernreihe bzw. einer Äquivalenzziffernkalkulation mit mehreren Ziffernreihen.

Folgende Formen der Äquivalenzziffernkalkulation lassen sich unterscheiden:

- einstufige Äquivalenzziffernkalkulation und
- mehrstufige Äquivalenzziffernkalkulation.

Während die einstufige Äquivalenzziffernkalkulation sowohl auf der Grundlage einer als auch mehrerer Ziffernreihen durchgeführt werden kann, sind für die mehrstufige Äquivalenzziffernkalkulation stets mehrere Ziffernreihen erforderlich.

Um die einstufige Äquivalenzziffernkalkulation mit einer Ziffernreihe anwenden zu können, müssen folgende Bedingungen erfüllt sein. Erstens muss für jede Produktart ihre produzierte Menge mit ihrer abgesetzten Menge übereinstimmen, d.h. es dürfen keine Lagerbestandsveränderungen an Fertigfabrikaten entstehen.

---

[206] Vgl. hierzu Kilger, W.: Einführung in die Kostenrechnung, a.a.O., S. 308ff.
[207] Vgl. zu den folgenden Ausführungen Kilger, W.: Einführung in die Kostenrechnung, a.a.O., S. 315ff.

Zweitens müssen die Produktarten entweder in einstufiger Produktion erzeugt werden, oder, falls mehrstufige Produktion vorliegt, dürfen keine Lagerbestandsveränderungen in den Zwischenlägern auftreten. Durch diese beiden Bedingungen wird sichergestellt, dass sich die gesamten Selbstkosten auf die gleichen Mengen der Produktarten beziehen. Drittens müssen die gesamten Selbstkosten in proportionalem Verhältnis zu den Äquivalenzziffern einer Reihe stehen.

Nachdem man jeder Produktart gemäß ihrer Kostenverursachung eine Äquivalenzziffer zugeordnet hat, geht man bei der einstufigen Äquivalenzziffernkalkulation mit einer Ziffernreihe folgendermaßen vor. Durch Multiplikation der je Produktart hergestellten Menge mit der entsprechenden Äquivalenzziffer werden die unterschiedlichen Produktarten bezüglich ihrer Kostenverursachung gleichnamig gemacht, d.h. die artverschiedenen Produktmengen werden in äquivalente Rechnungseinheiten der Einheitssorte umgerechnet.[208] Die je Produktart ermittelten Rechnungseinheiten werden aufsummiert und die gesamten Selbstkosten durch die Summe der Rechnungseinheiten dividiert. Die so ermittelten Selbstkosten pro Rechnungseinheit werden dann mit der jeweiligen Äquivalenzziffer multipliziert, und man erhält die Selbstkosten pro Einheit der jeweiligen Produktart.

Für die Produktart j $\left(j = 1, ..., J \right)$ bestimmen sich die Selbstkosten pro Produkteinheit gemäß folgender Formel:

$$k_{Sj} = \frac{K_S}{\sum\limits_{j=1}^{J} x_{Aj} \cdot \alpha_j} \cdot \alpha_j, \qquad j = 1, ..., J \,.$$

Darin bezeichnet:

k_{Sj} die Selbstkosten pro Einheit der Produktart j,

x_{Aj} die von Produktart j abgesetzte Menge und

α_j die der Produktart j zugeordnete Äquivalenzziffer.

Bei $\sum\limits_{j=1}^{J} x_{Aj} \cdot \alpha_j$ handelt es sich um die Summe der Rechnungseinheiten und der

Quotient $\dfrac{K_S}{\sum\limits_{j=1}^{J} x_{Aj} \cdot \alpha_j}$ gibt die Selbstkosten pro Rechnungseinheit an.

Ein Unternehmen stellt zum Beispiel mit dem gleichen Produktionsverfahren vier unterschiedliche Produktarten her. In der folgenden Tabelle 4.19 sind die in der Kalkulationsperiode, die einen Monat beträgt, abgesetzten Mengen (gemessen

---

[208]   Vgl. Haberstock, L.: Kostenrechnung I, a.a.O., S. 153f.

in Stück) der jeweiligen Produktarten sowie die den Produktarten zugeordneten Äquivalenzziffern aufgeführt.

Tabelle 4.19: Beispiel zur einstufigen Äquivalenzziffernkalkulation mit einer Ziffernreihe

Produktart j	abgesetzte Menge x_{Aj} in $\dfrac{\text{Stück}}{\text{Monat}}$	Äquivalenzziffer α_j
1	10.000	0,8
2	8.000	1,0
3	12.000	1,2
4	7.000	1,3

Die Selbstkosten betragen in der Kalkulationsperiode 908.500 €. Als Summe der Rechnungseinheiten (RE) erhält man:

$$\sum_{j=1}^{4} x_{Aj} \cdot \alpha_j = 10.000 \cdot 0,8 + 8.000 \cdot 1,0 + 12.000 \cdot 1,2 + 7.000 \cdot 1,3 = 39.500 \text{ RE}.$$

Die Selbstkosten pro Rechnungseinheit betragen somit:

$$\frac{K_S}{\sum_{j=1}^{4} x_{Aj} \cdot \alpha_j} = \frac{908.500}{39.500} = 23,00 \, \frac{\text{€}}{\text{RE}}.$$

Als Selbstkosten pro Einheit der jeweiligen Produktart erhält man somit für

Produktart 1: $k_{S1} = 23,00 \cdot 0,8 = 18,40 \, \dfrac{\text{€}}{\text{Stück}}$

Produktart 2: $k_{S2} = 23,00 \cdot 1,0 = 23,00 \, \dfrac{\text{€}}{\text{Stück}}$

Produktart 3: $k_{S3} = 23,00 \cdot 1,2 = 27,60 \, \dfrac{\text{€}}{\text{Stück}}$

Produktart 4: $k_{S4} = 23,00 \cdot 1,3 = 29,90 \, \dfrac{\text{€}}{\text{Stück}}$.

In der Praxis tritt sehr selten der Fall auf, dass sich die gesamten Selbstkosten auf der Basis nur einer Äquivalenzziffernreihe verursachungsgerecht den hergestellten Produktarten zurechnen lassen. Daher wird nun unter Beibehaltung der übrigen Prämissen die dritte Bedingung aufgehoben und unterstellt, dass verschiedene Kostenarten zu unterschiedlichen Äquivalenzziffern in proportionaler Beziehung stehen. Es ist dann die einstufige Äquivalenzziffernkalkulation mit mehreren Ziffernreihen anzuwenden. Unterscheidet man beispielsweise die Kostenarten Materialkosten, Fertigungskosten und Verwaltungs- und Vertriebskosten und lässt sich für jede dieser Kostenarten eine der Kostenverursachung entsprechende Äquivalenzziffernreihe bilden, so ergeben sich für Produktart j $(j = 1, ..., J)$ die Selbstkosten pro Produkteinheit gemäß folgender Formel:

$$k_{Sj} = \frac{K_M}{\sum\limits_{j=1}^{J} x_{Aj} \cdot \alpha_{Mj}} \cdot \alpha_{Mj} + \frac{K_F}{\sum\limits_{j=1}^{J} x_{Aj} \cdot \alpha_{Fj}} \cdot \alpha_{Fj} + \frac{K_V}{\sum\limits_{j=1}^{J} x_{Aj} \cdot \alpha_{Vj}} \cdot \alpha_{Vj}, \qquad j = 1, ..., J .$$

Darin bezeichnet:

K_M die Materialkosten der Kalkulationsperiode,

K_F die Fertigungskosten der Kalkulationsperiode,

α_{Mj} die der Produktart j bezüglich der Materialkosten zugeordnete Äquivalenzziffer,

α_{Fj} die der Produktart j bezüglich der Fertigungskosten zugeordnete Äquivalenzziffer und

α_{Vj} die der Produktart j bezüglich der Verwaltungs- und Vertriebskosten zugeordnete Äquivalenzziffer.

Ein Unternehmen stelle mit dem gleichen Produktionsverfahren vier unterschiedliche Produktarten her. In der folgenden Tabelle 4.20 sind die in der Kalkulationsperiode, die einen Monat beträgt, abgesetzten Mengen (gemessen in Stück) der jeweiligen Produktarten sowie die den Produktarten bezüglich der Materialkosten, Fertigungskosten und Verwaltungs- und Vertriebskosten zugeordneten Äquivalenzziffern aufgeführt.

Tabelle 4.20: Beispiel zur einstufigen Äquivalenzziffernkalkulation mit mehreren Ziffernreihen

Produktart	abgesetzte Menge	Äquivalenzziffer bezüglich		
		Materialkosten	Fertigungskosten	Verwaltungs- und Vertriebskosten
j	x_{Aj} in $\dfrac{\text{Stück}}{\text{Monat}}$	α_{Mj}	α_{Fj}	α_{Vj}
1	9.000	0,9	1,2	1,1
2	11.000	1,2	1,0	0,7
3	7.000	1,0	0,8	1,5
4	13.000	1,4	0,9	1,0

In der Kalkulationsperiode betragen die Materialkosten 627.750 €, die Fertigungskosten 371.450 € und die Verwaltungs- und Vertriebskosten 308.250 €.

Für die verschiedenen Kostenarten erhält man jeweils als Summe der Rechnungseinheiten:

Materialkosten:

$$\sum_{j=1}^{4} x_{Aj} \cdot \alpha_{Mj} = 9.000 \cdot 0,9 + 11.000 \cdot 1,2 + 7.000 \cdot 1,0 + 13.000 \cdot 1,4 = 46.500 \text{ RE}$$

Fertigungskosten:

$$\sum_{j=1}^{4} x_{Aj} \cdot \alpha_{Fj} = 9.000 \cdot 1,2 + 11.000 \cdot 1,0 + 7.000 \cdot 0,8 + 13.000 \cdot 0,9 = 39.100 \text{ RE}$$

Verwaltungs- und Vertriebskosten:

$$\sum_{j=1}^{4} x_{Aj} \cdot \alpha_{Vj} = 9.000 \cdot 1,1 + 11.000 \cdot 0,7 + 7.000 \cdot 1,5 + 13.000 \cdot 1,0 = 41.100 \text{ RE}.$$

Für die jeweilige Kostenart ergeben sich somit folgende Kosten pro Rechnungseinheit:

Materialkosten pro Rechnungseinheit:

$$\frac{K_M}{\sum\limits_{j=1}^{4} x_{Aj} \cdot \alpha_{Mj}} = \frac{627.750}{46.500} = 13,50 \, \frac{\text{€}}{\text{RE}}$$

Fertigungskosten pro Rechnungseinheit:

$$\frac{K_F}{\sum_{j=1}^{4} x_{Aj} \cdot \alpha_{Fj}} = \frac{371.450}{39.100} = 9,50 \; \frac{\epsilon}{RE}$$

Verwaltungs- und Vertriebskosten pro Rechnungseinheit:

$$\frac{K_V}{\sum_{j=1}^{4} x_{Aj} \cdot \alpha_{Vj}} = \frac{308.250}{41.100} = 7,50 \; \frac{\epsilon}{RE}.$$

Als Selbstkosten pro Einheit der jeweiligen Produktart erhält man somit für

Produktart 1: $\quad k_{S1} = 13,50 \cdot 0,9 + 9,50 \cdot 1,2 + 7,50 \cdot 1,1 = 31,80 \; \dfrac{\epsilon}{\text{Stück}}$

Produktart 2: $\quad k_{S2} = 13,50 \cdot 1,2 + 9,50 \cdot 1,0 + 7,50 \cdot 0,7 = 30,95 \; \dfrac{\epsilon}{\text{Stück}}$

Produktart 3: $\quad k_{S3} = 13,50 \cdot 1,0 + 9,50 \cdot 0,8 + 7,50 \cdot 1,5 = 32,35 \; \dfrac{\epsilon}{\text{Stück}}$

Produktart 4: $\quad k_{S4} = 13,50 \cdot 1,4 + 9,50 \cdot 0,9 + 7,50 \cdot 1,0 = 34,95 \; \dfrac{\epsilon}{\text{Stück}}$

Hebt man nun auch noch die ersten beiden Prämissen auf, d.h. zum einen treten Lagerbestandsveränderungen bei den Fertigfabrikaten auf und zum anderen liegt mehrstufige Produktion vor, wobei auch hier Lagerbestandsveränderungen in den Zwischenlägern auftreten, dann ist die mehrstufige Äquivalenzziffernkalkulation mit mehreren Ziffernreihen anzuwenden. Es soll davon ausgegangen werden, dass zur Erstellung der jeweiligen Produktart die Fertigungsstellen $m \, (m = 1, ..., M)$ zu durchlaufen sind und ein Materialeinsatz nur in Fertigungsstelle 1 stattfindet. Als Kostenarten sollen Materialkosten, Fertigungskosten der Stellen $m \, (m = 1, ..., M)$ und Verwaltungs- und Vertriebskosten unterschieden und für jede dieser Kostenarten eine der Kostenverursachung entsprechende Äquivalenzziffernreihe gebildet werden.

Für die Produktart $j \, (j = 1, ..., J)$ bestimmen sich dann die Selbstkosten pro Produkteinheit gemäß folgender Formel:

$$k_{Sj} = \frac{K_M}{\sum\limits_{j=1}^{J} x_{P1j} \cdot \alpha_{Mj}} \cdot \alpha_{Mj} + \sum_{m=1}^{M} \frac{K_{Fm}}{\sum\limits_{j=1}^{J} x_{Pmj} \cdot \alpha_{Fmj}} \cdot \alpha_{Fmj} + \frac{K_V}{\sum\limits_{j=1}^{J} x_{Aj} \cdot \alpha_{Vj}} \cdot \alpha_{Vj},$$

$$j = 1, \ldots, J.$$

Darin bezeichnet:

K_{Fm} die Fertigungskosten der Stelle m in der Kalkulationsperiode,

x_{P1j} die von Produktart j in Fertigungsstelle 1 hergestellte Menge,

x_{Pmj} die von Produktart j in Fertigungsstelle m hergestellte Menge und

α_{Fmj} die der Produktart j bezüglich der Fertigungskosten in Fertigungsstelle m zugeordnete Äquivalenzziffer.

Ein Unternehmen möge beispielsweise mit dem gleichen Produktionsverfahren vier unterschiedliche Produktarten herstellen. Sämtliche Produktarten durchlaufen in der Kalkulationsperiode, die einen Monat beträgt, drei Fertigungsstellen. In Tabelle 4.21 sind die in den jeweiligen Fertigungsstellen während der Kalkulationsperiode hergestellten Mengen (gemessen in Stück) der verschiedenen Produktarten sowie die von den verschiedenen Produktarten abgesetzten Mengen (gemessen in Stück) aufgeführt. Tabelle 4.22 enthält die Äquivalenzziffern, die den Produktarten bezüglich der Materialkosten, der Fertigungskosten in Fertigungsstelle 1, 2 und 3 und der Verwaltungs- und Vertriebskosten zugeordnet werden.

Ein Materialeinsatz erfolgt nur in Fertigungsstelle 1. Die entsprechenden Materialkosten betragen in der Kalkulationsperiode 983.100 €. Fertigungskosten fallen in der Fertigungsstelle 1 in Höhe von 680.890 €, in Fertigungsstelle 2 in Höhe von 545.225 € und in Fertigungsstelle 3 in Höhe von 590.720 € an. Die Verwaltungs- und Vertriebskosten belaufen sich in der Kalkulationsperiode auf 330.220 €.

Tabelle 4.21: Beispiel zur mehrstufigen Äquivalenzziffernkalkulation mit mehreren Ziffernreihen (I)

Produktart	erstellte Menge in Fertigungsstelle			abgesetzte Menge
	1	2	3	
j	x_{P1j} in $\dfrac{\text{Stück}}{\text{Monat}}$	x_{P2j} in $\dfrac{\text{Stück}}{\text{Monat}}$	x_{P3j} in $\dfrac{\text{Stück}}{\text{Monat}}$	x_{Aj} in $\dfrac{\text{Stück}}{\text{Monat}}$
1	13.000	12.500	10.000	9.000
2	17.000	16.000	14.500	12.000
3	9.000	9.500	8.000	7.000
4	11.000	12.000	11.500	13.000

Tabelle 4.22: Beispiel zur mehrstufigen Äquivalenzziffernkalkulation mit mehreren Ziffernreihen (II)

Produktart	Materialkosten	Äquivalenzziffer bezüglich			Verwaltungs- und Vertriebskosten
		Fertigungskosten in Stelle			
		1	2	3	
j	α_{Mj}	α_{F1j}	α_{F2j}	α_{F3j}	α_{Vj}
1	0,9	1,2	0,7	0,9	1,1
2	1,2	1,0	0,9	1,0	0,7
3	1,0	0,8	1,0	1,4	1,5
4	1,4	0,9	1,3	0,6	1,0

Für die verschiedenen Kostenarten erhält man jeweils als Summe der Rechnungseinheiten:

Materialkosten:

$$\sum_{j=1}^{4} x_{P1j} \cdot \alpha_{Mj} = 13.000 \cdot 0,9 + 17.000 \cdot 1,2 + 9.000 \cdot 1,0 + 11.000 \cdot 1,4$$
$$= 56.500 \, \text{RE}$$

Fertigungskosten in Stelle 1:

$$\sum_{j=1}^{4} x_{P1j} \cdot \alpha_{F1j} = 13.000 \cdot 1,2 + 17.000 \cdot 1,0 + 9.000 \cdot 0,8 + 11.000 \cdot 0,9$$
$$= 49.700 \, \text{RE}$$

Fertigungskosten in Stelle 2:

$$\sum_{j=1}^{4} x_{P2j} \cdot \alpha_{F2j} = 12.500 \cdot 0,7 + 16.000 \cdot 0,9 + 9.500 \cdot 1,0 + 12.000 \cdot 1,3$$
$$= 48.250 \, \text{RE}$$

Fertigungskosten in Stelle 3:

$$\sum_{j=1}^{4} x_{P3j} \cdot \alpha_{F3j} = 10.000 \cdot 0,9 + 14.500 \cdot 1,0 + 8.000 \cdot 1,4 + 11.500 \cdot 0,6$$
$$= 41.600 \, \text{RE}$$

Verwaltungs- und Vertriebskosten:

$$\sum_{j=1}^{4} x_{Aj} \cdot \alpha_{Vj} = 9.000 \cdot 1,1 + 12.000 \cdot 0,7 + 7.000 \cdot 1,5 + 13.000 \cdot 1,0$$

$$= 41.800 \, RE .$$

Für die jeweilige Kostenart ergeben sich somit folgende Kosten pro Rechnungseinheit:

Materialkosten pro Rechnungseinheit:

$$\frac{K_M}{\sum_{j=1}^{4} x_{P1j} \cdot \alpha_{Mj}} = \frac{983.100}{56.500} = 17,40 \, \frac{€}{RE}$$

Fertigungskosten pro Rechnungseinheit in Stelle 1:

$$\frac{K_{F1}}{\sum_{j=1}^{4} x_{P1j} \cdot \alpha_{F1j}} = \frac{680.890}{49.700} = 13,70 \, \frac{€}{RE}$$

Fertigungskosten pro Rechnungseinheit in Stelle 2:

$$\frac{K_{F2}}{\sum_{j=1}^{4} x_{P2j} \cdot \alpha_{F2j}} = \frac{545.225}{48.250} = 11,30 \, \frac{€}{RE}$$

Fertigungskosten pro Rechnungseinheit in Stelle 3:

$$\frac{K_{F3}}{\sum_{j=1}^{4} x_{P3j} \cdot \alpha_{F3j}} = \frac{590.720}{41.600} = 14,20 \, \frac{€}{RE}$$

Verwaltungs- und Vertriebskosten pro Rechnungseinheit:

$$\frac{K_V}{\sum_{j=1}^{4} x_{Aj} \cdot \alpha_{Vj}} = \frac{330.220}{41.800} = 7,90 \, \frac{€}{RE} .$$

Als Selbstkosten pro Einheit der jeweiligen Produktart erhält man somit für

Produktart 1:

$$k_{S1} = 17,40 \cdot 0,9 + 13,70 \cdot 1,2 + 11,30 \cdot 0,7 + 14,20 \cdot 0,9 + 7,90 \cdot 1,1 = 61,48 \, \frac{€}{Stück}$$

Produktart 2:

$$k_{S2} = 17,40 \cdot 1,2 + 13,70 \cdot 1,0 + 11,30 \cdot 0,9 + 14,20 \cdot 1,0 + 7,90 \cdot 0,7 = 64,48 \frac{\text{€}}{\text{Stück}}$$

Produktart 3:

$$k_{S3} = 17,40 \cdot 1,0 + 13,70 \cdot 0,8 + 11,30 \cdot 1,0 + 14,20 \cdot 1,4 + 7,90 \cdot 1,5 = 71,39 \frac{\text{€}}{\text{Stück}}$$

Produktart 4:

$$k_{S4} = 17,40 \cdot 1,4 + 13,70 \cdot 0,9 + 11,30 \cdot 1,3 + 14,20 \cdot 0,6 + 7,90 \cdot 1,0 = 67,80 \frac{\text{€}}{\text{Stück}}.$$

Auch hier ist zu beachten, dass die Mengenabweichungen zwischen den einzelnen Fertigungsstufen ausschließlich durch Lagerbestandsveränderungen der Halb- und Fertigfabrikate bedingt sind. Mengenabweichungen aufgrund von Ausschuss oder sonstigen Produktionsverlusten erfordern eine Modifikation der angegebenen Kalkulationsformel, worauf an dieser Stelle verzichtet werden soll.[209]

4.3.3.2.3 Die (Lohn-) Zuschlagskalkulation

Stellt ein Unternehmen mehrere Produktarten her, die z.B. einen unterschiedlichen Materialbedarf aufweisen oder zu deren Herstellung unterschiedliche Produktionsverfahren eingesetzt werden, so führt die Äquivalenzziffernkalkulation, insbesondere bei einer großen Anzahl der Produktarten, zu ungenauen Kalkulationsergebnissen.[210] Für typische Mehrproduktunternehmen, bei denen sich viele Produktarten erheblich voneinander unterscheiden, ist daher die (Lohn-) Zuschlagskalkulation anzuwenden.

Bei den bisher behandelten Kalkulationsverfahren fand höchstens eine Aufspaltung der Selbstkosten in die Kostenarten Materialkosten, Fertigungskosten und Verwaltungs- und Vertriebskosten statt. Die (Lohn-) Zuschlagskalkulation zeichnet sich dadurch aus, dass die verschiedenen Kostenarten auch in Einzel- und Gemeinkosten aufgespalten werden.[211]

---

[209] Vgl. Kilger, W.: Einführung in die Kostenrechnung, a.a.O., S. 319 und S. 308ff.
[210] Vgl. zu den folgenden Ausführungen Kilger, W.: Einführung in die Kostenrechnung, a.a.O., S. 326ff.
[211] Vgl. Kapitel 2.2.5.

Die Einzelkosten (Materialeinzelkosten, Fertigungslöhne, Sondereinzelkosten der Fertigung und Sondereinzelkosten des Vertriebs) werden den erzeugten Produkteinheiten (Kostenträger) direkt zugerechnet. Die Materialgemeinkosten bzw. die Fertigungsgemeinkosten werden auf die erzeugten Produkteinheiten durch einen prozentualen Zuschlag auf die Materialeinzelkosten bzw. die Fertigungslöhne verrechnet. Bei den Verwaltungsgemeinkosten und den Vertriebsgemeinkosten erfolgt die Verrechnung auf die hergestellten Produkteinheiten mit Hilfe von prozentualen Zuschlägen auf die Herstellkosten.

Folgende Formen der (Lohn-) Zuschlagskalkulation lassen sich unterscheiden:

– einstufige bzw. kumulative (Lohn-) Zuschlagskalkulation und
– mehrstufige bzw. elektive (Lohn-) Zuschlagskalkulation.

Bei der einstufigen oder kumulativen (Lohn-) Zuschlagskalkulation wird für den gesamten Fertigungsbereich nur ein Lohnzuschlagssatz[212] gebildet. Die einstufige (Lohn-) Zuschlagskalkulation sollte von daher nur dann angewendet werden, wenn der Fertigungsbereich aus nur einer Fertigungsstufe besteht oder, falls zur Erstellung des Produktes mehrere aufeinander folgende Fertigungsstellen zu durchlaufen sind, wenn keine Bestandsveränderungen in den Zwischenlägern entstehen und die Kostenverursachung der Fertigungsstellen nicht zu unterschiedlich ist.

Die Zuschlagssätze (in Prozent) werden folgendermaßen berechnet:[213]

Materialgemeinkostenzuschlagssatz: $d_M = \dfrac{K_{MG}}{K_{ME}} \cdot 100$.

Darin bezeichnet:

K_{MG} die Materialgemeinkosten der Kalkulationsperiode und
K_{ME} die Materialeinzelkosten der Kalkulationsperiode.

Fertigungsgemeinkostenzuschlagssatz: $d_F = \dfrac{\sum\limits_{m=1}^{M} K_{FGm}}{\sum\limits_{m=1}^{M} K_{FLm}} \cdot 100$.

---

[212] Für den Begriff Lohnzuschlagssatz wird synonym auch der Begriff Fertigungsgemein-kostenzuschlagssatz benutzt.
[213] Vgl. auch Kapitel 4.2.4.1.

Darin bezeichnet:

K_{FGm} die Fertigungsgemeinkosten der Stelle $m\,(m = 1,\ldots, M)$ in der Kalkulationsperiode und

K_{FLm} die Fertigungslöhne der Stelle $m\,(m = 1,\ldots, M)$ in der Kalkulationsperiode.

Verwaltungsgemeinkostenzuschlagssatz: $d_{Vw} = \dfrac{K_{VwG}}{K_H} \cdot 100$.

Darin bezeichnet:

K_{VwG} die Verwaltungsgemeinkosten der Kalkulationsperiode.

Vertriebsgemeinkostenzuschlagssatz: $d_{Vt} = \dfrac{K_{VtG}}{K_H} \cdot 100$.

Darin bezeichnet:

K_{VtG} die Vertriebsgemeinkosten der Kalkulationsperiode.

Für die Produktart $j\,(j = 1,\ldots, J)$ bestimmen sich die Selbstkosten pro Produkteinheit gemäß folgender Kalkulationsformel:

$$k_{Sj} = \left[k_{MEj} \cdot \left(1 + \frac{d_M}{100}\right) + k_{FLj} \cdot \left(1 + \frac{d_F}{100}\right) + e_{Fj} \right] \cdot \left(1 + \frac{d_{Vw}}{100} + \frac{d_{Vt}}{100}\right) + e_{Vtj},$$

$$j = 1,\ldots, J.$$

Darin bezeichnet:

k_{MEj} die Materialeinzelkosten pro Einheit der Produktart j,

k_{FLj} die Fertigungslöhne pro Einheit der Produktart j,

e_{Fj} die Sondereinzelkosten der Fertigung pro Einheit der Produktart j und

e_{Vtj} die Sondereinzelkosten des Vertriebs pro Einheit der Produktart j.

Der Klammerausdruck

$$\left[k_{MEj} \cdot \left(1 + \frac{d_M}{100}\right) + k_{FLj} \cdot \left(1 + \frac{d_F}{100}\right) + e_{Fj} \right]$$

stellt die Herstellkosten pro Einheit der Produktart j dar.

Ein Unternehmen stelle in der Kalkulationsperiode, die einen Monat beträgt, drei unterschiedliche Produktarten her. Sämtliche Produktarten durchlaufen bis zu ihrer Fertigstellung vier aufeinander folgende Fertigungsstellen. In Tabelle 4.23 sind die während der Kalkulationsperiode in den einzelnen Stellen entstandenen Fertigungslöhne und Fertigungsgemeinkosten aufgeführt. Darüber hinaus enthält

Tabelle 4.23 die Fertigungszeiten, die in den einzelnen Stellen im Abrechnungs-
monat benötigt wurden. In Tabelle 4.24 sind die im Abrechnungsmonat erstellten
Mengen (gemessen in Stück) der verschiedenen Produktarten aufgeführt. Des
Weiteren enthält Tabelle 4.24 die in den einzelnen Fertigungsstellen beanspruchte
Kapazität pro Einheit der jeweiligen Produktart und die pro Einheit der jeweiligen
Produktart entstandenen Materialeinzelkosten sowie Sondereinzelkosten der Ferti-
gung und des Vertriebs.

Tabelle 4.23: Beispiel zur einstufigen (Lohn-) Zuschlagskalkulation (I)

		Fertigungsstelle			
		1	2	3	4
Fertigungslöhne	K_{FLm} in $\dfrac{€}{\text{Monat}}$	9.900	16.200	9.840	15.600
Fertigungsgemein-kosten	K_{FGm} in $\dfrac{€}{\text{Monat}}$	8.910	24.300	7.872	18.720
Fertigungszeit	in $\dfrac{\text{Min.}}{\text{Monat}}$	6.600	9.000	8.200	7.800

Tabelle 4.24: Beispiel zur einstufigen (Lohn-) Zuschlagskalkulation (II)

Produkt-art	produ-zierte Menge	beanspruchte Kapazität in der Fertigungsstelle				Material-einzelkosten	Sondereinzelkosten der Fertigung	des Vertriebs
		1	2	3	4			
j	in	in				k_{MEj} in	e_{Fj} in	e_{Vj} in
	$\dfrac{\text{Stück}}{\text{Monat}}$	$\dfrac{\text{Min.}}{\text{Stück}}$	$\dfrac{\text{Min.}}{\text{Stück}}$	$\dfrac{\text{Min.}}{\text{Stück}}$	$\dfrac{\text{Min.}}{\text{Stück}}$	$\dfrac{€}{\text{Stück}}$	$\dfrac{€}{\text{Stück}}$	$\dfrac{€}{\text{Stück}}$
1	60	40	20	10	30	150,00	2,50	5,00
2	120	15	25	50	40	380,00	4,00	7,50
3	80	30	60	20	15	240,00	3,20	4,30

Die Materialgemeinkosten K_{MG} betragen in der Kalkulationsperiode 33.972 €.
An Verwaltungsgemeinkosten K_{VwG} bzw. Vertriebsgemeinkosten K_{VtG} sind in der
Kalkulationsperiode 44.000 € bzw. 33.000 € angefallen.

Um die Selbstkosten pro Stück für die einzelnen Produktarten ermitteln zu
können, müssen zum einen die Zuschlagssätze für die verschiedenen Gemeinkosten und zum anderen die Fertigungslöhne pro Stück berechnet werden.

Zur Berechnung des Materialgemeinkostenzuschlagssatzes müssen zunächst die in der Kalkulationsperiode angefallenen Materialeinzelkosten bestimmt werden. Diese erhält man, indem man für jede Produktart die Materialeinzelkosten pro Stück mit der hergestellten Stückzahl multipliziert und dann die Summe bildet:

$$K_{ME} = 150{,}00 \cdot 60 + 380{,}00 \cdot 120 + 240{,}00 \cdot 80 = 73.800 \, \frac{\text{€}}{\text{Monat}} \, .$$

Als Materialgemeinkostenzuschlagssatz ergibt sich dann:

$$d_M = \frac{K_{MG}}{K_{ME}} \cdot 100 = \frac{33.972}{73.800} \cdot 100 = 46{,}03 \, \% \, .$$

Bei der einstufigen (Lohn-) Zuschlagskalkulation wird für den gesamten Fertigungsbereich nur ein Fertigungsgemeinkostenzuschlagssatz bestimmt:

$$d_F = \frac{\sum_{m=1}^{4} K_{FGm}}{\sum_{m=1}^{4} K_{FLm}} \cdot 100 = \frac{8.910 + 24.300 + 7.872 + 18.720}{9.900 + 16.200 + 9.840 + 15.600} \cdot 100$$

$$= \frac{59.802}{51.540} \cdot 100 = 116{,}03 \, \% \, .$$

Zur Bestimmung des Verwaltungsgemeinkostenzuschlagssatzes und des Vertriebsgemeinkostenzuschlagssatzes müssen die Herstellkosten der Kalkulationsperiode ermittelt werden. Diese entsprechen der Summe aus den in der Kalkulationsperiode entstandenen Materialeinzelkosten K_{ME}, Materialgemeinkosten K_{MG}, Fertigungslöhnen K_{FL}, Fertigungsgemeinkosten K_{FG} und Sondereinzelkosten der Fertigung K_{SEF}. Die zuletzt genannten Sondereinzelkosten der Fertigung erhält man, indem man für jede Produktart die Sondereinzelkosten der Fertigung pro Stück mit der hergestellten Stückzahl multipliziert und dann die Summe bildet:

$$K_{SEF} = 2{,}50 \cdot 60 + 4{,}00 \cdot 120 + 3{,}20 \cdot 80 = 886 \, \frac{\text{€}}{\text{Monat}} \, .$$

Die Herstellkosten betragen somit im Abrechnungsmonat:

$$K_H = K_{ME} + K_{MG} + K_{FL} + K_{FG} + K_{SEF}$$

$$= 73.800 + 33.972 + 51.540 + 59.802 + 886 = 220.000 \, \frac{\text{€}}{\text{Monat}} \, .$$

Der Verwaltungsgemeinkostenzuschlagssatz ist dann:

$$d_{Vw} = \frac{K_{VwG}}{K_H} \cdot 100 = \frac{44.000}{220.000} \cdot 100 = 20\,\% \,.$$

Als Vertriebsgemeinkostenzuschlagssatz erhält man:

$$d_{Vt} = \frac{K_{VtG}}{K_H} \cdot 100 = \frac{33.000}{220.000} \cdot 100 = 15\,\% \,.$$

Um die Fertigungslöhne pro Stück für die einzelnen Produktarten ermitteln zu können, müssen zunächst die Kostensätze der verschiedenen Fertigungsstellen bestimmt werden. Diese erhält man, indem man für jede Fertigungsstelle die im Abrechnungsmonat entstandenen Fertigungslöhne durch die entsprechenden Fertigungszeiten dividiert. Die Kostensätze betragen somit für

Fertigungsstelle 1: $\dfrac{9.900}{6.600} = 1{,}50\,\dfrac{€}{\text{Min.}}$

Fertigungsstelle 2: $\dfrac{16.200}{9.000} = 1{,}80\,\dfrac{€}{\text{Min.}}$

Fertigungsstelle 3: $\dfrac{9.840}{8.200} = 1{,}20\,\dfrac{€}{\text{Min.}}$

Fertigungsstelle 4: $\dfrac{15.600}{7.800} = 2{,}00\,\dfrac{€}{\text{Min.}}$

Die Fertigungslöhne pro Stück erhält man für die jeweilige Produktart, indem man die von ihr in den einzelnen Fertigungsstellen beanspruchte Kapazität mit dem entsprechenden Kostensatz multipliziert und die Summe bildet. Somit ergeben sich folgende Fertigungslöhne pro Stück:

Produktart 1: $k_{FL1} = 1{,}50 \cdot 40 + 1{,}80 \cdot 20 + 1{,}20 \cdot 10 + 2{,}00 \cdot 30 = 168{,}00\,\dfrac{€}{\text{Stück}}$

Produktart 2: $k_{FL2} = 1{,}50 \cdot 15 + 1{,}80 \cdot 25 + 1{,}20 \cdot 50 + 2{,}00 \cdot 40 = 207{,}50\,\dfrac{€}{\text{Stück}}$

Produktart 3: $k_{FL3} = 1{,}50 \cdot 30 + 1{,}80 \cdot 60 + 1{,}20 \cdot 20 + 2{,}00 \cdot 15 = 207{,}00\,\dfrac{€}{\text{Stück}} \,.$

Nun können die Selbstkosten pro Einheit der jeweiligen Produktart berechnet werden. Man erhält für

Produktart 1:

$$k_{S1} = \left[150{,}00 \cdot \left(1 + \frac{46{,}03}{100}\right) + 168{,}00 \cdot \left(1 + \frac{116{,}03}{100}\right) + 2{,}50 \right]$$
$$\cdot \left(1 + \frac{20}{100} + \frac{15}{100}\right) + 5{,}00 = 794{,}04 \; \frac{\text{\euro}}{\text{Stück}}$$

Produktart 2:

$$k_{S2} = \left[380{,}00 \cdot \left(1 + \frac{46{,}03}{100}\right) + 207{,}50 \cdot \left(1 + \frac{116{,}03}{100}\right) + 4{,}00 \right]$$
$$\cdot \left(1 + \frac{20}{100} + \frac{15}{100}\right) + 7{,}50 = 1.367{,}19 \; \frac{\text{\euro}}{\text{Stück}}$$

Produktart 3:

$$k_{S3} = \left[240{,}00 \cdot \left(1 + \frac{46{,}03}{100}\right) + 207{,}00 \cdot \left(1 + \frac{116{,}03}{100}\right) + 3{,}20 \right]$$
$$\cdot \left(1 + \frac{20}{100} + \frac{15}{100}\right) + 4{,}30 = 1.085{,}45 \; \frac{\text{\euro}}{\text{Stück}} \; .$$

Die mehrstufige oder elektive (Lohn-) Zuschlagskalkulation zeichnet sich im Unterschied zu der einstufigen dadurch aus, dass für jede Fertigungsstelle ein separater Fertigungsgemeinkostenzuschlagssatz gebildet wird. Für die Fertigungsstelle $m\,(m = 1, \ldots, M)$ erhält man dann als Fertigungsgemeinkostenzuschlagssatz:

$$d_{Fm} = \frac{K_{FGm}}{K_{FLm}} \cdot 100 \; .$$

Die Berechnung der Zuschlagssätze für die Material-, Verwaltungs- und Vertriebsgemeinkosten ändert sich gegenüber der einstufigen (Lohn-) Zuschlagskalkulation nicht.

Bei der mehrstufigen (Lohn-) Zuschlagskalkulation bestimmen sich für die Produktart $j\,(j = 1, \ldots, J)$ die Selbstkosten pro Produkteinheit gemäß folgender Formel:

$$k_{Sj} = \left[k_{MEj} \cdot \left(1 + \frac{d_M}{100}\right) + \sum_{m=1}^{M} k_{FLmj} \cdot \left(1 + \frac{d_{Fm}}{100}\right) + e_{Fj} \right]$$
$$\cdot \left(1 + \frac{d_{Vw}}{100} + \frac{d_{Vt}}{100}\right) + e_{Vj} \, , \qquad\qquad j = 1, \ldots, J.$$

Darin bezeichnet:

k_{FLmj} die in Fertigungsstelle m anfallenden Fertigungslöhne pro Einheit der Produktart j $(j = 1, ..., J)$ und

d_{Fm} den Fertigungsgemeinkostenzuschlagssatz der Fertigungsstelle m $(m = 1, ..., M)$.

Der erste Klammerausdruck

$$\left[k_{MEj} \cdot \left(1 + \frac{d_M}{100}\right) + \sum_{m=1}^{M} k_{FLmj} \cdot \left(1 + \frac{d_{Fm}}{100}\right) + e_{Fj} \right]$$

bezeichnet wieder die Herstellkosten pro Einheit der Produktart j.

Ausgehend von den Daten des Beispiels zur einstufigen (Lohn-) Zuschlagskalkulation soll nun eine mehrstufige (Lohn-) Zuschlagskalkulation durchgeführt werden. Für die verschiedenen Fertigungsstellen werden jetzt gesonderte Fertigungsgemeinkostenzuschlagssätze gebildet:

Fertigungsstelle 1: $d_{F1} = \dfrac{K_{FG1}}{K_{FL1}} \cdot 100 = \dfrac{8.910}{9.900} \cdot 100 = 90,00 \%$

Fertigungsstelle 2: $d_{F2} = \dfrac{K_{FG2}}{K_{FL2}} \cdot 100 = \dfrac{24.300}{16.200} \cdot 100 = 150,00 \%$

Fertigungsstelle 3: $d_{F3} = \dfrac{K_{FG3}}{K_{FL3}} \cdot 100 = \dfrac{7.872}{9.840} \cdot 100 = 80,00 \%$

Fertigungsstelle 4: $d_{F4} = \dfrac{K_{FG4}}{K_{FL4}} \cdot 100 = \dfrac{18.720}{15.600} \cdot 100 = 120,00 \%$.

Die übrigen Zuschlagssätze ändern sich nicht.

Um die Selbstkosten pro Stück der jeweiligen Produktarten bestimmen zu können, benötigt man die in den verschiedenen Fertigungsstellen anfallenden Fertigungslöhne pro Stück der jeweiligen Produktarten. Diese erhält man, indem man die in den einzelnen Fertigungsstellen beanspruchte Kapazität mit dem entsprechenden Kostensatz multipliziert. Für Produktart 1 ergeben sich in den vier verschiedenen Fertigungsstellen folgende Fertigungslöhne pro Stück:

Fertigungsstelle 1: $k_{FL11} = 1,50 \cdot 40 = 60,00 \dfrac{\text{€}}{\text{Stück}}$

Fertigungsstelle 2: $k_{FL21} = 1,80 \cdot 20 = 36,00 \dfrac{\text{€}}{\text{Stück}}$

Fertigungsstelle 3: $\quad k_{FL31} = 1,20 \cdot 10 = 12,00 \dfrac{\text{€}}{\text{Stück}}$

Fertigungsstelle 4: $\quad k_{FL41} = 2,00 \cdot 30 = 60,00 \dfrac{\text{€}}{\text{Stück}}$.

Analog erhält man für Produktart 2 folgende Fertigungslöhne pro Stück:

Fertigungsstelle 1: $\quad k_{FL12} = 1,50 \cdot 15 = 22,50 \dfrac{\text{€}}{\text{Stück}}$

Fertigungsstelle 2: $\quad k_{FL22} = 1,80 \cdot 25 = 45,00 \dfrac{\text{€}}{\text{Stück}}$

Fertigungsstelle 3: $\quad k_{FL32} = 1,20 \cdot 50 = 60,00 \dfrac{\text{€}}{\text{Stück}}$

Fertigungsstelle 4: $\quad k_{FL42} = 2,00 \cdot 40 = 80,00 \dfrac{\text{€}}{\text{Stück}}$.

Für Produktart 3 betragen die Fertigungslöhne pro Stück in:

Fertigungsstelle 1: $\quad k_{FL13} = 1,50 \cdot 30 = 45,00 \dfrac{\text{€}}{\text{Stück}}$

Fertigungsstelle 2: $\quad k_{FL23} = 1,80 \cdot 60 = 108,00 \dfrac{\text{€}}{\text{Stück}}$

Fertigungsstelle 3: $\quad k_{FL33} = 1,20 \cdot 20 = 24,00 \dfrac{\text{€}}{\text{Stück}}$

Fertigungsstelle 4: $\quad k_{FL43} = 2,00 \cdot 15 = 30,00 \dfrac{\text{€}}{\text{Stück}}$.

Nun lassen sich die Selbstkosten pro Einheit der jeweiligen Produktart berechnen. Man erhält für

Produktart 1:

$$k_{S1} = \left[150,00 \cdot \left(1 + \frac{46,03}{100}\right) + 60,00 \cdot \left(1 + \frac{90}{100}\right) + 36,00 \cdot \left(1 + \frac{150}{100}\right) \right.$$
$$\left. + 12,00 \cdot \left(1 + \frac{80}{100}\right) + 60,00 \cdot \left(1 + \frac{120}{100}\right) + 2,50 \right] \cdot \left(1 + \frac{20}{100} + \frac{15}{100}\right) + 5,00$$
$$= 786,85 \frac{\text{€}}{\text{Stück}}$$

Produktart 2:

$$
k_{S2} = \left[380,00 \cdot \left(1 + \frac{46,03}{100}\right) + 22,50 \cdot \left(1 + \frac{90}{100}\right) + 45,00 \cdot \left(1 + \frac{150}{100}\right) \right.
$$

$$
\left. + 60,00 \cdot \left(1 + \frac{80}{100}\right) + 80,00 \cdot \left(1 + \frac{120}{100}\right) + 4,00 \right] \cdot \left(1 + \frac{20}{100} + \frac{15}{100}\right) + 7,50
$$

$$
= 1.355,02 \, \frac{\text{€}}{\text{Stück}}
$$

Produktart 3:

$$
k_{S3} = \left[240,00 \cdot \left(1 + \frac{46,03}{100}\right) + 45,00 \cdot \left(1 + \frac{90}{100}\right) + 108,00 \cdot \left(1 + \frac{150}{100}\right) \right.
$$

$$
\left. + 24,00 \cdot \left(1 + \frac{80}{100}\right) + 30,00 \cdot \left(1 + \frac{120}{100}\right) + 3,20 \right] \cdot \left(1 + \frac{20}{100} + \frac{15}{100}\right) + 4,30
$$

$$
= 1.109,10 \, \frac{\text{€}}{\text{Stück}} \, .
$$

Zur (Lohn-) Zuschlagskalkulation ist kritisch anzumerken, dass die unterstellte Proportionalitätsbeziehung zwischen den Fertigungsgemeinkosten und den Fertigungslöhnen in der Praxis häufig nicht gegeben ist. Die (Lohn-) Zuschlagskalkulation erweist sich besonders in Industriebetrieben mit stark mechanisierten Produktionsprozessen als sehr problematisch, da hier die Fertigungslöhne nur einen relativ kleinen Anteil der Fertigungskosten betragen, so dass sie als Bezugsbasis zur Verrechnung der Fertigungsgemeinkosten völlig untauglich sind.[214] Die (Lohn-) Zuschlagskalkulation kann in solchen Betrieben zu Fertigungsgemeinkostenzuschlagssätzen in Höhe von mehreren Tausend Prozent führen. Dies hat zur Folge, dass schon eine geringe Ungenauigkeit bei der Ermittlung der Fertigungslöhne pro Stück einen beachtlichen absoluten Fehler bei der Ermittlung der Selbstkosten pro Stück bewirkt. Ändert man für die Produktart j die Fertigungslöhne pro Einheit der Produktart j um Δk_{FLj}, so ändern sich die Selbstkosten pro Einheit der Produktart j um Δk_{Sj}, wobei gilt:

$$
\Delta k_{Sj} = \Delta k_{FLj} \cdot \left(1 + \frac{d_F}{100}\right) \cdot \left(1 + \frac{d_{Vw}}{100} + \frac{d_{Vt}}{100}\right).
$$

Beträgt der Fertigungsgemeinkostenzuschlagssatz beispielsweise 2000 % und wurden für den Verwaltungs- bzw. Vertriebsbereich Zuschlagssätze in Höhe von 20 % bzw. 15 % ermittelt, so bewirkt eine Änderung der Fertigungslöhne pro Ein-

---

[214] Vgl. Kilger, W.: Einführung in die Kostenrechnung, a.a.O., S. 328.

heit der Produktart j um 1 €, dass sich die Selbstkosten pro Einheit der Produktart j um

$$\Delta k_{Sj} = 1 \cdot \left(1 + \frac{2000}{100}\right) \cdot \left(1 + \frac{20}{100} + \frac{15}{100}\right) = 28,35 \text{ €}$$

ändern.

4.3.3.2.4 Die Bezugsgrößenkalkulation

Die Bezugsgrößenkalkulation kann wie die (Lohn-) Zuschlagskalkulation in typischen Mehrproduktunternehmen, die eine große Anzahl unterschiedlicher Produktarten herstellen, angewandt werden.[215] Bei der Bezugsgrößenkalkulation erfolgt die Kalkulation der Material-, Verwaltungs- und Vertriebsgemeinkosten analog zur (Lohn-) Zuschlagskalkulation mit Hilfe von prozentualen Zuschlägen auf die Materialeinzelkosten bzw. auf die Herstellkosten. Der Unterschied zur (Lohn-) Zuschlagskalkulation besteht darin, dass die Verrechnung der Fertigungskosten (einschließlich Fertigungslöhne) auf die Kostenträger mit Hilfe von geeigneten Maßgrößen der Kostenverursachung erfolgt. Man bezeichnet diese Maßgrößen der Kostenverursachung als Bezugsgrößen. Es werden so genannte Bezugsgrößen-Kostensätze (Kostensätze pro Einheit der Bezugsgröße) gebildet, indem man den Quotienten aus den Fertigungskosten und dem Wert der gewählten Bezugsgröße (verbrauchte Bezugsgrößeneinheiten) ermittelt und die pro Einheit der jeweiligen Produktart j in Anspruch genommenen Einheiten der Bezugsgröße mit dem Bezugsgrößen-Kostensatz multipliziert.

Bei der Wahl der Bezugsgröße ist darauf zu achten, dass sie zu den Fertigungskosten in einem proportionalen Verhältnis steht. Ebenso muss ein proportionales Verhältnis zwischen der Kostenträger- und der Bezugsgrößenmenge bestehen. Zur Ermittlung der Kostensätze können beispielsweise die Fertigungszeiten oder die Maschinenzeiten gewählt werden. In diesen Fällen liegt dann die so genannte Stundensatz- bzw. Maschinenstundensatzkalkulation vor.

Folgende Formen der Bezugsgrößenkalkulation lassen sich unterscheiden:

– Bezugsgrößenkalkulation bei homogener Kostenverursachung und
– Bezugsgrößenkalkulation bei heterogener Kostenverursachung.

Homogene Kostenverursachung liegt dann vor, wenn sich sämtliche in einer Fertigungsstelle m $(m = 1, ..., M)$ auftretenden Kosten zu genau einer Maßgröße

---

[215] Vgl. zu den folgenden Ausführungen: Kilger, W.: Einführung in die Kostenrechnung, a.a.O., S. 333ff.

der Kostenverursachung, d.h. zu einer bestimmten Bezugsgröße, proportional verhalten. Für eine Produktart j $(j=1,...,J)$, die die Fertigungsstellen m $(m=1,...,M)$ durchläuft, ergeben sich dann folgende Selbstkosten pro Produkteinheit:

$$k_{Sj} = \left[k_{MEj} \cdot \left(1 + \frac{d_M}{100}\right) + \sum_{m=1}^{M} d_m \cdot b_{mj} + e_{Fj} \right] \cdot \left(1 + \frac{d_{Vw}}{100} + \frac{d_{Vt}}{100}\right) + e_{Vtj}, \quad j = 1,...,J.$$

Darin bezeichnet:

d_m den für Fertigungsstelle m geltenden Kostensatz pro Einheit der gewählten Bezugsgröße und

b_{mj} die pro Einheit der Produktart j in Anspruch genommenen Einheiten der für Fertigungsstelle m gewählten Bezugsgröße.[216]

Die Ermittlung der Material-, Verwaltungs- und Vertriebsgemeinkostenzuschlagssätze erfolgt gemäß der im Rahmen der (Lohn-) Zuschlagskalkulation dargestellten Weise. Bei den Fertigungsgemeinkosten ist als Besonderheit zu beachten, dass diese nicht über Zuschlagssätze auf die Fertigungseinzelkosten (Fertigungslöhne) verrechnet werden, sondern dass sie – wie auch die Fertigungseinzelkosten – jeweils in dem für Fertigungsstelle m geltenden Kostensatz d_m enthalten sind. D.h. die Fertigungseinzel- und Fertigungsgemeinkosten werden in die jeweiligen Kostenstellen gezogen, um sie mit einem einheitlichen Schlüssel zu verteilen. Der Klammerausdruck

$$\left[k_{MEj} \cdot \left(1 + \frac{d_M}{100}\right) + \sum_{m=1}^{M} d_m \cdot b_{mj} + e_{Fj} \right]$$

bezeichnet die Herstellkosten pro Einheit der Produktart j.

Ein Unternehmen stelle in der Kalkulationsperiode, die einen Monat beträgt, drei unterschiedliche Produktarten her. Sämtliche Produktarten durchlaufen bis zu ihrer Fertigstellung vier aufeinander folgende Fertigungsstellen. In Tabelle 4.25 sind die während der Kalkulationsperiode in den einzelnen Stellen entstandenen Fertigungslöhne und Fertigungsgemeinkosten aufgeführt. Darüber hinaus enthält Tabelle 4.25 die in der jeweiligen Fertigungsstelle gewählte Bezugsgröße und die im Abrechnungsmonat verbrauchten Bezugsgrößeneinheiten. In Tabelle 4.26 sind die im Abrechnungsmonat erstellten Mengen (gemessen in Stück) der verschiedenen Produktarten aufgeführt. Des Weiteren enthält Tabelle 4.26 die in den ein-

---

[216]   Wird die Fertigungszeit als Bezugsgröße gewählt, so handelt es sich bei b_{mj} um die benötigte Fertigungszeit pro Produkteinheit.

zelnen Fertigungsstellen beanspruchten Einheiten der gewählten Bezugsgröße pro Einheit der jeweiligen Produktart und die pro Einheit der jeweiligen Produktart entstandenen Materialeinzelkosten sowie die Sondereinzelkosten der Fertigung und des Vertriebs.

Tabelle 4.25: Beispiel zur Bezugsgrößenkalkulation bei homogener Kostenverursachung (Ftg.min. = Fertigungsminuten) (I)

		Fertigungsstelle			
		1	2	3	4
Fertigungslöhne	K_{FLm} in $\dfrac{€}{\text{Monat}}$	9.900	16.200	9.840	15.600
Fertigungsgemeinkosten	K_{FGm} in $\dfrac{€}{\text{Monat}}$	8.910	24.300	7.872	18.720
gewählte Bezugsgröße		Ftg.min.	kg	Ftg.min.	cm²
verbrauchte Einheiten pro Monat		6.600	13.500	8.200	15.600

Tabelle 4.26: Beispiel zur Bezugsgrößenkalkulation bei homogener Kostenverursachung (II)

Produktart	produzierte Menge	beanspruchte Bezugsgrößeneinheiten pro Produkteinheit in Fertigungsstelle				Materialeinzelkosten	Sondereinzelkosten der Fertigung	des Vertriebs
		1	2	3	4			
	in	in				k_{MEj} in	e_{Fj} in	e_{Vj} in
j	$\dfrac{\text{Stück}}{\text{Monat}}$	$\dfrac{\text{Ftg.min.}}{\text{Stück}}$	$\dfrac{\text{kg}}{\text{Stück}}$	$\dfrac{\text{Ftg.min.}}{\text{Stück}}$	$\dfrac{\text{cm}^2}{\text{Stück}}$	$\dfrac{€}{\text{Stück}}$	$\dfrac{€}{\text{Stück}}$	$\dfrac{€}{\text{Stück}}$
1	60	40	30,0	10	60	150,00	2,50	5,00
2	120	15	37,5	50	80	380,00	4,00	7,50
3	80	30	90,0	20	30	240,00	3,20	4,30

Die Materialgemeinkosten K_{MG} betragen in der Kalkulationsperiode 33.972 €. An Verwaltungsgemeinkosten K_{VwG} bzw. Vertriebsgemeinkosten K_{VtG} sind in der Kalkulationsperiode 44.000 € bzw. 33.000 € angefallen.

Im obigen Zahlenbeispiel stimmen die zur Ermittlung der Zuschlagssätze für Material-, Verwaltungs- und Vertriebsgemeinkosten benötigten Daten mit den Daten aus dem Beispiel zur (Lohn-) Zuschlagskalkulation überein, so dass diese Zuschlagssätze übernommen werden können. Demnach betragen der Materialgemeinkostenzuschlagssatz $d_M = 46,03$ %, der Verwaltungsgemeinkostenzuschlagssatz $d_{Vw} = 20$ % und der Vertriebsgemeinkostenzuschlagssatz $d_{Vt} = 15$ %.

Um die Selbstkosten pro Stück für die einzelnen Produktarten ermitteln zu können, muss zunächst für jede Fertigungsstelle m der entsprechende Bezugsgrößen-Kostensatz d_m berechnet werden. Der Bezugsgrößen-Kostensatz einer Fertigungsstelle m entspricht dem Quotienten aus Fertigungskosten (bestehend aus Fertigungslöhnen und Fertigungsgemeinkosten) und den verbrauchten Bezugsgrößeneinheiten. Man erhält somit für

Fertigungsstelle 1: $d_1 = \dfrac{9.900 + 8.910}{6.600} = 2,85 \, \dfrac{\text{€}}{\text{Ftg.min.}}$

Fertigungsstelle 2: $d_2 = \dfrac{16.200 + 24.300}{13.500} = 3,00 \, \dfrac{\text{€}}{\text{kg}}$

Fertigungsstelle 3: $d_3 = \dfrac{9.840 + 7.872}{8.200} = 2,16 \, \dfrac{\text{€}}{\text{Ftg.min.}}$

Fertigungsstelle 4: $d_4 = \dfrac{15.600 + 18.720}{15.600} = 2,20 \, \dfrac{\text{€}}{\text{cm}^2}$.

Die Fertigungskosten pro Stück erhält man für Produktart j, indem man die von ihr beanspruchten Bezugsgrößeneinheiten in Fertigungsstelle m mit dem Bezugsgrößen-Kostensatz dieser Fertigungsstelle multipliziert und über alle durchlaufenen Fertigungsstellen aufsummiert. Demnach betragen die Fertigungskosten pro Stück für

Produktart 1:

$$\sum_{m=1}^{4} d_m \cdot b_{m1} = 2,85 \cdot 40 + 3,00 \cdot 30 + 2,16 \cdot 10 + 2,20 \cdot 60 = 357,60 \, \frac{\text{€}}{\text{Stück}}$$

Produktart 2:

$$\sum_{m=1}^{4} d_m \cdot b_{m2} = 2,85 \cdot 15 + 3,00 \cdot 37,5 + 2,16 \cdot 50 + 2,20 \cdot 80 = 439,25 \, \frac{\text{€}}{\text{Stück}}$$

Produktart 3:

$$\sum_{m=1}^{4} d_m \cdot b_{m3} = 2,85 \cdot 30 + 3,00 \cdot 90 + 2,16 \cdot 20 + 2,20 \cdot 30 = 464,70 \, \frac{\text{€}}{\text{Stück}}.$$

Nun können die Selbstkosten pro Einheit der jeweiligen Produktart berechnet werden. Man erhält für

Produktart 1:

$$k_{S1} = \left[150{,}00 \cdot \left(1 + \frac{46{,}03}{100} \right) + 357{,}60 + 2{,}50 \right] \cdot \left(1 + \frac{20}{100} + \frac{15}{100} \right) + 5{,}00$$

$$= 786{,}85 \, \frac{\text{€}}{\text{Stück}}$$

Produktart 2:

$$k_{S2} = \left[380{,}00 \cdot \left(1 + \frac{46{,}03}{100} \right) + 439{,}25 + 4{,}00 \right] \cdot \left(1 + \frac{20}{100} + \frac{15}{100} \right) + 7{,}50$$

$$= 1.355{,}02 \, \frac{\text{€}}{\text{Stück}}$$

Produktart 3:

$$k_{S3} = \left[240{,}00 \cdot \left(1 + \frac{46{,}03}{100} \right) + 464{,}70 + 3{,}20 \right] \cdot \left(1 + \frac{20}{100} + \frac{15}{100} \right) + 4{,}30$$

$$= 1.109{,}10 \, \frac{\text{€}}{\text{Stück}} \, .$$

Der Fall der heterogenen Kostenverursachung zeichnet sich dadurch aus, dass die in einer Fertigungsstelle $m \, (m = 1, ..., M)$ auftretenden Kosten sich zu jeweils unterschiedlichen Maßgrößen der Kostenverursachung proportional verhalten. Bei der Stundensatzkalkulation können in einer Fertigungsstelle mit heterogener Kostenverursachung beispielsweise die Fertigungslöhne von den Fertigungszeiten abhängen, während die Betriebsstoffkosten mit den Maschinenlaufzeiten variieren. Für diese Fertigungsstelle werden dann zwei Bezugsgrößen gewählt, die Fertigungszeit und die Maschinenlaufzeit.

Besteht allerdings zwischen den innerhalb einer Fertigungsstelle gewählten Bezugsgrößen eine proportionale Beziehung, so gilt das Gesetz von der Austauschbarkeit der Maßgrößen,[217] d.h. es genügt die Festsetzung einer einzigen Bezugsgröße. Diese proportionale Beziehung zwischen Fertigungszeit und Maschinenlaufzeit ist dann gegeben, wenn eine feste Bedienungsrelation vorliegt, d.h. wenn beispielsweise ein Arbeiter immer genau zwei Maschinen bedient. Die Maschinenlaufzeit ist folglich immer doppelt so hoch wie die Fertigungszeit, sofern keine Rüstzeiten anfallen. Es genügt dann als Bezugsgröße entweder die Fertigungszeit oder die Maschinenlaufzeit zu wählen.

---

217   Vgl. Rummel, K.: Einheitliche Kostenrechnung, a.a.O., S. 5.

Es wird nun der Fall untersucht, in dem keine proportionalen Beziehungen zwischen den gewählten Bezugsgrößen einer Fertigungsstelle bestehen. In der Fertigungsstelle $m\left(m=1,...,M\right)$ werden $k_m\left(k_m=1,...,K_m\right)$ Bezugsgrößen ausgewählt. Für die Produktart $j\left(j=1,...,J\right)$, die die Fertigungsstellen $m\left(m=1,...,M\right)$ durchläuft, ergeben sich dann folgende Selbstkosten pro Produkteinheit:

$$k_{Sj} = \left[k_{MEj} \cdot \left(1 + \frac{d_M}{100}\right) + \sum_{m=1}^{M} \sum_{k_m=1}^{K_m} d_{mk_m} \cdot b_{mk_m j} + e_{Fj} \right]$$

$$\cdot \left(1 + \frac{d_{Vw}}{100} + \frac{d_{Vt}}{100}\right) + e_{Vtj}, \qquad\qquad j=1,...,J.$$

Darin bezeichnet:

d_{mk_m} den für Fertigungsstelle m geltenden Kostensatz pro Einheit der gewählten Bezugsgröße k_m,

$b_{mk_m j}$ die pro Einheit der Produktart j in Anspruch genommenen Einheiten der gewählten Bezugsgröße k_m in Fertigungsstelle m und

K_m die in Fertigungsstelle m erforderliche Bezugsgrößenanzahl.

Die Ermittlung der Material-, Verwaltungs- und Vertriebsgemeinkostenzuschlagssätze erfolgt gemäß der im Rahmen der (Lohn-) Zuschlagskalkulation dargestellten Weise. Der Klammerausdruck

$$\left[k_{MEj} \cdot \left(1 + \frac{d_M}{100}\right) + \sum_{m=1}^{M} \sum_{k_m=1}^{K_m} d_{mk_m} \cdot b_{mk_m j} + e_{Fj} \right]$$

bezeichnet die Herstellkosten pro Einheit der Produktart j.

Ein Unternehmen stelle in der Kalkulationsperiode, die einen Monat beträgt, drei unterschiedliche Produktarten her. Sämtliche Produktarten durchlaufen vier aufeinander folgende Fertigungsstellen. In den Fertigungsstellen fallen Fertigungslöhne und Betriebsstoffkosten (Fertigungsgemeinkosten) an. Es ist von heterogener Kostenverursachung auszugehen, d.h. in jeder Fertigungsstelle verhalten sich die Fertigungslöhne und Betriebsstoffkosten zu unterschiedlichen Bezugsgrößen proportional und innerhalb einer Fertigungsstelle besteht keine Proportionalitätsbeziehung zwischen den gewählten Bezugsgrößen. In Tabelle 4.27 sind die während der Kalkulationsperiode in den einzelnen Stellen entstandenen Fertigungslöhne und Betriebsstoffkosten aufgeführt. Darüber hinaus enthält Tabelle 4.27 die in der jeweiligen Fertigungsstelle zur Verrechnung der Fertigungslöhne und Betriebsstoffkosten gewählten Bezugsgrößen und die im Abrechnungsmonat verbrauchten Bezugsgrößeneinheiten. In Tabelle 4.28 sind die im Abrechnungsmonat erstellten Mengen (gemessen in Stück) der verschiedenen Produktarten aufgeführt. Des Weiteren enthält Tabelle 4.28 die pro Einheit der jeweiligen Produktart entstandenen Materialeinzelkosten sowie die Sondereinzelkosten der Fertigung und des Vertriebs. Tabelle 4.29 enthält die zur Verrechnung der Fertigungslöhne in den einzelnen Fertigungsstellen beanspruchten Einheiten der gewählten Bezugsgröße pro Einheit der jeweiligen Produktart sowie die zur Verrechnung der Betriebsstoffkosten in den einzelnen Fertigungsstellen beanspruchten Einheiten der gewählten Bezugsgröße pro Einheit der jeweiligen Produktart.

Die Materialgemeinkosten K_{MG} betragen in der Kalkulationsperiode 33.972 €. An Verwaltungsgemeinkosten K_{VwG} bzw. Vertriebsgemeinkosten K_{VtG} sind in der Kalkulationsperiode 44.000 € bzw. 33.000 € angefallen.

Im folgenden Zahlenbeispiel stimmen die zur Ermittlung der Zuschlagssätze für Material-, Verwaltungs- und Vertriebsgemeinkosten benötigten Daten mit den Daten aus dem Beispiel zur (Lohn-) Zuschlagskalkulation überein – die Fertigungsgemeinkosten werden hier als Betriebsstoffkosten angesetzt –, so dass diese Zuschlagssätze übernommen werden können. Demnach betragen der Materialgemeinkostenzuschlagssatz d_M = 46,03 %, der Verwaltungsgemeinkostenzuschlagssatz d_{Vw} = 20 % und der Vertriebsgemeinkostenzuschlagssatz d_{Vt} = 15 %.

Tabelle 4.27: Beispiel zur Bezugsgrößenkalkulation bei heterogener Kostenverursachung (M.min. = Maschinenminuten) (I)

		Fertigungsstelle			
		1	2	3	4
Fertigungslöhne	K_{FLm} in $\dfrac{€}{Monat}$	9.900	16.200	9.840	15.600
	gewählte Bezugsgröße	Ftg.min.	kg	Ftg.min.	cm²
	verbrauchte Einheiten pro Monat	6.600	13.500	8.200	15.600
Betriebsstoffkosten	K_{FGm} in $\dfrac{€}{Monat}$	8.910	24.300	7.872	18.720
	gewählte Bezugsgröße	M.min.	M.min.	M.min.	M.min.
	verbrauchte Einheiten pro Monat	2.700	9.720	3.280	5.850

Tabelle 4.28: Beispiel zur Bezugsgrößenkalkulation bei heterogener Kostenverursachung (II)

Produktart	produzierte Menge in	Material-einzelkosten	Sondereinzelkosten	
			der Fertigung	des Vertriebs
		k_{MEj} in	e_{Fj} in	e_{Vj} in
j	$\dfrac{\text{Stück}}{\text{Monat}}$	$\dfrac{\text{€}}{\text{Stück}}$	$\dfrac{\text{€}}{\text{Stück}}$	$\dfrac{\text{€}}{\text{Stück}}$
1	60	150,00	2,50	5,00
2	120	380,00	4,00	7,50
3	80	240,00	3,20	4,30

Tabelle 4.29: Beispiel zur Bezugsgrößenkalkulation bei heterogener Kostenverursachung (III)

Produktart	bzgl. der Fertigungskosten beanspruchte Bezugsgrößeneinheiten pro Produkteinheit in Fertigungsstelle				bzgl. der Betriebsstoffkosten beanspruchte Bezugsgrößeneinheiten pro Produkteinheit in Fertigungsstelle			
	1	2	3	4	1	2	3	4
j	$\dfrac{\text{Ftg.min.}}{\text{Stück}}$	$\dfrac{\text{kg}}{\text{Stück}}$	$\dfrac{\text{Ftg.min.}}{\text{Stück}}$	$\dfrac{\text{cm}^2}{\text{Stück}}$	$\dfrac{\text{M.min.}}{\text{Stück}}$	$\dfrac{\text{M.min.}}{\text{Stück}}$	$\dfrac{\text{M.min.}}{\text{Stück}}$	$\dfrac{\text{M.min.}}{\text{Stück}}$
1	40	30	10	60	9	30	12	24,5
2	15	37,5	50	80	10	32	14	21,5
3	30	90	20	30	12	51	11	22,5

Um die Selbstkosten pro Stück für die einzelnen Produktarten ermitteln zu können, müssen zunächst für sämtliche Bezugsgrößen k_m, die in der Fertigungsstelle m gewählt wurden, die entsprechenden Bezugsgrößen-Kostensätze d_{mk_m} berechnet werden. Im Beispiel sind jeder Fertigungsstelle zwei verschiedene Bezugsgrößen zugeordnet. Die jeweilige Bezugsgröße, die zur Verrechnung der Fertigungslöhne herangezogen wird, erhält den Index $k_m = 1$, der zur Verrechnung der Betriebsstoffkosten herangezogenen Bezugsgröße wird der Index $k_m = 2$ zugeteilt. Bezüglich der Fertigungslöhne erhält man die Bezugsgrößen-Kostensätze der einzelnen Fertigungsstellen als Quotient aus den Fertigungslöhnen und den in der jeweiligen Fertigungsstelle verbrauchten Bezugsgrößeneinheiten. Man erhält somit für

Fertigungsstelle 1: $d_{11} = \dfrac{9.900}{6.600} = 1{,}50 \dfrac{\text{€}}{\text{Ftg.min.}}$

Fertigungsstelle 2: $d_{21} = \dfrac{16.200}{13.500} = 1{,}20 \dfrac{\text{€}}{\text{kg}}$

Fertigungsstelle 3: $d_{31} = \dfrac{9.840}{8.200} = 1{,}20 \dfrac{\text{€}}{\text{Ftg.min.}}$

Fertigungsstelle 4: $d_{41} = \dfrac{15.600}{15.600} = 1{,}00 \dfrac{\text{€}}{\text{cm}^2}$.

Bezüglich der Betriebsstoffkosten errechnen sich die Bezugsgrößen-Kostensätze der verschiedenen Fertigungsstellen als Quotient aus Betriebsstoffkosten und jeweils verbrauchten Bezugsgrößeneinheiten. Somit ergibt sich für

Fertigungsstelle 1: $d_{12} = \dfrac{8.910}{2.700} = 3{,}30 \dfrac{\text{€}}{\text{M.min.}}$

Fertigungsstelle 2: $d_{22} = \dfrac{24.300}{9.720} = 2{,}50 \dfrac{\text{€}}{\text{M.min.}}$

Fertigungsstelle 3: $d_{32} = \dfrac{7.872}{3.280} = 2{,}40 \dfrac{\text{€}}{\text{M.min.}}$

Fertigungsstelle 4: $d_{42} = \dfrac{18.720}{5.850} = 3{,}20 \dfrac{\text{€}}{\text{M.min.}}$.

Die Fertigungskosten pro Stück erhält man für Produktart j, indem man die jeweils von ihr beanspruchten Bezugsgrößeneinheiten in Fertigungsstelle m mit dem entsprechenden Bezugsgrößen-Kostensatz dieser Fertigungsstelle multipliziert und über alle durchlaufenen Fertigungsstellen aufsummiert. Demnach betragen die Fertigungskosten pro Stück für

Produktart 1:

$$\sum_{m=1}^{4} \sum_{k_m=1}^{2} d_{mk_m} \cdot b_{mk_m 1} = 1{,}50 \cdot 40 + 1{,}20 \cdot 30 + 1{,}20 \cdot 10 + 1{,}00 \cdot 60 + 3{,}30 \cdot 9$$

$$+\, 2{,}50 \cdot 30 + 2{,}40 \cdot 12 + 3{,}20 \cdot 24{,}5 = 379{,}90 \,\frac{\text{€}}{\text{Stück}}$$

Produktart 2:

$$\sum_{m=1}^{4} \sum_{k_m=1}^{2} d_{mk_m} \cdot b_{mk_m 2} = 1{,}50 \cdot 15 + 1{,}20 \cdot 37{,}5 + 1{,}20 \cdot 50 + 1{,}00 \cdot 80 + 3{,}30 \cdot 10$$

$$+\, 2{,}50 \cdot 32 + 2{,}40 \cdot 14 + 3{,}20 \cdot 21{,}5 = 422{,}90 \,\frac{\text{€}}{\text{Stück}}$$

Produktart 3:

$$\sum_{m=1}^{4} \sum_{k_m=1}^{2} d_{mk_m} \cdot b_{mk_m 3} = 1,50 \cdot 30 + 1,20 \cdot 90 + 1,20 \cdot 20 + 1,00 \cdot 30 + 3,30 \cdot 12$$

$$+ 2,50 \cdot 51 + 2,40 \cdot 11 + 3,20 \cdot 22,5 = 472,50 \frac{\text{€}}{\text{Stück}}.$$

Nun können die Selbstkosten pro Einheit der jeweiligen Produktart berechnet werden. Man erhält für

Produktart 1:

$$k_{S1} = \left[150,00 \cdot \left(1 + \frac{46,03}{100} \right) + 379,90 + 2,50 \right] \cdot \left(1 + \frac{20}{100} + \frac{15}{100} \right) + 5,00$$

$$= 816,95 \frac{\text{€}}{\text{Stück}}$$

Produktart 2:

$$k_{S2} = \left[380,00 \cdot \left(1 + \frac{46,03}{100} \right) + 422,90 + 4,00 \right] \cdot \left(1 + \frac{20}{100} + \frac{15}{100} \right) + 7,50$$

$$= 1.332,95 \frac{\text{€}}{\text{Stück}}$$

Produktart 3:

$$k_{S3} = \left[240,00 \cdot \left(1 + \frac{46,03}{100} \right) + 472,50 + 3,20 \right] \cdot \left(1 + \frac{20}{100} + \frac{15}{100} \right) + 4,30$$

$$= 1.119,63 \frac{\text{€}}{\text{Stück}}.$$

Bislang wurden lediglich Kalkulationsverfahren für einteilige Produkte untersucht. Im Folgenden wird nun die Kalkulation von mehrteiligen Produkten bei homogener Kostenverursachung betrachtet.

4.3.3.3 Kalkulation für mehrteilige Produkte

Die Erstellung mehrteiliger Produkte kann danach unterschieden werden, ob einstufige oder mehrstufige Fertigung vorliegt. Die im Folgenden erläuterten Kalkulationsverfahren beziehen sich auf mehrteilige Produkte bei mehrstufiger Fertigung. Dabei wird unterstellt, dass sich ein in mehreren Stufen gefertigtes Produkt aus Eigenfertigungsteilen, Fremdbezugsteilen und verschiedenen untergeordneten Baugruppen zusammensetzen kann. Die untergeordneten Baugruppen können ihrerseits ebenfalls aus Eigenfertigungsteilen, Fremdbezugsteilen oder verschiedenen Baugruppen bestehen. Als Kalkulationsverfahren für mehrteilige Produkte bei mehrstufiger Fertigung eignen sich die Stufenkalkulation und die summarische Kalkulation.

4.3.3.3.1 Die Stufenkalkulation

Bei diesem Kalkulationsverfahren erfolgt die Ermittlung der Selbstkosten pro Endprodukteinheit schrittweise gemäß dem konstruktiven Aufbau bzw. der Montagefolge des Endproduktes.[218] Zunächst werden die Herstellkosten der Eigenfertigungsteile ermittelt, wobei in der Regel die Zuschlags- oder Bezugsgrößenkalkulation eingesetzt wird. Fremdbezugsteile sind mit ihren Einstandspreisen zuzüglich der Materialgemeinkostenzuschläge zu bewerten. Im nächsten Schritt werden die Herstellkosten der untergeordneten Baugruppen ermittelt. Dafür muss festgestellt werden, welche Eigenfertigungsteile, Fremdbezugsteile bzw. Baugruppen direkt in die betreffende Baugruppe eingehen und wie viele Einheiten von den Eigenfertigungsteilen, Fremdbezugsteilen bzw. Baugruppen pro Einheit der betrachteten Baugruppe (direkt) benötigt werden (Produktionskoeffizient). Die Herstellkosten der betrachteten Baugruppe setzen sich dann zusammen aus:

- den Herstellkosten der direkt eingehenden Eigenfertigungsteile multipliziert mit den entsprechenden Produktionskoeffizienten,
- den Einstandspreisen (inklusive Materialgemeinkostenzuschlag) der direkt eingehenden Fremdbezugsteile multipliziert mit den entsprechenden Produktionskoeffizienten,
- den Herstellkosten der direkt eingehenden Baugruppen multipliziert mit den entsprechenden Produktionskoeffizienten und
- den Montagekosten, die zur Erstellung einer Einheit der betrachteten Baugruppe anfallen.

Im letzten Schritt werden dann die Herstell- und Selbstkosten pro Endprodukteinheit ermittelt. Auch hierfür muss zunächst untersucht werden, welche Eigenfertigungsteile, Fremdbezugsteile bzw. untergeordneten Baugruppen direkt in das Endprodukt eingehen und wie viele Einheiten von den Eigenfertigungsteilen, Fremdbezugsteilen bzw. untergeordneten Baugruppen pro Einheit des Endproduktes benötigt werden. Die Herstellkosten des Endproduktes werden dann analog zu denen von Baugruppen (siehe oben) berechnet, wobei abweichend noch die

---

[218] Vgl. zu den folgenden Ausführungen Kilger, W.: Einführung in die Kostenrechnung, a.a.O., S. 344ff.

Montagekosten hinzukommen, die zur Erstellung einer Einheit des Endproduktes anfallen.

Um die Selbstkosten pro Endprodukteinheit zu erhalten, müssen auf die Herstellkosten pro Endprodukteinheit noch die Verwaltungs- und Vertriebsgemeinkostenzuschläge verrechnet und die Sondereinzelkosten des Vertriebs hinzuaddiert werden.

Durchläuft das Eigenfertigungsteil u $(u = 1, ..., U)$ die Fertigungsstellen m $(m = 1, ..., M)$, so erhält man folgende Herstellkosten pro Einheit des Eigenfertigungsteils u:

$$k_{Hu}^{ET} = k_{MEu}^{ET} \cdot \left(1 + \frac{d_M^{ET}}{100}\right) + \sum_{m=1}^{M} d_m \cdot b_{mu} + e_{Fu} , \qquad u = 1, ..., U .$$

Darin bezeichnet:

k_{Hu}^{ET} die Herstellkosten pro Einheit des Eigenfertigungsteils u,

k_{MEu}^{ET} die Materialeinzelkosten pro Einheit des Eigenfertigungsteils u,

b_{mu} die pro Einheit des Eigenfertigungsteils u in Anspruch genommenen Einheiten der für Fertigungsstelle m gewählten Bezugsgröße,

e_{Fu} die Sondereinzelkosten der Fertigung pro Einheit des Eigenfertigungsteils u und

d_M^{ET} den Materialgemeinkostenzuschlagssatz für das Eigenfertigungsteil.

Pro Einheit des benötigten Fremdbezugsteils w $(w = 1, ..., W)$ werden folgende Kosten angesetzt:

$$k_w^{FT} = q_w \cdot \left(1 + \frac{d_M^{FT}}{100}\right) , \qquad w = 1, ..., W .$$

Darin bezeichnet:

k_w^{FT} die pro Einheit des Fremdbezugsteils w anzusetzenden Kosten,

q_w den Einstandspreis pro Einheit des Fremdbezugsteils w und

d_M^{FT} den Materialgemeinkostenzuschlagssatz für das Fremdbezugteil.

Die auf der nächsten Stufe zu ermittelnden Herstellkosten pro Einheit der Baugruppe z $(z = 1, ..., Z)$ errechnet man als:

$$k_{Hz}^{BG} = \sum_{u=1}^{U} k_{Hu}^{ET} \cdot a_{uz}^{ET} + \sum_{w=1}^{W} k_w^{FT} \cdot a_{wz}^{FT} + \sum_{z'=1}^{z-1} k_{Hz'}^{BG} \cdot a_{z'z}^{BG} + k_{MONz}^{BG} , \qquad z = 1, ..., Z .$$

Darin bezeichnet:

k_{Hz}^{BG} die Herstellkosten pro Einheit der Baugruppe z,

$k_{Hz'}^{BG}$ die Herstellkosten pro Einheit der Baugruppe z',

k_{MONz}^{BG} die Montagekosten pro Einheit der Baugruppe z,

a_{uz}^{ET} die von Eigenfertigungsteil u direkt benötigten Einheiten pro Einheit der Baugruppe z (Produktionskoeffizient),

a_{wz}^{FT} die von Fremdbezugsteil w direkt benötigten Einheiten pro Einheit der Baugruppe z (Produktionskoeffizient) und

$a_{z'z}^{BG}$ die von Baugruppe z' direkt benötigten Einheiten pro Einheit der Baugruppe z (Produktionskoeffizient).

Die Summation

$$\sum_{z'=1}^{z-1} a_{z'z}^{BG} \cdot k_{Hz'}^{BG}$$

setzt, ohne praktisch eine Einschränkung darzustellen, voraus, dass Baugruppen, die eine höhere Nummer aufweisen, nicht in Baugruppen mit niedrigerer Nummer eingehen. D.h. dass z.B. die Baugruppe 7 in die Baugruppe 8 eingehen kann, jedoch nicht umgekehrt 8 in 7. Die Herstellkosten pro Einheit des Endproduktes j $(j = 1, ..., J)$ erhält man gemäß folgender Formel:

$$k_{Hj}^{EP} = \sum_{u=1}^{U} k_{Hu}^{ET} \cdot a_{uj}^{ET} + \sum_{w=1}^{W} k_{w}^{FT} \cdot a_{wj}^{FT} + \sum_{z=1}^{Z} k_{Hz}^{BG} \cdot a_{zj}^{BG} + k_{MONj}^{EP}, \qquad j = 1, ..., J.$$

Darin bezeichnet:

k_{Hj}^{EP} die Herstellkosten pro Einheit des Endproduktes j,

k_{MONj}^{EP} die Montagekosten pro Einheit des Endproduktes j,

a_{uj}^{ET} die von Eigenfertigungsteil u direkt benötigten Einheiten pro Einheit des Endproduktes j (Produktionskoeffizient),

a_{wj}^{FT} die von Fremdbezugsteil w direkt benötigten Einheiten pro Einheit des Endproduktes j (Produktionskoeffizient) und

a_{zj}^{BG} die von Baugruppe z direkt benötigten Einheiten pro Einheit des Endproduktes j (Produktionskoeffizient).

Schließlich erhält man die Selbstkosten pro Einheit des Endproduktes j als:

$$k_{Sj}^{EP} = k_{Hj}^{EP} \cdot \left(1 + \frac{d_{Vw}}{100} + \frac{d_{Vt}}{100} \right) + e_{Vtj}, \qquad j = 1, ..., J.$$

Darin bezeichnet:

k_{Sj}^{EP} die Selbstkosten pro Einheit des Endproduktes j.

Der konstruktive Aufbau eines Endproduktes möge beispielsweise durch den folgenden Gozinto-Graphen der Abb. 4.7 dargestellt werden, wobei aus Vereinfachungsgründen Eigenfertigungsteile, Fremdbezugsteile, Baugruppen und das Endprodukt jeweils in der Einheit Stück gemessen werden.

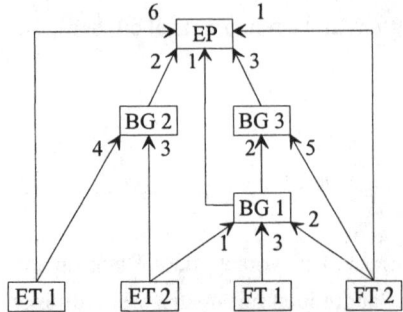

Abb. 4.7:   Gozinto-Graph (EP = Endprodukt, BG = Baugruppe, FT = Fremdbezugsteil, ET = Eigenfertigungsteil)

Die Zahlen an den Pfeilen geben die jeweiligen Produktionskoeffizienten an. Zur Herstellung der beiden Eigenfertigungsteile müssen drei Fertigungsstellen durchlaufen werden. Tabelle 4.30 enthält die in den einzelnen Fertigungsstellen beanspruchten Einheiten der dort gewählten Bezugsgröße pro Einheit des jeweiligen Eigenfertigungsteils sowie die Bezugsgrößen-Kostensätze der verschiedenen Fertigungsstellen. Darüber hinaus enthält Tabelle 4.30 die für die beiden Eigenfertigungsteile angefallenen Materialeinzelkosten und die Sondereinzelkosten der Fertigung. In Tabelle 4.31 sind die Montagekosten für die verschiedenen Baugruppen und das Endprodukt aufgeführt. Bei den Montagekosten handelt es sich um primäre variable Kosten pro Einheit des Erzeugnisses, das in der betreffenden Montagestelle gefertigt wird.

Fremdbezugsteil 1 bzw. 2 kann zum Einstandspreis von 5,50 € pro Stück bzw. 7,80 € pro Stück beschafft werden. Der Materialgemeinkostenzuschlagssatz beträgt sowohl für Eigenfertigungs- als auch für Fremdbezugsteile 40 %. Der Verwaltungs- bzw. Vertriebsgemeinkostenzuschlagsatz beträgt 20 % bzw. 15 %. Für das Endprodukt fallen Sondereinzelkosten des Vertriebs in Höhe von 7,80 € pro Stück an.

Tabelle 4.30: Beispiel zur Stufenkalkulation (I)

	beanspruchte Bezugsgrößeneinheiten pro ET in Fertigungsstelle			Material-einzelkosten	Sondereinzel-kosten der Fertigung
	1	2	3	k_{MEu}^{ET} in	e_{Fu} in
	in			€	€
	$\dfrac{\text{M.min.}}{\text{Stück}}$	$\dfrac{\text{cm}^2}{\text{Stück}}$	$\dfrac{\text{kg}}{\text{Stück}}$	$\dfrac{€}{\text{Stück}}$	$\dfrac{€}{\text{Stück}}$
ET 1	40	20	10	150,00	2,50
ET 2	15	25	50	380,00	4,00
Bezugsgrößen-Kostensatz	$3,11\ \dfrac{€}{\text{M.min.}}$	$2,50\ \dfrac{€}{\text{cm}^2}$	$1,85\ \dfrac{€}{\text{kg}}$		

Tabelle 4.31: Beispiel zur Stufenkalkulation (II)

	Montagekosten in $\dfrac{€}{\text{Stück}}$
BG 1	$k_{MON1}^{BG} =$ 57,50
BG 2	$k_{MON2}^{BG} =$ 128,00
BG 3	$k_{MON3}^{BG} =$ 48,50
EP	$k_{MON}^{EP} =$ 105,00

Für Eigenfertigungsteil 1 ergeben sich folgende Herstellkosten:

$$k_{H1}^{ET} = 150,00 \cdot \left(1 + \frac{40}{100}\right) + 3,11 \cdot 40 + 2,50 \cdot 20 + 1,85 \cdot 10 + 2,50 = 405,40 \ \frac{€}{\text{Stück}}.$$

Die Herstellkosten für Eigenfertigungsteil 2 betragen:

$$k_{H2}^{ET} = 380,00 \cdot \left(1 + \frac{40}{100}\right) + 3,11 \cdot 15 + 2,50 \cdot 25 + 1,85 \cdot 50 + 4,00 = 737,65 \ \frac{€}{\text{Stück}}.$$

Fremdbezugsteil 1 ist mit folgenden Kosten anzusetzen:

$$k_1^{FT} = 5,50 \cdot \left(1 + \frac{40}{100}\right) = 7,70 \ \frac{€}{\text{Stück}}.$$

Für Fremdbezugsteil 2 ergeben sich Kosten in Höhe von:

$$k_2^{FT} = 7,80 \cdot \left(1 + \frac{40}{100}\right) = 10,92 \; \frac{\text{€}}{\text{Stück}} \, .$$

Zur Ermittlung der Herstellkosten für die Baugruppen benötigt man die im Gozinto-Graphen angegebenen Produktionskoeffizienten. Diese werden aus Übersichtlichkeitsgründen in der Direktbedarfsmatrix der Abb. 4.8 dargestellt.

in von	ET 1	ET 2	FT 1	FT 2	BG 1	BG 2	BG 3	EP
ET 1						4		6
ET 2					1	3		
FT 1				3				
FT 2					2		5	1
BG 1							2	1
BG 2								2
BG 3								3
EP								

Abb. 4.8:   Direktbedarfsmatrix

Für die verschiedenen Baugruppen erhält man somit folgende Herstellkosten:

Baugruppe 1: $k_{H1}^{BG} = 737,65 \cdot 1 + 7,70 \cdot 3 + 10,92 \cdot 2 + 57,50 = 840,09 \; \dfrac{\text{€}}{\text{Stück}}$

Baugruppe 2: $k_{H2}^{BG} = 405,40 \cdot 4 + 737,65 \cdot 3 + 128,00 = 3.962,55 \; \dfrac{\text{€}}{\text{Stück}}$

Baugruppe 3: $k_{H3}^{BG} = 10,92 \cdot 5 + 840,09 \cdot 2 + 48,50 = 1.783,28 \; \dfrac{\text{€}}{\text{Stück}} \, .$

Damit ergeben sich folgende Herstellkosten für das Endprodukt:

$$k_H^{EP} = 405,40 \cdot 6 + 10,92 \cdot 1 + 840,09 \cdot 1 + 3.962,55 \cdot 2 + 1.783,28 \cdot 3 + 105,00$$

$$= 16.663,35 \; \frac{\text{€}}{\text{Stück}} \, .$$

Als Selbstkosten erhält man für das Endprodukt:

$$k_S^{EP} = 16.663,35 \cdot \left(1 + \frac{20}{100} + \frac{15}{100}\right) + 7,80 = 22.503,32 \text{ €.}$$

4.3.3.3.2 Die summarische Kalkulation

Die summarische Kalkulation zeichnet sich dadurch aus, dass die in das Endprodukt eingehenden Eigenfertigungsteile, Fremdbezugsteile und untergeordneten Baugruppen mit ihren insgesamt benötigten Einheiten pro Endprodukteinheit, d.h. mit den Gesamtbedarfskoeffizienten erfasst werden.[219] Die Herstellkosten des Endproduktes setzen sich dann zusammen aus:

– den Herstellkosten der insgesamt eingehenden Eigenfertigungsteile multipliziert mit den entsprechenden Gesamtbedarfskoeffizienten,
– den Einstandspreisen (inklusive Materialgemeinkostenzuschlag) der insgesamt eingehenden Fremdbezugsteile multipliziert mit den entsprechenden Gesamtbedarfskoeffizienten,
– den Montagekosten der insgesamt eingehenden Baugruppen multipliziert mit den entsprechenden Gesamtbedarfskoeffizienten und
– den Montagekosten, die zur Erstellung einer Einheit des Endproduktes anfallen.

Da bei der summarischen Kalkulation die insgesamt benötigten Mengen betrachtet werden, dürfen, um Doppelzählungen zu vermeiden, die untergeordneten Baugruppen nur mit ihren Montagekosten und nicht mit ihren Herstellkosten berücksichtigt werden.

Um die Selbstkosten pro Endprodukteinheit zu erhalten, müssen auf die Herstellkosten pro Endprodukteinheit noch die Verwaltungs- und Vertriebsgemeinkostenzuschläge verrechnet und die Sondereinzelkosten des Vertriebs hinzuaddiert werden.

Die Herstellkosten pro Einheit des jeweiligen Eigenfertigungsteils und die pro Einheit des jeweiligen Fremdbezugsteils anzusetzenden Kosten werden entsprechend der in der Stufenkalkulation dargestellten Vorgehensweise ermittelt.

Die Herstellkosten pro Einheit des Endproduktes j $(j = 1, ..., J)$ erhält man gemäß folgender Formel:

$$k_{Hj}^{EP} = \sum_{u=1}^{U} k_{Hu}^{ET} \cdot g_{uj}^{ET} + \sum_{w=1}^{W} k_w^{FT} \cdot g_{wj}^{FT} + \sum_{z=1}^{Z} k_{MONz}^{BG} \cdot g_{zj}^{BG} + k_{MONj}^{EP} , \qquad j = 1, ..., J .$$

---

[219] Vgl. zu den folgenden Ausführungen Kilger, W.: Einführung in die Kostenrechnung, a.a.O., S. 347f.

Darin bezeichnet:

g_{uj}^{ET} die von Eigenfertigungsteil u insgesamt benötigten Einheiten pro Einheit des Endproduktes j (Gesamtbedarfskoeffizient),

g_{wj}^{FT} die von Fremdbezugsteil w insgesamt benötigten Einheiten pro Einheit des Endproduktes j (Gesamtbedarfskoeffizient) und

g_{zj}^{BG} die von Baugruppe z insgesamt benötigten Einheiten pro Einheit des Endproduktes j (Gesamtbedarfskoeffizient).

Schließlich erhält man die Selbstkosten pro Einheit des Endproduktes j als:

$$ k_{Sj}^{EP} = k_{Hj}^{EP} \cdot \left(1 + \frac{d_{Vw}}{100} + \frac{d_{Vt}}{100} \right) + e_{Vtj}, \qquad j = 1, \dots, J . $$

Ausgehend von dem im Rahmen der Stufenkalkulation dargestellten Beispiel sollen nun die Herstell- und Selbstkosten pro Endprodukteinheit mittels summarischer Kalkulation ermittelt werden. Die Herstellkosten für die Eigenfertigungsteile 1 bzw. 2 betragen (wie bereits ermittelt) 405,40 bzw. 737,65 € pro Stück. Für Fremdbezugsteil 1 bzw. 2 fallen Kosten in Höhe von 7,70 bzw. 10,92 € pro Stück an. Die benötigten Gesamtbedarfskoeffizienten lassen sich aus dem Gozinto-Graphen ableiten, indem man für sämtliche Wege, auf denen ein Teil in ein anderes Teil eingeht, die Menge berechnet (durch Multiplikation der Produktionskoeffizienten), die von dem Teil auf dem jeweiligen Weg benötigt wird, und dann die Mengen über sämtliche Wege aufsummiert. So geht beispielsweise Eigenfertigungsteil 1 direkt mit sechs Einheiten in das Endprodukt ein. Über die Baugruppe 2 gehen $4 \cdot 2 = 8$ Einheiten von Eigenfertigungsteil 1 in das Endprodukt ein. Es werden also insgesamt $6 + 8 = 14$ Einheiten von Eigenfertigungsteil 1 benötigt, um eine Einheit des Endproduktes herzustellen. Die Gesamtbedarfskoeffizienten der übrigen Teile werden analog ermittelt und sind in der folgenden Gesamtbedarfsmatrix der Abb. 4.9 aufgeführt. Prinzipiell genügt es, nur die letzte Spalte der Gesamtbedarfsmatrix anzugeben, da dort die Eigenfertigungsteile, Fremdbezugsteile und Baugruppen mit ihren insgesamt benötigten Einheiten pro Endprodukteinheit aufgeführt sind.

in von	ET 1	ET 2	FT 1	FT 2	BG 1	BG 2	BG 3	EP
ET 1	1					4		14
ET 2		1		1	3	2		13
FT 1			1		3		6	21
FT 2				1	2		9	30
BG 1					1		2	7
BG 2						1		2
BG 3							1	3
EP								1

Abb. 4.9: Gesamtbedarfsmatrix

Damit ergeben sich folgende Herstellkosten für das Endprodukt:

$$k_H^{EP} = 405,40 \cdot 14 + 737,65 \cdot 13 + 7,70 \cdot 21 + 10,92 \cdot 30$$
$$+ 57,50 \cdot 7 + 128,00 \cdot 2 + 48,50 \cdot 3 + 105,00 = 16.663,35 \, \frac{\text{€}}{\text{Stück}}.$$

Als Selbstkosten erhält man für das Endprodukt:

$$k_S^{EP} = 16.663,35 \cdot \left(1 + \frac{20}{100} + \frac{15}{100}\right) + 7,80 = 22.503,32 \, \frac{\text{€}}{\text{Stück}}.$$

Es wird deutlich, dass die Stufenkalkulation und die summarische Kalkulation zu den gleichen Kalkulationsergebnissen führen. Aus kalkulatorischer Sicht spielt es also keine Rolle, welches Verfahren angewandt wird. Allerdings liegt ein entscheidender Vorteil der Stufenkalkulation darin, dass mehrfach verwendete Teile und Baugruppen nur einmal kalkuliert werden müssen.[220]

Den bislang dargestellten Kalkulationsverfahren für einteilige und mehrteilige Produkte lagen Produktionsprozesse zugrunde, in denen, sofern mehrere Produktarten erstellt wurden, die Herstellung dieser Produktarten unabhängig voneinander stattfand. Liegen jedoch Produktionsprozesse vor, die aus technologischen Gründen zwangsläufig zur gleichzeitigen Entstehung mehrerer Produktarten führen, deren Mengenrelationen entweder fest oder nur innerhalb bestimmter Intervallgrenzen veränderbar sind, so spricht man von Kuppelproduktion.[221] Als typisches Beispiel für Kuppelproduktion werden in der Literatur häufig Kokereien ange-

---

[220] Vgl. Raps, A. / Nuppeney, W.: Produktkosten-Controlling im System der Grenzplankostenrechnung, in: Kostenrechnungspraxis (1993) 3, S. 145-155, hier S. 148.

[221] Vgl. Kilger, W.: Einführung in die Kostenrechnung, a.a.O., S. 354.

führt, in denen aus Steinkohle gleichzeitig Koks, Gas, Teer, Benzol und andere Kohlewertstoffe gewonnen werden.[222] Im folgenden Kapitel sollen nun Kalkulationsverfahren betrachtet werden, die beim Vorliegen von Kuppelproduktion angewandt werden.

4.3.3.4 Kalkulation für Kuppelprodukte

Die Kuppelproduktion lässt sich nach der Anzahl der aufeinander folgenden Kuppelproduktionsprozesse unterscheiden in einfache und mehrfache Kuppelproduktion. Einfache Kuppelproduktion liegt dann vor, wenn in einem Unternehmen lediglich ein Produktionsprozess existiert, bei dem Kuppelprodukte entstehen. Nach Durchführung dieses Prozesses werden die entstandenen Kuppelprodukte – gegebenenfalls nach Weiterverarbeitung – ganz oder teilweise abgesetzt. Mehrfache Kuppelproduktion zeichnet sich dadurch aus, dass mehrere Kuppelproduktionsprozesse aufeinander folgen, wobei die Kuppelprodukte vorgelagerter Prozesse ganz oder teilweise als Einsatzstoffe in die nachgelagerten Prozesse eingehen.[223]

Die Kalkulation von Kuppelprodukten weist das Problem auf, dass eine Kostenträgerrechnung, die verursachungsgerecht nach Einzelprodukten differenziert, nicht möglich ist. Die Zurechnung der angefallenen Kosten auf die Kuppelprodukte wird folglich immer willkürlich bleiben.[224] Zu beachten ist in diesem Zusammenhang, dass nicht nur die fixen sondern auch die variablen Kosten des Kuppelproduktionsprozesses nicht verursachungsgerecht auf die Kuppelprodukte verrechnet werden können. Da jedoch die Bestandsbewertung und die Durchführung der kurzfristigen Erfolgsrechnung ohne produktindividuelle Stückkosten nicht möglich ist, versucht man, die Kosten des Kuppelprozesses mittels solcher Kalkulationsverfahren zuzurechnen, die auf anderen Prinzipien, wie z.B. dem Tragfähigkeitsprinzip basieren.[225] Allerdings darf bei Einsatz dieser Verfahren nie vergessen werden, dass es sich lediglich um Näherungsansätze handelt, die dem Verursachungsprinzip nicht entsprechen und folglich auch keine entscheidungsrele-

---

[222]   Vgl. Kilger, W.: Einführung in die Kostenrechnung, a.a.O., S. 354.

[223]   Vgl. Riebel, P.: Die Kuppelproduktion, Köln 1955, S. 77ff.; Kilger, W.: Einführung in die Kostenrechnung, a.a.O., S. 355.

[224]   Vgl. Brink, H.-J.: Zur Planung des optimalen Fertigungsprogramms, Köln et al. 1966, S. 32; Fandel, G.: Zur Berücksichtigung von Überschuß- bzw. Vernichtungsmengen in der optimalen Programmplanung bei Kuppelproduktion, in: Brockhoff, K. / Krelle, W. (Hrsg.): Unternehmensplanung, Berlin et al. 1981, S. 193-212, hier S. 193ff.

[225]   Vgl. Kapitel 2.4.

vanten Kosten liefern können.[226] Bei der nun folgenden Darstellung von Kalkulationsverfahren wird ausschließlich die einfache Kuppelproduktion betrachtet.

4.3.3.4.1 Das Subtraktions- oder Restwertverfahren

Anwendungsvoraussetzung für das Subtraktions- oder Restwertverfahren ist, dass eines der Kuppelprodukte eindeutig als Hauptprodukt aus dem Kuppelproduktionsprozess hervorgeht, während es sich bei den anderen Kuppelprodukten um Nebenprodukte handelt.[227] Das Kuppelprodukt, das als Hauptprodukt aus dem Produktionsprozess entsteht, zeichnet sich dadurch aus, dass seine Herstellung geplant ist, weil sein ökonomischer Wert den der Nebenprodukte weit übersteigt. Zur Kalkulation der Produkte eines Kuppelprozesses werden beim Subtraktions- oder Restwertverfahren von der Summe aus Herstellkosten und Vernichtungskosten die Nettoerlöse der Nebenprodukte – abzüglich der von ihnen (gegebenenfalls) zusätzlich verursachten Kosten – subtrahiert. Dieser Saldo wird nach dem Divisionsprinzip der Ausbringungsmenge des Hauptproduktes zugerechnet.

Zur Herleitung der Kalkulationsgleichungen sind folgende Annahmen zu treffen. Insgesamt entstehen im Kuppelproduktionsprozess j $(j = 1, \dots, J)$ Kuppelprodukte, die sich in ein Hauptprodukt und $(J - 1)$ Nebenprodukte unterteilen. Der Index J bezeichne das Hauptprodukt, das nach dem Produktionsprozess noch in m $(m = 1, \dots, M)$ Fertigungsstellen weiterverarbeitet wird. Die j $(j = 1, \dots, J - 1)$ Nebenprodukte werden wie folgt unterteilt:

$j = 1, \dots, J'$ Nebenprodukte werden vernichtet und

$j = J' + 1, \dots, J - 1$ Nebenprodukte werden – gegebenenfalls nach Weiterverarbeitung – verkauft.

Für die Selbstkosten pro Einheit des Hauptproduktes gilt dann:

$$k_{SJ} = \left[\frac{K_H + \sum_{j=1}^{J'} k_j \cdot x_j - \sum_{j=J'+1}^{J-1} k_{Hj} \cdot x_j}{x_J} + \sum_{m=1}^{M} d_m \cdot b_{mJ} + e_{FJ} \right]$$
$$\cdot \left(1 + \frac{d_{VwJ}}{100} + \frac{d_{VtJ}}{100} \right) + e_{VtJ}.$$

---

[226]   Vgl. Kilger, W.: Einführung in die Kostenrechnung, a.a.O., S. 355f.

[227]   Vgl. zu den folgenden Ausführungen Kilger, W.: Einführung in die Kostenrechnung, a.a.O., S. 356ff.

Darin bezeichnet:

k_{SJ} die Selbstkosten pro Einheit des Hauptproduktes,

K_H die Herstellkosten des Kuppelproduktionsprozesses,[228]

k_j die Vernichtungskosten pro Einheit des zu vernichtenden Nebenproduktes j $(j = 1, ..., J')$,

k_{Hj} die auf eine Einheit des zu verkaufenden Nebenproduktes j $(j = J' + 1, ..., J - 1)$ verrechneten Herstellkosten des Kuppelproduktionsprozesses,

x_j die Ausbringungsmenge des zu vernichtenden $(j = 1, ..., J')$ bzw. des zu verkaufenden $(j = J' + 1, ..., J - 1)$ Nebenproduktes j,

x_J die Ausbringungsmenge des Hauptproduktes,

b_{mJ} die pro Einheit des Hauptproduktes in Anspruch genommenen Einheiten der für Fertigungsstelle m gewählten Bezugsgröße,

d_{VwJ} den auf das Hauptprodukt bezogenen Verwaltungsgemeinkostenzuschlagssatz,

d_{VtJ} den auf das Hauptprodukt bezogenen Vertriebsgemeinkostenzuschlagssatz,

e_{FJ} die Sondereinzelkosten der Fertigung pro Einheit des Hauptproduktes und

e_{VtJ} die Sondereinzelkosten des Vertriebs pro Einheit des Hauptproduktes.

Die Unterscheidungen bei den Verwaltungs- und Vertriebsgemeinkostenzuschlagssätzen sind dann erforderlich, wenn für die weiterverarbeiteten Nebenprodukte nicht die gleichen Zuschlagssätze wie für das Hauptprodukt gelten. Dabei ist zu beachten, dass eine nach Haupt- und Nebenprodukten differenzierte, verursachungsgerechte Ermittlung von Verwaltungs- und Vertriebsgemeinkostenzuschlagssätzen kostenrechnerisch nicht möglich ist, da sich die Herstellkosten des Kuppelprozesses nicht nach dem Verursachungsprinzip dem Haupt- und den Nebenprodukten zurechnen lassen.

Ebenso ist in obiger Formel k_{Hj} wegen des bei Kuppelprodukten nicht zu erfüllenden Zurechnungsprinzips kostenrechnerisch nicht bestimmbar. Wird das zu verkaufende Nebenprodukt j $(j = J' + 1, ..., J - 1)$ nach dem Kuppelprozess in m $(m = 1, ..., M)$ Fertigungsstellen weiterverarbeitet, und wird die Annahme getroffen, dass sein Marktpreis seinen Selbstkosten entsprechen soll – das Nebenprodukt also keinen Deckungsbeitrag erwirtschaftet –, so gilt:

---

[228]   Unter die Herstellkosten des Kuppelproduktionsprozesses fallen z.B. Kosten für das Einsatzmaterial und damit verbundene Aufbereitungskosten.

$$p_j = \left(k_{Hj} + \sum_{m=1}^{M} d_m \cdot b_{mj} + e_{Fj} \right) \cdot \left(1 + \frac{d_{VwN}}{100} + \frac{d_{VtN}}{100} \right) + e_{Vtj}, \qquad j = J' + 1, \dots, J - 1.$$

Darin bezeichnet:

p_j den Marktpreis pro Einheit des zu verkaufenden Nebenproduktes j $(j = J' + 1, \dots, J - 1)$,

k_{Hj} die auf eine Einheit entfallenden Herstellkosten des Kuppelproduktionsprozesses,

b_{mj} die pro Einheit des zu verkaufenden Nebenproduktes j in Anspruch genommenen Einheiten der für Fertigungsstelle m gewählten Bezugsgröße,

d_{VwN} den auf die Nebenprodukte bezogenen und für alle Nebenprodukte gleichen Verwaltungsgemeinkostenzuschlagssatz,

d_{VtN} den auf die Nebenprodukte bezogenen und für alle Nebenprodukte gleichen Vertriebsgemeinkostenzuschlagssatz,

e_{Fj} die Sondereinzelkosten der Fertigung pro Einheit des zu verkaufenden Nebenproduktes j $(j = J' + 1, \dots, J - 1)$ und

e_{Vtj} die Sondereinzelkosten des Vertriebs pro Einheit des zu verkaufenden Nebenproduktes j $(j = J' + 1, \dots, J - 1)$.

Durch Auflösen der obigen Gleichung nach k_{Hj} erhält man die hilfsweise berechneten Kostengrößen:

$$k_{Hj} = \frac{p_{Nj} - e_{Vtj}}{\left(1 + \frac{d_{VwN}}{100} + \frac{d_{VtN}}{100} \right)} - \sum_{m=1}^{M} d_m \cdot b_{mj} - e_{Fj}, \qquad j = J' + 1, \dots, J - 1,$$

die aber keine verursachungsgemäße Zurechnung der Kosten aus der Kuppelproduktion beinhalten. Wird das zu verkaufende Nebenprodukt j abgesetzt, ohne dass es weiterverarbeitet werden muss, und fallen weder Sondereinzelkosten des Vertriebs noch Verwaltungs- und Vertriebsgemeinkostenzuschläge an, so wird aus Hilfszwecken für k_{Hj} der Marktpreis p_j des Nebenproduktes j $(j = J' + 1, \dots, J - 1)$ angesetzt.

Vor dem Hintergrund einer dem Verursachungsprinzip genügenden Kostenrechnung sowie unter praktischen Gesichtspunkten ist die hier beschriebene Vorgehensweise zur Ermittlung der Selbstkosten pro Einheit des Hauptproduktes als kritisch anzusehen. „In der Praxis bringt man jeden ingenieurmäßig denkenden Kostenrechner in Schwierigkeiten, wenn man die 'Selbstkosten' der Nebenprodukte von erzielbaren Marktpreisen abhängig macht, obwohl Kosten und Preise unter Praktizierung der freien Marktwirtschaft in gar keinem Zusammenhang stehen. In der praktischen Durchführung handelt man sich außerdem die Schwierigkeit ein, dass die 'verbleibenden Selbstkosten' des Hauptproduktes mit jeder Marktpreisänderung der Nebenprodukte eine Veränderung erfahren."[229]

Bei einem Kuppelproduktionsprozess entstehen zum Beispiel sechs verschiedene Kuppelprodukte. Tabelle 4.32 enthält die jeweilige Ausbringungsmenge der Kuppelprodukte und ihre Marktpreise bzw. Vernichtungskosten, sofern sie verkauft bzw. vernichtet werden. An Rohstoffen werden im Kuppelproduktionsprozess 58.670 kg zum Preis von 5,75 € pro kg eingesetzt. Die Prozesskosten betragen 0,52 € pro kg eingesetztem Rohstoff. Die verkaufbaren Kuppelprodukte müssen vor ihrem Absatz noch drei Fertigungsstellen durchlaufen. Tabelle 4.33 enthält die in den einzelnen Fertigungsstellen beanspruchten Einheiten der dort gewählten Bezugsgröße pro Einheit des jeweiligen verkäuflichen Kuppelproduktes sowie die Bezugsgrößen-Kostensätze der verschiedenen Fertigungsstellen. Darüber hinaus enthält Tabelle 4.33 die Sondereinzelkosten des Vertriebs der verkaufbaren Kuppelprodukte. Bei Kuppelprodukt 6 handelt es sich um das Hauptprodukt, dessen Herstellung geplant ist und für das ein Verwaltungs- bzw. Vertriebsgemeinkostenzuschlagssatz in Höhe von 15 % bzw. 20 % angesetzt wird. Für die Nebenprodukte 3, 4 und 5 beträgt der Verwaltungs- bzw. Vertriebsgemeinkostenzuschlagssatz 10 % bzw. 12 %.

Tabelle 4.32: Beispiel zum Subtraktions- oder Restwertverfahren (I)

Kuppelprodukt j	Ausbringungs- menge in kg	Verwendung	Marktpreis in $\dfrac{€}{kg}$	Vernichtungs- kosten in $\dfrac{€}{kg}$
1	3.150	Vernichtung	–	3,50
2	5.460	Vernichtung	–	2,40
3	7.380	Verkauf	13,80	–
4	10.520	Verkauf	7,40	–
5	6.530	Verkauf	17,20	–
6	17.970	Verkauf	45,60	–

---

[229]   Plützer, A.G.: Die Kosten in der Kalkulation, in: Bobsin, R. (Hrsg.): Handbuch der Kostenrechnung, 2. Aufl., München 1974, S. 63-91, hier S.77.

Tabelle 4.33: Beispiel zum Subtraktions- oder Restwertverfahren (II)

Kuppelprodukt	beanspruchte Bezugsgrößeneinheiten pro Kuppelprodukteinheit in Fertigungsstelle			Sondereinzelkosten des Vertriebs
	1	2	3	
j	$\dfrac{\text{Ftg.min.}}{\text{kg}}$	$\dfrac{\text{M.min.}}{\text{kg}}$	$\dfrac{\text{Ftg.min.}}{\text{kg}}$	$\dfrac{€}{\text{kg}}$
3	4,00	3,10	1,20	5,00
4	1,50	3,70	5,30	1,20
5	3,00	7,20	2,40	4,00
6	2,50	6,10	3,50	7,50
Bezugsgrößen-Kostensatz	$0,31\,\dfrac{€}{\text{Ftg.min.}}$	$0,25\,\dfrac{€}{\text{M.min.}}$	$0,18\,\dfrac{€}{\text{Ftg.min.}}$	

Um die Selbstkosten pro Einheit des Hauptproduktes zu bestimmen, müssen zunächst die Herstell- und die Vernichtungskosten des Kuppelprozesses ermittelt werden. Die Herstellkosten setzen sich zusammen aus den Rohstoffkosten und den Prozesskosten. Demnach gilt:

$$K_H = 5,75 \cdot 58.670 + 0,52 \cdot 58.670 = 367.860,90\ €.$$

Die Vernichtungskosten für die Nebenprodukte 1 und 2 betragen:

$$\sum_{j=1}^{2} k_j \cdot x_j = 3,50 \cdot 3.150 + 2,40 \cdot 5.460 = 24.129,00\ €.$$

Des Weiteren benötigt man die auf jeweils eine Einheit der zu verkaufenden Nebenprodukte 3, 4 und 5 entfallenden hilfsweise berechneten Herstellkosten des Kuppelprozesses. Gemäß der Gleichung

$$k_{Hj} = \frac{p_j - e_{Vtj}}{\left(1 + \dfrac{d_{VwN}}{100} + \dfrac{d_{VtN}}{100}\right)} - \sum_{m=1}^{3} b_{mj} \cdot d_m, \qquad j = 3, 4, 5,$$

erhält man für

Nebenprodukt 3:

$$k_{H3} = \frac{13,80 - 5,00}{\left(1 + \dfrac{10}{100} + \dfrac{12}{100}\right)} - \left(4,00 \cdot 0,31 + 3,10 \cdot 0,25 + 1,20 \cdot 0,18\right) = 4,98\ \frac{€}{\text{kg}}$$

Nebenprodukt 4:

$$k_{H4} = \frac{7,40 - 1,20}{\left(1 + \dfrac{10}{100} + \dfrac{12}{100}\right)} - \left(1,50 \cdot 0,31 + 3,70 \cdot 0,25 + 5,30 \cdot 0,18\right) = 2,74 \, \frac{€}{kg}$$

Nebenprodukt 5:

$$k_{H5} = \frac{17,20 - 4,00}{\left(1 + \dfrac{10}{100} + \dfrac{12}{100}\right)} - \left(3,00 \cdot 0,31 + 7,20 \cdot 0,25 + 2,40 \cdot 0,18\right) = 7,66 \, \frac{€}{kg}.$$

Die auf die Nebenprodukte entfallenden hilfsweise und willkürlich ermittelten Herstellkosten des Kuppelprozesses müssen nun mit den jeweiligen Ausbringungsmengen multipliziert und anschließend aufsummiert werden. Man erhält dann:

$$\sum_{j=3}^{5} k_{Hj} \cdot x_j = 4,98 \cdot 7.380 + 2,74 \cdot 10.520 + 7,66 \cdot 6.530 = 115.597,00 \, €.$$

Für die Weiterverarbeitung fallen pro Einheit des Hauptproduktes 6 folgende Kosten an:

$$\sum_{m=1}^{3} d_m \cdot b_{m6} = 0,31 \cdot 2,50 + 0,25 \cdot 6,10 + 0,18 \cdot 3,50 = 2,93 \, \frac{€}{kg}.$$

Somit ergeben sich folgende Selbstkosten pro Einheit des Hauptproduktes 6:

$$k_{S6} = \left[\frac{367.860,90 + 24.129,00 - 115.597,00}{17.970} + 2,93\right] \cdot \left(1 + \frac{15}{100} + \frac{20}{100}\right) + 7,50$$

$$= 32,22 \, \frac{€}{kg}.$$

4.3.3.4.2 Das Äquivalenzziffern- oder Verteilungsverfahren

Das Äquivalenzziffern- oder Verteilungsverfahren bietet sich dann an, wenn keines der Kuppelprodukte als eindeutiges Hauptprodukt aus dem Kuppelproduktionsprozess hervorgeht.[230] Das Äquivalenzziffern- oder Verteilungsverfahren entspricht prinzipiell der in Kapitel 4.3.3.2.2 dargestellten Äquivalenzziffernkalkulation. Auch hier werden die Ausbringungsmengen der Kuppelprodukte durch

---

[230] Vgl. zu den folgenden Ausführungen Kilger, W.: Einführung in die Kostenrechnung, a.a.O., S. 361ff.

Multiplikation mit Äquivalenzziffern auf äquivalente Mengen einer Einheitssorte umgerechnet. Die so ermittelten Rechnungseinheiten je Kuppelprodukt werden aufsummiert. Die Summe aus Herstell- und Vernichtungskosten des Kuppelprozesses wird dann durch die Summe der Rechnungseinheiten dividiert. Die so ermittelten Herstell- und Vernichtungskosten pro Rechnungseinheit werden daraufhin mit der entsprechenden Äquivalenzziffer multipliziert, und man erhält die Herstell- und Vernichtungskosten pro Einheit des jeweiligen Kuppelproduktes. Zur Ermittlung der Selbstkosten pro Einheit des jeweiligen Kuppelproduktes müssen schließlich noch (eventuelle) Weiterverarbeitungskosten, Verwaltungs- und Vertriebsgemeinkostenzuschlagssätze sowie Sondereinzelkosten des Vertriebs berücksichtigt werden.

Es ist allerdings zu beachten, dass sich für die Kuppelprodukte keine Äquivalenzziffern finden lassen, die dem Verursachungsprinzip entsprechen. Unter Bezugnahme auf das Tragfähigkeitsprinzip wählt man daher als Äquivalenzziffern die Marktpreise oder Verwertungsüberschüsse der Kuppelprodukte. Somit liefert auch das Äquivalenzziffern- oder Verteilungsverfahren keine entscheidungsrelevanten Kosten. Die Verwendung von Verwertungsüberschüssen als Äquivalenzziffern bietet sich dann an, wenn die Kuppelprodukte vor ihrem Verkauf noch weiterverarbeitet werden. Der Verwertungsüberschuss eines Kuppelproduktes entspricht seinem um Weiterverarbeitungskosten und Sondereinzelkosten des Vertriebs bereinigten Marktpreis. Zur Herleitung der Kalkulationsgleichungen werden folgende Annahmen getroffen:

Insgesamt entstehen im Kuppelproduktionsprozess j $(j = 1, ..., J)$ Kuppelprodukte, von denen:

$j = 1, ..., J'$ vernichtet und

$j = J' + 1, ..., J$ verkauft werden.

Die zu verkaufenden Kuppelprodukte werden nach dem Kuppelprozess in m $(m = 1, ..., M)$ Fertigungsstellen weiterverarbeitet.

Wählt man die Marktpreise p_j der Kuppelprodukte als Äquivalenzziffern, so ergeben sich die hilfsweise und willkürlich bestimmten Selbstkosten pro Einheit des verkaufbaren Kuppelproduktes j aus folgender Gleichung:

$$k_{Sj} = \left[\frac{K_H + \sum\limits_{j=1}^{J'} k_j \cdot x_j}{\sum\limits_{j=J'+1}^{J} x_j \cdot p_j} \cdot p_j + \sum\limits_{m=1}^{M} d_m \cdot b_{mj} + e_{Fj} \right] \cdot \left(1 + \frac{d_{Vw}}{100} + \frac{d_{Vt}}{100} \right) + e_{Vtj} ,$$

$j = J' + 1, ..., J .$

Darin bezeichnet:

k_{Sj} die Selbstkosten pro Einheit des absetzbaren Kuppelproduktes j,

x_j die Ausbringungsmenge des zu vernichtenden $(j = 1, \ldots, J')$ bzw. des zu verkaufenden $(j = J' + 1, \ldots, J)$ Kuppelproduktes j,

p_j den Marktpreis pro Einheit des zu verkaufenden Kuppelproduktes j $(j = J' + 1, \ldots, J)$,

e_{Fj} die Sondereinzelkosten der Fertigung pro Einheit des zu verkaufenden Kuppelproduktes j und

e_{Vtj} die Sondereinzelkosten des Vertriebs pro Einheit des zu verkaufenden Kuppelproduktes j.

Wählt man die Verwertungsüberschüsse der Kuppelprodukte als Äquivalenzziffern, so ergeben sich die Selbstkosten pro Einheit des verkäuflichen Kuppelproduktes j aus folgender Gleichung:

$$k_{Sj} = \left[\frac{K_H + \sum\limits_{j=1}^{J'} k_j \cdot x_j}{\sum\limits_{j=J'+1}^{J} x_j \cdot g_j} \cdot g_j + \sum_{m=1}^{M} d_m \cdot b_{mj} + e_{Fj} \right] \cdot \left(1 + \frac{d_{Vw}}{100} + \frac{d_{Vt}}{100} \right) + e_{Vtj},$$

$$j = J' + 1, \ldots, J.$$

Darin bezeichnet g_j den Verwertungsüberschuss pro Einheit des verkaufbaren Kuppelproduktes j, der folgendermaßen ermittelt wird:

$$g_j = p_j - \left(\sum_{m=1}^{M} d_m \cdot b_{mj} + e_{Fj} \right) \cdot \left(1 + \frac{d_{Vw}}{100} + \frac{d_{Vt}}{100} \right) - e_{Vtj}, \qquad j = J' + 1, \ldots, J.$$

Bei einem Kuppelproduktionsprozess entstehen beispielsweise sechs verschiedene Kuppelprodukte. Tabelle 4.34 enthält die jeweilige Ausbringungsmenge der Kuppelprodukte und ihre Marktpreise bzw. Vernichtungskosten, sofern sie verkauft bzw. vernichtet werden. An Rohstoffen werden im Kuppelproduktionsprozess 47.260 kg zum Preis von 1,35 € pro kg eingesetzt. Die Prozesskosten betragen 0,27 € pro kg eingesetztem Rohstoff. Die zu verkaufenden Kuppelprodukte müssen vor ihrem Absatz noch drei Fertigungsstellen durchlaufen. Tabelle 4.35 enthält die in den einzelnen Fertigungsstellen beanspruchten Einheiten der dort gewählten Bezugsgröße pro Einheit des jeweiligen verkäuflichen Kuppelproduktes sowie die Bezugsgrößen-Kostensätze der verschiedenen Fertigungsstellen. Darüber hinaus enthält Tabelle 4.35 die Sondereinzelkosten des Vertriebs der verkaufbaren Kuppelprodukte. Ein eindeutiges Hauptprodukt kann nicht bestimmt werden. Der Verwaltungs- bzw. Vertriebsgemeinkostenzuschlagssatz beträgt 15 % bzw. 20 %. Als Äquivalenzziffern sollen die Verwertungsüberschüsse angesetzt werden.

Tabelle 4.34: Beispiel zum Äquivalenzziffern- oder Verteilungsverfahren (I)

Kuppelprodukt j	Ausbringungs- menge in kg	Verwendung	Marktpreis in $\dfrac{€}{kg}$	Vernichtungs- kosten in $\dfrac{€}{kg}$
1	3.150	Vernichtung	–	3,50
2	5.460	Vernichtung	–	2,40
3	7.380	Verkauf	13,80	–
4	10.520	Verkauf	7,40	–
5	6.530	Verkauf	17,20	–
6	11.320	Verkauf	9,60	–

Tabelle 4.35: Beispiel zum Äquivalenzziffern- oder Verteilungsverfahren (II)

Kuppelprodukt j	beanspruchte Bezugsgrößeneinheiten pro Kuppelpro- dukteinheit in Fertigungsstelle			Sondereinzelkosten des Vertriebs
	1 $\dfrac{Ftg.min.}{kg}$	2 $\dfrac{M.min.}{kg}$	3 $\dfrac{Ftg.min.}{kg}$	$\dfrac{€}{kg}$
3	4,00	3,10	1,20	5,00
4	1,50	3,70	5,30	1,20
5	3,00	7,20	2,40	4,00
6	2,50	6,10	3,50	1,50
Bezugsgrößen- Kostensatz	$0,31\,\dfrac{€}{Ftg.min.}$	$0,25\,\dfrac{€}{M.min.}$	$0,18\,\dfrac{€}{Ftg.min.}$	

Um die Selbstkosten pro Einheit des Kuppelproduktes j zu bestimmen, müssen zunächst die Herstell- und die Vernichtungskosten des Kuppelprozesses ermittelt werden. Die Herstellkosten setzen sich zusammen aus den Rohstoffkosten und den Prozesskosten. Demnach gilt:

$$K_H = 1,35 \cdot 47.260 + 0,27 \cdot 47.260 = 76.561,20 \; € .$$

Die Vernichtungskosten für die Kuppelprodukte 1 und 2 betragen:

$$\sum_{j=1}^{2} k_j \cdot x_j = 3,50 \cdot 3.150 + 2,40 \cdot 5.460 = 24.129,00 \text{ €}.$$

Des Weiteren benötigt man die jeweiligen Verwertungsüberschüsse pro Einheit der zu verkaufenden Kuppelprodukte 3, 4, 5 und 6. Gemäß der Gleichung

$$g_j = p_j - \left(\sum_{m=1}^{3} d_m \cdot b_{mj} \right) \cdot \left(1 + \frac{d_{Vw}}{100} + \frac{d_{Vt}}{100} \right) - e_{Vtj}, \qquad j = 3, 4, 5, 6,$$

erhält man für

Kuppelprodukt 3:

$$g_3 = 13,80 - \left(0,31 \cdot 4,00 + 0,25 \cdot 3,10 + 0,18 \cdot 1,20 \right) \cdot \left(1 + \frac{15}{100} + \frac{20}{100} \right) - 5,00$$

$$= 5,79 \frac{\text{€}}{\text{kg}}$$

Kuppelprodukt 4:

$$g_4 = 7,40 - \left(0,31 \cdot 1,50 + 0,25 \cdot 3,70 + 0,18 \cdot 5,30 \right) \cdot \left(1 + \frac{15}{100} + \frac{20}{100} \right) - 1,20$$

$$= 3,04 \frac{\text{€}}{\text{kg}}$$

Kuppelprodukt 5:

$$g_5 = 17,20 - \left(0,31 \cdot 3,00 + 0,25 \cdot 7,20 + 0,18 \cdot 2,40 \right) \cdot \left(1 + \frac{15}{100} + \frac{20}{100} \right) - 4,00$$

$$= 8,93 \frac{\text{€}}{\text{kg}}$$

Kuppelprodukt 6:

$$g_6 = 9,60 - \left(0,31 \cdot 2,50 + 0,25 \cdot 6,10 + 0,18 \cdot 3,50 \right) \cdot \left(1 + \frac{15}{100} + \frac{20}{100} \right) - 1,50$$

$$= 4,14 \frac{\text{€}}{\text{kg}}.$$

Die Verwertungsüberschüsse pro Einheit des jeweiligen Kuppelproduktes müssen nun mit den jeweiligen Ausbringungsmengen multipliziert und aufsummiert werden. Man erhält dann:

$$\sum_{j=3}^{6} g_j \cdot x_j = 5{,}79 \cdot 7.380 + 3{,}04 \cdot 10.520 + 8{,}93 \cdot 6.530 + 4{,}14 \cdot 11.320$$

$$= 179.888{,}70 \; \text{€}.$$

Für die Weiterverarbeitung fallen pro Einheit des jeweiligen Kuppelproduktes folgende Kosten an:

Kuppelprodukt 3: $\displaystyle\sum_{m=1}^{3} d_m \cdot b_{m3} = 0{,}31 \cdot 4{,}00 + 0{,}25 \cdot 3{,}10 + 0{,}18 \cdot 1{,}20 = 2{,}23 \dfrac{\text{€}}{\text{kg}}$

Kuppelprodukt 4: $\displaystyle\sum_{m=1}^{3} d_m \cdot b_{m4} = 0{,}31 \cdot 1{,}50 + 0{,}25 \cdot 3{,}70 + 0{,}18 \cdot 5{,}30 = 2{,}34 \dfrac{\text{€}}{\text{kg}}$

Kuppelprodukt 5: $\displaystyle\sum_{m=1}^{3} d_m \cdot b_{m5} = 0{,}31 \cdot 3{,}00 + 0{,}25 \cdot 7{,}20 + 0{,}18 \cdot 2{,}40 = 3{,}16 \dfrac{\text{€}}{\text{kg}}$

Kuppelprodukt 6: $\displaystyle\sum_{m=1}^{3} d_m \cdot b_{m6} = 0{,}31 \cdot 2{,}50 + 0{,}25 \cdot 6{,}10 + 0{,}18 \cdot 3{,}50 = 2{,}93 \dfrac{\text{€}}{\text{kg}}.$

Somit ergeben sich folgende Selbstkosten pro Einheit des jeweiligen Kuppelproduktes:

Kuppelprodukt 3:

$$k_{S3} = \left[\frac{76.561{,}20 + 24.129{,}00}{179.888{,}70} \cdot 5{,}79 + 2{,}23 \right] \cdot \left(1 + \frac{15}{100} + \frac{20}{100} \right) + 5{,}00 = 12{,}39 \frac{\text{€}}{\text{kg}}$$

Kuppelprodukt 4:

$$k_{S4} = \left[\frac{76.561{,}20 + 24.129{,}00}{179.888{,}70} \cdot 3{,}04 + 2{,}34 \right] \cdot \left(1 + \frac{15}{100} + \frac{20}{100} \right) + 1{,}20 = 6{,}66 \frac{\text{€}}{\text{kg}}$$

Kuppelprodukt 5:

$$k_{S5} = \left[\frac{76.561{,}20 + 24.129{,}00}{179.888{,}70} \cdot 8{,}93 + 3{,}16 \right] \cdot \left(1 + \frac{15}{100} + \frac{20}{100} \right) + 4{,}00 = 15{,}01 \frac{\text{€}}{\text{kg}}$$

Kuppelprodukt 6:

$$k_{S6} = \left[\frac{76.561{,}20 + 24.129{,}00}{179.888{,}70} \cdot 4{,}14 + 2{,}93 \right] \cdot \left(1 + \frac{15}{100} + \frac{20}{100} \right) + 1{,}50 = 8{,}58 \frac{\text{€}}{\text{kg}}.$$

4.3.4 Inhalt und Aufgaben der Kostenträgerzeitrechnung

Im Rahmen der Kostenträgerrechnung wird neben der Kostenträgerstückrechnung die Kostenträgerzeitrechnung durchgeführt. Es handelt sich dabei um die kurzfristige Erfolgsrechnung der Kostenrechnung.

In der Gewinn- und Verlustrechnung der Finanzbuchhaltung wird der Erfolg eines Unternehmens einmal jährlich ermittelt. Der Saldo aus Erträgen und Aufwendungen stellt den Jahresgewinn dar. Dieser Wert ist allerdings für eine wirksame Erfolgskontrolle ungeeignet, denn er beinhaltet ebenfalls Erträge und Aufwendungen aus neutralen Geschäftsvorfällen. Darüber hinaus sind in der Finanzbuchhaltung die Erlöse nach Produktarten (Kostenträgern) und die Gesamtkosten nach Produktionsfaktoren (Kostenarten) gegliedert. Der Ausweis von Gewinnbeiträgen einzelner Produktarten oder -gruppen ist folglich in der Gewinn- und Verlustrechnung der Finanzbuchhaltung nicht möglich.

Aus den Mängeln der Erfolgsermittlung in der Finanzbuchhaltung entstand die kurzfristige Erfolgsrechnung, die analog zu den übrigen Teilen der Kostenrechnung einmal monatlich durchgeführt werden sollte.

Die Hauptaufgabe der kurzfristigen Erfolgsrechnung der Kostenrechnung besteht in der Planung und der nachträglichen Kontrolle des im Unterschied zur Finanzbuchhaltung durchgängig nach betrieblichen Erzeugnissen oder Erzeugnisgruppen differenzierten Periodenerfolges. Zu diesem Zweck erfolgt die Festlegung von Verkaufsmengen und -preisen für die betrieblichen Produkte unter Berücksichtigung der geplanten Selbstkosten so, dass der Periodengewinn maximiert wird.[231] Die in dem Soll-Ist-Vergleich des Periodenerfolges festgestellten Abweichungen können z.B. aus Verkaufspreis-, Verkaufsmengen- und Kostenabweichungen resultieren. Die Qualität der Erfolgskontrolle ist dabei abhängig von der Qualität der Daten, die aus den vorgelagerten Bereichen der Kosten- und Leistungsrechnung, insbesondere der Kostenträgerstückrechnung geliefert werden. Die Ergebnisse der Abweichungsanalyse des Periodenerfolges sollten in den nachfolgenden Planungen berücksichtigt werden.

Alle Verfahren der kurzfristigen Erfolgsrechnung basieren auf der Grundgleichung des Leistungserfolges,[232] in der $i\,(i = 1, ..., I)$ Faktor- bzw. Kostenarten und $j\,(j = 1, ..., J)$ Produkt- bzw. Erlösarten enthalten sind. Für das Betriebsergebnis

---

[231]   Die Deckungsbeitragsrechnung wird in Kapitel 5, die Grenzplankostenrechnung in Kapitel 6 behandelt.

[232]   Vgl. Kapitel 2.1.3.

bzw. den Leistungserfolg G der Kostenrechnung gilt folgende Bestimmungsglei-chung:[233]

$$G = \sum_{j=1}^{J} \left[p_j \cdot x_{Aj} + k_{Hj} \cdot \left(x_{Pj} - x_{Aj} \right) \right] - \sum_{i=1}^{I} q_i \cdot r_i \, .$$

Zu den mit Nettoverkaufspreisen p_j bewerteten Absatzmengen x_{Aj} werden in der ersten Summe die mit Herstellkosten k_{Hj} bewerteten auf Lager produzierten Mengen, als Differenz aus produzierten und abgesetzten Mengen $\left(x_{Pj} - x_{Aj} \right)$, hin-zuaddiert. Von diesen bewerteten Leistungen subtrahiert man mittels der zweiten Summe die Gesamtkosten, die sich aus der Bewertung der Verbrauchsmengen an Produktionsfaktoren r_i mit den Faktorpreisen q_i ergeben.

Nachfolgend werden zwei Verfahren der kurzfristigen Erfolgsrechnung vorge-stellt:

– Gesamtkostenverfahren und
– Umsatzkostenverfahren.

Der Betriebserfolg bzw. das Betriebsergebnis wird beim Gesamtkostenverfah-ren als Differenz aus dem nach Produktarten gegliederten Betriebserlös und den nach Kostenarten differenzierten Gesamtkosten zu- bzw. abzüglich des zu Her-stellkosten bewerteten Lagerzu- bzw. -abgangs an Halb- und Fertigfabrikaten er-mittelt. Daraus ergibt sich das folgende Betriebsergebniskonto:[234]

Betriebsergebniskonto beim Gesamtkostenverfahren	
Gesamtkosten nach Kostenarten	Betriebserlös
Herstellkosten der Lagerabgänge an Halb- und Fertigfabrikaten	Herstellkosten der Lagerzugänge an Halb- und Fertigfabrikaten
Betriebserfolg (Betriebsgewinn)	Betriebserfolg (Betriebsverlust)

Abb. 4.10: Betriebsergebniskonto beim Gesamtkostenverfahren

Die Bestimmungsgleichung für den Betriebserfolg nach dem Gesamtkostenver-fahren lautet demnach:

$$G = \sum_{j=1}^{J} p_j \cdot x_{Aj} + \sum_{j=1}^{J} k_{Hj} \cdot \left(x_{Pj} - x_{Aj} \right) - \sum_{i=1}^{I} K_i \, ,$$

[233] Vgl. Kilger, W.: Einführung in die Kostenrechnung, a.a.O., S. 34.
[234] Vgl. Schweitzer, M. / Küpper, H.-U.: Systeme der Kosten- und Erlösrechnung, a.a.O., S. 196.

wobei K_i die nach Faktor- bzw. Kostenarten $i(i=1,...,I)$ differenzierten Teile der Gesamtkosten darstellen und für $(x_{Pj} - x_{Aj}) > 0$ ein Lagerzugang und für $(x_{Pj} - x_{Aj}) < 0$ ein Lagerabgang vorliegt.

Ein Vorteil des Gesamtkostenverfahrens ist der einfache rechnerische Aufbau, der leicht in das Kontensystem der Finanzbuchhaltung eingefügt und in statistisch-tabellarischer Form durchgeführt werden kann. Demgegenüber ist von Nachteil, dass die Erfassung der Bestandsveränderungen an Halb- und Fertigfabrikaten monatlich und durch körperliche Inventuren oder laufende Aufzeichnungen der Zu- und Abgänge erfolgen muss. Für Unternehmen mit differenzierten Produktionsprogrammen und mehrteiligen Erzeugnissen ist das Verfahren folglich mit einem zu hohen Erfassungsaufwand verbunden. Auch unter dem Aspekt der Vermeidung bzw. Erkennung von Erfassungsfehlern eignet sich das Gesamtkostenverfahren nur für Unternehmen mit relativ wenigen Produkten. Kritisch zu beurteilen ist weiterhin der Aussagewert des Gesamtkostenverfahrens. Ein Unterschied zur Gewinn- und Verlustrechnung der Finanzbuchhaltung lässt sich lediglich darin sehen, dass der Erfolg um die neutralen Erfolgspositionen und um die kalkulatorischen Abgrenzungspositionen bereinigt wurde.[235] Die übrigen Mängel der Erfolgsermittlung in der Finanzbuchhaltung haben allerdings auch hier Gültigkeit. Das Gesamtkostenverfahren ist daher für eine wirksame Erfolgskontrolle ungeeignet.

Den Mängeln des Gesamtkostenverfahrens sollte durch die Entwicklung des Umsatzkostenverfahrens begegnet werden. Für eine aussagefähige Erfolgskontrolle müssen die Kosten in gleicher Weise nach Produktarten gegliedert werden wie die Erlöse. Daher geht man beim Umsatzkostenverfahren nicht mehr von den Gesamtkosten aus, sondern stellt den Erlösen unmittelbar die mit kalkulierten Selbstkosten bewerteten Absatzmengen gegenüber. Auf diese Weise gehen nur die Selbstkosten der abgesetzten Mengen in den Erfolgsausweis ein. Der Aufbau des Betriebsergebniskontos beim Umsatzkostenverfahren ist nachfolgend dargestellt:[236]

---

[235]   Vgl. die Definitionen von Kosten bzw. (bewerteten) Leistungen in Kapitel 2.1.1 bzw. 2.1.2.

[236]   Vgl. Schweitzer, M. / Küpper, H.-U.: Systeme der Kosten- und Erlösrechnung, a.a.O., S. 198.

Betriebsergebniskonto beim Umsatzkostenverfahren	
Gesamtkosten der abgesetzten Produkte nach Produktarten	Erlöse nach Produktarten
Betriebserfolg (Betriebsgewinn)	Betriebserfolg (Betriebsverlust)

Abb. 4.11: Betriebsergebniskonto beim Umsatzkostenverfahren

Der Aussagegehalt der kurzfristigen Erfolgsrechnung mit Hilfe des Umsatzkostenverfahrens hängt wesentlich davon ab, ob das zugrunde liegende Kostenrechnungssystem auf Voll- oder Teilkostenbasis arbeitet.

Durch eine kostenträgerweise Aufgliederung der Gesamtkosten lässt sich das Umsatzkostenverfahren auf Vollkostenbasis aus dem Gesamtkostenverfahren herleiten, was bedeutet, dass beide Verfahren zum gleichen Gesamterfolg führen müssen. Dies soll nachfolgend gezeigt werden, wobei die Gesamtkosten K einer Abrechnungsperiode, bestehend aus Herstellkosten K_H sowie Verwaltungs- und Vertriebskosten K_{Vw+Vt} den Ausgangspunkt der Herleitung darstellen:

$$K = K_H + K_{Vw+Vt} \, .$$

Aus der Überlegung, dass sich die Herstellkosten auf produzierte Mengen und die Verwaltungs- und Vertriebskosten auf abgesetzte Mengen beziehen, resultiert die folgende Schreibweise:

$$K = \sum_{j=1}^{J} k_{Hj} \cdot x_{Pj} + \sum_{j=1}^{J} k_{Vw+Vt} \cdot x_{Aj} \, .$$

Die Herstellkosten pro Stück k_{Hj} werden mit den produzierten Mengeneinheiten und die Verwaltungs- und Vertriebskosten pro Stück k_{Vw+Vt} mit den abgesetzten Mengeneinheiten der jeweiligen Produktart $j\,(j=1,...,J)$ multipliziert.

Die Gesamtkosten sind nun nicht mehr kostenartenweise, d.h. in der Form

$$\sum_{i=1}^{I} K_i$$

mit $i\,(i=1,...,I)$ Kostenarten, sondern in Abhängigkeit von den Kostenträgern, d.h. den $j\,(j=1,...,J)$ Produktarten, dargestellt.

Die Gleichung bleibt bestehen, wenn man auf der rechten Seite den zu Herstellkosten bewerteten Absatz

$$\left(\sum_{j=1}^{J} k_{Hj} \cdot x_{Aj} \right)$$

einmal hinzuaddiert und einmal subtrahiert:

$$K = \sum_{j=1}^{J} k_{Hj} \cdot x_{Pj} - \left(\sum_{j=1}^{J} k_{Hj} \cdot x_{Aj} \right) + \sum_{j=1}^{J} k_{Vw+Vt} \cdot x_{Aj} + \left(\sum_{j=1}^{J} k_{Hj} \cdot x_{Aj} \right).$$

Fasst man nun die ersten beiden Summen zusammen und geht weiterhin davon aus, dass sich die Selbstkosten pro Stück k_j aus Herstellkosten und Verwaltungs- und Vertriebskosten pro Stück zusammensetzen, d.h. $k_j = k_{Hj} + k_{Vw+Vt}$, so erhält man:

$$K = \sum_{j=1}^{J} k_{Hj} \cdot \left(x_{Pj} - x_{Aj} \right) + \sum_{j=1}^{J} k_j \cdot x_{Aj}.$$

Setzt man diesen Ausdruck für

$$\sum_{i=1}^{I} K_i$$

in die Bestimmungsgleichung des Betriebserfolges nach dem Gesamtkostenver- fahren

$$G = \sum_{j=1}^{J} p_j \cdot x_{Aj} + \sum_{j=1}^{J} k_{Hj} \cdot \left(x_{Pj} - x_{Aj} \right) - \sum_{i=1}^{I} K_i$$

ein, dann ergibt sich:

$$G = \sum_{j=1}^{J} \left(p_j - k_j \right) \cdot x_{Aj}.$$

Dies ist die Bestimmungsgleichung des Periodenerfolges nach dem Umsatz- kostenverfahren auf Vollkostenbasis. $\left(p_j - k_j \right)$ kennzeichnet darin die Voll- kostenerfolge, die jeweils pro Einheit der Produktart j $\left(j = 1, ..., J \right)$ geleistet wer- den. Multipliziert mit den Absatzmengen, ergeben sich die Vollkostenerfolge $\left(p_j - k_j \right) \cdot x_{Aj}$, die eine bestimmte Produktart j während einer Abrechnungsperiode insgesamt erzielt hat.

Es wurde gezeigt, dass sich die Erfolgsbeiträge nach Produktarten gegliedert bestimmen lassen, ohne dass Inventuren oder Aufschreibungen zur Erfassung der Halb- und Fertigfabrikatbestände durchgeführt werden müssen. Bewertete Lager- bestandsveränderungen sind im Erfolgsausweis nach dem Umsatzkostenverfahren nicht explizit aufgeführt. Dadurch wird es möglich, den Periodenerfolg kurzfristig zu bestimmen. Allerdings ist das Umsatzkostenverfahren auf Vollkostenbasis in der rechnerischen Durchführung erheblich komplizierter als das Gesamtkostenverfahren. Dies gilt besonders bei der Abweichungskontrolle des Periodenerfolges, wenn die Berechnungen des Umsatzkostenverfahrens mit den bewerteten Halb- und Fertigfabrikatbeständen abgestimmt werden müssen. Schließlich ist auch mit dem Umsatzkostenverfahren auf Vollkostenbasis ein entscheidender Nachteil verbunden, der für alle Überlegungen mit Vollkosten gleichermaßen Gültigkeit besitzt.[237] Fälschlicherweise wird eine funktionale Beziehung zwischen Absatzmengen und den gesamten Kosten angenommen, was eine künstliche Proportionalisierung der Fixkosten bedeutet. Dies kann zu Fehlentscheidungen führen, beispielsweise wenn Produkte mit Vollkostenverlusten zugunsten von Produkten mit Vollkostengewinnen aus dem Programm gestrichen werden. Dabei bleibt unberücksichtigt, dass die fixen Kostenanteile der Verlustartikel weiterhin anfallen, auch wenn diese Artikel nicht mehr hergestellt werden. Eine nach dem Vollkostenprinzip durchgeführte Analyse lässt die Differenzierung der Kosten in ihre fixen und proportionalen Bestandteile nicht erkennen. Die Bedingungen für eine entscheidungsorientierte Erfolgsanalyse und -kontrolle werden somit durch das Umsatzkostenverfahren auf Vollkostenbasis nicht erfüllt.

Die Probleme der Vollkostenrechnung können bewältigt werden durch den Einsatz des Umsatzkostenverfahrens auf Teilkostenbasis, auch Umsatzkostenverfahren als Grenzkostenrechnung genannt. Von den nach Produktarten gegliederten Erlösen $x_{Aj} \cdot p_j$ werden zunächst nur die zugehörigen variablen Selbstkostenanteile k_{vj} multipliziert mit den Absatzmengen x_{Aj} subtrahiert. Die so ermittelten Deckungsbeiträge werden über alle Produktarten summiert. Davon zieht man anschließend die gesamten fixen Kosten K_f in einem Block ab und erhält so den Nettoerfolg bzw. Gewinn G der Abrechnungsperiode.[238] Die geschilderten Zusammenhänge kommen in der folgenden Gleichung zum Ausdruck:

$$G = \sum_{j=1}^{J} \left(p_j - k_{vj} \right) \cdot x_{Aj} - K_f .$$

Nur für den Fall, dass während einer Abrechnungsperiode keine Bestandsveränderungen an Halb- und Fertigfabrikaten aufgetreten sind, stimmt der nach dem Umsatzkostenverfahren auf Teilkostenbasis ermittelte Periodengewinn mit dem auf Vollkostenbasis überein. Die insgesamt produzierten Mengen einer Produktart x_{Pj}, von denen zur Ermittlung von Lagerbestandsmengen die abgesetzten Produktmengen x_{Aj} subtrahiert werden, sind bei der angeführten Gewinngleichung

---

[237] Vgl. die Nachteile von Systemen der Vollkostenrechnung in Kapitel 5.2.
[238] Vgl. auch die Deckungsbeitragsrechnung in Kapitel 5 und die Grenzplankostenrechnung in Kapitel 6.

implizit in dem Fixkostenblock K_f mitberücksichtigt, wie später noch genauer gezeigt werden wird.

Der geschilderte Zusammenhang zwischen dem Periodengewinn nach dem Umsatzkostenverfahren auf Voll- und auf Teilkostenbasis wird anhand der Differenzenbildung zwischen den zugehörigen Gewinngleichungen, d.h. der Gewinndifferenz ΔG, verdeutlicht:

$$\Delta G = \left(\sum_{j=1}^{J} \left(p_j - k_j \right) \cdot x_{Aj} \right) - \left(\sum_{j=1}^{J} \left(p_j - k_{vj} \right) \cdot x_{Aj} - K_f \right).$$

Für die weiteren Umformungen muss beachtet werden, dass gilt:

$$k_j = k_{vj} + k_{fHj} + k_{fVw+Vtj},$$

d.h. die vollen Selbstkosten pro Stück k_j bestehen aus variablen Selbstkosten k_{vj}, fixen Herstellkosten k_{fHj} und fixen Verwaltungs- und Vertriebsgemeinkosten $k_{fVw+Vtj}$ jeweils pro Stück einer Produktart j.

Weiterhin gilt, dass die fixen Gesamtkosten K_f aus fixen Herstellkosten K_{fH} und fixen Verwaltungs- und Vertriebskosten K_{fVw+Vt} zusammengesetzt sind:

$$K_f = K_{fH} + K_{fVw+Vt}.$$

Unter Beachtung dieser Annahmen erhält man für die Gewinnabweichung:

$$\Delta G = \left(\sum_{j=1}^{J} \left(p_j - k_{vj} \right) \cdot x_{Aj} - \sum_{j=1}^{J} k_{fHj} \cdot x_{Aj} - \sum_{j=1}^{J} k_{fVw+Vtj} \cdot x_{Aj} \right)$$
$$- \left(\sum_{j=1}^{J} \left(p_j - k_{vj} \right) \cdot x_{Aj} - K_{fH} - K_{fVw+Vt} \right).$$

Die Summe der Deckungsbeiträge

$$\left(\sum_{j=1}^{J} \left(p_j - k_{vj} \right) \cdot x_{Aj} \right)$$

taucht in der ersten Zeile mit positivem und in der zweiten Zeile mit negativem Vorzeichen auf. Daher verkürzt sich die Gleichung auf:

$$\Delta G = - \sum_{j=1}^{J} k_{fHj} \cdot x_{Aj} - \sum_{j=1}^{J} k_{fVw+Vtj} \cdot x_{Aj} + K_{fH} + K_{fVw+Vt}.$$

Da sich die fixen Verwaltungs- und Vertriebskosten sowohl im Umsatzkostenverfahren auf Teilkosten- als auch auf Vollkostenbasis auf die abgesetzten Mengen beziehen, gilt:

$$K_{fVw+Vt} = \sum_{j=1}^{J} k_{fVw+Vt\,j} \cdot x_{Aj}.$$

Die Abweichung des Periodenerfolges nach dem Umsatzkostenverfahren auf Vollkostenbasis und auf Teilkostenbasis beträgt dann:

$$\Delta G = K_{fH} - \sum_{j=1}^{J} k_{fHj} \cdot x_{Aj}.$$

In den fixen Herstellkosten K_{fH} sind die fixen Kosten sämtlicher produzierter Erzeugnismengen enthalten, d.h. es gilt:

$$K_{fH} = \sum_{j=1}^{J} k_{fHj} \cdot x_{Pj}.$$

Setzt man diesen Ausdruck in die Abweichungsgleichung ein, so ergibt sich für die Gewinnabweichung:

$$\Delta G = \sum_{j=1}^{J} k_{fHj} \cdot \left(x_{Pj} - x_{Aj} \right).$$

$\left(x_{Pj} - x_{Aj} \right)$ sind (für $x_{Pj} - x_{Aj} > 0$) die auf Lager produzierten Mengen einer Produktart j als Differenz aus produzierten und abgesetzten Mengeneinheiten. k_{fHj} beinhaltet die auf die Lagermengen entfallenden fixen Herstellkostenanteile pro Stück der Produktart j. Nur wenn produzierte und abgesetzte Mengen übereinstimmen, d.h. wenn $x_{Pj} - x_{Aj} = 0$ gilt, wird die Gewinnabweichung ebenfalls den Wert Null annehmen. Damit wurde gezeigt, dass nur unter der Annahme, dass keine Lagerbestandsveränderungen auftreten, die Periodengewinne nach dem Umsatzkostenverfahren auf Voll- und auf Teilkostenbasis übereinstimmen.[239]
Lediglich das Umsatzkostenverfahren auf Teilkostenbasis bzw. als Grenzkostenrechnung erfüllt die Anforderungen einer entscheidungsorientierten kurzfristigen Erfolgsrechnung. Den nach Produktarten gegliederten Erlösen können bei diesem Verfahren die nach Produktarten gegliederten Kosten gegenübergestellt werden. Die Problematik der künstlichen Proportionalisierung von fixen Kosten, die den Vollkostenrechnungssystemen anhaftet, wird dadurch umgangen, dass teilkostenbezogene Berechnungen durchgeführt und die Fixkosten in einem Block direkt in das Betriebsergebnis gebucht werden.

---

[239]   Vgl. Kilger, W.: Betriebliches Rechnungswesen, a.a.O., S. 1024f.; Kilger, W.: Einführung in die Kostenrechnung, a.a.O., S. 420ff.; Schweitzer, M. / Küpper, H.-U.: Systeme der Kosten- und Erlösrechnung, a.a.O., S. 198f.

4.4 Übungsaufgaben zu Kapitel 4

4.4.1 Übungsaufgaben zur Kostenartenrechnung

Übungsaufgabe 4.1:	Grundsätze und Gliederungskriterien bei der Kostenarten- bildung

Erläutern Sie die Grundsätze, die es bei der Kostenartenbildung zu beachten gilt, und die Gliederungskriterien, die dazu dienen können, diese Grundsätze einzuhalten. Skizzieren Sie einen beispielhaften Kostenartenplan.

Übungsaufgabe 4.2:	Erfassung von Materialverbrauchsmengen

Wie lauten die Verfahren zur Erfassung von Materialverbrauchsmengen, und wie ist die zugrunde liegende Vorgehensweise? Für die Anwendung der Verfahren gilt die folgende Situation:

Für eine Materialart K wurden mit Hilfe von Materialentnahmescheinen die Lagerentnahmen in Mengeneinheiten (ME) registriert. Die folgende Tabelle zeigt zunächst das Entnahmedatum der betrachteten Abrechnungsperiode und dann jeweils in getrennten Spalten die Entnahmemengen der Materialart K zur Herstellung der Produktarten P1, P2 und P3.

	Produktarten		
Datum	P1	P2	P3
04.08.	400 ME	80 ME	1.600 ME
07.08.	1.200 ME		
12.08.	1.800 ME	190 ME	800 ME
18.08.		180 ME	
26.08.	1.400 ME	100 ME	600 ME
31.08.		100 ME	1.000 ME

Folgende Zugänge in Mengeneinheiten (ME) der Materialart K waren in der Periode zu verzeichnen:

Datum	Zugang
06.08.	3.500 ME
15.08.	3.500 ME
30.08.	4.000 ME

Der Lageranfangsbestand der Materialart K betrug zu Beginn der Periode 3.000 ME. Als Lagerendbestand wurden laut Inventur 4.200 ME der Materialart K festgestellt.

Die Produktionsmengen der drei Produktarten, für die das Material K benötigt wird, beliefen sich auf 400 Produkteinheiten (PE) von P1, 200 PE von P2 und 500 PE von P3. Der Produktaufbau dieser Produktarten wird durch die folgende Abbildung veranschaulicht:

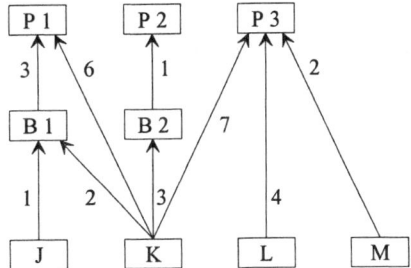

In der Abbildung kennzeichnen die Zahlen an den Pfeilen, wie viele Mengeneinheiten einer Materialart (J, K, L oder M) bzw. eines Zwischenproduktes (B1 oder B2) für die Herstellung einer Mengeneinheit eines End- bzw. eines Zwischenproduktes laut Angaben in den Stücklisten erforderlich sind.

Ermitteln Sie die Materialverbrauchsmengen nach den Ihnen bekannten Verfahren.

Übungsaufgabe 4.3:   Bewertung von Materialverbrauchsmengen

Welche Verfahren zur Bewertung von Materialverbrauchsmengen kennen Sie, und wie ist deren grundsätzliche Vorgehensweise? Für die Anwendung der Verfahren sind die nachfolgenden Daten relevant.

Lageranfangsbestand und Isteinstandspreis pro Mengeneinheit der Materialart I:

01.01.   3.000 ME $5{,}60 \dfrac{\text{€}}{\text{ME}}$.

Zugänge der Einzelmaterialart I und Isteinstandspreise pro Mengeneinheit:

05.01.	4.500 ME	$5{,}30 \ \dfrac{\text{€}}{\text{ME}}$
06.01.	1.000 ME	$5{,}35 \ \dfrac{\text{€}}{\text{ME}}$
10.01.	2.500 ME	$5{,}45 \ \dfrac{\text{€}}{\text{ME}}$
25.01.	1.000 ME	$4{,}95 \ \dfrac{\text{€}}{\text{ME}}$

Als Planpreis für die Materialart I sind $5{,}20 \ \dfrac{\text{€}}{\text{ME}}$ angesetzt worden.

Die Verbräuche der Einzelmaterialart I laut Materialentnahmeschein betrugen:

04.01.	1.000 ME
07.01.	6.000 ME
11.01.	1.100 ME
26.01.	2.900 ME.

Wenden Sie nun die Ihnen bekannten Verfahren zur Bewertung von Material-verbrauchsmengen an.

Übungsaufgabe 4.4:   Lohnabrechnung

Welche Lohnformen kennen Sie, und was sind deren Charakteristika?

Übungsaufgabe 4.5:   Gehaltsabrechnung

In welche drei Bereiche lässt sich die Gehaltsabrechnung gliedern, und was sind deren Inhalte?

Übungsaufgabe 4.6:   Sozialkosten

Was sind Sozialkosten, und wodurch unterscheiden sich gesetzliche und freiwillige Sozialleistungen?

Übungsaufgabe 4.7:   Kalkulatorische Abschreibungen und Zinsen

Ein Druckereibetrieb benötigt für seine Kostenartenrechnung der vergangenen Abrechnungsperiode, die ein Jahr umfasst, noch die Daten der kalkulatorischen Abschreibungen und der kalkulatorischen Zinsen für die Kostenstellen Druckerei sowie Verwaltung und Vertrieb. Es stehen die folgenden Angaben zur Verfügung (mit AB = Anfangsbestand und EB = Endbestand).

	Kostenstellen			
	Druckerei		Verwaltung und Vertrieb	
Maschinen zu Anschaffungswerten	28.000 €		–	
Einrichtungen zu Anschaffungswerten	42.000 €		60.000 €	
Roh-, Hilfs-, Betriebsstoffe zu Tagespreisen	AB 5.500 €	EB 4.500 €	–	–
Eigene Erzeugnisse	AB 500 €	EB 900 €	AB 2.100 €	EB 2.700 €
Forderungen aus Lieferungen und Leistungen	–	–	AB 2.700 €	EB 3.100 €
Kundenanzahlungen	–	–	AB 900 €	EB 1.100 €

Die kalkulatorischen Abschreibungen sind unter folgenden Bedingungen zu ermitteln:

- Druckereimaschine: Nutzungsdauer 5 Jahre, Preisindex 125 %, lineare Abschreibung,
- Einrichtungen: Nutzungsdauer 9 Jahre, Preisindex 150 %, lineare Abschreibung.

Als kalkulatorischer Zinssatz sind 10 % p.a. anzusetzen.

a) Ermitteln Sie die Abschreibungssummen in der betrachteten Abrechnungsperiode für die Druckereimaschine sowie für die Einrichtungen in den einzelnen Kostenstellen.

b) Wie hoch sind die Abschreibungsbeträge in der betrachteten Abrechnungsperiode für die Druckereimaschine und die Einrichtungen in den einzelnen Kostenstellen?

c) Wie hoch sind das betriebsnotwendige Vermögen, das Abzugskapital, das betriebsnotwendige Kapital und die jährlichen kalkulatorischen Zinsen, wenn von der Durchschnittswertverzinsung auszugehen ist?

d) Auf welche Gesamtsumme belaufen sich die jährlichen kalkulatorischen Kosten der betrachteten Kostenstellen?

4.4.2 Übungsaufgaben zur Kostenstellenrechnung

Übungsaufgabe 4.8:   Grundsätze und Gliederungsprinzipien für die Kostenstellenbildung

Erläutern Sie die Grundsätze, die bei der Kostenstellenbildung zu beachten sind,
und die Gliederungsprinzipien, die zur konkreten Einteilung in Frage kommen.

Übungsaufgabe 4.9:   Einordnung der innerbetrieblichen Leistungsverrechnung

Skizzieren Sie mit Hilfe einer Abbildung die Datenbeziehungen innerhalb der
Kostenrechnung, und ordnen Sie darin die innerbetriebliche Leistungsverrechnung
ein.

Übungsaufgabe 4.10: Bezugsgrößen

Was sind Bezugsgrößen, welche Aussage hat die Doppelfunktion, und welche
Verfahren zur Messung von Bezugsgrößen kennen Sie?

Übungsaufgabe 4.11: Innerbetriebliche Leistungsverrechnung mit dem BAB

Welche Aufgabe hat die innerbetriebliche Leistungsverrechnung? Welches Verfahren der innerbetrieblichen Leistungsverrechnung wird gemäß dem üblichen
Aufbau eines BAB (wie auch in Abb. 4.4 dargestellt) durchgeführt, und durch
welche Rechenoperation erfolgt abschließend der Übergang von der Kostenstellenrechnung zur Kostenträgerrechnung?

Übungsaufgabe 4.12: Verfahren der innerbetrieblichen Leistungsverrechnung

Die REST GmbH führt in ihrer Kostenrechnung die vier Hilfskostenstellen Reparatur (R), Energieversorgung (E), Schadstoffentsorgung (S) und Transport (T). Die
Leistungsabgaben dieser Stellen an die jeweils anderen Hilfskostenstellen sowie
ihre Gesamtleistungen in einer Abrechnungsperiode sind der folgenden Tabelle zu
entnehmen:

		an				
von	R	E	S	T	Gesamtleistung	Dimension
R	10	–	–	–	110	Std.
E	300	20	130	–	6.020	kWh
S	5	–	–	–	45	m³
T	10	3	22	5	215	Std.

Die relevanten primären Gemeinkosten betragen in Hilfskostenstelle R: 9.710 €, in E: 1.440 €, in S: 24.321 € und in T: 25.200 €.

Ermitteln Sie die Verrechnungspreise pro jeweiliger Leistungseinheit nach dem Anbau- und Stufenleiterverfahren. Achten Sie bei der Durchführung des Stufenleiterverfahrens auf die Einhaltung einer geeigneten Berechnungsreihenfolge. Wie hoch sind die exakten Verrechnungspreise pro jeweiliger Leistungseinheit?

4.4.3 Übungsaufgaben zur Kostenträgerrechnung

Übungsaufgabe 4.13: Inhalt und Aufgaben der Kostenträgerstückrechnung

Erläutern Sie Inhalt und Aufgaben der Kostenträgerstückrechnung.

Übungsaufgabe 4.14: Grundschema der Kalkulation

Ein Unternehmen stellt ein Produkt her, das zu einem Nettoverkaufspreis von 520 € pro Stück abgesetzt werden kann. Bei der Herstellung des Produktes werden die drei unterschiedlichen Materialarten a, b und c eingesetzt, die zum Preis von 8 € pro ME von a, 12 € pro ME von b und 6 € pro ME von c bezogen werden. Pro Stück des Produktes sind 2 ME von a, 4 ME von b und 3 ME von c erforderlich. Der auf die Materialeinzelkosten bezogene Materialgemeinkostenzuschlagssatz beträgt 15 %. Die Fertigung des Produktes erfolgt in zwei Fertigungsstellen, wobei in der ersten Fertigungsstelle 2 Fertigungsstunden und in der zweiten Fertigungsstelle 1,5 Fertigungsstunden jeweils bezogen auf ein Stück des Produktes verbraucht werden. Die den Fertigungsstellen zugrunde liegenden Kostensätze betragen 25 € pro Fertigungsstunde in der ersten Fertigungsstelle und 38 € pro Fertigungsstunde in der zweiten Fertigungsstelle. Als Fertigungsgemeinkostenzuschlagssatz sind 35 % bezogen auf die Fertigungseinzelkosten anzusetzen. Zudem muss bei der Fertigung des Produktes eine Spezialschablone eingesetzt werden, die 3.200 € kostet und ausreicht, um 500 Stück des Produktes herzustellen. Die auf die Herstellkosten bezogenen Zuschlagssätze für die Verwaltungs- bzw. Vertriebsgemeinkosten betragen jeweils 20 %. Vor seinem Verkauf muss das Produkt noch verpackt werden, wobei Verpackungskosten in Höhe von 5 € pro Stück anfallen. Als Provisionsanteil des mit dem Verkauf des Produktes beauftragten Vertreters sind 10 % des Nettoverkaufspreises anzusetzen.

Ermitteln Sie die Selbstkosten pro Stück des Produktes.

Übungsaufgabe 4.15: Kalkulationsarten

Welche Kalkulationsarten lassen sich unterscheiden, und wodurch sind diese gekennzeichnet?

Übungsaufgabe 4.16: Kalkulationsverfahren

Erläutern Sie den Zusammenhang zwischen den verschiedenen Kalkulationsverfahren und den Grundtypen von Fertigungsprogrammen.

Übungsaufgabe 4.17: Divisionskalkulation

Die Schoko GmbH hat im Juli 1997 insgesamt 1.500.000 Tafeln Schokolade produziert, wobei die folgenden Kosten entstanden sind:

- Herstellkosten   225.000 €
- Verwaltungskosten   23.900 €
- Vertriebskosten   21.100 €.

a) Einstufige Divisionskalkulation:
   Wie hoch sind die Herstellkosten und die Selbstkosten einer Tafel Schokolade, wenn alle Tafeln verkauft wurden?

b) Zweistufige Divisionskalkulation:
   Welche Höhe weisen die Herstellkosten und die Selbstkosten pro Tafel Schokolade auf, wenn lediglich 1.250.000 Tafeln Schokolade abgesetzt wurden?

Übungsaufgabe 4.18: Äquivalenzziffernkalkulation

Ein Unternehmen produziert vier artähnliche Erzeugnisse. Im abgelaufenen Monat sind Materialkosten in Höhe von 40.956 € pro Monat und Fertigungskosten in Höhe von 31.831 € pro Monat entstanden. Die Herstellkosten betrugen also 72.787 € pro Monat.

Von den verschiedenen Produktarten j $(j = 1, ..., 4)$ wurden die Mengen x_{Pj} (gemessen in Stück) hergestellt und es konnten folgende Äquivalenzziffern für den Materialbereich (α_{Mj}) und für den Fertigungsbereich (α_{Fj}) ermittelt werden:

j	x_{Pj}	α_{Mj}	α_{Fj}
1	1.250	1,00	0,90
2	4.000	1,25	1,20
3	1.500	1,50	1,60
4	1.500	3,00	2,00

Bestimmen Sie für jede Produktart die Herstellkosten pro Stück.

Übungsaufgabe 4.19: (Lohn-) Zuschlagskalkulation

Ein Unternehmen fertigt drei verschiedene Türelemente j $(j = 1, 2, 3)$. Diese werden zunächst in der Kostenstelle „Säge" auf Maß gesägt, anschließend in der „Schleiferei" geschliffen und in der „Malerwerkstatt" in den von den Kunden gewünschten Farben bemalt. In der Kostenstelle „Montage" werden dann in einem letzten Arbeitsgang Verbindungselemente und Scharniere montiert. Über diese Kostenstellen liegen aus der Abrechnungsperiode folgende Daten vor:

	Säge	Schleiferei	Malerwerk-statt	Montage
Fertigungslöhne (Einzelkosten) in €	9.600	4.400	19.200	8.600
Fertigungsminuten in Min.	6.400	3.300	12.800	4.300
Fertigungsgemeinkosten in €	8.640	6.600	15.360	6.450

Für die drei Türelemente j $(j = 1, 2, 3)$ sind folgende Produktionsmengen x_j in Stück, Materialeinzelkosten in € pro Stück sowie die Kapazitätsinanspruchnahmen in den jeweiligen Fertigungskostenstellen in Min. pro Stück bekannt:

| Tür-element | Produktions-menge | Material-einzelkosten | Kapazitätsinanspruchnahme | | | |
| | | | Säge | Schleiferei | Maler-werkstatt | Montage |
j	Stück	$\dfrac{\text{€}}{\text{Stück}}$	$\dfrac{\text{Min.}}{\text{Stück}}$	$\dfrac{\text{Min.}}{\text{Stück}}$	$\dfrac{\text{Min.}}{\text{Stück}}$	$\dfrac{\text{Min.}}{\text{Stück}}$
1	150	200	20	10	40	10
2	80	450	30	15	60	20
3	40	600	25	15	50	30

Die Materialgemeinkosten der Abrechnungsperiode belaufen sich auf 45.000 €. Der Zuschlagssatz für Verwaltungs- und Vertriebsgemeinkosten ist mit 20 % auf die Herstellkosten zu beziehen.

Führen Sie eine kumulative und eine elektive (Lohn-) Zuschlagskalkulation zur Ermittlung der Herstell- und Selbstkosten jeweils bezogen auf ein Stück der drei verschiedenen Türelemente durch.

Übungsaufgabe 4.20: Kalkulation für mehrteilige Produkte

Ein Unternehmen der chemischen Industrie stellt innerhalb seiner Sparte „Kosmetikartikel" Sonnencreme her. Der Prozess zur Herstellung von Sonnencreme als Endprodukt kann vereinfacht durch die folgende Abbildung dargestellt werden, wobei die Zahlen angeben, wie viele Einheiten eines Vor- bzw. Zwischenproduktes direkt pro Einheit des jeweils übergeordneten Produktes benötigt werden.

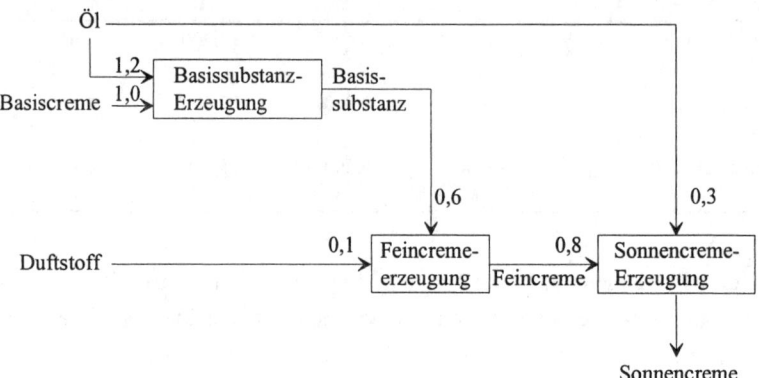

Die nachstehende Tabelle zeigt die primären variablen Kosten der einzelnen Produktionsstufen:

Kostenstelle	primäre variable Kosten in € pro Einheit des Erzeugnisses, das in der jeweiligen Kostenstelle produziert wird
Basissubstanz-Erzeugung	5,50
Feincreme-Erzeugung	11,30
Sonnencreme-Erzeugung	28,70

Die Einstandspreise betragen für Öl 2,40 € pro Einheit, für Basiscreme 1,30 € pro Einheit und für Duftstoff 8,70 € pro Einheit.

Ermitteln Sie die Herstellkosten pro kg Sonnencreme nach der Stufenkalkulation und der summarischen Kalkulation.

Übungsaufgabe 4.21: Kalkulation für Kuppelprodukte

Ein Unternehmen der Obst verarbeitenden Industrie stellt in einem Entsteinungsvorgang aus 1000 kg Sauerkirschen gleichzeitig 500 kg des Hauptproduktes entsteinte Kirschen sowie als Nebenprodukte 400 Liter Saft und 100 kg Kirschkerne her. Der Beschaffungspreis für 1 kg frische Sauerkirschen beträgt 1,35 €. Der Entsteinungsvorgang kostet pro 10 kg frische Kirschen 0,60 €.

Der Saft wird in 0,5-Liter-Flaschen abgefüllt. Der Abfüllvorgang mit Verschließen kostet 0,20 € pro Flasche. Eine Flasche kostet 0,70 €, ein Verschluss 0,15 €. Darüber hinaus entstehen je Flasche anteilige Vertriebskosten in Höhe von 0,45 € für Verpackung und Transport. Der Marktpreis einer Flasche Kirschsaft beträgt 2,00 €.

Die Kirschkerne werden in Plastikbeuteln à 20 kg verpackt. Ein Plastikbeutel kostet 0,60 €. Die Kirschkerne können für 4,50 € pro Beutel an ein pharmazeutisches Unternehmen verkauft werden. Dabei entstehen Vertriebsgemeinkosten in Höhe von 0,50 € pro 20 kg sowie Sondereinzelkosten des Vertriebs in Höhe von 1,40 € pro Beutel.

Die entsteinten Kirschen werden zu Konserven verarbeitet. Sie werden zu jeweils 500 g in Gläser abgefüllt. Jedem Glas werden 400 ml Zuckerwasser hinzugefügt. Ein Liter Zuckerwasser kostet 1,00 €. Abfüllen und Verschließen verursachen Fertigungsgemeinkosten in Höhe von 0,10 € pro Glas, ein Glas mit Deckel kostet 0,50 €. Die Gläser werden in Kartons zu 10 Stück verpackt. Ein Karton kostet 0,50 €, die Lohnkosten für das Verpacken betragen je Karton 1,50 €. Der Vertrieb der Kartons verursacht Transportkosten in Höhe von 0,50 € pro Karton. Die Vertriebskosten für Verpackung und Transport in Kartons werden anteilig je Glas umgelegt. Pro Glas soll ein Gewinn in Höhe von 1,75 € erzielt werden.

a) Berechnen Sie die Herstellkosten des Kuppelprozesses.

b) Ermitteln Sie die Kosten der Weiterverarbeitung und die Vertriebskosten je 100 Flaschen Kirschsaft, je 10 Beutel Kirschkerne und je 100 Gläser Konserven.

c) Wie viele Flaschen Kirschsaft, Beutel Kirschkerne sowie Gläser und Kartons Konserven werden aus 1000 kg frischen Kirschen produziert?

d) Berechnen Sie die Selbstkosten pro Glas entsteinte Kirschen nach dem Restwertverfahren.

Übungsaufgabe 4.22:   Kostenträgerzeitrechnung

Welche Verfahren der Kostenträgerzeitrechnung kennen Sie, und wie unterscheiden sich diese? Veranschaulichen Sie Ihre Erläuterungen jeweils anhand der Abbildung eines Betriebsergebniskontos.

5 Systeme der Kosten- und Leistungsrechnung

5.1 Unterscheidung von Ist-, Normal- und Plankostenrechnungen

Berücksichtigt man den Zeitbezug des erfassten und bewerteten Güterverzehrs, so führt dies zu der Unterscheidung von Rechnungen auf Basis von Ist-, Normal- und Plankosten. Der Inhalt dieser drei Rechnungen bestimmt sich analog zu den in Kapitel 2.2.7 abgegrenzten Kostenbegriffen.

Das Wert- und Mengengerüst der Istkostenrechnung berücksichtigt weitgehend das tatsächlich aufgetretene Wirtschaftsgeschehen eines Unternehmens, d.h. die zu behandelnden Kosten werden aus den effektiv verbrauchten Faktormengen durch deren Bewertung mit den effektiv gezahlten Preisen abgeleitet. Einerseits dient die Istkostenrechnung üblicherweise als Ausgangsbasis für die Entwicklung weiterführender Kostenrechnungssysteme, andererseits wird sie oftmals parallel zu den weiterentwickelten Systemen fortgeführt.

In der Normalkostenrechnung werden sowohl für das Mengen- als auch für das Wertgerüst der Kosten durchschnittliche Größen ermittelt. Die durchschnittlichen oder normalisierten Mengen werden aus in der Vergangenheit festgestellten Verbräuchen berechnet, die dementsprechenden Preise werden ebenfalls normalisiert, d.h. als Durchschnittswerte angesetzt.

Die Plankostenrechnung zeichnet sich dadurch aus, dass sie mit zukünftig erwarteten Mengen und Preisen arbeitet. Der sinnvolle Einsatz einer Plankostenrechnung wird erst durch die parallele Führung einer Istkostenrechnung möglich.[240] Die Grundlagen der Plankostenrechnung und ihre unterschiedlichen Entwicklungsformen werden ausführlich in Kapitel 6 behandelt.

---

[240] Vgl. z.B. Haberstock, L.: Kostenrechnung I, a.a.O., S. 63ff.

5.2 Unterscheidung von Voll- und Teilkostenrechnungen

Man unterscheidet Voll- und Teilkostenrechnungen in Abhängigkeit davon, ob sämtliche, d.h. variable und fixe Kosten, oder nur die variablen Kosten den Endprodukten eines Unternehmens zugeordnet werden. Es liegt das Kriterium des Umfangs der den Kostenträgern zuzurechnenden Kosten zugrunde.

In der Vollkostenrechnung werden sowohl die variablen als auch die fixen Kosten anhand des Durchschnitts- bzw. Tragfähigkeitsprinzips[241] auf die Kostenträger verteilt. Da für kurzfristige Dispositionen allerdings lediglich die variablen Kosten veränderbar und somit entscheidungsrelevant, die Fixkosten dagegen nicht beeinflussbar sind, kann die Berücksichtigung von Vollkosten zu Fehlentscheidungen führen. Fixe Kosten entstehen definitionsgemäß unabhängig von der Ausbringungsmenge, d.h. auch wenn ein Produkt aufgrund von Vollkostenüberlegungen als Verlustartikel gekennzeichnet und aus dem Programm gestrichen wird, fällt ein Teil – und zwar genau der Fixkostenanteil – der diesem Produkt zugerechneten Kosten auch weiterhin an. Den Tatbestand, dass fixe Kosten anhand bestimmter Kriterien den Kostenträgern zugeordnet werden, bezeichnet man auch als künstliche Fixkostenproportionalisierung.

In der Teilkostenrechnung wird die künstliche Fixkostenproportionalisierung dadurch umgangen, dass nur die variablen Kosten dem Verursachungsprinzip folgend auf die Kostenträger verrechnet werden. Die Fixkosten gehen ohne den Versuch einer nach Hilfsprinzipien vorgenommenen Aufteilung auf die Kostenträger in das Betriebsergebnis bzw. den Periodenerfolg ein. Den genannten Vorzügen von Systemen auf Basis von Teilkosten stehen schließlich aber auch Kritikpunkte gegenüber. So sind beispielsweise Teilkostenansätze zur Bewertung von Beständen nicht zulässig, Teilkostenbetrachtungen gelten kurzfristig, sie können allerdings für die langfristige Preispolitik mit dem Ziel der vollen Kostendeckung keine geeigneten Daten bereitstellen, gleichzeitig besteht latent die Gefahr von Preissenkungen, da nur variable Kosten berücksichtigt werden, und als letzter Punkt könnte der Einwand auftauchen, dass auch in einer Teilkostenrechnung Gemeinkosten, und zwar der variable Anteil, geschlüsselt werden, und insofern auch hier dem Verursachungsprinzip nicht durchgängig Rechnung getragen werden kann.[242]

---

[241]   Vgl. Kapitel 2.4.
[242]   Vgl. Ebert, G.: Kosten- und Leistungsrechnung, Mit einem ausführlichen Fallbeispiel, 8. Aufl., Wiesbaden 1997, S. 139.

Die folgende Abb. 5.1 verdeutlicht noch einmal den Zusammenhang zwischen unterschiedlichen Zurechnungsprinzipien und zugehörigen Rechnungssystemen.

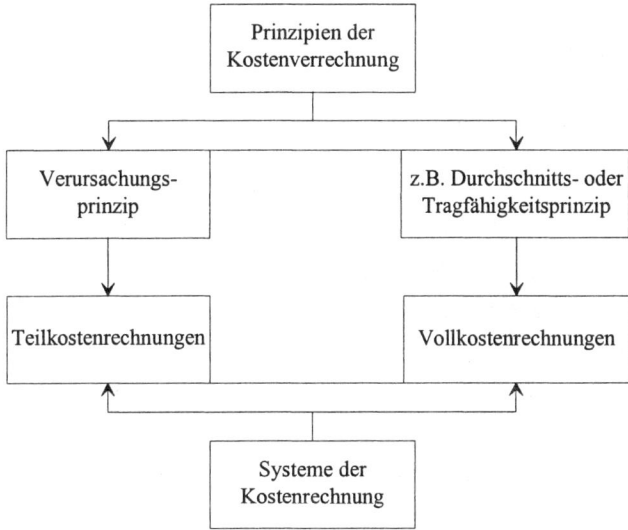

Abb. 5.1: Rechnungssysteme und Zurechnungsprinzipien[243]

Abschließend sei darauf hingewiesen, dass der Begriff Teilkostenrechnung hier in seiner klassischen Definition vorgestellt wurde. Teilkosten umfassen danach nur den variablen Anteil der Gesamtkosten. Der Begriff Teilkosten in seiner allgemeineren Definition besagt, dass nicht die gesamten Kosten eines Unternehmens, sondern nur bestimmte Teile von diesen berücksichtigt werden. Nach der weiteren Definition würde beispielsweise auch die später noch erläuterte Einzelkostenrechnung als Teilkostenrechnung bezeichnet werden. Wird hier aber ohne weitere Erläuterungen von Teilkostenrechnung gesprochen, so ist immer die klassische Definition im Hinblick auf die Erfassung des variablen Anteils der Gesamtkosten gemeint.

5.3 Systeme der Deckungsbeitragsrechnung

Die Deckungsbeitragsrechnung ist ihrem Ursprung nach ein Instrument zur Ermittlung des Periodenerfolges im Rahmen der Kostenrechnung. Insofern gehört

---

[243]   Haberstock, L.: Kostenrechnung I, a.a.O., S. 171f.

sie eigentlich in das Kapitel 4.3.4 zu der Kostenträgerzeit- bzw. der kurzfristigen Erfolgsrechnung. Es wird aber gezeigt, dass neben das Ziel der Ermittlung des Periodenerfolges modifizierte oder erweiterte Rechenziele und -inhalte getreten sind, die der Deckungsbeitragsrechnung eine herausragende Bedeutung gegeben und sie zu einem eigenständigen Arbeitsgebiet gemacht haben. Daher wird ihr ein eigenes Kapitel gewidmet.

Die unterschiedlichen Formen der Deckungsbeitragsrechnung geben einen kontinuierlichen Entwicklungsprozess wieder, der mit der einstufigen Deckungsbeitragsrechnung, auch als Direct Costing bezeichnet, beginnt. Die einstufige Deckungsbeitragsrechnung, die in ihrer Vorgehensweise genau dem in Kapitel 4.3.4 vorgestellten Umsatzkostenverfahren auf Teilkostenbasis zur Ermittlung des kurzfristigen Periodenerfolges entspricht, wird an dieser Stelle noch einmal in ihren Grundzügen erläutert, um anschließend die darauf aufbauenden Weiterentwicklungen der Deckungsbeitragsrechnung veranschaulichen zu können.

5.3.1 Einstufige Deckungsbeitragsrechnung

Die Grundidee der einstufigen Deckungsbeitragsrechnung – die strikte Trennung in fixe und variable Kosten sowie die kurzfristige Erfolgsrechnung nach dem Teilkostenprinzip – wurde bereits im Jahre 1936 von HARRIS in seinem Aufsatz „What Did We Earn Last Month?"[244] unter der Bezeichnung Direct Costing vorgestellt. Dieses Konzept fand allerdings erst nach seiner Weiterentwicklung in den fünfziger Jahren praktische Anerkennung.[245]

Die Auflösung der Gesamtkosten in ihre variablen und fixen Bestandteile stellt eines der wichtigsten systemimmanenten Merkmale der einstufigen Deckungsbeitragsrechnung dar. Das Ziel ist es, nur diejenigen Kosten auf die Endprodukte zu verrechnen, die mit der Beschäftigung variieren, d.h. lediglich die variablen Kosten werden auf die Kostenträger verteilt. Die Fixkosten werden als zeitabhängige Periodenkosten betrachtet, zu einem Fixkostenblock zusammengefasst und so „en bloc" in die kurzfristige Erfolgsrechnung gebucht.

---

[244] Harris, J.N.: What Did We Earn Last Month, in: N.A.C.A.-Bulletin vom 15. Januar 1936.

[245] Vgl. Kilger, W. / Pampel, J. / Vikas, K.: Flexible Plankostenrechnung und Deckungsbeitragsrechnung, a.a.O., S. 62ff.; Kilger, W.: Die Entstehung und Weiterentwicklung der Grenzplankostenrechnung als entscheidungsorientiertes System der Kostenrechnung, in: Jacob, H. (Hrsg.): Moderne Kostenrechnung, Wiesbaden 1978, S. 107-137, hier S. 115.

Im System der einstufigen Deckungsbeitragsrechnung wird von einem linearen Gesamtkostenverlauf ausgegangen, d.h. alle variablen Kosten – also auch der variable Teil der Gemeinkosten – werden als proportionale Kosten interpretiert.[246] Folglich entsprechen die variablen Stückkosten sowohl den Grenzkosten als auch den variablen Durchschnittskosten pro Stück.[247] Man spricht daher auch häufig von Grenz- bzw. Durchschnittskostenrechnung.[248]

Das Kernelement der einstufigen Deckungsbeitragsrechnung bildet der absolute Deckungsbeitrag db_j pro Einheit der Produktart j. Er ist definiert als Differenz aus dem Netto-Verkaufspreis p_j und den variablen Selbstkosten k_{vj} pro Produkteinheit:

$$db_j = p_j - k_{vj} \, .$$

Ein (positiver) Deckungsbeitrag gibt an, in welcher Höhe der Erlös einer Einheit der Produktart j die variablen Selbstkosten dieser Einheit übersteigt.

Multipliziert man den absoluten Deckungsbeitrag db_j einer Einheit der Produktart j mit der insgesamt abgesetzten Menge x_{Aj} dieser Produktart j, so erhält man den Deckungsbeitrag DB_j der Produktart j:

$$DB_j = db_j \cdot x_{Aj} = \left(p_j - k_{vj} \right) \cdot x_{Aj} \, .$$

Die Summierung der so ermittelten Deckungsbeiträge über alle Produktarten j $\left(j = 1, \ldots, J \right)$ eines Unternehmens ergibt denjenigen Betrag, der dazu beiträgt, die in der betrachteten Periode angefallenen Fixkosten abzudecken:

$$\sum_{j=1}^{J} DB_j = \sum_{j=1}^{J} \left(p_j - k_{vj} \right) \cdot x_{Aj} \, .$$

Die Differenz zwischen dem Gesamtdeckungsbeitrag

$$\sum_{j=1}^{J} DB_j$$

und dem gesamten Fixkostenblock K_f bedeutet bei einem positiven Ergebnis einen Gewinn bzw. bei einem negativen Ergebnis einen Verlust in der betrachteten

---

[246] GUTENBERG hat in seinen produktions- und kostentheoretischen Analysen darauf hingewiesen, dass sich die Gesamtkosten in den meisten industriellen Teilbereichen linear entwickeln, d.h. dass sich die gesamten variablen Kosten proportional verhalten. Vgl. Gutenberg, E.: Grundlagen der Betriebswirtschaftslehre, a.a.O., S. 386.

[247] Vgl. Kapitel 2.2.3.

[248] Vgl. Kilger, W. / Pampel, J. / Vikas, K.: Flexible Plankostenrechnung und Deckungsbeitragsrechnung, a.a.O., S. 62f.

Periode. Die bereits in Kapitel 4.3.4 eingeführte Grundgleichung zur Bestimmung des Periodenerfolges G in der einstufigen Deckungsbeitragsrechnung lautet demnach:

$$G = \sum_{j=1}^{J} \left(p_j - k_{vj} \right) \cdot x_{Aj} - K_f \,.$$

Diese auch als summarische Fixkostendeckung bezeichnete Vorgehensweise ist vor allem bei kurzfristigen Entscheidungen anwendbar. In solchen Fällen zählen die Fixkosten nicht zu den relevanten Kosten, und es genügt die Betrachtung der Deckungsbeiträge einzelner Erzeugnisarten $j \left(j = 1, ..., J \right)$.

Der Einsatz der einstufigen Deckungsbeitragsrechnung bietet gegenüber der Vollkostenrechnung erhebliche Vorteile. Beispielsweise können Informationen geliefert werden für die Bestimmung der Gewinnschwelle (Break-even-Analyse) im Rahmen der Erfolgsplanung, für die Berechnung von Preisunter- und -obergrenzen und für Entscheidungen zwischen Eigenfertigung und Fremdbezug.[249]

Ein Nachteil der einstufigen Deckungsbeitragsrechnung ist, dass durch den Abzug der Fixkosten in einem Block unberücksichtigt bleibt, dass einige Teile dieser Fixkosten beispielsweise einer Kostenstelle oder einem Betriebsbereich direkt zugeordnet werden können und eigentlich im Hinblick auf diese Bezugsgrößen wiederum Einzelkosten darstellen.[250] Neben dem Kriterium der Beschäftigungsabhängigkeit sollte also das Kriterium der Zurechenbarkeit zu bestimmten Bezugsobjekten Beachtung finden.

5.3.2 Mehrstufige Deckungsbeitragsrechnung

Aufgrund der Kritik zur undifferenzierten Fixkostenbehandlung „en bloc" in der einstufigen Deckungsbeitragsrechnung wurde die so genannte mehrstufige Deckungsbeitragsrechnung zunächst als stufenweise Fixkostendeckungsrechnung

---

[249]   Die Dispositions- und Kontrollaufgaben im Rahmen der Deckungsbeitragsrechnung werden im Einzelnen in Kapitel 5.4 erläutert.

[250]   Vgl. Riebel, P.: Systemimmanente und anwendungsbedingte Gefahren von Differenzkosten- und Deckungsbeitragsrechnungen, in: Betriebswirtschaftliche Forschung und Praxis, (1974) 11, S. 493-529, abgedruckt in: Riebel, P.: Einzelkosten- und Deckungsbeitragsrechnung, Grundfragen einer markt- und entscheidungsorientierten Unternehmungsrechnung, 7. Aufl., Wiesbaden 1994, S. 356-385, hier S. 360ff.

entwickelt. RIEBEL hat diesen Ansatz modifiziert und seine Einzelkosten- und Deckungsbeitragsrechnung vorgestellt.[251]

5.3.2.1 Stufenweise Fixkostendeckungsrechnung

Das Konzept der stufenweisen Fixkostendeckungsrechnung baut auf dem des Direct Costing auf und wird daher auch häufig als Direct Costing mit stufenweiser Fixkostendeckung bezeichnet.[252]

Grundgedanke der stufenweisen Fixkostendeckungsrechnung ist die Zuordnung von Fixkostenteilen zu einer Hierarchie von Bezugsobjekten, d.h. beispielsweise zu Kostenträgergruppen, Kostenstellen, Betriebsbereichen und dem Gesamtunternehmen, sofern diese Zuordnung ohne Schlüsselung möglich ist. Mit anderen Worten werden die bezogen auf das Endprodukt fixen Kosten denjenigen Bezugsobjekten zugeordnet, in denen sie entstanden sind. Durch die Subtraktion der jeweils zurechenbaren Fixkosten auf den verschiedenen Ebenen können so – beginnend mit dem Deckungsbeitrag für einzelne Produktarten – stufenweise auch Deckungsbeiträge für Produktgruppen, Kostenstellen etc. bestimmt werden. Auf der letzten Stufe werden diejenigen Fixkosten zum Abzug gebracht, die nur dem Unternehmen als Ganzes zurechenbar sind, so beispielsweise die Gehälter der Betriebsleitung.

Die geschilderte Vorgehensweise der stufenweisen Abdeckung von Fixkosten bzw. der mehrstufigen Aggregation von Deckungsbeiträgen ist in der nachfolgenden Abb. 5.2 beispielhaft veranschaulicht.

Zwischen der Ebene der Erzeugnisgruppen und der Unternehmensebene sind weitere Ebenen, z.B. die der Kostenstellen und der Unternehmensbereiche denkbar und sinnvoll.[253]

Die stufenweise Fixkostendeckungsrechnung ermöglicht nicht nur kurzfristige Entscheidungen auf der Ebene der einzelnen Erzeugnisse auf der Grundlage von Deckungsbeiträgen je Erzeugnisart, sondern bietet auch Informationen für mittel- und langfristige Entscheidungen. Es kann beispielsweise gezeigt werden, ob verschiedene Erzeugnisgruppen, Kostenstellen oder Betriebsbereiche positive De-

---

[251] Riebel, P.: Das Rechnen mit Einzelkosten und Deckungsbeiträgen, in: Zeitschrift für handelswissenschaftliche Forschung, Neue Folge, (1959), S. 213-238, abgedruckt in: Riebel, P.: Einzelkosten- und Deckungsbeitragsrechnung, a.a.O., S. 35-59.

[252] Vgl. Bungenstock, C.: Entscheidungsorientierte Kostenrechnungssysteme, Eine entwicklungsgeschichtliche Analyse, Wiesbaden 1995, S. 287.

[253] Vgl. derselbe, a.a.O., S. 289.

ckungsbeiträge erbringen, und als Ergebnis auf der höchsten Aggregationsstufe ist die Ermittlung des Periodenerfolges möglich.

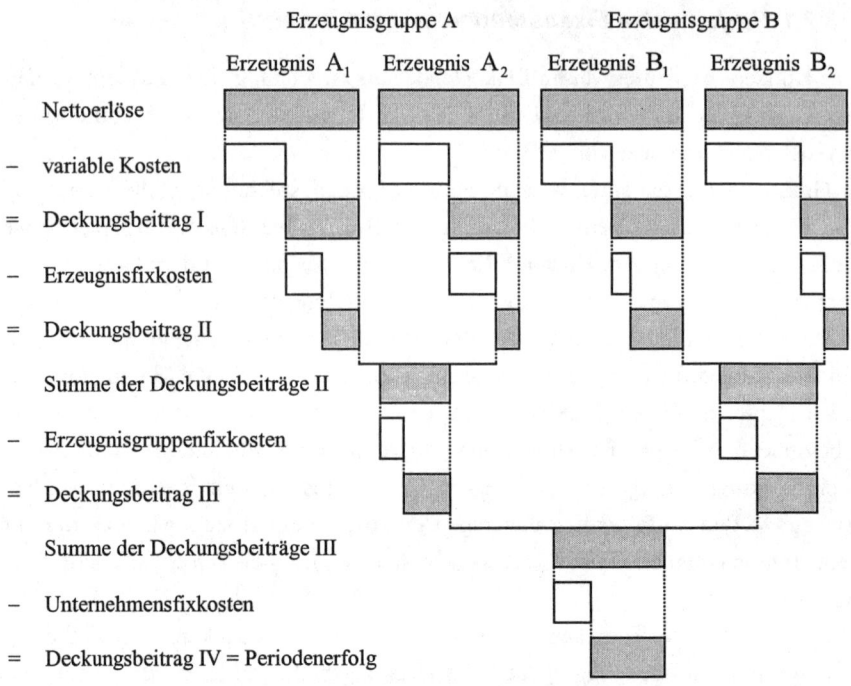

Abb. 5.2:   Ablauf der stufenweisen Fixkostendeckungsrechnung[254]

5.3.2.2 Relative Einzelkosten- und Deckungsbeitragsrechnung

5.3.2.2.1 Grundlagen der relativen Einzelkosten- und Deckungs-beitragsrechnung

Die relative Einzelkosten- und Deckungsbeitragsrechnung, deren Ursprung in den Ende der fünfziger Jahre von RIEBEL veröffentlichten Werken zu sehen ist,[255] stellt – wie auch die stufenweise Fixkostendeckungsrechnung – eine Weiterentwicklung der einstufigen Deckungsbeitragsrechnung dar. Sie ist aus der Kritik an Vollkosten- sowie an Teilkostenrechnungssystemen entstanden und lehnt außer der für die Vollkostenrechnung typischen Proportionalisierung fixer Kosten und der damit

---

[254]   Vgl. Schönfeld, H.-M.: Kostenrechnung I, 7. Aufl., Stuttgart 1974, S. 85.
[255]   Vgl. Riebel, P.: Das Rechnen mit Einzelkosten und Deckungsbeiträgen, a.a.O. S. 35ff.

verbundenen Schlüsselung der gesamten Gemeinkosten auch die sonst in Teil-kostenrechnungen vorgenommene Verrechnung variabler Gemeinkosten strikt ab.

In der Praxis ist dem System – insbesondere wegen seiner Komplexität – nie der große Durchbruch gelungen.[256] Durch die Entwicklung relationaler Daten-banken wird die Implementierung erleichtert, und man erhofft sich für die Zukunft eine wachsende praktische Bedeutung.[257]

Bei der relativen Einzelkosten- und Deckungsbeitragsrechnung handelt es sich um eine Kostenrechnung, deren Schwerpunkt auf der Fundierung der betrieblichen Entscheidungen liegt. Die Entscheidungen werden als die eigentlichen Kalkulati-onsobjekte angesehen, was sich insbesondere in den zugrunde liegenden Definiti-onen der Einzelkosten und des Deckungsbeitrags widerspiegelt.

Als Einzelkosten bezeichnet man die „Kosten (...), die einem (...) Bezugsob-jekt eindeutig zurechenbar sind, weil sowohl die Kosten (...) als auch das Be-zugsobjekt auf einen gemeinsamen dispositiven Ursprung zurückgehen".[258] Das hier zugrunde liegende Zurechnungsprinzip wurde von RIEBEL als „Identitäts-prinzip" bezeichnet, da sowohl der Güterverzehr (Kosten) als auch die Leistungs-erstellung (Bezugsobjekt) auf dieselbe (identische) Entscheidung zurückzuführen sind.[259] Wählt man beispielsweise als Bezugsobjekt die Produktart A, als Ent-scheidung die Aufnahme dieser Produktart in das Produktionsprogramm, dann handelt es sich bei den Einzelkosten um die Kosten, die durch die Erweiterung des Produktionsprogramms um Produktart A entstehen.

Durch die Relativierung des Einzelkostenbegriffs können bestimmte Kosten in Abhängigkeit vom jeweiligen Bezugsobjekt Einzel- oder Gemeinkosten darstellen. Eine Einteilung der Kosten in variable und fixe Bestandteile erfolgt nicht. Selbst fixe Kosten, die sich z.B. auf die Kapazitätsausnutzung, Beschäftigungsdauer oder

---

[256] Beispiele aus der Praxis sind zu entnehmen aus: Horváth, P. / Kleiner, R. / Mayer, R.: Zweckneutrale Kostenerfassung in der flexiblen Montage mit Hilfe von Datenbanken, in: Kostenrechnungspraxis (1987) 3, S. 93-104; dieselben: Differenzierte Kostenin-formationen zur Entscheidungsunterstützung in der flexiblen Montage, in: Kostenrech-nungspraxis (1986) 4, S. 133-139 und Lotz, D. / Rogalski, M.: Entscheidungsorien-tierte Kostenrechnung in Kleinbetrieben – am Beispiel eines Dienstleisters, in: Con-trolling (1995) 1, S. 12-21.

[257] Vgl. Riebel, P.: Ansätze und Entwicklungen des Rechnens mit relativen Einzelkosten und Deckungsbeiträgen (II), in: Kostenrechnungspraxis (1995) Sonderheft 1, S. 49-53, hier S. 52.

[258] Riebel, P.: Einzelkosten- und Deckungsbeitragsrechnung, a.a.O., S. 762.

[259] Vgl. Riebel, P.: Die Fragwürdigkeit des Verursachungsprinzips im Rechnungswesen, in: Layer, H. / Strebel, H. (Hrsg.): Festschrift für Gerhard Krüger zu seinem 65. Geburtstag, Berlin 1969, S. 49-64, abgedruckt in: Riebel, P.: Einzelkosten- und De-ckungsbeitragsrechnung, a.a.O., S. 67-79, hier S. 76.

Produktionsmenge beziehen, können bei der Wahl anderer Bezugsobjekte Einzel-
kosten darstellen. Beispielsweise sind Entwurfskosten eines Produkttyps fix in
Bezug auf die Produktionsmenge, bezogen auf den Produkttyp stellen sie aber
Einzelkosten dar.[260]

Analog zur Definition der Einzelkosten bezeichnet man als Deckungsbeitrag
den „Überschuß jener Erlöse (...) über jene Kosten (...), die auf dieselbe (identische) Entscheidung zurückzuführen sind wie die Existenz des betreffenden Kalkulationsobjektes selbst".[261] Damit handelt es sich auch bei dem Deckungsbeitrag um
einen relativen Begriff.

5.3.2.2.2 Aufbau der Grundrechnung

Die relevanten Kosten sind bei der relativen Einzelkosten- und Deckungsbeitragsrechnung immer von der jeweils zu treffenden Entscheidung abhängig. Um eine
gemeinsame Datenbasis für alle Fragestellungen zu schaffen, hat RIEBEL eine so
genannte Grundrechnung entwickelt. Sie enthält eine zweckneutrale[262] Zusam-
menstellung aller relativen Einzelkosten, anhand derer der Aufbau von Standard-
oder Sonderrechnungen als Basis für die einzelnen Entscheidungen ermöglicht
wird.[263] Grundsätzlich werden im Rahmen der Grundrechnung alle Kosten als
Einzelkosten erfasst.[264]

Die Grundrechnung wird – vergleichbar mit dem BAB – als eine kombinierte
Kostenarten-, Kostenstellen- und Kostenträgerrechnung aufgebaut. Die Kosten
werden allerdings nur dort erfasst, wo sie direkt zurechenbar sind. Eine sonst üb-
liche Verteilung der Kosten auf Kostenstellen und Kostenträger findet nicht
statt.[265]

---

[260]   Vgl. Riebel, P.: Das Rechnen mit Einzelkosten und Deckungsbeiträgen, a.a.O., S. 38.

[261]   Hummel, S. / Männel, W.: Kostenrechnung 2, Moderne Verfahren und Systeme,
Nachdruck der 3. Aufl., Wiesbaden 1993, S. 49.

[262]   Zur Zweckneutralität des Zeitbezuges vgl. Hug, W. / Weber, J.: Zum Zeitbezug der
Grundrechnung im entscheidungsorientierten Rechnungswesen, in: Kostenrechnungspraxis (1980) 2, S. 81-92.

[263]   Vgl. Riebel, P.: Der Aufbau der Grundrechnung im System des Rechnens mit relativen
Einzelkosten und Deckungsbeiträgen, in: Zeitschrift der Buchhaltungsfachleute „Aufwand und Ertrag" (1964), S. 84-87, abgedruckt in: Riebel, P.: Einzelkosten- und Deckungsbeitragsrechnung, a.a.O., S. 149-157, S. 149.

[264]   Zu weiteren Grundsätzen vgl. Riebel, P.: Ansätze und Entwicklungen des Rechnens
mit relativen Einzelkosten und Deckungsbeiträgen (I), in: Kostenrechnungspraxis
(1995) Sonderheft 1, S. 43-48, hier S. 47.

[265]   Vgl. Riebel, P.: Der Aufbau der Grundrechnung im System des Rechnens mit relativen
Einzelkosten und Deckungsbeiträgen, a.a.O., S. 149f.; Schweitzer, M. / Küpper, H.-U.:
Systeme der Kosten- und Erlösrechnung, a.a.O., S. 495.

Die Zeilen der Grundrechnung enthalten die einzelnen Kostenarten, die zu Kostenkategorien zusammengefasst werden. Bei den Kostenkategorien differenziert man zwischen.

- Leistungskosten und
- Bereitschaftskosten.

Unter Leistungskosten versteht man die Kosten, die mit den kurzfristigen Veränderungen von Art und Menge der Leistungen variieren. Sie sind vergleichbar mit der Summe aus Einzelkosten und unechten Gemeinkosten der bisher betrachteten Kostenrechnungssysteme. Die sonstigen Kostenarten, die kurzfristig bei gegebenen Kapazitäten unverändert anfallen, bezeichnet man als Bereitschaftskosten. Sie werden entsprechend ihrer Zurechenbarkeit auf die einzelnen Abrechnungsperioden entweder – wie die Leistungskosten – als Periodeneinzelkosten oder – falls sie nicht einer einzigen Periode zugerechnet werden können – als Periodengemeinkosten verrechnet. Können die Periodengemeinkosten eindeutig mehreren Perioden gemeinsam zugerechnet werden, so handelt es sich um Einzelkosten geschlossener Perioden. Ist dies wie beispielsweise im Fall von Abschreibungen oder Forschungsaufwendungen aufgrund von fehlenden Informationen über die genaue Nutzungsdauer nicht möglich, so handelt es sich um Einzelkosten offener Perioden. Auf jede künstliche Periodisierung soll dadurch verzichtet werden.[266]

Eine weitere Untergliederung der Kostenarten nach dem Kriterium der Ausgabenwirksamkeit wird von RIEBEL eingeführt. Nur die tatsächlich ausgabenwirksamen Kosten sind entscheidungsrelevant. Er definiert Kosten als „die durch die Entscheidung über das betreffende Untersuchungsobjekt ausgelösten Ausgaben (im Sinne von Zahlungsverpflichtungen, Auszahlungssumme)".[267] Es liegt also hier der pagatorische Kostenbegriff zugrunde, weshalb unter anderem kalkulatorische Kosten und Opportunitätskosten völlig außer Acht gelassen werden.

Die Spalten der Grundrechnung enthalten die einzelnen Bezugsgrößen, die zu Bezugsgrößenhierarchien zusammengefasst werden. Neben der in traditionellen Kostenrechnungssystemen üblichen Kostenverteilung auf Kostenstellen und -träger kommt hier noch eine Vielzahl weiterer Bezugsgrößen in Frage. Dabei kann es sich im Fertigungsbereich um die Bezugsgrößen Kostenstellengruppe, Bereich, Betrieb, Sortenwechsel und Betriebsstörung und im Vertriebsbereich um

---

[266] Vgl. Coenenberg, A.G.: Kostenrechnung und Kostenanalyse, 5. Aufl., Landsberg am Lech 2003, S. 252ff.

[267] Riebel, P.: Ansätze und Entwicklungen des Rechnens mit relativen Einzelkosten und Deckungsbeiträgen (II), a.a.O., S. 50.

die Bezugsgrößen Kunde, Kundengruppe, Kundenanfrage, Kundenauftrag und Kundenbesuch handeln.[268] Bei dem Aufbau einer Bezugsgrößenhierarchie ist zu beachten, dass die Kosten, die einer bestimmten Ebene als Einzelkosten zugeordnet werden, für alle untergeordneten Ebenen Gemeinkosten darstellen.[269]

Neben der bereits aus der stufenweisen Fixkostendeckungsrechnung bekannten Hierarchisierung der Bezugsgrößen nach den Zurechnungsobjekten Kostenträgergruppen, Kostenstellen, Betriebsbereiche und Gesamtunternehmen ist die Bildung weiterer sachbezogener Bezugsgrößenhierarchien mit beispielsweise absatzorientierter Ordnung bezogen auf Warensparten, Vertriebsbereiche oder Kundengruppen und die Bildung zeitbezogener Hierarchien möglich. Hier könnte man eine Einteilung nach Tages-, Monats-, Jahreseinzelkosten, Einzelkosten geschlossener Perioden und Einzelkosten offener Perioden vornehmen.

Alle Kosten sind schließlich

- bei einer Leistung oder Leistungsgruppe,
- bei einem Kostenplatz, einer Kostenstelle, einer Abteilung oder einem übergeordneten Verantwortungsbereich,
- bei einem sonstigen Objekt oder
- bei dem Unternehmen als Ganzem

direkt zu erfassen.[270] Damit werden bei der Grundrechnung alle anfallenden Kosten vollständig erfasst. Für die Auswertung auf den einzelnen Ebenen werden aber nur die jeweils entscheidungsrelevanten Kosten herangezogen, womit die relative Einzelkosten- und Deckungsbeitragsrechnung den Teilkostenrechnungssystemen zuzurechnen ist.

Außer der Grundrechnung für Kosten ist zusätzlich eine Grundrechnung für Erlöse notwendig, da in der relativen Einzelkosten- und Deckungsbeitragsrechnung nicht nur die Kosten der einzelnen Bezugsobjekte bestimmt werden, sondern auch

---

[268]   Vgl. Ebert, G.: Kosten und Leistungsrechnung, a.a.O., S. 210f.

[269]   Vgl. Riebel, P.: Die Gestaltung der Kostenrechnung für Zwecke der Betriebskontrolle und Betriebsdisposition, in: Zeitschrift für Betriebswirtschaft (1956) 5, S. 278-289, abgedruckt in: Riebel, P.: Einzelkosten- und Deckungsbeitragsrechnung, a.a.O., S. 11-22, hier S. 17.

[270]   Vgl. Riebel, P.: Ansätze und Entwicklungen des Rechnens mit relativen Einzelkosten und Deckungsbeiträgen, in: Kostenrechnungspraxis (1984), S. 173-178 und S. 215-220, abgedruckt in: Riebel, P.: Einzelkosten- und Deckungsbeitragsrechnung, a.a.O., S. 615-631, hier S. 618.

Bezugsobjekte	Zurechnungsbereich A										Zurechnungsbereich B									Gemeinsamer Zurechnungsbereich			Gesamt-summe
	Kostenträger der Warensparte A							Kostenstellen der Warensparte A			Σ	Kostenträger der Warensparte B					Kostenstellen der Warensparte B			Σ	Hilfs-kosten-stellen	Ver-waltung	Σ	
	Erzeugnisse				Σ	Han-dels-ware	Σ	Produk-tions-stelle	Ver-triebs-stelle	Σ		Erzeugnisse				Σ	Produk-tions-stelle	Ver-triebs-stelle	Σ					
Kostenarten (Beispiele) / Kostenkategorien	a_1	a_2	a_3	a_4								b_1	b_2	b_3	b_4									
Leistungskosten / Perioden-EK — absatzabhängige Kosten: Verkaufsprovision																								
Umsatzlizenzen																								
Verpackungskosten																								
erzeugnisabhängige Kosten: Rohstoffkosten																								
Energiekosten																								
Überstundenlöhne																								
sonstige Perioden-EK: Fertigungslöhne																								
Gehälter																								
Steuern																								
Bereitschaftskosten / Perioden-GK — GK geschlossener Perioden: Kosten für mehr-jährige Lizenzverträge																								
Instandhaltungskosten																								
GK offener Perioden: Abschreibungen																								
Reparaturkosten																								
Forschungskosten																								
Summe Gesamtkosten																								

Abb. 5.3: Aufbau einer Grundrechnung

deren Deckungsbeiträge. Die Erlöse sind ebenfalls nach den einzelnen Bezugsobjekten wie beispielsweise Aufträge, Kunden und Absatzgebiete aufzugliedern.[271]
Die Abb. 5.3 zeigt beispielhaft den Aufbau einer Grundrechnung.[272]

5.3.2.2.3 Auswertung der Grundrechnung

Im Rahmen der Auswertung einer Grundrechnung erfolgt zunächst die Bildung von relativen Deckungsbeiträgen. Da es sich bei der Deckungsbeitragsrechnung um eine retrograde Rechnung handelt, geht man von den Bruttoerlösen aus und subtrahiert hiervon schrittweise einzelne Kostenarten bzw. Kostenkategorien. Die Reihenfolge, nach der die Subtraktion stattfindet, hängt von der jeweiligen Fragestellung ab. Als Ergebnis erhält man dann jeweils den Überschuss der Einzelerlöse über die Einzelkosten eines sachlich und zeitlich abzugrenzenden Kalkulationsobjektes. Diese Differenz wird als Deckungsbeitrag bezeichnet und entspricht dann demjenigen Betrag, mit dem das Kalkulationsobjekt zur Deckung der Gemeinkosten und zum Totalgewinn beiträgt.[273] Ist der Deckungsbeitrag für ein Kalkulationsobjekt positiv, so führt die Realisierung der entsprechenden Handlungsalternative zur Erhöhung des Betriebserfolges. Das Kalkulationsschema zeigt beispielhaft die Ermittlung der Deckungsbeiträge für die Kalkulationsobjekte Produkt (je ME), Produktart und Abteilung.[274]

Der Deckungsbeitrag II gibt den Überschuss der Erlöse über die Einzelkosten an und könnte beispielsweise für Zwecke der Programmplanung verwendet werden.[275] In Höhe des Deckungsbeitrages der Produktart bzw. der Abteilung tragen Produktart bzw. Abteilung zur Deckung der Kosten der jeweils höheren Hierarchieebenen und letztendlich zum Gewinn bei. Diese Deckungsbeiträge können nicht mehr auf eine Leistungseinheit oder einen Auftrag bezogen werden, da eine Schlüsselung von Gemeinkosten zu vermeiden ist.[276]

---

[271]   Vgl. Männel, W.: Zur Gestaltung der Erlösrechnung, in: Chmielewicz, K. (Hrsg.): Entwicklungslinien der Kosten- und Erlösrechnung, Stuttgart 1983, S. 119-150, hier S. 119ff.

[272]   Vgl. Riebel, P.: Durchführung und Auswertung der Grundrechnung im System des Rechnens mit relativen Einzelkosten und Deckungsbeiträgen, in: Zeitschrift der Buchhaltungsfachleute „Aufwand und Ertrag" (1964), S. 117-120 und S. 142-146, abgedruckt in: Riebel, P.: Einzelkosten- und Deckungsbeitragsrechnung, a.a.O., S. 158-175, hier S. 172.

[273]   Vgl. Riebel, P.: Einzelkosten- und Deckungsbeitragsrechnung, a.a.O., S. 759f.

[274]   Vgl. Riebel, P.: Das Rechnen mit Einzelkosten und Deckungsbeiträgen, a.a.O., S. 47; Coenenberg, A.G.: Kostenrechnung und Kostenanalyse, a.a.O., S. 248.

[275]   Vgl. Kapitel 5.4.2.

[276]   Vgl. Riebel, P.: Das Rechnen mit Einzelkosten und Deckungsbeiträgen, a.a.O., S. 47.

	Bruttoerlös
−	Erlösschmälerungen (Rabatte, Boni)
=	Nettoerlös
−	preis- und mengenmäßige Vertriebseinzelkosten (Vertreterprovision, Frachtkosten)
=	Verkaufsüberschuss
−	Stoffkosten (soweit Produkteinzelkosten, z.B. Rohstoffe, variable Energiekosten)
=	Deckungsbeitrag I
−	variable Löhne (soweit Einzelkosten)
=	Deckungsbeitrag II (Deckungsbeitrag je Mengeneinheit der Produktart)

	Deckungsbeitrag II · abgesetzte Mengeneinheiten der Produktart
−	direkte Kosten der Produktart
=	Deckungsbeitrag der Produktart

	Summe der Deckungsbeiträge aller Produktarten der Abteilung
−	direkte Kosten der Abteilung
=	Deckungsbeitrag der Abteilung

Abb. 5.4:   Kalkulationsschema der Deckungsbeitragsrechnung

Da auch bei der relativen Einzelkosten- und Deckungsbeitragsrechnung alle Kosten gedeckt werden sollen, können auf den verschiedenen Hierarchieebenen Deckungsbudgets vorgegeben werden, die zur Deckung der dieser Ebene nicht direkt zurechenbaren Kosten und des Periodenerfolgs dienen. Sie können zur Steuerung des gesamten Unternehmens bzw. einzelner Erfolgsbereiche eingesetzt werden. Ursprünglich hatte man sie entwickelt, damit es durch das Rechnen mit Einzelkosten nicht zu einer zu nachgiebigen Preispolitik kommt.[277]

Für Dispositions- und Kontrollaufgaben der Kostenrechnung stehen auf den Deckungsbeiträgen basierende Auswertungsrechnungen zur Verfügung. Deckungsbeiträge können beispielsweise für Wirtschaftlichkeitsvergleiche im Rahmen der Programmplanung und für die Preispolitik eingesetzt werden. Die Vorgehensweise wird für die bisher betrachteten Systeme der Deckungsbeitragsrech-

---

[277] Vgl. Riebel, P.: Das Rechnen mit Einzelkosten und Deckungsbeiträgen, a.a.O., S. 55f.; derselbe: Deckungsbudgets als Führungsinstrument, in: Der Betrieb (1981) 13, S. 649-658, abgedruckt in: Riebel, P.: Einzelkosten- und Deckungsbeitragsrechnung, a.a.O., S. 475-497, hier S. 476ff.

nung in Kapitel 5.4 genauer erläutert und ist auf die relative Einzelkosten- und Deckungsbeitragsrechnung übertragbar.[278]

5.3.2.3 Vergleich zwischen der stufenweisen Fixkostendeckungsrechnung und der relativen Einzelkosten- und Deckungsbeitragsrechnung

Sowohl die stufenweise Fixkostendeckungsrechnung als auch die relative Einzelkosten- und Deckungsbeitragsrechnung gehören zu den Ansätzen der Teilkostenrechnung. In beiden Systemen wird durch den Aufbau von Hierarchien eine mehrstufige Deckungsbeitragsrechnung durchgeführt, und die grundsätzliche Vorgehensweise in Bezug auf die in Kapitel 5.4 erläuterten Dispositions- und Kontrollaufgaben ist vergleichbar.

Allerdings bestehen in den folgenden Punkten wesentliche Unterschiede zwischen beiden Ansätzen:

– Beide Ansätze gehen von unterschiedlichen Zurechnungsprinzipien der Kostenrechnung aus. Dem entscheidungsorientierten Kostenbegriff der relativen Einzelkosten- und Deckungsbeitragsrechnung, der auf der Kostenzurechnung nach dem Identitätsprinzip basiert, stehen Ansätze der Deckungsbeitragsrechnung, die vom Verursachungsprinzip ausgehen, gegenüber.[279]

– Die stufenweise Fixkostendeckungsrechnung geht vom wertmäßigen Kostenbegriff aus. Im Gegensatz dazu werden in der relativen Einzelkosten- und Deckungsbeitragsrechnung nur ausgabenwirksame (pagatorische) Kosten erfasst, was bedeutet, dass beispielsweise kalkulatorische Kosten und Opportunitätskosten nicht berücksichtigt werden. Die beiden Ansätze gehen folglich von unterschiedlichen Wertgerüsten aus.[280]

– Die relative Einzelkosten- und Deckungsbeitragsrechnung verzichtet konsequent auf eine Verteilung von Gemeinkosten. Jedem Bezugsobjekt dürfen nur die entsprechenden Einzelkosten zugerechnet werden. Eine Trennung von fixen

---

[278] Vgl. Riebel, P.: Die Deckungsbeitragsrechnung als Instrument der Absatzanalyse, in: Hessenmüller, B. / Schnaufer, E. (Hrsg.): Absatzwirtschaft, Handbücher für Führungskräfte II, Baden-Baden 1964, S. 595-627, abgedruckt in: Riebel, P.: Einzelkosten- und Deckungsbeitragsrechnung, Grundfragen einer markt- und entscheidungsorientierten Unternehmungsrechnung, 7. Aufl., Wiesbaden 1994, S. 176-203, hier S. 176ff.

[279] Vgl. Coenenberg, A.G.: Kostenrechnung und Kostenanalyse, a.a.O., S. 227.

[280] Vgl. Freidank, C.-C.: Zum Einsatz der Grenzplankosten- und Deckungsbeitragsrechnung zur Lösung von Entscheidungsaufgaben, in: Kostenrechnungspraxis (1979) 6, S. 249-255, hier S. 253.

und variablen Kosten in Bezug auf den Beschäftigungsgrad einzelner Kostenstellen und eine Verteilung variabler Gemeinkosten wie bei der stufenweisen Fixkostendeckungsrechnung erfolgt nicht. Ebenso wird auf eine Aufteilung von Periodengemeinkosten auf einzelne Perioden verzichtet. Daraus ergibt sich, dass die absolute Höhe der Summe der Deckungsbeiträge einer Periode in der relativen Einzelkostenrechnung stets höher ist als in einer Teilkostenrechnung mit Kostenauflösung.[281]

- Während Vertreter der Grenzplankostenrechnung die Kosten der relativen Einzelkostenrechnung als unvollständig bezeichnen, kritisieren umgekehrt die Einzelkostenrechner die Einbeziehung von nicht relevanten Mengen und Preisen (z.B. kalkulatorische Kosten, da diese nicht zu Ausgaben führen) in die Grenzkosten.[282]

- Nach der stufenweisen Deckungsbeitragsrechnung lässt sich der Betriebserfolg einer Periode bestimmen, indem man den Deckungsbeitrag für das Unternehmen als Ganzes ermittelt. Dies ist wegen der – einer Periode nicht als Einzelkosten zurechenbaren – Gemeinkosten geschlossener Perioden und Gemeinkosten offener Perioden bei der relativen Einzelkosten- und Deckungsbeitragsrechnung nicht möglich. Der Betriebserfolg lässt sich nur über die Gesamtlebensdauer des Unternehmens als Totalgewinn bestimmen.[283]

- Die Grenzplankostenrechnung stellt nur für Fragestellungen der kurzfristigen Planung die geeigneten Informationen zur Verfügung. Zusätzlich ist eine auf Zahlungsströmen basierende Investitionsrechnung notwendig. Dagegen kann die relative Einzelkosten- und Deckungsbeitragsrechnung bei allen Zeithorizonten Anwendung finden.[284]

---

[281] Vgl. Coenenberg, A.G.: Kostenrechnung und Kostenanalyse, a.a.O., S. 255f.

[282] Vgl. Freidank, C.-C.: Zum Einsatz der Grenzplankosten- und Deckungsbeitragsrechnung zur Lösung von Entscheidungsaufgaben, a.a.O., S. 253 und S. 255.

[283] Vgl. Kilger, W.: Offene Probleme der Plankosten- und Deckungsbeitragsrechnung, in: Scheer, A.-W. (Hrsg.): Grenzplankostenrechnung, Stand und aktuelle Probleme, 2. Aufl., Wiesbaden 1991, S. 83-104, hier S. 85.

[284] Vgl. Freidank, C.-C.: Zum Einsatz der Grenzplankosten- und Deckungsbeitragsrechnung zur Lösung von Entscheidungsaufgaben, a.a.O., S. 250 und S. 254; Riebel, P.: Die Anwendung des Rechnens mit relativen Einzelkosten und Deckungsbeiträgen bei Investitionsentscheidungen, in: Neue Betriebswirtschaft (1961), S. 152-154, abgedruckt in: Riebel, P.: Einzelkosten- und Deckungsbeitragsrechnung, a.a.O., S. 60-66, hier S. 60ff.

– Der Aufbau einer zweckneutralen Grundrechnung ist charakteristisch für die relative Einzelkosten- und Deckungsbeitragsrechnung und erfolgt nicht in den anderen Systemen der Teilkostenrechnung.

5.4 Dispositions- und Kontrollaufgaben der Deckungs- beitragsrechnung

Wichtige Dispositions- und Kontrollaufgaben der Deckungsbeitragsrechnung, die nachfolgend genauer erläutert werden, sind:

– die Erfolgsanalyse,
– die Planung des Produktions- und Absatzprogramms,
– die Ermittlung von Preisuntergrenzen für die Absatzpolitik,
– die Ermittlung von Preisobergrenzen für die Beschaffungspolitik und
– die Entscheidung zwischen Eigenfertigung und Fremdbezug.

5.4.1 Erfolgsanalyse

Die Entwicklung von Systemen der Deckungsbeitragsrechnung erfolgte mit dem Ziel, bessere Kosteninformationen für die Erfolgsplanung und Erfolgsanalyse zu erhalten. Die Erfolgskonzeption der Deckungsbeitragsrechnungen weist daher die folgende Besonderheit auf: Der Erfolg wird ausgehend von den Erlösen retrograd über die Ermittlung von Deckungsbeiträgen bestimmt. Stückgewinne für einzelne Kostenträger lassen sich nicht berechnen, da auf eine Schlüsselung der fixen Kosten verzichtet wird.

Ein wichtiges Instrument der Erfolgsanalyse im Rahmen der Deckungsbeitragsrechnung stellt die Break-even-Analyse dar. Dabei wird untersucht, wie sich Absatzschwankungen auf den Gewinn auswirken und bei welcher Absatzmenge bzw. Umsatzhöhe der Gewinn gerade Null ist. Man spricht hier auch vom Erreichen der Gewinnschwelle. Die Vorgehensweise soll anhand der einstufigen Deckungsbeitragsrechnung gezeigt werden, ist jedoch durch Modifizierung auf die mehrstufige Deckungsbeitragsrechnung übertragbar. Zunächst wird die Break-even-Analyse für ein Einproduktunternehmen dargestellt, bevor dann auf den allgemeinen Fall eines Mehrproduktunternehmens eingegangen wird.

Geht man von gegebenen Preisen und konstanten variablen Selbstkosten aus, so lässt sich der Break-even-Punkt für ein Einproduktunternehmen aus der folgenden Gewinngleichung ableiten:

$$G = \left(p - k_v \right) \cdot x_A - K_f \, .$$

Darin bezeichnet:

G den Gewinn der Periode,

p den Verkaufspreis pro Einheit des Produktes,

k_v die variablen Selbstkosten pro Einheit des Produktes,

x_A die Absatzmenge des Produktes in der Periode und

K_f die fixen Kosten der Periode.

Der Ausdruck $\left(p - k_v \right)$ entspricht dem Deckungsbeitrag db pro Einheit des Produktes. Multipliziert man diesen mit der Absatzmenge des Produktes, so erhält man den gesamten Deckungsbeitrag der Periode. Werden hiervon die fixen Kosten der Periode abgezogen, ergibt sich der Gewinn.

Der Break-even-Punkt entspricht derjenigen Absatzmenge, bei der der Gewinn gerade Null wird. Setzt man die Gewinngleichung gleich Null, so gilt folglich:

$$\left(p - k_v \right) \cdot x_A = K_f \, .$$

Die Höhe des gesamten Deckungsbeitrages der Periode entspricht im Break-even-Punkt genau den Fixkosten. Durch Umformen lässt sich die kritische Absatzmenge x_A^{BeP} bestimmen, bei der die Gewinnschwelle erreicht wird:

$$x_A^{BeP} = \frac{K_f}{p - k_v} \, .$$

Liegt die tatsächliche Absatzmenge unter der kritischen Absatzmenge x_A^{BeP}, so wird in der Periode ein Verlust erwirtschaftet, da die Deckungsbeiträge nicht zur Deckung der fixen Kosten ausreichen. Ist dagegen die Absatzmenge der Periode größer als die kritische Absatzmenge x_A^{BeP}, so ist die Summe der erzielten Deckungsbeiträge größer als die fixen Kosten, und es liegt ein Periodenerfolg vor.

Multipliziert man die Gleichung zur Bestimmung der kritischen Absatzmenge x_A^{BeP} auf beiden Seiten mit dem Verkaufspreis p, so erhält man den Deckungsumsatz U_D:

$$U_D = p \cdot x_A^{BeP} = \frac{K_f}{1 - \dfrac{k_v}{p}} \, .$$

Der Deckungsumsatz entspricht dem Umsatz, der bei der kritischen Absatzmenge x_A^{BeP} erzielt wird. Er reicht gerade zur Deckung der gesamten Kosten aus.

Ein Periodenverlust bzw. -gewinn wird folglich erzielt, wenn der Umsatz unter bzw. über dem Deckungsumsatz liegt.[285]

Ein Unternehmen produziere ausschließlich eine Produktart. Der Verkaufspreis für eine Einheit des Produktes liege bei 7 € und die voraussichtliche Absatzmenge bei 7.000 Stück. Als Selbstkosten hat die Kalkulationsabteilung 5 € pro Stück ermittelt. Schließlich fallen in der Abrechnungsperiode fixe Kosten in Höhe von 10.000 € an.

Im Rahmen der Deckungsbeitragsrechnung soll der Periodenerfolg, der bei Realisierung der voraussichtlichen Absatzmenge erreicht wird, ermittelt werden. Daneben ist für das Unternehmen von Interesse, ab welcher Absatzmenge bzw. ab welcher Umsatzhöhe die Gewinnzone erreicht wird. Es sind der Break-even-Punkt und der Deckungsumsatz zu bestimmen.

Der Periodenerfolg G ergibt sich durch Abzug der fixen Kosten von den gesamten Deckungsbeiträgen wie folgt:

$$G = (7 - 5) \cdot 7.000 - 10.000 = 4.000 \, \frac{€}{\text{Periode}}.$$

Als Break-even-Punkt bzw. als kritische Auftragsmenge x_A^{BeP}, bei der der Gewinn gerade Null wird, erhält man:

$$x_A^{BeP} = \frac{10.000}{7 - 5} = 5.000 \, \frac{\text{Stück}}{\text{Periode}}.$$

Bei einer Absatzmenge von genau 5.000 Stück pro Periode reichen die Deckungsbeiträge gerade zur Deckung der fixen Kosten aus. Wie durch die Abb. 5.5 grafisch veranschaulicht, schneidet die Fixkostenlinie – sie entspricht den gesamten fixen Kosten der Periode, die unabhängig von der Ausbringungsmenge in konstanter Höhe anfallen – hier die Deckungsbeitragslinie, die den gesamten Deckungsbeitrag in Abhängigkeit von der Ausbringungsmenge angibt. Ist die tatsächliche Absatzmenge niedriger bzw. höher, so wird ein Periodenverlust bzw. -gewinn realisiert.

Neben der kritischen Absatzmenge wird im Rahmen der Break-even-Analyse noch der Deckungsumsatz wie folgt bestimmt:

---

[285]   Vgl. Kilger, W. / Pampel, J. / Vikas, K.: Flexible Plankostenrechnung und Deckungsbeitragsrechnung, a.a.O., S. 560f.; zu weiteren Darstellungsformen des Break-even-Punktes vgl. Haidacher, O.B.: Der Break-even-Punkt als Instrument unternehmerischer Führung, Das Verfahren des „toten Punktes", Anwendungsmöglichkeiten und historischer Abriss, München 1969, S. 21ff.

$$U_D = \frac{10.000}{1 - \dfrac{5}{7}} = 35.000 \, \frac{€}{\text{Periode}} \, .$$

Das Unternehmen befindet sich bei einem Umsatz von mehr als 35.000 € pro Periode in der Gewinnzone. Ist der Umsatz kleiner, so wird es Verluste erzielen.

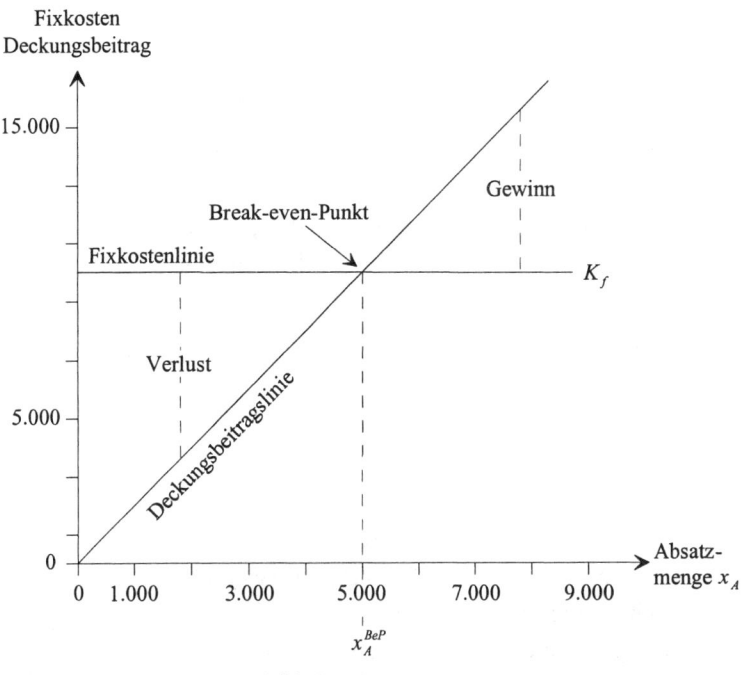

Abb. 5.5: Break-even-Analyse für Einproduktunternehmen

Der Deckungsumsatz lässt sich auch unmittelbar aus der kritischen Absatzmenge ableiten. Er entspricht genau dem Umsatz, der bei der kritischen Absatzmenge erreicht wird:

$$U_D = 7 \cdot 5.000 = 35.000 \, \frac{€}{\text{Periode}} \, .$$

Außerdem nehmen bei der kritischen Absatzmenge x_A^{BeP} Umsatz und gesamte Kosten die gleiche Höhe an:

$$K = 10.000 + 5 \cdot 5.000 = 35.000 \, \frac{€}{\text{Periode}} = U_D \, .$$

Für Mehrproduktunternehmen besteht eine Vielzahl von Absatzmengenkombi-
nationen, die zur Kostendeckung führen. Um eine Break-even-Analyse durchführen zu können, ist daher neben konstanten Verkaufspreisen und gegebenen variablen Selbstkosten zusätzlich von einer konstanten Zusammensetzung des Absatzprogramms auszugehen. Der mengenmäßige Anteil α_j jeder Produktart am gesamten Absatzprogramm wird fest vorgegeben:[286]

$$\alpha_j = \frac{x_{Aj}}{\sum\limits_{j=1}^{J} x_{Aj}},$$

wobei x_{Aj} der Absatzmenge der Produktart $j\,(j=1,...,J)$ entspricht.

Da sich bei einem Mehrproduktunternehmen die kritische Absatzmenge nicht
unmittelbar bestimmen lässt, wird zunächst der Deckungsumsatz ermittelt. Dazu
ist der gewogene Deckungsbeitragsprozentsatz $D_\varnothing$ wie folgt zu berechnen:

$$D_\varnothing = \frac{\sum\limits_{j=1}^{J}\left(p_j - k_{vj}\right)\cdot \alpha_j}{\sum\limits_{j=1}^{J} p_j \cdot \alpha_j}.$$

Darin bezeichnet:

$D_\varnothing$ den gewogenen Deckungsbeitragsprozentsatz,

p_j den Netto-Verkaufspreis pro Einheit der Produktart $j\,(j=1,...,J)$,

k_{vj} die variablen Selbstkosten pro Einheit der Produktart $j\,(j=1,...,J)$,

α_j den mengenmäßigen Anteil der Produktart $j\,(j=1,...,J)$ an der Absatzmenge sämtlicher Produktarten.

Der gewogene Deckungsbeitragsprozentsatz $D_\varnothing$ entspricht dem Verhältnis
zwischen durchschnittlichem Deckungsbeitrag und durchschnittlichem Umsatz je
Einheit. Er gibt an, mit wie viel Prozent der Umsatz zur Deckung der fixen Kosten
beiträgt. Multipliziert man diese Größe mit dem Deckungsumsatz, so erhält man
den Deckungsbeitrag. Um den Deckungsumsatz zu bestimmen, ist der Deckungsbeitrag gleich den fixen Kosten zu setzen:

---

[286]   Vgl. Coenenberg, A.G.: Kostenrechnung und Kostenanalyse, a.a.O., S. 278ff.

$$U_D \cdot D_\varnothing = U_D \cdot \frac{\sum_{j=1}^{J}\left(p_j - k_{vj}\right) \cdot \alpha_j}{\sum_{j=1}^{J} p_j \cdot \alpha_j} = K_f$$

und nach U_D umzuformen:

$$U_D = \frac{K_f}{1 - \dfrac{\sum_{j=1}^{J} k_{vj} \cdot \alpha_j}{\sum_{j=1}^{J} p_j \cdot \alpha_j}} \; .$$

Anhand des Deckungsumsatzes und der fest vorgegebenen Aufteilung des Umsatzes auf die einzelnen Produktarten lassen sich die kritischen Absatzmengen x_{Aj}^{BeP} der einzelnen Produktarten $j\,(j=1,...,J)$ nach folgender Bestimmungsgleichung ermitteln:

$$x_{Aj}^{BeP} = \frac{U_D \cdot \dfrac{p_j \cdot \alpha_j}{\sum_{j=1}^{J} p_j \cdot \alpha_j}}{p_j} \; , \qquad j = 1, ..., J \; .$$

Der Zähler entspricht der Höhe des Umsatzes, mit der die Produktart j zum Deckungsumsatz beiträgt. Dabei gibt der Ausdruck

$$\frac{p_j \cdot \alpha_j}{\sum_{j=1}^{J} p_j \cdot \alpha_j}$$

den Anteil des Umsatzes eines Produktes am Gesamtumsatz an.[287]

Mittels der Break-even-Analyse kann aber keinesfalls das optimale Produktions- und Absatzprogramm bestimmt werden, da die Zusammensetzung des Produktionsprogramms annahmegemäß fest vorgegeben wird. Zusätzlich eingeschränkt wird die Aussagefähigkeit noch durch den fest vorgegebenen Verkaufspreis und die undifferenzierte Behandlung der Fixkosten. Eine weitere Differenzierung der fixen Kosten gemäß der mehrstufigen Deckungsbeitragsrechnung in

---

[287] Vgl. Kilger, W. / Pampel, J. / Vikas, K.: Flexible Plankostenrechnung und Deckungsbeitragsrechnung, a.a.O., S. 561f.

beispielsweise Produktfixkosten und Unternehmensfixkosten kann zur Verbesserung der Break-even-Analyse beitragen.[288]

Eine Erweiterung der Break-even-Analyse besteht darin, dass die kritischen Auftragsmengen bzw. die kritischen Umsätze nicht nur bezogen auf die Gewinnschwelle, sondern auch bezogen auf einen bestimmten Gewinn ermittelt werden können. In den jeweiligen Gleichungen sind dann anstelle der fixen Kosten die Summe aus fixen Kosten und gewünschtem Gewinn einzusetzen. Außerdem lassen sich Sensitivitätsanalysen für Mengen-, Kosten- und Preisänderungen durchführen.[289]

Ein Unternehmen produziere vier Produktarten, für die die in der folgenden Tabelle enthaltenen Daten ermittelt wurden.

Tabelle 5.1:   Beispiel zur Break-even-Analyse in einem Mehrproduktunternehmen

Produktart j	Verkaufspreis p_j in $\dfrac{€}{Stück}$	variable Selbstkosten k_v in $\dfrac{€}{Stück}$	Anteil der Produktart α_j
1	15	10	0,10
2	7	5	0,50
3	10	5	0,15
4	4	3	0,25

Schließlich fallen in der Abrechnungsperiode fixe Kosten in Höhe von 10.000 € an.

Im Rahmen der Deckungsbeitragsrechnung soll zunächst der Deckungsumsatz bestimmt werden, um dann anschließend die kritischen Auftragsmengen für die einzelnen Produktarten entsprechend der vorgegebenen Auftragszusammensetzung zu berechnen.

Aus den oben angegebenen Informationen ergibt sich der Deckungsbeitragsprozentsatz $D_\varnothing$ in Höhe von:

$$D_\varnothing = \frac{(15-10)\cdot 0,1 + (7-5)\cdot 0,5 + (10-5)\cdot 0,15 + (4-3)\cdot 0,25}{15\cdot 0,1 + 7\cdot 0,5 + 10\cdot 0,15 + 4\cdot 0,25} = \frac{2,5}{7,5} = 0,\overline{3}\,.$$

Folglich tragen 33,33 % vom Umsatz zur Deckung der fixen Kosten bei, und der Deckungsumsatz entspricht dem dreifachen der fixen Kosten:

---

[288]   Vgl. Coenenberg, A.G.: Kostenrechnung und Kostenanalyse, a.a.O., S. 281ff.
[289]   Vgl. Coenenberg, A.G.: Kostenrechnung und Kostenanalyse, a.a.O., S. 266ff.

$$U_D \cdot 0,\overline{3} = 10.000$$

$$U_D = 30.000 \, \frac{\text{\texteuro}}{\text{Periode}} \, .$$

Die folgende Abb. 5.6 zeigt die grafische Bestimmung des Deckungsumsatzes, d.h. der Deckungsumsatz liegt genau im Schnittpunkt vom Umsatz und den gesamten Kosten, die bei dieser Umsatzhöhe anfallen.

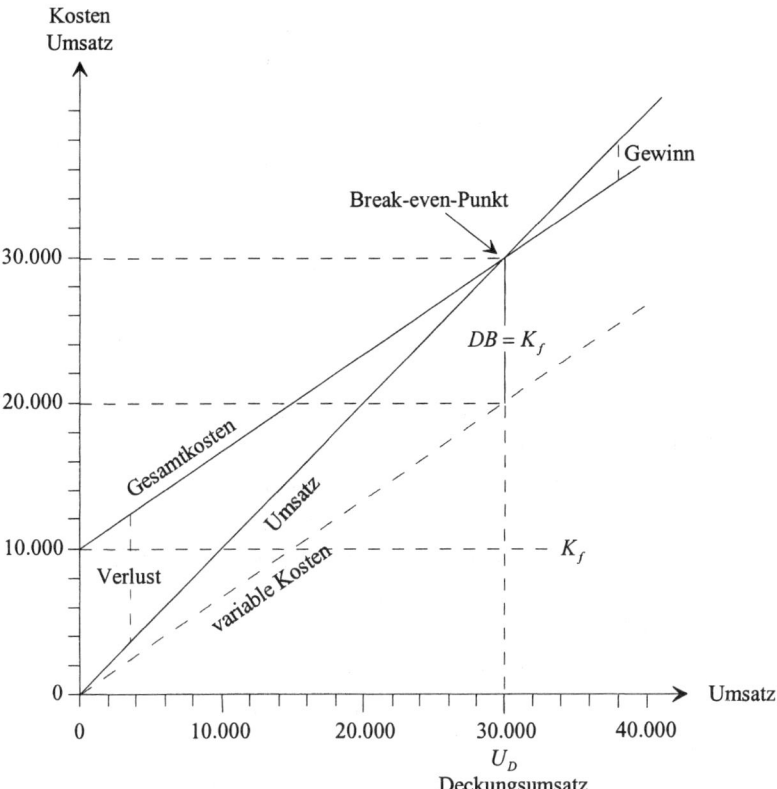

Abb. 5.6: Break-even-Analyse bei Mehrproduktunternehmen

Aus dem Deckungsumsatz lassen sich gemäß der vorgegebenen Auftragszusammensetzung die kritischen Absatzmengen für die einzelnen Produktarten j wie folgt ermitteln für

Produktart 1: $x_{A1}^{BeP} = \dfrac{30.000 \cdot \dfrac{15 \cdot 0,1}{7,5}}{15} = 400 \, \dfrac{\text{Stück}}{\text{Periode}}$

Produktart 2: $\qquad x_{A2}^{BeP} = \dfrac{30.000 \cdot \dfrac{7 \cdot 0,5}{7,5}}{7} = 2.000 \dfrac{\text{Stück}}{\text{Periode}}$

Produktart 3: $\qquad x_{A3}^{BeP} = \dfrac{30.000 \cdot \dfrac{10 \cdot 0,15}{7,5}}{10} = 600 \dfrac{\text{Stück}}{\text{Periode}}$

Produktart 4: $\qquad x_{A4}^{BeP} = \dfrac{30.000 \cdot \dfrac{4 \cdot 0,25}{7,5}}{4} = 1.000 \dfrac{\text{Stück}}{\text{Periode}}$.

5.4.2 Planung des Produktions- und Absatzprogramms

Bei der Planung des Produktions- und Absatzprogramms kann in Abhängigkeit von der Länge der zugrunde gelegten Planungsperiode in langfristige und kurzfristige Programmplanung differenziert werden. Die langfristige Programmplanung ist dadurch charakterisiert, dass sie Entscheidungen über Aktionsparameter trifft, die das Betriebsgeschehen für längere Zeiträume – meist über mehrere Jahre hinweg – festlegen.[290] So gehören beispielsweise Entscheidungen über die Grundstruktur des Produktions- und Absatzprogramms, etwa die auf lange Sicht erfolgende Disposition des Produktsortiments, oder Veränderungen der Betriebsmittelkapazitäten aufgrund von Erweiterungs- und Rationalisierungsinvestitionen in den Bereich der langfristigen Programmplanung. Entscheidungen der langfristigen Planung werden in der Regel auf der Grundlage von Investitionsrechnungen ermittelt und sind nicht Gegenstand einer kurzfristig orientierten Kosten- und Leistungsrechnung. Daher werden sie im Folgenden nicht weiter betrachtet.

Gegenstand der kurzfristigen Programmplanung ist es, Entscheidungen über Aktionsparameter zu treffen, die das Betriebsgeschehen nicht für längere Zeiträume festlegen. Die ihr zugrunde liegende Planungsperiode beträgt normalerweise ein Kalenderjahr, wobei eine Unterteilung in Monate oder Wochen erfolgt. Die Grundstruktur des Produktions- und Absatzprogramms sowie die vorhandenen Betriebsmittelkapazitäten werden im Rahmen der kurzfristigen Planung als gegeben vorausgesetzt. Ziel der kurzfristigen Programmplanung ist es, durch Abstimmung der Absatzmengen mit der Produktionsplanung diejenigen Produktions- und Absatzmengen zu ermitteln, mit denen das Unternehmensziel der Gewinnmaximierung erreicht wird.

---

[290]   Vgl. Kilger, W.: Optimale Produktions- und Absatzplanung, Opladen 1973, S. 18.

In diesem Zusammenhang ist die Anzahl der in einem Unternehmen auftretenden Engpässe – hierzu zählen beispielsweise nicht ausreichende Maschinenkapazitäten im Produktionsbereich – von ausschlaggebender Bedeutung für das einzusetzende Planungsverfahren. Liegt in dem betrachteten Unternehmen kein oder nur ein Engpass vor, so kann das optimale Produktions- und Absatzprogramm mit Hilfe von einfachen Entscheidungsregeln bestimmt werden. Tritt hingegen der Fall auf, dass mehrere Engpässe in dem betrachteten Unternehmen existieren, so sind zur Ermittlung des optimalen Produktions- und Absatzprogramms simultane Planungsverfahren, wie etwa die lineare Programmierung, notwendig.[290] Nachfolgend wird die Planung des Produktions- und Absatzprogramms für die Fälle erläutert, dass kein bzw. ein Engpass vorliegt.

Zunächst soll der Fall untersucht werden, dass die Abstimmung der Absatzmengen mit der Produktionsplanung in dem betrachteten Unternehmen keinen Engpass ergeben hat. Die Bestimmung des optimalen Produktions- und Absatzprogramms erfolgt dann nach der Entscheidungsregel:

Alle Produktarten, die einen positiven (absoluten) Deckungsbeitrag aufweisen, sind mit ihren Absatzhöchstmengen in das Produktionsprogramm aufzunehmen. Produktarten mit negativem (absolutem) Deckungsbeitrag sollten nicht hergestellt werden.

Stellt das Unternehmen insgesamt $j\,(j = 1, ..., J)$ verschiedene Produktarten her, so lässt sich die Entscheidungsregel folgendermaßen formal darstellen:

für alle $j \in \{1, ..., J\}$ mit $db_j = p_j - k_{vj} \geq 0$ gilt: $x_{Pj} = x_{Aj}^H$ und

für alle $j \in \{1, ..., J\}$ mit $db_j = p_j - k_{vj} < 0$ gilt: $x_{Pj} = 0$.

Darin bezeichnet:

db_j den (absoluten) Deckungsbeitrag pro Einheit der Produktart j,

x_{Pj} die optimale Produktionsmenge von Produktart j und

x_{Aj}^H die Absatzhöchstmenge von Produktart j.

Wird bei der Abstimmung der Absatzmengen mit der Produktionsplanung ein Engpass festgestellt, wenn beispielsweise die vorhandene Kapazität einer Maschine nicht ausreicht, um sämtliche Absatzmengen mit positiven Deckungsbeiträgen herzustellen, so ändert sich die Entscheidungsregel wie folgt:

Für sämtliche Produktarten mit positivem (absolutem) Deckungsbeitrag wird jeweils der engpassbezogene (relative) Deckungsbeitrag als Quotient aus (absolutem) Deckungsbeitrag und den pro Einheit der entsprechenden Produktart bean-

---

290 Vgl. Kilger, W.: Einführung in die Kostenrechnung, a.a.O., S. 398.

spruchten Kapazitätseinheiten in der Engpassstelle gebildet. Anschließend werden die Produktarten nach der Höhe ihrer engpassbezogenen Deckungsbeiträge geordnet. Gemäß dieser Reihenfolge werden die Produktarten dann – beginnend mit der Produktart, die den höchsten engpassbezogenen Deckungsbeitrag besitzt – solange mit ihren Absatzhöchstmengen in das Produktionsprogramm aufgenommen, bis die Engpasskapazität verbraucht ist. Die letzte Produktart (Grenzproduktart) wird mit der Menge in das Produktionsprogramm genommen, die die verbleibende Engpasskapazität gerade ausschöpft. Alle Produktarten, deren engpassbezogene Deckungsbeiträge geringer sind als der Deckungsbeitrag der Grenzproduktart, werden nicht in das Produktionsprogramm einbezogen.

Stellt das Unternehmen insgesamt $j \, (j = 1, ..., J)$ verschiedene Produktarten her, für die die Indexmengen

$$\mathcal{J} = \{1, ..., J\} \text{ und } \hat{\mathcal{J}} = \{1, ..., \hat{J}\} = f(\mathcal{J})$$

eingeführt werden, wobei $\hat{\jmath}$ eine Permutation von J darstellt, die die Produktarten geordnet nach der Höhe ihrer positiven engpassorientierten Deckungsbeiträge enthält, so lässt sich die Entscheidungsregel folgendermaßen formal darstellen:

für alle $j \in \{1, ..., J\}$ mit $db_j = p_j - k_{vj} < 0$ gilt: $x_{Pj} = 0$,

für alle $j \in \{1, ..., J\}$ mit $db_j = p_j - k_{vj} \geq 0$ ermittle: $db_{Ej} = \dfrac{p_j - k_{vj}}{t_{Ej}}$ und

für alle j mit $db_{Ej} \geq 0$ sei $f : \mathcal{J} \rightarrow \hat{\mathcal{J}}$ eine Abbildung mit $f(j) = \hat{\jmath}$ wobei

$db_{E\hat{\jmath}} \geq db_{E\hat{\jmath}'} \iff \hat{\jmath} < \hat{\jmath}' \; (j \in \mathcal{J} \text{ und } \hat{\jmath}, \hat{\jmath}' \in \hat{\mathcal{J}}), \, \hat{\jmath} \neq \hat{\jmath}'$.

Ermittle $\hat{\jmath}^* - 1 = \max \left\{ \hat{\jmath} \, \middle| \, T_E - \sum_{j=1}^{\hat{\jmath}} t_{E\hat{\jmath}} \cdot x_{Aj}^H > 0 \right\}$.

Für $j = f^{-1}(\hat{\jmath})$ und für alle $\hat{\jmath} \in \{1, ..., \hat{\jmath}^* - 1\}$ gilt: $x_{Pj} = x_{Aj}^H$,

für $j = f^{-1}(\hat{\jmath})$ und $\hat{\jmath} = \hat{\jmath}^*$ gilt: $x_{Pj} = \dfrac{T_E - \sum_{j=1}^{\hat{\jmath}^* - 1} t_{E\hat{\jmath}} \cdot x_{Aj}^H}{t_{Ej}}$ und

für $j = f^{-1}(\hat{\jmath})$ und für alle $\hat{\jmath} \in \{\hat{\jmath}^* + 1, ..., \hat{J}\}$ gilt: $x_{Pj} = 0$.

Darin bezeichnet:

db_{Ej} den engpassbezogenen (relativen) Deckungsbeitrag der Produktart j pro Kapazitätseinheit der Engpassstelle,

t_{Ej} die pro Einheit der Produktart j beanspruchten Kapazitätseinheiten in der Engpassstelle,

T_E die vorhandenen Kapazitätseinheiten in der Engpassstelle,

$\mathcal{J}$ die Indexmenge der Produktarten $\mathcal{J} = \{1, ..., J\}$,

$\hat{\mathcal{J}}$ die nach der Höhe der positiven engpassbezogenen Deckungsbeiträge geordnete Indexmenge der Produktarten $\hat{\mathcal{J}} = \{1, ..., \hat{J}\}$, $\hat{J} = f(J)$,

$\hat{j}^*$ den Index der Grenzproduktart,

$db_{E\hat{j}}$ den engpassbezogenen (relativen) Deckungsbeitrag der an $\hat{j}$-ter Stelle einzulastenden Produktart pro Kapazitätseinheit der Engpassstelle,

$t_{E\hat{j}}$ die pro Einheit der an $\hat{j}$-ter Stelle einzulastenden Produktart beanspruchten Kapazitätseinheiten in der Engpassstelle und

$x_{A\hat{j}}^H$ die Absatzhöchstmenge der an $\hat{j}$-ter Stelle einzulastenden Produktart.

Ein Unternehmen stelle in der Planungsperiode, die einen Monat beträgt, sechs unterschiedliche Produktarten her. Sämtliche Produktarten durchlaufen bis zu ihrer Fertigstellung drei aufeinander folgende Fertigungsstellen. In Tabelle 5.2 sind die jeweiligen Absatzhöchstmengen (gemessen in Stück) der Produktarten, die erzielbaren Nettoverkaufspreise pro Einheit der jeweiligen Produktart sowie die variablen Selbstkosten pro Einheit der jeweiligen Produktart aufgeführt. Darüber hinaus enthält Tabelle 5.2 die in den entsprechenden Fertigungsstellen beanspruchten Kapazitätseinheiten pro Einheit der jeweiligen Produktart.

Tabelle 5.2: Beispiel zur Ermittlung des optimalen Produktions- und Absatzprogramms

Produktart	Absatzhöchst-menge	Nettover-kaufspreis	variable Selbstkosten	beanspruchte Kapazität in Fertigungsstelle		
j	x_{Aj}^H in	p_j in	k_{vj} in	1	2	3
	Stück	$\dfrac{\text{€}}{\text{Stück}}$	$\dfrac{\text{€}}{\text{Stück}}$	$\dfrac{\text{Min.}}{\text{Stück}}$	$\dfrac{\text{Min.}}{\text{Stück}}$	$\dfrac{\text{Min.}}{\text{Stück}}$
1	500	180,00	120,00	3	8	5
2	600	200,00	150,00	2	10	7
3	700	130,00	90,00	7	6	4
4	500	250,00	190,00	4	15	12
5	900	130,00	100,00	2	3	8
6	400	110,00	120,00	5	7	4

Die vorhandenen Kapazitäten in Fertigungsstelle 1, 2 bzw. 3 betragen im betrachteten Monat 14.000, 25.000 bzw. 24.000 Minuten.

Zur Ermittlung des optimalen Produktions- und Absatzprogramms sind zunächst für sämtliche Produktarten die (absoluten) Deckungsbeiträge zu bestimmen. Man erhält für

Produktart 1: $db_1 = p_1 - k_{v1} = 180,00 - 120,00 = 60,00 \, \dfrac{€}{\text{Stück}}$

Produktart 2: $db_2 = p_2 - k_{v2} = 200,00 - 150,00 = 50,00 \, \dfrac{€}{\text{Stück}}$

Produktart 3: $db_3 = p_3 - k_{v3} = 130,00 - 90,00 = 40,00 \, \dfrac{€}{\text{Stück}}$

Produktart 4: $db_4 = p_4 - k_{v4} = 250,00 - 190,00 = 60,00 \, \dfrac{€}{\text{Stück}}$

Produktart 5: $db_5 = p_5 - k_{v5} = 130,00 - 100,00 = 30,00 \, \dfrac{€}{\text{Stück}}$

Produktart 6: $db_6 = p_6 - k_{v6} = 110,00 - 120,00 = -10,00 \, \dfrac{€}{\text{Stück}}$.

Da Produktart 6 einen negativen (absoluten) Deckungsbeitrag aufweist, wird sie nicht in das Produktionsprogramm aufgenommen. Für die verbleibenden Produktarten 1 bis 5 muss nun in jeder Fertigungsstelle untersucht werden, ob die vorhandenen Kapazitäten ausreichen, um die Produktarten mit ihren Absatzhöchstmengen zu produzieren. Die beanspruchten Kapazitätseinheiten in der jeweiligen Fertigungsstelle erhält man dadurch, dass für sämtliche Produktarten mit positivem Deckungsbeitrag, die die entsprechende Fertigungsstelle durchlaufen, die pro Einheit der jeweiligen Produktart beanspruchten Kapazitätseinheiten mit ihrer Absatzhöchstmenge multipliziert und aufsummiert werden. Somit ergeben sich folgende Kapazitätsbelastungen für

Fertigungsstelle 1:

$$\sum_{j=1}^{5} t_{1j} \cdot x_{Aj}^{H} = 3 \cdot 500 + 2 \cdot 600 + 7 \cdot 700 + 4 \cdot 500 + 2 \cdot 900 = 11.400 \text{ Min.}$$

Fertigungsstelle 2:

$$\sum_{j=1}^{5} t_{2j} \cdot x_{Aj}^{H} = 8 \cdot 500 + 10 \cdot 600 + 6 \cdot 700 + 15 \cdot 500 + 3 \cdot 900 = 24.400 \text{ Min.}$$

Fertigungsstelle 3:

$$\sum_{j=1}^{5} t_{3j} \cdot x_{Aj}^{H} = 5 \cdot 500 + 7 \cdot 600 + 4 \cdot 700 + 12 \cdot 500 + 8 \cdot 900 = 22.700 \text{ Min.}$$

Vergleicht man für jede Fertigungsstelle die vorhandenen Kapazitäten mit der Kapazitätsbelastung, so ist festzustellen, dass kein Engpass auftritt. Die Produktarten 1 bis 5 werden mit ihren Absatzhöchstmengen hergestellt. Das optimale Produktions- und Absatzprogramm lautet:

$$x_{P1} = x_{A1}^{H} = 500 \text{ Stück}$$

$$x_{P2} = x_{A2}^{H} = 600 \text{ Stück}$$

$$x_{P3} = x_{A3}^{H} = 700 \text{ Stück}$$

$$x_{P4} = x_{A4}^{H} = 500 \text{ Stück}$$

$$x_{P5} = x_{A5}^{H} = 900 \text{ Stück}$$

$$x_{P6} = 0 \text{ Stück}.$$

Es soll nun folgende Änderung berücksichtigt werden: Aufgrund von Maschinenreparaturen sinkt im betrachteten Monat die vorhandene Kapazität in Fertigungsstelle 2 von 25.000 auf 16.400 Minuten ab. Alle übrigen Daten bleiben unverändert. Fertigungsstelle 2 wird nun zur Engpassstelle. Die benötigte Kapazität (24.400 Minuten), um die Produktarten 1 bis 5 mit ihren Absatzhöchstmengen zu produzieren, ist größer als die vorhandene Kapazität (16.400 Minuten). Um das optimale Produktions- und Absatzprogramm zu ermitteln, müssen zunächst die engpassbezogenen (relativen) Deckungsbeiträge der Produktarten 1 bis 5 bestimmt werden. Diese entsprechen jeweils dem Quotienten aus (absolutem) Deckungsbeitrag und den pro Einheit der jeweiligen Produktart beanspruchten Kapazitätseinheiten in der Engpassstelle (Fertigungsstelle 2). Für die Produktarten 1 bis 5 ergeben sich folgende engpassbezogenen Deckungsbeiträge:[291]

Produktart 1: $db_{E1} = \dfrac{p_1 - k_{v1}}{t_{E1}} = \dfrac{180,00 - 120,00}{8} = 7,50 \dfrac{\text{€}}{\text{Min.}}$

---

[291] Um zu verdeutlichen, dass es sich bei der Fertigungsstelle 2 jetzt um eine Engpassstelle handelt, werden im Folgenden die pro Einheit der jeweiligen Produktart j beanspruchten Kapazitätseinheiten in Fertigungsstelle 2 nicht mehr mit t_{2j} sondern mit t_{Ej} bezeichnet.

Produktart 2: $db_{E2} = \dfrac{p_2 - k_{v2}}{t_{E2}} = \dfrac{200,00 - 150,00}{10} = 5,00 \dfrac{€}{\text{Min.}}$

Produktart 3: $db_{E3} = \dfrac{p_3 - k_{v3}}{t_{E3}} = \dfrac{130,00 - 90,00}{6} = 6,67 \dfrac{€}{\text{Min.}}$

Produktart 4: $db_{E4} = \dfrac{p_4 - k_{v4}}{t_{E4}} = \dfrac{250,00 - 190,00}{15} = 4,00 \dfrac{€}{\text{Min.}}$

Produktart 5: $db_{E5} = \dfrac{p_5 - k_{v5}}{t_{E5}} = \dfrac{130,00 - 100,00}{3} = 10,00 \dfrac{€}{\text{Min.}}$.

Nach der Höhe ihrer engpassbezogenen Deckungsbeiträge sind die Produktarten in der Reihenfolge 5 - 1 - 3 -2 - 4 in das Produktionsprogramm aufzunehmen. Nach der Einlastung der Produktarten 5, 1 und 3 mit ihren jeweiligen Absatzhöchstmengen, erhält man als verfügbare Restkapazität T_{RE} in der Engpassstelle:

$$T_{RE} = T_E - t_{E5} \cdot x_{A5}^H - t_{E1} \cdot x_{A1}^H - t_{E3} \cdot x_{A3}^H$$
$$= 16.400 - 3 \cdot 900 - 8 \cdot 500 - 6 \cdot 700 = 5.500 \text{ Min.}$$

Die Herstellung von Produktart 2 mit ihrer Absatzhöchstmenge beansprucht 6.000 Minuten $\left(t_{E2} \cdot x_{A2}^H = 10 \cdot 600 \right)$. Da nur 5.500 Minuten Restkapazität verfügbar sind, wird Produktart 2 zur Grenzproduktart. Von ihr kann nur die folgende Menge produziert werden:

$$x_{P2} = \frac{T_{RE}}{t_{E2}} = \frac{5.500}{10} = 550 \text{ Stück} .$$

Produktart 4 und Produktart 6 werden nicht hergestellt. Das optimale Produktions- und Absatzprogramm lautet:

$$x_{P1} = x_{A1}^H = 500 \text{ Stück}$$

$$x_{P2} = 550 \text{ Stück}$$

$$x_{P3} = x_{A3}^H = 700 \text{ Stück}$$

$$x_{P4} = 0 \text{ Stück}$$

$$x_{P5} = x_{A5}^H = 900 \text{ Stück}$$

$$x_{P6} = 0 \text{ Stück} .$$

5.4.3 Ermittlung von Preisuntergrenzen für die Absatzpolitik

Mit der Bestimmung von Preisuntergrenzen verfolgt ein Unternehmen das Ziel, eine Entscheidung darüber zu treffen, ob bestimmte Produktarten aus dem Produktions- und Absatzprogramm herausgestrichen werden sollen oder die Annahme eines angebotenen Zusatzauftrags abgelehnt werden soll. Im Rahmen der kurzfristig orientierten Kosten- und Leistungsrechnung wird dabei von konstanten Betriebsmittelkapazitäten ausgegangen. Kurzfristige Preisuntergrenzen geben an, wie hoch die Preise bestimmter Produktarten oder Aufträge mindestens sein müssen, damit sich der Gewinn eines Unternehmens durch ihre Produktion nicht vermindert. Produktarten bzw. Zusatzaufträge, deren Preise unterhalb der jeweils ermittelten Preisuntergrenze liegen, sollten aus dem Produktionsprogramm genommen bzw. abgewiesen werden. Nachfolgend wird die Ermittlung kurzfristiger Preisuntergrenzen für Zusatzaufträge näher untersucht. Den Ausgangspunkt bilden hierbei stets die variablen Selbstkosten pro Einheit des Zusatzauftrags, die nur dann den Grenzkosten pro Einheit des Zusatzauftrags entsprechen, wenn seine Herstellung in Kostenstellen erfolgt, die lineare Gesamtkostenfunktionen aufweisen. Die Betrachtung von fixen Kosten ist aufgrund der Prämisse konstanter Betriebsmittelkapazitäten hier nicht erforderlich. Diese Notwendigkeit der Trennung von fixen und variablen Kosten für die Ermittlung kurzfristiger Preisuntergrenzen setzt somit die Durchführung einer Kosten- und Leistungsrechnung auf Teilkostenbasis voraus.[292]

Die Vorgehensweise zur Bestimmung kurzfristiger Preisuntergrenzen von Zusatzaufträgen ist von vielen Einflussfaktoren abhängig. Zum einen spielt es eine Rolle, ob für die Herstellung des Zusatzauftrags genügend freie Kapazitäten zur Verfügung stehen oder ob durch die Beanspruchung einer oder mehrerer Engpassstellen engpassbezogene Erlösinterdependenzen auftreten. Zum anderen ist von entscheidender Bedeutung, ob aufgrund der Annahme des Zusatzauftrags die Durchführung kurzfristig realisierbarer kapazitätserhöhender Anpassungsmaßnahmen notwendig wird. Hierzu zählen beispielsweise der Einsatz ungünstigerer Produktionsverfahren, die die variablen Selbstkosten des Zusatzauftrags erhöhen, oder die sprungfixe Kosten verursachende Anmietung zusätzlicher Lagerkapazitäten. Des Weiteren sind bei der Ermittlung kurzfristiger Preisuntergrenzen für Zusatzaufträge marktbezogene Erlösinterdependenzen zu berücksichtigen, die eine Verringerung der Deckungsbeiträge oder der Absatzmengen der übrigen Produkt-

---

[292] Vgl. Kilger, W.: Einführung in die Kostenrechnung, a.a.O., S. 410 und derselbe: Bestimmung von Preisuntergrenzen (I), in: Das Wirtschaftsstudium (1982) 4, S. 167-171, hier S. 168. Vgl. auch Kapitel 5.2.

arten bewirken können. Marktbezogene Erlösinterdependenzen sind nur sehr schwierig zu quantifizieren, da sie von außerbetrieblichen Einflüssen wie beispielsweise Markttransparenz oder Konkurrenzbeziehungen abhängen.

Betrachtet man zunächst den Fall, dass genügend freie Kapazitäten zur Herstellung des Zusatzauftrags zur Verfügung stehen (kein Engpass) und auch kurzfristig keine kapazitätserhöhenden Anpassungsmaßnahmen durchgeführt werden müssen, so gilt als Preisuntergrenze pro Einheit des Zusatzauftrags:

$$PUG_Z = k_{vZ}.$$

Darin bezeichnet:

PUG_Z die Preisuntergrenze pro Einheit des Zusatzauftrags und

k_{vZ} die variablen Selbstkosten pro Einheit des Zusatzauftrags ohne kapazitätserhöhende Anpassungsmaßnahmen.

Unter der Annahme, dass der Zusatzauftrag zwar keine Engpassstellen durchläuft, allerdings seine Bearbeitung den Einsatz kurzfristig kapazitätserhöhender Anpassungsmaßnahmen verlangt, ändert sich die Bestimmungsgleichung für die Preisuntergrenze. Führen solche Maßnahmen – beispielsweise der Einsatz von ungünstigeren Produktionsverfahren oder von Überstunden – dazu, dass sich die variablen Selbstkosten des Zusatzauftrags erhöhen, so erhält man als Preisuntergrenze pro Einheit des Zusatzauftrags:

$$PUG_Z = k_{vZ} + \Delta k_{vZ}.$$

Darin bezeichnet:

Δk_{vZ} die aufgrund der kapazitätserhöhenden Anpassungsmaßnahmen zusätzlich anfallenden variablen Selbstkosten pro Einheit des Zusatzauftrags.

Steigen durch die kapazitätserhöhenden Anpassungsmaßnahmen nicht nur die variablen Selbstkosten des Zusatzauftrags, sondern entstehen durch sie auch (sprung-)fixe Kosten, wie das z.B. der Fall ist, wenn für die Dauer der Abwicklung des Zusatzauftrags ein Lagerraum gemietet wird, dann gilt für die Preisuntergrenze pro Einheit des Zusatzauftrags:

$$PUG_Z = k_{vZ} + \Delta k_{vZ} + \frac{\Delta K_{fZ} \cdot T_Z}{x_Z}.$$

Darin bezeichnet zusätzlich:

ΔK_{fZ} die aufgrund der kapazitätserhöhenden Anpassungsmaßnahmen zusätzlich anfallenden fixen Kosten des Zusatzauftrags pro Zeiteinheit,

T_Z die Abwicklungsdauer des Zusatzauftrags (Anzahl der Zeiteinheiten, für die die zusätzlichen fixen Kosten des Zusatzauftrags anfallen) und

x_Z die insgesamt herzustellende Menge des Zusatzauftrags.

Durchläuft der Zusatzauftrag außerdem eine oder mehrere Engpassstellen, deren Kapazitäten auch durch kurzfristige Anpassungsmaßnahmen nicht erhöht werden können, treten engpassbezogene Erlösinterdependenzen auf. Durch die Annahme des Zusatzauftrags werden die Absatzmengen anderer Produktarten aus dem Produktionsprogramm verdrängt. Damit sich der Gewinn des betrachteten Unternehmens nicht verringert, müssen dem Zusatzauftrag die Opportunitätskosten angelastet werden, die durch die Verdrängung der anderen Produktarten entstehen. Dadurch wird sichergestellt, dass das optimale Produktionsprogramm nach Einlastung des Zusatzauftrags den gleichen Gewinn erzielt wie das bislang realisierte Produktionsprogramm. Es ist zu beachten, dass die Produktarten in der umgekehrten Reihenfolge, mit der sie in das Produktionsprogramm aufgenommen wurden, durch den Zusatzauftrag verdrängt werden. D.h. die Produktarten, die an $\hat{j}^*$-ter (letzter), ($\hat{j}^* - 1$)-ter (vorletzter) usw. Stelle in das Produktionsprogramm aufgenommen wurden, werden jetzt an erster, zweiter usw. Stelle verdrängt. Betrachtet man zunächst den Fall, dass genau ein Engpass vorliegt und die vollständige oder teilweise Verdrängung der zuletzt eingelasteten Produktart ausreicht, um den Zusatzauftrag in das Produktionsprogramm aufnehmen zu können, so erhält man die Opportunitätskosten pro Einheit des Zusatzauftrags, indem man den engpassbezogenen Deckungsbeitrag der an erster Stelle zu verdrängenden Produktart (die Produktart, die an $\hat{j}^*$-ter Stelle eingelastet wurde) mit den pro Einheit des Zusatzauftrags beanspruchten Kapazitätseinheiten in der Engpassstelle multipliziert. Als Preisuntergrenze pro Einheit des Zusatzauftrags erhält man:

$$PUG_Z = k_{vZ} + \Delta k_{vZ} + \frac{\Delta K_{fZ} \cdot T_Z}{x_Z} + \left(\frac{p_{\hat{j}^*} - k_{v\hat{j}^*}}{t_{E\hat{j}^*}} \right) \cdot t_{EZ} .$$

Darin bezeichnet des Weiteren:

$p_{\hat{j}^*}$ den Nettoverkaufspreis pro Einheit der an erster Stelle verdrängten Produktart (an $\hat{j}^*$-ter Stelle eingelastete Produktart),

$k_{v\hat{j}^*}$ die variablen Selbstkosten pro Einheit der an erster Stelle verdrängten Produktart,

t_{Ej^*} die pro Einheit der an erster Stelle verdrängten Produktart beanspruchten Kapazitätseinheiten in der Engpassstelle und

t_{EZ} die pro Einheit des Zusatzauftrags beanspruchten Kapazitätseinheiten in der Engpassstelle.

Der Klammerausdruck

$$\left(\frac{p_{j^*} - k_{vj^*}}{t_{Ej^*}} \right)$$

bezeichnet den engpassbezogenen Deckungsbeitrag pro Kapazitätseinheit der Engpassstelle, den die an erster Stelle verdrängte Produktart erwirtschaftet. Durch Multiplikation mit den pro Einheit des Zusatzauftrags beanspruchten Kapazitätseinheiten in der Engpassstelle erhält man die pro Einheit des Zusatzauftrags zu tragenden Opportunitätskosten.

Es wird nun davon ausgegangen, dass bei Vorliegen eines Engpasses die vollständige Eliminierung der zuletzt eingelasteten Produktart nicht ausreicht, um den Zusatzauftrag ausführen zu können. Soll der Zusatzauftrag als Ganzes angenommen werden, müssen auch noch die Produktarten, die an vorletzter, drittletzter usw. Stelle eingelastet wurden, entsprechend dieser Reihenfolge verdrängt werden. Müssen alle Produktarten, die nach der an $\bar{j}$-ter Stelle $\left(\bar{j} = \hat{j}^*,\ \hat{j}^* - 1, \ldots, 1 \right)$ eingelasteten Produktart in das Produktionsprogramm aufgenommen wurden, vollständig und die an $\bar{j}$-ter Stelle eingelastete Produktart zumindest teilweise verdrängt werden, so gilt für die Preisuntergrenze pro Einheit des Zusatzauftrags:

$$PUG_Z = k_{vZ} + \Delta k_{vZ} + \frac{\Delta K_{fZ} \cdot T_Z}{x_Z} + \left(\frac{\displaystyle\sum_{\bar{j}=1}^{\hat{j}^*-\bar{j}+1} x_{P\hat{j}^*-\bar{j}+1} \cdot \left(p_{\hat{j}^*-\bar{j}+1} - k_{v\hat{j}^*-\bar{j}+1} \right)}{\displaystyle\sum_{\bar{j}=1}^{\hat{j}^*-\bar{j}+1} x_{P\hat{j}^*-\bar{j}+1} \cdot t_{E\hat{j}^*-\bar{j}+1}} \right) \cdot t_{EZ} \ .$$

Darin bezeichnet zudem:

$p_{\hat{j}^*-\bar{j}+1}$ den Nettoverkaufspreis pro Einheit der an $\left(\hat{j}^* - \hat{j} + 1 \right)$-ter Stelle eingelasteten Produktart,

$k_{v\hat{j}^*-\bar{j}+1}$ die variablen Selbstkosten pro Einheit der an $\left(\hat{j}^* - \hat{j} + 1 \right)$-ter Stelle eingelasteten Produktart,

$t_{E\hat{j}^*-\bar{j}+1}$ die pro Einheit der an $\left(\hat{j}^* - \hat{j} + 1 \right)$-ter Stelle eingelasteten Produktart beanspruchten Kapazitätseinheiten in der Engpassstelle und

x_{Pj^*-j+1} die von der an $(j^*-\hat{j}+1)$-ter Stelle eingelasteten Produktart durch den Zusatzauftrag zu verdrängende Menge.

Der Klammerausdruck

$$\left(\frac{\sum\limits_{\hat{j}=1}^{j^*-\hat{j}+1} x_{Pj^*-\hat{j}+1} \cdot \left(p_{j^*-\hat{j}+1} - k_{vj^*-\hat{j}+1} \right)}{\sum\limits_{\hat{j}=1}^{j^*-\hat{j}+1} x_{Pj^*-\hat{j}+1} \cdot t_{Ej^*-\hat{j}+1}} \right)$$

bezeichnet den gewogenen engpassbezogenen Deckungsbeitrag der verdrängten Produktarten pro Kapazitätseinheit der Engpassstelle. Durch Multiplikation mit den pro Einheit des Zusatzauftrags beanspruchten Kapazitätseinheiten in der Engpassstelle erhält man wiederum die pro Einheit des Zusatzauftrags zu tragenden Opportunitätskosten.

Ausgehend von den Daten des Beispiels zur Ermittlung des optimalen Produktions- und Absatzprogramms (vgl. Tabelle 5.2) soll die Preisuntergrenze für einen Zusatzauftrag bestimmt werden. Dabei wird die Situation mit Engpass betrachtet, in der das optimale Produktions- und Absatzprogramm lautet:

$x_{P1} = x_{A1}^{H} = 500\,\text{Stück}$

$x_{P2} = 550\,\text{Stück}$

$x_{P3} = x_{A3}^{H} = 700\,\text{Stück}$

$x_{P4} = 0\,\text{Stück}$

$x_{P5} = x_{A5}^{H} = 900\,\text{Stück}$

$x_{P6} = 0\,\text{Stück}.$

Dem betrachteten Unternehmen wird nun ein Zusatzauftrag in der Menge von 820 Stück angeboten. Die variablen Selbstkosten pro Einheit des Zusatzauftrags betragen 105,70 € pro Stück. Soll der Zusatzauftrag durchgeführt werden, muss für die Dauer von 4 Monaten ein Lagerraum angemietet werden, für den monatlich 2.931,50 € Miete zu entrichten sind. Die Kapazitätsbelastung pro Einheit des Zusatzauftrags beträgt in

Fertigungsstelle 1:   6 Minuten pro Stück,

Fertigungsstelle 2: 10 Minuten pro Stück und

Fertigungsstelle 3:   8 Minuten pro Stück.

Das optimale Produktions- und Absatzprogramm lastet die Kapazität in Fertigungsstelle 2 vollständig aus. In der Fertigungsstelle 1 bzw. 3 werden hingegen nur 9.300 Minuten $(= 500 \cdot 3 + 550 \cdot 2 + 700 \cdot 7 + 900 \cdot 2)$ bzw. 16.350 Minuten $(= 500 \cdot 5 + 550 \cdot 7 + 700 \cdot 4 + 900 \cdot 8)$ benötigt. Zieht man den Kapazitätsbedarf vom Kapazitätsangebot ab, so stehen für den Zusatzauftrag in

Fertigungsstelle 1: 14.000 − 9.300 = 4.700 Minuten und in

Fertigungsstelle 3: 24.000 − 16.350 = 7.650 Minuten zur Verfügung.

Theoretisch könnte man annehmen, dass der Zusatzauftrag in Fertigungsstelle 1 einen zusätzlichen Engpass bewirkt, da er 4.920 Minuten $(= 820 \cdot 6)$ benötigt, aber nur 4.700 Minuten zur Verfügung stehen. Allerdings muss beachtet werden, dass durch die Einlastung des Zusatzauftrags andere Produktarten aus dem Produktionsprogramm verdrängt werden, was dazu führt, dass in Fertigungsstelle 1 zusätzliche Kapazität verfügbar wird. Die Entstehung neuer Engpassstellen sollte von daher erst nach der Einlastung des Zusatzauftrags in das optimale Produktionsprogramm untersucht werden. Die Produktion des Zusatzauftrags in einer Menge von 820 Stück verursacht einen Kapazitätsbedarf in Fertigungsstelle 2 (Engpassstelle) in Höhe von 8.200 Minuten $(= 820 \cdot 10)$. Werden die Produktarten nun in umgekehrter Reihenfolge, in der sie eingelastet wurden, verdrängt, muss zunächst Produktart 2 komplett in Höhe von 550 Stück eliminiert werden. Dadurch werden 5.500 Minuten $(= 550 \cdot 10)$ Kapazität frei. Für die restlichen benötigten 2.700 Minuten $(= 8.200 − 5.500)$ muss die Produktart 3 verdrängt werden, da sie unmittelbar vor Produktart 2 eingelastet wurde. Allerdings muss Produktart 3 nicht in voller Höhe aus dem Produktionsprogramm genommen werden, sondern es genügt die Verdrängung von 450 Stück, um die fehlenden 2.700 Minuten $(= 450 \cdot 6)$ zu erhalten. Durch die verdrängten Produkte erhöhen sich die verfügbaren Kapazitäten in Fertigungsstelle 1 auf 8.950 Minuten $(= 4.700 + 550 \cdot 2 + 450 \cdot 7)$. Somit tritt also kein neuer Engpass auf. Die Preisuntergrenze pro Einheit des Zusatzauftrags beträgt:

$$PUG_Z = k_{vZ} + \Delta k_{vZ} + \frac{\Delta K_{fZ} \cdot T_Z}{x_Z} + \left(\frac{\sum_{j=1}^{j^*-\bar{j}+1} x_{Pj^*-\bar{j}+1} \cdot \left(p_{j^*-\bar{j}+1} - k_{vj^*-\bar{j}+1} \right)}{\sum_{j=1}^{j^*-\bar{j}+1} x_{Pj^*-\bar{j}+1} \cdot t_{Ej^*-\bar{j}+1}} \right) \cdot t_{EZ}$$

$$= 105,70 + 0 + \frac{2931,50 \cdot 4}{820}$$

$$+ \left(\frac{550 \cdot (200,00 - 150,00) + 450 \cdot (130,00 - 90,00)}{550 \cdot 10 + 450 \cdot 6} \right) \cdot 10$$

$$= 175,49 \, \frac{\text{€}}{\text{Stück}}.$$

Bei der dargestellten Vorgehensweise zur Bestimmung der Preisuntergrenze muss beachtet werden, dass als Prämisse eine unveränderte Gewinnsituation des Unternehmens vorausgesetzt wurde. Bestimmt man nämlich ausgehend von der ermittelten Preisuntergrenze den engpassbezogenen Deckungsbeitrag des Zusatzauftrags, so ergibt sich ein Wert von 5,549 € pro Minute, der geringer ist als der engpassbezogene Deckungsbeitrag der verdrängten Produktart 3 in Höhe von 6,67 € pro Minute. Demzufolge könnte man annehmen, dass eine Verdrängung von Produktart 3 zugunsten des Zusatzauftrags nicht sinnvoll wäre. Es muss jedoch berücksichtigt werden, dass bei unveränderter Gewinnsituation die gewogenen engpassbezogenen Deckungsbeiträge der verdrängten Produktarten in die Ermittlung der Preisuntergrenze des Zusatzauftrags eingehen. Folglich wird bei Verdrängung von mehr als einer Produktart der engpassbezogene Deckungsbeitrag des Zusatzauftrags stets geringer sein als der engpassbezogene Deckungsbeitrag der an letzter Stelle verdrängten Produktart.

Abschließend soll nun der Fall untersucht werden, dass ein Zusatzauftrag nicht als Ganzes in das Produktionsprogramm aufgenommen wird. Vielmehr soll die Entwicklung der Preisuntergrenze bestimmt werden, die sich bei sukzessiver Einlastung des Zusatzauftrags bis zu seiner Gesamtmenge ergibt. Durch die schrittweise Verdrängung der Produktarten erhält man dann jeweils ein Intervall, innerhalb dessen sich die Menge des Zusatzauftrags bewegt und für das die entsprechende Preisuntergrenze zu bestimmen ist. Es gelten die Daten des vorangehenden Beispiels mit der Änderung, dass der Zusatzauftrag jetzt bis zur Menge von 1.100 Stück angenommen werden kann und keine Mietkosten anfallen.

Werden bis zu 550 Stück der zuletzt eingelasteten Produktart 2 verdrängt, so stehen bis zu 5.500 Minuten $(= 550 \cdot 10)$ Kapazität in Fertigungsstelle 2 zur Verfügung. Da der Zusatzauftrag ebenfalls eine Kapazitätsbeanspruchung in Höhe von 10 Minuten pro Stück aufweist, können maximal 550 Stück des Zusatzauftrags $(= 5500 / 10)$ gefertigt werden. Somit lautet das erste Intervall für den Zusatzauftrag $0 \le x_Z \le 550$. Bei der Bestimmung der Preisuntergrenze müssen neben den variablen Selbstkosten in Höhe von 105,70 € pro Stück auch die Opportunitätskosten, die durch Verdrängung der Produktart 2 entstehen, berücksichtigt werden. Diese entsprechen dem Produkt aus (absolutem) Deckungsbeitrag und verdrängter Menge. Somit lautet die Preisuntergrenze pro Einheit des Zusatzauftrags:

$$PUG_Z = k_{vZ} + \frac{db_2 \cdot x_2}{x_Z} = 105,70 + \frac{50,00 \cdot x_2}{x_Z}.$$

Die von Produktart 2 verdrängte Menge (x_2) muss in die entsprechende Menge des Zusatzauftrags (x_Z) umgerechnet werden. Aufgrund der gleichen Kapazitätsbeanspruchung pro Stück in der Engpassstelle gilt:

$$x_2 = \frac{t_{EZ}}{t_{E2}} \cdot x_Z = \frac{10}{10} \cdot x_Z = x_Z.$$

Somit beträgt die Preisuntergrenze pro Einheit des Zusatzauftrags:

$$PUG_Z = 105,70 + 50,00 = 155,70 \frac{€}{\text{Stück}} \qquad \text{für} \quad 0 \le x_Z \le 550.$$

Das zweite Intervall ergibt sich aus der Verdrängung von bis zu 700 Stück der an vorletzter Stelle eingelasteten Produktart 3, wodurch 4.200 Minuten $(= 700 \cdot 6)$ Kapazität frei werden. Somit können zusätzlich 420 Stück $(= 4.200 / 10)$ des Zusatzauftrags hergestellt werden. Das zweite Intervall lautet demnach: $550 < x_Z \le 970$. Bei der Ermittlung der Preisuntergrenze muss beachtet werden, dass neben den variablen Selbstkosten pro Stück nicht nur die Opportunitätskosten der jetzt zu verdrängenden Produktart 3 berücksichtigt werden, sondern dass schon Opportunitätskosten durch die bereits verdrängte Produktart 2 entstanden sind. Somit erhält man:

$$PUG_Z = k_{vZ} + \frac{db_2 \cdot x_2 + db_3 \cdot x_3}{x_Z} = 105,70 + \frac{50,00 \cdot 550 + 40,00 \cdot x_3}{x_Z}.$$

Die von Produktart 3 verdrängte Menge (x_3) muss nun in die dadurch zusätzlich herstellbare Menge des Zusatzauftrags $(x_Z - 550)$ umgerechnet werden. Aufgrund der jeweiligen Kapazitätsbeanspruchung pro Stück in der Engpassstelle gilt:

$$x_3 = \frac{t_{EZ}}{t_{E3}} \cdot \left(x_z - 550\right) = \frac{10}{6} \cdot \left(x_z - 550\right).$$

Somit erhält man als Preisuntergrenze pro Einheit des Zusatzauftrags:

$$PUG_z = 105,70 + \frac{50,00 \cdot 550 + 40,00 \cdot \frac{10}{6} \cdot \left(x_z - 550\right)}{x_z}$$

$$= 172,37 - \frac{9.166,67}{x_z} \qquad \text{für} \quad 550 < x_z \le 970.$$

Von der an nächster Stelle zu verdrängenden Produktart 1 können bis zu 500 Stück aus dem Produktionsprogramm genommen werden. Dadurch werden 4.000 Minuten $\left(= 500 \cdot 8\right)$ Kapazität frei, mit der zusätzlich 400 Stück $\left(= 4.000 / 10\right)$ des Zusatzauftrags hergestellt werden könnten. Allerdings betrüge die Gesamtmenge des Zusatzauftrags dann 1.370 Stück. Gemäß den Angaben können aber maximal 1.100 Stück des Zusatzauftrags hergestellt werden. Somit lautet das dritte Intervall: $970 < x_z \le 1.100$. Die Ermittlung der Preisuntergrenze erfolgt in gleicher Weise wie beim zweiten Intervall. Neben den variablen Selbstkosten pro Stück und den Opportunitätskosten der jetzt zu verdrängenden Produktart 1 müssen die Opportunitätskosten der bereits verdrängten Produktarten 2 und 3 in die Ermittlung der Preisuntergrenze mit einfließen. Somit erhält man:

$$PUG_z = k_{vz} + \frac{db_2 \cdot x_2 + db_3 \cdot x_3 + db_1 \cdot x_1}{x_z}$$

$$= 105,70 + \frac{50,00 \cdot 550 + 40,00 \cdot 700 + 60,00 \cdot x_1}{x_z}.$$

Die von Produktart 1 verdrängte Menge $\left(x_1\right)$ muss nun in die dadurch zusätzlich herstellbare Menge des Zusatzauftrags $\left(x_z - 970\right)$ umgerechnet werden. Aufgrund der jeweiligen Kapazitätsbeanspruchung pro Stück in der Engpassstelle gilt:

$$x_1 = \frac{t_{EZ}}{t_{E1}} \cdot \left(x_z - 970\right) = \frac{10}{8} \cdot \left(x_z - 970\right).$$

Somit erhält man als Preisuntergrenze pro Einheit des Zusatzauftrags:

$$PUG_z = 105,70 + \frac{50,00 \cdot 550 + 40,00 \cdot 700 + 60,00 \cdot \frac{10}{8} \cdot \left(x_z - 970\right)}{x_z}$$

$$= 180,70 - \frac{17.250}{x_z} \qquad \text{für} \quad 970 < x_z \le 1.100.$$

Es muss schließlich noch untersucht werden, ob für die jeweiligen Intervall-grenzen ein Engpass in Fertigungsstelle 1 bzw. 3 auftritt. In Fertigungsstelle 1 bzw. 3 stehen zunächst noch 4.700 bzw. 7.650 Minuten Restkapazitäten zur Verfügung. Durch die Einlastung von 550 Stück des Zusatzauftrags werden 550 Stück der Produktart 2 verdrängt, wodurch die verfügbaren Kapazitäten in Fertigungsstelle 1 bzw. 3 auf 5.800 Minuten $(=4.700 + 550 \cdot 2)$ bzw. auf 11.500 Minuten $(=7.650 + 550 \cdot 7)$ ansteigen. Nach Einlastung von 550 Stück des Zusatzauftrags verbleiben somit 2.500 Minuten $(=5.800 - 550 \cdot 6)$ Restkapazität in Fertigungsstelle 1 und 7.100 Minuten $(=11.500 - 550 \cdot 8)$ Restkapazität in Fertigungsstelle 3. Um 970 Stück des Zusatzauftrags herstellen zu können, müssen zusätzlich noch 700 Stück von Produktart 3 verdrängt werden. Dadurch erhöhen sich die verbleibenden Restkapazitäten in Fertigungsstelle 1 bzw. 3 auf 7.400 Minuten $(=2.500 + 700 \cdot 7)$ bzw. auf 9.900 Minuten $(=7.100 + 700 \cdot 4)$. Bei Einlastung von 420 Stück $(=970 - 550)$ des Zusatzauftrags verbleiben somit 4.880 Minuten $(=7.400 - 420 \cdot 6)$ in Fertigungsstelle 1 und 6.540 Minuten $(=9.900 - 420 \cdot 8)$ in Fertigungsstelle 3 an Restkapazitäten. Die Produktion von 1.100 Stück des Zusatzauftrags verlangt die zusätzliche Verdrängung der Produktart 1 in Höhe von 162,5 Stück $(=(1.100 - 970) \cdot 10/8)$. Dadurch steigt die Kapazität in Fertigungsstelle 1 bzw. 3 auf 5.367,5 $(=4.880 + 162,5 \cdot 3)$ bzw. auf 7.352,5 Minuten $(=6.540 + 162,5 \cdot 5)$. Bei zusätzlicher Einlastung von 130 Stück $(=1.100 - 970)$ des Zusatzauftrags verbleiben somit 4.587,5 Minuten $(=5.367,5 - 130 \cdot 6)$ in Fertigungsstelle 1 und 6.312,5 Minuten $(=7.352,5 - 130 \cdot 8)$ in Fertigungsstelle 3 an Restkapazitäten. Es entstehen also keine neuen Engpässe. Zusammengefasst lauten die intervallbezogenen Preisuntergrenzen pro Einheit des Zusatzauftrags:

$$PUG_Z = \begin{cases} 155,70 & \text{für} \quad 0 \le x_Z \le 550 \\ 172,37 - \dfrac{9.166,67}{x_Z} & \text{für} \quad 550 < x_Z \le 970 \\ 180,70 - \dfrac{17.250}{x_Z} & \text{für} \quad 970 < x_Z \le 1.100 \,. \end{cases}$$

5.4.4 Ermittlung von Preisobergrenzen für die Beschaffungspolitik

Durch die Bestimmung von Preisobergrenzen möchte ein Unternehmen Informationen darüber erhalten, bis zu welchem Beschaffungspreis eines bestimmten Produktionsfaktors bzw. Zwischenproduktes die Herstellung des aus diesem Produktionsfaktor bzw. Zwischenprodukt zu fertigenden Endproduktes unter Wirtschaftlichkeitsgesichtspunkten aufrechterhalten werden kann.[294] Im Rahmen einer kurzfristig orientierten Kosten- und Leistungsrechnung steht die Ermittlung kurzfristiger Preisobergrenzen im Vordergrund. Die Vorgehensweise zu deren Bestimmung ist hierbei von vielen Einflussfaktoren abhängig. Zum einen spielt es eine Rolle, ob das Endprodukt, für dessen Herstellung der Produktionsfaktor bzw. das Zwischenprodukt eingesetzt wird, in einer Engpassstelle gefertigt wird oder ob zu seiner Produktion genügend freie Kapazitäten verfügbar sind. Zum anderen ist die Anzahl der Endproduktarten, in die der Produktionsfaktor bzw. das Zwischenprodukt eingehen, von entscheidender Bedeutung.

Nachfolgend wird der Fall untersucht, dass der betreffende Produktionsfaktor bzw. das Zwischenprodukt ausschließlich in eine Endproduktart eingeht und genügend freie Kapazitäten zur Herstellung des Endproduktes bereitstehen. Die Preisobergrenze für den Produktionsfaktor bzw. das Zwischenprodukt ist dann erreicht, wenn der Deckungsbeitrag des zugehörigen Endproduktes gerade Null wird. Für die Preisobergrenze pro Einheit des in Endproduktart $j\,(j=1,...,J)$ eingehenden Produktionsfaktors bzw. Zwischenproduktes $i\,(i=1,...,I)$ gilt dann:

$$POG_i = \frac{p_j - \left(k_{vj} - q_i \cdot a_{ij}\right)}{a_{ij}}.$$

Darin bezeichnet:

POG_i die Preisobergrenze pro Einheit des Produktionsfaktors bzw. Zwischenproduktes i,

p_j den Nettoverkaufspreis pro Einheit der Endproduktart j,

k_{vj} die variablen Selbstkosten pro Einheit der Endproduktart j,

q_i den (alten) Beschaffungspreis pro Einheit des Produktionsfaktors bzw. Zwischenproduktes i und

a_{ij} die pro Einheit der Endproduktart j benötigte Menge des Produktionsfaktors bzw. Zwischenproduktes i.

Bei dem Klammerausdruck $\left(k_{vj} - q_i \cdot a_{ij}\right)$ handelt es sich um die variablen Selbstkosten pro Einheit der Endproduktart j vermindert um diejenigen variablen Kosten pro Einheit der Endproduktart j, die auf Basis des alten Beschaffungspreises für den Produktionsfaktor bzw. das Zwischenprodukt i entstanden sind.

Wird der Produktionsfaktor bzw. das Zwischenprodukt $i\,(i=1,...,I)$ zu verschiedenen Endproduktarten $j\,(j=1,...,J)$ weiterverarbeitet, über deren Herstel-

---

[294]   Vgl. Coenenberg, A.G.: Kostenrechnung und Kostenanalyse, a.a.O., S. 343.

lung separat disponiert werden kann, so lässt sich die Preisobergrenze nur noch als eine Funktion in Abhängigkeit der jeweils pro Einheit der verschiedenen Endproduktarten benötigten Mengen des Produktionsfaktors bzw. Zwischenproduktes angeben.[295]

Betrachtet man den Fall, dass der Produktionsfaktor bzw. das Zwischenprodukt zwar ausschließlich in eine Endproduktart eingeht, jedoch zur Herstellung dieser Endproduktart eine Engpassstelle durchlaufen werden muss, so sind bei der Ermittlung der Preisobergrenze zusätzlich die Opportunitätskosten zu berücksichtigen, die durch die Verdrängung anderer Produktarten entstehen.[296] Die Preisobergrenze für den Produktionsfaktor bzw. das Zwischenprodukt ist dann erreicht, wenn der Deckungsbeitrag des zugehörigen Endproduktes gerade die Opportunitätskosten (entgangene Deckungsbeiträge) der verdrängten Produktarten deckt. Dadurch wird sichergestellt, dass das optimale Produktionsprogramm nach Einlastung der betreffenden Endproduktart den gleichen Gewinn erzielt wie das bislang realisierte Produktionsprogramm.

Reicht die vollständige oder teilweise Verdrängung der an $\hat{j}^*$-ter (letzter) Stelle in das Produktionsprogramm aufgenommenen Produktart aus, um die betrachtete Endproduktart fertigen zu können, so erhält man als Preisobergrenze pro Einheit des in Endproduktart $j\,(j=1,...,J)$ eingehenden Produktionsfaktors bzw. Zwischenproduktes $i\,(i=1,...,I)$:

$$POG_i = \frac{p_j - \left(k_{vj} - q_i \cdot a_{ij}\right)}{a_{ij}} - \left(\frac{p_{j^*} - k_{vj^*}}{t_{Ej^*}}\right) \cdot \frac{t_{Ej}}{a_{ij}}\ .$$

Darin bezeichnet zusätzlich:

p_{j^*} den Nettoverkaufspreis pro Einheit der an erster Stelle verdrängten Produktart (an $\hat{j}^*$-ter Stelle eingelastete Produktart),

k_{vj^*} die variablen Selbstkosten pro Einheit der an erster Stelle verdrängten Produktart,

t_{Ej^*} die pro Einheit der an erster Stelle verdrängten Produktart beanspruchten Kapazitätseinheiten in der Engpassstelle und

t_{Ej} die pro Einheit der Endproduktart j beanspruchten Kapazitätseinheiten in der Engpassstelle.

---

[295]   Vgl. Hummel, S. / Männel, W.: Kostenrechnung 2, Moderne Verfahren und Systeme, a.a.O., S. 112.

[296]   Zur Reihenfolge, in der die Verdrängung der Produktarten stattfindet, vgl. die Ausführungen in Kapitel 5.4.2.

Der Klammerausdruck

$$\left(\frac{p_{\hat{j}^*} - k_{v\hat{j}^*}}{t_{E\hat{j}^*}} \right)$$

bezeichnet den engpassbezogenen Deckungsbeitrag pro Kapazitätseinheit der Engpassstelle, den die an erster Stelle verdrängte Produktart erwirtschaftet.

Es wird nun davon ausgegangen, dass bei Vorliegen eines Engpasses die vollständige Eliminierung der zuletzt eingelasteten Produktart nicht ausreicht, um die betrachtete Endproduktart fertigen zu können. Es müssen zusätzlich noch die Produktarten, die an vorletzter, drittletzter usw. Stelle eingelastet wurden, entsprechend dieser Reihenfolge verdrängt werden. Müssen alle Produktarten, die nach der an $\tilde{j}$-ter Stelle $\left(\tilde{j} = \hat{j}^*, \ \hat{j}^* - 1, ..., 1 \right)$ eingelasteten Produktart in das Produktionsprogramm aufgenommen wurden, vollständig und die an $\tilde{j}$-ter Stelle eingelastete Produktart zumindest teilweise verdrängt werden, so gilt für die Preisobergrenze pro Einheit des in Endproduktart $j \, (j = 1, ..., J)$ eingehenden Produktionsfaktors bzw. Zwischenproduktes $i \, (i = 1, ..., I)$:

$$POG_i = \frac{p_j - \left(k_{vj} - q_i \cdot a_{ij} \right)}{a_{ij}} - \left(\frac{\sum\limits_{\hat{j}=1}^{\hat{j}^*-\tilde{j}+1} \left(p_{\hat{j}^*-\hat{j}+1} - k_{v\hat{j}^*-\hat{j}+1} \right) \cdot x_{P\hat{j}^*-\hat{j}+1}}{\sum\limits_{\hat{j}=1}^{\hat{j}^*-\tilde{j}+1} x_{P\hat{j}^*-\hat{j}+1} \cdot t_{E\hat{j}^*-\hat{j}+1}} \right) \cdot \frac{t_{Ej}}{a_{ij}} .$$

Darin bezeichnet zudem:

$p_{\hat{j}^*-\hat{j}+1}$ den Nettoverkaufspreis pro Einheit der an $\left(\hat{j}^* - \hat{j} + 1 \right)$-ter Stelle eingelasteten Produktart,

$k_{v\hat{j}^*-\hat{j}+1}$ die variablen Selbstkosten pro Einheit der an $\left(\hat{j}^* - \hat{j} + 1 \right)$-ter Stelle eingelasteten Produktart,

$t_{E\hat{j}^*-\hat{j}+1}$ die pro Einheit der an $\left(\hat{j}^* - \hat{j} + 1 \right)$-ter Stelle eingelasteten Produktart beanspruchten Kapazitätseinheiten in der Engpassstelle und

$x_{P\hat{j}^*-\hat{j}+1}$ die von der an $\left(\hat{j}^* - \hat{j} + 1 \right)$-ter Stelle eingelasteten Produktart durch die Endproduktart j zu verdrängende Menge.

Der Klammerausdruck

$$\left(\frac{\sum\limits_{j=1}^{j^{*}-j+1} \left(p_{j^{*}-j+1} - k_{vj^{*}-j+1} \right) \cdot x_{Pj^{*}-j+1}}{\sum\limits_{j=1}^{j^{*}-j+1} x_{Pj^{*}-j+1} \cdot t_{Ej^{*}-j+1}} \right)$$

bezeichnet den gewogenen engpassbezogenen Deckungsbeitrag der verdrängten Produktarten pro Kapazitätseinheit der Engpassstelle.

5.4.5 Entscheidung zwischen Eigenfertigung und Fremdbezug

Möchte ein Unternehmen sein bislang realisiertes Produktions- und Absatzprogramm um zusätzliche Produktarten erweitern, so besteht neben der vollständigen Eigenerstellung dieser Produktarten oftmals auch die Möglichkeit, die zu ihrer Fertigung benötigten Teile oder Zwischenproduktarten fremdzubeziehen. Mit Hilfe der Deckungsbeitragsrechnung soll auf der Grundlage kurzfristiger Wirtschaftlichkeitsvergleiche eine Entscheidung darüber getroffen werden, welche Alternative – Eigenfertigung oder Fremdbezug der benötigten Zwischenproduktarten – vorteilhaft ist. Dabei spielt es eine entscheidende Rolle, ob in dem betrachteten Unternehmen eine Engpasssituation vorliegt oder ob genügend freie Kapazitäten zur Verfügung stehen.

Nachfolgend wird zunächst die Situation untersucht, dass kein Engpass vorliegt. Das betrachtete Unternehmen stellt insgesamt $j\,(j=1,...,J)$ verschiedene Produktarten her. Darüber hinaus besteht die Möglichkeit, die Produktarten $j'\,(j'=J+1,...,J')$ in das Produktionsprogramm aufzunehmen. Diese können zum einen komplett eigengefertigt werden, zum anderen können die zu ihrer Fertigung erforderlichen Zwischenproduktarten $i\,(i=1,...,I)$ auch fremdbezogen werden. Für die Produktarten j' wird nun der (absolute) Deckungsbeitrag bei Fremdbezug der entsprechenden Zwischenproduktarten i mit dem (absoluten) Deckungsbeitrag bei Eigenerstellung der entsprechenden Zwischenproduktarten i verglichen. Den (absoluten) Deckungsbeitrag pro jeweiliger Einheit der Produktart j' bei Fremdbezug der Zwischenproduktarten i erhält man dadurch, dass man vom Nettoverkaufspreis die variablen Kosten der Zwischenproduktart i bei Fremdbezug und die sonstigen variablen Kosten der Produktart j' subtrahiert. In Analogie zur Bestimmung des optimalen Produktions- und Absatzprogramms (vgl. Kapitel 5.4.2) lautet die Entscheidungsregel: Alle zusätzlichen Produktarten, deren positiver (absoluter) Deckungsbeitrag bei Eigenerstellung größer oder gleich ist als bei Fremdbezug der benötigten Zwischenproduktarten, werden mit ihren Absatzhöchstmengen in Eigenfertigung produziert. Für alle zusätzlichen Produktarten, deren positiver (absoluter) Deckungsbeitrag bei Fremdbezug größer ist als bei Eigenerstellung der benötigten Zwischenproduktarten, werden die entsprechenden Zwischenproduktarten fremdbezogen. Ist der (absolute) Deckungsbeitrag einer zusätzlichen Produktart sowohl bei Eigenfertigung als auch bei Fremdbezug negativ, so ist auf deren Produktion zu verzichten.

Formal lässt sich diese Entscheidungsregel folgendermaßen darstellen:

Für alle $j' \in \{J+1, \ldots, J'\}$ mit

$$db_{j'}^{EF} = p_{j'} - k_{vi}^{EF} - k_{vj'} \geq db_{j'}^{FB} = p_{j'} - k_{vi}^{FB} - k_{vj'} \text{ und } p_{j'} - k_{vi}^{EF} - k_{vj'} > 0$$

gilt: $x_{Pj'}^{EF} = x_{Aj'}^{H}$, $x_{Pj'}^{FB} = 0$ und

für alle $j' \in \{J+1, \ldots, J'\}$ mit

$$db_{j'}^{FB} = p_{j'} - k_{vi}^{FB} - k_{vj'} > db_{j'}^{EF} = p_{j'} - k_{vi}^{EF} - k_{vj'} \text{ und } p_{j'} - k_{vi}^{FB} - k_{vj'} > 0$$

gilt: $x_{Pj'}^{EF} = 0$, $x_{Pj'}^{FB} = x_{Aj'}^{H}$ und

für alle $j' \in \{J+1, \ldots, J'\}$ mit

$$db_{j'}^{EF} = p_{j'} - k_{vi}^{EF} - k_{vj'} < 0 \text{ und } db_{j'}^{FB} = p_{j'} - k_{vi}^{FB} - k_{vj'} < 0$$

gilt: $x_{Pj'}^{EF} = x_{Pj'}^{FB} = 0$.

Darin bezeichnet:

$db_{j'}^{EF}$ den (absoluten) Deckungsbeitrag pro Einheit der Produktart j' bei Eigenfertigung der benötigten Zwischenproduktart i,

$db_{j'}^{FB}$ den (absoluten) Deckungsbeitrag pro Einheit der Produktart j' bei Fremdbezug der benötigten Zwischenproduktart i,

$p_{j'}$ den Nettoverkaufspreis pro Einheit der Produktart j',

k_{vi}^{EF} die variablen Selbstkosten der in Produktart j' pro Einheit eingehenden Menge der Zwischenproduktart i bei Eigenfertigung,

k_{vi}^{FB} die variablen Kosten der in Produktart j' pro Einheit eingehenden Menge der Zwischenproduktart i bei Fremdbezug,

$k_{vj'}$ die variablen Kosten pro Einheit der Produktart j' ohne die Kosten für die in Produktart j' eingehenden Menge der Zwischenproduktart i,

$x_{Pj'}^{EF}$ die optimale Produktionsmenge von Produktart j' bei Eigenfertigung der Zwischenproduktart i,

$x_{Pj'}^{FB}$ die optimale Produktionsmenge von Produktart j' bei Fremdbezug der Zwischenproduktart i und

$x_{Aj'}^{H}$ die Absatzhöchstmenge von Produktart j'.

Es sei nun der Fall betrachtet, dass bei der Herstellung der für die $j\,(j=1,...,J)$ verschiedenen Produktarten benötigten Zwischenproduktarten $i\,(i=1,...,I)$ ein Engpass durchlaufen wird. Für eine Erweiterung des bisherigen Produktions- und Absatzprogramms um die zusätzlichen Produktarten j' $(j'=J+1,...,J')$ besteht ausschließlich die Möglichkeit der Eigenfertigung, während die zur Fertigung der Produktarten $j\,(j=1,...,J)$ bislang eigengefertigten Zwischenproduktarten $i\,(i=1,...,I)$ auch fremdbezogen werden können. Für das Unternehmen stellt sich nun die Frage, welche Produktarten komplett eigengefertigt bzw. für welche Produktarten die Zwischenprodukte fremdbezogen werden müssen, damit der maximale Gewinn erreicht wird. Die Entscheidung erfolgt gemäß folgender Regel:

Für die in die Produktarten j eingehenden bislang eigengefertigten Zwischenproduktarten i werden jeweils die engpassbezogenen Mehrkosten bestimmt, die sich bei einem Wechsel zum Fremdbezug der entsprechenden Zwischenproduktarten ergeben würden. Für die Zwischenproduktarten i der einzelnen Produktarten j erhält man die engpassbezogenen Mehrkosten, indem man jeweils die Differenz aus den variablen Kosten pro Einheit der Zwischenproduktart bei Fremdbezug und den variablen Selbstkosten pro Einheit der Zwischenproduktart bei Eigenfertigung bildet und diese Differenz dann durch die pro Einheit der entsprechenden Zwischenproduktart benötigten Kapazitätseinheiten in der Engpassstelle dividiert. Anschließend werden die Zwischenproduktarten i nach der Höhe ihrer engpassbezogenen Mehrkosten geordnet. Im nächsten Schritt werden für sämtliche zusätzlichen Produktarten j' mit positivem (absolutem) Deckungsbeitrag jeweils der engpassbezogene (relative) Deckungsbeitrag als Quotient aus (absolutem) Deckungsbeitrag und den pro Einheit der entsprechenden Produktart beanspruchten Kapazitätseinheiten in der Engpassstelle gebildet. Anschließend werden diese Produktarten j' nach der Höhe ihrer engpassbezogenen Deckungsbeiträge geordnet. Man vergleicht nun schrittweise den höchsten engpassbezogenen Deckungsbeitrag mit den niedrigsten engpassbezogenen Mehrkosten. Der Übergang zum Fremdbezug der Zwischenproduktarten i und im Gegenzug die Aufnahme der Produktarten j' in das Produktionsprogramm ist sinnvoll, solange die engpassbezogenen Mehrkosten der Zwischenproduktarten i niedriger sind als die engpassbezogenen Deckungsbeiträge der Produktarten j'. Die Zwischenproduktarten i werden also nach der Höhe ihrer engpassbezogenen Mehrkosten – beginnend mit der Zwischenproduktart, die die geringsten engpassbezogenen Mehrkosten aufweist – aus dem Produktionsprogramm genommen. Gleichzeitig werden die Produktarten j' nach der Höhe ihrer engpassbezogenen Deckungsbeiträge – beginnend mit der Produktart, die den höchsten engpassbezogenen Deckungsbeitrag besitzt – mit ihren Absatzhöchstmengen in das Produktionsprogramm aufgenommen. Dies geschieht solange, bis die engpassbezogenen Mehrkosten einer Zwischenprodukt-art i größer sind als der engpassbezogene Deckungsbeitrag der an ihrer Stelle einzulastenden Produktart j'.

Auf eine formale Darstellung der Entscheidungsregel soll hier verzichtet wer-den. Stattdessen wird nachfolgend ein lineares Programm formuliert, dessen opti-male Lösung dem gewinnmaximalen Produktions- und Absatzprogramm ent-spricht:

$$\sum_{j'=J+1}^{J'} db_{j'}^{EF} \cdot x_{Pj'} - \sum_{i=1}^{I} \left(k_{vi}^{FB} - k_{vi}^{EF} \right) \cdot x_{Fi} \to \max!$$

unter den Nebenbedingungen:

$$(1) \quad \sum_{j'=J+1}^{J'} t_{Ej'} \cdot x_{Pj'} - \sum_{i=1}^{I} t_{Ei} \cdot x_{Fi} = 0$$

$$(2) \quad x_{Pj'} \le x_{Aj'}^{H} \qquad \left(j' = J+1, \ldots, J' \right)$$

$$(3) \quad x_{Fi} \le x_{Fi}^{H} \qquad \left(i = 1, \ldots, I \right)$$

$$(4) \quad x_{Pj'} \ge 0 \qquad \left(j' = J+1, \ldots, J' \right)$$

$$(5) \quad x_{Fi} \ge 0 \qquad \left(i = 1, \ldots, I \right).$$

Darin bezeichnet:

k_{vi}^{EF} die variablen Selbstkosten pro Einheit der in Produktart j eingehenden Zwi-schenproduktart i bei Eigenfertigung,

k_{vi}^{FB} die variablen Kosten pro Einheit der in Produktart j eingehenden Zwischen-produktart i bei Fremdbezug,

$x_{Pj'}$ die Produktionsmenge von Produktart j',

x_{Fi} die Fremdbezugsmenge von Zwischenproduktart i,

$t_{Ej'}$ die pro Einheit der Produktart j' beanspruchten Kapazitätseinheiten in der Engpassstelle,

t_{Ei} die pro Einheit der Zwischenproduktart i beanspruchten Kapazitätseinheiten in der Engpassstelle und

x_{Fi}^{H} die Fremdbezugshöchstmenge von Zwischenproduktart i.

Die Zielfunktion maximiert die Differenz aus den Deckungsbeiträgen, die sich bei Aufnahme der zusätzlichen Produktarten j' in das Produktionsprogramm er-geben, und den Mehrkosten, die durch den Fremdbezug der bislang eigengefer-tigten Zwischenproduktarten i entstehen. Durch die Nebenbedingung (1) wird ge-währleistet, dass die für die Eigenfertigung der zusätzlichen Produktarten j' be-

nötigten Kapazitätseinheiten durch den Übergang von Eigenfertigung auf Fremdbezug bei den Zwischenproduktarten i bereitgestellt werden. Die Nebenbedingung (2) bzw. (3) stellt sicher, dass die Absatzhöchstmengen der Produktarten j'
bzw. die Fremdbezugshöchstmengen der Zwischenproduktarten i nicht überschritten werden. Dabei ist zu beachten, dass die maximale Fremdbezugsmenge einer
Zwischenproduktart i nicht größer sein darf als die vor dem Übergang zum
Fremdbezug eigengefertigte Menge dieser Zwischenproduktart. Bei den Nebenbedingungen (4) und (5) handelt es sich schließlich um die Nichtnegativitätsbedin-
gungen. Die Einhaltung der Engpasskapazität wird durch die Nebenbedingungen (1) und (3) bewirkt, so dass auf die explizite Formulierung einer entsprechenden Nebenbedingung verzichtet werden kann.

5.5 Übungsaufgaben zu Kapitel 5

Übungsaufgabe 5.1:   Voll- und Teilkostenrechnungen

Erläutern Sie die klassische Abgrenzung von Voll- und Teilkostenrechnungen sowie die zugrunde liegenden Zurechnungsprinzipien.

Übungsaufgabe 5.2:   Deckungsbeitragsrechnung

Wozu dient die Deckungsbeitragsrechnung ihrem Ursprung nach, welche unterschiedlichen Erscheinungsformen kennen Sie und welche von diesen stellt das
Ausgangsmodell dar?

Übungsaufgabe 5.3:   Einstufige Deckungsbeitragsrechnung und stufenweise
                      Fixkostendeckungsrechnung

Ein Unternehmen produziert in zwei Erzeugnisgruppen (A und B) jeweils zwei
unterschiedliche Erzeugnisarten (A_1, A_2 und B_1, B_2). Die produzierten und abgesetzten Mengen, Verkaufspreise und Kosten entnehmen Sie der folgenden Tabelle.

	Dimension	Erzeugnisgruppe A		Erzeugnisgruppe B	
		A_1	A_2	B_1	B_2
Produzierte Menge	ME	200	150	100	80
Abgesetzte Menge	ME	150	100	100	50
Verkaufspreis	$\frac{€}{ME}$	655	840	760	660
(ausschließlich variable) Fertigungslöhne	€	18.000	15.000	10.000	6.000
Materialeinzel-kosten	€	15.000	6.000	5.000	4.000
Fixe Fertigungs- und Materialgemeinkosten	€	10.000	5.000	4.000	3.000
Variable Fertigungs- und Materialgemeinkosten	€	30.000	21.000	15.000	10.000
Fixe Verwaltungs- und Vertriebskosten	€	15.000			
Variable Verwaltungs- und Vertriebskosten	€	12.000	11.000	4.000	4.000
Sondereinzelkosten des Vertriebs	€	9.000	5.000	2.000	1.500
Erzeugnisgruppenfix-kosten	€	15.000		13.000	

Ermitteln Sie zunächst die Deckungsbeiträge je Mengeneinheit der einzelnen Erzeugnisarten und anschließend den Periodengewinn mit der einstufigen Deckungsbeitragsrechnung und mit der mehrstufigen Fixkostendeckungsrechnung.

Übungsaufgabe 5.4: Grundrechnung, Auswertungsrechnung und Deckungsbudgets

In einem Unternehmen soll die Kostenrechnung nach dem System der relativen Einzelkosten- und Deckungsbeitragsrechnung aufgebaut werden. Hierzu stehen die folgenden tabellarisch aufgeführten Informationen, die sich jeweils auf eine Abrechnungsperiode von einem Monat beziehen, zur Verfügung:

Produkt	gefertigt in Kostenstelle	Produktions- und Absatzmenge in ME	Verkaufspreis in € je ME
A	1	4.000	10
B	1	1.000	15
C	2	900	30
D	3	3.000	25

Produkt	Provision in % des Umsatzes	Materialkosten in € je ME	Verpackungskosten in € je ME	erzeugnisabhängige Energiekosten in € je ME
A	10	4	2	1
B	10	8	1	1
C	15	12	5	2
D	20	12	3	1

Außerdem ist für das Produkt B noch eine Lizenzgebühr in Höhe von 2 € je verkaufter Mengeneinheit zu zahlen.

Die Räume der Kostenstelle 2 sind zu einem monatlichen Mietzins von 1.300 € angemietet und können mit einer halbjährlichen Frist gekündigt werden. Für die anderen Kostenstellen fallen monatliche kalkulatorische Mieten in Höhe von 12.000 € an. In den Fertigungsstellen 1 bis 3 stehen jeweils Anlagen im Wert von 30.000 € zur Verfügung, deren Abschreibungs- und Amortisationsdauer bei 10 Jahren liegt. Jährlich sind Kfz-Steuern in Höhe von 6.000 € zu entrichten.

Kostenstelle	erzeugnisunabhängige Energiekosten in € je ME	Fertigungslöhne (monatliche Kündigung) in €	Gehälter (halbjährliche Kündigung) in €	Instandhaltungskosten (alle 3 Jahre) in €
1	–	2.000	–	14.400
2	500	2.500	–	27.000
3	700	3.500	–	5.400
Verwaltung	100	–	3.000	–
Vertrieb	100	–	4.000	–

a) Bauen Sie mit Hilfe dieser Daten eine Grundrechnung der Kosten auf. Verwenden Sie hierzu den Kostensammelbogen auf der folgenden Seite.

Kostenkategorien	Kostenarten	Zurechnungsbereich A - B				Zurechnungsbereich C			Zurechnungsbereich D			Gemeinsamer Zurechnungsbereich				Gesamtsumme
		Produkt A	Produkt B	Kostenst. 1	Σ	Produkt C	Kostenst. 2	Σ	Produkt D	Kostenst. 3	Σ	Verwaltung	Vertrieb	Unternehmen	Σ	
Leistungskosten → Periodeneinzelkosten → absatzabhängige Kosten	Provision															
	Verpackungskosten															
	Lizenzgebühren															
erzeugnisabhängige Kosten	Materialkosten															
	Energiekosten (erzeugnisabhängig)															
Bereitschaftskosten → Periodeneinzelkosten → sonstige Kosten → sofort	Energiekosten (erzeugnisunabhängig)															
	Fertigungslöhne															
monatl.	Gehälter															
1/2 jährl.	Miete															
jährl.	Steuern															
Periodengemeinkosten → GK geschlossener Perioden	Instandhaltungskosten															
GK offener Perioden	Abschreibungen															
	Summe Gesamtkosten															

b) Führen Sie auf Basis der Grundrechnung eine Deckungsbeitragsrechnung durch. Beachten Sie auch die zeitlichen Aspekte. Bestimmen Sie dabei die folgenden Deckungsbeiträge:

- DB I der einzelnen Produkte,
- DB II der Fertigungsstellen (sofort disponierbar),
- DB III der Fertigungsstellen (monatlich disponierbar),
- DB IV der Fertigungsstellen (halbjährlich disponierbar),
- DB V des Gesamtunternehmens (halbjährlich disponierbar) und
- DB VI des Gesamtunternehmens (jährlich disponierbar) = Periodenbeitrag.

c) Berechnen Sie für die Kostenstelle 1 die jährlichen

- Leistungskosten,
- Deckungsbudgets für
  - Fertigungslöhne,
  - Instandhaltungs- und Amortisationskosten,
  - Kosten allgemeiner Abteilungen und Steuern und den
- Sollgewinn.

Gehen Sie davon aus, dass alle drei Fertigungsstellen gleichermaßen zur Deckung der Gemeinkosten höherer Hierarchieebenen beitragen sollen und ein monatlicher Sollgewinn in Höhe von 3.000 € angestrebt wird.

Übungsaufgabe 5.5:   Stufenweise Fixkostendeckungsrechnung versus relative Einzelkosten- und Deckungsbeitragsrechnung

---

Geben Sie anhand geeigneter Kriterien die Unterschiede zwischen der stufenweisen Fixkostendeckungsrechnung und der relativen Einzelkosten- und Deckungsbeitragsrechnung stichpunktartig an.

Übungsaufgabe 5.6:   Break-even-Punkt

Für ein Einproduktunternehmen können die Kostenfunktion

$$K = 50.000 + 75 \cdot x$$

und die Erlösfunktion

$$E = 125 \cdot x_A$$

ermittelt werden, wobei x die hergestellte Menge und x_A die abgesetzte Menge angibt.

a) Bestimmen Sie den Break-even-Punkt und den Deckungsumsatz.

b) Ermitteln Sie die kritische Absatzmenge, wenn in der Periode mindestens ein Gewinn in Höhe von 10.000 € erzielt werden soll.

c) Beurteilen Sie anhand des Break-even-Punktes die folgenden Maßnahmen:

   – Durch eine Werbekampagne kann eine Preiserhöhung von 20 % durchgesetzt werden. Die Absatzprognosen ändern sich nicht. Die Kosten der Werbekampagne betragen 40.000 € in der Periode.

   – Durch den Einbau eines weiteren Teils erhält das Produkt eine zusätzliche Funktion. Der Einbau kostet 10 € je Stück. Trotzdem hält man den Verkaufspreis konstant, erhofft sich aber eine Nachfragesteigerung um 30 %.

Übungsaufgabe 5.7:   Planung des Produktions- und Absatzprogramms

Ein Unternehmen stellt die Produkte A, B und C her, bei deren Fertigung jeweils die Fertigungsstellen I und II durchlaufen werden müssen. Die Kapazitätsbeanspruchung der Produkte in den Fertigungsstellen in Minuten pro Mengeneinheit (Min. / ME), die Gesamtkapazität der Fertigungsstellen, die Kosten je Kapazitätseinheit, die Materialkosten je Produktart, die Verkaufspreise sowie die Absatzhöchstmengen gehen aus der nachfolgenden Übersicht hervor.

	Produkt A	Produkt B	Produkt C	Gesamt-kapazität	Kosten
Kapazitätsbeanspruchung in Fertigungsstelle I	$3 \frac{\text{Min.}}{\text{ME}}$	$2 \frac{\text{Min.}}{\text{ME}}$	$4 \frac{\text{Min.}}{\text{ME}}$	1.600 Min.	$1 \frac{\text{€}}{\text{Min.}}$
Kapazitätsbeanspruchung in Fertigungsstelle II	$12 \frac{\text{Min.}}{\text{ME}}$	$10 \frac{\text{Min.}}{\text{ME}}$	$8 \frac{\text{Min.}}{\text{ME}}$	3.800 Min.	$1{,}5 \frac{\text{€}}{\text{Min.}}$
Materialkosten	$3 \frac{\text{€}}{\text{ME}}$	$5 \frac{\text{€}}{\text{ME}}$	$6 \frac{\text{€}}{\text{ME}}$		
Verkaufspreis	$60 \frac{\text{€}}{\text{ME}}$	$62 \frac{\text{€}}{\text{ME}}$	$62 \frac{\text{€}}{\text{ME}}$		
Absatzhöchstmenge	100 ME	200 ME	150 ME		

Ermitteln Sie das optimale Produktionsprogramm.

Übungsaufgabe 5.8:   Preisuntergrenze, Preisobergrenze

Die Firma X KG stellt ausschließlich das Produkt F her. Die Geschäftsleitung erwartet für die nächste Planungsperiode eine Kapazitätsauslastung von 80 % bei der Produktion und bei dem Absatz von 40.000 Stück zum Verkaufspreis von 40 € pro Stück des Produktes F. Ein Kapazitätsabbau soll nicht erfolgen, da in der übernächsten Periode wieder mit Vollauslastung gerechnet wird. Auch im Personalbereich sind keine Kündigungen beabsichtigt.

Die Kalkulationsabteilung geht bei ihren Berechnungen von folgenden Planwerten aus:

- Die vorgesehene Produktionsmenge erfordert den Einsatz von Rohstoffen, deren Kosten 180.000 € betragen.
- Im Lager- und Einkaufsbereich wird für die Aufrechterhaltung der notwendigen Betriebsbereitschaft mit Betriebsbereitschaftskosten von 32.000 € gerechnet.
- Die Fertigungslöhne werden 340.000 € betragen. Dabei handelt es sich ausschließlich um Akkordlöhne.
- Die Leistungskosten für den Verbrauch an Hilfsstoffen werden sich auf 80.000 € belaufen. Sie können dabei unterstellen, dass die Leistungskosten erzeugnis- und absatzmengenproportionalen Charakter haben.
- Die Energiekosten werden mit 104.000 € einschließlich einer festen, pauschalen Grundgebühr von 4.000 € und der für die Aufrechterhaltung der Betriebsbereitschaft notwendigen Stromkosten in Höhe von 20.000 € angesetzt. Die restlichen Energiekosten verhalten sich proportional zur Ausbringungsmenge.
- Im Fertigungsbereich rechnet die X KG ferner mit sonstigen Bereitschaftskosten von 44.000 €.
- Im Verwaltungs- und Vertriebsbereich sind Kosten in Höhe von 116.000 € zu erwarten.
- An Produktverpackungskosten werden 3 € pro Stück des Produktes F anfallen.
- Für die umsatzabhängigen, an die Handelsvertreter zu zahlenden Verkaufsprovisionen müssen Kosten in Höhe von 320.000 € veranschlagt werden. Die Verkaufsprovision je Stück des Endproduktes F wird dabei prozentual vom Verkaufspreis ermittelt.

a) Bestimmen Sie die variablen Stückkosten des Endproduktes F.

b) Nach Abschluss der oben geschilderten Planung ergibt sich für die Vertriebsabteilung folgende Situation: Sie könnte einen einmaligen, nicht geplanten Zusatzauftrag über weitere 2.000 Stück des Produktes F von einem neuen Kunden erhalten. Allerdings ist der Kunde nur bereit, für das Produkt F einen äußerst niedrigen Preis zu zahlen.

Stellen Sie nun durch die Ermittlung der kurzfristigen kostenmäßigen Preisuntergrenze in € pro Stück des Produktes F fest, welcher Verkaufspreis nicht unterschritten werden darf bzw. zu welchem Verkaufspreis die Annahme des Zusatzauftrags gerade noch akzeptabel wäre.

c) Bei den Preisverhandlungen stellt sich heraus, dass der Kunde einen Kaufpreis von 30 € pro Stück des Produktes F akzeptieren würde, falls der bisher verwendete Rohstoff durch einen qualitativ höherwertigen Rohstoff substituiert würde. Alle sonstigen betrieblichen Verhältnisse bleiben unverändert. Der zuständige Fertigungsingenieur ermittelt, dass zur Herstellung eines Stückes von Produkt F 0,5 kg des Rohstoffes benötigt werden.

Ermitteln Sie nun die Preisobergrenze für den Einkauf von 1 kg des Rohstoffes, d.h. es soll festgestellt werden, wie viel € 1 kg des Rohstoffes höchstens kosten darf, damit der Zusatzauftrag gerade noch akzeptiert werden kann.

Übungsaufgabe 5.9:   Entscheidung zwischen Eigenfertigung und Fremdbezug

In der Produktionsperiode 1 stellt ein Unternehmen die drei unterschiedlichen Endprodukte A, B und C her, wobei pro Einheit des Endproduktes A eine Einheit des Zwischenproduktes a, pro Einheit des Endproduktes B eine Einheit des Zwischenproduktes b und pro Einheit des Endproduktes C eine Einheit des Zwischenproduktes c benötigt werden. Die Herstellung der Zwischenprodukte erfolgt in der Fertigungsstelle I, die eine Gesamtkapazität in Höhe von 1.510 Minuten aufweist. Anschließend werden die Endprodukte in der Fertigungsstelle II, deren Gesamtkapazität 2.000 Minuten beträgt, produziert. Die Kapazitätsbeanspruchung der Zwischenprodukte in der Fertigungsstelle I sowie die dabei entstehenden variablen Selbstkosten der Zwischenprodukte gehen aus der nachfolgenden Übersicht hervor.

	Zwischenprodukte		
	a	b	c
Kapazitätsbeanspruchung in Fertigungsstelle I	$3\,\dfrac{\text{Min.}}{\text{ME}}$	$4\,\dfrac{\text{Min.}}{\text{ME}}$	$2\,\dfrac{\text{Min.}}{\text{ME}}$
variable Selbstkosten	$15\,\dfrac{€}{\text{ME}}$	$25\,\dfrac{€}{\text{ME}}$	$10\,\dfrac{€}{\text{ME}}$

Die zur Herstellung der Endprodukte beanspruchte Kapazität in der Fertigungsstelle II, die Deckungsbeiträge der Endprodukte ohne Berücksichtigung der variablen Selbstkosten der Zwischenprodukte sowie die Absatzhöchstmengen der Endprodukte können der nachfolgenden Tabelle entnommen werden.

| | Endprodukte | | |
	A	B	C
Kapazitätsbeanspruchung in Fertigungsstelle II	$2 \dfrac{\text{Min.}}{\text{ME}}$	$2 \dfrac{\text{Min.}}{\text{ME}}$	$2 \dfrac{\text{Min.}}{\text{ME}}$
Deckungsbeitrag ohne variable Selbstkosten der Zwischenprodukte	$60 \dfrac{\text{€}}{\text{ME}}$	$75 \dfrac{\text{€}}{\text{ME}}$	$54 \dfrac{\text{€}}{\text{ME}}$
Absatzhöchstmenge	150 ME	200 ME	180 ME

a) Ermitteln Sie das optimale Produktionsprogramm für die Produktionsperiode 1. In der Produktionsperiode 2 besteht für das Unternehmen die Möglichkeit, die Endprodukte D, E und F zusätzlich in das Produktionsprogramm aufzunehmen. Die zur Herstellung der Endprodukte erforderlichen Zwischenprodukte d, e und f können ausschließlich eigengefertigt werden, wobei pro Einheit von D eine Einheit von d, pro Einheit von E eine Einheit von e und pro Einheit von F eine Einheit von f benötigt werden. Bevor die Produktion der Endprodukte in Fertigungsstelle II erfolgt, müssen in Fertigungsstelle I die entsprechenden Zwischenprodukte gefertigt werden. Die Kapazitätsbeanspruchung der Zwischenprodukte d, e und f in der Fertigungsstelle I sowie ihre dabei entstehenden variablen Selbstkosten gehen aus der nachfolgenden Übersicht hervor.

| | Zwischenprodukte | | |
	d	e	f
Kapazitätsbeanspruchung in Fertigungsstelle I	$2 \dfrac{\text{Min.}}{\text{ME}}$	$5 \dfrac{\text{Min.}}{\text{ME}}$	$3 \dfrac{\text{Min.}}{\text{ME}}$
variable Selbstkosten	$40 \dfrac{\text{€}}{\text{ME}}$	$30 \dfrac{\text{€}}{\text{ME}}$	$50 \dfrac{\text{€}}{\text{ME}}$

Die zur Herstellung der Endprodukte D, E und F beanspruchte Kapazität in der Fertigungsstelle II, die Deckungsbeiträge der Endprodukte ohne Berücksichtigung der variablen Selbstkosten der Zwischenprodukte sowie die Absatzhöchstmengen der Endprodukte können der nachfolgenden Tabelle entnommen werden.

	Endprodukte		
	D	E	F
Kapazitätsbeanspruchung in Fertigungsstelle II	$1 \frac{\text{Min.}}{\text{ME}}$	$1 \frac{\text{Min.}}{\text{ME}}$	$1 \frac{\text{Min.}}{\text{ME}}$
Deckungsbeitrag ohne variable Selbstkosten der Zwischenprodukte	$56 \frac{€}{\text{ME}}$	$60 \frac{€}{\text{ME}}$	$59 \frac{€}{\text{ME}}$
Absatzhöchstmenge	285 ME	60 ME	120 ME

Die bislang eigenerstellten Zwischenprodukte a, b und c können seit Beginn der 2. Produktionsperiode auch fremdbezogen werden. Die variablen Kosten bei Fremdbezug betragen für Zwischenprodukt a 27 € pro ME, für Zwischenprodukt b 45 € pro ME und für Zwischenprodukt c 34 € pro ME. Die Gesamtkapazitäten der Fertigungsstellen I und II bleiben gegenüber der Produktionsperiode 1 unverändert.

b) Ermitteln Sie das optimale Produktionsprogramm für die Produktionsperiode 2. Gehen Sie dabei von dem optimalen Produktionsprogramm der Produktionsperiode 1 aus, d.h. die dort ermittelten Absatzmengen der Endprodukte A, B und C dürfen nicht erhöht werden.

c) Stellen Sie ein lineares Programm zur Ermittlung des optimalen Produktionsprogramms für die Produktionsperiode 2 auf. Gehen Sie dabei von dem optimalen Produktionsprogramm der Produktionsperiode 1 aus, d.h. die dort ermittelten Absatzmengen der Endprodukte A, B und C dürfen nicht erhöht werden.

6 Systeme der Plankostenrechnung

6.1 Entwicklungsformen der Plankostenrechnung

In den letzten fünf Jahrzehnten hat sowohl eine Entwicklung von der Istkostenrechnung über die Normalkostenrechnung bis hin zur Plankostenrechnung als auch von der Voll- zur Teilkostenrechnung stattgefunden. In diesem Kapitel werden die in Abb. 6.1 dargestellten Entwicklungsformen der Plankostenrechnung behandelt.

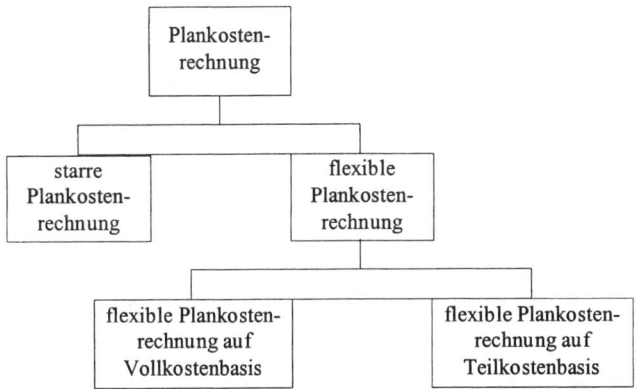

Abb. 6.1: Entwicklungsformen der Plankostenrechnung[297]

Die starre und die flexible Form der Plankostenrechnung unterscheiden sich durch ihre Anpassungsfähigkeit an Beschäftigungsänderungen. Während in der starren Plankostenrechnung die Kosten nur für einen einzigen Beschäftigungsgrad – die Planbeschäftigung – vorgegeben werden, ermöglicht die flexible Plankostenrechnung eine Anpassung der Planvorgaben an jede beliebige Beschäftigung. Die Ausgestaltung der flexiblen Plankostenrechnung als Voll- oder Teilkostenrechnung hängt davon ab, ob den Kostenträgern die gesamten oder nur die varia-

---

[297] Vgl. Haberstock, L.: Kostenrechnung II, a.a.O., S. 18.

blen Kosten zugerechnet werden. Unabhängig davon ist in der Kostenstellenrechnung bei beiden Alternativen eine Aufteilung der Kosten in ihre fixen und variablen Bestandteile durchzuführen, da nur so eine Anpassung der Plankosten an unterschiedliche Beschäftigungsgrade möglich ist.[298]

Mit einer Plankostenrechnung können Informationen gewonnen werden, die die Systeme auf der Basis von Ist- bzw. Normalkosten nicht bereitzustellen vermögen. Jedoch ist zu beachten, dass eine Plankostenrechnung ohne integrierte Istkostenrechnung ihren Aufgaben

- Wirtschaftlichkeitskontrolle,
- Bereitstellung von Kosteninformationen zur Entscheidungsunterstützung und
- Kalkulation der betrieblichen Leistungen[299]

nicht gerecht werden kann.

Bevor die einzelnen Formen der Plankostenrechnung dargestellt werden, sind noch folgende grundlegende Begriffe zu erläutern:

Istkosten $K^{(I)}$: Im Rahmen einer Plankostenrechnung werden die Istkosten bestimmt, indem die effektiv verbrauchten Produktionsfaktormengen mit den entsprechenden Planpreisen multipliziert werden. Man geht nicht von Istpreisen und damit von den tatsächlich entstandenen Kosten – wie in einer reinen Istkostenrechnung üblich – aus, sondern von Planpreisen, da im Rahmen der Kostenkontrolle die Ermittlung von Mengenabweichungen im Vordergrund steht. Für Preisabweichungen sind nicht die Kostenstellen, in denen die Kosten anfallen, verantwortlich. Sie können auf das Verhalten der Einkaufsabteilung oder auf allgemeine Marktschwankungen zurückzuführen sein. Preisabweichungen werden im Rahmen von Sonderrechnungen genauer analysiert.[300]

Plankosten $K^{(P)}$: Plankosten sind Kostenvorgaben, die den zukünftig zu erwartenden Werteverzehr unabhängig von den in der Vergangenheit angefallenen Kosten darstellen. Bei der Ermittlung von Plankosten ist von geplanten Größen für das Mengen- bzw. Zeitgerüst und

---

[298]   Vgl. Heni, B.: Betriebswirtschaft und Steuern: Grundzüge der Plankostenrechnung, in: Deutsches Steuerrecht (1986) 10, S. 322-327, hier S. 323.

[299]   Vgl. Haberstock, L.: Kostenrechnung II, a.a.O., S. 12.

[300]   Vgl. Mellerowicz, K.: Planung und Plankostenrechnung, Bd. II, Plankostenrechnung, Freiburg 1972, S. 21ff.

von voraussichtlichen Wertansätzen auszugehen.[301]

Sollkosten $K^{(S)}$: Sollkosten sind Kostenvorgaben, die für die Sollbeschäftigung geplant werden. Die Beschäftigung wird in Bezugsgrößeneinheiten wie z.B. Maschinenstunden oder Ausbringungsmengen gemessen. Während die Planbezugsgröße $B^{(P)}$ die für die geplante Produktionsmenge vorgesehenen Bezugsgrößeneinheiten angibt, handelt es sich bei der Sollbeschäftigung bzw. Sollbezugsgröße $B^{(S)}$ um die Menge der Bezugsgrößeneinheiten, die planmäßig zur Realisierung der Istmenge hätte anfallen dürfen. Mit Ausnahme der Produktionsmenge werden alle Kosteneinflussgrößen mit ihren Planwerten angesetzt. Dagegen stellt die Istbezugsgröße $B^{(I)}$ auf die zur Herstellung der Istmenge tatsächlich angefallenen Bezugsgrößeneinheiten ab.[302] Soll- und Istbezugsgröße müssen nicht zwangsweise übereinstimmen. Daher wird hier nicht der Begriff der Istbezugsgröße – wie er in vielen Veröffentlichungen zur Plankostenrechnung zu finden ist –, sondern der der Sollbezugsgröße verwendet. Treffend ist der Begriff Istbezugsgröße nur dann, wenn man als Bezugsgröße die Produktionsmenge (nur Gutteile) wählt, oder wenn Ist- und Sollbezugsgröße immer zusammenfallen, d.h. wenn das Verhältnis zwischen Ausbringungsmenge und Bezugsgrößeneinheiten konstant ist. Davon kann aber nicht generell, z.B. wegen der Ausbeutegradabweichung, ausgegangen werden.[303]

6.1.1 Die starre Plankostenrechnung

6.1.1.1 Allgemeiner Aufbau der starren Plankostenrechnung

In der starren Plankostenrechnung geht man nur von einem einzigen Beschäftigungsgrad, der Planbeschäftigung, aus. Für jede Kostenstelle werden die Kosten

---

[301] Vgl. Kilger, W. / Pampel, J. / Vikas, K.: Flexible Plankostenrechnung und Deckungsbeitragsrechnung, a.a.O., S. 43ff.

[302] Vgl. Wolfstetter, G.: Bezugsgrößenwahl und Abweichungsanalysen in der teilflexiblen Vollplan-Kostenrechnung, in: Kostenrechnungspraxis (1990) 3, S. 155-159, hier S. 156.

[303] Vgl. Mellerowicz, K.: Planung und Plankostenrechnung, a.a.O., S. 39; Wimmer, K.: Kostenabweichungsanalyse und Kostensenkung, Zur Inkonsistenz zwischen theoretischem Anspruch und praktischer Realisierung, in: Zeitschrift für Betriebswirtschaft (1994) 8, S. 981-998, hier S. 988.

ermittelt, die man bei Realisierung der Planbeschäftigung erwartet. Die Planung der Kosten erfolgt nach Kostenarten differenziert.

Dividiert man die Plankosten $K^{(P)}$ durch die Planbeschäftigung $B^{(P)}$, so ergibt sich der Plankostenverrechnungssatz $h_{Voll.}^{(P)}$ einer Kostenstelle:

$$h_{Voll.}^{(P)} = \frac{K^{(P)}}{B^{(P)}} \, .$$

Der Plankostenverrechnungssatz $h_{Voll.}^{(P)}$ ist ein Vollkostensatz, der sowohl variable Kosten als auch proportionalisierte Anteile der Fixkosten enthält. Diese Bestandteile können jedoch nicht genauer quantifiziert werden, da in der starren Plankostenrechnung eine Aufteilung in variable und fixe Kosten nicht vorgesehen ist.

Durch Multiplikation des Plankostenverrechnungssatzes $h_{Voll.}^{(P)}$ mit der Sollbeschäftigung $B^{(S)}$ erhält man die verrechneten Plankosten $K_{Voll.}^{(verr.)}$:

$$K_{Voll.}^{(verr.)} = h_{Voll.}^{(P)} \cdot B^{(S)} = K^{(P)} \cdot \frac{B^{(S)}}{B^{(P)}} \, .$$

Bei den verrechneten Plankosten $K_{Voll.}^{(verr.)}$ handelt es sich um diejenigen Kosten, die von einer bestimmten Kostenstelle auf die Kostenträger verrechnet werden.

6.1.1.2 Kostenkontrolle in der starren Plankostenrechnung

Eine Kostenkontrolle erfolgt in jeder Abrechnungsperiode. Die Istkosten werden kostenstellenweise erfasst und kontrolliert, um sie dort beeinflussen zu können, wo sie anfallen. Die starre Plankostenrechnung stellt zwei Größen zur Verfügung, die mit den Istkosten verglichen werden können. Dabei handelt es sich um die Plankosten und die verrechneten Plankosten.

Betrachtet man die Differenz zwischen Plan- und Istkosten, so stellt man fest, dass eine sinnvolle Kostenkontrolle nur dann möglich ist, wenn Plan- und Sollbezugsgröße nicht voneinander abweichen. Andernfalls stellt die Kostendifferenz keine Einsparung oder Unwirtschaftlichkeit dar, sondern ist zumindest teilweise darauf zurückzuführen, dass sich Plan- und Istkosten auf unterschiedliche Beschäftigungsgrade beziehen. Da Plan- und Sollbezugsgröße im Regelfall nicht übereinstimmen werden, liefert der Vergleich von Plan- und Istkosten keine geeigneten Informationen zur Kostenkontrolle.

Führt man zur Kostenkontrolle einen Vergleich von Istkosten und verrechneten Plankosten durch, so erhält man die Kostengesamtabweichung ΔKGA. Es werden Größen miteinander verglichen, die sich auf den selben Beschäftigungsgrad – die Sollbeschäftigung – beziehen. Eine aussagefähige Kostenkontrolle ist jedoch auch dann nicht möglich, da die Kostendifferenz nicht ausschließlich auf unwirtschaftliches Verhalten zurückzuführen ist. Fallen fixe Kosten an, werden diese in den verrechneten Plankosten nur anteilig berücksichtigt, während die Istkosten die gesamten für die geplante Kapazität anfallenden Kosten beinhalten. Damit basiert ein Teil der Kostendifferenz auf den zu wenig bzw. zu viel verrechneten fixen Kosten. Da dieser Teil aufgrund der fehlenden Aufspaltung in fixe und variable Kosten nicht bestimmt werden kann, erfüllt der Vergleich von verrechneten Plankosten und Istkosten die Kontrollfunktion ebenfalls nicht.[304]

6.1.1.3 Kostenträgerrechnung in der starren Plankostenrechnung

In die Kalkulation gehen neben den Einzelkosten auch die über die Kostenstellen verrechneten Gemeinkosten ein, indem man die von einer Kalkulationseinheit in Anspruch genommenen Bezugsgrößeneinheiten mit dem jeweiligen Plankostenverrechnungssatz $h_{Voll.}^{(P)}$ multipliziert. Demzufolge werden in der Kalkulation die vollen Stückkosten ermittelt, deren Eignung als Informationen zur Entscheidungsunterstützung wie beispielsweise zur Bestimmung von Preisuntergrenzen, zur Festlegung des Produktionsprogramms oder zur Verfahrenswahl in der Literatur stark kritisiert wird. Bei der Kostenrechnung handelt es sich um eine kurzfristige Rechnung, deren Entscheidungen auf Basis kurzfristig beeinflussbarer Kosten getroffen werden. Nicht relevant sind nur langfristig beeinflussbare Kosten, wie die fixen Kosten. Gerade die sind aber als proportionalisierte Fixkosten im Plankostenverrechnungssatz $h_{Voll.}^{(P)}$ enthalten. Zusätzlich wird durch diese Proportionalisierung gegen das Verursachungsprinzip[305] verstoßen, was dazu führt, dass Kosten einzelnen Kostenträgern zugerechnet werden, die nicht für den Anfall dieser Kosten verantwortlich sind.[306]

Die Funktionsweise der starren Plankostenrechnung soll anhand einer Kostenstelle beispielhaft erläutert werden. Die Beschäftigung dieser Kostenstelle wird in Fertigungsstunden gemessen. Sie liegt in der Planperiode bei 1.000 Stunden und ist als Planbezugsgröße $B^{(P)}$ in Abb. 6.2 eingezeichnet.

---

[304] Vgl. Kilger, W. / Pampel, J. / Vikas, K.: Flexible Plankostenrechnung und Deckungsbeitragsrechnung, a.a.O., S. 48ff. Zur Kritik an Vollkostenrechnungssystemen siehe Männel, W.: Mängel und Gefahren traditioneller Vollkosten- und Nettoergebnisrechnungen, in: Kostenrechnungspraxis (1994) 4, S. 271-280, hier S. 274ff.

[305] Vgl. Kapitel 2.4.

[306] Vgl. Plaut, H.G.: Grenzplankosten- und Deckungsbeitragsrechnung als modernes Kostenrechnungssystem, in: Kostenrechnungspraxis (1984) 1, S. 20-26, hier S. 20ff.; Kilger, W. / Pampel, J. / Vikas, K.: Flexible Plankostenrechnung und Deckungsbeitragsrechnung, a.a.O., S. 57ff.

Bei dieser Beschäftigung wurden in der Kostenrechnung Plankosten $K^{(P)}$ in Höhe von 150.000 € pro Periode geplant. Daraus ergibt sich ein Plankostenverrechnungssatz $h_{Voll.}^{(P)}$ von 150 € pro Stunde.

Nach Ablauf der Planperiode wird festgestellt, dass die Beschäftigung rückläufig war. Die Sollbeschäftigung $B^{(S)}$ lag mit 600 Stunden pro Periode unter der Planbeschäftigung $B^{(P)}$. Die Sollbeschäftigung wurde retrograd ermittelt, indem man die unter geplanten Bedingungen notwendigen Fertigungsstunden zur Produktion der Istausbringungsmenge bestimmte. Sie muss nicht zwangsweise mit den in der Periode tatsächlich angefallenen Fertigungsstunden, also der Istbeschäftigung, übereinstimmen. Geht man anstelle der Sollbeschäftigung von der Istbeschäftigung aus, werden Kostenabweichungen aufgrund der gegenüber der Planung veränderten Zahl an Fertigungsstunden bei der Kostenkontrolle nicht mehr berücksichtigt. Als Istkosten $K^{(I)}$ ergeben sich 135.000 € pro Periode.

Die Differenz zwischen Plan- und Istkosten

$$\Delta KA = K^{(P)} - K^{(I)} = 150.000 - 135.000 = 15.000 \text{ €}$$

kann nicht als Wirtschaftlichkeitsmaßstab herangezogen werden, da sie u. a. darauf zurückzuführen ist, dass die Planbeschäftigung in Höhe von 1.000 Stunden nicht realisiert wurde.

Betrachtet man dagegen die Differenz zwischen Istkosten und verrechneten Plankosten

$$\Delta KGA = K^{(I)} - K_{Voll.}^{(verr.)} = 135.000 - 150 \cdot 600 = 45.000 \text{ €},$$

so erhält man die Kostengesamtabweichung ΔKGA. Mit ihr lässt sich aber noch keine Aussage über die Wirtschaftlichkeit des Verhaltens der Kostenstelle treffen, da in den verrechneten Plankosten nur der Teil der Fixkosten enthalten ist, der entsprechend der Sollbezugsgröße verrechnet wurde. Wegen der fehlenden Unterscheidung in fixe und variable Kosten, kann der zu wenig verrechnete Teil der Fixkosten nicht ermittelt und eine sinnvolle Kostenkontrolle nicht durchgeführt werden.

In die Kalkulation gehen 150 € pro in Anspruch genommener Fertigungsstunde ein. Diese Vorgehensweise führt zur Ermittlung von vollen Stückkosten, wie noch ausführlicher im Beispiel zu Kapitel 6.1.2.1.3 gezeigt wird.

Das System der starren Plankostenrechnung wird noch einmal durch die folgende Abb. 6.2 veranschaulicht.

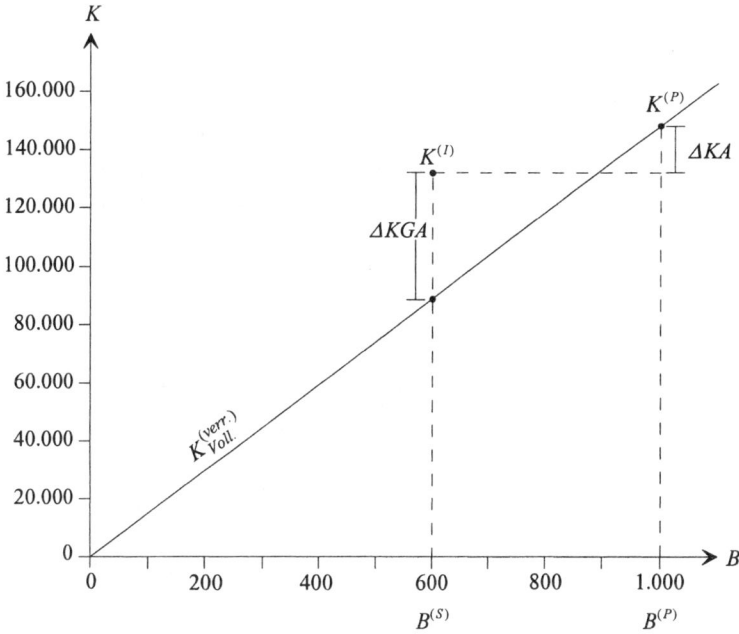

Abb. 6.2:   Starre Plankostenrechnung

6.1.2 Die flexible Plankostenrechnung

Während bei der starren Plankostenrechnung die Kosten ausgehend von der Plan-beschäftigung bestimmt werden, erfolgt in der flexiblen Plankostenrechnung die Kostenplanung für alternative Beschäftigungsgrade. Das ermöglicht eine Auflö-sung der Kosten in variable und fixe Bestandteile, wie in Kapitel 6.2.3.2 noch aus-führlicher erläutert wird. Dabei geht man davon aus, dass die fixen Kosten absolut fix sind und die variablen Kosten proportional zur Bezugsgröße variieren:

$$K^{(P)} = K_f^{(P)} + K_v^{(P)}.$$

Daraus lässt sich die folgende Sollkostenfunktion ableiten, die unter der Vor-aussetzung des wirtschaftlichen Handelns angibt, wie sich die Kosten einer Kos-tenstelle in Abhängigkeit von der Beschäftigung verhalten:

$$K^{(S)} = K_f^{(P)} + K_v^{(P)} \cdot \frac{B^{(S)}}{B^{(P)}}.$$

Die Sollkostenfunktion liefert somit Kostenvorgaben für alternative Beschäfti-gungsgrade. Sie gibt diejenigen Kosten an, die bei Realisierung der aus der Istproduktionsmenge abgeleiteten Sollbezugsgröße unter sonst optimalen Bedingungen hätten anfallen dürfen. Im Gegensatz zur starren Plankostenrechnung sind hier die fixen Kosten als Ganzes und nicht nur anteilig enthalten, da sie unabhängig vom Beschäftigungsgrad kurzfristig immer in voller Höhe anfallen. Für die Planbeschäftigung stimmen Plan-, Soll- und verrechnete Plankosten stets überein.[307]

In Bezug auf den weiteren Aufbau lässt sich die flexible Plankostenrechnung einteilen in:

- flexible Plankostenrechnung auf Vollkostenbasis und
- flexible Plankostenrechnung auf Teilkostenbasis.

Unterschiede zwischen diesen beiden Ausprägungen bestehen hauptsächlich bei der Zurechnung der Kosten auf die Kostenträger.

6.1.2.1 Die flexible Plankostenrechnung auf Vollkostenbasis

6.1.2.1.1 Allgemeiner Aufbau der flexiblen Plankostenrechnung auf Vollkostenbasis

In der flexiblen Plankostenrechnung auf Vollkostenbasis ist der Plankostenverrechnungssatz $h_{Voll.}^{(P)}$ weiterhin ein Vollkostensatz und entspricht dem Verrechnungssatz der starren Plankostenrechnung, d.h. auch hier gilt:

$$h_{Voll.}^{(P)} = \frac{K^{(P)}}{B^{(P)}} .$$

Folglich sind die verrechneten Plankosten

$$K_{Voll.}^{(verr.)} = h_{Voll.}^{(P)} \cdot B^{(S)}$$

der starren und der flexiblen Plankostenrechnung auf Vollkostenbasis identisch, d.h. bei beiden Formen der Plankostenrechnung gehen Vollkostensätze in die Kostenträgerrechnung ein.

Da die flexible Plankostenrechnung allerdings eine Aufteilung in fixe und variable Kosten vorsieht, lässt sich der Verrechnungssatz $h_{Voll.}^{(P)}$ genauer analysieren. Er setzt sich aus einem konstanten Anteil, der den variablen Kosten je Bezugsgrößeneinheit entspricht, und einem von der Planbeschäftigung abhängigen Anteil zusammen. Dieser beschäftigungsabhängige Anteil wird durch Aufteilung der Fix-

---

307   Vgl. Kilger, W. / Pampel, J. / Vikas, K.: Flexible Plankostenrechnung und Deckungsbeitragsrechnung, a.a.O., S. 50f.

kosten auf die Planbezugsgrößeneinheiten ermittelt. Die Fixkosten je Bezugsgröße und damit auch der Verrechnungssatz sinken mit steigender Planbeschäftigung.[308]

6.1.2.1.2 Kostenkontrolle in der flexiblen Plankostenrechnung auf Vollkostenbasis

Durch die Aufteilung der Kosten in variable und fixe Bestandteile lässt sich die beschäftigungsabweichungsbedingte Kostendifferenz ΔKBA ermitteln, indem man die verrechneten Plankosten $K_{Voll.}^{(verr.)}$ von den Sollkosten $K^{(S)}$ subtrahiert:

$$\Delta KBA = K^{(S)} - K_{Voll.}^{(verr.)}.$$

Die beschäftigungsabweichungsbedingte Kostendifferenz ΔKBA resultiert aus der unterschiedlichen Behandlung der Fixkosten in den verrechneten Plankosten und den Sollkosten. Während die Sollkosten unabhängig von der Beschäftigung immer die gesamten Fixkosten enthalten, wird in den verrechneten Plankosten nur ein Teil der Fixkosten entsprechend der Relation Sollbezugsgröße zu Planbezugsgröße berücksichtigt. Folglich entspricht die beschäftigungsabweichungsbedingte Kostendifferenz wegen

$$
\begin{aligned}
\Delta KBA &= K^{(S)} - K_{Voll.}^{(verr.)} \\
&= K_f^{(P)} + K_v^{(P)} \cdot \frac{B^{(S)}}{B^{(P)}} - \frac{K^{(P)}}{B^{(P)}} \cdot B^{(S)} \\
&= K_f^{(P)} - \left(K^{(P)} - K_v^{(P)} \right) \cdot \frac{B^{(S)}}{B^{(P)}} \\
&= K_f^{(P)} - K_f^{(P)} \cdot \frac{B^{(S)}}{B^{(P)}}
\end{aligned}
$$

der Differenz zwischen den gesamten fixen Kosten und den in den verrechneten Plankosten enthaltenen Fixkosten.[309]

---

[308]   Vgl. Kilger, W. / Pampel, J. / Vikas, K.: Flexible Plankostenrechnung und Deckungs-beitragsrechnung, a.a.O., S. 52ff. (s. bes. S. 54 Abb. 1-4).

[309]   Vgl. Gerlach, T.: Kostenabweichungsanalyse in der flexiblen Plankostenrechnung, in: Das Wirtschaftsstudium (1994) 3, S. 195-197, hier S. 196; Kilger, W. / Pampel, J. / Vikas, K.: Flexible Plankostenrechnung und Deckungsbeitragsrechnung, a.a.O., S. 451.

Eine weitere Umformung

$$\Delta KBA = \frac{K_f^{(P)}}{B^{(P)}} \cdot B^{(P)} - \frac{K_f^{(P)}}{B^{(P)}} \cdot B^{(S)}$$

$$= \frac{K_f^{(P)}}{B^{(P)}} \cdot \left(B^{(P)} - B^{(S)} \right)$$

macht nochmals deutlich, dass ΔKBA auf die Proportionalisierung der Fixkosten zurückzuführen ist. Der Teil der fixen Kosten, der auf die Abweichung von Plan- und Sollbezugsgrößen entfällt, entspricht der beschäftigungsabweichungsbedingten Kostendifferenz. Die Fixkosten werden nur entsprechend der Höhe der Sollbezugsgröße – also der genutzten Kapazität – verrechnet. Die Fixkosten, die auf die Differenz $\left(B^{(P)} - B^{(S)} \right)$ entfallen, entsprechen ΔKBA. Ist die Sollbezugsgröße kleiner als die Planbezugsgröße, so werden zu wenig Fixkosten verrechnet, d.h. es liegt eine Fixkostenunterdeckung vor. Ist die Sollbezugsgröße größer als die Planbezugsgröße, so werden zu viel Fixkosten verrechnet und es liegt eine Fixkostenüberdeckung vor. Daraus lassen sich wichtige Informationen über den Auslastungsgrad der Potentialfaktoren, die den Fixkosten zugrunde liegen, gewinnen. Beispielsweise entspricht eine Fixkostenunterdeckung einer Minderbeschäftigung. In diesem Fall bezeichnet man die beschäftigungsabweichungsbedingte Kostendifferenz auch als Leerkosten, d.h. es handelt sich um Fixkosten, die für ungenutzte Potentialfaktoren anfallen.[310] Unterstellt wird hierbei immer, dass die geplanten fixen Kosten und die tatsächlich angefallenen fixen Kosten identisch sind. Da kurzfristig keine Änderungen der Kapazität zu berücksichtigen sind, werden deren Kosten ebenfalls als konstant angesehen.[311]

Im Gegensatz zu anderen Abweichungen handelt es sich bei der beschäftigungsabweichungsbedingten Kostendifferenz ΔKBA folglich nicht um eine echte Kostenabweichung, sondern nur um aufgrund ihrer Proportionalisierung falsch verrechnete Fixkosten. Obwohl dieses Problem bei der starren Plankostenrechnung ebenfalls auftritt, lässt sich dort die Differenz ΔKBA nicht ermitteln.[312]

---

[310]   Vgl. Pfitzner, K.: Die Beschäftigungsabweichung in der flexiblen Plankostenrechnung, Eine kostenstellenorientierte Betrachtung, in: Buchführung, Bilanz, Kostenrechnung (1991) 21, S. 1509-1520, hier S. 1510ff.

[311]   Vgl. Freidank, C.-C.: Die buchhalterische Organisation der kurzfristigen Erfolgsrechnung im System einer flexiblen Plankostenrechnung auf Vollkostenbasis, in: Kostenrechnungspraxis (1985) 2, S. 57-61, hier S. 57.

[312]   Vgl. Kilger, W. / Pampel, J. / Vikas, K.: Flexible Plankostenrechnung und Deckungsbeitragsrechnung, a.a.O., S. 452.

In einem weiteren Schritt der Kostenkontrolle wird die Differenz zwischen den Sollkosten $K^{(S)}$, die bei der Sollbeschäftigung $B^{(S)}$ anfallen, und den Istkosten $K^{(I)}$ berechnet:

$$\Delta KVA = K^{(I)} - K^{(S)}.$$

Diese Differenz ΔKVA ist verbrauchsabweichungsbedingt und entspricht dem bewerteten mengenmäßigen Mehr- oder Minderverbrauch der Kostenstelle im Vergleich zur Sollsituation.[313]

Erste Aufschlüsse über das wirtschaftliche Verhalten einer Kostenstelle können nur mittels Abweichungsanalysen, die Gegenstand von Kapitel 6.3.1 sind, gewonnen werden. Die dazu notwendigen Vorgabe- und Kontrollinformationen stellt bereits die flexible Plankostenrechnung auf Vollkostenbasis zur Verfügung. Sie bietet daher – bei Anwendung der entsprechenden Abweichungsanalysen – eine leistungsfähige Kostenkontrolle.[314]

6.1.2.1.3 Kostenträgerrechnung in der flexiblen Plankostenrechnung auf Vollkostenbasis

In die Kostenträgerrechnung gehen – wie auch bei der starren Plankostenrechnung – Kalkulationssätze zu Vollkosten ein. Obgleich der Kenntnis der variablen Kosten wird den Kostenträgern weiterhin neben den variablen Kosten ein proportionalisierter Fixkostenanteil zugerechnet. Da für kurzfristige Entscheidungen auf Basis der Kostenrechnung nur die kurzfristig auch beeinflussbaren Kosten – wie die variablen Kosten – relevant sind, liefern die so ermittelten Kalkulationssätze keine Informationen im Sinne einer entscheidungsorientierten Kostenrechnung. Es gilt folglich unverändert die Kritik zur Kostenträgerrechnung in der starren Plankostenrechnung aus Kapitel 6.1.1.3.[315]

Es mögen die Ausgangsdaten des Beispiels aus Kapitel 6.1.1.3 gelten. Über die Berechnungen bei der starren Plankostenrechnung hinaus ist bei der Kostenplanung in einem System der flexiblen Plankostenrechnung auf Vollkostenbasis eine

---

[313] Die Reduzierung auf eine reine Mengenabweichung wird durch den Ansatz von festen Preisen erreicht, siehe dazu auch Kapitel 6.2.1.

[314] Vgl. Mellerowicz, K.: Planung und Plankostenrechnung, a.a.O., S. 37; Kilger, W. / Pampel, J. / Vikas, K.: Flexible Plankostenrechnung und Deckungsbeitragsrechnung, a.a.O., S. 56.

[315] Vgl. Plaut, H.G.: Grenzplankosten- und Deckungsbeitragsrechnung als modernes Kostenrechnungssystem, a.a.O., S. 20ff.; Kilger, W. / Pampel, J. / Vikas, K.: Flexible Plankostenrechnung und Deckungsbeitragsrechnung, a.a.O., S. 57ff.

Aufteilung der Kosten in fixe und variable Bestandteile durchzuführen. In der Kostenstelle hat man für die Planbeschäftigung

- fixe Kosten $K_f^{(P)}$ in Höhe von 50.000 € pro Periode und
- variable Kosten $K_v^{(P)}$ in Höhe von 100.000 € pro Periode

ermittelt. Daraus ergeben sich bei einer Sollbeschäftigung $B^{(S)}$ von 600 Stunden Sollkosten $K^{(S)}$ in Höhe von:

$$K^{(S)} = 50.000 + 100.000 \cdot \frac{600}{1.000} = 110.000 \ \text{€} \,.$$

$h_{Voll.}^{(P)}$ liegt unverändert bei 150 € pro Stunde und $K_{Voll.}^{(verr.)}$ bei 90.000 € pro Periode. Damit entspricht die Kostengesamtabweichung ΔKGA mit 45.000 € pro Periode dem Wert aus der starren Plankostenrechnung, der allerdings in der flexiblen Plankostenrechnung weiter in die verbrauchs- und die beschäftigungsabweichungsbedingte Kostendifferenz aufgespalten werden kann. Die verbrauchsabweichungsbedingte Kostendifferenz ΔKVA entspricht der Differenz zwischen $K^{(I)}$ und $K^{(S)}$ und beträgt:

$$\Delta KVA = 135.000 - 110.000 = 25.000 \ \text{€} \,.$$

Die verbrauchsabweichungsbedingte Kostendifferenz ΔKVA lässt sich auf einem weiteren Berechnungsweg durch Abspalten der beschäftigungsabweichungsbedingten Kostendifferenz ΔKBA von der Kostengesamtabweichung ΔKGA ermitteln. Die Kostengesamtabweichung wird um die zu wenig verrechneten Fixkosten korrigiert. Man passt damit nachträglich die verrechneten Plankosten an die Sollkosten an.

Zunächst wird die beschäftigungsabweichungsbedingte Kostendifferenz ΔKBA berechnet:

$$\Delta KBA = 110.000 - 90.000 = 20.000 \ \text{€}$$

und anschließend von der Kostengesamtabweichung ΔKGA subtrahiert. Als Ergebnis erhält man die verbrauchsabweichungsbedingte Kostendifferenz ΔKVA:

$$\Delta KVA = 45.000 - 20.000 = 25.000 \ \text{€} \,.$$

Die verbrauchsabweichungsbedingte Kostendifferenz ist als Ausgangsgröße für weitere Abweichungsanalysen geeignet. Sie ist noch genauer auf ihre Ursachen hin zu untersuchen.

In die Kostenträgerrechnung geht als Kalkulationssatz der Plankostenverrechnungssatz $h_{Voll.}^{(P)}$ in Höhe von 150 € pro Stunde ein. Benötigt man zur Herstellung einer Produkteinheit des Produktes A 12 Fertigungsminuten, so werden dem Produkt A im Hinblick auf diese Kostenstelle folgende Kosten zugerechnet:

$$k^{A} = \frac{150.000}{1.000} \cdot \frac{12}{60} = 30 \, \frac{\text{€}}{\text{ME}} \, .$$

Verzichtet man auf die Produktion einer Einheit des Produktes A, so fallen kurzfristig nur die variablen Kosten in Höhe von

$$k_{v}^{A} = \frac{100.000}{1.000} \cdot \frac{12}{60} = 20 \, \frac{\text{€}}{\text{ME}}$$

weg, während die fixen Kosten unverändert in voller Höhe anfallen. Nur dieser variable Kostensatz ist für eine entscheidungsorientierte Kostenrechnung geeignet. Obgleich der Kenntnis der variablen Kosten geht in die Kostenträgerrechnung der Vollkostensatz ein. Folglich werden in der flexiblen Plankostenrechnung auf Vollkostenbasis keine entscheidungsrelevanten Informationen bereitgestellt.[316]

Die Vorgehensweise der flexiblen Plankostenrechnung auf Vollkostenbasis wird durch die Abb. 6.3 veranschaulicht.

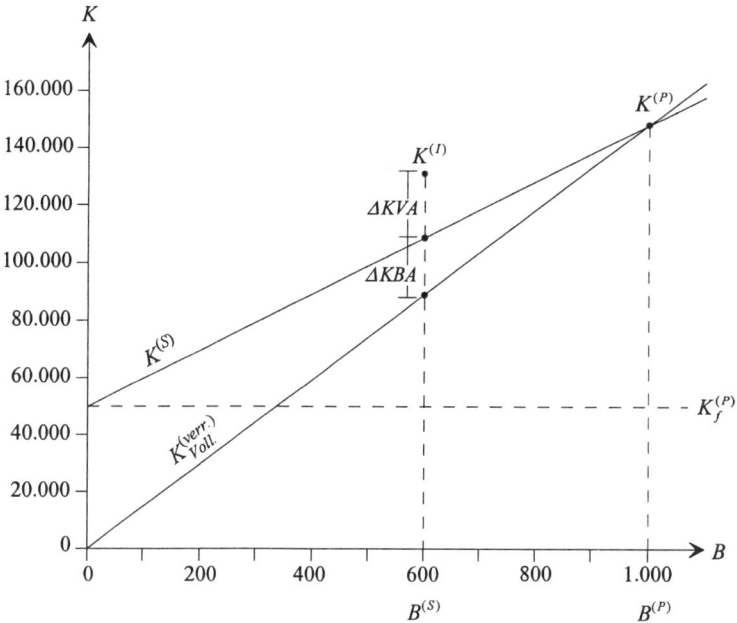

Abb. 6.3:   Flexible Plankostenrechnung auf Vollkostenbasis

[316]   Vgl. Kilger, W. / Pampel, J. / Vikas, K.: Flexible Plankostenrechnung und Deckungs- beitragsrechnung, a.a.O., S. 59f.

6.1.2.2 Die flexible Plankostenrechnung auf Teilkostenbasis

6.1.2.2.1 Allgemeiner Aufbau der flexiblen Plankostenrechnung auf Teilkostenbasis

Aus der Kritik an der Vollkostenrechnung wurde die flexible Plankostenrechnung auf Teilkostenbasis, auch Grenzplankostenrechnung genannt, entwickelt. Der Begriff Grenzkosten stellt – wie bereits in Kapitel 2.2.3 erläutert – auf die Wirkung der nächsten produzierten oder wegfallenden Produkteinheit ab. Dies impliziert noch nicht die in der Grenzplankostenrechnung erfolgte Gleichsetzung der Grenzkosten mit variablen und letztlich sogar mit proportionalen Kosten. Ersteres ist darauf zurückzuführen, dass fixe Kostenbestandteile aufgrund von Kapazitätserhöhungen bei steigender Produktionsmenge, die grundsätzlich Teil der Grenzkosten sein können, hier wegen der kurzfristig als konstant angenommenen Kapazität nicht enthalten sind. Zweitens handelt es sich bei Grenzkosten nur dann auch um proportionale Kosten, wenn ein linearer Kostenverlauf unterstellt wird,[317] was hier implizit durch die Annahme, dass sich die variablen Kosten proportional zur Bezugsgröße verhalten, der Fall ist.[318]

Der wesentliche Unterschied zur flexiblen Plankostenrechnung auf Vollkostenbasis besteht in der generellen Vermeidung der Proportionalisierung von Fixkosten, was sich in der Ermittlung des Plankostenverrechnungssatzes und der verrechneten Plankosten widerspiegelt.

Der Plankostenverrechnungssatz $h_{Teil.}^{(P)}$ der flexiblen Plankostenrechnung auf Teilkostenbasis enthält ausschließlich variable Kosten und ist bei linear homogenem Verlauf der variablen Kosten unabhängig von der geplanten Beschäftigung, da $K_v^{(P)}$ und $B^{(P)}$ immer im gleichen Verhältnis variieren. Der konstante Satz ermittelt sich aus:

$$h_{Teil.}^{(P)} = \frac{K_v^{(P)}}{B^{(P)}} \, .$$

Er wird sowohl als Kalkulationssatz für die Kostenträgerrechnung als auch für die Verrechnung von innerbetrieblichen Leistungen verwendet.[319] Folglich werden

---

[317] Vgl. Kapitel 2.2.4.

[318] Vgl. Mellerowicz, K.: Planung und Plankostenrechnung, a.a.O., S. 28f. und S. 32.

[319] Vgl. Kilger, W. / Pampel, J. / Vikas, K.: Flexible Plankostenrechnung und Deckungsbeitragsrechnung, a.a.O., S. 63.

den Kostenträgern lediglich die variablen Kosten zugerechnet, wodurch der Teil-kostencharakter dieser Rechnung deutlich wird.[320]

In der flexiblen Plankostenrechnung auf Teilkostenbasis entsprechen die verrechneten Plankosten $K_{Teil.}^{(verr.)}$ den Sollkosten $K^{(S)}$:

$$K_{Teil.}^{(verr.)} = K_f^{(P)} + h_{Teil.}^{(P)} \cdot B^{(S)} = K_f^{(P)} + K_v^{(P)} \cdot \frac{B^{(S)}}{B^{(P)}} = K^{(S)}.$$

Die Fixkosten $K_f^{(P)}$ gehen nicht in die Kostenträgerstückrechnung ein. Sie werden in der Kostenträgerzeitrechnung berücksichtigt und dorthin „en bloc" verrechnet. Teilweise werden die verrechneten Plankosten in der Literatur auch als die Kosten verstanden, die ausschließlich auf die einzelnen Kostenträger verrechnet werden.[321] Diese entsprechen dann den proportionalen Sollkosten.

In beiden Fällen ergibt sich, dass in der Grenzplankostenrechnung die beschäftigungsabweichungsbedingte Kostendifferenz definitionsgemäß immer Null ist:

$$\Delta KBA = K^{(S)} - K_{Teil.}^{(verr.)} = 0.$$

6.1.2.2.2 Kostenkontrolle in der flexiblen Plankostenrechnung auf Teilkostenbasis

Der Soll-Ist-Kostenvergleich erfolgt in der Grenzplankostenrechnung analog zur Vorgehensweise in der flexiblen Plankostenrechnung auf Vollkostenbasis. Da die beschäftigungsabweichungsbedingte Kostendifferenz gleich Null ist, entspricht die Kostengesamtabweichung der verbrauchsabweichungsbedingten Kostendifferenz.

Die Höhe der verbrauchsabweichungsbedingten Kostendifferenz kann jedoch – je nach Plankostenrechnungssystem – unterschiedlich ausfallen, wenn in der untersuchten Kostenstelle neben primären auch sekundäre Kosten anfielen. Gibt eine Kostenstelle Leistungen an andere Kostenstellen ab, so hat eine innerbetriebliche Leistungsverrechnung zu erfolgen. In der Teilkostenrechnung werden – im Gegensatz zur Vollkostenrechnung – nur die variablen Kosten auf die empfangenden Kostenstellen weiterverrechnet. Die fixen Kosten gehen unmittelbar in die

---

[320] Vgl. Schweitzer, M. / Küpper, H.-U.: Systeme der Kosten- und Erlösrechnung, a.a.O., S. 371.
[321] Vgl. Kilger, W. / Pampel, J. / Vikas, K.: Flexible Plankostenrechnung und Deckungsbeitragsrechnung, a.a.O., S. 64.

Kostenträgerzeitrechnung ein. Die sekundären Kosten einer Kostenstelle sind in der Teilkostenrechnung geringer als in der Vollkostenrechnung.[322]

Damit verhindert die Grenzplankostenrechnung, dass fixe Kosten der sekundären Kostenstellen zu scheinbar variablen Kosten der primären Kostenstellen werden. Sie liefert folglich die besten Vorgaben für eine Kostenkontrolle.

Trotzdem können auch in der Grenzplankostenrechnung die fixen Kosten nicht völlig außer Acht gelassen werden. In der Vollkostenrechnung versucht man über die Höhe der nicht gedeckten (bzw. zu viel gedeckten) fixen Kosten, die in der beschäftigungsabweichungsbedingten Kostendifferenz ausgewiesen werden, Aufschluss über die Nutzung der betrieblichen Kapazität zu gewinnen. Da die beschäftigungsabweichungsbedingte Kostendifferenz in einer Teilkostenrechnung entfällt, sind die fixen Kosten gesondert zu analysieren.[323] Dies ist Gegenstand des Kapitels 6.3.4.

6.1.2.2.3 Kostenträgerrechnung in der flexiblen Plankostenrechnung auf Teilkostenbasis

Die Grenzplankostenrechnung berücksichtigt bei der Kostenträgerstückrechnung lediglich variable Kosten. Je Bezugsgrößeneinheit werden Kosten in Höhe des Plankostenverrechnungssatzes $h_{Teil.}^{(P)}$ verrechnet. Dieser Kostensatz gibt an, wie sich kurzfristig die Kosten verändern, wenn die Bezugsgröße um eine Einheit variiert wird. Damit stellt die Grenzplankostenrechnung Informationen für kurzfristige Entscheidungen bereit.

Handelt es sich bei der Bezugsgröße nicht um die produzierten Mengeneinheiten, so ist nicht nur die proportionale Beziehung zwischen den variablen Kosten und der Bezugsgröße von Bedeutung. Die Bezugsgröße muss sich außerdem auch proportional zur Produktionsmenge verhalten (Doppelfunktion der Bezugsgröße).[324]

Die Fixkosten gehen nicht in die Kostenträgerstückrechnung ein. Sie werden unabhängig von der Sollbeschäftigung in die Kostenträgerzeitrechnung weiter-

---

[322]   Vgl. Kilger, W. / Pampel, J. / Vikas, K.: Flexible Plankostenrechnung und Deckungsbeitragsrechnung, a.a.O., S. 65; ein geeignetes Verfahren zur Verrechnung sekundärer Kosten zeigt Plaut, H.G.: Grenzplankosten- und Deckungsbeitragsrechnung als modernes Kostenrechnungssystem (II), in: Kostenrechnungspraxis (1984) 2, S. 67-72, hier S. 69f.

[323]   Vgl. Schweitzer, M. / Küpper, H.-U.: Systeme der Kosten- und Erlösrechnung, a.a.O., S. 408.

[324]   Vgl. zur Doppelfunktion der Bezugsgröße Kapitel 4.2.3.3.

geleitet. In der Grenzplankostenrechnung können folglich die Fälle der Fixkosten-über- oder -unterdeckung nicht auftreten.

Die ausschließliche Verrechnung von Teilkosten hat nicht nur Auswirkungen auf die Kalkulation, sondern auch auf die Bestandsbewertung. Die Bestände an Halb- und Fertigerzeugnissen werden mit Teilkosten bewertet. Dies führt bei Bestandsveränderungen zu einem gegenüber einer auf Vollkosten basierenden Periodenrechnung abweichenden Periodenerfolg.[325]

Die Grenzplankostenrechnung versucht dem Verursachungsprinzip weitestgehend Rechnung zu tragen und ist daher ein sinnvolles Instrument zur Bereitstellung kurzfristig entscheidungsrelevanter Informationen. Im Laufe der Zeit hat sich jedoch in der Grenzplankostenrechnung eine Parallel- oder Doppelkalkulation durchgesetzt, wobei zusätzlich zu den proportionalen Kosten die Vollkosten ausgewiesen werden. Als Gründe hierfür gibt KILGER an:[326]

- Vollkostenkalkulation für öffentliche Aufträge nach LSP,[327]
- Betriebsvergleiche und Konzernberichterstattung auf Vollkostenbasis,
- Bildung von Verrechnungspreisen innerhalb eines Konzerns,
- bilanzielle Bestandsbewertung und
- Preispolitik.

Dabei sollte eine Parallelkalkulation jedoch immer so ausgestaltet werden, dass die Grenzkostenrechnung die Hauptrechnung und die Vollkostenrechnung die Nebenrechnung darstellt.[328]

Zum Zwecke einer Beispielrechnung soll von den Angaben zu den Beispielen aus den Kapiteln 6.1.1.3 und 6.1.2.1.3 ausgegangen werden. Als weitere Annahme gilt, dass es sich bei allen Kostenarten der untersuchten Kostenstelle um primäre Kosten handelt.

Die Sollkosten $K^{(S)}$ bleiben folglich unverändert bei 110.000 € pro Periode. Der Plankostenverrechnungssatz $h_{Teil.}^{(P)}$ und die verrechneten Plankosten $K_{Teil.}^{(verr.)}$ sind neu zu bestimmen:

---

[325] Vgl. Schweitzer, M. / Küpper, H.-U.: Systeme der Kosten- und Erlösrechnung, a.a.O., S. 425ff.

[326] Vgl. Kilger, W.: Offene Probleme der Plankosten- und Deckungsbeitragsrechnung, a.a.O., S. 91; siehe auch Plaut, H.G.: Grenzplankosten- und Deckungsbeitragsrechnung als modernes Kostenrechnungssystem, a.a.O., S. 25f.

[327] LSP = Leitsätze zur Preisbildung aufgrund von Selbstkosten.

[328] Vgl. Plaut, H.G.: Entwicklungsformen der Plankostenrechnung (II), Vom Standard-Cost-Accounting zur Grenzplankostenrechnung, in: Zeitschrift für Betriebswirtschaft (1978) 6, S. 81-88, hier S. 85.

$$h_{Teil.}^{(P)} = \frac{100.000}{1.000} = 100 \; \frac{\text{€}}{\text{Stunde}}$$

$$K_{Teil}^{(verr.)} = 50.000 + 100 \cdot 600 = 110.000 \; \text{€}.$$

Daraus ergibt sich: $K^{(S)} = K_{Teil}^{(verr.)}$ und $\Delta KBA = 0$.

Da die beschäftigungsabweichungsbedingte Kostendifferenz ΔKBA immer Null ist, stimmen die Kostengesamtabweichung ΔKGA und die verbrauchsabweichungsbedingte Kostendifferenz ΔKVA grundsätzlich überein:

$$\Delta KGA = \Delta KVA = 135.000 - 110.000 = 25.000 \; \text{€}.$$

Die Ergebnisse der Kostenkontrolle von flexibler Plankostenrechnung auf Voll- und Teilkostenbasis sind identisch, da annahmegemäß in diesem Beispiel keine sekundären Kosten auftreten. Änderungen ergeben sich aber im Hinblick auf die Kostenträgerrechnung. Je Bezugsgrößeneinheit, d.h. je Fertigungsstunde, gehen in die Kostenträgerstückrechnung

$$h_{Teil.}^{(P)} = 100 \; \frac{\text{€}}{\text{Stunde}}$$

ein. Insgesamt fallen damit variable Kosten in Höhe von

$$K_v^{(P)} = 100 \cdot 600 = 60.000 \; \text{€ an.}$$

Die Fixkosten $K_f^{(P)}$ gehen als Ganzes in Höhe von 50.000 € pro Periode in die Kostenträgerzeitrechnung ein. Insgesamt werden $K_{Teil.}^{(verr.)} = 110.000$ € pro Periode verrechnet.

Nimmt man zusätzlich an, dass die Leistungen der oben betrachteten Kostenstelle an andere Kostenstellen abgegeben werden, so erfolgt die Belastung dieser Stellen nur mit den variablen Kosten von 100 € je in Anspruch genommener Fertigungsstunde. Die Höhe der sekundären Kosten der empfangenden Kostenstelle sinkt dann im Vergleich zu den Werten der Vollkostenrechnung, wo 150 € je Stunde für die Umlagen ermittelt wurden. Anzumerken ist hier noch, dass die Leistungen zu Festpreisen an die Hauptkostenstelle weitergegeben werden. Kostenabweichungen in den Sekundärstellen dürfen keine Auswirkungen auf die Kosten der Hauptkostenstellen haben.[329]

Die folgende Abb. 6.4 veranschaulicht die geschilderten Zusammenhänge des Beispiels grafisch.

---

[329]   Vgl. Plaut, H.G.: Grenzplankosten- und Deckungsbeitragsrechnung als modernes Kostenrechnungssystem (II), a.a.O., S. 70.

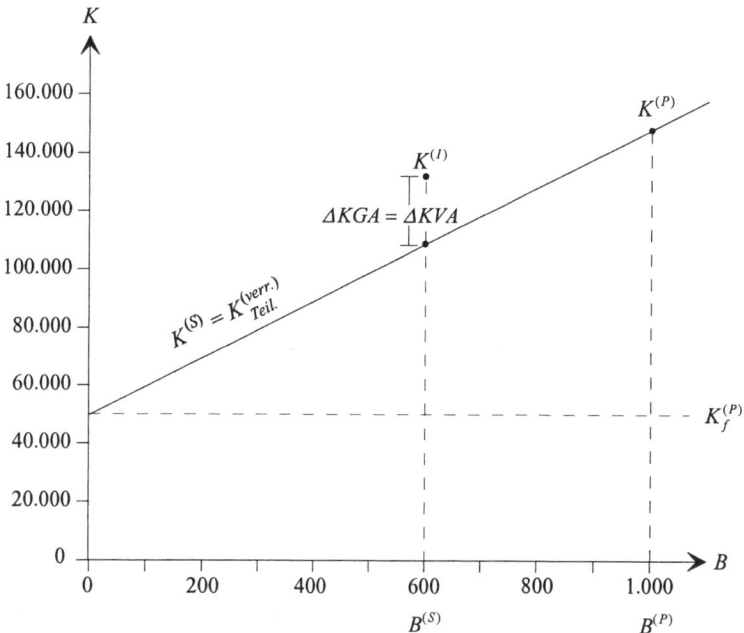

Abb. 6.4:   Flexible Plankostenrechnung auf Teilkostenbasis

6.2 Kostenplanung in der Grenzplankostenrechnung

Die Grenzplankostenrechnung stellt ein gut ausgebautes Instrumentarium zur Planung der Kosten dar. Der Schwerpunkt liegt auf dem Fertigungsbereich, wobei ebenfalls Verfahren zur Kostenplanung in anderen Bereichen vorgeschlagen werden. Für die Kostenplanung im Dienstleistungsbereich sind neuere Konzepte – ähnlich der Prozesskostenrechnung, jedoch auf Teilkosten basierend – entwickelt worden.[330]

Die Kostenplanung vollzieht sich üblicherweise in zwei Schritten. Zunächst wird ein Mengengerüst festgelegt, das den Produktionsfaktormengen $r_1^{(P)}, ..., r_I^{(P)}$, die zur Realisierung der geplanten Outputmenge (gemessen in Produkteinheiten oder Bezugsgrößeneinheiten) eingesetzt werden müssen, entspricht. Anschließend ist das Mengengerüst mit den entsprechenden Faktorpreisen $q_1^{(P)}, ..., q_I^{(P)}$ zu bewerten.

---

[330]   Vgl. Vikas, K.: Weiterentwicklung controllingorientierter Plankostenrechnungssysteme im Industrie- und Dienstleistungsbereich, in: Kostenrechnungspraxis (1988) Sonderheft 1, S. 35-40.

Wählt man als Outputmenge die geplanten Produktionsmengen, dann lässt sich die Vorgehensweise wie folgt darstellen:[330]

$$
x^{(P)} \rightarrow \begin{pmatrix} r_1^{(P)} \\ \vdots \\ r_I^{(P)} \end{pmatrix} \rightarrow \left(q_1^{(P)}, \ldots, q_I^{(P)} \right) \begin{pmatrix} r_1^{(P)} \\ \vdots \\ r_I^{(P)} \end{pmatrix} \rightarrow K^{(P)} \left(x^{(P)} \right).
$$

Zunächst soll kurz auf die Planung der Preise der Produktionsfaktoren eingegangen werden, bevor in den anschließenden Kapiteln durch Einbeziehung unterschiedlicher Mengengerüste die jeweiligen Plankosten bestimmt werden.

6.2.1 Planung der Faktorpreise

Die Grenzplankostenrechnung geht bei der Kostenplanung von festen Planpreisen für Sachgüter und Arbeitsleistungen aus. Durch den Ansatz von innerbetrieblichen Festpreisen und Festlöhnen werden Kostenabweichungen aufgrund von Preisschwankungen aus dem Soll-Ist-Vergleich eliminiert, damit einem Kostenstellenleiter, der nur Einfluss auf den Mengenverbrauch und nicht auf die Preisentwicklung hat, diese Abweichungen nicht angelastet werden. Folglich wird die Kostenkontrolle auf die Mengenabweichung als Maßstab der Wirtschaftlichkeit reduziert. Die Preisabweichungen für Güter und Leistungen sind aus den Berechnungen ausgeklammert und nicht von den Kostenstellen zu verantworten. Sie werden gesondert erfasst und verrechnet und sind auf ihre Ursachen hin zu analysieren.[331]

Das Faktorpreissystem hat sowohl den Kontrollrechnungen als auch den dispositiven Aufgaben gerecht zu werden. Während die Vergleichbarkeit von Kostenabweichungen am besten durch langfristig konstant gehaltene Planpreise erzielt werden kann, erfordert die Interpretation einer einzelnen Kostenabweichung doch eine gewisse Aktualität der Planpreise. Da sich außerdem viele Entscheidungen auf die Planperiode von einem Jahr beziehen, haben sich Festpreissysteme auf Basis von jährlichen Durchschnittspreisen durchgesetzt. Für kurzfristigere Ent-

---

[330] Vgl. Gerlach, T.: Kostenabweichungsanalyse in der flexiblen Plankostenrechnung, S. 195.

[331] Vgl. Plaut, H.G.: Grenzplankosten- und Deckungsbeitragsrechnung als modernes Kostenrechnungssystem (II), a.a.O., S. 68f.; derselbe: Entwicklungsformen der Plankostenrechnung (II), a.a.O., S. 67f.

scheidungen können gegebenenfalls auch aktuellere Preise, im Extremfall Tagespreise, unterstellt werden.[332]

Zu klären bleibt noch die Bestimmung der Faktorpreise. Bei den Preisen für Sachgüter geht man von Einstandspreisen aus, die Kosten für Transport- und Versicherungsleistungen einschließen, soweit sie nicht vom Unternehmen selbst durchgeführt werden. Innerbetriebliche Preisbestandteile, wie beispielsweise Kosten der Einkaufsabteilung oder des Lagers sind nicht enthalten.[333]

Als Preise für Arbeitsleistungen werden die Tarifsätze (evtl. erhöht um Zulagen) gewählt. Zusätzlich werden Verrechnungsprozentsätze für die gesetzlichen und freiwilligen Sozialkosten gebildet. Der Ausweis von Tarifsätzen und Sozialkosten nebeneinander bringt den Vorteil, dass eine Abstimmung mit der Lohn- und Gehaltsabrechnung möglich ist.[334]

Für einige Produktionsfaktoren ist eine Einbeziehung in das Festpreissystem nicht zu empfehlen. Dabei handelt es sich um:

– Produktionsfaktoren, bei denen das Mengengerüst nicht genau quantifizierbar ist (z.B. Gebühren, Dienstleistungen wie Beratungstätigkeiten und Fremdreparaturen). Die Leistungen sind von Fall zu Fall sehr verschieden.

– Produktionsfaktoren, die nicht regelmäßig und in größeren Stückzahlen beschafft werden (z.B. Spezialwerkzeuge und selten benötigte Ersatzteile).[335]

Für diese Produktionsfaktoren werden den Kostenstellen die tatsächlich angefallenen Kosten angelastet. Die Folge sind Preiseinflüsse, die bei der Kostenkontrolle störend wirken können.[336]

---

[332] Vgl. Kilger, W. / Pampel, J. / Vikas, K.: Flexible Plankostenrechnung und Deckungsbeitragsrechnung, a.a.O., S. 156f. und S. 164ff.; Kritik hierzu siehe Zimmermann, J.: Die flexible Plankostenrechnung und Deckungsbeitragsrechnung als entscheidungs- und kontrollorientiertes System der Kosten- und Leistungsrechnung, Probleme und Entwicklungsmöglichkeiten, Kitzingen 1990, S. 258ff.

[333] Vgl. Kilger, W. / Pampel, J. / Vikas, K.: Flexible Plankostenrechnung und Deckungsbeitragsrechnung, a.a.O., S. 156ff.

[334] Vgl. Kilger, W. / Pampel, J. / Vikas, K.: Flexible Plankostenrechnung und Deckungsbeitragsrechnung, a.a.O., S. 161.

[335] Vgl. Kilger, W. / Pampel, J. / Vikas, K.: Flexible Plankostenrechnung und Deckungsbeitragsrechnung, a.a.O., S. 161ff.

[336] Vgl. Zimmermann, J.: Die flexible Plankostenrechnung und Deckungsbeitragsrechnung als entscheidungs- und kontrollorientiertes System der Kosten- und Leistungsrechnung, Probleme und Entwicklungsmöglichkeiten, a.a.O., S. 256.

6.2.2 Planung der Einzelkosten

Die Planung der Einzelkosten erfolgt im Regelfall kostenträgerweise. Die Einzelkosten könnten aufgrund ihrer proportionalen Beziehung zu den Kostenträgern direkt von der Kostenartenrechnung aus unter Umgehung einer Kostenstellenrechnung auf einzelne Kostenträger weiterverrechnet werden. Eine Kostenkontrolle ist aber auch bei Einzelkosten nur kostenstellenweise durchführbar, da dort der Produktionsfaktorverbrauch bestimmt wird. Letztendlich muss konsequenterweise die Planung der Einzelkosten ebenfalls kostenstellenweise vorgenommen werden.[337]

Bei den Einzelkosten handelt es sich um:

– Materialeinzelkosten,
– Lohneinzelkosten und
– Sondereinzelkosten der Fertigung und des Vertriebs.

Die Bestimmung des Mengengerüsts erfolgt anhand von so genannten Standards. Diese geben an, wie viel Mengeneinheiten des jeweiligen Einsatzfaktors bei wirtschaftlichem Verhalten pro Kostenträgereinheit eingesetzt werden müssen. Sie entsprechen damit dem Produktionskoeffizienten. Durch Multiplikation der Standardmenge je Kostenträgereinheit mit dem Planpreis je Standardeinheit ergeben sich die geplanten Einzelkosten je Mengeneinheit eines Einsatzfaktors.

Zur Ermittlung von Standards finden verschiedene Planungsmethoden Anwendung. Beispielsweise können sie aufgrund von technischen Studien oder Fertigungsunterlagen, Probeläufen oder Musteranfertigungen, Schätzungen oder externen Richtwerten und – was wohl in der Praxis die größte Bedeutung hat – aufgrund von statistischen Vergangenheitswerten bestimmt werden.[338]

6.2.2.1 Planung der Materialeinzelkosten

Unter Einzelmaterial versteht man das Material, das unmittelbar in die betrieblichen Produkte eingeht und diesen in der Kalkulation direkt zugerechnet wird. Dabei handelt es sich hauptsächlich um Rohstoffe. Kosten für Hilfsstoffe werden aus Vereinfachungsgründen meist als unechte Gemeinkosten geplant. Betriebsstoffkosten stellen in der Regel echte Gemeinkosten dar.

---

[337] Vgl. Agthe, K.: Kostenplanung und Kostenkontrolle im Industriebetrieb, Baden-Baden 1963, S. 115f.; Heni, B.: Betriebswirtschaft und Steuern: Grundzüge der Plankostenrechnung, a.a.O., S. 325.
[338] Vgl. Haberstock, L.: Kostenrechnung II, a.a.O., S. 204f.

Bei der Planung des Einzelmaterialverbrauchs sind nach Materialarten differenziert die Mengen für jede Erzeugnis- oder Auftragsart festzulegen, die pro Kostenträgereinheit bei

- geplanter Produktgestaltung,
- geplanten Materialeigenschaften,
- geplantem Fertigungsablauf und
- geplanter Wirtschaftlichkeit der Materialhandhabung

verbraucht werden dürfen.[339]

Dabei ist zunächst die Materialmenge zu ermitteln, die effektiv in der fertig gestellten Kostenträgereinheit enthalten ist. Diese wird als Netto-Planeinzelmaterialmenge bezeichnet und lässt sich z.B. aus Stücklisten und Rezepturen für die Erzeugnisse ableiten. Verfahren der programmgebundenen Materialbedarfsplanung stehen hier zur Verfügung.[340] Abfall, der nicht auf Unwirtschaftlichkeiten zurückzuführen ist wie z.B. nicht vermeidbare Verschnitte in der Textilindustrie, muss in die Planung mit eingehen. Daraus ergibt sich die pro Produktart j erforderliche Menge der Materialart i, die auch als Standard für Gutteile $\left(a_{ij}^{Gutteile} \right)$ bezeichnet wird. Die Abfallmengen sind detailliert nach den einzelnen Abfallursachen zu planen. Können die Abfälle noch weiterverwertet werden, so ist nur der tatsächliche Wertverlust zu berücksichtigen.

Problematisch ist in diesem Zusammenhang die Behandlung der Ausschuss- und Nacharbeitungskosten. Unter Ausschusskosten versteht man Herstellkosten für fertige und unfertige Erzeugnisse, die nicht nach ihrem planmäßigen Verwendungszweck verwertet werden können. Nacharbeitungskosten entstehen bei fehlerhaften Erzeugnissen, deren Mängel durch Nacharbeit beseitigt werden können. Verrechnet man Ausschuss- und Nacharbeitungskosten als Sondereinzelkosten der Fertigung oder als Fertigungsgemeinkosten, so besteht die Gefahr, dass einzelne Kostenbestandteile fehlerhafter Teile falsch erfasst werden, da die Ausschuss- und Nacharbeitungskosten neben Einzelkosten auch Gemeinkosten wie beispielsweise Fertigungslöhne sowie sonstige Material- und Fertigungsgemeinkosten enthalten. Als geeignete Verrechnungsmethode wird vorgeschlagen, bei der Bestimmung der Standards bereits zu berücksichtigen, dass mehr Teile produziert werden, als Gut-

---

[339] Vgl. Kilger, W. / Pampel, J. / Vikas, K.: Flexible Plankostenrechnung und Deckungsbeitragsrechnung, a.a.O., S. 182.

[340] Vgl. Schweitzer, M. / Küpper, H.-U.: Systeme der Kosten- und Erlösrechnung, a.a.O., S. 376; Fandel, G. / François, P. / Gubitz, K.: PPS-Systeme: Grundlagen, Methoden, Software, Marktanalyse, 2. Aufl., Berlin et al. 1997, S. 163ff.

teile entstehen. Dazu ist zunächst der geplante Ausbeutegrad β_{ij} der Produktart j bezogen auf Materialart i zu bestimmen:

$$\beta_{ij}^{(P)} = \frac{x_{ij}^{(P)\,Gutteile}}{x_{ij}^{(P)\,bearbeitet}} \quad .$$

Darin bezeichnet:

$x_{ij}^{Gutteile}$ die verwertbare Menge (Gutteile) der Produktart j bezogen auf die Materialart i und

$x_{ij}^{bearbeitet}$ die bearbeitete Menge der Produktart j bezogen auf die Materialart i.

Daraus ergibt sich dann der anzusetzende Standard $a_{ij}^{(P)}$, der auch als Brutto-Planeinzelmaterialmenge bezeichnet wird:[341]

$$a_{ij}^{(P)} = \frac{a_{ij}^{(P)\,Gutteile}}{\beta_{ij}^{(P)}} \quad .$$

Mit Hilfe dieses Koeffizienten lässt sich die gesamte von Materialart i einzusetzende Menge $r_i^{(P)}$ wie folgt bestimmen:

$$r_i^{(P)} = \sum_{j=1}^{J} a_{ij}^{(P)} \cdot x_j^{(P)} .$$

Als gesamte Brutto-Planmaterialeinzelkosten der i-ten Materialart ergeben sich:

$$K_i^{(P)} = q_i^{(P)} \cdot \sum_{j=1}^{J} a_{ij}^{(P)} \cdot x_j^{(P)} = q_i^{(P)} \cdot r_i^{(P)} \quad .$$

Darin bezeichnet:

$q_i^{(P)}$ die geplanten Faktorpreise je Einheit der Materialart $i\,(i = 1, ..., I)$ und
$x_j^{(P)}$ die geplanten Produktionsmengen der (End- bzw. Zwischen-) Produktart $j\,(j = 1, ..., J)$.

Das folgende Beispiel möge die behandelten Sachverhalte verdeutlichen. In einer Porzellanfabrik werden Tassen hergestellt. Je Tasse werden 100 g Porzellanrohmasse benötigt. Dies kann durch Wiegen einer noch nicht gebrannten aber bereits geformten Tasse ermittelt werden. Bei der Formung der Tassen entstehen planmäßig 4,5 % Abfall. Jede zwanzigste Tasse ist Ausschuss und kann nicht

---

341   Vgl. Haberstock, L.: Kostenrechnung II, a.a.O., S. 207ff. und S. 338; Kilger, W. / Pampel, J. / Vikas, K.: Flexible Plankostenrechnung und Deckungsbeitragsrechnung, a.a.O., S. 219ff.

mehr verkauft werden. Als Planpreis für die Porzellanrohmasse werden 3 €/kg ermittelt.

Tabelle 6.1:   Beispiel zur Materialeinzelkostenplanung

Netto-Planeinzelmaterialmenge	100,00	g / Tasse
+ Planabfallmenge	4,50	g / Tasse
= Standard für Gutteile	104,50	g / Tasse
/ Planausbeutegrad	0,95	
= Brutto-Planeinzelmaterialmenge (anzusetzender Standard)	110,00	g / Tasse
x Ausbringungsmenge	10.000	Tassen
x Planpreis	0,003	€ / g
Brutto-Planmaterialeinzelkosten	3.300	€

In einem Exkurs soll in diesem Zusammenhang der Fall der mehrstufigen Fertigung nochmals aufgegriffen werden, denn für mehrstufige Fertigung lässt sich aus der oben angegebenen Formel noch nicht unmittelbar eine Formel ableiten, die die gesamten Materialeinzelkosten pro Produktart oder je Mengeneinheit einer Produktart angibt, da die über Zwischenprodukte eingehenden Materialkosten nicht berücksichtigt werden. Ein weiteres Problem ergibt sich bei der Bestimmung der Brutto-Planmaterialeinzelkosten dadurch, dass diese nicht allein anhand der abgesetzten Mengen ermittelt werden können, sondern zunächst immer alle Zwischenproduktmengen bekannt sein müssen.

Unter der Annahme, dass die vorliegenden Produktionsbeziehungen als Leontief-Produktionsfunktionen abbildbar sind, ist zur Lösung dieser Problematik die Definition des Produktionskoeffizienten wie folgt zu erweitern:

a_{ij} Direktbedarfskoeffizient, der angibt, wie viel Mengeneinheiten des Gutes i (Material- bzw. Zwischenproduktart) direkt in eine Mengeneinheit des Gutes j (Produkt- bzw. Zwischenproduktart) eingehen, wobei $i, j \in \{1, ..., K\}$.

Für jede Güterart i (Material, Zwischen- oder Endprodukt) gilt:

$$r_i = r_i^Z + n_i, \qquad i = 1, ..., K.$$

Der Bedarf r_i von Gut i setzt sich also zusammen aus der absatzbestimmten Menge n_i (Primärbedarf) und den nicht absatzbestimmten Zwischenproduktmengen r_i^Z (Sekundärbedarf).

Der Sekundärbedarf lässt sich über die Direktbedarfskoeffizienten und die Bedarfe r_j der Güter j bestimmen:

$$r_i^z = \sum_{j=1}^{K} a_{ij} \cdot r_j \,, \qquad i = 1, \ldots, K \,.$$

Als Produktionsfunktionen ergeben sich:

$$r_i = \sum_{j=1}^{K} a_{ij} \cdot r_j + n_i \,, \qquad i = 1, \ldots, K \,,$$

die sich in der Vektor- und Matrizenschreibweise wie folgt darstellen lassen:

$$r = D \cdot r + n \,.$$

Darin bezeichnet:

$r = \left(r_1, r_2, \ldots, r_K \right)'$ den Gesamtbedarfsvektor,

$n = \left(n_1, n_2, \ldots, n_K \right)'$ den Primärbedarfsvektor und

$D = \left[a_{ij} \right]$ die Direktbedarfsmatrix.

Wie bereits in Kapitel 3.3.1.2 beschrieben, kann mit Hilfe der Einheitsmatrix und durch Invertierung die Gesamtbedarfsmatrix G erzeugt werden. Es gilt dann:

$$r = G \cdot n$$

mit $G = \left[g_{ij} \right]$ als Gesamtbedarfsmatrix, deren Elemente g_{ij} angeben, wie viel Mengeneinheiten der Material- bzw. der Zwischenproduktart i insgesamt in eine Mengeneinheit der Produkt- bzw. Zwischenproduktart j eingehen, wobei $i, j \in \{1, \ldots, K\}$.

Erst durch die Ermittlung der Gesamtbedarfsmatrix lassen sich die gesamten Materialeinzelkosten $K_i^{(P)}$ der Materialart i anhand der absatzbestimmten Produkte ableiten:

$$K_i^{(P)} = q_i^{(P)} \cdot r_i^{(P)} = q_i^{(P)} \cdot \sum_{j=1}^{K} g_{ij}^{(P)} \cdot n_j^{(P)} \qquad i \in \{1, \ldots, K\} \,.$$

Die Materialeinzelkosten $K_j^{(P)}$ je Mengeneinheit einer Produktart j lassen sich für die Materialarten i ebenfalls mittels der Gesamtbedarfsmatrix berechnen:

$$k_j^{(P)} = \sum_{i \in \mathcal{K}} q_i^{(P)} \cdot g_{ij}^{(P)} \qquad\qquad j \in \{1, ..., K\}, \; \mathcal{K} = 1, ..., K \quad \text{und } i \neq j.^{342}$$

Dieser Exkurs zeigt am Beispiel der Materialeinzelkostenplanung die Bedeutung der Produktionstheorie für die Kostenrechnung. Analog dazu kann auch die Planung der Lohneinzelkosten und der Sondereinzelkosten bei mehrstufiger Produktion erfolgen.[343]

6.2.2.2 Planung der Lohneinzelkosten

Bei den Lohneinzelkosten handelt es sich um diejenigen Personalkosten, die direkt bestimmten betrieblichen Erzeugnissen oder Aufträgen zugeordnet werden können. Dabei sind normalerweise nur Fertigungslöhne als Einzelkosten zu verrechnen; Hilfslöhne, Gehälter, Sozialkosten und sonstige Personalkosten wie Mehrarbeitszuschläge, Prämien und Zusatzlöhne stellen Gemeinkosten dar.

Die Lohneinzelkosten werden wie Gemeinkosten kostenstellenweise geplant und kontrolliert, da die Abweichungen in den Kostenstellen verursacht werden. Zudem dienen die Fertigungszeiten oftmals als Bezugsgröße für die Planung der variablen Gemeinkosten in den Kostenstellen.[344]

Die Festlegung der Lohneinzelkosten erfolgt in zwei Schritten. Analog zur Planung der Materialeinzelkosten erfolgt zunächst eine Mengenplanung und anschließend eine Bewertung mit festen Planpreisen. Bei der Mengenplanung handelt es sich hier um die Ermittlung von Planarbeitszeiten, und die jeweiligen Lohnsätze entsprechen den Planpreisen.

Durch arbeitswissenschaftliche Methoden ist nach Arbeitsgängen differenziert für jede Erzeugnis- oder Auftragsart der Zeitbedarf festzulegen, der pro Kostenträgereinheit bei

- geplanter Produktgestaltung,
- geplantem Arbeitsablauf und
- geplanten Leistungsgraden der Arbeitskräfte

anfallen darf.[345]

---

342 Vgl. Lengsfeld, S. / Schiller, U.: Mengen- und wertbasierte Kostenplanung in der Grenzplan- und der Prozeßkostenrechnung, in: Betriebswirtschaftliche Forschung und Praxis (1998) 1, S. 118-139, hier S. 122f.

343 Vgl. Lengsfeld, S. / Schiller, U.: Mengen- und wertbasierte Kostenplanung in der Grenzplan- und der Prozeßkostenrechnung, a.a.O., S. 123ff.

344 Vgl. Schweitzer, M. / Küpper, H.-U.: Systeme der Kosten- und Erlösrechnung, a.a.O., S. 379.

345 Vgl. Haberstock, L.: Kostenrechnung II, a.a.O., S. 211f.

Die Ermittlung der Planarbeitszeiten ist abhängig von der Lohnform. Im Hinblick auf die Zurechenbarkeit zu einzelnen Kostenträgern unterscheidet man grundsätzlich zwischen:

- proportionalen Löhnen (reiner Akkordlohn),
- nichtproportionalen Löhnen:
  - nichtproportionale Leistungslöhne (z.B. Akkordlohn mit garantiertem Mindestlohn, Prämienlohn),
  - nichtproportionale Zeitlöhne (z.B. Stunden-, Tages- oder Monatslöhne).

Der Akkordlohn setzt eine möglichst genaue Bestimmung der Arbeitszeiten voraus, da diese nicht nur Grundlage der Planung sondern auch der Lohnabrechnung sind. Voraussetzung ist die Ermittlung von Vorgabezeiten und geplanten Leistungsgraden. Vorgabezeiten können beispielsweise mit Hilfe des REFA-Verfahrens ermittelt werden.[346] Sie basieren auf der Normalleistung, die üblicherweise von einem Arbeiter an einer Maschine erbracht wird. Planarbeitszeiten beziehen sich dagegen auf den Planleistungsgrad, der in aller Regel über dem Normalleistungsgrad liegt, und sind wie folgt zu ermitteln:

$$\text{Planarbeitszeit} = \frac{\text{Vorgabezeit}}{\text{Planleistungsgrad}}.$$

Für die Ermittlung der Lohneinzelkosten ist die Vorgabezeit mit dem Akkordrichtsatz, der den Stundenverdienst eines Akkordarbeiters bei Normalleistung angibt, zu multiplizieren.[347] Die Planarbeitszeit findet Anwendung, wenn die Fertigungszeit als Bezugsgröße gewählt wird oder wenn Arbeitszeiten für die Termin- oder Arbeitszeitplanung benötigt werden.

Nur der reine Akkordlohn kann als proportionaler Lohn bezeichnet werden, da nur bei dieser Lohnform für die Bearbeitung einer Arbeitseinheit unabhängig von der Leistung des Mitarbeiters konstante Stückkosten anfallen.

Akkordlöhne werden heute üblicherweise um einen garantierten Mindestlohn ergänzt. Für Leistungsgrade, die geringer als die Normalleistung sind, wird ein Zeitlohn gezahlt. Für höhere Leistungsgrade wird ein reiner Akkordlohn gezahlt. Bis zur Normalleistung fallen die Stückkosten mit steigendem Leistungsgrad. Bei höheren Leistungsgraden sind die Stückkosten konstant.

---

[346]   Vgl. Verband für Arbeitsstudien und Betriebsorganisation e.V. (Hrsg.): REFA, Methodenlehre des Arbeitsstudiums, a.a.O., S. 79ff.

[347]   Vgl. Wöhe, G.: Einführung in die Allgemeine Betriebswirtschaftslehre, a.a.O., S. 286.

Um den Lohn nicht ausschließlich von der Ausbringung oder der eingesetzten Zeit abhängig zu machen, wurden Prämienlohnsysteme entwickelt. Sie dienen als Ergänzung zu Akkord- und Zeitlohnsystemen. Dabei können die Prämien unterschiedlich bemessen werden, wie beispielsweise nach Quantität oder Qualität der Ausbringung, nach Einsparungen oder nach Auslastung der Betriebsmittel. Die Wirkung von Prämien auf die Stückkosten ist abhängig vom jeweiligen Prämienlohnsystem, das in Bezug auf die Bemessungsgrundlage linear, degressiv oder progressiv ausgestaltet sein kann.

Werden Zeitlöhne gezahlt, so sind ebenfalls die Arbeitszeiten genau zu planen, auch wenn sie für die Entlohnung irrelevant sind. Sie werden für die Kontrolle der Lohnkosten und den Aufbau von Plankalkulationen benötigt. Die Arbeitszeitermittlung erfolgt durch Verfahren, die auch bei den Akkordlohnsystemen Anwendung finden. Die Stückkosten schwanken mit dem Leistungsgrad der Mitarbeiter. Daher stellen Zeitlöhne eigentlich keine Lohneinzelkosten dar. Trotzdem werden sie häufig als solche verrechnet.[348]

6.2.2.3 Planung der Sondereinzelkosten

Unter Sondereinzelkosten versteht man alle Einzelkosten, die nicht unter die Material- und Lohneinzelkosten fallen. Es handelt sich dabei entweder um:

– Sondereinzelkosten der Fertigung oder
– Sondereinzelkosten des Vertriebs.

Sondereinzelkosten der Fertigung sind beispielsweise Kosten für Modelle, Spezialwerkzeuge und Lizenzen für die Herstellung bestimmter Produktarten.

Zu den Sondereinzelkosten des Vertriebs rechnet man Kosten für Verpackungsmaterial, Vertreterprovisionen, Werbekosten für einzelne Produkte und Versandkosten.

Die Planung der Sondereinzelkosten hängt von der jeweiligen Kostenart ab und kann daher nicht allgemein dargestellt werden. Die grundsätzliche Vorgehensweise ist analog zur Planung der Materialeinzelkosten.

Nicht alle Sondereinzelkosten stellen bezogen auf die einzelnen Kostenträgereinheiten Einzelkosten dar. Sie können aber einer Produktgruppe oder einem Auftrag als Einzelkosten zugerechnet werden.

---

[348] Vgl. Kilger, W. / Pampel, J. / Vikas, K.: Flexible Plankostenrechnung und Deckungsbeitragsrechnung, a.a.O., S. 193ff.; Haberstock, L.: Kostenrechnung II, a.a.O., S. 211ff.; Mellerowicz, K.: Planung und Plankostenrechnung, a.a.O., S. 184ff.

Probleme ergeben sich allerdings bei solchen Sondereinzelkosten, die nicht bei Einstellung der Produktion vermieden werden können und zur Schaffung zeitgebundener Nutzungspotentiale dienen. KILGER bezeichnet diese Kosten als Vorleistungskosten.[349] Dabei handelt es sich beispielsweise um Forschungs- und Entwicklungskosten. Die Vorleistungskosten haben Investitionscharakter und sollten daher auch mit Verfahren der Investitionsrechnung beurteilt und nicht in eine Grenzplankostenrechnung einbezogen werden.[350]

6.2.3 Planung der Gemeinkosten

Unter Gemeinkosten versteht man die Kosten, die entweder den einzelnen Kostenträgern nicht direkt zugerechnet werden können oder deren direkte Zurechnung aus Wirtschaftlichkeitsgründen unterbleibt (unechte Gemeinkosten). Gemeinkosten werden nach Kostenarten differenziert für Kostenstellen (primäre und sekundäre) geplant und über diese abgerechnet.[351]

Das Ziel der Gemeinkostenplanung ist die Erstellung eines Kostenplans je Bezugsgröße (und eventuell auch je Kostenart) einer Kostenstelle, der als gemeinkostenbezogene Informationen für die Plankostenrechnung die

- Plankosten,
- Sollkosten und
- Plankalkulationssätze

beinhaltet. In Kostenstellen mit heterogener Kostenverursachung werden somit mehrere Kostenpläne nebeneinander erstellt.

Voraussetzung für eine funktionsfähige Plankostenrechnung ist eine detaillierte Kostenstelleneinteilung und eine geeignete Bezugsgrößenwahl. Dabei sind die allgemeinen Grundsätze der Istkostenrechnung, die bereits in den Kapiteln 4.2.2 und 4.2.3 erläutert wurden, zu beachten.

Die Gemeinkostenplanung wird hier für den Fall der einstufigen Produktion dargestellt. Bei mehrstufiger Produktion erfolgt die Gemeinkostenplanung analog

---

[349]   Vgl. Kilger, W. / Pampel, J. / Vikas, K.: Flexible Plankostenrechnung und Deckungsbeitragsrechnung, a.a.O., S. 211.

[350]   Vgl. Kilger, W. / Pampel, J. / Vikas, K.: Flexible Plankostenrechnung und Deckungsbeitragsrechnung, a.a.O., S. 211ff.; Schweitzer, M. / Küpper, H.-U.: Systeme der Kosten- und Erlösrechnung, a.a.O., S. 380f.

[351]   Vgl. Kußmaul, H.: Grundzüge der Grenzplankostenrechnung (Teil 2), in: Der Steuerberater (1991) 10, S. 368-371, hier S. 369.

zur Einzelkostenplanung bei mehrstufiger Produktion wie in Kapitel am Beispiel der Materialeinzelkostenplanung erläutert wurde.[352]

6.2.3.1 Bestimmung der Planbeschäftigung

Als Planbeschäftigung oder Planbezugsgröße wird derjenige Wert einer Bezugsgröße bezeichnet, der in der Plansituation angestrebt wird. Im Rahmen der Beschäftigungsplanung ist für jede Bezugsgrößenart einer Kostenstelle die geplante Bezugsgrößenmenge festzulegen. In der Literatur werden folgende Ansätze unterschieden:[353]

– Kapazitätsplanung auf Basis von
  – Maximalkapazitäten,
  – Optimalkapazitäten,
  – Normalkapazitäten und
– Engpassplanung.

Bei der Kapazitätsplanung wird die Planbeschäftigung aufgrund der kostenstellenindividuellen Kapazitäten festgelegt. Die Maximalkapazität als Vorgabewert ist besonders ungeeignet, da eine Abweichung den Regelfall darstellt. Eine Optimalkapazität kann meistens nicht bestimmt werden, und die Normalkapazität einer Kostenstelle lässt sich nicht ohne Beachtung der Engpässe anderer Unternehmensbereiche ermitteln.[354]

Die Engpassplanung berücksichtigt bei der Festsetzung der Planbeschäftigung alle Engpässe der Planperiode. Beispielsweise kann die Absatzplanung auf die anderen Unternehmensbereiche restriktiv wirken.

Die Diskussion um die Bestimmung der Planbeschäftigung, die in der Vollkostenrechnung wesentliche Auswirkungen auf die Kostenträgerrechnung hatte, hat in der Grenzplankostenrechnung ihre Bedeutung weitgehend verloren.[355] Nur bei der Analyse der Fixkosten, die Gegenstand des Kapitels 6.3.4 ist, führen die einzelnen Planungsmethoden zu unterschiedlichen Ergebnissen. Die variablen Stückkosten sind bei unterstelltem linearen Kostenverlauf unabhängig von der festgelegten

---

[352] Vgl. Lengsfeld, S. / Schiller, U.: Mengen- und wertbasierte Kostenplanung in der Grenzplan- und der Prozeßkostenrechnung, a.a.O., S. 125ff.

[353] Vgl. Agthe, K.: Kostenplanung und Kostenkontrolle im Industriebetrieb, a.a.O., S. 49ff.; Kilger, W. / Pampel, J. / Vikas, K.: Flexible Plankostenrechnung und Deckungsbeitragsrechnung, a.a.O., S. 260ff.; Kreuzer, P.: Kapazität, Beschäftigungsgrad und Plankosten, in: Zeitschrift für Betriebswirtschaft (1951), S. 651-656.

[354] Vgl. Plaut, H.G.: Entwicklungsformen der Plankostenrechnung (II), a.a.O., S. 82.

[355] Vgl. Plaut, H.G.: Entwicklungsformen der Plankostenrechnung (II), a.a.O., S. 81.

Planbeschäftigung immer konstant, und die fixen Kosten werden immer als Ganzes verrechnet. Dies verdeutlicht die folgende Abb. 6.5.

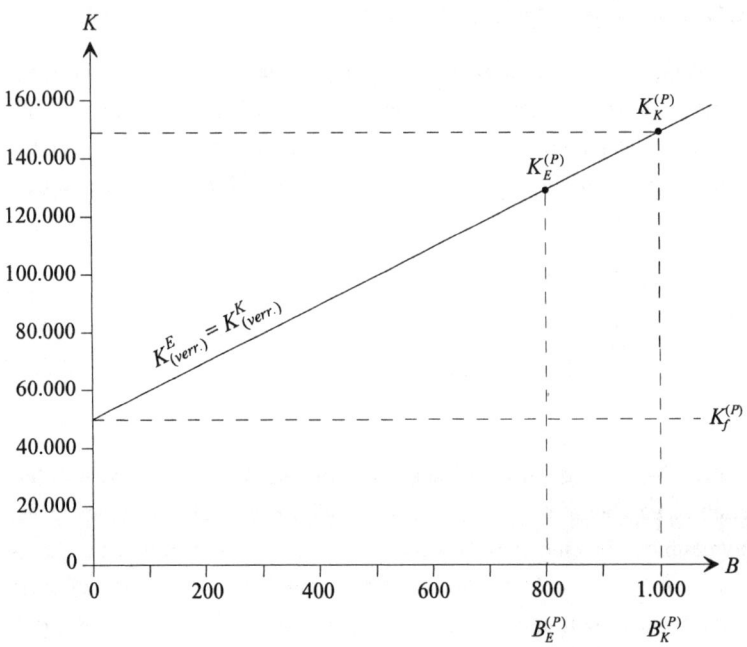

Abb. 6.5: Kapazitätsplanung versus Engpaßplanung in der Teilkostenrechnung

Darin bedeutet:

$K_K^{(P)}$ die Plankosten bei Kapazitätsplanung,

$K_E^{(P)}$ die Plankosten bei Engpassplanung,

$K_K^{(verr.)}$ die verrechneten Plankosten bei Kapazitätsplanung,

$K_E^{(verr.)}$ die verrechneten Plankosten bei Engpassplanung,

$B_K^{(P)}$ die Planbeschäftigung bei Kapazitätsplanung und

$B_E^{(P)}$ die Planbeschäftigung bei Engpassplanung.

Im Rahmen der Vollkostenrechnung ist die Engpassplanung gegenüber der Kapazitätsplanung vorzuziehen, da bei geplanter Unterbeschäftigung einer Kostenstelle aufgrund anderer Engpässe im Unternehmen nur nach der Engpassplanung alle Fixkosten auf die Kostenträger verrechnet werden. Die Bestimmung der Planbeschäftigung in der Grenzplankostenrechnung sollte ebenfalls auf Grundlage einer Engpassplanung erfolgen, um der Planung realistische Werte zugrunde zu legen. Sie hat sich auch in der Praxis weitgehend durchgesetzt.[356]

6.2.3.2 Bestimmung der Plankosten und des Sollkostenverlaufs

Die Kostenplanung im Gemeinkostenbereich erfolgt in zwei Schritten:

– Festlegung der Kosten, die bei Realisierung der Planbeschäftigung anfallen sollen (Bestimmung der Plankosten) und
– planmäßige Kostenauflösung, d.h. Aufteilung der Kosten in ihre proportionalen und fixen Anteile (Bestimmung des Sollkostenverlaufs).

Bei der Bestimmung der Plankosten einer Kostenstelle werden zunächst die Verbrauchsmengen für jede Kostenart einer Kostenstelle festgelegt, die zur Realisierung der Planbeschäftigung benötigt werden. Anschließend erfolgt die Bewertung der Verbrauchsmengen mit Planpreisen aus dem Festpreissystem. Als Ergebnis erhält man einen nach Kostenarten differenzierten Kostenplan je Kostenstelle. Zu beachten ist, dass bei heterogener Kostenverursachung die Plankosten nicht nur je Kostenstelle, sondern auch je Bezugsgröße der Kostenstelle zu ermitteln sind, was dann zu mehreren Kostenplänen einer Kostenstelle führt.

Da in der Grenzplankostenrechnung neben den Plankosten auch Sollkosten für alternative Beschäftigungsgrade benötigt werden, ist eine planmäßige Kostenauflösung durchzuführen, die angibt, welcher Anteil der Plankosten fix ist und welcher Anteil mit der Bezugsgrößenmenge variiert. Dabei wird unterstellt, dass sich die variablen Kosten proportional zur Bezugsgrößenmenge verhalten und somit der Sollkostenverlauf linear ist. Die Sollkostenfunktion hat dann die folgende Form:

$$K^{(S)} = K_f^{(P)} + h_{Teil.}^{(P)} \cdot B^{(S)} .$$

Im Rahmen der planmäßigen Kostenauflösung müssen die Werte $K_f^{(P)}$ und $h_{Teil.}^{(P)}$ ermittelt werden. Dabei ist zu beachten, dass üblicherweise nicht die Kostenarten als Ganzes in die Kategorien fix oder variabel eingeteilt werden können, wie dies beispielsweise bei den Zinsen auf das Anlagevermögen als rein fixe Kostenart noch der Fall sein dürfte, sondern dass auch bereits innerhalb einer Kostenart zwischen fixen und variablen Bestandteilen zu unterscheiden ist. Dies ist beispielsweise notwendig, wenn in einer Kostenstelle Energiekosten sowohl zur Aufrechterhaltung der Betriebsbereitschaft als auch zur Produktion anfallen oder bei

---

[356] Vgl. Plaut, H.G.: Grenzplankosten- und Deckungsbeitragsrechnung als modernes Kostenrechnungssystem, a.a.O., S. 25.

Abschreibungen auf Anlagen, die sowohl dem Gebrauchs- als auch dem Zeitver-schleiß unterliegen.[357]

Von entscheidender Bedeutung für die planmäßige Kostenauflösung ist weiter-hin der zugrunde gelegte Fristigkeitsgrad der Planung. Deutlich wird die Auswir-kung des Fristigkeitsgrades auf die Kostenauflösung, wenn man bedenkt, dass mit zunehmendem Planungshorizont der Anteil der variablen Kosten an den Gesamt-kosten steigt. Den größten Einfluss hat der Fristigkeitsgrad auf die Personalkosten und auf Kosten aus Verträgen mit begrenzter Laufzeit. Unterstellt man einen im Hinblick auf die mittels der Grenzplankostenrechnung zu treffenden Entschei-dungen durchaus sinnvollen Fristigkeitsgrad von einem Jahr, so wird deutlich, dass eine Anpassung des Personalbestandes an die Beschäftigung möglich und folglich ein Teil der Personalkosten variabel ist. Bei einem Fristigkeitsgrad von einem Monat sind dagegen die meisten Personalkosten fix.[358]

Zur planmäßigen Kostenauflösung existieren verschiedene Verfahren, die in den folgenden Kapiteln ausführlich behandelt werden:[359]

- statistische Verfahren der Kostenauflösung:
  - Streupunktdiagramm,
  - Hoch-Tiefpunkt-Methode und
  - Lineare Regressionsanalyse;
- analytische Verfahren der Kostenauflösung:
  - einstufige analytische Verfahren der Kostenauflösung und
  - mehrstufige analytische Verfahren der Kostenauflösung.

Die Bezeichnung der Verfahren ist in der Literatur nicht einheitlich. Beispiels-weise werden die statistischen als analytische Verfahren und die analytischen als synthetische Verfahren bezeichnet.[360]

---

[357]   Vgl. Plaut, H.G.: Grenzplankosten- und Deckungsbeitragsrechnung als modernes Ko-stenrechnungssystem, a.a.O., S. 24. Für das Problem bei Abschreibungen wurde die gebrochene Abschreibung entwickelt, siehe hierzu Schweitzer, M. / Küpper, H.-U.: Systeme der Kosten- und Erlösrechnung, a.a.O., S. 404ff.; Kilger, W.: Offene Pro-bleme der Plankosten- und Deckungsbeitragsrechnung, a.a.O., S. 87ff.

[358]   Vgl. Kilger, W.: Offene Probleme der Plankosten- und Deckungsbeitragsrechnung, a.a.O., S. 86f. KILGER zeigt Möglichkeiten zur Anpassung des Personalbestandes an Beschäftigungsschwankungen auf.

[359]   Vgl. Kilger, W. / Pampel, J. / Vikas, K.: Flexible Plankostenrechnung und Deckungs-beitragsrechnung, a.a.O., S. 266ff. Zu diesen und weiteren Verfahren vgl. auch Michel, M.: Die Kostenspaltung in fixe und variable Bestandteile sowie die Ver-rechnung der fixen Kosten auf die einzelnen Kostenträger, Basel 1984, S. 83ff.

[360]   Vgl. Haberstock, L.: Kostenrechnung II, a.a.O., S. 226ff.

6.2.3.2.1 Statistische Verfahren der Kostenauflösung

Die statistischen Verfahren der Kostenauflösung haben gemeinsam, dass sie auf Istdaten vergangener Perioden basieren. In einem ersten Schritt sind die vergangenheitsbezogenen Istkosten – differenziert nach Kostenarten – für alle Bezugsgrößen der zu planenden Kostenstellen zu erfassen. Diese Istkosten versucht man in einem zweiten Schritt zu bereinigen, um beispielsweise:

– Veränderungen der Kostenstruktur aufgrund organisatorischer Umstellungen, Verfahrensänderungen etc.,
– Abweichungen der Preise vom Festpreissystem und
– Unwirtschaftlichkeiten.

Aus der Reihe der Istkosten werden ungewöhnlich hohe und ungewöhnlich niedrige Istkosten eliminiert. Man will so die Gefahr durch Ausreißer, die das Ergebnis stark verfälschen könnten, beseitigen.

Als Ergebnis erhält man bereinigte Istkosten, die für alternative Beschäftigungsgrade angefallen sind. Auf diesen Daten basieren die Verfahren der statistischen Kostenauflösung.

Das einfachste Verfahren ist die Kostenauflösung mit Hilfe eines Streupunktdiagramms. Die bereinigten Istkosten für die in der Vergangenheit angefallenen Istbezugsgrößen werden in ein Diagramm eingetragen. Durch diese Punkte ist „freihand" eine Gerade zu legen, die die Streuung möglichst gut ausgleicht. Die Gerade entspricht der Sollkostenfunktion. Ihr Schnittpunkt mit der Ordinate gibt die Höhe der geplanten fixen Kosten an.

Hierzu ist kritisch anzumerken, dass das Verfahren der Streupunktdiagramme zu intersubjektiv nicht nachprüfbaren Werten führt und damit zur Kostenauflösung unbrauchbar ist. Wie stark „freihand" eingezeichnete Geraden voneinander abweichen können, zeigt das folgende Beispiel.

Die Fertigungskosten einer Kostenstelle variieren mit der Bezugsgröße Maschinenlaufzeit. In den letzten sieben Planperioden sind folgende Maschinenzeiten und Istfertigungskosten angefallen:

Tabelle 6.2:   Beispiel zu statistischen Verfahren der Kostenauflösung

Periode t	1	2	3	4	5	6	7
Maschinenlaufzeit in Minuten	9.000	14.500	10.500	16.000	18.000	17.000	12.000
Istfertigungskosten in €	50.000	70.000	45.000	85.000	90.000	70.000	65.000

Die Daten wurden in das Koordinatensystem der Abb. 6.6 übertragen. Durch freihändiges Einzeichnen einer Geraden A kann eine Sollkostenfunktion $K_A^{(S)}$ bestimmt werden:

$$K_A^{(S)} = 10.000 + 4 \cdot B^{(S)}.$$

Ebenso gut könnte man aber auch die Gerade B als Ausgleichsgerade durch die Punktewolke wählen, die dann zur Sollkostenfunktion $K_B^{(S)}$ führt:

$$K_B^{(S)} = 41.000 + 2 \cdot B^{(S)}.$$

Der große Unterschied zwischen den beiden ermittelten Sollkostenfunktionen macht deutlich, dass diese Methode keine eindeutigen Ergebnisse liefert. Zusätzlich zu diesen in Abb. 6.6 dargestellten Sollkostenfunktionen lassen sich noch unendlich viele weitere Sollkostenfunktionen „freihand" einzeichnen.[361]

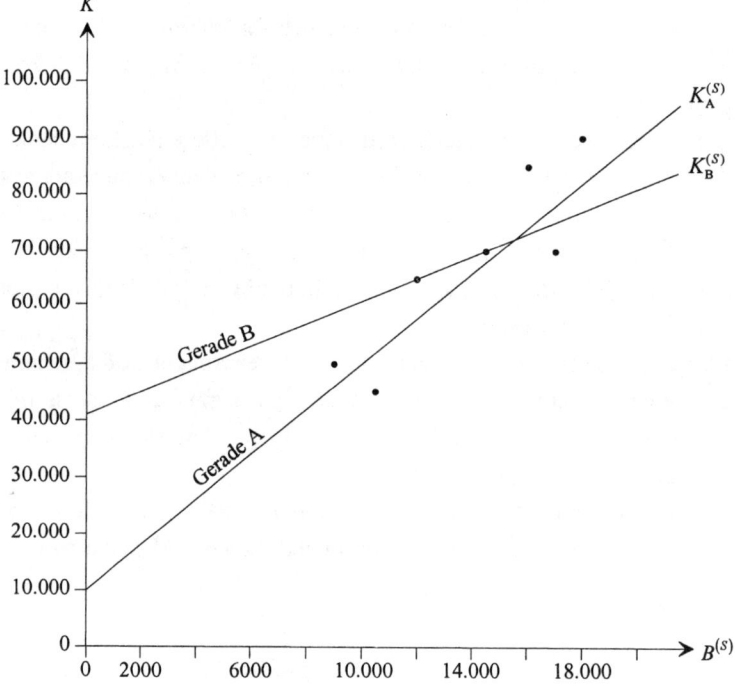

Abb. 6.6:   Darstellung zum Streupunktdiagramm

---

[361] Vgl. Haberstock, L.: Kostenrechnung II, a.a.O., S. 227f.; Kilger, W. / Pampel, J. / Vikas, K.: Flexible Plankostenrechnung und Deckungsbeitragsrechnung, a.a.O., S. 267ff.

Als weiteres statistisches Verfahren zur Kostenauflösung wird die Hoch-Tief-punkt-Methode vorgeschlagen. Aus der Reihe der beobachteten Bezugsgrößen ist dabei zunächst der kleinste $\left(B_{tief}\right)$ und größte $\left(B_{hoch}\right)$ Wert auszuwählen. Die Steigung der linearen Sollkostenfunktion wird dann bestimmt durch:

$$h_{Teil.}^{(P)} = \frac{K_{hoch} - K_{tief}}{B_{hoch} - B_{tief}}.$$

Im Nenner wird die Differenz zwischen größtem und kleinstem Wert der Bezugsgröße gebildet. Im Zähler erfolgt die Differenzbildung für die zu den ausgewählten Bezugsgrößen gehörenden bereinigten Istkosten.

Die fixen Kosten ergeben sich wie folgt:

$$K_f^{(P)} = K_{tief} - h_{Teil.}^{(P)} \cdot B_{tief} \text{ oder}$$

$$K_f^{(P)} = K_{hoch} - h_{Teil.}^{(P)} \cdot B_{hoch}.$$

Die Bestimmung der Fixkosten entspricht der des Achsenabschnitts einer linearen Funktion mit der Steigung $h_{Teil.}^{(P)}$. Kritisch anzumerken ist, dass die Ergebnisse der Kostenauflösung nach dem Hoch-Tiefpunkt-Verfahren stark von den höchsten und niedrigsten Bezugsgrößen und den entsprechenden Kosten abhängen. Die Hoch-Tiefpunkt-Methode führt ebenfalls zu keinen guten Ergebnissen, ihre Vorgehensweise ist im Unterschied zum Streupunktdiagramm aber wenigstens nicht willkürlich.[362]

Die Ausgangsdaten des obigen Beispiels gelten weiterhin unverändert. Zur Ermittlung der Sollkostenfunktion werden nur die in der Vergangenheit kleinste und größte beobachtete Istbezugsgröße herangezogen. In unserem Beispiel sind das die Daten aus Periode 1 und Periode 5 (Fall a).

$$B_{tief} = 9.000 \text{ Min.} \qquad K_{tief} = 50.000 \text{ €}$$

$$B_{hoch} = 18.000 \text{ Min.} \qquad K_{hoch} = 90.000 \text{ €}$$

$$h_{Teil.}^{(P)} = \frac{90.000 - 50.000}{18.000 - 9.000} = 4,\overline{4} \frac{€}{\text{Min.}}$$

$$K_f^{(P)} = 50.000 - 4,\overline{4} \cdot 9.000 = 10.000 \text{ €}$$

---

[362] Vgl. Haberstock, L.: Kostenrechnung II, a.a.O., S. 228f.; Kilger, W. / Pampel, J. / Vikas, K.: Flexible Plankostenrechnung und Deckungsbeitragsrechnung, a.a.O., S. 269f.

$$K_a^{(S)} = 10.000 = 4,\overline{4} \cdot B^{(S)}.$$

Würde man unterstellen, dass die Istbeschäftigung in Periode 1 bei 12.000 Minuten läge (Fall b), so wären die Perioden 3 und 5 für die Berechnung der Sollkostenfunktion zugrunde zu legen. Daraus ergäbe sich die folgende Sollkostenfunktion:

$$K_b^{(S)} = -18.000 + 6 \cdot B^{(S)}.$$

Die Beispielsfälle a und b sind in der Abb. 6.7 grafisch veranschaulicht. Die Sollkostenfunktion weist hier negative Fixkosten auf, was ökonomisch nicht mehr interpretierbar ist. Dies unterstreicht die Kritik zur Hoch-Tiefpunkt-Methode, lässt sich aber auch bei den anderen hier beschriebenen statistischen Verfahren zur Kostenauflösung nicht verhindern.

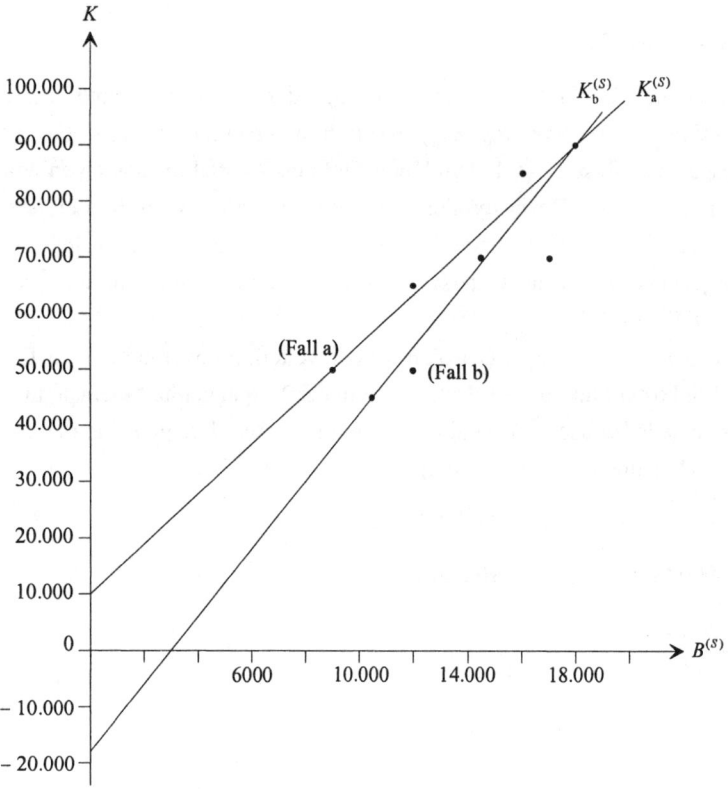

Abb. 6.7:   Darstellung zur Hoch-Tiefpunkt-Methode

Mit Hilfe der linearen Regressionsanalyse nach der Methode der kleinsten Quadrate wird eine Sollkostengerade festgelegt, für die die Summe der quadrierten Abweichungen zwischen den tatsächlichen Istkosten der Bezugsgröße und der zu bestimmenden Sollkostengerade minimal ist.[363] Die lineare Regressionsanalyse ist gegenüber den anderen Verfahren vorzuziehen, da sie intersubjektiv nachprüfbar ist und – im Gegensatz zum Hoch-Tiefpunkt-Verfahren – alle vorhandenen Wertepaare zur Bestimmung der Ausgleichsgeraden berücksichtigt.[364]

Trotzdem trifft auch für die lineare Regressionsanalyse die folgende allgemeine Kritik an den statistischen Verfahren zur Kostenauflösung im Rahmen der Grenzplankostenrechnung zu:

– Die Verfahren basieren auf bereinigten Istkosten der Vergangenheit. Als Kostenvorgabe sind diese ungeeignet, da sich nicht alle Unwirtschaftlichkeiten und Veränderungen der Istsituation im Vergleich zur Plansituation eliminieren lassen.

– Die statistischen Verfahren setzen voraus, dass die Streuung der Istbezugsgrößen in der Vergangenheit sehr groß war, denn die Ergebnisse sind fraglich, wenn die Istbezugsgrößen sehr dicht beieinander liegen. Da die Unternehmen starke Beschäftigungsschwankungen zu vermeiden versuchen, ist mit einer geeigneten Datenmenge als Ausgangsbasis nicht zu rechnen.[365]

– Bei neuen Produkten oder neuen Fertigungsverfahren können die statistischen Verfahren nicht angewendet werden, da kein entsprechendes Datenmaterial zur Verfügung steht.[366]

Daher sollten die statistischen Verfahren nur zur Ergänzung der analytischen Kostenplanung dienen.[367]

---

[363] Vgl. Heil, J.: Einführung in die Ökonometrie, 6. Aufl., München 2000, S. 23ff.

[364] Vgl. Eisele, W.: Technik des betrieblichen Rechnungswesens, 7. Aufl., München 2002, S. 744ff. EISELE zeigt ein Beispiel zur linearen Regressionsanalyse; Michel, M.: Die Kostenspaltung in fixe und variable Bestandteile sowie die Verrechnung der fixen Kosten auf die einzelnen Kostenträger, a.a.O., S. 104ff.

[365] Vgl. Haberstock, L.: Kostenrechnung II, a.a.O., S. 230; Kilger, W. / Pampel, J. / Vikas, K.: Flexible Plankostenrechnung und Deckungsbeitragsrechnung, a.a.O., S. 270f; Michel, M.: Die Kostenspaltung in fixe und variable Bestandteile sowie die Verrechnung der fixen Kosten auf die einzelnen Kostenträger, a.a.O., S. 114.

[366] Vgl. Heni, B.: Betriebswirtschaft und Steuern, a.a.O., S. 326.

[367] Vgl. Kilger, W.: Offene Probleme der Plankosten- und Deckungsbeitragsrechnung, a.a.O., S. 86.

6.2.3.2.2 Analytische Verfahren der Kostenauflösung

Bei der analytischen Kostenauflösung erfolgt die Planung von Mengen- und Zeit-größen losgelöst von den Istwerten der Vergangenheit auf der Basis technisch-kostenwirtschaftlicher Analysen des Produktionsprozesses, d.h. anhand von Berechnungen, Messungen, Funktionsanalysen, Probeläufen, Schätzungen oder internen und externen Richtwerten.[368]

In Abhängigkeit davon, ob die Kostenauflösung für einen oder mehrere Be-schäftigungsgrade erfolgt, unterscheidet man zwischen ein- und mehrstufigen Ver-fahren der analytischen Kostenauflösung.

Einstufige analytische Verfahren nehmen die Kostenauflösung nur für einen Beschäftigungsgrad – die Planbeschäftigung – vor.

Dabei sind die folgenden Schritte durchzuführen:

– Planung der Faktorverbräuche, die bei Realisierung der Planbeschäftigung an-fallen sollen, und ihre Bewertung mit den jeweiligen Festpreisen. Als Ergebnis erhält man die Plankosten.

– Bestimmung der Kosten, die bei einer Beschäftigung von Null zur Aufrechter-haltung der Betriebsbereitschaft anfallen. Damit erhält man die fixen Kosten als den Ordinatenabschnitt der Sollkostenfunktion.

– Unter der Annahme, dass es nur fixe und variable Kosten, die proportional zur Bezugsgröße variieren, gibt, wird die Sollkostenfunktion durch die fixen Kos-ten und die Plankosten beschrieben. Man erhält folglich eine lineare Funktion.

Intervallfixe Kosten finden bei dem einstufigen Verfahren keine Berücksichti-gung. Sie werden entweder zu den fixen oder zu den variablen Kosten gerechnet.

Bei den mehrstufigen analytischen Verfahren erfolgt die Festlegung der Men-gen- und Zeitvorgaben für möglichst viele Beschäftigungsgrade. Eine Auflösung der Kosten in fixe und variable Bestandteile findet nicht statt. Als Ergebnis erhält man eine abschnittsweise lineare Sollkostenfunktion, wie beispielsweise in Abb. 6.8 dargestellt.

---

[368] Vgl. Kilger, W. / Pampel, J. / Vikas, K.: Flexible Plankostenrechnung und Deckungs-beitragsrechnung, a.a.O., S. 272.

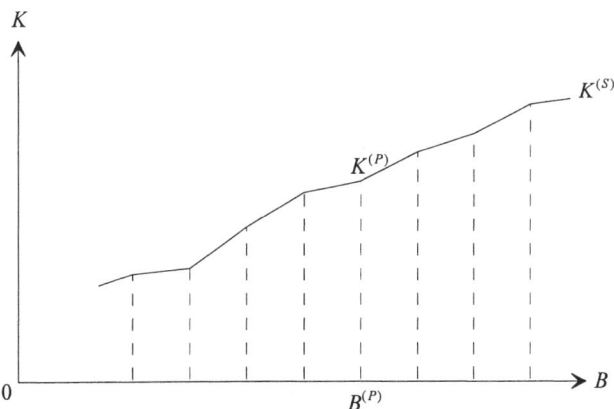

Abb. 6.8: Darstellung zu mehrstufigen analytischen Verfahren

Die mehrstufigen Verfahren haben sich nicht durchgesetzt, da sie bei nichtli-
nearen Kostenverläufen zu aufwendig sind und die Bestimmung der Kosten für alternative Beschäftigungsgrade bei linearen Sollkostenfunktionen überflüssig ist.
Zumindest für geringe Abweichungen der Beschäftigung von der Planbeschäftigung erscheint die Annahme eines linearen Verlaufs realistisch. Ein nichtlinearer
Verlauf erschwert zudem die Kostenplanung und -kontrolle erheblich, da die variablen Stückkosten nicht mehr konstant sind, sondern von der gewählten Bezugsgröße abhängen.[369]

6.2.3.2.3 Variatorenrechnung

Mit Hilfe der Variatorenrechnung werden Kennzahlen – so genannte Variatoren –
bestimmt, die die Kostenauflösung erleichtern sollen. Bei den Variatoren handelt
es sich um Prozentzahlen, die angeben, welcher Anteil der Plankosten variabel ist.
Die Prozentangaben werden üblicherweise durch 10 dividiert, so dass Variatoren
von 0 bis 10 möglich sind. Der Variator $v^{(P)}$ entspricht dem Quotienten aus variablen (proportionalen) Plankosten $K_v^{(P)}$ und gesamten Plankosten $K^{(P)}$:

$$v^{(P)} = \frac{K_v^{(P)}}{K^{(P)}} \cdot 10 \, .$$

---

[369] Vgl. Haberstock, L.: Kostenrechnung II, a.a.O., S. 231ff.; Kilger, W. / Pampel, J. /
Vikas, K.: Flexible Plankostenrechnung und Deckungsbeitragsrechnung, a.a.O.,
S. 272ff.

Bei einer ausschließlich fixen Kostenart ist der Variator gleich Null, und bei einer rein variablen Kostenart ist er gleich zehn. Ein Variator von z.B. acht besagt, dass 80 % der Plankosten variabel und 20 % fix sind.

Die Sollkostenfunktion lässt sich unter Verwendung des Variators wie folgt bestimmen:

$$K^{(S)} = K^{(P)} \cdot \frac{10 - v^{(P)}}{10} + K^{(P)} \cdot \frac{v^{(P)}}{10} \cdot \frac{B^{(S)}}{B^{(P)}},$$

wobei der erste Summand dem fixen und der zweite Summand dem variablen Bestandteil der Sollkosten entspricht.[370]

Schwierigkeiten ergeben sich, wenn der Variator als prozentuale Änderung der Kosten einer Kostenart in einer Kostenstelle bei einer Beschäftigungsänderung von 10 % interpretiert wird. Dies trifft nur zu, wenn man von der Planbeschäftigung ausgeht.

In der Praxis wird häufig ein einmal ermittelter Variator unverändert für die Kostenplanung folgender Perioden verwendet. Nur die Planbeschäftigung wird neu bestimmt. Bei veränderter Planbeschäftigung führt dies zu falschen Sollvorgaben, denn die Höhe des Variators hängt nicht nur von dem Anteil variabler und fixer Kosten ab, sondern wird auch maßgeblich von der Höhe der Planbeschäftigung bestimmt. Ersetzt man in der Gleichung zur Berechnung des Variators

$K_v^{(P)}$ durch $h_{Teil.}^{(P)} \cdot B^{(P)}$ und

$K^{(P)}$ durch $K_f^{(P)} + h_{Teil.}^{(P)} \cdot B^{(P)}$,

so erhält man:

$$v^{(P)} = \frac{10}{1 + \dfrac{K_f^{(P)}}{h_{Teil.}^{(P)} \cdot B^{(P)}}} \cdot$$

Geht man davon aus, dass die variablen Kosten je Bezugsgrößeneinheit $h_{Teil.}^{(P)}$ konstant sind und sich nur die Planbeschäftigung geändert hat, so hat das bereits Auswirkungen auf den Variator. Durch diese Abhängigkeit von der Höhe der Beschäftigung sind die Variatoren als einmal ermittelte Kennzahlen, die für die Kostenauflösung unverändert Bestand haben sollen, nicht geeignet. Sind aber ohnehin zur Berechnung des Variators immer zunächst die fixen und variablen Kosten in

---

[370]   Vgl. Ebert, G.:Kosten- und Leistungsrechnung, a.a.O., S. 148.

absoluten Beträgen zu bestimmen, so ist dieser de facto überflüssig, da im Kostenstellenplan ebenfalls die absoluten Beträge auszuweisen sind.[371]

6.3 Kostenkontrolle in der Grenzplankostenrechnung

6.3.1 Allgemeiner Aufbau der Kostenkontrolle

Die Erreichung des Unternehmensziels kann nicht alleine durch die Planung des Unternehmensgeschehens gewährleistet werden. Vielmehr ist eine Steuerung notwendig, die bei unvorhersehbaren Ereignissen eingreift. Ihre Impulse erhält die Steuerung von der Kostenkontrolle, die damit zum unverzichtbaren Element der Unternehmensführung wird. Dabei handelt es sich um eine Kombination aus Feedback- und Feedforward-Kontrollsystem. Mittels feedforward-orientierter Planungskontrolle sollen bereits vor der Realisierung erkannte Störgrößen aufgedeckt und ausgeschaltet werden. Eine Feedbackkontrolle – auch als Realisationskontrolle bezeichnet – zeigt bereits realisierte Abweichungen auf, die es dann in der Zukunft zu vermeiden gilt.[372]

Die Kostenkontrolle setzt ein gut funktionierendes innerbetriebliches Informationssystem voraus. Sie benötigt Daten aus Logistik-, PPS- und BDE-Systemen, wie beispielsweise Gut-, Ausschuss- und Abfallmengen sowie Materialverbräuche und Fertigungszeiten.[373] Sie sollte in regelmäßigen Abständen, meist monatlich, durchgeführt werden. Kürzere Kontrollperioden erhöhen die Aktualität der Ergebnisse, bewirken aber gleichzeitig einen höheren Kontierungsaufwand.

Im Rahmen der Kostenkontrolle ist die Differenz zwischen Ist- und Sollkosten – die so genannte verbrauchsabweichungsbedingte Kostendifferenz ΔKVA – zu

[371] Vgl. Agthe, K.: Kostenplanung und Kostenkontrolle im Industriebetrieb, a.a.O., S. 110f.; Kilger, W. / Pampel, J. / Vikas, K.: Flexible Plankostenrechnung und Deckungsbeitragsrechnung, a.a.O., S. 276; Michel, M.: Die Kostenspaltung in fixe und variable Bestandteile sowie die Verrechnung der fixen Kosten auf die einzelnen Kostenträger, a.a.O., S. 121; Plaut, H.G.: Entwicklungsformen der Plankostenrechnung (II), a.a.O., S. 69f.

[372] Vgl. Ossadnik, W. / Maus, S.: Kostenabweichungsanalyse als Instrument des operativen Controlling, in: Wirtschaftswissenschaftliches Studium (1994) 9, S. 446-450, hier S. 446; Wimmer, K.: Kostenabweichungsanalyse und Kostensenkung, a.a.O., S. 982f.; Baetge, J.: Überwachung, in: Bitz, M. et al. (Hrsg.): Vahlens Kompendium der Betriebswirtschaftslehre, Bd. 2, 2. Aufl., München 1990, S. 165-208.

[373] Vgl. Raps, A. / Nuppeney, W.: Produktkosten-Controlling im System der Grenzplankostenrechnung, a.a.O., S. 147.

ermitteln. Hierbei handelt es sich um eine stark verdichtete Information, die durch eine Abweichungsanalyse in einzelne Teilabweichungen aufzuspalten ist, damit die Abweichungsursachen möglichst genau erkannt und beseitigt werden können.[372] Ausgehend von der verbrauchsabweichungsbedingten Kostendifferenz werden so genannte spezialabweichungsbedingte Kostendifferenzen, die auf einzelne Kostenbestimmungsfaktoren bzw. Kosteneinflussgrößen[373] zurückzuführen sind, ermittelt. Der Teil der verbrauchsabweichungsbedingten Kostendifferenz, der nicht spezialabweichungsbedingt ist, wird als echte verbrauchsabweichungsbedingte Kostendifferenz bezeichnet und ist aufgrund von innerbetrieblichen Unwirtschaftlichkeiten entstanden. Versucht man, die gesamte verbrauchsabweichungsbedingte Kostendifferenz durch die einzelnen Kostenbestimmungsfaktoren zu erklären, so kann für die echte verbrauchsabweichungsbedingte Kostendifferenz ein eigener Kostenbestimmungsfaktor „innerbetriebliche Unwirtschaftlichkeit" eingeführt werden. Dieser Kostenbestimmungsfaktor wird im Folgenden als KBF_N bezeichnet.[374] Dies schließt allerdings nicht aus, dass die spezialabweichungsbedingten Kostendifferenzen ebenfalls auf unwirtschaftliches Handeln, das oftmals jedoch nicht von der Kostenstelle selbst zu verantworten ist, zurückzuführen sind.[375]

Die Feststellung der einzelnen Abweichungen an sich führt noch nicht zu einer leistungsfähigen Kostenkontrolle. Notwendig ist daher auch, dass ihre Ursachen ermittelt werden und die Verantwortlichkeit geklärt wird. Erst dann können durch entsprechende Maßnahmen Unwirtschaftlichkeiten nicht nur aufgedeckt sondern zukünftig auch vermieden werden.[376]

---

[372] Vgl. Ossadnik, W. / Maus, S.: Kostenabweichungsanalyse als Instrument des operativen Controlling, a.a.O., S. 446.

[373] Eine Übersicht über Kostenbestimmungsfaktoren gibt Kilger, W. / Pampel, J. / Vikas, K.: Flexible Plankostenrechnung und Deckungsbeitragsrechnung, a.a.O., S. 102.

[374] Vgl. Haberstock, L.: Kostenrechnung II, a.a.O., S. 265f.

[375] Vgl. Glaser, H.: Zur Erfassung von Teilabweichungen und Abweichungsüberschneidungen bei der Kostenkontrolle, in: Kostenrechnungspraxis (1986) 4, S. 141-148, hier S. 143; Heni, B.: Betriebswirtschaft und Steuern, a.a.O., S. 326.

[376] Vgl. Ebert, G.: Kosten- und Leistungsrechnung, Mit einem ausführlichen Fallbeispiel, a.a.O., S. 157.

6.3.1.1 Teilabweichungen mit Sonderstellung

In der Grenzplankostenrechnung sind von vornherein folgende zwei Teilabweichungen, die nicht auf unwirtschaftliches Verhalten zurückzuführen sind, nicht Gegenstand der Abweichungsanalyse:

- Preisabweichungsbedingte Kostendifferenzen:

  Die Preisabweichungen werden bereits vor dem Soll-Ist-Kostenvergleich eliminiert, indem die Istkosten in einem System der Plankostenrechnung mit Planpreisen bewertete Istverbrauchsmengen darstellen. Die Wirtschaftlichkeitskontrolle beschränkt sich somit auf eine reine Mengenabweichung.

  Preisabweichungsbedingte Kostendifferenzen können unabhängig von der Abweichungsanalyse untersucht und als Sonderrechnung in die Kostenstellen- und Kostenträgerrechnung integriert werden, um z.B. den Einfluss der Preisabweichungen auf die Kalkulationssätze zu verdeutlichen. Man unterscheidet dabei zwischen Preisabweichungen beim Material und bei Arbeitsleistungen.

  Die Ermittlung der Materialpreisabweichungen kann erfolgen nach der

- Zugangsmethode oder nach der
- Abgangsmethode.

Bei der Zugangsmethode werden die Materialzugänge mit Planpreisen bewertet und die Differenz zwischen Plan- und Istpreisen wird auf einem gesonderten Preisdifferenz-Bestandskonto erfasst. Die Materialbestände sind mit Planpreisen bewertet und können direkt in die Kostenrechnung übernommen werden. Die Preisabweichungen werden entweder direkt vom Preisdifferenzkonto ins Betriebsergebnis übernommen oder sie sind nachträglich auf die Kostenträger zu verteilen. Zu beachten ist, dass nur der Teil der Preisdifferenzen einzubeziehen ist, der aus verbrauchten Mengen resultiert. Man multipliziert deren gesamten Planwert mit dem folgenden Preisabweichungsprozentsatz q_Δ:

$$q_\Delta = \frac{\Delta q_{AB} + \Delta q_{ZG}}{r_{AB} + r_{ZG}} \cdot 100 \,.$$

Darin bezeichnet:

Δq_{AB} den Anfangsbestand an Preisabweichungen zu Beginn einer Periode,

Δq_{ZG} den Zugang an Preisabweichungen während einer Periode,

r_{AB} den Anfangsbestand an Material bewertet zu Planpreisen zu Beginn einer Periode und

r_{ZG} den Zugang an Material bewertet zu Planpreisen während einer Periode.

Der Preisdifferenzprozentsatz q_Δ gibt die durchschnittliche Differenz zwischen Plan- und Istpreisen je Geldeinheit des entsprechenden Materials an.[377]

Bei der Abgangsmethode werden die Materialbestände zu Istpreisen geführt und erst beim Verbrauch erfolgt eine Umbewertung zu Lasten eines Preisdifferenzkontos.

Grundsätzlich führen beide Verfahren zum gleichen Ergebnis. Die Zugangsmethode wird meist vorgezogen, da die Preisabweichungen frühzeitiger zu erkennen sind. Ebenfalls von Vorteil ist die einheitliche Bewertung der Bestände mit Planpreisen, was jedoch bei Änderung der Planpreise eine Neubewertung der Bestände erfordert.

Zur Beurteilung der Preisabweichungen ist herauszufinden, ob die Einkaufsabteilung diese zu verantworten hat oder nicht. Da beeinflussbare Faktoren wie Wahl des Lieferanten, der Bestellmengen und -zeitpunkte nur unzureichend von den nicht beeinflussbaren Faktoren wie konjunkturelle oder saisonale Schwankungen oder Veränderungen der Marktstruktur getrennt werden können, erfolgt normalerweise keine Beurteilung der Einkaufsabteilung anhand der Preisabweichungen.[378]

Die Preisabweichungen bei den Arbeitsleistungen können auf unterschiedliche Ursachen zurückzuführen sein:

– Generelle Änderung der Tariflöhne,
– Arbeitskräfte werden für ihre Tätigkeit mit zu hohen oder zu niedrigen Sätzen bezahlt aufgrund von:
  – innerbetrieblichen Personalverschiebungen zwischen den Kostenstellen,
  – Anlernzeiten,
  – garantiertem Mindestakkord oder
  – spezifischen Arbeitsmarktsituationen.

Nur die generellen Änderungen werden vorab als Preisdifferenzen erfasst. Die weiteren Änderungen werden in den Soll-Ist-Vergleich übernommen, da ihre Ursachen in den Kostenstellen zu suchen sind.[379]

– Abweichungen, die darauf zurückzuführen sind, dass die Planbeschäftigung nicht realisiert wurde:
  Bei der Abweichungsanalyse werden die Istkosten nicht mit den Plankosten, sondern mit den Sollkosten, die sich definitionsgemäß auf die Sollbeschäfti-

---

[377]   Vgl. Kapitel 4.1.3.1.2.
[378]   Vgl. Haberstock, L.: Kostenrechnung II, a.a.O., S. 272ff.
[379]   Vgl. Haberstock, L.: Kostenrechnung II, a.a.O., S. 280ff.

gung beziehen, verglichen. Der Kostenbestimmungsfaktor Ausbringungsmenge bzw. Leistung nimmt beim Soll-Ist-Vergleich immer den Istwert an. Die Kostenabweichungen, die ausschließlich darauf zurückzuführen sind, dass nicht die Planmenge, sondern die Istmenge produziert wurde – also die Differenz zwischen Plan- und Sollkosten – ist damit nicht Gegenstand der Abweichungsanalyse. Obwohl die Bezeichnung Beschäftigungsabweichung hier zutreffend wäre, ist nicht die beschäftigungsabweichungsbedingte Kostendifferenz aus der Vollkostenrechnung gemeint, die in der Literatur oftmals vereinfacht nur als Beschäftigungsabweichung bezeichnet wird.[380]

6.3.1.2 Verfahren der Abweichungsanalyse

Für die Abweichungsanalyse in der Grenzplankostenrechnung werden die Plan-, Ist- und Sollkosten in Abhängigkeit von den Kostenbestimmungsfaktoren $KBF_1, ..., KBF_N$ formal wie folgt dargestellt:

$$\text{Plankosten:} \quad K^{(P)} = K\left(KBF_1^{(P)}, KBF_2^{(P)}, KBF_3^{(P)}, ..., KBF_N^{(P)}\right)$$

$$\text{Istkosten:} \quad K^{(I)} = K\left(KBF_1^{(I)}, KBF_2^{(I)}, KBF_3^{(I)}, ..., KBF_N^{(I)}\right)$$

$$\text{Sollkosten:} \quad K^{(S1)} = K\left(KBF_1^{(I)}, KBF_2^{(P)}, KBF_3^{(P)}, ..., KBF_N^{(P)}\right),$$

wobei der erste Kostenbestimmungsfaktor KBF_1 immer der Ausbringungsmenge bzw. den Leistungseinheiten einer Kostenstelle entsprechen soll.

Wird in der Kostenanalyse lediglich der Kostenbestimmungsfaktor Ausbringungsmenge mit seinem Istwert angesetzt und alle übrigen Kostenbestimmungsfaktoren mit ihren Planwerten berücksichtigt, so bezeichnet man die zugehörigen Kosten als Sollkosten $K^{(S1)}$. Das Plankostenrechnungssystem wird dann einfachflexibel genannt. Spezialabweichungsbedingte Kostendifferenzen können erst durch die Berücksichtigung weiterer Kostenbestimmungsfaktoren mit ihren Istwerten abgespalten werden. Je nach Anzahl der Kostenbestimmungsfaktoren, die abgespalten werden, handelt es sich um ein:

– einfach-flexibles Plankostenrechnungssystem
– zweifach-flexibles Plankostenrechnungssystem
⋮
– N-fach-flexibles Plankostenrechnungssystem.[381]

---

[380] Vgl. Haberstock, L.: Kostenrechnung II, a.a.O., S. 261f.
[381] Vgl. Glaser, H.: Zur Erfassung von Teilabweichungen und Abweichungsüberschneidungen bei der Kostenkontrolle, a.a.O., S. 142.

Je nachdem, ob die Kostenbestimmungsfaktoren jeweils einzeln oder nacheinander abgespalten werden, unterscheidet man zwischen:

- alternativer Abweichungsanalyse und
- kumulativer Abweichungsanalyse.[382]

Bei der alternativen Abweichungsanalyse erfolgt die Abspaltung der einzelnen spezialabweichungsbedingten Kostendifferenzen immer ausgehend von ein und derselben Kostensituation. Eine Abspaltungsreihenfolge ist daher nicht von Interesse. Je nach der als Vergleichsmaßstab gewählten Kostensituation unterscheidet man zwischen Plan-Ist-Ansatz und Ist-Plan-Ansatz.[383] Der Plan-Ist-Ansatz untersucht, wie sich die Abweichung eines Kostenbestimmungsfaktors von seinem Planwert auf die Plankosten auswirkt. Dagegen gibt die spezialabweichungsbedingte Kostendifferenz beim Ist-Plan-Ansatz an, wie sich die Istkosten dadurch geändert hätten, wenn der betreffende Kostenbestimmungsfaktor nicht mit dem Ist- sondern mit dem Planwert realisiert worden wäre.

6.3.1.2.1 Alternative Abweichungsanalyse

Bei dem Plan-Ist-Ansatz der alternativen Abweichungsanalyse werden den Sollkosten $K^{(S1)}$ die Istkosten $K_n^{(I)}$ gegenübergestellt, die anfallen würden, wenn neben der Ausbringungsmenge (KBF_1) jeweils ein weiterer Kostenbestimmungsfaktor KBF_n $(n = 2, ..., N)$ mit seinem Istwert realisiert worden wäre.[384]

Aus den modifizierten Istkosten

$$K_n^{(P)} = K\left(KBF_1^{(I)}, KBF_2^{(P)}, ..., KBF_n^{(I)}, ..., KBF_N^{(P)}\right), \qquad n = 2, ..., N,$$

und den Sollkosten

$$K_n^{(S1)} = K\left(KBF_1^{(I)}, KBF_2^{(P)}, ..., KBF_n^{(P)}, ..., KBF_N^{(P)}\right)$$

ergibt sich die Abweichung, die auf den Kostenbestimmungsfaktor n zurückzuführen ist:

---

[382] Literaturüberblick zur Abweichungsanalyse in: Möller, H.P.: Erfolgsanalyse mit Erfolgsfunktionen (II), in: Das Wirtschaftsstudium (1985) 2, S. 81-87, hier S. 85ff.

[383] Diese Unterteilung ist nicht zu verwechseln mit dem Soll-Ist-Ansatz bzw. dem Ist-Soll-Ansatz, bei denen es lediglich um die Frage geht, ob man von den Sollkosten die Istkosten subtrahiert oder umgekehrt. Vgl. Ossadnik, W. / Maus, S.: Kostenabweichungsanalyse als Instrument des operativen Controlling, a.a.O., S. 447. Die folgenden Ausführungen gehen grundsätzlich vom Ist-Soll-Ansatz aus.

[384] Vgl. Glaser, H.: Zur Erfassung von Teilabweichungen und Abweichungsüberschneidungen bei der Kostenkontrolle, a.a.O., S. 146.

$$\Delta KBF_n^{alt.\,P-I} = K_n^{(I)} - K^{(S1)}, \qquad n = 2, \ldots, N \,.$$

Diese Kostendifferenz gibt unter der Annahme, dass alle anderen Kostenbestimmungsfaktoren auch tatsächlich mit ihrem Planwert realisiert werden, das maximale Kostenänderungspotential, das bei Vermeidung der Kostendifferenz zwischen dem Ist- und Planwert des Kostenbestimmungsfaktors n erreicht werden kann, an.[385] Die Abspaltung weiterer Kostenbestimmungsfaktoren erfolgt analog dazu.

Abweichungen, die bei multiplikativer Verknüpfung der Kostenbestimmungsfaktoren auf mehrere dieser Einflussgrößen gleichzeitig zurückzuführen sind – so genannte Abweichungsinterdependenzen –, sind in den Spezialabweichungen nicht enthalten, da die Abweichungen jeweils auf Basis der Planwerte aller anderen Kostenbestimmungsfaktoren ermittelt werden. Daher ergibt sich für N Kostenbestimmungsfaktoren, dass die Summe der spezialabweichungsbedingten Kostendifferenzen kleiner oder gleich der verbrauchsabweichungsbedingten Kostendifferenz ist:[386]

$$\sum_{n=2}^{N} \Delta KBF_n^{alt.\,P-I} \le \Delta KVA \,,$$

falls bei multiplikativer Verknüpfung für die Kostenbestimmungsfaktoren gilt:

$$KBF_n \ge 0 \,, \qquad n = 1, \ldots, N \,,$$

$$KBF_n^{(I)} \ge KBF_n^{(P)} \,, \qquad n = 2, \ldots, N \,.$$

Dies gilt selbst dann, wenn die echte verbrauchsabweichungsbedingte Kostendifferenz für unwirtschaftliches Verhalten Null ist oder als Kostenbestimmungsfaktor N einbezogen wird.

Nach Abzug der spezialabweichungsbedingten Kostendifferenzen von der verbrauchsabweichungsbedingten Kostendifferenz kann deren Restbetrag nicht ausschließlich auf Unwirtschaftlichkeiten zurückgeführt werden. Folglich ist die alternative Abweichungsanalyse zur Kostenkontrolle wenig brauchbar.

---

[385] Vgl. Kloock, J.: Kostenkontrolle auf der Basis kombinierter und lernorientierter Feedback-Feedforward-Prozesse, Diskussionsbeiträge zum Rechnungswesen der Wirtschafts- und Sozialwissenschaftlichen Fakultät Köln, Beitrag Nr. 1, Köln 1990, S. 18. KLOOCK merkt dies zwar bei den Teilabweichungen ersten Grades der kumulativen Abweichungsanalyse an. Die Aussage gilt aber hier analog.

[386] Vgl. Glaser, H.: Zur Erfassung von Teilabweichungen und Abweichungsüberschneidungen bei der Kostenkontrolle, a.a.O., S. 146. Allerdings ist die Aussage ohne die hier angegebenen zusätzlichen Annahmen nicht allgemein gültig.

Bei der alternativen Abweichungsanalyse als Ist-Plan-Ansatz werden den Istkosten $K^{(I)}$ die Plankosten $K_n^{(P)}$ gegenübergestellt, die anfallen würden, wenn ausschließlich der Kostenbestimmungsfaktor KBF_n $(n = 2, \ldots, N)$ mit seinem Planwert realisiert worden wäre.[387]

Aus den Istkosten

$$K^{(I)} = K\left(KBF_1^{(I)}, KBF_2^{(I)}, \ldots, KBF_n^{(I)}, \ldots, KBF_N^{(I)}\right)$$

und den modifizierten Plankosten

$$K_n^{(P)} = K\left(KBF_1^{(I)}, KBF_2^{(I)}, \ldots, KBF_n^{(P)}, \ldots, KBF_N^{(I)}\right), \qquad n = 2, \ldots, N,$$

ergibt sich die Abweichung, die auf den Kostenbestimmungsfaktor n zurückzuführen ist:

$$\Delta KBF_n^{alt.\,I-P} = K^{(I)} - K_n^{(P)}, \qquad n = 2, \ldots, N.$$

Diese Kostendifferenz gibt unter der Annahme, dass alle anderen Kostenbestimmungsfaktoren unverändert die tatsächlich realisierten Werte annehmen, das maximale Kostenänderungspotential, das bei Vermeidung der Kostendifferenz zwischen dem Ist- und Planwert des Kostenbestimmungsfaktors n erreicht werden kann, an.[388] Die Abspaltung weiterer Kostenbestimmungsfaktoren erfolgt analog dazu.

Die Bewertung der Abweichung mit Istwerten führt dazu, dass die Abweichungsinterdependenzen mehrfach in den Spezialabweichungen enthalten sind. Daraus ergibt sich folgende Relation:

$$\sum_{n=2}^{N} \Delta KBF_n^{alt.\,I-P} \geq \Delta KVA,$$

falls bei multiplikativer Verknüpfung für die Kostenbestimmungsfaktoren gilt:

$$KBF_n \geq 0, \qquad n = 1, \ldots, N,$$

$$KBF_n^{(I)} \geq KBF_n^{(P)}, \qquad n = 2, \ldots, N.$$

---

[387] Vgl. Glaser, H.: Zur Erfassung von Teilabweichungen und Abweichungsüberschneidungen bei der Kostenkontrolle, a.a.O., S. 145f.; Kilger, W. / Pampel, J. / Vikas, K.: Flexible Plankostenrechnung und Deckungsbeitragsrechnung, a.a.O., S. 138ff.

[388] Vgl. Kloock, J.: Kostenkontrolle auf der Basis kombinierter und lernorientierter Feedback-Feedforward-Prozesse, a.a.O., S. 18. KLOOCK merkt dies zwar bei den Teilabweichungen ersten Grades der kumulativen Abweichungsanalyse an, die Aussage gilt aber hier analog.

Da die Summe der Spezialabweichungen die verbrauchsabweichungsbedingte Kostendifferenz übersteigt und folglich auch hier keine genaue Aufteilung der verbrauchsabweichungsbedingten Kostendifferenz in spezialabweichungsbedingte Kostendifferenzen erfolgt, ist die alternative Abweichungsanalyse als Ist-Plan-Ansatz zur Kostenkontrolle wenig geeignet. Ebenfalls ist kritisch anzumerken, dass die spezialabweichungsbedingte Kostendifferenz nicht nur vom betrachteten Kostenbestimmungsfaktor abhängt, sondern durch den Ansatz der Istwerte bei den sonstigen Einflussgrößen auch von deren Abweichungen. Im Extremfall hat die Änderung eines Kostenbestimmungsfaktors damit Auswirkungen auf alle spezialabweichungsbedingten Kostendifferenzen. Um diese gegenseitigen Abhängigkeiten zu vermeiden, ist dem Plan-Ist-Ansatz hier der Vorrang zu geben.[389]

Folgendes Beispiel möge die vorangegangenen Darlegungen illustrieren. In einem Maschinenbauunternehmen plant man die Herstellung von 12.000 Werkzeugen (Gutteile) im Gussverfahren. Die Kostenkontrolle bezieht sich auf die Kostenstelle Gießerei. Der Maschinenstundensatz dieser Kostenstelle beträgt 240 € pro Stunde bzw. 4 € pro Minute. Da die Kapazitätsinanspruchnahme für die Herstellung eines Werkzeuges nicht von der Art des Werkzeuges abhängt, ist eine Differenzierung nach einzelnen Werkzeugarten nicht notwendig. Man plant für die Periode eine Kapazitätsinanspruchnahme von 2 Minuten je Werkzeug und einen Anteil der Gutteile von 90 %. Tatsächlich werden aber in der Periode nur 10.000 Werkzeuge produziert, für die 3 Minuten je Werkzeug benötigt werden. Der Anteil der Gutteile liegt in der Istsituation bei 80 %. Sonstige innerbetriebliche Unwirtschaftlichkeiten treten nicht auf. Fixe Kosten sollen unberücksichtigt bleiben. Die alternative Abweichungsanalyse soll als Plan-Ist-Ansatz durchgeführt werden.

Zur Ermittlung der verbrauchsabweichungsbedingten Kostendifferenz sind die Istkosten $K^{(I)}$ und die Sollkosten $K^{(S1)}$ zu bestimmen:

$$K^{(I)} = 10.000 \cdot 3 \cdot \frac{1}{0,8} \cdot 4 = 150.000 \ €$$

$$K^{(S1)} = 10.000 \cdot 2 \cdot \frac{1}{0,9} \cdot 4 = 88.888,89 \ €$$

$$\Delta KVA = 150.000 - 88.888,89 = 61.111,11 \ € \ .$$

---

[389] Vgl. Kloock, J.: Kostenkontrolle auf der Basis kombinierter und lernorientierter Feedback-Feedforward-Prozesse, a.a.O., S. 18.

Im Folgenden soll die spezialabweichungsbedingte Kostendifferenz $\Delta KBF_2^{alt.P-I}$ bestimmt werden, die darauf zurückzuführen ist, dass die Istbearbeitungszeit mit 3 Minuten je ME von der Planbearbeitungszeit in der Höhe von 2 Minuten je ME abweicht. Dazu werden zunächst die modifizierten Istkosten $K_2^{(I)}$ bestimmt, indem man den Istwert der Bearbeitungszeit von 3 Minuten je Mengeneinheit einsetzt:

$$K_2^{(I)} = 10.000 \cdot 3 \cdot \frac{1}{0,9} \cdot 4 = 133.333,33 \text{ €}.$$

Die spezialabweichungsbedingte Kostendifferenz $\Delta KBF_2^{alt.P-I}$ aufgrund des Kostenbestimmungsfaktors 2 (Bearbeitungszeit) ergibt sich nun wie folgt:

$$\Delta KBF_2^{alt.P-I} = 133.333,33 - 88.888,89 = 44.444,44 \text{ €}.$$

Diese Abweichung basiert auf dem Planwert des Kostenbestimmungsfaktors Ausbeutegrad von 90 %.

Die Abb. 6.9 zeigt die Sollkosten $K^{(S1)}$ und die modifizierten Istkosten $K_2^{(I)}$, die sich ergeben, wenn außer der Ausbringungsmenge und der Bearbeitungszeit alle Kostenbestimmungsfaktoren mit ihren Planwerten realisiert würden.

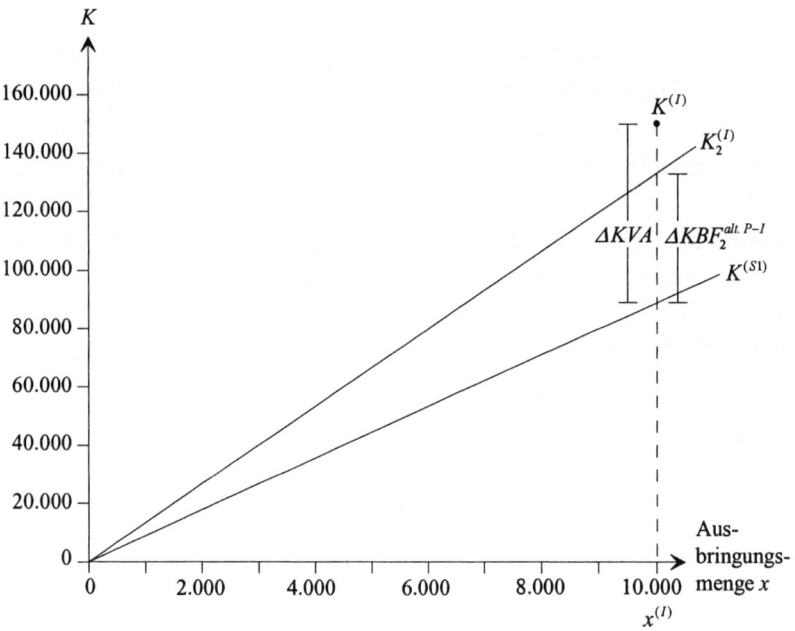

Abb. 6.9: Alternative Abweichungsanalyse des KBF_2 Bearbeitungszeit

Analog lässt sich die spezialabweichungsbedingte Kostendifferenz $\Delta KBF_3^{alt.P-I}$ ermitteln, die daraus resultiert, dass der Planausbeutegrad von 90 % nicht erreicht wird und der Istausbeutegrad stattdessen nur bei 80 % liegt. Dazu werden zunächst die modifizierten Istkosten $K_3^{(I)}$ bestimmt, indem man den Istwert des Ausbeutegrades von 80 % einsetzt:

$$K_3^{(I)} = 10.000 \cdot 2 \cdot \frac{1}{0,8} \cdot 4 = 100.000 \ \text{€}.$$

Die spezialabweichungsbedingte Kostendifferenz $\Delta KBF_3^{alt.P-I}$ aufgrund des Kostenbestimmungsfaktors 3 (Ausbeutegrad) ergibt sich wie folgt:

$$\Delta KBF_3^{alt.P-I} = 100.000 - 88.888,89 = 11.111,11 \ \text{€}.$$

Diese Abweichung basiert auf dem Planwert des Kostenbestimmungsfaktors Bearbeitungszeit von 2 Minuten je Mengeneinheit.

Die Abb. 6.10 zeigt die Sollkosten $K^{(S1)}$ und die modifizierten Istkosten $K_3^{(I)}$, die sich ergeben, wenn außer der Ausbringungsmenge und dem Ausbeutegrad alle Kostenbestimmungsfaktoren mit ihren Planwerten realisiert würden.

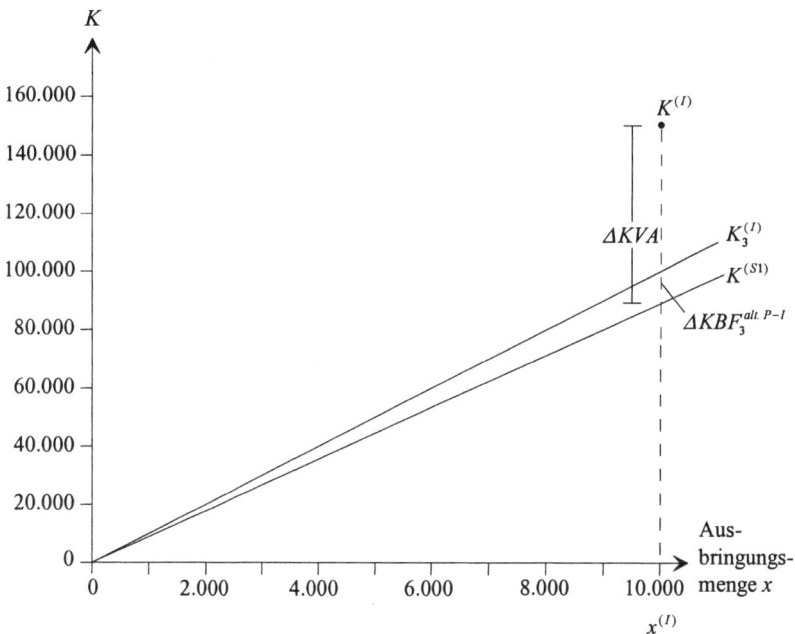

Abb. 6.10: Alternative Abweichungsanalyse des KBF_3 Ausbeutegrad

Die Summe der spezialabweichungsbedingten Kostendifferenzen ist kleiner als die verbrauchsabweichungsbedingte Kostendifferenz, da die spezialabweichungsbedingten Kostendifferenzen jeweils vom Planwert des anderen Kostenbestimmungsfaktors ausgehen. Abweichungen, die auf beide Kostenbestimmungsfaktoren zurückzuführen sind, werden nicht berücksichtigt. Dabei handelt es sich in diesem Beispiel um die Abweichung aufgrund der erhöhten Bearbeitungszeit, die ebenfalls für die gestiegene Bearbeitungsmenge (wegen des gesunkenen Ausbeutegrades) anfällt.

$$\Delta KBF_2^{alt.P-I} + \Delta KBF_3^{alt.P-I} = 55.555,56 \; € < 61.111,11 \; € = \Delta KVA \, .$$

Obwohl sich die gesamte verbrauchsabweichungsbedingte Kostendifferenz nur aus der Abweichung der Kostenbestimmungsfaktoren Produktionszeit und Ausbeutegrad von ihrem Planwert ergibt, werden nach der alternativen Abweichungsanalyse 5.555,56 € als echte verbrauchsabweichungsbedingte Kostendifferenz verrechnet.

6.3.1.2.2 Kumulative Abweichungsanalyse

Bei der kumulativen Abweichungsanalyse werden die Teilabweichungen nacheinander abgespalten. Die Anordnung der Kostenbestimmungsfaktoren bestimmt, in welcher Reihenfolge die einzelnen Teilabweichungen abgespalten werden. Bei multiplikativer Verknüpfung der Kostenbestimmungsfaktoren beeinflusst sie zudem maßgeblich die Höhe der Abweichung. Diese hängt zusätzlich davon ab, ob man von den Plankosten ausgeht und sie an die Istkosten anpasst (Plan-Ist-Ansatz) oder ob man im umgekehrten Fall von den Istkosten ausgeht und sie schrittweise an die Plankosten anpasst (Ist-Plan-Ansatz).

Die Zahl der angepassten Kostenbestimmungsfaktoren gibt an, ob es sich um zweifach-, dreifach- oder N-fach-flexible Kostenrechnungssysteme handelt.

Beim Plan-Ist-Ansatz der kumulativen Abweichungsanalyse geht man von den Sollkosten $K^{(S1)}$ aus und passt diese schrittweise durch Berücksichtigung jeweils des nächsten Kostenbestimmungsfaktors mit seinem Istwert an die Istkosten an.[390] Daraus ergeben sich die folgenden modifizierten Istkosten, wobei $K_{1-n}^{(I)}$ besagt, dass es sich um Kosten handelt, denen die Kostenbestimmungsfaktoren 1 bis n mit

---

[390]   Vgl. Kloock, J. / Bommes, W.: Methoden der Kostenabweichungsanalyse, in: Kostenrechnungspraxis (1982) 5, S. 225-237, hier S. 227f.; Glaser, H.: Zur Erfassung von Teilabweichungen und Abweichungsüberschneidungen bei der Kostenkontrolle, a.a.O., S. 146f.

ihren Istwerten und die Kostenbestimmungsfaktoren $n+1$ bis N mit den Planwerten zugrunde liegen:

$$K_1^{(I)} \;=\; K\left(KBF_1^{(I)}, KBF_2^{(P)}, KBF_3^{(P)}, KBF_4^{(P)}, \ldots, KBF_N^{(P)}\right) \;=\; K^{(S1)}$$

$$K_{1-2}^{(I)} \;=\; K\left(KBF_1^{(I)}, KBF_2^{(I)}, KBF_3^{(P)}, KBF_4^{(P)}, \ldots, KBF_N^{(P)}\right)$$

$$K_{1-3}^{(I)} \;=\; K\left(KBF_1^{(I)}, KBF_2^{(I)}, KBF_3^{(I)}, KBF_4^{(P)}, \ldots, KBF_N^{(P)}\right)$$

$$\vdots$$

$$K_{1-n}^{(I)} \;=\; K\left(KBF_1^{(I)}, KBF_2^{(I)}, KBF_3^{(I)}, \ldots, KBF_n^{(I)}, KBF_{n+1}^{(P)}, \ldots, KBF_N^{(P)}\right)$$

$$\vdots$$

$$K_{1-N}^{(I)} \;=\; K\left(KBF_1^{(I)}, KBF_2^{(I)}, KBF_3^{(I)}, KBF_4^{(I)}, \ldots, KBF_N^{(I)}\right) \;=\; K^{(I)}.$$

Auf die Plankosten kann hier verzichtet werden, da die Differenz zwischen
Plan- und Sollkosten $K^{(S1)}$ auf die veränderte Ausbringungsmenge zurückzuführen ist, die – wie bereits erläutert – nicht als Spezialabweichung ausgewiesen werden soll. Der KBF_N entspricht hier der innerbetrieblichen Unwirtschaftlichkeit,
woraus folgt, dass man nach Anpassung aller Kostenbestimmungsfaktoren die Istkosten erhält, wie die letzte Gleichung zeigt.

Bei einem zweifach-flexiblen Kostenrechnungssystem werden die Sollkosten
$K^{(S1)}$ mit den modifizierten Istkosten $K_{1-2}^{(I)}$, die sich ergeben, wenn außer der Ausbringungsmenge auch der zweite Kostenbestimmungsfaktor mit seinem Istwert
angesetzt wird, verglichen. Die Differenz zeigt die spezialabweichungsbedingte
Kostendifferenz, die auf den Kostenbestimmungsfaktor 2 zurückzuführen ist. Sie
entspricht dem Ergebnis der alternativen Abweichungsanalyse als Plan-Ist-Ansatz.

$$\Delta KBF_2^{kum.\,P-I} = K_{1-2}^{(I)} - K_1^{(I)}.$$

Hat der Kostenstellenleiter die spezialabweichungsbedingte Kostendifferenz
$\Delta KBF_2^{kum.\,P-I}$ nicht zu verantworten, so ist sie von der verbrauchsabweichungsbedingten Kostendifferenz ΔKVA abzuspalten, und es ergibt sich als Kostenrestabweichung ΔKRA_2:

$$\Delta KRA_2 = \Delta KVA - \Delta KBF_2^{kum.\,P-I}$$
$$= K^{(I)} - K^{(S1)} - \left(K_{1-2}^{(I)} - K_1^{(I)}\right).$$

Da gilt: $K_1^{(I)} = K_1^{(S1)}$ folgt daraus:

$$\Delta KRA_2 = K^{(I)} - K_1^{(I)} - \left(K_{1-2}^{(I)} - K_1^{(I)}\right)$$
$$= K^{(I)} - K_{1-2}^{(I)}.$$

Dreifach-flexible Plankostenrechnungssysteme berücksichtigen einen weiteren Kostenbestimmungsfaktor mit seinem Istwert, was zu den modifizierten Istkosten $K_{1-3}^{(I)}$ führt. Neben $\Delta KBF_2^{kum.\,P-I}$ lässt sich eine weitere spezialabweichungsbedingte Kostendifferenz $\Delta KBF_3^{kum.\,P-I}$ ermitteln:

$$\Delta KBF_3^{kum.\,P-I} = K_{1-3}^{(I)} - K_{1-2}^{(I)}\,.$$

Die Kostenrestabweichung ΔKRA_2 ist um diese spezialabweichungsbedingte Kostendifferenz $\Delta KBF_3^{kum.\,P-I}$ zu vermindern, sofern sie nicht vom Kostenstellenleiter zu verantworten ist. Als neue Kostenrestabweichung ergibt sich ΔKRA_3:

$$\Delta KRA_3 = \Delta KRA_2 - \Delta KBF_3^{kum.\,P-I} = K^{(I)} - K_{1-3}^{(I)}\,.$$

Allgemein lässt sich die spezialabweichungsbedingte Kostendifferenz $\Delta KBF_n^{kum.\,P-I}$, die auf den Kostenbestimmungsfaktor n zurückzuführen ist, wie folgt ermitteln:

$$\Delta KBF_n^{kum.\,P-I} = K_{1-n}^{(I)} - K_{1-(n-1)}^{(I)}\,.$$

Bei N-fach-flexiblen bzw. vollständig-flexiblen Kostenrechnungssystemen werden alle Kostenbestimmungsfaktoren mit dem Istwert angesetzt, und als letzte Abweichung ergibt sich:

$$\Delta KBF_N^{kum.\,P-I} = K_{1-N}^{(I)} - K_{1-(N-1)}^{(I)}\,.$$

Wird der Kostenbestimmungsfaktor KBF_N als innerbetriebliche Unwirtschaftlichkeit interpretiert – wie hier unterstellt –, so entsprechen die modifizierten Istkosten $K_{1-N}^{(I)}$ den tatsächlich angefallenen Kosten und die Kostenrestabweichung ΔKRA_N:

$$\Delta KRA_N = \Delta KRA_{N-1} - \Delta KBF_N^{kum.\,P-I} = K^{(I)} - K_{1-N}^{(I)}$$

ist definitionsgemäß gleich Null. Daraus folgt, dass die Teilabweichungen die gesamte verbrauchsabweichungsbedingte Kostendifferenz erklären:

$$\sum_{n=2}^{N} \Delta KBF_n^{kum.\,P-I} = \Delta KVA\,.$$

Die Kostenrestabweichung ΔKRA_{N-1} entspricht der letzten spezialabweichungsbedingten Kostendifferenz $\Delta KBF_N^{kum.\,P-I}$ und ist, falls der KBF_N als innerbetriebliche Unwirtschaftlichkeit definiert wurde, als echte verbrauchsabweichungsbedingte Kostendifferenz zu interpretieren:

$$\Delta KRA_{N-1} = K^{(I)} - K^{(I)}_{1-(N-1)} = K^{(I)}_{1-N} - K^{(I)}_{1-(N-1)} = \Delta KBF_N^{kum.\,P-I}.$$

Bei der Bestimmung der einzelnen Teilabweichungen ergibt sich folgendes Problem. Die einzelnen Kostenbestimmungsfaktoren sind in der Regel nicht voneinander unabhängig. In einem dreifach-flexiblen Plankostenrechnungssystem entstehen beispielsweise Abweichungen, die zurückzuführen sind auf:

– Abweichung des ersten Kostenbestimmungsfaktors von seinem Planwert (Abweichung ersten Grades oder Primärabweichung),
– Abweichung des zweiten Kostenbestimmungsfaktors von seinem Planwert (Abweichung ersten Grades oder Primärabweichung) und auf
– Abweichung beider Kostenbestimmungsfaktoren von ihren Planwerten (Abweichung zweiten Grades oder Sekundärabweichung).

Werden mehr als zwei Kostenbestimmungsfaktoren angepasst, dann können zusätzlich noch Abweichungen höheren Grades entstehen.[391] Abweichungen, die nicht eindeutig einem Kostenbestimmungsfaktor zuzurechnen sind, bezeichnet man als Abweichungsinterdependenzen oder Abweichungsüberschneidungen. Eine verursachungsgerechte Aufteilung ist nicht möglich. Beim Plan-Ist-Ansatz ist nur die zuerst abgespaltete Teilabweichung frei von Abweichungsinterdependenzen. Folglich enthält im Normalfall auch die zuletzt abgespaltene und als innerbetriebliche Unwirtschaftlichkeit bezeichnete Teilabweichung Abweichungen, die nicht alleine auf den letzten Kostenbestimmungsfaktor zurückzuführen sind. Dies führt zu einer eingeschränkten Aussagefähigkeit der kumulativen Abweichungsanalyse als Plan-Ist-Ansatz. Ebenfalls ist zu kritisieren, dass die Höhe der sonstigen Teilabweichungen maßgeblich durch die Abspaltungsreihenfolge bestimmt wird, da davon abhängig ist, welche Abweichungsinterdependenzen ihnen zugerechnet werden.

Als weitere Möglichkeit zur kumulativen Abweichungsanalyse wird der Ist-Plan-Ansatz vorgeschlagen.[392] Hier werden die Istkosten schrittweise bis zu den Sollkosten angepasst, indem man folgende modifizierte Plankosten bildet.

---

[391] Vgl. Wimmer, K.: Kostenabweichungsanalyse und Kostensenkung, a.a.O., S. 986. WIMMER gibt eine Formel zur Bestimmung der Zahl der höheren Abweichungen an.

[392] Vgl. Kilger, W. / Pampel, J. / Vikas, K.: Flexible Plankostenrechnung und Deckungsbeitragsrechnung, a.a.O., S. 176f.; Glaser, H.: Zur Erfassung von Teilabweichungen und Abweichungsüberschneidungen bei der Kostenkontrolle, a.a.O., S. 140ff.

$$K^{(I)} \;=\; K\left(KBF_1^{(I)}, KBF_2^{(I)}, KBF_3^{(I)}, KBF_4^{(I)}, \ldots, KBF_N^{(I)}\right)$$

$$K_2^{(P)} \;=\; K\left(KBF_1^{(I)}, KBF_2^{(P)}, KBF_3^{(I)}, KBF_4^{(I)}, \ldots, KBF_N^{(I)}\right)$$

$$K_{2-3}^{(P)} \;=\; K\left(KBF_1^{(I)}, KBF_2^{(P)}, KBF_3^{(P)}, KBF_4^{(I)}, \ldots, KBF_N^{(I)}\right)$$

$$\vdots$$

$$K_{2-n}^{(P)} \;=\; K\left(KBF_1^{(I)}, KBF_2^{(P)}, KBF_3^{(P)}, \ldots, KBF_n^{(P)}, KBF_{n+1}^{(I)}, \ldots, KBF_N^{(I)}\right)$$

$$\vdots$$

$$K_{2-N}^{(P)} \;=\; K\left(KBF_1^{(I)}, KBF_2^{(P)}, KBF_3^{(P)}, KBF_4^{(P)}, \ldots, KBF_N^{(P)}\right) = K^{(S1)}\,.$$

$K_{2-n}^{(P)}$ besagt, dass die Kostenbestimmungsfaktoren 2 bis n mit ihren Planwerten und alle anderen Kostenbestimmungsfaktoren mit den Istwerten berücksichtigt werden. Der Kostenbestimmungfaktor 1 – die Ausbringungsmenge – geht immer mit dem Istwert in die Kosten ein. Damit unterbleibt eine Anpassung bis zu den Plankosten, und die Kostenabweichung aufgrund der veränderten Ausbringungsmenge wird nicht in die Abweichungsanalyse einbezogen, was aus bekannten Gründen so gewollt ist.

Für den Kostenbestimmungsfaktor n lässt sich die spezialabweichungsbedingte Kostendifferenz $\Delta KBF_n^{kum.\,I-P}$ wie folgt ermitteln:

$$\Delta KBF_n^{kum.\,I-P} = K_{2-(n-1)}^{(P)} - K_{2-n}^{(P)}\,, \qquad n = 3, \ldots, N\,,$$

und wegen der Sonderstellung des Kostenbestimmungsfaktors 1:

$$\Delta KBF_n^{kum.\,I-P} = K^{(I)} - K_{2-n}^{(P)}\,, \qquad n = 2\,.$$

Die Kostenrestabweichungen lassen sich analog zum Plan-Ist-Ansatz bestimmen. Die letzte Restabweichung ist hier ebenfalls Null, woraus folgt, dass die Teilabweichungen auch beim Ist-Plan-Ansatz die gesamte verbrauchsabweichungsbedingte Kostendifferenz erklären:

$$\sum_{n=2}^{N} \Delta KBF_n^{kum.\,I-P} = \Delta KVA\,.$$

Ebenfalls tritt beim Ist-Plan-Ansatz das Problem der Abweichungsinterdependenzen auf, die je nach Reihenfolge in unterschiedlichen Teilabweichungen enthalten sind. Ein wesentlicher Unterschied besteht aber darin, dass hier die zuletzt abgespaltene Teilabweichung als einzige keine Abweichungen enthält, die auf andere Kostenbestimmungsfaktoren zurückzuführen sind. Handelt es sich bei der letzten Abweichung um die so genannte innerbetriebliche Unwirtschaftlichkeit und will man genau die ermitteln, dann ist der Ist-Plan-Ansatz dem Plan-Ist-Ansatz vorzuziehen.[393]

Als sinnvolle Ergänzung zu den hier dargestellten Möglichkeiten der kumulativen Abweichungsanalyse wird die differenziert kumulative Methode vorgeschlagen. Zusätzlich sieht sie den getrennten Ausweis der Abweichungsinterdependenzen in den Teilabweichungen vor.[394]

Die diskutierten Sachverhalte sollen durch ein Beispiel zur kumulativen Abweichungsanalyse als Plan-Ist-Ansatz verdeutlicht werden, das auf den Angaben des Beispiels zur alternativen Abweichungsanalyse basiert. Die Berechnung der Istkosten $(=150.000\,\text{€})$ und der Sollkosten $K^{(S1)}$ $(=88.888,89\,\text{€})$ kann unverändert übernommen werden.

In Abhängigkeit von der Abspaltungsreihenfolge der Kostenbestimmungsfaktoren lassen sich zwei Fälle unterscheiden. Die Kostenbestimmungsfaktoren sind entsprechend zu sortieren:

– Fall a: Bearbeitungszeit wird zuerst abgespalten,

   $K = K$ (Ausbringungsmenge, Bearbeitungszeit, Ausbeutegrad),

– Fall b: Ausbeutegrad wird zuerst abgespalten,

   $K = K$ (Ausbringungsmenge, Ausbeutegrad, Bearbeitungszeit).

Im Fall a ergibt sich als spezialabweichungsbedingte Kostendifferenz, die auf den Kostenbestimmungsfaktor Bearbeitungszeit zurückzuführen ist:

$$K^{(I)}_{1-2a} = 10.000 \cdot 3 \cdot \frac{1}{0,9} \cdot 4 = 133.333,33\,\text{€}$$

$$\Delta KBF_{2a} = 133.333,33 - 88.888,89 = 44.444,44\,\text{€}.$$

Daraus folgt als Kostenrestabweichung:

$$\Delta KRA_{2a} = 150.000 - 133.333,33 = 16.666,67\,\text{€}.$$

Für die spezialabweichungsbedingte Kostendifferenz, die auf den Kostenbestimmungsfaktor Ausbeutegrad zurückzuführen gilt:

---

[393] Zur Vorteilhaftigkeit des Ist-Plan-Ansatzes vgl. Glaser, H.: Zur Erfassung von Teilabweichungen und Abweichungsüberschneidungen bei der Kostenkontrolle, a.a.O., S. 147. Zu einer Beurteilung der Methoden der Abweichungsanalyse vgl. Kloock, J. / Bommes, W.: Methoden der Kostenabweichungsanalyse, a.a.O., S. 232ff.

[394] Vgl. Kloock, J. / Bommes, W.: Methoden der Kostenabweichnungsanalyse, a.a.O., S. 229. Zu diesem und weiteren Verfahren vgl. Kloock, J.: Neuere Entwicklungen des Kostenkontrollmanagements, in: Dellmann, K. / Franz, K.-P. (Hrsg.): Neuere Entwicklungen im Kostenmanagement, Bern 1994, S. 607-644, S. 620ff.

$$K_{1-3a}^{(I)} = 10.000 \cdot 3 \cdot \frac{1}{0,8} \cdot 4 = 150.000 \text{ €}$$

$$\Delta KBF_{3a}^{kum.\,I-P} = 150.000 - 133.333,33 = 16.666.67 \text{ €}.$$

Daraus ergibt sich als Kostenrestabweichung:

$$\Delta KRA_{3a} = 0 \text{ €}.$$

Eine echte verbrauchsabweichungsbedingte Kostendifferenz aufgrund von un-
wirtschaftlichem Verhalten besteht in der Kostenstelle nicht, da sich die gesamte
verbrauchsabweichungsbedingte Kostendifferenz dadurch erklären lässt, dass die
Kostenbestimmungsfaktoren Ausbringungsmenge und Bearbeitungszeit nicht mit
ihrem Planwert realisiert werden. Ob die Spezialabweichungen zumindest teilweise auf unwirtschaftliches Verhalten zurückzuführen sind, ist gesondert zu untersuchen.

Die spezialabweichungsbedingte Kostendifferenz, die im Fall b auf den Kostenbestimmungsfaktor Ausbeutegrad zurückzuführen ist, lautet:

$$K_{1-2b}^{(I)} = 10.000 \cdot 2 \cdot \frac{1}{0,8} \cdot 4 = 100.000 \text{ €}$$

$$\Delta KBF_{2b}^{kum.\,P-I} = 100.000 - 88.888,89 = 11.111,11 \text{ €}.$$

Daraus ergibt sich als Kostenrestabweichung:

$$\Delta KRA_{2b} = 150.000 - 100.000 = 50.000 \text{ €}.$$

Für die spezialabweichungsbedingte Kostendifferenz, die auf den Kostenbestimmungsfaktor Bearbeitungszeit zurückzuführen ist, gilt:

$$K_{1-3b}^{(I)} = 10.000 \cdot 3 \cdot \frac{1}{0,8} \cdot 4 = 150.000 \text{ €}$$

$$\Delta KBF_{3b}^{kum.\,P-I} = 150.000 - 100.000 = 50.000 \text{ €}.$$

Daraus ergibt sich als Kostenrestabweichung:

$$\Delta KRA_{3b} = 0 \text{ €}.$$

Die Summe der spezialabweichungsbedingten Kostendifferenzen ist in beiden
Fällen gleich hoch und entspricht der verbrauchsabweichungsbedingten Kostendifferenz:

$$\Delta KBF_{2a}^{kum.\,P-I} + \Delta KBF_{3a}^{kum.\,P-I} = \Delta KBF_{2b}^{kum.\,P-I} + \Delta KBF_{3b}^{kum.\,P-I}$$
$$= \Delta KVA = 61.111,11\,€\,.$$

Allerdings sind – wie man leicht sieht – die auf die Kostenbestimmungsfaktoren zugerechneten einzelnen spezialabweichungsbedingten Kostendifferenzen in beiden Fällen unterschiedlich groß. Das veranschaulicht, dass das Ergebnis
sehr stark von der Abspaltungsreihenfolge abhängig ist.

Die Abweichungsinterdependenz $\Delta KBF_{2,3}$ lässt sich ermitteln, indem man die
spezialabweichungsbedingten Kostendifferenzen jeweils bezogen auf einen Kostenbestimmungsfaktor der einzelnen Fälle a und b miteinander vergleicht. Bei
zwei Abspaltungen enthält die letzte Teilabweichung die gesamte und die erste
keine Abweichungsinterdependenz:

$$\Delta KBF_{2,3} = \Delta KBF_{3a}^{kum.\,P-I} - \Delta KBF_{2b}^{kum.\,P-I} = \Delta KBF_{3b}^{kum.\,P-I} - \Delta KBF_{2a}^{kum.\,P-I}$$

$$\Delta KBF_{2,3} = 16.666,67 - 11.111,11 = 50.000 - 44.444,44 = 5.555,56\,€\,.^{395}$$

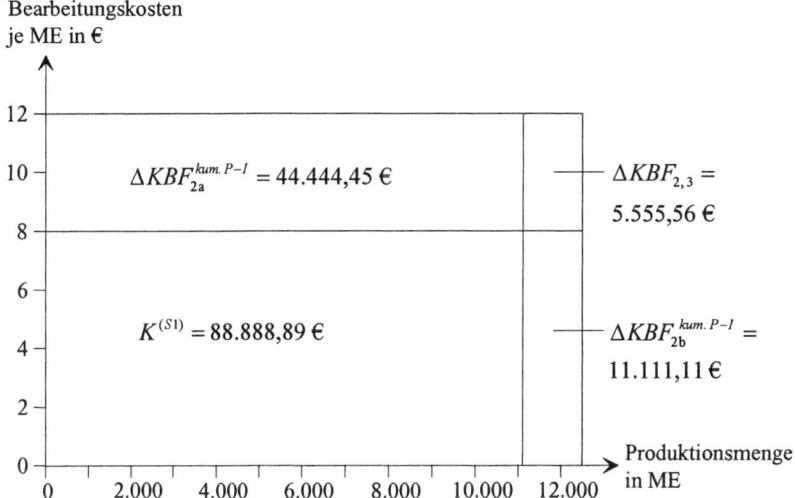

Abb. 6.11: Abweichungsinterdependenz

Die Abb. 6.11 verdeutlicht für das Beispiel den Zusammenhang zwischen Kostenbestimmungsfaktoren, spezialabweichungsbedingten Kostendifferenzen und

---

[395] Vgl. Glaser, H.: Zur Erfassung von Teilabweichungen und Abweichungsüberschneidungen bei der Kostenkontrolle, a.a.O., S. 145.

der Abweichungsinterdependenz. An den Koordinaten sind die bearbeitete Menge, die je nach Ausbeutegrad zur Realisierung der Istmenge (Gutteile) notwendig ist, und die Stückkosten, die vom Kostenbestimmungsfaktor Bearbeitungszeit abhängen, abgetragen. Werden die Kostenbestimmungsfaktoren mit ihren Planwerten realisiert, das heißt liegt der Ausbeutegrad bei 90 % und die Bearbeitungszeit bei 2 Minuten je Werkzeug, was einer Produktion von 11.111,11 ME zu Stückkosten von 8 € je ME entspricht, dann fallen Sollkosten $K^{(S1)}$ in Höhe von 88.888,89 € an. Die Kostenerhöhung durch einen Anstieg der Bearbeitungszeit von 2 auf 3 Minuten je Werkzeug bzw. der Stückkosten von 8 auf 12 € ergibt sich aus der spezialabweichungsbedingten Kostendifferenz $\Delta KBF_{2a}^{kum.\,P-I}$, die ausschließlich auf den Kostenbestimmungsfaktor Bearbeitungszeit zurückzuführen ist. Es liegt der Fall a zugrunde, da hier die Bearbeitungszeit als erster Kostenbestimmungsfaktor abgespalten wird und die Ausbeutegradabweichung noch unberücksichtigt bleibt. Analog dazu wird der Kostenanstieg aufgrund der Ausbeutegradabweichung durch die Kostendifferenz $\Delta KBF_{2b}^{kum.\,P-I}$, die ausschließlich auf den Kostenbestimmungsfaktor Ausbeutegrad zurückzuführen ist, angegeben. Hier ist von dem Fall b auszugehen, da dieser den Ausbeutegrad an erster Stelle abspaltet. Zusätzlich zu den spezialabweichungsbedingten Kostendifferenzen fällt noch die Abweichungsinterdependenz $\Delta KBF_{2,3}$ an. Sie ist letztlich dadurch zu erklären, dass auch für die erhöhte Produktionsmenge, die aus dem gesunkenen Ausbeutegrad resultiert, die Bearbeitungszeit von 2 auf 3 Minuten je Werkzeug steigt. Daher kann die Abweichungsinterdependenz $\Delta KBF_{2,3}$ für dieses Beispiel auch wie folgt ermittelt werden:

$$\Delta KBF_{2,3} = 10.000 \cdot (3-2) \cdot \left(\frac{1}{0,8} - \frac{1}{0,9} \right) \cdot 4 = 5.555,56 \text{ €}$$

6.3.2 Kostenkontrolle der Einzelkosten

Die Einzelkostenkontrolle sollte kostenstellenweise erfolgen, auch wenn man bei der Einzelkostenplanung von den Kostenträgern ausgeht. Erst durch eine Zuordnung der Einzelkosten zu den Kostenstellen lassen sich die Ursachen für verbrauchsabweichungsbedingte Kostendifferenzen erkennen, und es wird deutlich, in wessen Verantwortungsbereich die Abweichungen fallen. Zusätzlich sollten die Kostendifferenzen möglichst nach Produktgruppen differenziert sein, damit sie in der Kostenträgerrechnung nach dem Verursachungsprinzip verrechnet werden können.

Auf diese Unterteilung wird im Folgenden verzichtet.[396]

Analog zur Einzelkostenplanung erfolgt die Einzelkostenkontrolle für:

- Materialeinzelkosten,
- Lohneinzelkosten und
- Sondereinzelkosten.

6.3.2.1 Kontrolle der Materialeinzelkosten

Im ersten Schritt der Materialeinzelkostenkontrolle werden die Istverbrauchsmengen je Materialart i $(i = 1, ..., I)$ einer Kostenstelle m $(m = 1, ..., M)$ ermittelt und mit Planpreisen $q_i^{(P)}$ bewertet. Die Verbrauchsmengen sind aus der Materialabrechnung zu entnehmen. Man erhält als Ergebnis die Istkosten $K_{im}^{(I)}$ der Materialart i in der Kostenstelle m.

Im zweiten Schritt sind die Sollwerte der Materialeinzelkosten je Kostenstelle m und Materialart i zu bestimmen. Sie werden retrograd aus den Istbezugsgrößen $x_{jm}^{(I)}$ je Produktart bzw. Leistungsart j, die in der Kostenstelle m gefertigt werden, abgeleitet. Da es sich im Falle der Einzelkosten bei den Bezugsgrößen um Produktionsmengen handelt, sind Ist- und Sollbezugsgrößen identisch und vereinfacht kann hier von den tatsächlich realisierten Produktionsmengen ausgegangen werden. Multipliziert man diese mit dem analog zu Kapitel 6.2.2.1 geplanten Materialverbrauch je Mengeneinheit $a_{jim}^{(P)}$ (Produktionskoeffizient) in der Kostenstelle m und dem Materialpreis $q_i^{(P)}$ und summiert anschließend über alle Produktarten auf, dann erhält man als Sollwert der Materialeinzelkosten für Materialart i in der Kostenstelle m:

$$K_{im}^{(S)} = q_i^{(P)} \cdot \sum_{j=1}^{J} a_{jim}^{(P)} \cdot x_{jm}^{(I)}, \qquad i = 1, ..., I \, ; \, m = 1, ..., M \, .$$

Die Differenz zwischen den Istkosten $K_{im}^{(I)}$ und den Sollkosten $K_{im}^{(S)}$ entspricht der materialverbrauchsabweichungsbedingten Kostendifferenz ΔKVA_{im}:

$$\Delta KVA_{im} = K_{im}^{(I)} - K_{im}^{(S)} \, .$$

Diese materialverbrauchsabweichungsbedingte Kostendifferenz ΔKVA_{im} gilt es im nächsten Schritt – der Abweichungsanalyse – genauer im Hinblick auf die folgenden Teilabweichungen zu untersuchen und in diese aufzuspalten:

---

[396]   Vgl. Kilger, W. / Pampel, J. / Vikas, K.: Flexible Plankostenrechnung und Deckungsbeitragsrechnung, a.a.O., S. 186f.

- Materialverbrauchsabweichungsbedingte Kostendifferenzen, die auftragsbedingt sind, entstehen, wenn die Produktgestaltung nachträglich aufgrund von Kundenwünschen oder aus technischen Gründen geändert wird und daraus ein in qualitativer oder quantitativer Hinsicht veränderter Materialbedarf resultiert.

- Materialverbrauchsabweichungsbedingte Kostendifferenzen, die mischungsbedingt sind, entstehen in Betrieben, die Rohstoffmischungen einsetzen wie beispielsweise die chemische Industrie, durch veränderte Mischungszusammensetzungen aufgrund kurzfristiger Dispositionsplanungen. Veränderte Rohstoffpreise oder -qualitäten, Beschaffungsengpässe oder fertigungstechnische Änderungen können Gründe für das Abweichen von der geplanten Mischung sein.

- Materialverbrauchsabweichungsbedingte Kostendifferenzen, die materialbedingt sind, entstehen, wenn die geplanten Materialeigenschaften, z.B. Abmaß, Gewicht, Stabilität oder Oberflächenbeschaffenheit nicht eingehalten werden und dies zu veränderten Materialbedarfen führt.

- Materialverbrauchsabweichungsbedingte Kostendifferenzen, die unwirtschaftlichkeitsbedingt sind, entsprechen den Kostenabweichungen, die darauf zurückzuführen sind, dass in der Kostenstelle ohne besonderen Grund von der Planmenge abgewichen wurde, z.B. in Form von erhöhten Abfallmengen oder Ausschuss. Auch nicht begründete mischungsbedingte Abweichungen sind hierunter zu subsumieren. Die Verantwortung für Kosten aufgrund solcher Abweichungen liegt üblicherweise bei der Kostenstelle selbst.[399]

6.3.2.2 Kontrolle der Lohneinzelkosten

Erfolgt die Entlohnung in einer Kostenstelle nach dem reinen Akkordlohn, dann sind aufgrund der Leistungsproportionalität dieser Lohnform Ist-Lohneinzelkosten und Soll-Lohneinzelkosten identisch. An die Stelle einer Abweichungsanalyse tritt hier die Leistungsgradanalyse.

Der durchschnittliche Leistungsgrad einer Kostenstelle bzw. einer Arbeitskraft ist wie folgt definiert:

$$\text{durchschnittlicher Leistungsgrad} = \frac{\text{gesamte Vorgabezeit}}{\text{gesamte Akkordzeit}} \cdot 100 \, .$$

---

[399]   Vgl. Kilger, W. / Pampel, J. / Vikas, K.: Flexible Plankostenrechnung und Deckungsbeitragsrechnung, a.a.O., S. 188ff.

Weicht der durchschnittliche von dem geplanten Leistungsgrad ab, so beein-flusst dies nicht die Lohneinzelkosten je Leistungseinheit, allerdings ergeben sich Auswirkungen auf die Höhe der Gemeinkosten, wenn beispielsweise aufgrund eines geringeren Leistungsgrades eine Maschine länger als geplant läuft.

Der Akkordlohn wird üblicherweise durch so genannte Zusatzlöhne ergänzt, die dem Arbeitnehmer einen Zeitlohn für die Zeiten vergüten, in denen er ohne eigenes Verschulden die Vorgabezeiten nicht erreichen kann. Gründe hierfür können sein:

- Auftragsänderungen,
- Verfahrensänderungen,
- Konstruktionsänderungen,
- Materialmängel,
- Betriebsstörungen,
- Anlernzeiten und
- Planungsfehler.[400]

Diese Zusatzlöhne sind als Gemeinkosten zu planen und zu kontrollieren.

Erfolgt in einer Kostenstelle m die Vergütung nach dem Zeitlohnsystem und werden diese Zeitlöhne als Einzelkosten geplant, so lässt sich eine lohnver-brauchsabweichungsbedingte Kostendifferenz ΔKVA_{Lm} ermitteln:

$$\Delta KVA_{Lm} = K_{Lm}^{(I)} - K_{Lm}^{(S)} = K_{Lm}^{(I)} - q_{Lm}^{(P)} \cdot \sum_{j=1}^{J} t_{jm}^{(P)} \cdot x_{jm}^{(I)}, \qquad m = 1, ..., M,$$

wobei die Ist-Lohneinzelkosten $K_{Lm}^{(I)}$ aus der Lohn- und Gehaltsabrechnung zu entnehmen sind, soweit sich die Lohnsätze nicht geändert haben, und bei den Sollwerten der Lohneinzelkosten $K_{Lm}^{(S)}$ – jeweils bezogen auf die Kostenstelle m – die über alle Produktarten aufsummierten Planarbeitszeiten mit dem durchschnitt-lichen Planlohnsatz $q_{Lm}^{(P)}$ der Kostenstelle bewertet werden. $t_{jm}^{(P)}$ gibt hierbei die geplante Arbeitszeit pro Einheit der Produktart j $\left(j = 1, ..., J\right)$ in der Kostenstelle m $\left(m = 1, ..., M\right)$ an. Auf eine Differenzierung nach verschiedenen Lohnarten wird hier aus Vereinfachungsgründen verzichtet.

Die Ursachen für lohnverbrauchsabweichungsbedingte Kostendifferenzen ent-sprechen den oben genannten Gründen für die Ausstellung von Zusatzlohnschei-

---

[400] Vgl. Kilger, W. / Pampel, J. / Vikas, K.: Flexible Plankostenrechnung und Deckungs-beitragsrechnung, a.a.O., S. 208.; Agthe, K.: Kostenplanung und Kostenkontrolle im Industriebetrieb, a.a.O., S. 125f.

nen beim Akkordlohn. Da eine vergleichbare Dokumentation aber meist fehlt, beschränkt man sich bei Zeitlöhnen auf die Leistungsgradanalyse.[401]

Wegen der Verschiedenartigkeit der Sondereinzelkosten lassen sich keine allgemeinen Regeln zu deren Kontrolle aufstellen. Hier soll lediglich auf einige Beispiele, die KILGER aufführt, verwiesen werden.[402]

6.3.3 Kostenkontrolle der Gemeinkosten

Im ersten Schritt sind die Einheiten der Sollbezugsgröße und die entsprechenden Sollkosten je Bezugsgrößeneinheit und Kostenstelle zu bestimmen. Die Ermittlung der Sollbezugsgrößeneinheit erfolgt analog zur allgemeinen Vorgehensweise wie in Kapitel 4.2.3 beschrieben. Danach unterscheidet man zwischen:

– direkter Erfassung der Sollbezugsgröße und
– retrograder Erfassung der Sollbezugsgröße.

Bei der direkten Erfassung entspricht die Sollbezugsgröße den tatsächlich gemessenen Bezugsgrößeneinheiten. Folglich handelt es sich hier faktisch um die Istbezugsgröße. Wird die Bezugsgröße nicht in produzierten Leistungseinheiten gemessen, kann bei dieser Vorgehensweise eventuell schon ein Teil der Abweichung vorweggenommen werden. Die sich daraus ergebenden Sollkosten entsprechen nicht den Sollkosten $K^{(S1)}$, da sie bereits neben der Ausbringungsmenge weitere Kostenbestimmungsfaktoren mit ihren Istwerten berücksichtigen. Die direkte Erfassung der Sollbezugsgröße ist somit problematisch.

Bei der retrograden Erfassung des Wertes $B^{(S)}$ der Sollbezugsgröße sind die in einer Periode erstellten Leistungseinheiten $x_j^{(I)}$ der Produktart bzw. Leistungsart j mit dem geplanten Wert der Bezugsgröße je Leistungseinheit $a_j^{(P)}$ zu multiplizieren:

$$B^{(S)} = \sum_{j=1}^{J} a_j^{(P)} \cdot x_j^{(I)} .$$

Das retrograde Verfahren genügt der Anforderung, eine Sollbezugsgröße zu ermitteln, die nur den Kostenbestimmungsfaktor Ausbringungsmenge mit seinem Istwert erfasst. Damit ermöglicht das retrograde Verfahren den Ausweis von Sollkosten $K^{(S1)}$ und wird folglich im Rahmen der Kostenkontrolle der Grenzplankos-

[401]   Vgl. Haberstock, L.: Kostenrechnung II, a.a.O., S. 292ff.
[402]   Vgl. Kilger, W. / Pampel, J. / Vikas, K.: Flexible Plankostenrechnung und Deckungsbeitragsrechnung, a.a.O., S. 211ff.

tenrechnung als geeignetes Verfahren zur Bestimmung der Sollbezugsgröße betrachtet.[403]

Im zweiten Schritt werden die Istwerte der Gemeinkosten differenziert nach Kostenstellen ermittelt.

Im dritten Schritt werden Soll- und Istkosten miteinander verglichen und anschließend erfolgt eine Abweichungsanalyse.[404]

Im Rahmen der Abweichungsanalyse lassen sich so viele Teilabweichungen ermitteln, wie es Kostenbestimmungsfaktoren gibt. In den folgenden Kapiteln sollen allerdings nur die typischen spezialabweichungsbedingten Kostendifferenzen näher erläutert werden:

- intensitätsabweichungsbedingte Kostendifferenz,
- ausbeutegradabweichungsbedingte Kostendifferenz,
- seriengrößenabweichungsbedingte Kostendifferenz,
- bedienungsverhältnisabweichungsbedingte Kostendifferenz und
- maschinenbelegungsabweichungsbedingte Kostendifferenz.

Die intensitäts- und die ausbeutegradabweichungsbedingten Kostendifferenzen werden auf der Grundlage einer alternativen Abweichungsanalyse als Plan-Ist-Ansatz dargestellt. Die seriengrößenabweichungsbedingte Kostendifferenz wird durch eine kumulative Abweichungsanalyse bestimmt, da zunächst noch eine Abweichung aufgrund geänderter Auftragszusammensetzung abzuspalten ist. Die weiteren Kostenabweichungen werden nur kurz angesprochen. Ebenso hätten auch die sonstigen in Kapitel 6.3.1 dargestellten Ansätze zur Abweichungsanalyse Anwendung finden können.

6.3.3.1 Intensitätsabweichungsbedingte Kostendifferenz

Ein Teil der verbrauchsabweichungsbedingten Kostendifferenz kann dadurch erklärt werden, dass in einer Kostenstelle nicht mehr mit der geplanten Leistungsintensität produziert werden kann. Die folgenden Überlegungen gehen auf die Produktionsfunktion nach GUTENBERG mit einem Aggregat als Kostenstelle zurück. Eine variierende Outputmenge kann dabei durch zeitliche und intensitätsmäßige Anpassung erreicht werden. Um eine gegebene Outputmenge mit minimalen Kosten herzustellen, muss dementsprechend die optimale Kombination von zeitlicher und intensitätsmäßiger Anpassung ermittelt werden.[405]

---

[403]   Vgl. Haberstock, L.: Kostenrechnung II, a.a.O., S. 299f.
[404]   Vgl. Haberstock, L.: Kostenrechnung II, a.a.O., S. 295ff.
[405]   Vgl. Fandel, G.: Produktion I, a.a.O., S. 278ff.

Die folgenden Ausführungen gehen von der Ausbringungsmenge als Bezugs-größe aus. Ebenso hätte man als Bezugsgröße auch die Bearbeitungszeit wählen können, da die Relation $x = t \cdot \lambda$ gilt mit λ als Leistungsintensität bzw. Produktionsgeschwindigkeit und t als Einsatzzeit des Aggregats. An die Stelle der Kosten-Leistungsfunktion – sie gibt die Kosten je Mengeneinheit in Abhängigkeit von λ an – tritt dann die Zeit-Kosten-Leistungsfunktion, die die Kosten je Zeiteinheit in Abhängigkeit von der Zeit t angibt.[406]

Die geplanten variablen Stückkosten $k_v\left(\lambda^{(P)}\right)$ eines Aggregats sind abhängig von der geplanten Intensität $\lambda^{(P)}$. Als Plankosten ergeben sich:

$$K^{(P)} = K_f^{(P)} + k_v\left(\lambda^{(P)}\right) \cdot B^{(P)}.$$

Entspricht die geplante Intensität $\lambda^{(P)}$ der optimalen, d.h. stückkostenmini-malen Intensität λ^* des Aggregats, dann wird bei der Berechnung der Plankosten von minimalen variablen Stückkosten ausgegangen:

$$\left(k_v\left(\lambda^{(P)}\right) = k_v\left(\lambda^*\right) = k_{v\,min}\right).$$

Als Sollkosten $K^{(S1)}$ – bei Istausbringung und Planintensität – ergeben sich:

$$K^{(S1)} = K_f^{(P)} + k_v\left(\lambda^{(P)}\right) \cdot B^{(S)}.$$

Kann die Istausbringungsmenge nur durch intensitätsmäßige Anpassung oder durch Kombination von zeitlicher und intensitätsmäßiger Anpassung realisiert werden, dann verändern sich die variablen Kosten je Bezugsgrößeneinheit in Abhängigkeit von der Leistungsintensität. Es ist die Leistungsintensität $\lambda^{(I)}$ zu bestimmen, mit der die Istausbringungsmenge bei optimaler Anpassung und ohne Intensitätssplitting produziert wird.

Als modifizierte Istkosten $K_\lambda^{(I)}$ – bei Istausbringung und Istintensität – ergeben sich:

$$K_\lambda^{(I)} = K_f^{(P)} + k_v\left(\lambda^{(I)}\right) \cdot B^{(S)}.$$

Dies liefert eine intensitätsabweichungsbedingte Kostendifferenz $\Delta KBF_\lambda^{alt.\,P-I}$ von:

$$\Delta KBF_\lambda^{alt.\,P-I} = K_\lambda^{(I)} - K^{(S1)} = k_v\left(\lambda^{(I)}\right) \cdot B^{(S)} - k_v\left(\lambda^{(P)}\right) \cdot B^{(S)},$$

---

[406]   Vgl. Fandel, G.: Produktion I, a.a.O., S. 105 und S. 283f.

die daraus resultiert, dass sich durch die intensitätsmäßige Anpassung die Stückkosten ändern.[407]

In einem Recyclingunternehmen werden zum Beispiel Platten aus Kunststoff-
granulat mittels einer Presse hergestellt. Die Leistungsintensität λ der Presse liegt
zwischen $5 \le \lambda \le 20$ Bodenplatten pro Minute. Zum Betrieb dieser Anlage ist der
Produktionsfaktor „Elektrische Energie" notwendig. Die entsprechende Verbrauchsfunktion ρ, gemessen in kWh je Mengeneinheit, lautet folgendermaßen:

$$\rho = 0,1 \cdot \lambda^2 - 2 \cdot \lambda + 15 \, .$$

Der Planpreis für „Elektrische Energie" beträgt 1,20 € je kWh, und die Fixkosten für die Presse liegen bei 5.000 € pro Periode. Insgesamt fallen Istkosten in
Höhe von 800.000 € pro Periode an. Die Betriebsstunden t liegen bei 150 Stunden
pro Periode und können nicht weiter erhöht werden. Als Bezugsgröße ist die
Produktionsmenge zu wählen. Geplant ist, dass während der gesamten Periode mit
maximaler Einsatzzeit und optimaler Intensität produziert wird. Aufgrund
unerwarteter zusätzlicher Aufträge liegt die Istausbringung bei 112.500 Platten pro
Periode.

Zunächst ist die optimale Leistungsintensität λ^* zu ermitteln. Da hier nur ein
Produktionsfaktor betrachtet wird, entspricht bei konstantem Faktorpreis für
„Elektrische Energie" das Minimum der Verbrauchsfunktion dem Minimum der
Stückkostenfunktion. Daher ist es zulässig, die optimale Leistungsintensität λ^*
auf der Basis der Verbrauchsfunktion zu bestimmen.[408]

Als notwendige Bedingung für ein Minimum der Verbrauchsfunktion ist die erste Ableitung der Verbrauchsfunktion zu bilden und gleich Null zu setzen:

$$\frac{\partial \rho(\lambda)}{\partial \lambda} = 0,2 \cdot \lambda - 2 \overset{!}{=} 0$$

$$\Rightarrow \lambda^* = 10 \, .$$

Die notwendige Bedingung ist für die Leistungsintensität $\lambda^* = 10$ erfüllt. Zu
überprüfen bleibt noch, ob diese Leistungsintensität auch zulässig ist, was hier
durch $\lambda^* \in [5; 20]$ gegeben ist.

Als hinreichende Bedingung für ein Minimum der Verbrauchsfunktion ist die
zweite Ableitung der Verbrauchsfunktion zu analysieren:

---

[407] Vgl. Glaser, H.: Zur Erfassung von Teilabweichungen und Abweichungsüberschnei-
       dungen bei der Kostenkontrolle, a.a.O., S. 145.
[408] Vgl. Fandel, G.: Produktion I, a.a.O., S. 283; Siehe hierzu auch Kapitel 3.4.2.

$$\frac{\partial^2 \rho(\lambda)}{(\partial \lambda)^2} = 0,2 > 0 \ .$$

Da die zweite Ableitung größer als Null ist, handelt es sich hier tatsächlich um ein Minimum. Die optimale Leistungsintensität λ^* liegt also bei 10 Bodenplatten pro Minute und befindet sich innerhalb des vorgegebenen Intervalls.

Die geplante Produktionsmenge $x^{(P)}$ ergibt sich aus der optimalen Leistungsintensität λ^* und der maximalen Einsatzzeit $\overline{t}$:

$$x^{(P)} = \lambda^* \cdot \overline{t} = 10 \cdot 150 \cdot 60 = 90.000 \text{ ME} \ .$$

Die variablen Stückkosten betragen bei der optimalen Leistungsintensität λ^* :

$$k_v(\lambda^*) = (0,1 \cdot \lambda^{*2} - 2 \cdot \lambda^* + 15) \cdot 1,2$$

$$k_v(10) = (10 - 20 + 15) \cdot 1,2 = 6 \frac{\text{€}}{\text{ME}} \ .$$

Daraus ergeben sich Sollkosten $K^{(S1)}$ in Höhe von:

$$K^{(S1)} = 5.000 + 6 \cdot x^{(I)}$$

$$K^{(S1)} = 5.000 + 6 \cdot 112.500 = 680.000 \text{ €} \ .$$

Der Vergleich von Istkosten $K^{(I)}$ und Sollkosten $K^{(S1)}$ führt zu einer verbrauchsabweichungsbedingten Kostendifferenz von:

$$\Delta KVA = K^{(I)} - K^{(S1)} = 800.000 - 680.000 = 120.000 \text{ €} \ .$$

Von der verbrauchsabweichungsbedingten Kostendifferenz lässt sich die spezialabweichungsbedingte Kostendifferenz aufgrund einer veränderten Intensität abspalten. Wegen des u-förmigen Verlaufs der Verbrauchsfunktion werden zunächst zeitliche und dann intensitätsmäßige Anpassungen vorgenommen. Hier kann die Maschinenlaufzeit nicht weiter erhöht werden; und da $x = 112.500$ nicht mit λ^* produzierbar ist, kommt nur die rein intensitätsmäßige Anpassung in Frage. Zur Realisierung der Istausbringung von 112.500 Platten benötigt man eine Istintensität von:

$$\lambda^{(I)} = \frac{112.500}{150 \cdot 60} = 12,5 \frac{\text{ME}}{\text{Min.}} \ .$$

Bei $\lambda^{(I)} = 12,5$ Bodenplatten pro Minute ergeben sich durch Einsetzen in die Funktion für die variablen Stückkosten:

$$k_v(12,5) = 6,75 \, \frac{€}{\text{ME}}.$$

Die Veränderung der variablen Kosten ist ausschließlich auf die erhöhte Intensität zurückzuführen. Dies wird bei der Bestimmung der modifizierten Istkosten $K_\lambda^{(I)}$ berücksichtigt:

$$K_\lambda^{(I)} = 5.000 + 6,75 \cdot 112.500 = 764.375 \, €.$$

Die intensitätsabweichungsbedingte Kostendifferenz beträgt:

$$\Delta KBF_\lambda^{alt. \, P-I} = 764.375 - 680.000 = 84.375 \, €.$$

Diese Abweichung beruht darauf, dass in der Istsituation aufgrund einer höheren Produktionsmenge von der optimalen Intensität abgewichen werden musste. Folglich ist diese Abweichung vom Kostenstellenleiter nicht zu verantworten. Als Kostenrestabweichung ergibt sich in dem Beispiel:

$$\Delta KRA_\lambda = 800.000 - 764.375 = 35.625 \, €.$$

Können keine weiteren spezialabweichungsbedingten Kostendifferenzen abgespalten werden, so ist die Kostenrestabweichung auf innerbetriebliche Unwirtschaftlichkeiten zurückzuführen und vom Kostenstellenleiter zu verantworten.

6.3.3.2 Ausbeutegradabweichungsbedingte Kostendifferenz

Als weitere spezialabweichungsbedingte Kostendifferenz kommt die Abweichung aufgrund nicht geplanter Ausbeutegrade in Frage. Der Ausbeutegrad β ist definiert als:[409]

$$\beta = \frac{x^{Gutteile}}{x^{bearbeitet}}.$$

Die Ausbringungsmenge x ist abhängig von der Produktionszeit t, der Leistungsintensität λ und dem Ausbeutegrad β und bestimmt sich gemäß der Formel:

$$x = t \cdot \lambda \cdot \beta.$$

Im Folgenden wird weiterhin als Bezugsgröße die Ausbringungsmenge gewählt. Die Bezugsgröße Bearbeitungszeit könnte aber ebenfalls – wie auch bei der intensitätsabweichungsbedingten Kostendifferenz – Anwendung finden. Da aus-

---

[409] Vgl. zum Ausbeutegrad Kapitel 6.2.2.1.

schließlich die ausbeutegradabweichungsbedingte Kostendifferenz betrachtet wird, ist zudem immer von der geplanten Intensität auszugehen, auch wenn diese – wie das folgende Beispiel zeigt – nicht in der Istsituation realisiert werden konnte. Die Plankosten ergeben sich aus:

$$K^{(P)} = K_f^{(P)} + k_v\left(\lambda^{(P)}\right) \cdot B^{(P)} \cdot \frac{1}{\beta^{(P)}} \,.$$

Als Sollkosten $K^{(S1)}$ – bei Istausbringung und Planausbeutegrad – erhält man:

$$K^{(S1)} = K_f^{(P)} + k_v\left(\lambda^{(P)}\right) \cdot B^{(S)} \cdot \frac{1}{\beta^{(P)}} \,.$$

Der Ausdruck

$$\frac{B^{(S)}}{\beta^{(P)}}$$

entspricht der zu bearbeitenden Menge, um die Menge der Gutteile $x^{(I)}$ zu realisieren. Sollen beispielsweise 100 Mengeneinheiten eines Produktes bei einem Ausbeutegrad von 90 % hergestellt werden, so folgt daraus:

$$B^{(S)} = x^{(I)} = 100 \, \text{ME} \quad \text{und} \quad \beta^{(P)} = 0{,}9 \,.$$

Der Ausdruck

$$\frac{B^{(S)}}{\beta^{(P)}} = \frac{100}{0{,}9} = 111{,}11 \, \text{ME}$$

gibt dann an, dass 111,11 ME produziert werden müssen, damit 100 Gutteile entstehen.

Als modifizierte Istkosten $K_\beta^{(I)}$ – bei Istausbringung und Istausbeutegrad – ergeben sich:

$$K_\beta^{(I)} = K_f^{(P)} + k_v\left(\lambda^{(P)}\right) \cdot B^{(S)} \cdot \frac{1}{\beta^{(I)}} \,.$$

Daraus resultiert eine ausbeutegradabweichungsbedingte Kostendifferenz $\Delta KBF_\beta^{alt.\,P-I}$ in Höhe von:[410]

$$\Delta KBF_\beta^{alt.\,P-I} = K_\beta^{(I)} - K^{(S1)} = k_v\left(\lambda^{(P)}\right) \cdot B^{(S)} \cdot \left(\frac{1}{\beta^{(I)}} - \frac{1}{\beta^{(P)}}\right) .$$

---

[410]   Vgl. Haberstock, L.: Kostenrechnung II, a.a.O., S. 339ff.

Das folgende Beispiel basiert auf den Ausgangsdaten des vorherigen Beispiels zur intensitätabweichungsbedingten Kostendifferenz mit folgenden Modifikationen:

– Der Planausbeutegrad von 100 % sinkt auf 90 %, d.h. jede zehnte Platte ist fehlerhaft und kann nicht verkauft werden.

– Es ist von der geplanten optimalen Leistungsintensität $\lambda^* = 10$ Platten je Minute auszugehen, da hier ausschließlich die Abweichung aufgrund des gesunkenen Ausbeutegrades bestimmt werden soll. Alle Kostenbestimmungsfaktoren mit Ausnahme des Kostenbestimmungsfaktors Ausbeutegrad sind folglich mit ihrem Planwert anzusetzen. Hier spielt es keine Rolle, dass bereits die Istausbringungsmenge ohne Berücksichtigung des gesunkenen Ausbeutegrades nicht mit der optimalen Intensität realisiert werden könnte. Dies weist lediglich darauf hin, dass auch eine intensitätsabweichungsbedingte Kostendifferenz – wie in Kapitel 6.3.3.1 berechnet – besteht.

Die folgenden Informationen können aus dem Beispiel zur intensitätsabweichungsbedingten Kostendifferenz übernommen werden:

$$k_v(10) = 6\,\frac{\text{€}}{\text{ME}}$$

$$K^{(S1)} = 680.000 \text{ €}$$

$$\Delta KVA = 120.000 \text{ €}.$$

Zur Berechnung der modifizierten Istkosten $K_\beta^{(I)}$ ist der Ausbeutegrad von 90 % zu berücksichtigen:

$$K_\beta^{(I)} = 5.000 + 6 \cdot \frac{112.500}{0,9} = 755.000 \text{ €}.$$

Die ausbeutegradabweichungsbedingte Kostendifferenz beträgt:

$$\Delta KBF_\beta^{alt.\,P-I} = 755.000 - 680.000 = 75.000 \text{ €}.$$

Liegt der Grund für die Abweichung vom geplanten Ausbeutegrad in der erhöhten Ausbringungsmenge, so ist die ausbeutegradabweichungsbedingte Kostendifferenz nicht von der Kostenstelle zu verantworten.

Als Kostenrestabweichung ergibt sich:

$$\Delta KRA_\beta = 800.000 - 755.000 = 45.000 \text{ €}.$$

Diese Kostenrestabweichung ist auf innerbetriebliche Unwirtschaftlichkeiten zurückzuführen, falls keine Gründe für die Abspaltung weiterer spezialabweichungsbedingter Kostendifferenzen vorliegen. 45.000 € sind damit vom Kostenstellenleiter zu verantworten.

6.3.3.3 Seriengrößenabweichungsbedingte Kostendifferenz

In vielen Fertigungsstellen besteht kein konstantes Verhältnis zwischen Rüst- und Ausführungsstunden. Vielmehr variiert es mit der Seriengröße. Kommt es aufgrund von veränderten Seriengrößen zu einer Verschiebung des Verhältnisses zwischen Rüst- und Ausführungsstunden, so kann ein Teil der verbrauchsabweichungsbedingter Kostendifferenz aus dieser Verschiebung resultieren. Man spricht dann von einer seriengrößenabweichungsbedingten Kostendifferenz.[411] Werden zu deren Ermittlung sowohl die tatsächlichen Ausbringungsmengen als auch die realisierten Seriengrößen angesetzt, wird eine Spezialabweichung vorweggenommen. Denn das Verhältnis zwischen Rüst- und Ausführungszeit wird ebenso von der Auftragszusammensetzung beeinflusst. Die darauf zurückzuführende Kostendifferenz bezeichnet man als Abweichung aufgrund außerplanmäßiger Auftragszusammensetzung.

Seriengröße und Auftragszusammensetzung stellen demzufolge zwei Kostenbestimmungsfaktoren dar, die jeweils zu unterschiedlichen Spezialabweichungen führen. Im Folgenden wird ein Plan-Ist-Ansatz der kumulativen Abweichungsanalyse dargestellt, wobei die erste Spezialabweichung auf der Auftragszusammensetzung und die zweite auf der veränderten Seriengröße beruht. Die Erläuterungen beschränken sich auf die Rüstkosten, da die Ausführungskosten von der Seriengröße unabhängig sind, und die Auswirkungen der Auftragzusammensetzung auf die Ausführungskosten hier nicht Gegenstand der Untersuchung sind.

Um die Kostendifferenzen zu bestimmen, wird man für eine Kostenstelle die zwei Bezugsgrößen Rüstzeit B_R und Ausführungszeit B_A festlegen.[412] Maßgeblich für die gesamte Rüstzeit sind die Rüstzeit je Auflage b_{Rj} und die Auflagehäufigkeit

---

[411]   Vgl. Kilger, W. / Pampel, J. / Vikas, K.: Flexible Plankostenrechnung und Deckungs-beitragsrechnung, a.a.O., S. 439ff.; Haberstock, L.: Kostenrechnung II, a.a.O., S. 314ff.

[412]   Zur Wahl der Bezugsgrößen vgl. Haberstock, L.: Kostenrechnung II, a.a.O., S. 296f. und S. 317f.

$$\frac{x_j}{s_j}$$

der einzelnen Produkte j; s_j bezeichnet hierbei die Seriengröße für Produkt j:

$$B_R = \sum_{j=1}^{J} b_{Rj} \cdot \frac{x_j}{s_j}.$$

Die gesamte Ausführungszeit B_A pro Periode entspricht der Ausführungszeit je Mengeneinheit b_{Aj} multipliziert mit den produzierten Mengeneinheiten des Produktes j und aufsummiert über alle Produkte:

$$B_A = \sum_{j=1}^{J} b_{Aj} \cdot x_j.$$

Bei den Sollkosten $K^{(S1)}$ wird lediglich die gesamte Produktionsmenge als Istgröße berücksichtigt. Die Istmenge wirkt sich in der Ausführungszeit aus, die mit ihrem Sollwert angesetzt wird. Folglich hängen die Sollkosten $K^{(S1)}$ von der Bezugsgröße B_A ab. Die Rüstzeit bestimmt sich gemäß dem ursprünglich geplanten Verhältnis $B_R^{(P)} / B_A^{(P)}$, worin die Bezugsgröße Rüstzeit unverändert mit ihrem Planwert eingeht. Als Sollkosten $K^{(S1)}$ ergeben sich:

$$K^{(S1)} = h_R^{(P)} \cdot \frac{B_R^{(P)}}{B_A^{(P)}} \cdot B_A^{(S)},$$

mit $h_R^{(P)}$ als dem Kostensatz je Zeiteinheit des Rüstens.

Diese Sollkosten werden üblicherweise für die Kalkulation auf die Kostenträger verwendet, zum einen aus Wirtschaftlichkeitsgründen aber auch, um gleiche Produktarten nicht wegen der Produktion in unterschiedlichen Seriengrößen mit verschiedenen Stückkosten zu bewerten.[413] Die genaue Analyse der Teilabweichungen findet in der Kostenstellenrechnung statt. Dazu ist es notwendig, die Sollkostenfunktion durch detaillierte Darstellung von $B_R^{(P)}$ genauer zu betrachten:

$$K^{(S1)} = h_R^{(P)} \cdot \sum_{j=1}^{J} b_{Rj}^{(P)} \cdot \frac{x_j^{(P)}}{s_j^{(P)}} \cdot \frac{B_A^{(S)}}{B_A^{(P)}}.$$

Auftragszusammensetzung und Seriengröße werden durch $x_j^{(P)}$ und $s_j^{(P)}$ mit ihren Planwerten angesetzt, was dazu führt, dass sich die Rüstzeit als geplanter Anteil der Ausführungszeit bestimmt.

---

413   Vgl. Haberstock, L.: Kostenrechnung II, a.a.O., S. 315.

Wird die Istauftragszusammensetzung durch den Ansatz der in der Istsituation realisierten Produktionsmengen $x_j^{(I)}$ berücksichtigt und bleibt die Seriengröße mit ihrem Planwert im Ansatz, so ergeben sich folgende modifizierte Istkosten $K_{\text{Auftrag}}^{(I)}$:

$$K_{\text{Auftrag}}^{(I)} = h_R^{(P)} \cdot \sum_{j=1}^{J} b_{Rj}^{(P)} \cdot \frac{x_j^{(I)}}{s_j^{(P)}}.$$

Die gesamten Rüstzeiten werden so berechnet, als würden die tatsächlich realisierten Produktionsmengen in geplanten Seriengrößen hergestellt. Die Ausführungszeit ist hierbei als Bezugsgröße nicht mehr relevant. Die Kosten sind abhängig von der Bezugsgröße B_R, die entsprechend modifiziert wurde.

Als erste Spezialabweichung lässt sich durch den Vergleich der modifizierten Istkosten $K_{\text{Auftrag}}^{(I)}$ mit den Sollkosten $K^{(S1)}$ die Kostenabweichung aufgrund außerplanmäßiger Auftragszusammensetzung $\Delta KBF_{\text{Auftrag}}^{kum.\,P-I}$ abspalten:

$$\Delta KBF_{\text{Auftrag}}^{kum.\,P-I} = K_{\text{Auftrag}}^{(I)} - K^{(S1)} = h_R^{(P)} \cdot \left(\sum_{j=1}^{J} b_{Rj}^{(P)} \cdot \frac{x_j^{(I)}}{s_j^{(P)}} - \sum_{j=1}^{J} b_{Rj}^{(P)} \cdot \frac{x_j^{(P)}}{s_j^{(P)}} \cdot \frac{B_A^{(S)}}{B_A^{(P)}} \right).$$

$\Delta KBF_{\text{Auftrag}}^{kum.\,P-I}$ ist nicht von der Kostenstelle zu vertreten, da es sich bei der Auftragszusammensetzung um Vorgabewerte handelt, die extern, beispielsweise durch veränderte Marktbedingungen, determiniert werden.[414]

Geht man sowohl von der Istauftragszusammensetzung als auch von der Istseriengröße aus, erhält man die modifizierten Istkosten $K_{\text{Auftrag-Serie}}^{(I)}$:

$$K_{\text{Auftrag-Serie}}^{(I)} = h_R^{(P)} \cdot \sum_{j=1}^{J} b_{Rj}^{(P)} \cdot \frac{x_j^{(I)}}{s_j^{(I)}}.$$

Aus der Gegenüberstellung von modifizierten Istkosten $K_{\text{Auftrag}}^{(I)}$, die Seriengrößen mit den Planwerten berücksichtigen, und modifizierten Istkosten $K_{\text{Auftrag-Serie}}^{(I)}$, die von den tatsächlich realisierten Seriengrößen ausgehen, lässt sich die Kostenabweichung aufgrund außerplanmäßiger Seriengrößen $\Delta KBF_{\text{Serie}}^{kum.\,P-I}$ ableiten:

$$\Delta KBF_{\text{Serie}}^{kum.\,P-I} = K_{\text{Auftrag-Serie}}^{(I)} - K_{\text{Serie}}^{(I)} = h_R^{(P)} \cdot \left(\sum_{j=1}^{J} b_{Rj}^{(P)} \cdot \frac{x_j^{(I)}}{s_j^{(I)}} - \sum_{j=1}^{J} b_{Rj}^{(P)} \cdot \frac{x_j^{(I)}}{s_j^{(P)}} \right).$$

---

[414] Vgl. Haberstock, L.: Kostenrechnung II, a.a.O., S. 325.

Für die Teilabweichung $\Delta KBF_{\text{Serie}}^{kum.\,P-I}$ ist die Kostenstelle verantwortlich, falls sie selbständig über Seriengrößen entscheiden kann. Andernfalls sind ihre Ursachen in der Arbeitsvorbereitung zu suchen.

In einer Kostenstelle werden drei Produktarten hergestellt, für die die folgenden Plan- und Istdaten gelten.

Tabelle 6.3:   Beispiel zur seriengrößenabweichungsbedingten Kostendifferenz

Produktart	Menge pro Produktart		Seriengröße in ME pro Serie		Bearbeitungszeit in Min. pro ME		Rüstzeit in Std. pro Serie	
j	Plan	Ist	Plan	Ist	Plan	Ist	Plan	Ist
1	2.000	500	100	50	2	3	0,2	0,1
2	200	600	80	40	10	5	0,4	0,4
3	600	1.000	240	200	5	2	1,0	1,5

Insgesamt fallen in der betrachteten Periode Istkosten in Höhe von 2.250 € an. In der Kostenstelle liegt heterogene Kostenverursachung vor, d.h. die Kosten sind sowohl von der Ausführungszeit als auch von der Zahl der jeweiligen Rüstvorgänge abhängig. Man wählt daher die beiden Bezugsgrößen Bearbeitungszeit und Rüstzeit.

Der Stundensatz für Rüstvorgänge $h_R^{(P)}$ liegt in der Kostenstelle bei 150 € pro Stunde. Die eigentlichen Produktionskosten betragen 300 € pro Stunde.

Ausgehend von der verbrauchsabweichungsbedingten Kostendifferenz soll eine kumulative Abweichungsanalyse durchgeführt werden, wobei an erster Stelle die Spezialabweichung aufgrund außerplanmäßiger Auftragszusammensetzung und anschließend die seriengrößenabweichungsbedingte Kostendifferenz abzuspalten ist. Eine eventuell noch vorhandene Restabweichung soll ebenfalls ausgewiesen werden.

Da sich die folgende Abweichungsanalyse auf die Seriengrößenabweichung beschränkt, werden in diesem Beispiel nur die Planwerte der Bearbeitungs- und Rüstzeiten benötigt. Die Istwerte sind hier nicht von Interesse. Man könnte aber noch weitere spezialabweichungsbedingte Kostendifferenzen abspalten.

Als Plan- und Sollwerte ergeben sich für die Bezugsgrößen:

$$\text{Ausführungszeit: } B_A^{(P)} = 2 \cdot 2.000 + 10 \cdot 200 + 5 \cdot 600 = 9.000 \text{ Min.} \left(\hat{=} 150 \text{ Std.}\right)$$

$$B_A^{(S)} = 2 \cdot 500 + 10 \cdot 600 + 5 \cdot 1.000 = 12.000 \text{ Min.} \left(\hat{=} 200 \text{ Std.}\right).$$

Rüstzeit: $B_R^{(P)} = 0,2 \cdot \dfrac{2.000}{100} + 0,4 \cdot \dfrac{200}{80} + 1 \cdot \dfrac{600}{240} = 7,5 \, \text{Std.}$

$$B_R^{(S)} = \dfrac{7,5}{150} \cdot 200 = 10 \, \text{Std.}$$

Die Bearbeitungskosten sind abhängig von der Ausbringungsmenge und fallen unabhängig von der Seriengröße in Höhe von 60.000 € $\left(= 300 \cdot 200\right)$ an. Für die Analyse der serienabweichungsbedingten Kostendifferenz sind sie nicht von Bedeutung und können daher vernachlässigt werden.

Für die Rüstkosten lassen sich die folgenden Kosten ermitteln:

- Sollkosten $K^{(S1)}$ bei Istausbringung, Planauftragszusammensetzung und Planseriengröße:

$$K^{(S1)} = 150 \cdot \dfrac{7,5}{150} \cdot 200 = 150 \cdot 10 = 1.500 \, € \, .$$

Die Sollkosten $K^{(S1)}$ gehen von dem geplanten durchschnittlichen Rüstzeitanteil von

$$5 \, \% \; \left(= \dfrac{7,5}{150} \cdot 100\right)$$

aus und sind dadurch ausschließlich von der Ausführungszeit abhängig. Bei einer Produktionszeit von 200 Stunden werden hier 10 Rüststunden verrechnet.

- Sollkosten $K_{\text{Auftrag}}^{(I)}$ bei Istausbringung, Istauftragszusammensetzung und Planseriengröße:

$$K_{\text{Auftrag}}^{(I)} = 150 \cdot \left(0,2 \cdot \dfrac{500}{100} + 0,4 \cdot \dfrac{600}{80} + 1 \cdot \dfrac{1.000}{240}\right) = 150 \cdot 8,167 = 1.225 \, € \, .$$

Fertigt man die tatsächlichen Ausbringungsmengen in den geplanten Seriengrößen 100, 80 bzw. 240, dann fallen insgesamt 8,167 Rüststunden an. Die gesamte Produktionszeit ist hier nicht mehr von Bedeutung.

- Sollkosten $K_{\text{Auftrag-Serie}}^{(I)}$ bei Istausbringung, Istauftragszusammensetzung und Istseriengröße:

$$K_{\text{Auftrag-Serie}}^{(I)} = 150 \cdot \left(0,2 \cdot \dfrac{500}{50} + 0,4 \cdot \dfrac{600}{40} + 1 \cdot \dfrac{1.000}{200}\right) = 150 \cdot 13 = 1.950 \, € \, .$$

Berücksichtigt man zusätzlich die Seriengrößen mit ihren tatsächlich realisierten Werten, sind 13 Rüststunden zu verrechnen.

Zunächst lässt sich die verbrauchsabweichungsbedingte Kostendifferenz ΔKVA bestimmen:

$$\Delta KVA = K^{(I)} = K^{(S1)} = 2.250 - 1.500 = 750 \ \text{€} \ .$$

Diese Kostendifferenz kann noch genauer analysiert werden, wobei als erste Spezialabweichung diese aufgrund geänderter Auftragszusammensetzung abzuspalten ist:

$$\Delta KBF_{\text{Auftrag}}^{kum. \ P-I} = K_{\text{Auftrag}}^{(I)} - K^{(S1)} = 1.225 - 1.500 = - 275 \ \text{€} \ .$$

Dieses Ergebnis zeigt, dass die Istproduktion (12.000 Minuten pro Periode) unter Einhaltung der geplanten Seriengrößen bei der Istauftragszusammensetzung günstiger zu realisieren ist als bei der Planauftragszusammensetzung.

Die Kostendifferenz aufgrund veränderter Seriengrößen ergibt sich wie folgt:

$$\Delta KBF_{\text{Serie}}^{kum. \ P-I} = K_{\text{Auftrag-Serie}}^{(I)} - K_{\text{Auftrag}}^{(I)} = 1.950 - 1.225 = 725 \ \text{€} \ .$$

Dadurch wird deutlich, dass die tatsächlich realisierten Seriengrößen zu höheren Rüstkosten führen als die geplanten Seriengrößen. Dieses Ergebnis verwundert nicht, da bereits aus der Tabelle zu erkennen ist, dass die Istwerte der Seriengrößen aller Produktarten kleiner sind als die entsprechenden Planwerte, was zu einer höheren Auflagehäufigkeit führt.

Zudem enthält die seriengrößenabweichungsbedingte Kostendifferenz noch die Abweichungsinterdependenz, die sowohl auf die Auftragszusammensetzung als auch auf die Seriengröße zurückzuführen ist, da sie an zweiter Stelle abgespalten wurde.[415]

Nach Abspaltung der beiden Spezialabweichungen von ΔKVA ergibt sich die Kostenrestabweichung $\Delta KRA_{\text{Serie}}$:

$$\Delta KRA_{\text{Serie}} = \Delta KVA - \Delta KBF_{\text{Auftrag}}^{kum. \ P-I} - \Delta KBF_{\text{Auftrag-Serie}}^{kum. \ P-I}$$

$$= 750 - (-275) - 725 = 300 \ \text{€} \ .$$

Diese Kostenrestabweichung kann beispielsweise auf die veränderten Rüstzeiten je Serie oder auf sonstige Unwirtschaftlichkeiten zurückgeführt werden.

---

[415] Vgl. Kapitel 6.3.1.

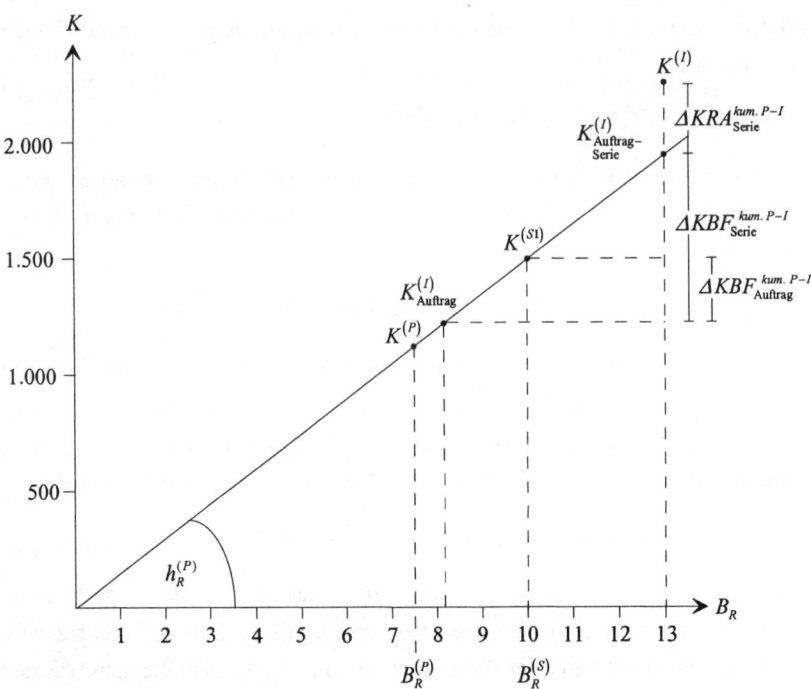

Abb. 6.12: Seriengrößenabweichungsbedingte Kostendifferenz

Bei der Abb. 6.12 ist zu beachten, dass die Bezugsgröße B_R von unterschiedlichen Faktoren, wie der Bezugsgröße B_A und unterschiedlichen Ausprägungen der Kostenbestimmungsfaktoren abhängt.[416] Der Stundensatz für Rüstvorgänge $h_R^{(P)}$ gibt die Steigung der Kostenfunktion an. Die Abbildung enthält ausschließlich die variablen Rüstkosten, könnte aber durch Einfügen eines positiven Achsenabschnittes problemlos um die fixen Rüstkosten erweitert werden.

6.3.3.4 Sonstige spezialabweichungsbedingte Kostendifferenzen

Als weitere spezialabweichungsbedingte Kostendifferenz ist die bedienungsverhältnisbedingte Kostendifferenz zu nennen. Sie zeigt Kostenabweichungen auf, die in einer Kostenstelle dadurch verursacht werden, dass das geplante Verhältnis zwischen Fertigungs- und Maschinenstunden – das so genannte Bedienungsverhältnis – nicht realisiert wird.[417]

---

[416] Vgl. Haberstock, L.: Kostenrechnung II, a.a.O., S. 319.
[417] Vgl. Kilger, W. / Pampel, J. / Vikas, K.: Flexible Plankostenrechnung und Deckungsbeitragsrechnung, a.a.O., S. 442f.

Wird von der geplanten Maschinenbelegung abgewichen, so kann es zu Kostenabweichungen kommen, wenn die alternativ eingesetzten Maschinen andere Kosten pro Zeiteinheit (Grenz-Plankalkulationssatz $h^{(P)}$) verursachen und / oder andere Bedienungszeiten (Bezugsgröße $B_j^{(P)}$) je Leistungseinheit x_j aufweisen als die geplanten Maschinen. Wird beispielsweise die geplante Maschine A durch eine andere Maschine B ersetzt, so entspricht die maschinenabweichungsbedingte Kostendifferenz $\Delta KBF_{\text{Maschine}}$ dem folgenden Ausdruck:

$$\Delta KBF_{\text{Maschine}} = \sum_{j=1}^{J} x_j^{(I)} \cdot \left(h_{\text{B}}^{(P)} \cdot B_{j\text{B}}^{(P)} - h_{\text{A}}^{(P)} \cdot B_{j\text{A}}^{(P)} \right).$$

Ursachen für die maschinenbelegungsabweichungsbedingten Kostendifferenzen können beispielsweise Betriebsstörungen, Planungsfehler, Terminverschiebungen oder Zusatzaufträge sein. In der Regel wird die Abweichung nicht von der Kostenstelle zu verantworten sein.[418]

6.3.4 Kontrolle der Fixkosten

Die bisherigen Betrachtungen bezogen sich ausschließlich auf die Kostenkontrolle von variablen Einzel- und Gemeinkosten.

Im Rahmen der Grenzplankostenrechnung ist ebenfalls eine Kontrolle der fixen Kosten durchzuführen. Sie dient als Grundlage für Desinvestitions- und Stilllegungsentscheidungen.[419]

Zur Kontrolle der Fixkosten stehen folgende Ansätze zur Verfügung:

- Auslastungsanalyse und
- Abweichungsanalyse.

Im Rahmen der Auslastungsanalyse soll untersucht werden, inwieweit die vorhandenen Kapazitäten auch tatsächlich genutzt wurden.

Während sich in der Vollkostenrechnung auf Fixkosten basierende Kostenabweichungen zwischen der Kostenträgerstück- und Kostenträgerzeitrechnung in der beschäftigungsabweichungsbedingten Kostendifferenz widerspiegeln, gehen in der Grenzplankostenrechnung die fixen Kosten als Periodenkosten unabhängig von

---

[418] Vgl. Haberstock, L.: Kostenrechnung II, a.a.O., S. 345ff.
[419] Vgl. Herzog, E. / Assmann, M.: Grenzplankostenrechnung als geschlossenes Planungs-, Abrechnungs- und Informationssystem für das Kosten- und Deckungsbeitragsmanagement, in: Kostenrechnungspraxis (1993) 1, S. 9-16, hier S. 13.

der Auslastung direkt in die kurzfristige Erfolgsrechnung ein. Daher ist eine gesonderte Kontrolle der fixen Kosten notwendig.

Für die folgenden Ausführungen zur Fixkostenanalyse sei der Einfachheit halber eine Kapazitätsplanung unterstellt. Für die Engpassplanung, von der üblicherweise in der Grenzplankostenrechnung ausgegangen wird, ergeben sich gewisse Besonderheiten, auf die hier nicht eingegangen werden soll.[420]

Die fixen Kosten werden eingeteilt in:

- Leerkosten K_L: Sie entsprechen dem Teil der Fixkosten, der durch die tatsächliche Beschäftigung im Verhältnis zur geplanten Beschäftigung nicht ausgenutzt wird, also den fixen Kosten der nicht genutzten Kapazität.

- Nutzkosten K_N: Sie entsprechen dem Teil der Fixkosten, der durch die tatsächliche Beschäftigung im Verhältnis zur geplanten Beschäftigung ausgenutzt wird, also den fixen Kosten der genutzten Kapazität.

Multipliziert man die geplanten fixen Kosten $K_f^{(P)}$ mit dem Sollbeschäftigungsgrad $B^{(S)} / B^{(P)}$, so erhält man die Nutzkosten K_N:

$$K_N = K_f^{(P)} \cdot \frac{B^{(S)}}{B^{(P)}}.$$

Subtrahiert man die Nutzkosten von den fixen Kosten, so ergibt sich ein Wert K_L, der der beschäftigungsabweichungsbedingten Kostendifferenz aus der Vollkostenrechnung entspricht.

$$K_L = K_f^{(P)} - K_f^{(P)} \cdot \frac{B^{(S)}}{B^{(P)}}.$$

---

[420]   Vgl. dazu Haberstock, L.: Kostenrechnung II, a.a.O., S. 351ff.; Pfitzner, K.: Die Beschäftigungsabweichung in der flexiblen Plankostenrechnung, a.a.O., S. 726ff. Die Engpassplanung hat hier den Nachteil, dass die Leerkosten als zu gering ausgewiesen werden. Bei der Planbeschäftigung sind die Leerkosten Null, obwohl – falls die geplante Kapazität kleiner als die maximale Kapazität ist – die Kapazität nicht voll genutzt wird.

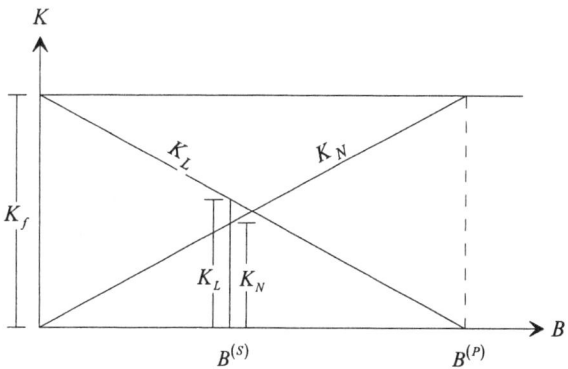

Abb. 6.13: Aufteilung der Fixkosten in Nutz- und Leerkosten

Addiert man die Nutzkosten mehrerer Kostenstellen m $(m = 1, \dots, M)$ und setzt sie ins Verhältnis zu der Summe der Fixkosten dieser Kostenstellen, so erhält man einen gewogenen wertmäßigen Auslastungsprozentsatz für den betreffenden Teilbereich:

$$\text{gewogener wertmäßiger Auslastungsprozentsatz} = \frac{\sum\limits_{m=1}^{M} K_{Nm}}{\sum\limits_{m=1}^{M} K_{fm}^{(P)}} \cdot 100 \; .$$

Dieser Auslastungsprozentsatz ist im Zeitablauf zu beobachten. Liegt er längere Zeit unter 100 %, so ist zu untersuchen, ob die Kapazitäten nicht entsprechend reduziert werden können.

Im Rahmen der Abweichungsanalyse handelt es sich im Gegensatz zur Auslastungsanalyse um reale Kostenüber- bzw. -unterschreitungen der Fixkosten.
Da Kapazitätsänderungen in der Regel aber zur Planrevision führen, treten Fixkostenabweichungen eher selten auf. In den meisten Fällen gilt daher:[421]

$$K_f^{(P)} = K_f^{(S)} = K_f^{(I)} \; .$$

---

[421] Vgl. Freidank, C.-C.: Die buchhalterische Organisation der kurzfristigen Erfolgsrechnung im System einer flexiblen Plankostenrechnung auf Vollkostenbasis, a.a.O., S. 7.

6.4 Übungsaufgaben zu Kapitel 6

6.4.1 Übungsaufgaben zu Entwicklungsformen der Plankosten-rechnung

Übungsaufgabe 6.1:	Differenzierung zwischen Plan-, Soll- und Istbezugsgrößen

Die Planung für die folgende Periode hat ergeben, dass 1.000 ME bei einer ge-planten Zeit von 2 Maschinenstunden pro ME hergestellt werden sollen. Nach Ablauf der Planperiode stellt man fest, dass nur 800 ME unter Einsatz von 2,25 Maschinenstunden pro ME gefertigt wurden. Als Bezugsgröße werden die Maschinenstunden gewählt. Bestimmen Sie die Höhe der Plan-, Soll- und Istbezugsgröße.

Übungsaufgabe 6.2:	Entscheidungsrelevanz von Vollkosten

Für die Planperiode ergeben sich folgende Informationen.

Es werden die Produkte A, B und C gefertigt. Die zur Verfügung stehenden Kapazitäten sind nicht voll ausgelastet und können kurzfristig nicht verändert werden.

Produkt	A	B	C
Produktionsmenge	1.000	500	200
Absatzmenge	500	500	200
Grenzkosten	10	20	25
Vollkosten	15	28	50
Verkaufspreis	20	25	55

Zeigen Sie für dieses Beispiel, dass Vollkosten für die Bestimmung von kurz-fristigen Preisuntergrenzen und für die Programmplanung keine entscheidungs-relevanten Größen darstellen.

Stellen Sie dabei jeweils die Ergebnisse einer Voll- und einer Teilkostenrech-nung gegenüber.

Übungsaufgabe 6.3:   Periodengewinn in Voll- und Teilkostenrechnungen – Auswirkungen der unterschiedlichen Bestandsbewertung

In der folgenden Periode soll ausschließlich das Produkt A gefertigt werden. Die geplante Absatzmenge liegt bei 1.000 ME. Der Verkaufspreis beträgt 20 € je ME. Für die geplante Produktionsmenge sollen die folgenden Fälle unterschieden werden:

Fall a: 1.000 ME,

Fall b: 500 ME (Lagerverkauf) und

Fall c: 1.500 ME (Vorratsproduktion).

Die weiteren stückbezogenen Kalkulationsdaten für die Produktion von 1.000 ME sind:

	Proportionale Kosten	Fixe Kosten	Vollkosten
Herstellkosten	10 €	3 €	13 €
Verwaltungs- und Vertriebskosten	–	2 €	2 €
Selbstkosten	10 €	5 €	15 €

Diese Daten gelten sowohl für die Planperiode als auch für die vorangegangenen Perioden, für die eine konstante Produktion von 1.000 ME unterstellt wird.

Bestimmen Sie jeweils auf Basis von Voll- und Teilkosten den Periodengewinn nach dem Gesamtkostenverfahren. Erläutern Sie, worauf die Unterschiede zurückzuführen sind, und beurteilen Sie die Systeme.

Übungsaufgabe 6.4:   Starre Plankostenrechnung auf Basis der Istbeschäftigung

Das Beispiel zur starren Plankostenrechnung aus Kapitel 6.1.1.3 soll wie folgt erweitert werden.

Geplant ist die Produktion von 6.000 ME, was bei einer Fertigungszeit von 10 Minuten je ME zu der Planbezugsgröße von 1.000 Stunden führt. Die Plankosten der Periode betragen 150.000 €, und die Istkosten liegen bei 135.000 €. Tatsächlich werden aber nur 3.600 Stück hergestellt, und die Produktion dauert 12 Minuten je ME. Die Sollbeschäftigung beträgt 600 Stunden in der Periode.

a) Bestimmen Sie die Istbeschäftigung.

b) Bestimmen Sie für eine starre Plankostenrechnung ΔKGA_I auf der Basis der Istbeschäftigung und erläutern Sie das Ergebnis.

c) Verwenden Sie anstelle der Fertigungsstunden die Ausbringungsmenge als Bezugsgröße und bestimmen Sie für eine starre Plankostenrechnung ΔKGA_2 .

d) Stellen Sie die Abweichungsanalyse aus b) und c) grafisch dar.

6.4.2 Übungsaufgaben zur Kostenplanung in der Grenzplankostenrechnung

Übungsaufgabe 6.5:   Planung der Materialeinzelkosten

Für die Fertigungsstelle einer Textilfirma soll eine Materialeinzelkostenplanung durchgeführt werden. In der Kostenstelle werden die drei Produkte Hose (A), Jacke (B) und Hemd (C) gefertigt. Von A sollen 500 ME, von B 300 ME und von dem Produkt C sollen 1.000 ME hergestellt werden. Dazu sind die Materialarten Oberstoff (1), Futterstoff (2), Knöpfe (3) und Reißverschluss (4) einzusetzen. Nähgarn und sonstige Kleinteile werden aus Wirtschaftlichkeitsgründen als unechte Gemeinkosten geplant. Die geplanten Faktorpreise liegen bei 12 € je laufender Meter von Material 1, 5 € je laufender Meter von Material 2, 0,10 € je ME von Material 3 und 1 € je ME von Material 4.

Aus den Stücklisten ergeben sich die folgenden Materialverbräuche je ME:

Materialart	Materialverbrauch je ME der Produktart		
	A	B	C
1	1,08	1,08	1,14
2	0,16	1,20	–
3	1,00	8,00	10,00
4	1,00	–	–

Für die Materialarten 1 und 2 gelten die in der folgenden Tabelle aufgeführten Abfallkoeffizienten. Sie geben den Anteil der eingesetzten Menge an, der unvermeidbaren Abfall darstellt. Bei den Materialarten 3 und 4 fällt kein Abfall an. Die Tabelle enthält darüber hinaus die Ausbeutegrade der Produktarten jeweils bezogen auf die einzelnen Materialarten:

Materialart	Abfallkoeffizienten der Produktart			Ausbeutegrad der Produktart		
	A	B	C	A	B	C
1	0,20	0,40	0,25	0,90	0,90	0,95
2	0,06	0,25	–	0,85	0,80	–

Da vor Einsetzen des Reißverschlusses und Annähen der Knöpfe eine Qualitätskontrolle stattfindet, kann für die Materialarten 3 und 4 von einem Ausbeutegrad von 100 % ausgegangen werden.

a) Bestimmen Sie die Standards für Gutteile und die anzusetzenden Standards jeweils für die Materialarten 1 bis 4 und die Produkte A, B und C.

b) Ermitteln Sie die gesamten Brutto-Planmaterialeinzelkosten jeweils für die Materialarten 1 bis 4 und die Produkte A, B und C.

c) Geben Sie die Bestimmungsgleichung zur Ermittlung der Brutto-Planmaterialeinzelkosten eines Produktes für den Fall der einstufigen Produktion an.

Übungsaufgabe 6.6:   Planung der Lohneinzelkosten (Akkordlohn)

Bei den Fertigungslöhnen einer Kostenstelle handelt es sich um reine proportionale Akkordlöhne. Die Vorgabezeit beträgt 3 Minuten je ME, und für die Planperiode Januar wird von einem Leistungsgrad von 120 % ausgegangen. In der Kostenstelle sollen im Januar 21 Tage im Ein-Schicht-Betrieb (8 Stunden) gearbeitet
werden. Die geplante Produktionsmenge entspricht der maximalen Menge, die unter Berücksichtigung der sonstigen Planwerte während dieser Zeit hergestellt werden kann. Der Akkordrichtsatz liegt bei 60 € je Stunde.

Bestimmen Sie:

a) die geplante Gesamtarbeitszeit T_{Januar} der Periode in Minuten,

b) die Planarbeitszeit je ME,

c) die geplante Produktionsmenge $x^{(P)}$ der Periode und

d) die geplante Lohnsumme $K_L^{(P)}$ der Periode.

Übungsaufgabe 6.7:   Hoch-Tiefpunkt-Methode und Bezugsgrößenwahl

Für die Stromkosten einer Walzstraße stehen die beiden Bezugsgrößen Durchsatzgewicht (in Tonnen) und Betriebszeit (in Stunden) zur Verfügung. Für das letzte
Kalenderjahr wurden die folgenden Werte aufgezeichnet:

Monat	Stromkosten (in €)	Durchsatzge- wicht (in t)	Betriebszeit (in Stunden)
Jan.	1.000	100	310
Feb.	1.500	300	470
März	1.250	150	380
April	1.200	180	360
Mai	1.050	250	300
Juni	1.300	320	400
Juli	1.100	350	320
Aug.	1.350	140	410
Sept.	1.150	210	350
Okt.	1.400	130	430
Nov.	1.650	120	500
Dez.	1.450	280	440

a) Bestimmen Sie mittels der Hoch-Tiefpunkt-Methode die Sollkostenfunktionen jeweils für die Bezugsgrößen Durchsatzgewicht und Betriebszeit.

b) Stellen Sie die Sollkostenfunktionen grafisch dar.

c) Erläutern Sie die Eignung der Bezugsgrößen.

Übungsaufgabe 6.8:   Variatoren

Welche Kostenarten liegen vor, wenn der Variator den Wert 0, 10 oder 6 annimmt?

Übungsaufgabe 6.9:   Variatoren

In einer Fertigungsstelle sind für eine Planbeschäftigung von 200 Stunden je Periode Gemeinkosten in Höhe von 150.000 € geplant. Der Variator dieser Kostenstelle liegt bei 8.

a) Bestimmen Sie die variablen Plankosten, die fixen Plankosten und die entsprechende Sollkostenfunktion.

b) Bestimmen Sie bei gleicher Sollkostenfunktion (aus Aufgabenteil a) für eine Planbeschäftigung von 25, 50, 75, 100, 125, 150 und 175 Stunden die Variatoren und stellen Sie die Höhe des Variators in Abhängigkeit von der Planbeschäftigung grafisch dar.

c) Diskutieren Sie die folgende Aussage anhand des Beispiels:

Der Variator entspricht der prozentualen Änderung der Kosten einer Kostenart in einer Kostenstelle bei einer Beschäftigungsänderung von 10 %.

Übungsaufgabe 6.10: Ableitung von Variatoren aus Kostenfunktionen

In einer Kostenstelle fallen vier unterschiedliche Kostenarten an, für die die folgenden Kostenfunktionen bekannt sind:

$$K_1^{(S)} = 2.000 + 12 \cdot B^{(S)}$$
$$K_2^{(S)} = 5.000$$
$$K_3^{(S)} = 400 + 3 \cdot B^{(S)}$$
$$K_4^{(S)} = 25 \cdot B^{(S)}.$$

Die Beschäftigung der Kostenstelle kann zwischen 0 und 300 Stunden variieren; geplant ist eine Beschäftigung von 250 Stunden.

a) Bestimmen Sie die Variatoren der einzelnen Kostenarten.

b) Bestimmen Sie die Gesamtkosten der Kostenstelle bei Planbeschäftigung, die gesamte Sollkostenfunktion und den Variator der Gesamtkosten.

6.4.3 Übungsaufgaben zur Kostenkontrolle in der Grenzplankostenrechnung

Übungsaufgabe 6.11: Sollkosten und modifizierte Istkosten

Für welche Fälle gilt bei multiplikativ verknüpften positiven Kostenbestimmungsfaktoren:

$$K^{(S1)} < K_2^{(I)},$$
$$K^{(S1)} = K_2^{(I)} \text{ oder}$$
$$K^{(S1)} > K_2^{(I)}?$$

Übungsaufgabe 6.12: Spezialabweichungsbedingte Kostendifferenzen

Ist es denkbar, dass auch spezialabweichungsbedingte Kostendifferenzen innerbetriebliche Unwirtschaftlichkeiten darstellen und vom Kostenstellenleiter zu verantworten sind?

Übungsaufgabe 6.13: Materialeinzelkostenkontrolle

Diese Aufgabe basiert auf den Plandaten aus Übungsaufgabe 6.5.

Nach Realisierung der Planperiode stellt man fest, dass von den geplanten Produktionsmengen abgewichen wurde. Tatsächlich wurden 400 Hosen, 400 Jacken und 800 Hemden hergestellt. Für die einzelnen Kostenarten sind Istkosten in folgender Höhe entstanden:

Kostenart	Istkosten
1	34.920
2	5.000
3	1.200
4	500

Außerdem sind noch folgende Informationen bekannt:

- Der Kunde (Kaufhaus), der die Textilwaren in Auftrag gegeben hat, änderte nachträglich den Schnitt für die Jacke, so dass sich als anzusetzende Standards für die Materialarten 1 und 2 jeweils 2,2 ergibt.

- Die Reißverschlüsse waren von schlechter Qualität. Jeder Fünfte konnte der Qualitätskontrolle nicht standhalten, was jedoch erst bei der Endkontrolle festgestellt wurde. Die Möglichkeit der Nacharbeit bestand in diesem Fall nicht.

a) Bestimmen Sie die Sollkosten und die materialverbrauchsabweichungsbedingten Kostendifferenzen ΔKVA_i für die Materialarten $i = 1, \ldots, 4$.

b) Führen Sie eine alternative Abweichungsanalyse als Plan-Ist-Ansatz durch. Verwenden Sie hierzu die Ihnen zur Verfügung stehenden Informationen.

c) Stellen Sie die Ergebnisse einer kumulativen Abweichungsanalyse als Plan-Ist-Ansatz dar. Wählen Sie eine beliebige Abspaltungsreihenfolge und nehmen Sie die Ergebnisse aus Aufgabenteil b) zur Hilfe.

Erläutern Sie, wieso die jeweiligen Abweichungen unabhängig vom Analyseverfahren gleich hoch sind.

d) Bestimmen Sie die Restabweichungen der einzelnen Kostenarten.

Übungsaufgabe 6.14: Kontrolle der Materialeinzelkosten

In einem Unternehmen wird aus den Rohstoffen A, B und C Farbe hergestellt. Geplant ist ein Produktionsprozess ohne Mengenverluste, d.h. eingesetzte und ausgebrachte Mengen entsprechen einander. Für die Planperiode ist die Herstellung von 50.000 Litern Farbe geplant. Die geplanten Mengenanteile der Rohstoffe und deren Planpreise je Liter entnehmen Sie der folgenden Tabelle.

Rohstoff	Anteil	Planpreis je Liter
A	0,2	2 €
B	0,5	5 €
C	0,3	0,10 €

Die geplante Ausbringungsmenge wird auch tatsächlich realisiert. Allerdings führen Engpässe auf dem Rohstoffmarkt zu einer Änderung der Zusammensetzung. Außerdem treten unvorhergesehene Mengenverluste auf (z.B. durch Verschütten, Schwund usw.), deren relativer Anteil bei allen Rohstoffen gleich hoch ist. Der Istverbrauch beträgt für Rohstoff A 13.200 Liter, für Rohstoff B 33.000 Liter und für Rohstoff C 8.800 Liter.

a) Geben Sie die gesamte materialverbrauchsabweichungsbedingte Kostendifferenz an. Die Abweichungsanalyse soll hier für alle Rohstoffarten zusammen und nicht getrennt für jede einzelne Rohstoffart durchgeführt werden.

b) Führen Sie eine kumulative Abweichungsanalyse als Plan-Ist-Ansatz durch.

Bestimmen Sie zunächst die materialverbrauchsabweichungsbedingte Kostendifferenz, die mischungsbedingt ist.

Berechnen Sie anschließend die Kostendifferenz aufgrund der unwirtschaftlichkeitsbedingten Mengenabweichung.

Übungsaufgabe 6.15: Kontrolle der Lohneinzelkosten (Akkordlohn)

Gehen Sie von der Planung der Lohneinzelkosten in Übungsaufgabe 6.6 aus und führen Sie eine Kontrolle der Lohneinzelkosten durch. Dabei stehen noch die folgenden Informationen zur Verfügung:

– Von der geplanten Gesamtarbeitszeit wurde nicht abgewichen.
– Die realisierte Produktionsmenge $x^{(I)}$ der Periode liegt bei 3.600 ME.
– In der Periode wurden keine Zusatz-Lohnscheine ausgestellt.

– Der Maschinenstundensatz der Kostenstelle liegt bei 200 € je Stunde. Die Maschinenlaufzeit entspricht der gesamten Fertigungsdauer.

a) Bestimmen Sie die tatsächlich angefallene Lohnsumme $K_L^{(I)}$ und die Differenz zur geplanten Lohnsumme $K_L^{(P)}$.

Wie ist diese Differenz zu erklären?

b) Entspricht die Differenz aus a) der lohnverbrauchsabweichungsbedingten Kostendifferenz ΔKVA_L?

Welche allgemeine Aussage lässt sich über die lohnverbrauchsabweichungsbedingte Kostendifferenz bei reinen Akkordlöhnen machen?

c) Führen Sie eine Leistungsgradanalyse durch.

d) Welche Auswirkungen hat der gesunkene Leistungsgrad auf die Gemeinkosten? Erläutern Sie die Auswirkungen anhand der Maschinenkosten.

Übungsaufgabe 6.16:   Alternative Abweichungsanalyse als Ist-Plan-Ansatz

Führen Sie für das Beispiel in Kapitel 6.3.1.2.1 zur alternativen Abweichungsanalyse als Plan-Ist-Ansatz eine alternative Abweichungsanalyse als Ist-Plan-Ansatz durch. Ermitteln Sie die spezialabweichungsbedingten Kostendifferenzen und zeigen Sie, wie die Differenz zwischen

$$\sum_{n=2}^{N} \Delta KBF_n^{alt.\,I-P} \text{ und } \Delta KVA$$

zustande kommt.

Die Istkosten $K^{(I)}$ in Höhe von 150.000 €, die Sollkosten $K^{(S1)}$ von 88.888,89 € und die verbrauchsabweichungsbedingte Kostendifferenz von 61.111,11 € können unverändert übernommen werden.

Übungsaufgabe 6.17:   Kumulative Abweichungsanalyse als Ist-Plan-Ansatz

Führen Sie für das Beispiel in Kapitel 6.3.1.2.1 zur alternativen Abweichungsanalyse als Plan-Ist-Ansatz eine kumulative Abweichungsanalyse als Ist-Plan-Ansatz durch. Ermitteln Sie die spezialabweichungsbedingten Kostendifferenzen ausgehend von den zwei denkbaren Abspaltungsreihenfolgen. Welche Gemeinsamkeiten mit den Ergebnissen aus Kapitel 6.3.1.2.2 zur kumulativen Abweichungsanalyse als Plan-Ist-Ansatz fallen auf?

Die Berechnung der Istkosten $\left(= 150.000 \text{ €}\right)$ und der Sollkosten $K^{(S1)}$ $\left(= 88.888,89 \text{ €}\right)$ kann unverändert übernommen werden.

Übungsaufgabe 6.18:   Alternative und kumulative Abweichungsanalyse bei drei Kostenbestimmungsfaktoren

Zusätzlich zu den Angaben in dem Beispiel aus Kapitel 6.3.1.2.1 soll ein pauschaler Zuschlag für die Rüstzeiten berücksichtigt werden. Geplant war, dass die Rüstzeit in Höhe von 20 % der Bearbeitungszeit anfällt. Tatsächlich benötigte man aber 30 %. Die Daten sind noch einmal übersichtlich in der folgenden Tabelle zusammengestellt.

Kostenbestimmungsfaktor	Symbol	Planwert	Istwert
Ausbringungsmenge	x	12.000 ME	10.000 ME
Bearbeitungszeit	t_B	2 Min.	3 Min.
Ausbeutegrad	$\beta' = \dfrac{1}{\beta}$	$\dfrac{1}{0,9}$	$\dfrac{1}{0,8}$
Rüstzeitfaktor	t_R	1,2	1,3

Der geplante Minutensatz von $q = 4\ €$ bleibt unverändert bestehen.

Die Kosten ergeben sich allgemein aus $K = q \cdot x \cdot \beta \cdot t_B \cdot t_R$.

a) Führen Sie unter Verwendung der Symbole eine alternative Abweichungsanalyse als Ist-Plan-Ansatz durch. Weisen Sie die einzelnen Bestandteile der Teilabweichungen getrennt voneinander aus.

   Verwenden Sie dabei die folgenden Beziehungen:

   $$\Delta\beta = \beta^{(I)} - \beta^{(P)}$$

   $$\Delta t_B = t_B^{(I)} - t_B^{(P)}$$

   $$\Delta t_R = t_R^{(I)} - t_R^{(P)}.$$

b) Leiten Sie ohne weitere Berechnungen aus den Ergebnissen die Teilabweichungen nach der alternativen Abweichungsanalyse als Plan-Ist-Ansatz und nach den Varianten der kumulativen Abweichungsanalysen ab. Gehen Sie dabei von der Abspaltungsreihenfolge Ausbeutegrad - Bearbeitungszeit - Rüstzeit aus.

c) Zeigen Sie, dass der Betrag

$$\left| \Delta KVA - \sum_{n=2}^{N} \Delta KBF_n^{alt.} \right|$$

nach dem Plan-Ist-Ansatz und dem Ist-Plan-Ansatz unterschiedlich hoch sein kann. Für welche Fälle weist er unabhängig vom gewählten Ansatz die gleiche Höhe auf?

Übungsaufgabe 6.19: Intensitätsabweichungsbedingte Kostendifferenz

Im Beispiel zur intensitätsabweichungsbedingten Kostendifferenz in Kapitel 6.3.3.1 wurde als Bezugsgröße die Ausbringungsmenge gewählt. In den folgenden Aufgabenteilen sollen Sie sich intensiv mit den Konsequenzen aus der Wahl der Bearbeitungszeit als Bezugsgröße beschäftigen.

a) Zeigen Sie formal, dass sich die Plankosten auf Basis der Bezugsgröße Ausbringungsmenge in die Plankosten auf Basis der Bezugsgröße Bearbeitungszeit (gemessen in Minuten) überführen lassen.

   Gehen Sie dabei von der Zeit-Kosten-Leistungsfunktion $z(\lambda) = k(\lambda) \cdot \lambda$ aus.

b) Zeigen Sie für das Beispiel zur intensitätsabweichungsbedingten Kostendifferenz in Kapitel 6.3.3.1, dass die Kostendifferenz $\Delta KBF_\lambda^{alt.\,P-I}$ unabhängig von der Wahl der Bezugsgröße ist. Welche Werte können unverändert übernommen werden, welche sind neu zu bestimmen?

c) Erläutern Sie die Besonderheiten, die sich im Hinblick auf die Bezugsgröße Bearbeitungszeit $t^{(S)}$ ergeben.

Übungsaufgabe 6.20: Bedienungsverhältnisbedingte Kostendifferenz

In einer Kostenstelle wird ausschließlich ein Produkt hergestellt. Dazu stehen vier funktionsgleiche Maschinen zur Verfügung, die laut Arbeitsplan alle von einem Arbeiter bedient werden sollen. Um einen neuen Arbeiter anzulernen, bedienen in der Istsituation zwei Arbeiter die Maschinen. Die geplante Produktionsmenge beträgt 500 kg und entspricht der tatsächlich realisierten Ausbringungsmenge.

Die geplante Maschinenzeit pro kg liegt bei 3 Minuten, und der Kostensatz pro Arbeiter wird mit 4 € je Fertigungsminute festgesetzt.

a) Geben Sie die Fertigungskosten $K^{(S)}$ an, die für die Herstellung von 500 kg bei planmäßiger Bedienungsrelation anfallen würden.

b) Ermitteln Sie die Fertigungskosten

   $K^{(I)}_{\substack{Bedienungs-\\verhältnis}}$, die bei der realisierten Bedienungsrelation anfallen.

c) Bestimmen Sie die bedienungsverhältnisbedingte Kostendifferenz

   $\Delta KBF^{alt.\,P-I}_{\substack{Bedienungs-\\verhältnis}}$.

7 Prozesskostenrechnung

7.1 Vorbemerkungen

Die Prozesskostenrechnung hat sich Ende der 80er Jahre aus dem in den USA entstandenen Activity Based Costing entwickelt.[423] Es handelt sich um ein Vollkostenrechnungssystem, das neue Ansätze für die Behandlung der Gemeinkosten der indirekten Bereiche vorschlägt. Unter den indirekten Bereichen versteht man die Unternehmensbereiche, in denen Tätigkeiten ausgeübt werden, die nicht unmittelbar in die absatzbestimmten Produkte eingehen, wie z.B. planende, vorbereitende, steuernde, überwachende und koordinierende Tätigkeiten.[424] Im Gegensatz dazu bezieht sich das Activity Based Costing aber auch auf die Fertigungskostenstellen, die direkt Leistungen an die Kostenträger abgeben.[425]

Die Notwendigkeit der Entwicklung eines neuen Kostenrechnungssystems wird begründet aus:

– der veränderten Wertschöpfungsstruktur,
– der daraus resultierenden veränderten Kostenstruktur und
– aus der Unzulänglichkeit bestehender Kostenrechnungssysteme.

Durch kürzere Produktlebenszyklen, größere Variantenvielfalt und zunehmende Flexibilität der Fertigung sind die Anforderungen an die indirekten Bereiche ge-

---

[423] Vgl. zu grundlegenden Arbeiten aus den USA: Cooper, R.: Activity-Based Costing – Was ist ein Activity-Based Cost-System?, in: Kostenrechnungspraxis (1990) 4, S. 210-220; Cooper, R. / Kaplan, R.S.: Measure Costs Right: Make the Right Decisions, in: Harvard Business Review (1988) September-October, S. 96-103; Johnson, T.H.: Activity-Based Information: A Blueprint for World-Class Management Accounting, in: Management Accounting (1988) June, S. 23-30; Miller, J.G. / Vollmann, T.E.: Die verborgene Fabrik, in: HARVARDmanager (1986) 1, S. 84-89.

[424] Vgl. Horváth, P. / Mayer, R.: Prozeßkostenrechnung, Der neue Weg zu mehr Kostentransparenz und wirkungsvolleren Unternehmensstrategien, in: Controlling (1989) 4, S. 214-219, hier S. 214.

[425] Vgl. Kloock, J.: Prozeßkostenrechnung als Rückschritt und Fortschritt der Kostenrechnung (Teil 1), in: Kostenrechnungspraxis (1992) 4, S. 183-192, hier S. 184. Zu weiteren Gemeinsamkeiten bzw. Unterschieden vgl. derselbe, S. 188f.

stiegen. Die Steuerung des Materialflusses ist beispielsweise bei hoher Variantenzahl weitaus komplexer als bei wenigen Standardprodukten. Der Schwerpunkt innerhalb der Wertschöpfungskette liegt nicht mehr ausschließlich auf dem Fertigungsbereich. Vor- und nachgelagerte Bereiche der Fertigung haben an Bedeutung gewonnen.[426]

Aus der veränderten Wertschöpfungsstruktur resultiert eine Verschiebung in der Kostenstruktur. Der Anteil derjenigen Kosten, die in den indirekten Bereichen anfallen, ist gestiegen. Da es sich dabei im Wesentlichen um Gemeinkosten handelt, steigt folglich auch der Gemeinkostenanteil an den Gesamtkosten eines Unternehmens. Die Gemeinkosten der indirekten Bereiche fallen in der Regel unabhängig vom Beschäftigungsgrad an, d.h. aus der veränderten Wertschöpfungsstruktur resultiert ebenfalls eine Erhöhung des Fixkostenanteils an den Gesamtkosten. Darüber hinaus hat sich auch in den direkten Bereichen, also im eigentlichen Fertigungsbereich, eine Verschiebung in Richtung Gemeinkosten und Fixkosten ergeben. Durch zunehmende Rationalisierung und Automatisierung und der damit einhergehenden höheren Kapitalintensität sind die Anteile der Fertigungslöhne an den gesamten Fertigungskosten und damit auch die Einzelkostenanteile gesunken.[427]

Diese Veränderungen erklären die oben genannten Unzulänglichkeiten traditioneller Kostenrechnungssysteme. In diesem Zusammenhang wird häufig die Zuschlagskalkulation kritisiert, bei der die Einzelkosten den Kostenträgern direkt zugerechnet und die Gemeinkosten mit Hilfe prozentualer Zuschläge auf die Einzelkosten (z.B. auf die Lohneinzelkosten) verrechnet werden.[428] Bei steigenden Gemeinkosten und sinkenden Einzelkosten führt dieses Verfahren zu immer höheren Zuschlagssätzen. Es besteht aber in der Regel kein funktionaler Zusammenhang, der diese Zuschlagssätze rechtfertigt. Selbst bei einer ausgereiften Stundensatzkal-

---

[426]   Vgl. Coenenberg, A.G. / Fischer, T.M.: Prozeßkostenrechnung – Strategische Neuorientierung in der Kostenrechnung, in: Die Betriebswirtschaft (1991) 1, S. 21-38, hier S. 21f.

[427]   Vgl. Coenenberg, A.G. / Fischer, T.M.: Prozeßkostenrechnung – Strategische Neuorientierung in der Kostenrechnung, a.a.O., S. 22f.; Fröhling, O.: Prozeßkostenrechnung – System mit Zukunft?, in: io Management Zeitschrift (1989) 10, S. 67-69, hier S. 67; zu einer empirischen Untersuchung vgl. Troßmann, E. / Trost, S.: Was wissen wir über steigende Gemeinkosten? – Empirische Belege zu einem vieldiskutierten betrieblichen Problem, in: Kostenrechnungspraxis (1996) 2, S. 65-72.

[428]   Die Kritik an der (Lohn-) Zuschlagskalkulation bezieht sich hauptsächlich auf das amerikanische Rechnungswesen, da ihre Anwendung dort noch sehr verbreitet ist. Vgl. Horváth, P. / Mayer, R.: Anmerkungen zum Beitrag von A.G. Coenenberg / T.M. Fischer: „Prozeßkostenrechnung – Strategische Neuorientierung in der Kostenrechnung", in: Die Betriebswirtschaft (1991) 4, S. 540-542, hier S. 541.

kulation, die von den meisten Vertretern der Prozesskostenrechnung als akzep-
table Lösung für die direkten Bereiche angesehen wird, werden die Gemeinkosten
der indirekten Bereiche noch in Form von pauschalen Zuschlägen auf die
Material- oder Herstellkosten verrechnet. Die tatsächliche Inanspruchnahme der
Leistungen von den indirekten Bereichen je Kostenträgereinheit bleibt aber nach
wie vor unberücksichtigt. Diese hängt beispielsweise von der Komplexität, der
Variantenzahl oder der Auflagenhöhe eines Produktes ab.[429] Bleiben die tatsächlichen Kostenbestimmungsfaktoren in den indirekten Bereichen ohne Beachtung,
so werden z.B. komplexe, exotische Varianten mit geringer Auflage zu billig und
einfache Standardprodukte zu teuer kalkuliert. Hier ist der Ansatzpunkt der
Prozesskostenrechnung zu sehen.[430]

Mit der Prozesskostenrechnung werden folgende Ziele verfolgt:

- Die Prozesskostenrechnung soll eine verursachungsgerechte Produktkalkulation
  ermöglichen, bei der die vollen Kosten den Produkten zugerechnet werden.
  Diese Kosten sollen bei der mittel- bis langfristigen Festlegung des Produktionsprogramms und bei der Preisgestaltung entscheidungsunterstützend eingesetzt werden. Daher spricht man auch von strategischer Kalkulation.[431]

- Neben der Planung der Kosten in den direkten Bereichen sollen die Kosten der
  indirekten Bereiche ähnlich genau geplant werden. Dadurch soll in der Prozesskostenrechnung eine Kostenkontrolle basierend auf einem Soll-Ist-Vergleich in
  allen Bereichen ermöglicht werden. Zusätzlich soll die kostenstellenbezogene
  Kontrolle um einen kostenstellenübergreifenden Soll-Ist-Vergleich erweitert
  werden, und durch die Ermittlung von so genannten Prozesskostensätzen für
  einzelne Vorgänge im Unternehmen soll überprüft werden, ob der gleiche
  Vorgang innerhalb des Unternehmens (z.B. in verschiedenen Betriebsstätten)
  zu unterschiedlichen Kosten führt. Gründe für auftretende Kostenunterschiede

---

[429] Vgl. Fischer, T.M.: Variantenvielfalt und Komplexität als betriebliche Kostenbestimmungsfaktoren?, in: Kostenrechnungspraxis (1993) 1, S. 27-31, hier S. 28ff.

[430] Vgl. Mayer, R.: Prozeßkostenrechnung (Stichwort), in: Kostenrechnungspraxis
(1990) 1, S. 74-75, hier S. 74.

[431] Vgl. Horváth, P. / Mayer, R.: Prozeßkostenrechnung, Der neue Weg zu mehr Kostentransparenz und wirkungsvolleren Unternehmensstrategien, a.a.O., S. 218. Kritisch
dazu vgl. Kloock, J.: Prozeßkostenrechnung als Rückschritt und Fortschritt der
Kostenrechnung (Teil 2), in: Kostenrechnungspraxis (1992) 5, S. 237-245, hier
S. 239f.

sollen aufgedeckt werden.[432]

- Mit Hilfe der Prozesskostenrechnung wird eine Erhöhung der Kostentransparenz in den indirekten Bereichen angestrebt. Insbesondere abteilungsübergrei-
fende Faktoren, die die Höhe der Gemeinkosten beeinflussen, sollen bestimmt
werden. Die verbesserte Kostentransparenz soll eine Produktivitätsmessung
und eine Messung der Kapazitätsauslastung ermöglichen und damit Ansatzpunkte zur Produktivitätssteigerung und Kapazitätsanpassung aufzeigen.[433]

- Die Prozesskostenrechnung soll neue Wege zur Bestimmung von innerbetrieblichen Verrechnungspreisen eröffnen und damit zum Management der indirekten Leistungen, insbesondere zu einem effizienten Ressourcenverbrauch, beitragen. Das bedeutet konkret, dass jede Leistungsinanspruchnahme – auch in
indirekten Stellen – erfasst und bewertet wird. An die Stelle von pauschalen
Umlagesätzen sollen Prozesskostensätze treten, die die Verteilung der Gemeinkosten entsprechend der Leistungsinanspruchnahme vornehmen. Dies soll zu
einem steigenden Kostenbewusstsein bei den Leistungsabnehmern der indirekten Bereiche und zu einer erhöhten Transparenz in den Gemeinkostenbereichen führen.[434]

- Ein weiteres Ziel der Prozesskostenrechnung ist die Eliminierung wertschöp-
fungsneutraler Aktivitäten. Bereits bei der Tätigkeitsanalyse können Unwirtschaftlichkeiten aufgedeckt und durch entsprechende Rationalisierungsmaß-
nahmen abgebaut werden. Man versucht, solche Aktivitäten zu identifizieren,
die nicht zur Wertschöpfung beitragen. Dazu teilt man alle Aktivitäten eines
Unternehmens ein in:

  - value activities und
  - non-value activities.

---

[432] Vgl. Horváth, P. / Mayer, R.: Prozeßkostenrechnung, Der neue Weg zu mehr Kostentransparenz und wirkungsvolleren Unternehmensstrategien, a.a.O., S. 216; Lorson, P.:
Prozeßkostenrechnung versus Grenzplankostenrechnung, in: Kostenrechnungspraxis
(1992) 1, S. 7-14, hier S. 9.

[433] Vgl. Horváth, P. / Mayer, R.: Prozeßkostenrechnung, Der neue Weg zu mehr Kostentransparenz und wirkungsvolleren Unternehmensstrategien, a.a.O., S. 216.

[434] Vgl. Bauer, M.: Prozeßkostenrechnung als Instrument der innerbetrieblichen Leis-
tungsverrechnung in der chemischen Industrie, in: Kostenrechnungspraxis (1995) 3,
S. 171-173; Muff, M.: Marktorientiertes Management indirekter Leistungen, Ein
Konzept zur Straffung des Mitteleinsatzes in den Gemeinkostenbereichen, in:
Controlling (1990) 2, S. 82-85, hier S. 85.

Unter value activities versteht man solche Aktivitäten, die dem Kunden Nutzen bringen bzw. wertsteigernd sind.

Non-value activities dagegen bringen keinen zusätzlichen Nutzen und sind nicht wertsteigernd. Darunter fallen z.b. anfallende Nacharbeiten aufgrund fehlerhafter Produktion oder Warte- und Stillstandszeiten.

Man versucht, die Höhe der Gemeinkosten zu reduzieren, indem man möglichst alle non-value activities abbaut bzw. auf ein Minimum reduziert.[435]

- Die Ergebnisse der Prozesskostenrechnung sollen bei der Entwicklung neuer Produkte entscheidungsunterstützend wirken. Da etwa 70 - 80 % der Gesamtkosten in der Konstruktionsphase vorbestimmt werden, ist es besonders wichtig, bereits in dieser Phase alle später anfallenden Kosten – auch die Gemeinkosten – bei der Bewertung von Alternativen zu berücksichtigen. Die im Rahmen der stufenweisen Kalkulation der Prozesskostenrechnung ermittelten Kostensätze, die bereits einzelnen Teilen zurechenbar sind (z.B. für die Beschaffung), werden dazu im Teilestammsatz gespeichert. Die Konstruktionsabteilung hat dann bereits während der Entwicklungsphase Zugriff auf wichtige Kosteninformationen. Dadurch soll ein erhöhtes Kostenbewusstsein in der Konstruktionsphase entwickelt werden, was sich letztlich in einer höheren Gleichteileverwendung, einer Verringerung von Neuteilen und damit einer Reduzierung der Teilevielfalt widerspiegeln soll. Mit einer Reduzierung der Teilevielfalt kann schließlich der Anstieg der Gemeinkosten begrenzt werden.[436]

- Durch die Prozesskostenrechnung soll der Anwendungsbereich von make-or-buy-Entscheidungen auf die Leistungen der indirekten Bereiche erweitert werden. Die Aktivitäts- oder Prozesskostensätze ermöglichen einen Kostenvergleich zwischen externen Dienstleistungsunternehmen und den eigenen indirekten Leistungsbereichen.[437]

Aus den genannten Zielen lässt sich ableiten, dass mittels der Prozesskostenrechnung ebenfalls die traditionellen Aufgaben eines Kostenrechnungssystems wie Kontrolle, Kalkulation und Bereitstellung entscheidungsunterstützender Informationen erfüllt werden sollen.

---

[435] Vgl. Johnson, T.H.: Activity-Based Information, a.a.O., S. 25.

[436] Vgl. Franz, K.-P.: Die Prozeßkostenrechnung als modernes Instrument zur Kostenbeeinflussung und Kostenkontrolle, in: Männel, W. (Hrsg.): Kongreß Kostenrechnung '90, Lauf an der Pegnitz 1990, S. 75-96, hier S. 87; Schuh, G. / Steinfatt, E.: Konstruktionsbegleitende Prozeßkostenrechnung, in: Zeitschrift für wirtschaftliche Fertigung (1993) 7-8, S. 344-346, hier S. 345f.

[437] Vgl. Lorson, P.: Prozeßkostenrechnung versus Grenzplankostenrechnung, a.a.O., S. 9.

Es gibt aber auch Einschränkungen des Anwendungsbereiches der Prozess-kostenrechnung. Die Anwendung des Systems auf alle Kostenkategorien und Unternehmensbereiche ist nicht sinnvoll. Die Verrechnung der Einzelkosten wird beispielsweise in der Prozesskostenrechnung nicht gesondert behandelt, da sie analog zur traditionellen Kostenrechnung erfolgt; die Einzelkosten werden also direkt den Kostenträgern zugerechnet. Ebenso wird beispielsweise für die Ge-meinkosten der direkten Bereiche in der Prozesskostenrechnung eine Verrechnung nach der Stundensatzkalkulation unterstellt.[438]

Der Schwerpunkt der Prozesskostenrechnung liegt auf den Gemeinkosten der indirekten Bereiche. Allerdings eignen sich nicht alle Gemeinkosten für die Ver-rechnung mittels der Prozesskostenrechnung. Vielmehr sind nur Gemeinkosten für repetitive Tätigkeiten mit relativ geringem Entscheidungsspielraum Gegenstand der Betrachtungen, da nur für solche Tätigkeiten eine einheitliche Erfassung mög-lich ist. Als Voraussetzung für den Einsatz der Prozesskostenrechnung müssen die relevanten Tätigkeiten zu messbaren (zählbaren) Ergebnissen führen. Gemeinkos-ten für nicht repetitive, z.B. leitende Tätigkeiten sind auch im Rahmen der Prozesskostenrechnung zu schlüsseln.[439]

7.2 Aufbau der Prozesskostenrechnung

7.2.1 Begriffsdefinitionen

In der Literatur zur Prozesskostenrechnung herrscht eine zum Teil verwirrende Begriffsvielfalt. An dieser Stelle werden wichtige Begriffsdefinitionen eingeführt und anschließend konsequent verwendet:

Tätigkeit:	einzelne Arbeitsschritte, z.B. „Lieferanten auswählen, von denen man ein Angebot einholen möchte".
Aktivität:	Zusammenfassung von Tätigkeiten innerhalb einer Kosten-stelle, die mit einem Arbeitsergebnis abgeschlossen werden und durch die Produktionsfaktoren verzehrt werden, z.B.

---

[438]   Vgl. Mayer, R.: Prozeßkostenrechnung (Fallbeispiel), in: Kostenrechnungspraxis (1990) 5, S. 307-312, hier S. 308.

[439]   Vgl. Miller, J.G. / Vollmann, T.E.: Die verborgene Fabrik, a.a.O., S. 85f.; Coenenberg, A.G. / Fischer, T.M.: Prozeßkostenrechnung – Strategische Neuorientie-rung in der Kostenrechnung, a.a.O., S. 25.

„Angebot einholen", „Bestellung durchführen", „Material annehmen".

Prozess: Zusammenfassung logisch zusammenhängender Aktivitäten verschiedener Kostenstellen, die mit einem Arbeitsergebnis abgeschlossen werden, z.b. „Materialbeschaffung".[440]

Prozesshierarchie: hierarchischer Zusammenhang von Tätigkeiten, über Aktivitäten bis hin zu Prozessen (siehe Abb. 7.1).

Kostentreiber: Maßgrößen zur Quantifizierung des Outputs einer Aktivität, z.B. „Anzahl Bestellungen".[441]

Materialbeschaffung							
Angebote einholen			Bestellung durchführen		Materialannahme		
Angebote verschicken	Angebote vergleichen	Entscheiden	Bestellen	Rechnung bezahlen	Mengen prüfen	Qualität prüfen	Einlagern

Abb. 7.1: Prozesshierarchie am Beispiel des Prozesses Materialbeschaffung

7.2.2 Bestimmung der Aktivitäten und Prozesse

Der erste Schritt zur Implementierung einer Prozesskostenrechnung ist eine grundlegende Aktivitätsanalyse in den ausgewählten Gemeinkostenbereichen, teilweise auch als Tätigkeitsanalyse bezeichnet; sie darf nicht verwechselt werden mit der Aktivitätsanalyse der Produktionstheorie.[442] Jeder Kostenstellenleiter muss darüber Auskunft erteilen, welche Aktivitäten – zusammengesetzt aus einzelnen Tätigkeiten – in seiner Kostenstelle durchgeführt werden. Für die einzelnen Aktivitäten sind der Einsatz an Personal- und Sachmitteln und die darauf entfallenden Kosten zu bestimmen. Die Aktivitätsanalyse wird in der Regel in Interviewform vorgenommen. Falls im Unternehmen Ergebnisse einer Gemein-

---

[440] Vgl. Hartung, W.: Implementierung von ABC in bestehende Finanz- und Operationssysteme – vom Konzept zur Umsetzung, Tagungsunterlagen zu: Institute of International Research in Zusammenarbeit mit Arthur Andersen & Co. GmbH (Veranstalter): Effektives Kostenmanagement und Activity Based Costing, in Stuttgart-Sindelfingen vom 06. bis 07. März 1991, S. 1-22, hier S. 4f.

[441] Vgl. Cooper, R.: Activity-Based Costing – Einführung von Systemen des Activity-Based Costing (Teil 3), in: Kostenrechnungspraxis (1990) 6, S. 345-351, hier S. 345f.

[442] Vgl. Fandel, G.: Produktion I, a.a.O., S. 35ff.

kosten-Wertanalyse[443] vorliegen, kann auf diese zurückgegriffen werden.

Im Rahmen der Aktivitätsanalyse werden damit in jeder betrachteten Kostenstelle alle Aktivitäten (als Output) sowie die eingesetzten Mittel (als Input) ermittelt.

Die Aktivitäten sind daraufhin zu untersuchen, ob sie vom Leistungsvolumen der Kostenstelle abhängen, und entsprechend einzuteilen in:

- leistungsmengeninduzierte (lmi) Aktivitäten $h\left(h=1,...,\bar{H}\right)$,
- leistungsmengenneutrale (lmn) Aktivitäten $h\left(h=\bar{H}+1,...,H\right)$.

Das Leistungsergebnis der leistungsmengeninduzierten Aktivitäten kann in zählbaren oder messbaren Größen ausgedrückt werden, während es bei leistungsmengenneutralen Aktivitäten (z.B. „Kostenstelle leiten" oder „Schulung durchführen") nicht quantifizierbar ist. Demzufolge sind nur für leistungsmengeninduzierte Aktivitäten Kostentreiber zu bestimmen.[444]

An die Wahl der Aktivitäten werden folgende allgemeine Anforderungen gestellt:

- Es sollte eine eindeutige Zuordnung der Kosten zu den Aktivitäten möglich sein.[445] Die Kostenzuordnung mit Hilfe von Schlüsseln ist zu vermeiden, lässt sich aber in der Praxis häufig nicht umgehen.[446]

- Je Kostenstelle sollte es nur eine Aktivität geben.[447] Diese Forderung wird in der Regel aber nicht erfüllt, da daraus entweder eine sehr grobe Aufteilung in Aktivitäten oder eine Zersplitterung in viele kleine Kostenstellen folgen würde. Im ersten Fall wird die Suche nach geeigneten Kostentreibern erschwert. Dagegen wirft im zweiten Fall der zwangsläufig auftretende kostenstellenübergreifende Personaleinsatz Probleme auf. Der geforderte Detaillierungsgrad der

---

[443]   Vgl. Roever, M.: Gemeinkosten-Wertanalyse, Erfolgreiche Antwort auf den wachsenden Gemeinkostendruck, in: Zeitschrift Führung und Organisation (1982) 5-6, S. 249-253; Meyer-Piening, A.: Zero-Base Budgeting, Planungs- und Analysetechnik zur Anpassung der Gemeinkosten in der Rezession, in: Zeitschrift Führung und Organisation (1982) 5-6, S. 257-266.

[444]   Vgl. Horváth, P. / Mayer, R.: Prozeßkostenrechnung, Der neue Weg zu mehr Kostentransparenz und wirkungsvolleren Unternehmensstrategien, a.a.O., S. 216f.

[445]   Vgl. Glaser, H.: Kritische Anmerkungen zur Prozeßkostenrechnung, Arbeitsunterlagen zur 11. Saarbrücker Arbeitstagung Rechnungswesen und EDV 1990, Saarbrücken 1990, S. 1-18, hier S. 6.

[446]   Vgl. Horváth, P. / Mayer, R.: Prozeßkostenrechnung, Der neue Weg zu mehr Kostentransparenz und wirkungsvolleren Unternehmensstrategien, a.a.O., S. 217.

[447]   Vgl. Biel, A.: Einführung der Prozeßkostenrechnung, in: Kostenrechnungspraxis (1991) 2, S. 85-90, hier S. 89.

Datenerhebungen wäre kaum erreichbar und würde Kostenschlüsselungen un-umgänglich machen. Es ist folglich sinnvoll, die Kostenstellen so zu wählen, dass in einer Kostenstelle mehrere Aktivitäten anfallen. Eine Aktivität sollte je-doch eindeutig einer Kostenstelle zuordenbar sein. Verglichen mit der Grenz-plankostenrechnung entspricht dieser Fall der heterogenen Kostenverursa-chung, d.h. für eine Kostenstelle existieren unterschiedliche Bezugsgrößen.[448]

An die Wahl der leistungsmengeninduzierten Aktivitäten werden zusätzlich folgende spezielle Anforderungen gestellt:

– Die Kosten einer Aktivität sollen möglichst nur durch je einen Kostentreiber bestimmt werden. Bei mehreren Kostentreibern je Aktivität ist zu schätzen, zu welchen Anteilen die einzelnen Kostentreiber jeweils in Bezug auf die Aktivi-tätskosten verursachend wirken. Entsprechend dieser Anteile sind diese Kosten dann auf die Kostentreiber aufzuteilen.[449]

  Die Kosten für die Aktivität „Lieferantenbetreuung" in Höhe von 20.000 € sind z.B. abhängig von den Kostentreibern:

  – Anzahl der Lieferanten (80 %),
  – Anzahl der technischen Änderungen (10 %) und
  – Anzahl der neuen Produkte (10 %).

  Die Kosten je Kostentreibereinheit betragen dann bei 200 Lieferanten, 10 technischen Änderungen und 5 neuen Produkten:

  –   80 € je Lieferant,
  – 200 € je technische Änderung und
  – 400 € je neues Produkt.

– Bei den Arbeitsergebnissen einer Aktivität muss es sich nicht um mengenmäßi-ge Größen handeln. Auch wertmäßige Vorgänge, wie z.B. Abschreibungen oder Verzinsung von Lagerbeständen, können als Aktivität definiert werden.[450]

---

[448] Vgl. Horváth, P. / Mayer, R.: Prozeßkostenrechnung, Der neue Weg zu mehr Kosten-transparenz und wirkungsvolleren Unternehmensstrategien, a.a.O., S. 216.

[449] Vgl. Rau, K.-H. / Rüd, M.: Erfahrungen mit der Prozeßkostenrechnung, in: Kosten-rechnungspraxis (1991) 1, S. 13-17, hier S. 14f.

[450] Vgl. Horváth, P. / Mayer, R.: Prozeßkostenrechnung, Der neue Weg zu mehr Kosten-transparenz und wirkungsvolleren Unternehmensstrategien, a.a.O., S. 216. BIEL fordert dagegen Mengengrößen, vgl. Biel, A.: Einführung der Prozeßkostenrechnung, a.a.O., S. 98.

Um die Komplexität des Kostenrechnungssystems zu reduzieren, werden bestimmte Aktivitäten unterschiedlicher Kostenstellen zu einem Prozess p $(p = 1, ..., P)$ zusammengefasst. Dabei sollte ein Prozess funktionsübergreifende, aus verschiedenen Bereichen der Wertschöpfungskette stammende Aktivitäten enthalten. Es sollten jedoch nur solche Aktivitäten $h \left(h = 1, ..., \bar{H} \right)$ zusammengefasst werden, deren Kostentreiber im gleichen Verhältnis variieren. Wenn sich beispielsweise die Prozessmenge $x_p^{Pro.}$ verdoppelt, so sollten sich auch die Aktivitätsmengen $x_h^{Akt.}$ der Aktivitäten h verdoppeln, die dem Prozess p angehören. Es muss also gelten:

$$ x_h^{Akt.} = a_{hp}^{Akt. \rightarrow Pro.} \cdot x_p^{Pro.}, \qquad \text{für alle } h \in \text{IM } h(p), $$

wobei IM $h(p)$ die Menge der Indizes aller Aktivitäten $h \left(h = 1, ..., \bar{H} \right)$ ist, die in den Prozess p eingehen, und $a_{hp}^{Akt. \rightarrow Pro.}$ angibt, wie oft die Aktivität h in den Prozess p (direkt) eingeht.[451] Der Fall, dass die Aktivität h in verschiedene Prozesse[452] und zusätzlich noch über andere Aktivitäten in den Prozess p eingehen könnte,[453] soll hier ausgeschlossen sein.

Die dargestellte proportionale Beziehung zwischen Aktivitäts- und Prozessmengen erleichtert die spätere Kostenverrechnung und erhöht deren Genauigkeit, dürfte aber bei der Prozessbildung zu erheblichen Einschränkungen führen. In der Praxis wird man daher auch Aktivitäten mit unterschiedlichen Kostentreibern, zwischen denen keine Proportionalität besteht, zusammenfassen müssen,[454] insbesondere, wenn man der Forderung von einigen Vertretern der Prozesskostenrechnung nach einer Zusammenfassung sämtlicher Aktivitäten eines Unternehmens zu acht bis zehn Prozessen gerecht werden will.[455] Es wird jedoch bezweifelt, dass die Prozesskostenrechnung nach so hoher Komplexitätsreduzierung noch ihren Aufgaben gerecht werden kann.

---

[451]   Vgl. Kloock, J.: Prozeßkostenrechnung als Rückschritt und Fortschritt der Kostenrechnung (Teil 1), a.a.O., S. 188.

[452]   Vgl. Mayer, R.: Prozeßkostenrechnung (Fallbeispiel), a.a.O., S. 311.

[453]   Vgl. Schiller, U. / Lengsfeld, S.: Strategische und operative Planung mit der Prozeßkostenrechnung, a.a.O., S. 532ff.

[454]   Vgl. Maier-Scheubeck, N.: Prozeßkostenrechnung – im Westen nichts Neues, Stellungnahme zum Beitrag „Prozeßkostenrechnung – Strategische Neuorientierung in der Kostenrechnung" von Adolf G. Coenenberg und Thomas M. Fischer, in: Die Betriebswirtschaft (1991) 4, S. 543-547, hier S. 545.

[455]   Vgl. Horváth, P. / Mayer, R.: Anmerkungen zum Beitrag von A.G. Coenenberg / T.M. Fischer: „Prozeßkostenrechnung – Strategische Neuorientierung in der Kostenrechnung", a.a.O., S. 540.

Das folgende Beispiel bezieht sich auf die Aktivität „Bestellungen durchführen" der Kostenstelle Beschaffung. Der Kostentreiber dieser Aktivität ist „Anzahl der Bestellungen". In einer Periode sind 6.000 ME von Rohstoff A (Bestellmenge = 50 ME) und 14.400 ME des Zwischenproduktes B (Bestellmenge = 120 ME) zu beschaffen. Insgesamt sind folglich 240 Bestellungen durchzuführen. Die Aktivitätsmenge beträgt also 240. Für die Aktivität „Angebote einholen" liegt die Aktivitätsmenge bei 720, wenn man unterstellt, dass je Bestellung drei Angebote eingeholt werden müssen. Die Aktivitäten „Bestellungen durchführen" und „Angebote einholen" können zu einem Prozess zusammengefasst werden, obwohl sie unterschiedliche Kostentreiber haben. Für den Prozess kann dann die „Anzahl der Bestellungen" als einheitlicher Kostentreiber bestimmt werden.

Als Ergebnis einer umfassenden Tätigkeitsanalyse erhält man eine mehrstufige Prozesshierarchie, aus der hervorgeht, welche Aktivitäten zur Erfüllung einer Aufgabe (bzw. eines Prozesses) notwendig sind.

7.2.3 Bestimmung der Kostentreiber

Für jede leistungsmengeninduzierte Aktivität ist ein Kostentreiber zu bestimmen. Der Fall, dass eine Aktivität mehrere Kostentreiber hat, wurde in Kapitel 7.2.2 dargestellt. Die Kostentreiber der Prozesskostenrechnung sind mit Bezugsgrößen der Grenzplankostenrechnung vergleichbar.[456] Da die Aktivitäten der indirekten Bereiche in der Regel nicht vom Produktionsvolumen abhängig sind, kommen Bezugsgrößen, wie z.B. Fertigungsstunden und Einzelmaterialmengen, nicht als Kostentreiber in Frage. Es sind vom Produktionsvolumen unabhängige Bezugsgrößen bzw. Kostentreiber zu ermitteln.[457]

Beispiele für derartige Kostentreiber sind:

– Anzahl der Bestellungen für die Aktivität „Bestellung aufgeben",
– Anzahl der Angebote für die Aktivität „Angebote einholen",
– Anzahl der Lieferungen für die Aktivität „Wareneingangskontrolle durchführen" und
– Anzahl der Kontrollvorgänge für die Aktivität „Qualitätskontrolle".

An die Kostentreiber werden folgende Anforderungen gestellt:

---

[456]   Vgl. Lorson, P.: Prozeßkostenrechnung versus Grenzplankostenrechnung, a.a.O., S. 9ff.
[457]   Vgl. Cooper, R.: Activity-Based Costing – Was ist ein Activity-Based Cost-System?, a.a.O., S. 211.

- Die Kostentreiber sollen in Beziehung zu den Arbeitsergebnissen der Aktivitäten stehen, d.h. Kostentreiber- und Aktivitätsmenge sollten möglichst korrelieren.[458]

- Es soll eine verursachungsgerechte Zuordnung der Kostentreibereinheiten zu den einzelnen Produkten möglich sein, d.h. die Kostentreiber sind so zu wählen, dass auch pro Produktart die jeweilige Ausprägung des Kostentreibers ermittelt werden kann. Summiert man die produktspezifischen Kostentreibereinheiten über alle Produkte auf, so muss dies dem gesamten betrachteten Kostentreibervolumen entsprechen.[459]

Diese Anforderungen sind mit der geforderten Doppelfunktion der Bezugsgrößen vergleichbar.[460] Zu beachten ist jedoch, dass im Rahmen der Prozesskostenrechnung keine unmittelbare Beziehung zu den Kosten besteht. Durch den Wegfall eines Produktes entfallen lediglich die ihm zugerechneten Kostentreibermengen, aber es kommt damit nicht gleichzeitig zu einer Reduzierung der Kosten, die diesen Kostentreibereinheiten beigemessen werden. Beispielsweise kann durch Eliminierung eines Produktes die Zahl der durchzuführenden Bestellungen zurückgehen, ohne dass es wegen erheblicher Kostenremanenzen zu einem tatsächlichen Kostenrückgang kommt. Die Einkaufsabteilung wird entlastet; ein entsprechender Stellenabbau beziehungsweise eine Umstrukturierung sind jedoch nicht immer möglich. Eine Kostenverrechnung kann in diesem Fall nur noch nach dem Beanspruchungsprinzip und nicht mehr nach dem Verursachungsprinzip erfolgen.[461]

Bei variablen Kosten würde eine Änderung der Bezugsgrößeneinheiten bzw. hier der Kostentreibermenge immer automatisch zu einer Änderung der gesamten Kosten führen. Schon bei den Kosten der leistungsmengeninduzierten Aktivitäten ist dies bezüglich der Kostentreiber meistens nicht gegeben. Eine solche Beziehung zwischen Kosten und Kostentreibern ist aber für eine verursachungsgerechte Verteilung der Kosten auf die Kostenträger notwendig und wird daher implizit –

---

[458]   Vgl. Franz, K.-P.: Die Prozeßkostenrechnung – Darstellung und Vergleich mit der Plankosten- und Deckungsbeitragsrechnung, in: Ahlert, D. et al. (Hrsg.): Finanz- und Rechnungswesen als Führungsinstrument, H. Vormbaum zum 65. Geburtstag, Wiesbaden 1990, S. 109-136, hier S. 116.

[459]   Vgl. Rau, K.-H. / Rüd, M.: Erfahrungen mit der Prozeßkostenrechnung, a.a.O., S. 14.

[460]   Vgl. Franz, K.-P.: Die Prozeßkostenrechnung – Darstellung und Vergleich mit der Plankosten- und Deckungsbeitragsrechnung, a.a.O., S. 116.

[461]   Vgl. Kloock, J.: Prozeßkostenrechnung als Rückschritt und Fortschritt der Kostenrechnung (Teil 1), a.a.O., S. 188.

zumindest für eine langfristige Betrachtungsweise – auch unterstellt.[462] Ob es sich dann – nur aufgrund der Annahme – tatsächlich um eine Kostenverrechnung nach dem Verursachungsprinzip handelt, wird in Kapitel 7.3.3 und Kapitel 7.6 noch näher erörtert.

7.2.4 Ermittlung der Mengen, Kosten und Kostensätze für Aktivitäten und Prozesse

Für die im Rahmen der Aktivitätsanalyse ermittelten leistungsmengeninduzierten Aktivitäten $h\left(h=1,\ldots,\bar{H}\right)$ ist die Höhe der messbaren Leistungen zu bestimmen. Diese wird als Aktivitäts- oder auch als Kostentreibermenge $x_h^{Akt.}$ bezeichnet. Im Folgenden wird unterstellt, dass Kostentreiber- und Aktivitätsmenge identisch sind. Es würde aber auch genügen, wenn sie immer in einem konstanten Verhältnis zueinander variieren.

Weiter stellt sich die Frage, ob es sich hier um Plan-, Soll-, Normal- oder Istgrößen handelt. Im Hinblick auf die strategische Produktkalkulation stehen Plangrößen im Vordergrund. Für die Kostenkontrolle werden zusätzlich Soll- und Istgrößen benötigt. Für den Teil der Kosten, deren Ermittlungsaufwand im Vergleich zum Anteil an den Gesamtkosten zu hoch ist, können Normalkosten bzw. -mengen angesetzt werden. Die Ermittlung der Mengen, Kosten und Kostensätze für Aktivitäten und Prozesse soll hier anhand von Plangrößen beschrieben werden. Auf eine entsprechende Indizierung wird aber aus Übersichtsgründen verzichtet.

Die Planung der Aktivitätsmenge erfolgt aufgrund einer definierten Produkt- und Mengenstruktur, auf deren Basis die Ausprägungen der Kostentreiber bezüglich der einzelnen Aktivitäten festgelegt werden. Beispielsweise wird aufgrund von Art und Menge der zu fertigenden Erzeugnisse bestimmt, welche Roh-, Hilfs- und Betriebsstoffe benötigt werden. Davon wiederum hängt die Anzahl der Bestellungen ab, die dann der Aktivitätsmenge der Aktivität „Bestellungen durchführen" entspricht. Daten zur Ermittlung der Aktivitätsmengen lassen sich beispielsweise aus Produktionsplänen, Materialbeschaffungsplänen und Teilestammsätzen ableiten.

Im Anschluss an die Ermittlung der Aktivitätsmenge $x_h^{Akt.}$ erfolgt die Bestimmung der Plankosten $K_h^{Akt.}$, die von der Aktivität h $\left(h=1,\ldots,H\right)$ insgesamt verursacht werden. In der Regel handelt es sich um jährliche Plankosten, die für leistungsmengeninduzierte und leistungsmengenneutrale Aktivitäten zu planen sind.

462   Vgl. Horváth, P. / Mayer, R.: Prozeßkostenrechnung, Der neue Weg zu mehr Kostentransparenz und wirkungsvolleren Unternehmensstrategien, a.a.O., S. 216.

Aus den gleichen Gründen wie in Kapitel 6.2.3.1 für die Grenzplankostenrechnung dargestellt, wird die Kapazitätsplanung basierend auf Maximal-, Normal- oder Optimalkapazitäten zugunsten der Engpassplanung verworfen, d.h. auch bei der Prozesskostenrechnung basiert die Kostenplanung auf der Engpasssituation. Die Planung der Kosten $K_h^{Akt.}$ kann wie folgt vorgenommen werden:

- analytische Planung,
- Planung auf Basis der Personalkosten oder
- Aufteilung des Kostenstellenbudgets.

Grundsätzlich wird für die Festlegung der Plankosten eine analytische Kostenplanung vorgeschlagen. Im Rahmen der analytischen Kostenplanung wird untersucht, in welcher Höhe die einzelnen Kostenarten der jeweiligen Aktivität bei gegebener Aktivitätsmenge zuzurechnen sind. Diese Vorgehensweise ist mit einem sehr hohen Analyseaufwand verbunden.

Da in den indirekten Bereichen die Personalkosten eine dominierende Rolle spielen, kann die analytische Kostenplanung auf die Personalkosten begrenzt werden. Alle anderen Kostenarten (z.B. Raum-, Energie- und Büromaterialkosten) werden proportional auf die Personalkosten verteilt.[463]

Eine weitere Vereinfachung besteht darin, das geplante Kostenstellenbudget im Verhältnis der Mannjahre, die jede einzelne Aktivität in Anspruch nimmt, aufzuschlüsseln. Hier wird unterstellt, dass die gesamte Kostenverursachung proportional zur Personalinanspruchnahme erfolgt. Unterschiedliche Gehaltsstufen der Mitarbeiter einer Kostenstelle bleiben unberücksichtigt. Daher wird diese Vorgehensweise nur für die Einführungsphase der Prozesskostenrechnung vorgeschlagen.[464]

Die Summe der Kosten $K_h^{Akt.}$ der leistungsmengeninduzierten Aktivitäten h $\left(h = 1, ..., \overline{H}\right)$ eines Prozesses entspricht den Prozesskosten $K_p^{Pro.}$ für den Prozess p:[465]

$$K_p^{Pro.} = \sum_{h \in \text{IM } h(p)} K_h^{Akt.}, \qquad p = 1, ..., P.$$

Aus den Ergebnissen der Mengen- und Kostenplanung lassen sich Kostensätze ermitteln. Dabei unterscheidet man zwischen:

- Aktivitätskostensatz $k_h^{Akt.}$ der Aktivität h und

[463] Vgl. Horváth, P. / Mayer, R.: Prozeßkostenrechnung, Der neue Weg zu mehr Kostentransparenz und wirkungsvolleren Unternehmensstrategien, a.a.O., S. 217f.

[464] Vgl. Mayer, R.: Prozeßkostenrechnung (Fallbeispiel), a.a.O., S. 307.

[465] Vgl. Kloock, J.: Prozeßkostenrechnung als Rückschritt und Fortschritt der Kostenrechnung (Teil 1), a.a.O., S. 188.

– Aktivitätsgesamtkostensatz $k_{hm}^{Akt.\,ges.}$ der Aktivität h der Kostenstelle m $\left(m = 1, ..., M \right)$.

Der Aktivitätskostensatz $k_h^{Akt.}$ der leistungsmengeninduzierten Aktivität h $\left(h = 1, ..., \bar{H} \right)$ ermittelt sich durch Division der Kosten $K_h^{Akt.}$ der Aktivität h durch die für diese Aktivität ermittelte Aktivitätsmenge $x_h^{Akt.}$:

$$k_h^{Akt.} = \frac{\mathrm{K}_h^{Akt.}}{\mathrm{x}_h^{Akt.}}, \qquad h = 1, ..., \bar{H}.$$

Der Aktivitätskostensatz gibt die Kosten je Kostentreibereinheit an. Er kann nur für leistungsmengeninduzierte Aktivitäten ermittelt werden. Die Kosten der leistungsmengenneutralen Aktivitäten h $\left(h = \bar{H} + 1, ..., H \right)$, auch als Grundlast bezeichnet, gehen nicht in den Aktivitätskostensatz ein.

Fallen beispielsweise für die Aktivität „Bestellungen durchführen" insgesamt 14.400 € an, so ergibt sich bei 240 Bestellungen ein Aktivitätskostensatz von:

$$k_{Best.}^{Akt.} = \frac{14.400}{240} = 60 \, \frac{€}{\text{Bestellung}}.$$

Je nach der Aufgabe, für die die Kostensätze im Rahmen der Prozesskostenrechnung eingesetzt werden sollen, ist es sinnvoll,[466] auch die Grundlast auf die einzelnen Aktivitäten zu beziehen (z.B. für die Produktkalkulation bei strikter Anwendung der Vollkostentheorie). Es wird eine prozentuale Verteilung der Grundlast einer Kostenstelle m $\left(m = 1, ..., M \right)$ auf die Kosten der leistungsmengeninduzierten Aktivitäten dieser Kostenstelle vorgeschlagen, um auf diesem Wege anschließend den so genannten Aktivitätsgesamtkostensatz $k_{hm}^{Akt.\,ges.}$ ermitteln zu können. Der Prozentsatz wird als Umlagesatz $\alpha_m^{Akt.}$ bezeichnet und wie folgt ermittelt:

$$\alpha_m^{Akt.} = \frac{\sum\limits_{h \in M^{\bar{H}_m+1}} K_h^{Akt.}}{\sum\limits_{h \in M^{\bar{H}_m}} K_h^{Akt.}}, \qquad m = 1, ..., M,$$

wobei:

$M^{\bar{H}_m}$ der Menge aller leistungsmengeninduzierten Aktivitäten $h \in \left\{ 1, ..., \bar{H} \right\}$ entspricht, die in der Kostenstelle m erfolgen, und

---

[466] Vgl. kritisch dazu Kloock, J.: Prozeßkostenrechnung als Rückschritt und Fortschritt der Kostenrechnung (Teil 1), a.a.O., S. 188f.

$M^{\bar{H}_m+1}$ die Menge aller leistungsmengenneutralen Aktivitäten $h \in \{\bar{H}+1, ..., H\}$ angibt, die in der Kostenstelle m erfolgen.

Daraus ergibt sich als Aktivitätsgesamtkostensatz $k_{hm}^{Akt.\,ges.}$ der Aktivität h:[467]

$$k_{hm}^{Akt.\,ges.} = k_h^{Akt.} \cdot \left(1 + \alpha_m^{Akt.}\right), \qquad h = 1, ..., \bar{H}.$$

Die Indizierung des Aktivitätsgesamtkostensatzes $k_{hm}^{Akt.\,ges.}$ mit dem Kostenstellenindex m ist lediglich für seine Bestimmung von Bedeutung, da je nach Kostenstelle ein entsprechender Umlagesatz zu wählen ist. Eindeutig festgelegt ist der Aktivitätsgesamtkostensatz aber auch ohne den Index m, da sich definitionsgemäß Aktivitäten nur auf eine Kostenstelle beziehen,[468] während in einer Kostenstelle mehrere Aktivitäten durchgeführt werden können. Daher wird im Folgenden auf den Index m verzichtet und anstelle von $k_{hm}^{Akt.\,ges.}$ lediglich $k_h^{Akt.\,ges.}$ geschrieben.

Analog zu den Aktivitäten können auch auf der Ebene von Prozessen für Prozess p:

- Prozesskostensatz $k_p^{Pro.}$ und
- Prozessgesamtkostensatz $k_p^{Pro.\,ges.}$

ermittelt werden. Der Prozessgesamtkostensatz $k_p^{Pro.\,ges.}$ hängt nicht von einer Kostenstelle ab, da Prozesse üblicherweise kostenstellenübergreifend definiert werden.

Der Prozesskostensatz $k_p^{Pro.}$ berechnet sich aus den Prozesskosten $K_p^{Pro.}$ und der Prozessmenge $x_p^{Pro.}$ des Prozesses p wie folgt:

$$k_p^{Pro.} = \frac{\sum_{h \in IM\,h(p)} K_h^{Akt.}}{x_p^{Pro.}}, \qquad p = 1, ..., P.$$

Als Prozessmenge $x_p^{Pro.}$ wird in der Regel die Aktivitätsmenge $x_h^{Akt.}$ einer Aktivität des Prozesses p ausgewählt. Dabei ist die Aktivität auszuwählen, die den gleichen Kostentreiber wie der Prozess hat:[469]

$$x_p^{Pro.} \in \left\{x_h^{Akt.} \mid h \in IM\,h(p)\right\}, \qquad p = 1, ..., P.$$

[467] Vgl. Horváth, P. / Mayer, R.: Prozeßkostenrechnung, Der neue Weg zu mehr Kostentransparenz und wirkungsvolleren Unternehmensstrategien, a.a.O., S. 217.

[468] Vgl. Kapitel 7.2.1.

[469] Vgl. Glaser, H.: Prozeßkostenrechnung als Kontroll- und Entscheidungsinstrument, in: Scheer, A.-W. (Hrsg.): 12. Saarbrücker Arbeitstagung Rechnungswesen und EDV, Heidelberg 1991, S. 222-240, hier S. 226.

Zur Ermittlung des Prozessgesamtkostensatzes $k_p^{Pro.\,ges.}$ ist ebenfalls ein Umlagesatz $\alpha^{Pro.}$ zu bestimmen:

$$\alpha^{Pro.} = \frac{\sum\limits_{h=\bar{H}+1}^{H} K_h^{Akt.}}{\sum\limits_{h=1}^{\bar{H}} K_h^{Akt.}}.$$

Dieser pauschale Umlagesatz ist für alle Prozesse gleich.[470] Als Prozessgesamtkostensatz $k_p^{Pro.\,ges.}$ ergibt sich dann:

$$k_p^{Pro.\,ges.} = k_p^{Pro.} \cdot \left(1 + \alpha^{Pro.}\right), \qquad p = 1, \ldots, P.$$

Bei der Berechnung eines prozessspezifischen Umlagesatzes $\alpha_p^{Pro.}$, die theoretisch ohne weiteres möglich ist, stößt man in der Praxis auf folgendes Problem: Es ist nicht davon auszugehen, dass analog zur Zusammenfassung der leistungsmengeninduzierten Aktivitäten zu einem Prozess auch die leistungsmengenneutralen Aktivitäten auf diese Prozesse aufgeteilt werden können. Beispielsweise wird die leistungsmengenneutrale Aktivität „Abteilung leiten" in der Regel für mehrere Aktivitäten, die unterschiedlichen Prozessen zugeordnet werden, anfallen. Damit ist eine wichtige Voraussetzung zur Berechnung eines prozessspezifischen Umlagesatzes nicht erfüllt.

Eine genauere Verrechnung der Kosten der leistungsmengenneutralen Aktivitäten auf die Prozesse kann jedoch durch die Verteilung der Grundlast zunächst auf der Ebene der Aktivitäten ermöglicht werden, da eher eine Beziehung zwischen der Grundlast einer Kostenstelle und der in dieser Kostenstelle durchgeführten Aktivitäten unterstellt werden kann als zwischen der gesamten Grundlast und den Prozessen. Als Prozessgesamtkostensatz $k_p^{Pro.\,ges.}$ ergibt sich dann:

$$k_p^{Pro.\,ges.} = \sum_{h\,\in\,IM\,h(p)} a_{hp}^{Akt.\rightarrow Pro.} \cdot k_h^{Akt.ges.}, \qquad p = 1, \ldots, P,$$

wobei $a_{hp}^{Akt.\rightarrow Pro.}$ angibt, mit welcher Häufigkeit die Aktivität h in den Prozess p eingeht.[471]

---

[470] Vgl. Coenenberg, A.G. / Fischer, T.M.: Prozeßkostenrechnung – Strategische Neuorientierung in der Kostenrechnung, a.a.O., S. 30f.
[471] Vgl. Horváth, P. / Mayer, R.: Prozeßkostenrechnung, Der neue Weg zu mehr Kostentransparenz und wirkungsvolleren Unternehmensstrategien, a.a.O., S. 217.

7.3 Die Kalkulation mit Hilfe der Prozesskostenrechnung

Die Kalkulation im Rahmen der Prozesskostenrechnung wird auch als strategische Kalkulation bezeichnet, da sie entscheidungsunterstützende Informationen im Hinblick auf eine mittel- bis längerfristige Preis- und Produktpolitik liefern soll. Für kurzfristige Entscheidungen ist die Prozesskostenrechnung ungeeignet, da die Prozesskosten aufgrund ihres Vollkostencharakters kurzfristig nicht-entscheidungsrelevante Kosten enthalten.[472] Mittel- bis langfristig gesehen wird für einen Großteil dieser Kosten eine Veränderbarkeit unterstellt.[473]

Die Einzelkosten werden auch bei der Kalkulation mit Hilfe der Prozesskostenrechnung unmittelbar dem Kostenträger zugerechnet. In den direkten Bereichen anfallende Gemeinkosten werden mit traditionellen Methoden verrechnet. In den indirekten Bereichen soll die Prozesskostenrechnung zum Einsatz kommen.[474]

Die Kosten werden gemäß der jeweiligen Inanspruchnahme von Leistungen der indirekten Leistungsbereiche auf die verschiedenen Produkte verteilt. Dabei kommen folgende Verfahren in Frage:

– direkte Prozesskalkulation und
– indirekte Prozesskalkulation.

7.3.1 Direkte Prozesskalkulation

Der direkten Prozesskalkulation[475] liegt die Annahme zugrunde, dass alle zur Erstellung eines Produktes notwendigen Prozesse bekannt sind und ein eindeutiger Zusammenhang zwischen Prozess- und Produktionsmenge besteht. Es müssen also Informationen darüber vorliegen, welche Prozesse in welchen Mengen, d.h. gemessen in Kostentreibereinheiten, pro Produktart in Anspruch genommen werden. Im Folgenden soll die Ermittlung der prozessorientiert verrechneten Gemeinkosten – zunächst aufgrund von Prozessgesamtkostensätzen – beschrieben werden.

---

[472]   Vgl. zur Eignung der Prozesskostenrechnung für operative Entscheidungen Kloock, J.: Prozeßkostenrechnung als Rückschritt und Fortschritt der Kostenrechnung (Teil 2), a.a.O., S. 237f. und Kapitel 7.5.

[473]   Vgl. Biel, A.: Einführung der Prozeßkostenrechnung, a.a.O., S. 86.

[474]   Vgl. Rau, K.-H. / Rüd, M.: Erfahrungen mit der Prozeßkostenrechnung, a.a.O., S. 14.

[475]   Vgl. Cooper, R.: Activity-Based Costing – Was ist ein Activity-Based Cost-System?, a.a.O., S. 212f.

Die einer Produktart j $(j=1,...,J)$ zurechenbaren Kosten $K_{jp}^{Pro.}$ bezüglich eines Prozesses p sind durch Multiplikation der in Anspruch genommenen Kostentreibereinheiten $x_{pj}^{Pro.}$ mit den Kosten je Kostentreibereinheit, also dem Prozessgesamtkostensatz $k_p^{Pro.ges.}$, zu ermitteln:

$$K_{jp}^{Pro.} = k_p^{Pro.ges.} \cdot x_{pj}^{Pro.} \qquad \text{für alle } p \in \text{IM } p(j)\,;\, j=1,...,J\,,$$

wobei IM $p(j)$ die Menge der Indizes aller Prozesse $p\,(p=1,...,P)$ ist, die von Produktart j in Anspruch genommen werden.

Summiert man über alle von der Produktart j in Anspruch genommenen Prozesse p die der Produktart zurechenbaren Kosten $K_{jp}^{Pro.}$ auf und dividiert diese Größe durch die insgesamt produzierten Mengeneinheiten der Produktart x_j, so erhält man den prozessorientiert verrechneten Gemeinkostensatz k_j je Mengeneinheit der Produktart j:

$$k_j = \frac{\sum\limits_{p \in \text{IM } p(j)} K_{jp}^{Pro.}}{x_j}\,, \qquad j=1,...,J\,.$$

Zum gleichen Ergebnis führt die Ermittlung über die Kostentreibereinheiten, bzw. Anteile einer Kostentreibereinheit, die bezüglich jedes Prozesses einer Mengeneinheit der jeweiligen Produktart zuzurechnen sind. Diese als Prozesskoeffizienten $a_{pj}^{Pro.}$ bezeichneten Größen ergeben sich aus:

$$a_{pj}^{Pro.} = \frac{x_{pj}^{Pro.}}{x_j}\,, \qquad p=1,...,P\,; \qquad j=1,...,J\,.$$

Die Prozesskoeffizienten $a_{pj}^{Pro.}$ werden mit den jeweiligen Prozessgesamtkostensätzen $k_p^{Pro.ges.}$ multipliziert und anschließend aufaddiert. Die Summe entspricht den prozessorientiert verrechneten Gemeinkosten k_j:[476]

$$k_j = \sum_{p \in \text{IM } p(j)} k_p^{Pro.ges.} \cdot a_{pj}^{Pro.}\,, \qquad j=1,...,J\,.$$

Für die direkte Prozesskalkulation sind folgende Modifikationen möglich:

- In den bisherigen Ausführungen wurden alle Kosten verrechnet, unabhängig davon, ob sie mit der Kostentreibermenge variieren. Da jedoch höchstens die Kosten der leistungsmengeninduzierten Aktivitäten mit der Kostentreibermenge variieren, ist es im Rahmen der Kalkulation sinnvoll, die Kosten der lei-

---

476 Vgl. Glaser, H.: Prozeßkostenrechnung als Kontroll- und Entscheidungsinstrument, a.a.O., S. 230f.

stungsmengenneutralen Aktivitäten gesondert zu verrechnen. An die Stelle der Prozessgesamtkostensätze $k_p^{Pro.\,ges.}$ treten die Prozesskostensätze $k_p^{Pro.}$. Die Kosten der leistungsmengenneutralen Aktivitäten sind aufzuaddieren und

- prozentual zu den Kosten der leistungsmengeninduzierten Aktivitäten aufzuschlüsseln,[477]
- prozentual zu den Einzelkosten und den bisher verrechneten Gemeinkosten zu verteilen[478] oder
- als gesonderte Größe ins Ergebnis zu verrechnen.

- Prinzipiell kann die direkte Kalkulation auch auf der Ebene der Aktivitäten erfolgen, z.B. wenn auf eine Aggregation zu Prozessen verzichtet wurde. Allerdings steigt der Rechenaufwand für die Produktkalkulation erheblich.[479]

- Die Bestimmung der Kostentreibermengen, die zur Realisierung einer Produktart anfallen, ist in der Regel mit Schwierigkeiten verbunden. Es wird daher vorgeschlagen, die Zuordnung von Prozessen auf Kostenträger durch eine direkte Prozess-Produkt-Zuordnung zu ersetzen. Fallen die Gemeinkosten durch bestimmte Einzelteile oder Baugruppen an, so sind sie bereits auf diesen unteren Produktionsstufen zu verrechnen. Beispielsweise sollen die Kosten für den Beschaffungsprozess direkt den Beschaffungsgütern (z.B. Rohmaterial oder Zukaufteile) zugerechnet werden. Diese so genannte stufenweise Kalkulation wird vorgeschlagen, um die Leistungsbeziehungen dort zu erfassen, wo sie anfallen.[480]

---

[477]   Vgl. Horváth, P. / Mayer, R.: Prozeßkostenrechnung, Der neue Weg zu mehr Kostentransparenz und wirkungsvolleren Unternehmensstrategien, a.a.O., S. 217.

[478]   Vgl. Coenenberg, A.G. / Fischer, T.M.: Prozeßkostenrechnung – Strategische Neuorientierung in der Kostenrechnung, a.a.O., S. 30f.

[479]   Vgl. Coenenberg, A.G. / Fischer, T.M.: Prozeßkostenrechnung – Strategische Neuorientierung in der Kostenrechnung, a.a.O., S. 26.

[480]   Vgl. Franz, K.-P.: Die Prozeßkostenrechnung im Vergleich mit der flexiblen Plankostenrechnung und der Deckungsbeitragsrechnung, in: Horváth, P. (Hrsg.): Strategieunterstützung durch das Controlling: Revolution im Rechnungswesen?, Stuttgart 1990, S. 195-210, hier S. 199; Franz, K.-P.: Prozeßkostenrechnung – Renaissance der Vollkostenidee?, Stellungnahme zu Coenenberg, A.G. / Fischer, T.M.: Prozeßkostenrechnung – Strategische Neuorientierung in der Kostenrechnung, in: Die Betriebswirtschaft (1991) 4, S. 536-540, hier S. 538.

7.3.2 Indirekte Prozesskalkulation

Da in den indirekten Bereichen ein direkter Zusammenhang zwischen Produkt und Prozessen häufig nicht bestimmbar ist und Hilfsmittel, wie Arbeitspläne oder Stücklisten, nicht vorhanden sind, wird ein weiteres Kalkulationsverfahren von HORVÁTH / MAYER – die indirekte Prozesskalkulation – vorgestellt.[481]

Im Rahmen der indirekten Kalkulation wird unterstellt, dass die Höhe der Aktivitätsmenge durch zwei Kostenbestimmungsfaktoren bestimmt wird. Dabei handelt es sich um die gesamte Ausbringungsmenge an Produkten und um die Anzahl J der Varianten. Unter der Anzahl der Varianten wird hier vereinfachend die gesamte Zahl der Produktarten verstanden und nicht die Zahl der Varianten einer Produktart. Daher werden sowohl Varianten als auch Produktarten mit j indiziert. Jede leistungsmengeninduzierte Aktivität ist daraufhin zu untersuchen, ob die Aktivitätsmenge $x_h^{Akt.}$

- mit der Ausbringungsmenge $\sum_{j=1}^{J} x_j$,

- mit der Anzahl J der produzierten Varianten oder

- mit einer Kombination aus beiden Einflussgrößen

variiert. Da detaillierte Informationen zu den Anteilen der Aktivitäten, die durch die Ausbringungsmenge bzw. die Variantenzahl bestimmt werden, in der Regel nicht vorliegen, sind diese Anteile zu schätzen. Als Ergebnis erhält man die Höhe des mengenmäßigen Anteils $\alpha_h^{Akt.M}$ und des variantenabhängigen Anteils $\alpha_h^{Akt.V}$ der Aktivität h, wobei gilt:

$$\alpha_h^{Akt.M} + \alpha_h^{Akt.V} = 1, \qquad\qquad h = 1, \ldots, \overline{H} .$$

Zur Ermittlung der prozessorientiert verrechneten Gemeinkosten je Mengeneinheit sind die mengenabhängigen und die variantenabhängigen Aktivitätskosten einer bestimmten Kostenstelle m zu bestimmen. Für welche Kostenstelle m die Aktivitätskosten ermittelt werden, ist nur für die Bestimmung des Umlagesatzes und somit indirekt für die Bestimmung des Aktivitätsgesamtkostensatzes von Bedeutung.

Die mengenabhängigen Aktivitätskosten je Mengeneinheit ergeben sich aus:

---

[481] Vgl. Horváth, P. / Mayer, R.: Prozeßkostenrechnung, Der neue Weg zu mehr Kostentransparenz und wirkungsvolleren Unternehmensstrategien, a.a.O., S. 218f.

$$k_h^{Akt.\,M} = \frac{x_h^{Akt.} \cdot \alpha_h^{Akt.\,M} \cdot k_h^{Akt.\,ges.}}{\displaystyle\sum_{j=1}^{J} x_j}, \qquad h = 1, \ldots, \overline{H}.$$

Der mengenabhängige Teil der Kosten der Aktivität h wird auf die gesamte Ausbringungsmenge verteilt. Damit sind die mengenabhängigen Aktivitätskosten je Mengeneinheit für alle Produktarten gleich.

Die variantenabhängigen Aktivitätskosten je Mengeneinheit der Variante j ergeben sich aus:

$$k_{jh}^{Akt.\,V} = \frac{x_h^{Akt.} \cdot \alpha_h^{Akt.\,V} \cdot k_h^{Akt.\,ges.}}{J \cdot x_j}, \qquad j = 1, \ldots, J \,; h = 1, \ldots, \overline{H}.$$

Der Zähler wird zu gleichen Teilen auf die J Varianten verrechnet und auf eine Mengeneinheit der Variante j bezogen. Abhängig vom jeweiligen Mengenvolumen x_j ergeben sich dadurch für die einzelnen Varianten unterschiedlich hohe variantenabhängige Aktivitätskosten je Mengeneinheit.

Summiert man die mengenabhängigen und die variantenabhängigen Aktivitätskosten je Mengeneinheit der Variante j, so erhält man den folgenden Gemeinkostensatz $k_{jh}^{Akt.}$ für die Variante j:

$$k_{jh}^{Akt.} = k_h^{Akt.\,M} + k_{jh}^{Akt.\,V}, \qquad j = 1, \ldots, J \,; h = 1, \ldots, \overline{H}.$$

Der Gemeinkostensatz $k_{jh}^{Akt.}$ gibt die Höhe der Kosten an, die von der Aktivität h auf eine Mengeneinheit der Variante j verrechnet werden. Addiert man für eine Variante j die Kostensätze über alle von ihr beanspruchten Aktivitäten auf, so erhält man den prozessorientiert verrechneten Gemeinkostensatz k_j je Mengeneinheit der Variante j wie folgt:

$$k_j = \sum_{h \in IM\,h(j)} k_{jh}^{Akt.}, \qquad j = 1, \ldots, J,$$

wobei IM $h(j)$ die Menge der Indizes aller Aktivitäten $h\,(h = 1, \ldots, H)$ ist, die von Produktart j in Anspruch genommen werden.

Für die indirekte Prozesskalkulation sind folgende Modifikationen möglich:

– Anstelle von Aktivitätsgesamtkostensätzen können ebenso Aktivitätskostensätze verwendet werden. Für die Kosten der leistungsmengenneutralen Aktivitäten ergeben sich die bereits erläuterten Verrechnungsmöglichkeiten.

– Die oben beschriebene Vorgehensweise baut auf den ermittelten Aktivitätskosten, -mengen und -kostensätzen auf. An sich ist hier aber die Ermittlung der

Aktivitätsmengen und -kosten überflüssig. Informationen über die Aktivitätskosten wären ausreichend.[482]

– Die indirekte Prozesskalkulation wurde auf der Basis von Aktivitäten erläutert. Auf eine Aggregation zu Prozessen wurde verzichtet. Grundsätzlich ist die Verrechnung auch auf der Prozessebene möglich. Probleme ergeben sich jedoch bei der Schätzung der Kostenanteile eines Prozesses, die mengenvolumen- bzw. variantenabhängig reagieren.

– Die Zahl der Kostenbestimmungsfaktoren, die die Höhe der Aktivitätskosten bestimmen, wurde auf zwei beschränkt. Die Kostenhöhe wird aber in der Prozesskostenrechnung von mehreren Einflussgrößen abhängen. Diese können zusätzlich berücksichtigt werden, erhöhen aber die Komplexität der Verrechnungsmethode. Ebenfalls ist es möglich die genannten Kostenbestimmungsfaktoren Ausbringungsmenge und Variantenzahl durch andere zu ersetzen, falls diese kostenbestimmend wirken.[483]

7.3.3 Kritische Beurteilung der Kalkulationsverfahren

Die Güte eines Kalkulationsverfahrens ist insbesondere daran zu messen, ob es eine verursachungsgerechte Zurechnung der Kosten zu den Produkten ermöglicht und ob es zumindest langfristig gesehen entscheidungsrelevante Informationen liefert.

Die direkte Prozesskalkulation würde einer verursachungsgerechten Kostenzurechnung unter der Voraussetzung, dass die unterstellte lineare Abhängigkeit zwischen Kostenträgern und Prozessen tatsächlich besteht, am ehesten gerecht werden. Die Identifizierung solcher Prozesse und insbesondere deren mit oben angegebener Eigenschaft ausgestatteten Kostentreiber ist eine schwierige Aufgabe, die sicherlich nur mit Einschränkungen zu erfüllen ist.[484]

Doch selbst wenn entsprechende Kostentreiber bestimmt werden können, erfolgt die Kostenverrechnung – wegen des Fixkostencharakters der meisten hier

482 Vgl. Glaser, H.: Kritische Anmerkungen zur Prozeßkostenrechnung, a.a.O., S. 15.

483 Vgl. Horváth, P. / Mayer, R.: Prozeßkostenrechnung, Der neue Weg zu mehr Kostentransparenz und wirkungsvolleren Unternehmensstrategien, a.a.O., S. 219. Vgl. zu weiteren Kostenbestimmungsfaktoren Fischer, T.M.: Variantenvielfalt und Komplexität als betriebliche Kostenbestimmungsfaktoren?, a.a.O., S. 27ff.

484 Vgl. Glaser, H.: Kritische Anmerkungen zur Prozeßkostenrechnung, a.a.O., S. 12.

betrachteten Kosten – nicht nach dem Verursachungsprinzip, sondern lediglich nach dem Beanspruchungsprinzip.[485]

Weiterhin ist noch kritisch anzumerken, dass die Kalkulationssätze $k_h^{Akt.}$ und $k_p^{Pro.}$ von der geplanten Aktivitäts- bzw. Prozessmenge abhängen und damit letztlich von der geplanten Kapazitätsauslastung bestimmt werden. Je mehr Aktivitäten geplant werden, umso günstiger ist – konstante Kapazität vorausgesetzt – auch deren Erstellung. Ebenso fraglich ist die Verwendung von konstanten Aktivitäts- bzw. Prozesskoeffizienten je Mengeneinheit, da man doch gerade davon ausgeht, dass die Aktivitäts- bzw. Prozessmenge nicht vom Produktionsvolumen sondern von anderen Kostenbestimmungsfaktoren abhängt.[486]

Zusätzlich zu der bereits genannten Kritik gilt für den Ansatz von HORVÁTH und MAYER noch, dass er einen Teil der gemeinkostentreibenden Faktoren außer Acht lässt. Es bleibt beispielsweise unberücksichtigt, ob einfache oder komplexe Produkte vorliegen. Es fehlen ebenfalls Informationen darüber, aufgrund welcher Daten und Zusammenhänge die Anteile der mengenvolumen- und variantenabhängigen Kosten zu schätzen sind. Eine solch subjektive Schätzung liegt beispielsweise vor, wenn eine Einkaufsabteilung bestimmen soll, wie viele Angebote aufgrund der herzustellenden Ausbringungsmengen und wie viele Angebote wegen der herzustellenden Varianten einzuholen sind.[487]

Ein weiteres Problem kann sich bei der indirekten Kalkulation dadurch ergeben, dass man unter Umständen die Ausbringungsmengen sehr verschiedener Produktarten aufaddiert, die auch im Hinblick auf die Aktivitätsinanspruchnahme sehr unterschiedlich sind. Eine mögliche Lösung könnte hier die Einführung von Äquivalenzziffern – vergleichbar mit denen der Äquivalenzziffernkalkulation – sein, um die verschiedenen Ausbringungsmengen aufsummieren zu können.

Allgemein zu kritisieren ist die Verwendung von Aktivitäts- bzw. Prozessgesamtkostensätzen anstelle von Aktivitäts- bzw. Prozesskostensätzen. Die Kosten der leistungsmengenneutralen Aktivitäten sollten nicht in die Kostensätze einbezogen werden, da sonst eine Proportionalität zwischen den Kostentreibern und den leistungsmengenneutralen Aktivitätskosten unterstellt wird, die weder kurz- noch

---

[485] Vgl. Kloock, J.: Prozeßkostenrechnung als Rückschritt und Fortschritt der Kostenrechnung (Teil 1), a.a.O., S. 188.

[486] Vgl. Kloock, J.: Prozeßkostenrechnung als Rückschritt und Fortschritt der Kostenrechnung (Teil 2), a.a.O., S. 237f.

[487] Vgl. Franz, K.-P.: Die Prozeßkostenrechnung – Darstellung und Vergleich mit der Plankosten- und Deckungsbeitragsrechnung, a.a.O., S. 131; Glaser, H.: Prozeßkostenrechnung als Kontroll- und Entscheidungsinstrument, a.a.O., S. 233; derselbe: Prozeßkostenrechnung und Kalkulationsgenauigkeit – Zur allgemeinen Erfassung von Kostenverzerrungen, in: Kostenrechnungspraxis (1996) 1, S. 28-34, hier S. 28ff.

langfristig gesehen besteht. Eine solche Kostenverrechnung würde dann nicht mehr dem Verursachungsprinzip, sondern höchstens noch dem Kostentragfähigkeitsprinzip folgen, wenn man unterstellt, dass die Marktpreise um einen bestimmten Prozentsatz höher sind als die Kosten leistungsmengeninduzierter Aktivitäten und die Produkte jeweils den auf sie verrechneten Anteil der Kosten leistungsmengenneutraler Aktivitäten zu tragen haben.[488]

Die Frage nach der Frist, innerhalb der die Kosten beeinflussbar sind, bleibt in der Prozesskostenrechnung unberücksichtigt. Selbst wenn langfristig alle Kosten variabel wären, so würden diese nicht zwangsweise proportional zur Aktivitätsmenge variieren. Vielmehr wird es sich um sprungfixe bzw. intervallfixe Kosten handeln, d.h. jeweils durch den Abbau bestimmter Aktivitätsmengen sinken die Kosten. Dies wird in der Prozesskostenrechnung nicht genauer untersucht.[489]

7.3.4 Ergebnisse der strategischen Kalkulation

Die Informationen, die aus der Kalkulation auf Basis der Prozesskostenrechnung gewonnen werden, können für die strategische Gestaltung des Produktionsprogramms genutzt werden. Es kommt dabei zu den folgenden drei Effekten:[490]

– Allokationseffekt,
– Komplexitätseffekt und
– Degressionseffekt.

Als Allokationseffekt bezeichnet man die Umverteilung der Kosten durch den wertunabhängigen Prozesskostensatz im Vergleich mit dem wertmäßigen Gemeinkostenzuschlag der traditionellen Kostenrechnung.

Die Gemeinkosten der indirekten Bereiche werden entsprechend der Inanspruchnahme von betrieblichen Leistungen verteilt. Die Inanspruchnahme wird in Kostentreibereinheiten gemessen und mit Aktivitäts- bzw. Prozesskostensätzen bewertet. Im Gegensatz zur Verwendung wertorientierter Zuschlagssätze werden die Gemeinkosten unabhängig von der Höhe der Zuschlagsbasis verrechnet. Bei-

---

[488] Vgl. Kloock, J.: Prozeßkostenrechnung als Rückschritt und Fortschritt der Kostenrechnung (Teil 1), a.a.O., S. 189.

[489] Vgl. Reichmann, T. / Fröhling, O.: Fixkostenmanagementorientierte Plankostenrechnung vs. Prozeßkostenrechnung. Zwei Welten oder Partner?, in: Controlling (1991) 1, S. 42-44, hier S. 43; Kilger, W.: Offene Probleme der Plankosten- und Deckungsbeitragsrechnung, a.a.O., S. 86ff.

[490] Vgl. Coenenberg, A.G. / Fischer, T.M.: Prozeßkostenrechnung – Strategische Neuorientierung in der Kostenrechnung, a.a.O., S. 21ff.

spielsweise sind die Kosten für eine Bestellung nicht vom Wert der zu beschaffenden Teile abhängig, sondern von den Kosten für den Beschaffungsprozess.

Der Komplexitätseffekt zeigt, wie das Kalkulationsergebnis in der Prozesskostenrechnung durch den Kostenbestimmungsfaktor Komplexität beeinflusst wird.

Mit Hilfe der Prozesskostenrechnung kann berücksichtigt werden, dass bei der Herstellung von komplexen Produktvarianten gegenüber einfachen Varianten ein deutlich höherer Bedarf an gemeinkostenverursachenden Aktivitäten, beispielsweise für Materialdisposition, Fertigungssteuerung und Qualitätsprüfung besteht. Die herkömmliche Zuschlagskalkulation führt hier zu Verzerrungen, dadurch dass Produkten mit hoher Komplexität relativ zu niedrige und Produkten mit geringer Komplexität relativ zu viele Gemeinkosten zugerechnet werden.

Durch den Komplexitätseffekt wird sich das Produktionsprogramm derart verändern, dass der Anteil komplexer Produkte zugunsten von einfachen Produkten zurückgeht. Ebenso wird sich die Teilezahl, die in ein Produkt eingeht, verringern.

Der Degressionseffekt beschreibt die Anpassung der stückbezogenen Gemeinkosten an die jeweilige Stückzahl.

Bei der Verrechnung über Prozesskostensätze werden die Prozesskosten je Mengeneinheit durch die gesamten Prozesskosten je Produktart und die jeweils von der Produktart produzierten Mengeneinheiten bestimmt. Damit sinken die stückbezogenen Prozesskosten bei steigender Los- oder Auftragsgröße. Ein Beispiel für diesen Effekt sind die Vertriebsgemeinkosten, die unabhängig von der bestellten Stückzahl anfallen, bezogen auf eine Produkteinheit aber mit Erhöhung der Auftragsgröße sinken.

In der Zuschlagskalkulation der traditionellen Kostenrechnung sind die Gemeinkosten je Mengeneinheit eines Produktes unabhängig von der Stückzahl gleich groß. Sie sind ausschließlich wertabhängig.

Durch den Degressionseffekt wird mit der Prozesskostenrechnung im Vergleich zur Zuschlagskalkulation Standardteilen gegenüber Spezialteilen je Mengeneinheit ein relativ geringerer Anteil an Gemeinkosten zugerechnet. Ein Unternehmen wird daher versuchen, seine Teilevielfalt zu verringern und Mehrfachverwendungsteile oder Gleichteile bevorzugen. Die Zahl der Dispositions- und Steuerungsvorgänge kann dadurch verringert werden. Unter anderem wird ein Abbau der Lagerbestände gefördert.

7.4 Kostenkontrolle mit Hilfe der Prozesskostenrechnung

Mit Hilfe der Prozesskostenrechnung soll eine Kostenvorgabe und -kontrolle erreicht werden durch:

- Abweichungsanalysen und
- kostenstellenübergreifende Kontrollen.

7.4.1 Abweichungsanalyse

In der Diskussion um die Kostenkontrolle in der Prozesskostenrechnung wird diese mit den verschiedensten Varianten der Plankostenrechnung – z.B. mit der flexiblen Plankostenrechnung auf Vollkostenbasis[491] oder der Grenzplankostenrechnung[492] – verglichen. Dabei reduziert sich die Kostenkontrolle zum Teil auf eine Analyse der Leerkosten. Nur wenige Beiträge widmen sich ausführlich diesem Problem. Der folgende Abschnitt greift einen dieser Ansätze von KLOOCK / DIERKES[493] auf, der eine Abweichungsanalyse und Auswertungsrechnung getrennt nach

- variablen Kosten leistungsmengeninduzierter Aktivitäten,
- fixen Kosten leistungsmengeninduzierter Aktivitäten und
- Kosten leistungsmengenneutraler Aktivitäten

durchführt.

Die Abweichungsanalyse[494] erfolgt:

---

[491] Vgl. Betz, S.: Gemeinkostencontrolling auf Basis der Prozeßkostenrechnung, in: Kostenrechnungspraxis (1995) 3, S. 135-144, hier S. 141f.

[492] Vgl. Wäscher, D.: Gemeinkosten-Management im Material- und Logistik-Bereich, in: Zeitschrift für Betriebswirtschaft (1987) 3, S. 297-315, hier S. 314f. Kritisch hierzu siehe Fröhling, O.: Dynamisches Kostenmanagement, Konzeptionelle Grundlagen und praktische Umsetzung im Rahmen eines strategischen Kosten- und Erfolgs-Controlling, München 1994, S. 161ff.

[493] Vgl. Kloock, J. / Dierkes, S.: Kostenkontrolle mit der Prozeßkostenrechnung, in: Berkau, C. / Hirschmann, P. (Hrsg.): Kostenorientiertes Geschäftsprozeßmanagement, München 1996, S. 93-119, hier S. 102; vgl. zu weiteren Ausführungen Dierkes, S.: Planung und Kontrolle von Prozeßkosten, Kostenmanagement im indirekten Leistungsbereich, Wiesbaden 1998.

[494] Vgl. hierzu Kapitel 6.3.

- als differenziert kumulative Abweichungsanalyse, wobei die Abweichungen höherer Ordnung gesondert ausgewiesen werden (diese werden nachfolgend nicht genauer untersucht),
- auf Basis von Planwerten (Plan-Ist-Ansatz); die Abweichungen höherer Ordnung sind nicht in den Teilabweichungen enthalten, sondern werden getrennt ausgewiesen,[495]
- durch die Differenzbildung (Istkosten – Sollkosten); eine Kostenerhöhung wird als positiver Wert ausgewiesen,[496]
- auf der Ebene der Aktivitäten; auf eine Aggregation zu Prozessen soll hier verzichtet werden,
- ohne kostenstellenweise Betrachtung (aus Vereinfachungsgründen) und[497]
- für einstufige Produktionsprozesse; Leistungsbeziehungen zwischen den Aktivitäten werden nicht berücksichtigt.

Für die Kostenkontrolle ist es von Vorteil, wenn eine sonst in der Prozesskostenrechnung unübliche Trennung in fixe und variable Kosten vorgenommen wird, da die Abhängigkeit der Kosten von der Aktivitätsmenge eine unterschiedliche Vorgehensweise und insbesondere eine unterschiedliche Interpretation der Ergebnisse notwendig macht. Dabei werden die Faktoren i $\left(i = 1, ..., \bar{I}, \bar{I} + 1, ..., I \right)$ eingeteilt in $i = 1, ..., \bar{I}$, die zu variablen Kosten führen, und $i = \bar{I} + 1, ..., I$, die zu fixen Kosten führen. Lässt sich eine Faktorart nicht eindeutig zuordnen, so ist sie in einen variablen und einen fixen Teil aufzusplitten. Fehlt eine Unterscheidung zwischen fixen und variablen Kosten, so kann man unterstellen, dass ein Großteil der in den indirekten Leistungsbereichen anfallenden Kosten fix ist. Die Abweichungsanalyse beschränkt sich folglich auf die fixen Kosten leistungsmengeninduzierter und leistungsmengenneutraler Aktivitäten.

Die variablen Kosten einer leistungsmengeninduzierten Aktivität $K_{vh}^{Akt.}$ variieren proportional mit der Zahl der durchgeführten Aktivitäten – der Aktivitätsmenge $x_h^{Akt.}$:

---

[495]   Gründe für diese Vorgehensweise nennt Kloock, J.: Kostenkontrolle auf Basis kombinierter lernorientierter Feedback-Feedforward-Prozesse, a.a.O., S. 18; Kloock, J. / Dierkes, S.: Kostenkontrolle in der Prozeßkostenrechnung, a.a.O., S. 103ff. Im letzten Beitrag wird allerdings eine Abweichungsanalyse auf Basis von Istkosten (Ist-Plan-Ansatz) durchgeführt.

[496]   Umgekehrt bei Kloock, J. / Dierkes, S.: Kostenkontrolle in der Prozeßkostenrechnung, a.a.O., S. 103ff.

[497]   Vgl. Kloock, J. / Dierkes, S.: Kostenkontrolle in der Prozeßkostenrechnung, a.a.O., S 103ff.; KLOOCK / DIERKES führen die Abweichungsanalyse kostenstellenweise durch.

$$K_{vh}^{Akt.} = k_{vh}^{Akt.} \cdot x_h^{Akt.}, \qquad\qquad h = 1, ..., \bar{H},$$

wobei $k_{vh}^{Akt.}$ den variablen Kosten je Mengeneinheit der Aktivität h entspricht und sich noch detaillierter darstellen lässt als:

$$k_{vh}^{Akt.} = \sum_{i=1}^{\bar{I}} q_i \cdot a_{ih}^{Fak. \to Akt.}, \qquad\qquad h = 1, ..., \bar{H}.$$

Darin bezeichnet:

q_i den Beschaffungspreis je Mengeneinheit des Faktors i und

$a_{ih}^{Fak. \to Akt.}$ den Produktionskoeffizienten, der angibt, wie oft der Faktor i in eine Mengeneinheit der Aktivität h eingeht.

Analog zu dem in Kapitel 7.3.1 angegebenen Prozesskoeffizienten kann auch ein entsprechender Aktivitätskoeffizient gebildet werden, der angibt, wie oft die Aktivität h in eine Mengeneinheit der Produktart j eingeht:

$$a_{hj}^{Akt.} = \frac{x_{hj}^{Akt.}}{x_j}, \qquad\qquad h = 1, ..., \bar{H} \, ; j = 1, ..., J \, .$$

Für die Aktivitätsmenge ergibt sich daraus:

$$x_h^{Akt.} = \sum_{j=1}^{J} x_{hj}^{Akt.} = \sum_{j=1}^{J} a_{hj}^{Akt.} \cdot x_j, \qquad\qquad h = 1, ..., \bar{H}.$$

Insgesamt lassen sich damit die variablen Kosten einer leistungsmengeninduzierten Aktivität bestimmen aus:

$$K_{vh}^{Akt.} = \sum_{i=1}^{\bar{I}} \sum_{j=1}^{J} q_i \cdot a_{ih}^{Fak. \to Akt.} \cdot a_{hj}^{Akt.} \cdot x_j, \qquad\qquad h = 1, ..., \bar{H}.$$

Für die verbrauchsabweichungsbedingte Kostendifferenz der variablen Kosten der leistungsmengeninduzierten Aktivität h gilt dann:

$$\Delta KVA_{vh}^{Akt.}$$

$$= K_{vh}^{Akt.(I)} - K_{vh}^{Akt.(S)}$$

$$= \sum_{i=1}^{\bar{I}} \sum_{j=1}^{J} q_i^{(I)} \cdot a_{ih}^{Fak. \to Akt.(I)} \cdot a_{hj}^{Akt.(I)} \cdot x_j^{(I)} - \sum_{i=1}^{\bar{I}} \sum_{j=1}^{J} q_i^{(P)} \cdot a_{ih}^{Fak. \to Akt.(P)} \cdot a_{hj}^{Akt.(P)} \cdot x_j^{(I)}$$

$$= \sum_{i=1}^{\bar{I}} \sum_{j=1}^{J} \Delta q_i \cdot a_{ih}^{Fak. \rightarrow Akt.(P)} \cdot a_{hj}^{Akt.(P)} \cdot x_j^{(I)} \qquad \text{beschaffungspreis-abweichungsbedingt}$$

$$+ \sum_{i=1}^{\bar{I}} \sum_{j=1}^{J} q_i^{(P)} \cdot \Delta a_{ih}^{Fak. \rightarrow Akt.} \cdot a_{hj}^{Akt.(P)} \cdot x_j^{(I)} \qquad \text{faktorverbrauchs-abweichungsbedingt}$$

$$+ \sum_{i=1}^{\bar{I}} \sum_{j=1}^{J} q_i^{(P)} \cdot a_{ih}^{Fak. \rightarrow Akt.(P)} \cdot \Delta a_{hj}^{Akt.} \cdot x_j^{(I)} \qquad \text{aktivitätskoeffizienten-abweichungsbedingt}$$

+ Abweichungen höherer Ordnung.

Den Istkosten werden hier die Sollkosten gegenübergestellt, indem man – analog zur Grenzplankostenrechnung – die Ausbringungsmenge immer mit ihrem Istwert ansetzt. Da bisher nur variable Kosten betrachtet werden, ergeben sich aus der Änderung der Ausbringungsmenge keine besonderen Erkenntnisse.

Die beschaffungspreisabweichungsbedingte Kostendifferenz gibt an, wie die Aktivitätskosten der Aktivität h durch die geänderten Beschaffungspreise der Faktoren i beeinflusst werden. Diese Abweichung könnte man – genau wie auch bei der Grenzplankostenrechnung – durch die Verwendung fester Faktorpreise außen vorlassen, da eine aktivitätsbezogene Kontrolle der Faktorpreise wenig sinnvoll ist, und die Preisabweichungen üblicherweise nicht in den Bereichen, wo die Aktivitäten entstehen, beeinflusst werden können.

Die faktorverbrauchsabweichungsbedingte Kostendifferenz gibt an, wie sich die Aktivitätskosten der Aktivität h durch den veränderten Faktoreinsatz je Mengeneinheit der Aktivität ändern. Sie sollte auch faktorweise und nicht nur aktivitätsbezogen berechnet werden.

Die aktivitätskoeffizientenabweichungsbedingte Kostendifferenz zeigt, wie sich die Aktivitätskosten der Aktivität h ändern, wenn mehr oder weniger Aktivitäten zur Realisierung der Ausbringungsmenge durchgeführt werden müssen. Diese Kostendifferenz ist dann besonders aufschlussreich, wenn sie zusätzlich produktbezogen betrachtet wird.

Die Abweichungsanalyse der variablen Kosten leistungsmengeninduzierter Aktivitäten ist vergleichbar mit der Abweichungsanalyse der variablen Gemeinkosten in der Grenzplankostenrechnung. Analog dazu lassen sich noch weitere Teilabweichungen abspalten, wenn man untersucht, weshalb die einzelnen Koeffizienten von ihrem Planwert abweichen. Allerdings dürfte der Teil dieser variablen Kosten eine untergeordnete Rolle spielen, da in den indirekten Bereichen – auf die sich die Prozesskostenrechnung hauptsächlich bezieht – der Anteil fixer Kosten überwiegt.

Insbesondere bei rückläufigen Aktivitätsmengen kommt es aufgrund des hohen Personalkostenanteils in den indirekten Bereichen zu erheblichen Kostenremanenzen, d.h. ein Großteil der Kosten kann beispielsweise aufgrund von vertraglichen Bindungen nicht ohne weiteres abgebaut werden und gehört damit zu den kurzfristig nicht veränderbaren fixen Kosten.

Es folgt des Weiteren eine Kostenkontrolle der fixen Kosten leistungsmengeninduzierter Aktivitäten, für die zwar kein Zusammenhang zwischen der Höhe der Aktivitätsmengen und den angefallenen Kosten hergestellt werden kann, für die aber die Aktivitätsmenge doch die Auslastung der zur Verfügung stehenden Kapazitäten aufzeigt und Hinweise für zukünftige Rationalisierungspotentiale gibt. Folglich beschränkt sich die Kostenkontrolle – analog zur Kontrolle der Fixkosten in der Grenzplankostenrechnung – auf eine Analyse der Leer- und Nutzkosten.

Die Kostenkontrolle wird aktivitätsbezogen dargestellt. Sinnvoll könnte aber auch eine Betrachtung der einzelnen Faktorarten sein, da es letztlich nicht um die Auslastung der maximal zur Verfügung stehenden Aktivitätsmenge geht, sondern um die Auslastung der Kapazitäten.

Die gesamten fixen Bereitschaftskosten einer Aktivität h teilen sich auf in Nutzkosten $K_{fNh}^{Akt.}$ und Leerkosten $K_{fLh}^{Akt.}$:

$$K_{fh}^{Akt.} = K_{fNh}^{Akt.} + K_{fLh}^{Akt.}, \qquad h = 1, \ldots, \overline{H} .$$

$$K_{fh}^{Akt.} = \sum_{i=\overline{I}+1}^{I} k_{fi} \cdot a_{ih}^{Fak. \to Akt.} \cdot x_h^{Akt.} + \left(K_{fh}^{Akt.} - \sum_{i=\overline{I}+1}^{I} k_{fi} \cdot a_{ih}^{Fak. \to Akt.} \cdot x_h^{Akt.} \right),$$

$$h = 1, \ldots, \overline{H} ,$$

wobei k_{fi} dem Kapazitätskostensatz je Leistungseinheit des Faktors i entspricht und der Klammerausdruck die Leerkosten angibt.

Im Vordergrund steht nicht die Ermittlung der Abweichung der Bereitschaftskosten, sondern die Kostendifferenz bei Nutz- und Leerkosten der Aktivität $h \left(h = 1, \ldots, \overline{H} \right)$:

$$\begin{aligned} \Delta K_{fh}^{Akt.} &= K_{fh}^{Akt.(I)} - K_{fh}^{Akt.(P)} \\ &= K_{fNh}^{Akt.(I)} + K_{fLh}^{Akt.(I)} - \left(K_{fNh}^{Akt.(P)} + K_{fLh}^{Akt.(P)} \right) \\ &= \Delta K_{fNh}^{Akt.} + \Delta K_{fLh}^{Akt.} . \end{aligned}$$

Die Kostendifferenzen bei den Nutz- und Leerkosten der Aktivitäten können noch genauer untersucht und in Teilabweichungen aufgespalten werden. Für die Leerkosten setzt man die Definition von oben (Klammerausdruck) ein:

$$\Delta K_{fLh}^{Akt.} = K_{fLh}^{Akt.(I)} - K_{fLh}^{Akt.(P)}$$

$$= K_{fh}^{Akt.(I)} - \sum_{i=\bar{I}+1}^{I} k_{fi}^{(I)} \cdot a_{ih}^{Fak.\rightarrow Akt.(I)} \cdot x_{h}^{Akt.(I)}$$

$$- \left(K_{fh}^{Akt.(P)} - \sum_{i=\bar{I}+1}^{I} k_{fi}^{(P)} \cdot a_{ih}^{Fak.\rightarrow Akt.(P)} \cdot x_{h}^{Akt.(P)} \right)$$

$$= K_{fh}^{Akt.(I)} - K_{fh}^{Akt.(P)} - \left(K_{fNh}^{Akt.(I)} - K_{fNh}^{Akt.(P)} \right).$$

Die Abweichung der Leerkosten hängt von den veränderten Bereitschaftskosten und der geänderten Kapazitätsauslastung – ausgedrückt als Nutzkostenänderung – ab.

Die Nutzkostenänderung kann in die folgenden Teilabweichungen aufgespalten werden:

$$\Delta K_{fNh}^{Akt.} = K_{fNh}^{Akt.(I)} - K_{fNh}^{Akt.(P)}$$

$$= \sum_{i=\bar{I}+1}^{I} k_{fi}^{(I)} \cdot a_{ih}^{Fak.\rightarrow Akt.(I)} \cdot x_{h}^{Akt.(I)} - \sum_{i=\bar{I}+1}^{I} k_{fi}^{(P)} \cdot a_{ih}^{Fak.\rightarrow Akt.(P)} \cdot x_{h}^{Akt.(P)}$$

$$= \sum_{i=\bar{I}+1}^{I} \Delta k_{fi} \cdot a_{ih}^{Fak.\rightarrow Akt.(P)} \cdot x_{h}^{Akt(P)} \qquad \text{kapazitätskostensatz-abweichungsbedingt}$$

$$+ \sum_{i=\bar{I}+1}^{I} k_{fi}^{(P)} \cdot \Delta a_{ih}^{Fak.\rightarrow Akt.} \cdot x_{h}^{Akt.(P)} \qquad \text{beanspruchungs-abweichungsbedingt}$$

$$+ \sum_{i=\bar{I}+1}^{I} k_{fi}^{(P)} \cdot a_{ih}^{Fak.\rightarrow Akt.(P)} \cdot \Delta x_{h}^{Akt.} \qquad \text{aktivitätsmengen-abweichungsbedingt}$$

+ Abweichungen höherer Ordnung.

Die Abweichung $\Delta x_{h}^{Akt.}$ kann noch genauer analysiert werden, indem man

$$x_{h}^{Akt.} = \sum_{j=1}^{J} a_{hj}^{Fak.\rightarrow Akt.} \cdot x_{j}$$

einsetzt und die Abweichungen der Koeffizienten getrennt voneinander bestimmt.

Während bei den variablen Kosten die Abweichung der Ausbringungsmenge nicht berücksichtigt werden muss, da sich die Kosten automatisch an diese anpassen, hat hier wegen des Fixkostencharakters die Differenz zwischen Plan- und Istwert der Ausbringungsmenge ebenfalls Einfluss auf die Höhe der Nutz- bzw.

Leerkosten. Erkennbar ist dies darin, dass hier den Istkosten nicht die Soll- sondern die Plankosten gegenübergestellt werden.

Der formale Aufbau der Analyse der Nutzkosten ist vergleichbar mit der Abweichungsanalyse der variablen Kosten leistungsmengeninduzierter Aktivitäten. Die Interpretation der Ergebnisse ist allerdings grundlegend verschieden, da die Teilabweichungen bei der Analyse fixer Kosten keine kurzfristigen Kostenänderungspotentiale darstellen, sondern eine Beeinflussung der Kostenbestimmungsfaktoren kurzfristig nur zu einer Verschiebung zwischen Nutz- und Leerkosten führt. Langfristig gesehen zeigen die Teilabweichungen aber Rationalisierungspotentiale auf, die Grundlage für zukünftige Dispositionsentscheidungen sind.

Für die leistungsmengenneutralen Aktivitäten sind definitionsgemäß keine Kostentreiber zu ermitteln. Die Kosten der leistungsmengenneutralen Aktivitäten sind fix und fallen unabhängig von der Leistung häufig in Höhe der geplanten Kosten an, so dass dann die Kostendifferenz

$$\Delta K_{fh}^{Akt.} = K_{fh}^{Akt.(I)} - K_{fh}^{Akt.(P)}, \qquad h = \bar{H} + 1, \ldots, H$$

gleich Null ist. Dies ist beispielsweise der Fall, wenn es sich um bereits durch eine Anschaffungsauszahlung determinierte fixe Abschreibungsbeträge oder um während der Periode nicht veränderbare fixe Personalkosten handelt.

Die Kosten leistungsmengenneutraler Aktivitäten bieten für die Kostenkontrolle kaum weitere Analysemöglichkeiten. Bedeutung kommt ihnen allerdings bei der Erfolgskontrolle zu. Hier dienen sie als Solldeckungsbeiträge, falls eine analog zur Deckungsbeitragsrechnung aufgebaute Rechnung zur Verfügung steht.

In der Literatur wird häufig vorgeschlagen, die Kosten der leistungsmengenneutralen Aktivitäten über pauschale Umlagesätze auf die Kosten der leistungsmengeninduzierten Aktivitäten zu verteilen. Diese Schlüsselung der fixen Kosten ist auch im Hinblick auf die Kostenkontrolle kritisch zu sehen. Durch sie werden die Ergebnisse verzerrt und es kann zu Fehlentscheidungen kommen.[498]

7.4.2 Kostenstellenübergreifende Kontrolle

Die Zusammenfassung von Aktivitäten verschiedener Kostenstellen zu einem Prozess ermöglicht eine kostenstellenübergreifende Kontrolle. Durch diese prozessbezogene Kostenkontrolle soll eine Optimierung einzelner Bereiche zugunsten

---

[498] Vgl. Betz, S.: Gemeinkostencontrolling auf Basis der Prozeßkostenrechnung, a.a.O., S. 136ff. BETZ zeigt formal, dass die Verwendung von Gesamtkostensätzen zu Fehlentscheidungen führen kann.

einer Gesamtoptimierung vermieden werden. Ergänzend zu den Kostenstellen wird für jeden Prozess ein neuer Verantwortungsbereich geschaffen, der jeweils einem Prozessverantwortlichen bzw. Process Owner zugeordnet ist.

Eine Kostenkontrolle auf der Prozessebene lässt jedoch nicht erkennen, in welchen Bereichen es zu Kostenabweichungen gekommen ist. Die Kostenkontrolle auf der Ebene der Kostenstellen ist daher eine notwendige Ergänzung.

7.5 Beurteilung der Prozesskostenrechnung

Positiv zu beurteilen ist an der Prozesskostenrechnung die Abkehr vom Kostenstellen- oder Bereichsdenken zugunsten eines gesamtunternehmensbezogenen Prozessdenkens.

Gerade dieser Punkt wird aber in der praktischen Durchführung zu Problemen führen. Soll das gesamte Unternehmensgeschehen auf nur wenige Hauptprozesse reduziert werden, so wird mit der Zusammenfassung von Aktivitäten zu Prozessen ein erheblicher Informationsverlust verbunden sein. Die Aggregation von Aktivitäten wird von den Vertretern der Prozesskostenrechnung besonders hervorgehoben, ihre konkrete Ausgestaltung ist dagegen noch wenig ausgereift. Selbst zur Einteilung in Aktivitäten fehlen bereits operationale Regeln und Kriterien.[499] Hier bleiben noch viele Fragen offen.

Durch die Prozesskostenrechnung erfolgt in den indirekten Bereichen eine genaue Analyse der Gemeinkosten. Letztendlich wird hierdurch eine detaillierte Gemeinkostenplanung und -budgetierung möglich.

In der Literatur finden sich einige Ansätze, die die Eignung der Prozesskostenrechnung für

- operative Entscheidungen und
- strategische Entscheidungen

untersuchen. Im Folgenden sollen kurz die wichtigsten Forschungsergebnisse dargestellt werden.

Die Prozesskostenrechnung ist nach KLOOCK als operatives Planungs- und Kontrollinstrument ungeeignet. Durch die nicht verursachungsgerechte Verrechnung der Fixkosten kommt es zu den Fehlern, die bereits bei der starren und flexiblen Plankostenrechnung auf Vollkostenbasis erkannt und kritisiert wurden.

---

[499]   Vgl. Glaser, H.: Prozeßkostenrechnung als Kontroll- und Entscheidungsinstrument, a.a.O., S. 225.

Zur Festlegung von kostenorientierten Angebotspreisen ist die Prozesskosten-rechnung ebenfalls ungeeignet, da der Kalkulationssatz maßgeblich von der ge-planten Kapazitätsauslastung abhängt. Dies kann bei konjunkturellem Nachfrage-rückgang zu einer „Kalkulation aus dem Markt" führen, da bei sinkender Nachfrage die Kapazitätsauslastung ebenfalls sinkt und folglich aufgrund erhöhter Kalkulationssätze die Selbstkosten über die am Markt realisierbaren Preise steigen und damit die Absatzmenge noch weiter sinkt. Die Eignung der Prozesskosten als Lenkkosten wird bezweifelt, ist bisher aber noch nicht fundiert begründet worden.[500] Zu Fehlentscheidungen kommt es aufgrund der verrechneten Fixkosten auch, wenn die Prozesskostenrechnung für die Frage nach Eigenfertigung oder Fremdbezug eingesetzt wird. Fällt die Entscheidung zugunsten des Fremdbezuges, so wird die Differenz zwischen den Prozesskosten und den Fremdbezugspreisen nicht in dieser Höhe ergebniswirksam, da weiterhin ein Teil der Prozesskosten zusätzlich zu den Einstandspreisen anfallen wird.[501]

Eine Eignung der Prozesskostenrechnung für operative Entscheidungen – hier für Absatzmengen- und Preisentscheidungen – wird für die Prozesskostenrech-nung von SCHILLER und LENGSFELD nur dann bestätigt, wenn man durch explizite Berücksichtigung der Leerkosten den Planungsfehler der Prozesskostenrechnung rückgängig macht.[502]

Insgesamt kann der Prozesskostenrechnung damit eine nur sehr eingeschränkte Eignung für operative Fragestellungen zugesprochen werden. Sie ist in diesem Bereich auf keinen Fall der Grenzplankostenrechnung überlegen.

Die meisten Vertreter der Prozesskostenrechnung vernachlässigen diesen ope-rativen Aspekt und stellen die strategische Bedeutung der Prozesskostenrechnung in den Vordergrund. Dieser Aspekt wurde von KLOOCK im Hinblick auf die Ge-staltung des Produktmixes und die Festlegung der langfristigen Preisuntergrenze untersucht. Für eine langfristige mehrperiodige Rechnung können die Prozess-kosten nur dann relevant sein, wenn sie konstant und repräsentativ für die künfti-gen Perioden sind. Das Entscheidungskriterium entspricht dann dem der statischen Investitionsrechnung und hier speziell der Kostenvergleichsrechnung. Wegen der eingeschränkten Eignung der Prozesskostenrechnung für operative Entschei-dungen, bezweifelt KLOOCK, dass dieser statische Kostenvergleich für die lang-

---

[500] Vgl. Kloock, J.: Prozeßkostenrechnung als Rückschritt und Fortschritt der Kosten-rechnung, (Teil 1), a.a.O., S. 188; derselbe: Prozeßkostenrechnung als Rückschritt und Fortschritt der Kostenrechnung, (Teil 2), a.a.O., S. 237f.

[501] Vgl. Lorson, P. : Prozeßkostenrechnung versus Grenzplankostenrechnung, a.a.O., S. 9.

[502] Vgl. Schiller, U. / Lengsfeld, S.: Strategische und operative Planung mit der Prozeß-kostenrechnung, a.a.O., S. 541ff.

fristige Gestaltung des Produktmixes zu brauchbaren Ergebnissen führt. Bei der Verwendung von Prozesskosten als langfristige Preisuntergrenze merkt er treffend an, dass nicht die Realisierung der Preisuntergrenze alleine schon zur Erreichung der Gewinnschwelle ausreicht, sondern dass zusätzlich auch noch die geplante Mindestauslastung, die der Fixkostenverrechnung zugrunde liegt, erreicht werden muss. Zudem kritisiert er, dass Zinseffekte unberücksichtigt bleiben.[503]

Die Prozesskostenrechnung für langfristige make-or-buy-Entscheidungen wird von LORSON als nur bedingt geeignet eingestuft, da nicht alle Folgewirkungen wie beispielsweise organisatorische Umstrukturierungen berücksichtigt werden.[504]

SCHNEEWEIß und STEINBACH untersuchten die Eignung der Prozesskostenrechnung für make-or-buy-Entscheidungen und Programmplanungen genauer.[505] Durch einen Vergleich der Ergebnisse der Prozesskostenrechnung mit einer Optimalplanung, die die Kapazitätsveränderungen berücksichtigt, hat man herausgefunden, wie gut die Prozesskostenrechnungsansätze den mit den Entscheidungen verbundenen Kapazitätseffekt repräsentieren. Dabei ergaben sich folgende Ergebnisse:

– Je geringer die Anpassungsgeschwindigkeit, d.h. je mehr Zeit benötigt wird, um die Kapazität auf- bzw. abzubauen, desto schlechter sind die Ergebnisse der Prozesskostenrechnung im Vergleich zur Optimallösung, da die Kosten für die ungenutzten Kapazitäten nicht berücksichtigt werden. Folglich wird man auch nicht versuchen, diese Kapazitäten mit relativ schlechten Aufträgen, die aber noch positive Deckungsbeiträge erzielen, auszunutzen.

– Je höher die Kapazitätsanpassungskosten – gemeint sind die Kosten, die für den Kapazitätsauf- bzw. -abbau anfallen – sind, desto schlechter sind die Ergebnisse der Prozesskostenrechnung im Vergleich zur Optimallösung, da die Kapazitätsanpassungskosten in der Prozesskostenrechnung über Abschreibungen nur als Durchschnittswerte berücksichtigt werden.

Eine Eignung der Prozesskostenrechnung für die Festlegung von Kapazitäten wird von SCHILLER und LENGSFELD differenziert beurteilt.[506] Sie zeigen anhand eines strategischen Planungsansatzes, dass die Kenntnis der Opportunitätskosten unbe-

---

[503]   Vgl. Kloock, J.: Prozeßkostenrechnung als Rückschritt und Fortschritt der Kostenrechnung, (Teil 2), a.a.O., S. 239f.

[504]   Vgl. Lorson, P.: Prozeßkostenrechnung versus Grenzplankostenrechnung, a.a.O., S. 9.

[505]   Vgl. Schneeweiß, C. / Steinbach, J.: Zur Beurteilung der Prozeßkostenrechnung als Planungsinstrument, in: Die Betriebswirtschaft (1996) 4, S. 459-473, hier S. 466ff.

[506]   Vgl. Schiller, U. / Lengsfeld, S.: Strategische und operative Planung mit der Prozeßkostenrechnung, a.a.O., S. 535ff.

dingt notwendig ist und im Allgemeinen nicht durch die Prozesskosten ersetzt werden kann. Allerdings zeigen sie, dass in den folgenden zwei Spezialfällen die Prozesskosten geeignete Größen darstellen,

- wenn die Vollauslastungsprämisse erfüllt ist, also alle Kapazitäten immer voll ausgelastet sind. Ein Fehler aufgrund der in der Prozesskostenrechnung nicht berücksichtigten Leerkapazitäten kann nicht auftreten,

- wenn Unsicherheit vorliegt und die so genannte Stationaritätsprämisse erfüllt ist, d.h. die Verteilungsfunktion, die die Wahrscheinlichkeitsverteilung der Grenzkosten angibt, muss für alle Perioden identisch sein.[507]

7.6 Übungsaufgaben zu Kapitel 7

Übungsaufgabe 7.1   Proportionalitätsannahmen

Geben Sie alle in der Prozesskostenrechnung getroffenen Proportionalitätsannahmen an, und nehmen Sie kritisch Stellung dazu.

Übungsaufgabe 7.2:   Direkte Prozesskalkulation

Ein Unternehmen stellt die vier unterschiedlichen Produkte A, B, C und D her. Die Produktionsmengen der Periode, die Materialeinzelkosten je Mengeneinheit und die Fertigungszeiten je Mengeneinheit der Produkte sind der folgenden Tabelle zu entnehmen.

Produkt	Produktionsmenge in ME je Periode	Materialeinzelkosten in € je ME	Maschinenstunden in Std. je ME
A	100	20	2
B	100	40	5
C	1.000	30	2
D	1.000	60	5

Die Gemeinkosten in Höhe von 456.000 € sind den Produkten A, B, C und D auf Basis einer Prozesskostenrechnung zuzurechnen. Dabei sind die im Folgenden beschriebenen Aktivitäten mit den zugehörigen Kosten der indirekten Leistungsbereiche zu berücksichtigen.

---

[507]   Vgl. ebenda.

Bei den Fertigungs- und Materialgemeinkosten haben die Maschinenstunden pro Erzeugnisart als Kostentreiber Verwendung gefunden. Die übrigen Gemeinkosten in Höhe von 148.000 € sind nach Maßgabe spezieller Kostentreiber zu verteilen. So ist vor Beginn eines Produktionsvorganges die Umrüstung einer Maschine erforderlich, auf der alle vier Erzeugnisse zur Bearbeitung kommen. Insgesamt werden 5.000 € pro Umrüstvorgang veranschlagt. Zur Herstellung der oben genannten Produktionsmengen wird bei den Produkten A und B jeweils zweimal gerüstet und bei den Produkten C und D jeweils viermal. Die Einkaufsabteilung wird in der Periode für die niedrigvolumigen Produkte A und B je dreimal tätig, während bei den hochvolumigen Produkten C und D je Einkaufsvorgang Rohstoffe für die Produktion von 500 ME des Produktes beschafft werden. Insgesamt fallen in der Einkaufsabteilung Gemeinkosten in Höhe von 40.000 € an. Im Gegensatz zur Einkaufsabteilung wird die Vertriebsabteilung in einer Periode je Produktart nur einmal tätig, wobei als Prozesskostensatz hier 12.000 € je Aktivität veranschlagt werden.

Berechnen Sie mittels der direkten Prozesskalkulation die Selbstkosten je ME.

Übungsaufgabe 7.3:   Indirekte Prozesskalkulation

Die Prozesskostenrechnung soll in dem Unternehmen „Prokotech" implementiert werden. In der Einführungsphase ist sie lediglich für die beiden Kostenstellen Einkauf und Vertrieb vorgesehen. Die Planung der Kosten erfolgt auf Basis der Personalkosten, deren Höhe – jeweils bezogen auf die einzelnen Aktivitäten – der folgenden Tabelle zu entnehmen ist. Außerdem werden noch Raum- und Energiekosten für die Kostenstelle „Einkauf" in Höhe von 40.000 € und für die Kostenstelle „Vertrieb" in Höhe von 75.000 € erwartet. Die sonstigen Büromaterial- und EDV-Kosten werden nicht nach Kostenstellen getrennt ausgewiesen. Insgesamt plant man hierfür 45.000 €. Alle Kosten sollen als Kosten der leistungsmengeninduzierten Aktivitäten verrechnet werden.

Kosten-stelle	Nr.	Aktivität	Personal-kosten (€)	mengen-volumen-abhängig	variantenzahl-abhängig
Einkauf	1	Angebote einholen	40.000	0,3	0,7
	2	verhandeln	120.000	0,4	0,6
	3	Bestellungen aufgeben	40.000	0,5	0,5
Vertrieb	4	Kundenakquisition	50.000	0,6	0,4
	5	Angebote abgeben	40.000	0,7	0,3
	6	technische Absprache	110.000	0,8	0,2
	7	Terminplanung	20.000	0,5	0,5
	8	Auftragsbedingungen aushandeln	30.000	0,2	0,8

In der Planperiode wird mit der Produktion der Produkte A und B in den folgenden Mengen gerechnet:

A: 1.500 ME

B: 20 ME.

a) Bestimmen Sie die gesamten Plankosten für die einzelnen Aktivitäten.

b) Führen Sie eine strategische Kalkulation nach der indirekten Prozesskalkulation durch.

c) Begründen Sie kurz anhand der entsprechenden Formel, weshalb hier die Berechnung der Prozesskosten auch ohne Kenntnis der Aktivitätsmenge möglich ist und welche weiteren Informationen mittels der Aktivitätsmenge bereitgestellt werden können.

Übungsaufgabe 7.4:   Prozesskosten- und Grenzplankostenrechnung

In einem Unternehmen, das bereits seit vielen Jahren eine Grenzplankosten- und Deckungsbeitragsrechnung implementiert hat, soll über die Annahme eines Zusatzauftrags von 20 Stück des Produktes B entschieden werden. Dazu stehen die folgenden Plandaten zur Verfügung:

	Produkt A	Produkt B
Ausbringungsmenge in ME	10.000	2.000
Verkaufspreis in € je ME	80	75
Materialeinzelkosten in € je ME	20	25
Fertigungseinzelkosten in € je ME	13	20
variable Fertigungsgemeinkosten in € je ME	15	16

Außerdem fallen noch Materialgemeinkosten in Höhe von 50.000 € und Verwaltungs- und Vertriebsgemeinkosten in Höhe von 120.000 € an.

Man entscheidet sich zunächst für die Annahme des Zusatzauftrags. Erst auf die Empfehlung eines Unternehmensberaters hin wird die Entscheidung nochmals überprüft. Er schlägt vor, die wichtigsten Aktivitäten in den Kostenstellen Material und Vertrieb zu identifizieren und eine indirekte Kalkulation durchzuführen. Eine Tätigkeitsanalyse liefert folgendes Ergebnis:

	Aktivität	Kostentreiber	geplante Aktivitäts- menge	Produkt A	Produkt B
1	„Angebote einholen"	Anzahl der Angebote	100	70	30
2	„bestellen"	Anzahl der Be- stellungen	25	15	10
3	„ein-/ auslagern"	Anzahl der Lager- vorgänge	200	100	100
4	„Verkaufsgespräche führen"	Anzahl der Verkaufsgespräche	160	120	40
5	„Auftragsabwicklung"	Anzahl der Aufträge	80	60	20

Die geplanten Gemeinkosten der Kostenstelle Material von 50.000 € lassen sich entsprechend der Personalkosten im Verhältnis 4:3:3 auf die Aktivitäten „Angebote einholen", „bestellen" und „ein- / auslagern" aufteilen. Die Kosten der Vertriebsabteilung in Höhe von 40.000 € entfallen zu gleichen Teilen auf die beiden Aktivitäten. Die Kosten leistungsmengenneutraler Aktivitäten in Höhe von 80.000 € sind wegen der Kritik an der Schlüsselung solcher Kosten en bloc zu verrechnen.

a) Führen Sie eine Deckungsbeitragsrechnung (auf Grenzkostenbasis) für das Gesamtunternehmen durch und bestimmen Sie den Nettoerlös des Gesamtunternehmens (ohne Zusatzauftrag!). Begründen Sie die Annahme des Zusatzauftrags anhand der Ergebnisse.

b) Zeigen Sie, zu welcher Entscheidung der Unternehmensberater kommt. Ermitteln Sie dazu zunächst jeweils für die einzelnen Aktivitäten die Aktivitätskostensätze und bestimmen Sie mittels der direkten Prozesskalkulation die Deckungsbeiträge der Produktarten A und B, wobei nur die Kosten der leistungsmengenneutralen Aktivitäten als nicht entscheidungsrelevant angesehen werden.

c) Welche Kritik wird man von Seiten des Unternehmens der Entscheidung des Unternehmensberaters entgegenhalten?

Übungsaufgabe 7.5:   Allokations-, Komplexitäts- und Degressionseffekt

In einem Unternehmen werden die drei Varianten I, II und III in den Mengen

$$x_I \quad = 2.000 \text{ ME}$$
$$x_{II} \quad = \quad 500 \text{ ME}$$
$$x_{III} \quad = 1.500 \text{ ME}$$

hergestellt. Die Kosten für die Lageraktivitäten „Material einlagern" (Aktivität A) und „Material auslagern" (Aktivität B) können prozessorientiert oder über einen Materialgemeinkostenzuschlagssatz von 20 % (der Materialeinzelkosten) verrechnet werden. Die Materialeinzelkosten betragen bei den Varianten I und III jeweils 22 € je Mengeneinheit und bei Variante II 12 € je Mengeneinheit. Die Aktivitätsmengen der einzelnen Varianten und die Kostensätze in € je Aktivität sind der folgenden Tabelle zu entnehmen:

Aktivität		Aktivitätsmenge der Variante:			Aktivitätskostensatz
		I	II	III	
A	„Material einlagern"	10	20	10	150 €
B	„Material auslagern"	15	30	8	200 €

a) Bestimmen Sie die Höhe der Allokationseffekte bei den drei Varianten. Erläutern Sie, weshalb der Allokationseffekt bei Variante II besonders hoch ausfällt.

b) Geben Sie für die Variante II den Degressionseffekt an, wenn anstelle von 500 ME folgende Stückzahlen hergestellt werden: 1.000 ME, 1.500 ME, 2.000 ME und 2.500 ME. Gehen Sie dabei davon aus, dass sich die Anzahl der

Aktivitäten nicht ändert. Es wird lediglich in größeren Losen gefertigt, so dass entsprechend die Menge je Ein- und Auslagerungsvorgang steigt.

c) Gehen Sie davon aus, dass die Höhe der Aktivitätsmengen der Varianten I und II von der Teilezahl abhängt. Variante I setzt sich aus fünf Teilen und Variante II aus 10 Teilen zusammen. Für beide Produkte wird abweichend zur Aufgabenstellung eine Produktionsmenge von 2.000 ME unterstellt.

Bestimmen Sie zunächst die Zahl der Ein- und Auslagerungen je Teil unter der Annahme, dass für jedes Teil gleich viele Aktivitäten durchgeführt werden müssen.

Geben Sie den Komplexitätseffekt für die Varianten I und II an und für eine Variante IV, die sich unter sonst gleichen Bedingungen aus 20 Teilen zusammensetzt.

Übungsaufgabe 7.6:   Abweichungsanalyse

In einem Unternehmen werden die drei Produkte A, B und C hergestellt. Dabei plant man für das Produkt A eine Ausbringungsmenge von 5.000 ME, für B von 2.000 ME und für das Produkt C von lediglich 200 ME. Aufgrund sinkender Nachfrage hat man die Produktion der Produkte A und B reduziert; auf 4.000 ME von A und 1.500 ME von B. Das Produkt C wird in geplanter Menge gefertigt.

Die Einkaufsabteilung wurde als Versuchsbereich bei der Einführung der Prozesskostenrechnung ausgewählt. Nach einer Tätigkeitsanalyse hat man als wichtigste Aktivitäten ($h = $ I, II, III) dieser Abteilung die folgenden drei festgelegt:

- I: „Angebote einholen",
- II: „Bestellungen aufgeben" und
- III: „Abteilung leiten - allgemeine Kosten".

Ferner sind in der Abteilung die folgenden Faktoren $(i = 1, \ldots, 5)$ verbraucht worden, wobei der erste und der zweite zu variablen Kosten und die anderen zu fixen Kosten führen.

- 1:   Personal (kurzfristig abbaubar; Aushilfskräfte auf Stundenbasis)
- 2:   Telefon
- 3:   Personal (2 Sacharbeiter)
- 4:   Personal (1 leitender Angestellter)
- 5:   Gebäude.

Für den Faktor 3 wird eine Kapazität von 4.500 Stunden geplant. Die Sachbearbeiter sind 2/3 der Zeit mit der Aktivität I und 1/3 der Zeit mit der Aktivität II beschäftigt. Die Kosten der Kapazität ergeben sich durch Multiplikation mit dem entsprechenden Kostensatz k_{fi} (siehe Tabelle).

Für den Faktor 4 werden Kosten in Höhe von 150.000 € geplant, die auch realisiert werden.

Als Gebäudekosten fallen für die Abteilung Einkauf 20.000 € an, die ebenfalls dem Planwert entsprechen.

Die weiteren Informationen sind den folgenden Tabellen zu entnehmen:

Beschaffungspreise der Faktoren $i = 1, 2$ (in € je Faktoreinheit):			
i	$q_i^{(P)}$	$q_i^{(I)}$	Δq_i
1	30	30	0
2	20	25	+ 5

Kapazitätskostensätze des Faktors $i = 3$ (in € je Faktoreinheit):			
i	$k_{fi}^{(P)}$	$k_{fi}^{(I)}$	Δk_{fi}
3	40	45	+ 5

Faktorverbrauchs- bzw. Kapazitätsinanspruchnahmekoeffizienten des Faktors $i = 1, 2, 3$ je Mengeneinheit der Aktivität $h = I, II$:						
		$a_{ih}^{Fak.\rightarrow Akt.(P)}$		$a_{ih}^{Fak.\rightarrow Akt.(I)}$		$\Delta a_{ih}^{Fak.\rightarrow Akt.}$
i	h	I	II	I	II	I	II
1		25	40	30	42	+ 5	+ 2
2		15	5	18	6	+ 3	+ 1
3		50	150	50	140	0	− 10

Aktivitätskoeffizienten der Aktivitäten $h = I, II$ je Mengeneinheit der Produkte A, B und C:								
		$a_{hj}^{Akt.(P)}$			$a_{hj}^{Akt.(I)}$			$\Delta a_{hj}^{Akt.}$
h	j	A	B	C	A	B	C	A	B	C
I		0,005	0,0075	0,05	0,006	0,008	0,1	+ 0,001	+ 0,0005	+ 0,05
II		0,001	0,0015	0,01	0,001	0,0015	0,01	0	0	0

a) Bestimmen Sie die Plan- und Istwerte der Aktivitätsmengen $x_{hj}^{Akt.}$ der Aktivitäten $h = I, II$ und der Produktarten $j = A, B, C$. Geben Sie ebenfalls die jeweilige Abweichung zwischen Plan- und Istwert an.

b) Bestimmen Sie die Plan- und Istwerte der Summe der Aktivitätsmengen über alle Produktarten $x_h^{Akt.}$ der Aktivitäten $h = I, II$. Ermitteln Sie zusätzlich noch den Sollwert dieser Größe und geben Sie sowohl die Differenzen zwischen Ist- und Planwert als auch zwischen Ist- und Sollwert an.

c) Führen Sie für die Aktivitäten eine Abweichungsanalyse jeweils getrennt nach

   - variablen Kosten leistungsmengeninduzierter Aktivitäten,
   - fixen Kosten leistungsmengeninduzierter Aktivitäten und
   - Kosten leistungsmengenneutraler Aktivitäten

   durch. Zeigen Sie jeweils aktivitätsbezogen die einzelnen Teilabweichungen auf, und interpretieren Sie die Ergebnisse.

8 Übersicht über weitere Ansätze in der Kostenrechnung

8.1 Target Costing

8.1.1 Gegenstand des Target Costing

Dieses in Japan bereits seit den 60er Jahren verwendete Konzept ist Anfang der 90er Jahre in Deutschland aufgegriffen worden[507] und zählt zu den Kostenmanagementverfahren. Durch Verfolgen der Fragestellung „Was darf ein Produkt kosten?" anstelle von „Was wird ein Produkt kosten?"[508] gelingt diesem Target Costing eine Orientierung am Markt und am Kunden bei gleichzeitiger Gestaltung der späteren Herstellkosten in der Entwicklungs- und Konstruktionsphase, der Phase, in der die Beeinflussbarkeit der Kosten am höchsten ist.[509] Wichtige Bestimmungsgrößen für die „target costs" (Zielkosten) sind die „allowable costs" und die „drifting costs". Unter den „allowable costs" versteht man die Kosten, die sich nach Abzug des Zielgewinns vom Zielpreis ergeben; ihnen werden die „drifting costs" gegenübergestellt, also die Kosten, die schätzungsweise für das betrachtete Produkt anfallen. Die Zielkostenfestlegung erfolgt je nach Variante des Target Costings unterschiedlich.

8.1.2 Vorgehensweise

Bei der Vorgehensweise zur Bestimmung der Zielkosten unterscheidet SEIDENSCHWARZ fünf Wege,[510] wobei im Folgenden nur die als Reinform angesehene Market-into-Company-Variante beschrieben wird. Hierbei werden die „target

---

[507] Vgl. Horváth, P.: Funktion und Organisation des Target Costing im Controllingsystem, in: Kostenrechnungspraxis (1998) Sonderheft 1, S. 75-80, hier S. 75.

[508] Vgl. z.B. Riegler, C.: Zielkosten, in: Fischer, T. (Hrsg.): Kosten-Controlling: neue Methoden und Inhalte, Stuttgart 2000, S. 239-263, hier S. 239.

[509] Vgl. Coenenberg, A.: Kostenrechnung und Kostenanalyse, a.a.O., S. 441.

[510] Vgl. Seidenschwarz, W.: Target Costing, München 1993, S. 116ff.

costs" nur von den „allowable costs" bestimmt. Die Kosten des Produktes dürfen über den gesamten Lebenszyklus daher nicht höher sein als der auf der Basis des geschätzten Marktpreises berechnete Umsatz abzüglich des Gewinns.

Zur Vorgehensweise des Zielkostenmanagements finden sich in der Literatur verschiedene Einteilungen bezüglich der auszuführenden Schritte. Der grundsätzliche Ablauf lässt sich jedoch folgendermaßen darstellen:

– Positionierung des Produktes auf dem Markt und Bestimmung des Zielpreises

   Auf der Basis von Marktanalysen, Kundenbefragungen und Nutzenanalysen wird versucht, die genauen Produktfunktionen des neuen Produktes zu bestimmen und für diese den erzielbaren Marktpreis zu schätzen. Möglich ist auch die Bildung mehrerer Produktvarianten-Preis-Paare, um die endgültigen Eigenschaften erst später festlegen zu können.[511]

– Ermittlung des Zielgewinns und der „allowable costs"

   Der Zielpreis wird auf ein erwartetes Absatzvolumen bezogen, um den Produktumsatz zu erhalten. Durch Subtraktion des Bruttogewinns von diesem Wert ergeben sich die vom Markt erlaubten Kosten, die über die gesamte Lebensdauer des Produktes hinweg nur anfallen dürfen, um die gewünschte Rendite zu erwirtschaften.[512] Der Zielgewinnsatz wird meist aus der Kapital- oder Umsatzrentabilität bestimmt, wobei sich beim Target Costing die Umsatzrentabilität bewährt hat.[513]

– Aufspaltung der Zielkosten (Komponenten- oder Funktionsmethode)

   Das Aufspalten der „allowable costs" auf Baugruppen und Bauteile kann nach zwei Methoden erfolgen:[514] Die Komponentenmethode ist einstufig und verteilt die Kosten anhand der Kostenstruktur eines Referenzproduktes. Das zweistufige Funktionsverfahren spaltet zunächst die Kosten gemäß der aus den Kundenbefragungen ermittelten Nutzenanteile auf die einzelnen Funktionen auf. Mithilfe einer Funktionskostenmatrix werden die funktionsorientierten Kosten dabei gemäß der Funktionserfüllung auf die Komponenten verteilt, die zur Funktionserfüllung beitragen.

– Erreichung der Zielkosten und Zielkostenkontrolldiagramm

   Anhand der Liste von Komponenten und Teilen werden nun die „drifting costs" ermittelt.[515] Durch den Vergleich der „drifting costs" mit den meistens niedriger

---

[511] Vgl. Burger, A.: Kostenmanagement, 3. Aufl., München 1999, S. 61f.
[512] Vgl. Seidenschwarz, W.: Target Costing, a.a.O., S. 116.
[513] Vgl. Seidenschwarz, W.: Target Costing, a.a.O., S. 122.
[514] Vgl. Joos-Sachse, T.: Controlling, Kostenrechnung und Kostenmanagement, 2. Aufl., Wiesbaden 2002, S. 241ff.
[515] Zur ausführlichen Ermittlung vgl. Burger, A.: Kostenmanagement, a.a.O., S. 63ff.

liegenden Zielkosten wird die Kostenlücke sichtbar, woraufhin Maßnahmen zur Kostenreduzierung ergriffen werden müssen, um die vorkalkulierten Produktkosten auf das Niveau der Zielkosten zu senken.[516] Ein Instrument zur Visualisierung ist das Zielkostenkontrolldiagramm. Hierbei wird für jede

Komponente der $Zielkostenindex = \dfrac{Nutzenbeitrag\ einer\ Komponente\ in\ \%}{Kostenanteil\ einer\ Komponente\ in\ \%}$

berechnet und in ein Diagramm eingetragen. Liegt der Index außerhalb der Zielkostenzone, die um die ideale 45°-Linie herum festgelegt wird, so ist die Komponente entweder zu teuer (Index < 1) oder zu billig (Index > 1) geplant und sie muss bezüglich ihrer Funktions- und Kostenstruktur überarbeitet werden.

8.1.3 Anwendungserfolg

Einsatz findet das Target Costing besonders in Bereichen, die komplizierte, hoch technisierte Produkte planen und herstellen, wie bspw. Automobilindustrie, Elektroindustrie oder Werkzeugmaschinenbau. Aber auch in der Massenfertigung kann durch die hohen Stückzahlen und langen Marktzeiten der Produkte der Unternehmenserfolg langfristig durch das Target Costing beeinflusst werden.[517]

Eine Unterstützung des Target Costings zur Bestimmung der Produktlebenszykluskosten kann durch das in Kapitel 8.6 dargestellte Konzept des Life Cycle Costings erfolgen.[518]

8.2 Value Analysis

8.2.1 Gegenstand der Value Analysis

Das in Deutschland unter dem Namen Wertanalyse bekannte Verfahren wurde 1947 von LAWRENCE MILES bei General-Elektric entwickelt und zielt darauf ab, Produkte kostengünstiger bei gleich bleibender Qualität herzustellen.[519] Heute

---

[516] Sollten die „drifting costs" kleiner als die Zielkosten sein, beginnt sofort die Produktionsphase.

[517] Vgl. Coenenberg, A.: Kostenrechnung und Kostenanalyse, a.a.O., S. 442.

[518] Vgl. Seidenschwarz, W.: Target Costing, a.a.O., S. 81f.; Coenenberg, A.: Kostenrechnung und Kostenanalyse, a.a.O., S. 441ff.

[519] Vgl. Burger, A. / Schellberg, B.: Kostenmanagement mittels Wertanalyse, in: Kostenmanagement (1995) 3, S. 145-151, hier S. 145.

wird die Wertanalyse sowohl als Instrument zur Wertverbesserung bestehender als auch zur Wertgestaltung neuer Güter oder Leistungen auf der Grundlage der Betrachtung von Nutzen und Kosten der Funktionen des Wertanalyse-Objektes eingesetzt. Wertanalyse-Objekte können unter anderem Erzeugnisse, Dienstleistungen, Produktionsmittel und -verfahren, Organisations- und Verwaltungsabläufe sowie Informationsinhalte und -prozesse sein.[520]

8.2.2 Vorgehensweise

Dieses Kostenmanagementverfahren wird gemäß dem allgemeinen Arbeitsplan der DIN 69910 in sechs Grundschritten durchgeführt:[521]

- Projekt vorbereiten
  Zunächst werden die organisatorischen Rahmenbedingungen des Projektes festgelegt. Dabei handelt es sich z.B. um die Bestimmung des (internen oder externen) Moderators, die Festlegung des Grobziels und der Bedingungen zu seinem Erreichen sowie die sich daraus ergebenden Einzelziele. Der Rahmen der durchzuführenden Untersuchung wird beschrieben und abgegrenzt. Ebenfalls Inhalt dieser Phase ist die Bestimmung der Teammitglieder und Verantwortlichkeiten sowie der terminliche Projektablauf.
- Objektsituation analysieren
  In dieser Phase werden Objekt- und Umfeldinformationen zur Ausgangssituation des Wertanalyse-Objektes gesammelt, um dann die wesentlichen Funktionen und Kosteninformationen ableiten zu können.[522] Funktionen lassen sich nach der Art in Gebrauchs- und Geltungsfunktionen sowie nach der Klasse in Haupt- und Neben- bzw. in Gesamt- und Teilfunktionen unterscheiden. Jeder Funktion werden die auf sie entfallenden (Herstell-)Kosten ihrer Funktionsträger zugeordnet und in einer Funktionskostenmatrix dargestellt.
- Soll-Zustand beschreiben
  Nun werden die Soll-Vorgaben der Funktionen beschrieben und ihnen werden Kostenziele zugeordnet. Der Soll-Zustand bildet die Grundlage der Ideensuche und hilft später die Güte der gefundenen Lösungsideen werten zu können.

---

[520]   Vgl. Zentrum Wertanalyse: Wertanalyse: Idee – Methode – System, 5. Aufl., Düsseldorf 1995, S. 17.
[521]   Vgl. Zentrum Wertanalyse : Wertanalyse: Idee – Methode – System, a.a.O., S. 95ff.
[522]   Bei einem bereits bestehenden Analyseobjekt wird hier die Ist-Situation beschrieben.

- Lösungsideen entwickeln

  In der kreativen Phase der Wertanalyse werden mithilfe von Ideenfindungstechniken möglichst viele Lösungsansätze gesammelt. Diese Lösungsansätze sollten im Rahmen der Durchführbarkeit liegen und eine Zielerreichung ermöglichen.

- Lösungen festlegen

  Die Lösungsideen werden nun bewertet und verdichtet, so dass realisierbare, einander ausschließende Lösungsalternativen entstehen. Diese werden gemäß der Erfüllung der Soll-Größen untersucht und gegebenenfalls verworfen. Die Ergebnisse werden der Entscheidungsstelle präsentiert, um die Entscheidung für eine Alternative herbeizuführen.

- Lösungen verwirklichen

  Die letzte Phase dient der Realisation der ausgewählten Lösung(en) und schließt die Wertanalyse ab.

8.2.3 Anwendungserfolg

Die Wertanalyse gilt als Methode, die eine universelle Vorgehensweise anbietet, so dass sie in allen Bereichen eingesetzt werden kann. Besonders häufig wird sie in Produktions- und Dienstleistungsunternehmen oder Behörden durchgeführt.[523] Jedoch ist sie für kleinere Unternehmen aufgrund des hohen (finanziellen) Aufwandes eher nicht oder nur in einer vereinfachten Form empfehlenswert.

Die Wertanalyse sollte nur angewendet werden, wenn hohe Anforderungskriterien erfüllt sind.[524] Das Projekt sollte verschiedene Arbeitsbereiche betreffen und in interdisziplinärer Teamarbeit bearbeitet werden. Die gesetzten Wertziele sollten anspruchsvoll sein. Quantifizierbare Wertverbesserungen sollten bspw. bei mindestens 15% liegen. Es sollte kein anderes Lösungskonzept vorliegen und die Aufgabenstellung sollte mit einer anderen, spezielleren Bearbeitungsweise nicht lösbar sein.

8.3 Verfahren zur Gemeinkostenplanung

In diesem Kapitel werden zwei Verfahren beschrieben, die sich mit der Analyse sowie der Effektivitäts- und Effizienzsteigerung der Gemeinkostenbereiche befas-

---

[523] Vgl. Zentrum Wertanalyse : Wertanalyse: Idee – Methode – System, a.a.O., S. 23.
[524] Vgl. Zentrum Wertanalyse : Wertanalyse: Idee – Methode – System, a.a.O., S. 21f.

sen. Einen hohen Anteil an den Gemeinkosten nehmen die Personalkosten ein; beide Verfahren haben das Ziel, diese Kosten zu senken.[525] Die beiden hier eingeführten Ansätze sind in der Praxis durch Beratungsunternehmen verbreitet worden.

8.3.1 Overhead Value Analysis

8.3.1.1 Gegenstand der Overhead Value Analysis

Als eine Variante der Overhead Value Analysis ist in der deutschsprachigen Literatur die Gemeinkostenwertanalyse (GWA) zu finden. Dieses Verfahren wurde von der Unternehmensberatung McKinsey entwickelt und seit Mitte der 70er Jahre bei zahlreichen europäischen Unternehmen durchgeführt. Betrachtet werden Leistungen in den genannten Bereichen zunächst bezüglich ihres Beitrags zu den Unternehmenszielen (Effektivität) und bei Vorliegen der Effektivität noch hinsichtlich des minimalen Mitteleinsatzes (Effizienz). Die Gemeinkostenwertanalyse wird unregelmäßig eingesetzt. Dies erfolgt sowohl zur Stärkung der Wettbewerbsposition als auch in Krisenzeiten.[526]

8.3.1.2 Vorgehensweise

Die Gemeinkostenwertanalyse wird in drei Schritten durchgeführt:
- Vorbereitungsphase
  Im ersten Schritt werden die wesentlichen Elemente des Projektes festgelegt: das Team aus internen Mitarbeitern und externen Beratern, der Zeitplan und die Untersuchungseinheiten. Die betroffenen Mitarbeiter des Unternehmens sowie die Mitarbeitervertretungen werden informiert und gegebenenfalls geschult.
- Analysephase
  Die eigentliche Suche nach Rationalisierungspotentialen in den untersuchten Einheiten lässt sich noch einmal in vier Schritte unterteilen.[527] Zunächst erfasst man sämtliche Leistungen der Abteilungen und schätzt jeweils die Kosten. Durch Zuordnung des Nutzens zu den Kosten werden daraufhin Leistungen mit

---

[525]   Vgl. Roever, M.: Gemeinkosten-Wertanalyse, in: Kostenmanagement (1985) 1, S. 19-22, hier S. 19; Meyer-Piening, A.: Zero Base Planning: Zukunftssicherndes Instrument der Gemeinkostenplanung, Köln 1990, S. 32f.
[526]   Vgl. Joos-Sachse, T.: Controlling, Kostenrechnung und Kostenmanagement, a.a.O., S. 201
[527]   Vgl. Roever, M.: Gemeinkosten-Wertanalyse, a.a.O., S. 21.

einem schlechten Kosten-Nutzen-Verhältnis identifiziert. Für diese Leistungen werden von den Leitern der Untersuchungseinheit Einsparungsideen vorgeschlagen, die Kostensenkungen von mindestens 40% erbringen können. Im nächsten Schritt werden die Einsparungsideen durch Wirtschaftlichkeits- und Risikoanalysen bezüglich ihrer Realisierbarkeit geprüft. Die realisierbaren Ideen werden schließlich als Maßnahmen dem Lenkungsausschuss und dem Betriebsrat zur Verabschiedung vorgelegt.

– Realisierungsphase
Für die Umsetzungsphase wird ein Zeitraum von ein bis drei Jahren veranschlagt, der besonders durch die Grundregel der Gemeinkostenwertanalyse zustande kommt, unzumutbare Härten in der Personalrationalisierung (bspw. Entlassungen) zu vermeiden.[528]

8.3.2 Zero-Base-Planning

8.3.2.1 Gegenstand des Zero Base Planning

In den 60er Jahren wurde bei Texas Instruments das Zero Base Budgeting entwickelt, das später weiterentwickelt und unter dem Namen Zero Base Planning (ZBP) oder Null Basis Planung bekannt wurde. Die folgende Darstellung basiert auf der von A.T. Kearney angewendeten Methode.[529] Dabei werden die Aktivitäten des indirekten Gemeinkostenbereichs komplett „auf der grünen Wiese" neu geplant. Ausgegangen wird dabei lediglich vom Unternehmensziel. Bestehende oder vergangene Budgets, Kosten und Leistungen werden grundsätzlich in Frage gestellt.

8.3.2.2 Vorgehensweise

Die Durchführung eines Zero-Base-Planning-Projektes wird von einer Gruppe von Führungspersonen aus den wesentlichen Unternehmensbereichen wie Entwicklung, Fertigung, Verkauf, Logistik, Controlling und Personal unterstützt. Der Projektablauf kann in drei Phasen unterteilt werden:[530]

---

[528] Vgl. Roever, M.: Gemeinkosten-Wertanalyse, a.a.O., S. 21.

[529] Vgl. Meyer-Piening, A.: Zero Base Planning: Zukunftssicherndes Instrument der Gemeinkostenplanung, a.a.O., S. 13.

[530] Vgl. Meyer-Piening, A.: Zero Base Planning: Zukunftssicherndes Instrument der Gemeinkostenplanung, a.a.O., S. 15ff.

– Analyse des Gemeinkostenbereichs und Identifikation des Effizienzsteige-
rungspotentials
Nach einer Vorbereitungsphase wird mit einer Aufteilung der Gemeinkostenbereiche in funktionale Entscheidungseinheiten begonnen, welche auf ihre Ziele,
Leistungen und Kosten im Hinblick auf funktionale und strukturelle Defizite
analysiert werden. Mit Hilfe von Brainstormings wird jede Leistung bezüglich
ihrer grundlegenden Notwendigkeit geprüft, wobei auch Umstrukturierungen
und die Aufnahme neuer Leistungen erörtert werden. Für alle Entscheidungseinheiten werden bezüglich der Menge der alten und neuen Leistungen drei
unterschiedliche Ergebnisniveaus festgelegt; der Ist-Zustand liegt etwa auf dem
mittleren Niveau, das niedrigste Niveau repräsentiert das Funktionsminimum
und das höchste bedeutet zusätzlichen Ressourcenbedarf. Die Ergebnisniveaus
eines Bereiches bilden nun jeweils Entscheidungspakete, welche von den Verantwortlichen gemäß ihren Prioritäten für die Ergebnisniveaus in eine Rangfolge gebracht werden. Dies wird zunächst auf der Abteilungsebene von den
Verantwortlichen und dem Abteilungsleiter vorgenommen. Die zweite Rang-
ordnungsebene besteht aus den übergeordneten Bereichen, die eine zusammen-
fassende Rangfolge aufstellen. Für jeden Bereich legt die oberste Führungs-
ebene nun den Budgetschnitt fest, wodurch entschieden wird, welche
Entscheidungspakete und damit welche Ergebnisniveaus genehmigt werden.
– Personelle Maßnahmenplanung
Nun werden die konkreten Veränderungen in Maßnahmenpaketen formuliert.
Meist sind personelle Veränderungen betroffen. Außerdem wird der Budget-
rahmen vorgegeben.
– Gemeinkosten-Controlling und Anpassung der Strukturorganisation
Ein Gemeinkosten-Controlling soll sicherstellen, dass die beschlossenen Maß-
nahmen durchgeführt werden, und ist nur notwendig, wenn wesentliche struktu-
relle Veränderungen vorgenommen werden.

8.3.3 Anwendungserfolg der Verfahren zur Gemeinkostenplanung

Beide in diesem Kapitel beschriebenen Verfahren zur Gemeinkostensenkung sind
universell in allen indirekten Leistungsbereichen des Unternehmens einsetzbar.
Aufgrund der hohen Projektkosten sollten sie jedoch nur alle paar Jahre durchgeführt werden.[531] Die Anwendung beider Verfahrenstypen führt zu Kostensenkun-

---

[531]   Vgl. Joos-Sachse, T.: Controlling, Kostenrechnung und Kostenmanagement, a.a.O.,
S. 213 und S. 226.

gen im Personalbereich, dem stärksten Gemeinkostenbereich, und sie haben somit mit Akzeptanzschwierigkeiten im analysierten Unternehmen zu rechnen.

Das Zero Base Planning zielt dabei jedoch nicht in erster Linie auf eine Kürzung der Personalkosten, sondern auf eine Mittelumverteilung. Dadurch werden sogar für manche Bereiche mehr Mittel zur Verfügung gestellt, wobei an anderer Stelle Mitarbeiterabbau empfohlen wird; das hängt ganz von der Lage des Budgetschnitts ab.[532] Im Vergleich mit der Gemeinkostenwertanalyse weist dieses Verfahren eine komplexere Vorgehensweise auf.

Die Gemeinkostenwertanalyse führt zu beachtlichen Kostensenkungen von 10-20%.[533] Allerdings sollte gerade deshalb bei der Durchführung sehr behutsam vorgegangen werden, um das Vertrauen der Arbeitnehmer der betroffenen Organisation auch für weitere derartige Projekte zu erhalten.[534]

8.4 Investitionstheoretische Kostenrechnung

8.4.1 Gegenstand der investitionstheoretischen Kostenrechnung

Kostenrechnung und Investitionsrechnung liefern beide Daten für die betriebliche Planung und Kontrolle, wobei die Kostenrechnung eher operative Zielgrößen wie Gewinne oder Deckungsbeiträge unterstützt und die Investitionsrechnung längerfristig ausgerichtet ist.[535] Diese unterschiedliche Fristigkeit sowie die Konzentration auf Stellen und Bereiche oder auf Projekte und Programme ermöglichen keine klare Trennung beider Rechnungen. Vielmehr orientieren sich beide an einheitlichen übergeordneten finanzwirtschaftlichen Erfolgszielen, was eine Verknüpfung von Kosten- und Investitionsrechnung notwendig macht.[536] Der Ansatz der investitionstheoretischen Kostenrechnung bietet den Kosten- und Erlösrechungen ein theoretisches Rahmenkonzept mit investitionstheoretischer Basis.[537]

---

[532] Vgl. Meyer-Piening, A.: Zero Base Planning: Zukunftssicherndes Instrument der Gemeinkostenplanung, a.a.O., S. 32f.

[533] Vgl. Roever, M.: Gemeinkosten-Wertanalyse, a.a.O., S. 21.

[534] Vgl. Zentrum Wertanalyse: Wertanalyse: Idee – Methode – System, a.a.O., S. 482.

[535] Vgl. Küpper, H.-U.: Verknüpfung von Investitions- und Kostenrechnung als Kern einer umfassenden Planungs- und Kontrollrechnung, in: Betriebswirtschaftliche Forschung und Praxis (1990) 4, S. 253-267, hier S. 253f.

[536] Vgl. Küpper, H.-U.: Verknüpfung von Investitions- und Kostenrechnung als Kern einer umfassenden Planungs- und Kontrollrechnung, a.a.O., S. 255.

[537] Vgl. Schweitzer, M. / Küpper, H.-U.: Systeme der Kosten- und Erlösrechnung, a.a.O., S. 213.

8.4.2 Vorgehensweise

Der investitionstheoretische Ansatz der Kostenrechnung geht von einer einheitlichen kurz- und langfristigen Planung aus, die dasselbe langfristige Erfolgsziel verfolgt. Durch die Verknüpfung mit der Investitionsrechnung erhält die Kosten- und Erlösrechnung eine theoretische Fundierung, welche die eindeutig messbaren Ein- und Auszahlungen als Basisgrößen verwendet und daraus die Kosten- und Erfolgsgrößen über klare Konzeptionen herleitet. Die Kosten- und Erlösrechnung dient der Bereitstellung relevanter Daten für die kurzfristige Planung, die als die Konkretisierung der langfristigen Planung gesehen werden kann, und reagiert gegebenenfalls auf kurzfristige Wirkungen.

Aufbauend auf diesen Grundannahmen wird die Investitionstheorie auf die Kosten- und Erlösrechung angewendet.

Für betriebliche Güter wie Anlagen, Werkzeuge, Material oder Personal lassen sich Kapitalwerte berechnen, wobei diese auf einem längerfristigen Plan von Ein- und Auszahlungen basieren. Die Kostenrechnung erfasst nun die sich durch kurzfristige Maßnahmen ergebenden Änderungen das Kapitalwertes als Kosten.[538] Diese werden in kurzfristigen Planungsmodellen berücksichtigt.

Bei der Anwendung auf Planungsprobleme wie bei der Produktionsprogrammplanung, der Bestellmengenplanung oder der Bestimmung kurz- oder längerfristiger Preisuntergrenzen zeigt sich für KÜPPER die Leistungsfähigkeit das Ansatzes, da er zur Lösung dieser Probleme im Vergleich zu den traditionellen Konzepten gleichwertige oder gar bessere Ergebnisse liefert.[539]

8.4.3 Anwendungserfolg

Die Kosten- und Erlösrechnung wird bei dem investitionstheoretischen Ansatz um eine entscheidungs- und kapitaltheoretische Basis ergänzt, wodurch sie zu einem planungsorientierten Instrument wird. Die traditionelle Kosten- und Erlösrechung verteilt geleistete Auszahlungen auf die verursachenden Stellen. Das Augenmerk wird nun jedoch auf zukünftige Zahlungen gelenkt, die durch die getroffenen Entscheidungen beeinflusst werden.[540]

---

[538] Vgl. Schweitzer, M. / Küpper, H.-U.: Systeme der Kosten- und Erlösrechnung, a.a.O., S. 215.

[539] Vgl. Küpper, H.-U.: Verknüpfung von Investitions- und Kostenrechnung als Kern einer umfassenden Planungs- und Kontrollrechnung, a.a.O., S. 260f.

[540] Vgl. Küpper, H.-U.: Verknüpfung von Investitions- und Kostenrechnung als Kern einer umfassenden Planungs- und Kontrollrechnung, S. 261.

Der Ansatz ist noch nicht soweit ausgereift, dass er praktische Verfahren zum Einsatz in der Planung bietet, er hilft jedoch bei dem Ableiten planungsrelevanter Informationen. In diesem Entwicklungsstadium ist die Wirtschaftlichkeit des Ansatzes noch als skeptisch anzusehen. Die gewonnenen strukturellen Einsichten können jedoch von Relevanz für praktische Überlegungen sein.[541]

Die Aufgabenstellung des Verfahrens könnte nur in einem Totalmodell vollständig umgesetzt werden, da für die langfristige Planung die kurzfristigen Entscheidungen vorliegen müssen, für diese aber Informationen benötigt werden, die auf dem optimalen langfristigen Plan basieren.

8.5 Verhaltenssteuerungsorientierte Ansätze

Die beiden in diesem Kapitel vorgestellten Verfahren versuchen, Erkenntnisse über die Verhaltenssteuerung zu gewinnen und somit eine Basis für die Entwicklung von Kosten- und Erlösrechnungssystemen zu bieten. Dabei baut das Behavioral Accounting auf Erkenntnisse aus Verhaltenswissenschaft und Empirie, während die Principal-Agent-Ansätze formal entscheidungsorientiert und logisch überprüfbar ausgerichtet sind.

8.5.1 Behavioral Accounting

8.5.1.1 Gegenstand des Behavioral Accounting

Seit den 60er Jahren wird in den angelsächsischen Ländern im Bereich des Behavioral Accountings (BA) geforscht. Gegenstand der Forschung ist dabei die Beziehung zwischen Unternehmensrechnung und menschlichem Verhalten, also deren ein- und wechselseitigen Wirkungen.[542] Ein Ziel dabei ist, das Verhalten der Mitarbeiter eines Unternehmens auf die Unternehmensziele auszurichten. Das Behavioral Accounting greift zur Gewinnung seiner Erkenntnisse auf Methoden der Nachbardisziplinen Psychologie, Soziologie und Sozialpsychologie zurück, die sowohl theoretischer als auch empirischer Natur sind.

---

[541] Vgl. Schweitzer, M. / Küpper, H.-U.: Systeme der Kosten- und Erlösrechnung, a.a.O., S. 242f.

[542] Vgl. Schweitzer, M. / Küpper, H.-U.: Systeme der Kosten- und Erlösrechnung, a.a.O., S. 550.

8.5.1.2 Vorgehensweise

Ein Konzept des Behavioral Accountings ist das Responsibility Accounting, welches die Kosten- und Erlösinformationen auf die verantwortlichen Entscheidungsträger bezieht, um so deren Handeln beurteilen zu können. Dies erfordert eine genaue Zurechnung der Verantwortlichkeiten zu den Mitarbeitern und deren Akzeptanzbereitschaft bezüglich der zugeordneten Aufgaben und Ergebnisse.[543]

Die Analyse der Wirkung von Managementsystemen soll vor allem Aufschluss über die Problematik der Vorgaben sowie die Gestaltung eines Führungs- und Steuerungssystems geben. Untersuchungen haben gezeigt, dass die Erreichbarkeit von Planvorgaben für den Handelnden beeinflussbar sein, das heißt, in seinen Aufgabenbereich fallen muss. Die Vorgabewerte sollten inhaltlich und zeitlich abgegrenzt sein und quantitativ messbar sein. Bezüglich der Vorgabehöhe führen niedrige Werte zu einem geringen Leistungsniveau, ebenso sehr hohe Werte. Die beste Leistung wird bei mittlerer Vorgabehöhe, die das Anspruchsniveau der Mitarbeiter berücksichtigt, erreicht.

Kontrollinformationen sind ebenfalls ein wichtiger Punkt der Forschung, da sie unerwünschte Wirkungen haben können, welchen mit der Verhaltensforschung vorgebeugt werden kann. Die Kontrollen sollten auf das Persönlichkeitsmerkmal des Kontrollierten ausgerichtet sein, stellen aber auch Anforderungen an den Kontrollträger und den Kontrollprozess selber.

Contingency-Ansätze untersuchen die Einflussgrößen der Wirkung der Managementsysteme und der durch sie ermittelten Daten. Ein wesentlicher Schwerpunkt ist hierbei die Gestaltung der Informationssysteme.
Weiterhin untersucht wird die Nutzung von Daten in Entscheidungsprozessen. Dabei wird betrachtet, welche Daten der Entscheidungsträger zur Entscheidungsfindung verwendet und wie er daraus die Entscheidung fällt. Ein Ergebnis ist dabei, dass die Entscheidung oft auf Basis von vereinfachenden Heuristiken gefällt wird. Eine andere Ursache für nicht optimale Entscheidungen liegt in dem Festhalten an vertrauten Regeln. Große Bedeutung kommt dem Faktor Wissen bei der Lösung komplizierter Problemstellungen zu.

---

[543] Vgl. Schweitzer, M. / Küpper, H.-U.: Systeme der Kosten- und Erlösrechnung, a.a.O., S. 553f.

8.5.2 Principal-Agent-Ansätze

8.5.2.1 Gegenstand der Principal-Agent-Ansätze

Die Principal-Agent- oder Agency-Theorie hat die Analyse und Gestaltung von Auftragsbeziehungen zwischen einem Auftraggeber, dem Principal, und einem Auftragnehmer oder Beauftragten, dem Agent, zum Gegenstand. Dabei kann durch individuelle Interessen beider ein Zielkonflikt auftreten. Zudem können Informationsunvollkommenheiten beim Auftragsnehmer bezüglich der Auswirkungen seines Handelns und beim Auftraggeber bezüglich des Verhaltens des Agenten vorliegen.[544] Durch eine geeignete Vertragsgestaltung versucht der Principal, das Verhalten des Agenten in seinem Sinne zu beeinflussen.

8.5.2.2 Vorgehensweise

Die Principal-Agent-Modelle leiten ihre Erkenntnisse aus Entscheidungsmodellen ab, die für die betrachtete Problemstellung formuliert werden. Dabei werden in den Prämissen die Eigenschaften der Vertragspartner abgebildet, also ihre Nutzenfunktionen mit der Einsatzbereitschaft und der Risikobereitschaft sowie die Informationsstände bzw. –unvollkommenheit.[545]

Der Nutzen bezieht sich meist auf monetäre Größen wie das Gehalt oder den Gewinn aber auch auf materielle Ausstattungen wie bspw. Dienstwagen oder Arbeitszimmer. Principal und Agent streben beide nach der Maximierung ihres Nutzens.

Ziel der Steuerungsbemühungen des Prinzipals ist es, die Einsatzbereitschaft des Agenten zu beeinflussen, wobei im Grundmodell Arbeitsaversion des Agenten angenommen wird.

Berücksichtigung in den Modellen findet ebenfalls die Risikobereitschaft von Principal und Agent. Beide können risikoneutral, aber auch -avers oder -freudig sein. Durch den Vertrag muss versucht werden, das Risiko auf beide zu verteilen, aber auch gleichzeitig Belohnungen bzw. Anreize für den optimalen Arbeitseinsatz des Agenten zu schaffen.

Durch die unvollkommene Information liegen jedoch keine genauen Kenntnisse über die Umwelt, die Handlungen des Agenten sowie ihre Auswirkungen

---

[544]   Vgl. Elschen, R.: Gegenstand und Anwendungsmöglichkeiten der Agency-Theorie, in: Zeitschrift für Betriebswirtschaftliche Forschung (1991) 11, S. 1002-1012, hier S. 1004.

[545]   Vgl. Schweitzer, M. / Küpper, H.-U.: Systeme der Kosten- und Erlösrechnung, a.a.O., S. 581.

vor. Da nur der Agent seine Eigenschaften und Absichten kennt, besteht zwischen Auftragnehmer und -geber eine Informationsdivergenz. Je nach Entstehungszeitpunkt und Ursache lassen sich drei Formen von Informationsasymmetrie unterscheiden. Die „hidden characteristics" beziehen sich auf die Eigenschaften des Agents und liegen bereits vor Vertragsabschluss vor, die „hidden information" beschreiben den Informationsvorsprung des Agenten bezüglich der Entscheidungssituation, den der Agent bei der Entscheidungsfindung erlangt. Unter „hidden action" schließlich versteht man das Unwissen des Principals über die Aktivitäten des Agenten, da der Principal lediglich die Folgen der Handlungen erkennen kann aber nicht das Aktionsniveau.

Im Bereich der Kosten- und Erlösrechnung versucht die Agency-Theorie verhaltenssteuernde Maßnahmen abzuleiten. Ein Ansatz ist die Zurechnung von Gemeinkosten zu den Bereichen, um dezentral überhöhte Gütereinsätze zu vermindern oder um die Inanspruchnahme einer zentralen Leistung gesamtzieloptimal zu steuern, aber auch um die Informationsübermittlung zu beeinflussen. Ein wesentlicher Forschungsgegenstand ist auch die Bildung von Anreizsystemen bzw. die Bestimmung ihrer geeigneten Erfolgsgrößen und die anreizbasierte Steuerung der Bereichsleiter bei dezentraler Organisation durch eine innerbetriebliche Erfolgsrechnung.[546]

8.5.3 Anwendungserfolg der verhaltenssteuerungsorientierten Ansätze

Beide Ansätze streben eine Integration des wichtigen Aspekts der menschlichen Verhaltensreaktionen in die Kosten- und Erlösrechnung an. Sie wählen jedoch unterschiedlichen Herangehensweisen.

Das Behavioral Accounting betrachtet die Wirkung von Kosten- und Erlösrechnungen auf das menschliche Verhalten. Die Ableitung von wahrscheinlichen menschlichen Reaktionen gestaltet sich als schwierig, da das menschliche Verhalten von verschiedensten Größen abhängt; vor allem von der Persönlichkeit des Handelnden. Bisher sind nur Bruchstücke an Einzelerkenntnissen erarbeitet worden, die nicht zu einem Gesamtbild zusammengefügt werden können.

---

[546]   Vgl. z.B. Hofmann, C.: Gestaltung von Erfolgsrechnungen zur Steuerung von Verantwortungsbereichen, in: Zeitschrift für Betriebswirtschaft (2002) 11, S. 1177-1205; Pfeiffer, T.: Kostenbasierte oder verhandlungsorientierte Verrechnungspreise? Weiterführende Überlegungen zur Leistungsfähigkeit der Verfahren, in: Zeitschrift für Betriebswirtschaft (2002) 12, S. 1269-1296.

Die Principal-Agent-Ansätze weisen eine einheitlichere Struktur auf als das Behavioral Accounting. Ihre Aussagen sind präziser und theoretisch fundierter. Jedoch basiert diese Fundierung auf strengen Modellannahmen, die die Gültigkeit der Ansätze in der Realität einschränken.[547] Die gewonnenen Erkenntnisse sind in erster Linie qualitativ. Ein Ableiten von praktischen Systemen der Kosten- und Erlösrechnung ist auch mit den Agency-Ansätzen bisher nicht möglich.[548]

Vorstellbar wäre die gleichzeitige Verwendung von Erkenntnissen aus beiden Ansätzen für die Gestaltung eines verhaltenssteuerungsorientierten Kosten- und Erlösrechnungssystems.

8.6 Lebenszykluskostenrechnung

8.6.1 Gegenstand der Lebenszykluskostenrechung

Es handelt sich hierbei um eine periodenübergreifende Kostenrechnung, welche die Kosten des betrachteten Objektes über seinen gesamten Lebenszyklus hinweg erfasst. Hierbei wird vom integrierten Lebenszyklus ausgegangen, der zusätzlich zu der Marktphase die Entstehungs- und Nachsorgephase enthält.[549] Diese Betrachtung bezieht die wichtigen Vor- und Nachlaufkosten mit ein, also zum einen Kosten, die vor der Leistungserstellung bspw. für Forschung und Entwicklung anfallen und zum anderen nachher u.a. für Abbau und Entsorgung auftretende Kosten[550]. Auch dieses Verfahren baut, ähnlich wie das Target Costing, auf der hohen Beeinflussbarkeit der Kosten in den frühen Lebenszyklusphasen auf.

8.6.2 Vorgehensweise

Diese auch als Life Cycle Costing bezeichnete Kostenrechnung, besteht nicht aus einer einzelnen Methode, sondern aus einer Sammlung von Methoden wie bspw.

---

[547] Vgl. Schweitzer, M. / Küpper, H.-U.: Systeme der Kosten- und Erlösrechnung, a.a.O., S. 619.

[548] Vgl. Schweitzer, M. / Küpper, H.-U.: Systeme der Kosten- und Erlösrechnung, a.a.O., S. 620.

[549] Vgl. Coenenberg, A.: Kostenrechnung und Kostenanalyse, a.a.O., S. 474.

[550] Vgl. Zehbold, C.: Frühzeitige, lebenszyklusbezogene Kostenbeeinflussung und Ergebnisrechnung, in: Kostenrechnungspraxis (1996) 1, S. 46-51, hier S. 46f.

Verfahren der Systembewertung oder Kostenprognose, die vor allem der Investitionsrechnung zuzuordnen sind.[551]

Lebenszykluskosten können sowohl für den Produzenten als auch für den Kunden angegeben werden, da auf beiden Seiten Kosten entstehen und so der Produzent auch die Kosten beim Kunden in seine Überlegungen mit einbeziehen kann.[552] Kunden benötigen Informationen über Lebenszykluskosten für Entscheidungen über Produkte, Maschinen, Anlagen und die entsprechenden Anbieter. Der Produzent kann das Verfahren bei der Betrachtung verschiedener Logistikkonzepte, bei Make- or Buy-Entscheidungen, der Entscheidung über die Aufnahme eines neuen Produktes oder bei der Preispolitik einsetzen.[553]

Das Life Cycle Costing stellt Methoden zur Verfügung, die für die betrachtete Entscheidungsalternative Kosten, Erlöse und weitere nicht-monetäre Wirkungen prognostizieren; Daten, die außer zu Abbildungs- und Bewertungszwecken auch später zur Soll-Ist-Analyse verwendet werden können. Es können Erkenntnisse über die Auswirkung von Entscheidungen abgeleitet werden. Damit verhelfen alle diese im Rahmen der Lebenszykluskostenrechnung eingesetzten Methoden bei der kostenoptimalen Gestaltung des untersuchten Objektes.

Es lässt sich kein genaues Schema vorgeben, dem dabei gefolgt werden soll, da es je nach Betrachtungsgegenstand variieren kann.[554] Wichtig ist jedoch die Problembeschreibung zur Ableitung der relevanten Informationen. Die Daten, die sowohl qualitativer als auch quantitativer Natur sein können, werden dann für die verschiedenen Alternativen gesammelt und prognostiziert. Zur zeitlichen Vergleichbarkeit wird das Verfahren der Diskontierung eingesetzt, und mit Hilfe weiterer investitionsrechnerischer Methoden werden aussagefähige Kennzahlen wie Kapitalwert, Amortisationsdauer oder interner Zinsfuß ermittelt.[555]

Eine Hilfe bezüglich der Unsicherheit der zukünftigen Dateninformationen bieten Sensitivitätsanalysen, die die Auswirkung der Veränderung von Inputgrößen auf die Outputgrößen, also die Kostenkennzahlen, untersuchen. Neben dieser quantitativen Analyse kann auch eine qualitative Analyse Ergebnisse über die

---

[551] Vgl. Günther, T. / Kriegbaum, C.: Life Cycle Costing, in: Das Wirtschaftsstudium (1997) 10, S. 900-912, hier S. 900.

[552] Vgl. Coenenberg, A.: Kostenrechnung und Kostenanalyse, a.a.O., S. 473.

[553] Vgl. Günther, T. / Kriegbaum, C.: Life Cycle Costing, a.a.O., S. 902; Zehbold, C.: Frühzeitige, lebenszyklusbezogene Kostenbeeinflussung und Ergebnisrechnung, a.a.O., S. 51.

[554] Vgl. Günther, T. / Kriegbaum, C.: Life Cycle Costing, a.a.O., S. 908f.

[555] Vgl. Coenenberg, A.: Kostenrechnung und Kostenanalyse, a.a.O., S. 475.

Vorteilhaftigkeit von Objekten liefern, wobei bei gegensätzlichen Aussagen beider Analysemethoden eine Entscheidung abgewogen werden muss.

8.6.3 Anwendungserfolg

Die Lebenszykluskostenrechung liefert – im Gegensatz zur traditionellen Kostenrechung – periodenübergreifende Kosten- und Erlösinformationen. Schon zu frühen Zeitpunkten können die Kostenentwicklungen späterer Phasen geschätzt werden, so dass eine kostenorientierte Gestaltung des betrachteten Objektes möglich ist.[556] Dies unterscheidet das Life Cycle Costing von der Investitionsrechnung, deren Methoden es meist verwendet.

Probleme des Ansatzes liegen in der Unsicherheit der prognostizierten Daten über den gesamten Lebenszyklus hinweg, von deren Richtigkeit die Güte der getroffenen Aussagen abhängt.

Die vielen Veröffentlichungen in der näheren Vergangenheit über das Life Cycle Costing sieht GÖTZE als Beweis für das Potential des Ansatzes, obwohl er in der Praxis bisher nur wenig eingesetzt wird.[557]

8.7 Übungsaufgaben zu Kapitel 8

Übungsaufgabe 8.1:   Target Costing und Life Cycle Costing

Auf welchen Annahmen über die Kostenbeeinflussung bauen sowohl Target Costing als auch Life Cycle Costing auf?

Übungsaufgabe 8.2:   Wertanalyse

Wie geht die Wertanalyse zur Wertverbesserung bzw. Wertgestaltung vor?

Übungsaufgabe 8.3:   Gemeinkostenplanung

Nennen und beschreiben Sie zwei Kostenmanagementverfahren zur Gemeinkostenplanung.

---

[556] Vgl. Zehbold, C.: Frühzeitige, lebenszyklusbezogene Kostenbeeinflussung und Ergebnisrechnung, a.a.O., S. 51.

[557] Vgl. Götze, U.: Lebenszykluskosten, in: Fischer, T. (Hrsg.): Kosten-Controlling: neue Methoden und Inhalte, a.a.O., S. 267-289, hier S. 286.

Übungsaufgabe 8.4:   Investitionstheoretische Kostenrechnung

Beschreiben Sie die Möglichkeiten einer Kombination von Kosten- und Erlösrechnung und Investitionsrechnung.

Übungsaufgabe 8.5:   Verhaltenssteuerung

Welche Ansätze gibt es zur Einbeziehung der Verhaltenssteuerung in die Kosten- und Erlösrechnung und wie gehen Sie vor?

9 Lösungen zu den Übungsaufgaben

9.1 Lösungen zu den Übungsaufgaben zu Kapitel 1

Lösung zur Übungsaufgabe 1.1:	Externes und internes Rechnungswesen

Zur Lösung der Übungsaufgabe 1.1 vgl. Kapitel 1.1.

Lösung zur Übungsaufgabe 1.2:	Grundstruktur der Kosten- und Leistungsrechnung

Zur Lösung der Übungsaufgabe 1.2 vgl. Kapitel 1.2.

Lösung zur Übungsaufgabe 1.3:	Aufgaben einer entscheidungsorientierten Kosten- und Leistungsrechnung

Zur Lösung der Übungsaufgabe 1.3 vgl. Kapitel 1.3.

9.2 Lösungen zu den Übungsaufgaben zu Kapitel 2

Lösung zur Übungsaufgabe 2.1:	Auszahlung, Ausgabe, Aufwand, Kosten

Zur Lösung der Übungsaufgabe 2.1 vgl. Kapitel 2.1.1.

Lösung zur Übungsaufgabe 2.2:	Einzahlung, Einnahme, Ertrag, Leistung

Zur Lösung der Übungsaufgabe 2.2 vgl. Kapitel 2.1.2.

Lösung zur Übungsaufgabe 2.3:	Imparitätsprinzip und Abgrenzung von Einnahme und Ertrag

Zur Lösung der Übungsaufgabe 2.3 vgl. Kapitel 2.1.2.

Lösung zur Übungsaufgabe 2.4:   Leistungserfolg in der Kostenrechnung

Zur Lösung der Übungsaufgabe 2.4 vgl. Kapitel 2.1.3.

Lösung zur Übungsaufgabe 2.5:   Wertmäßiger Kostenbegriff und Dilemma der Kostenbewertung

Zur Lösung der Übungsaufgabe 2.5 vgl. Kapitel 2.2.1.

Lösung zur Übungsaufgabe 2.6:   Grafische Darstellung einer beispielhaften Kostenfunktion

Zur Lösung der Übungsaufgabe 2.6 vgl. Kapitel 2.2.4 und die nachfolgende Abbildung.

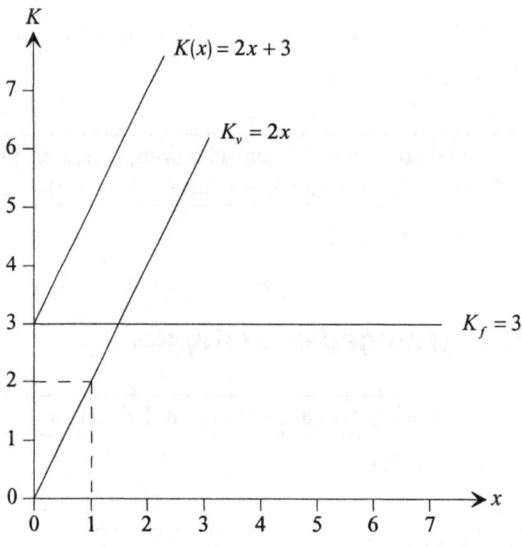

Lösung zur Übungsaufgabe 2.7:   Variable und fixe Kosten, Stück- oder Durchschnittskosten und Grenzkosten

Zur Lösung der Übungsaufgabe 2.7 vgl. Kapitel 2.2.2, Kapitel 2.2.3 und die nachfolgende Übersicht.

	Gesamtkosten	variable Kosten	fixe Kosten	Stückkosten	Grenzkosten
(1)	$2x^2 + 2$	$2x^2$	2	$2x + \dfrac{2}{x}$	$4x$
(2)	$\sqrt{4x} + \dfrac{1}{2}$	$\sqrt{4x}$	$\dfrac{1}{2}$	$2x^{-\frac{1}{2}} + \dfrac{1}{2x}$	$x^{-\frac{1}{2}}$
(3)	$-6x + 10$	$-6x$	10	$-6 + \dfrac{10}{x}$	-6

Lösung zur Übungsaufgabe 2.8: Lineare, progressive, degressive, regressive Kostenfunktion

---

Zur Lösung der Übungsaufgabe 2.8 vgl. Kapitel 2.2.4 und die nachfolgenden beispielhaften Kostenfunktionen:

(1) linear $\quad\quad\quad K(x) = 5x + 1$

(2) progressiv $\quad\quad K(x) = 5x^2 + 1$

(3) degressiv $\quad\quad K(x) = 5 \cdot \sqrt{x} + 1$

(4) (linear) regressiv $\quad K(x) = -5x + 1$.

Lösung zur Übungsaufgabe 2.9: Einzel- und Gemeinkosten in Abgrenzung zu variablen und fixen Kosten

---

Zur Lösung der Übungsaufgabe 2.9 vgl. Kapitel 2.2.2 und Kapitel 2.2.5.

Lösung zur Übungsaufgabe 2.10: Primäre und sekundäre Kostenarten

---

Zur Lösung der Übungsaufgabe 2.10 vgl. Kapitel 2.2.6 und die nachfolgenden Beispiele.

– Beispiele für primäre Kostenarten:
  Kosten für Fertigungsmaterial, Lohn- und Gehaltskosten oder Büromaterialkosten, die direkt von außen in die Kostenstellen eingehen.

– Beispiele für sekundäre Kostenarten:
  Kosten der Reparaturkostenstelle, der Fertigungshilfsstellen oder der Verwaltungshilfsstellen, die im Rahmen der innerbetrieblichen Leistungsverrechnung auf andere Kostenstellen umgelegt werden und nicht von außerhalb des Unternehmens bezogen wurden.

Lösung zur Übungsaufgabe 2.11: Ist- und Plankostenrechnungssysteme

Zur Lösung der Übungsaufgabe 2.1.1. vgl. Kapitel 2.2.7 sowie die nachfolgenden Ergänzungen.

	Einzelfertigung	Massenfertigung
Istkostenrechnung	Nachkalkulation möglich und sinnvoll	relativ aufwendig und nur wenig vorteilhaft gegenüber der Plankostenrechnung
Plankostenrechnung	wegen mangelnder Erfahrungswerte nicht möglich, wenngleich Kostenvoranschläge erforderlich sind	aufgrund großer statistischer Datenbasis möglich und sinnvoll

Lösung zur Übungsaufgabe 2.12: Verbale Darstellung des Deckungsbeitrags

Zur Lösung der Übungsaufgabe 2.12 vgl. Kapitel 2.3.

Lösung zur Übungsaufgabe 2.13: Verursachungsprinzip

Zur Lösung der Übungsaufgabe 2.13 vgl. Kapitel 2.4.

Lösung zur Übungsaufgabe 2.14: Zurechnungsproblem

Zur Lösung der Übungsaufgabe 2.14 vgl. Kapitel 2.5.

9.3 Lösungen zu den Übungsaufgaben zu Kapitel 3

Lösung zur Übungsaufgabe 3.1:   Aufgaben der Kostentheorie

Zur Lösung der Übungsaufgabe 3.1 vgl. Kapitel 3.1.

Lösung zur Übungsaufgabe 3.2:   Einteilung der Produkte

Zur Lösung der Übungsaufgabe 3.2 vgl. Kapitel 3.2.1 sowie Abb. 3.1.

Lösung zur Übungsaufgabe 3.3:   Einteilung der Produktionsfaktoren

Zur Lösung der Übungsaufgabe 3.3 vgl. Kapitel 3.2.1 sowie Abb. 3.2.

Lösung zur Übungsaufgabe 3.4:   Effizienzkriterium

Zur Lösung der Übungsaufgabe 3.4 vgl. Kapitel 3.2.3.

Lösung zur Übungsaufgabe 3.5:   Einteilung der Produktionsfunktionen

Zur Lösung der Übungsaufgabe 3.5 vgl. Kapitel 3.2.6 sowie Abb. 3.7.

Lösung zur Übungsaufgabe 3.6:   Leontief-Produktionsfunktion

Zur Lösung der Übungsaufgabe 3.6 vgl. Kapitel 3.3.1.

Lösung zur Übungsaufgabe 3.7:   Gutenberg-Produktionsfunktion

Zur Lösung der Übungsaufgabe 3.7 vgl. Kapitel 3.3.2.

Lösung zur Übungsaufgabe 3.8:   Effiziente Produktionspunkte

a) Durch paarweisen Vergleich erkennt man:

v^2 dominiert v^1,

v^6 dominiert v^3,

v^2 dominiert v^4,

v^2 dominiert v^7,

$\Rightarrow v^2$, v^5, v^6, v^8 und v^9 sind effiziente Produktionen.

b) In Abbildung 1:

v^1 dominiert v^2 (mehr Output von x_2 bei gleichem Output an x_1)

v^5 dominiert v^4,   (mehr Output von x_1 bei gleichem Output an x_2)

$\Rightarrow v^2$ und v^4 sind ineffizient.

c) In Abbildung 2:

v^4 dominiert v^5 (mehr Output von x_1 bei geringerem Input an r_1)

v^4 dominiert v^6 (mehr Output von x_1 bei geringerem Input an r_1)

$\Rightarrow v^5$ und v^6 sind ineffizient.

d) In Abbildung 3:

v^2 dominiert v^1 (geringerer Input von r_1 und geringerer Input von r_2)

v^2 dominiert v^3 (geringerer Input von r_1 und geringerer Input von r_2)

$\Rightarrow v^1$ und v^3 sind ineffizient.

Lösung zur Übungsaufgabe 3.9:   Kostenfunktionen auf Basis der Leontief-Produktionsfunktion

---

a) Durch paarweisen Vergleich der Fertigungsverfahren erhält man das folgende Ergebnis:

1 mit 2:   keine Dominanz

1 mit 3:   keine Dominanz

1 mit 4:   keine Dominanz

2 mit 3:   2 wird von 3 dominiert

3 mit 4:   keine Dominanz.

$\Rightarrow$ Es sind nur die Verfahren 1, 3 und 4 effizient.

b) Variablendefinition:

$r_1 =$ Aluminiumpulver [kg]

$r_2 =$ Magnesiumpulver [kg]

$r_3 =$ Elektrische Energie [kWh]

$r_4 =$ Arbeit [Min.]

$x =$ Regal

Faktoreinsatzfunktion von Verfahren 1:

$r_1 = 14x$

$r_2 = 12,5x$

$r_3 = 5x$

$r_4 = 24x$

Faktoreinsatzfunktion von Verfahren 3:

$r_1 = 15x$

$r_2 = 16x$

$r_3 = 4x$

$r_4 = 20x$

Faktoreinsatzfunktion von Verfahren 4:

$r_1 = 14x$

$r_2 = 14x$

$r_3 = 3,5x$

$r_4 = 25x$.

c) Variable Kosten von Verfahren 1 in Geldeinheiten:

$$K_{v1} = 18 \cdot 14x + 49 \cdot 12,5x + 3 \cdot 5x + 6 \cdot 24x$$
$$K_{v1} = 252x + 612,5x + 15x + 144x$$
$$K_{v1} = 1.023,5x$$

variable Stückkosten von Verfahren 1 in Geldeinheiten pro Regal:

$$k_{v1} = K_{v1}/x = 1.023,5$$

variable Kosten von Verfahren 3 in Geldeinheiten:

$$K_{v3} = 18 \cdot 15x + 49 \cdot 16x + 3 \cdot 4x + 6 \cdot 20x$$
$$K_{v3} = 270x + 784x + 12x + 120$$
$$K_{v3} = 1.186x$$

variable Stückkosten von Verfahren 3 in Geldeinheiten pro Regal:

$$k_{v3} = K_{v3}/x = 1.186$$

variable Kosten von Verfahren 4 in Geldeinheiten:

$$K_{v4} = 18 \cdot 14x + 49 \cdot 14x + 3 \cdot 3,5x + 6 \cdot 25x$$
$$K_{v4} = 252x + 686x + 10,5x + 150x$$
$$K_{v4} = 1.098,5x$$

variable Stückkosten von Verfahren 4 in Geldeinheiten pro Regal:

$$k_{v4} = K_{v4}/x = 1.098,5 \, .$$

d) Fertigung des Regals mit Verfahren 1, da dieses Verfahren die geringsten variablen Stückkosten aufweist (Kostenminimierung als Entscheidungsregel).

Lösung zur Übungsaufgabe 3.10: Kostenfunktionen auf Basis der Gutenberg-Produktionsfunktion

---

a) Verbrauchsfaktor 1: Werkstoff (Schweinefleisch)
Verbrauchsfaktor 2: Energie, Betriebsstoff.

b) $k_v(\lambda)$ $= q_1 \cdot \rho_1 + q_2 \cdot \rho_2$

$$= 2 \cdot 0,01 \cdot \lambda + 1 \cdot \left(0,00125 \cdot \lambda^2 - 0,27 \cdot \lambda + 19\right)$$

$$= 0,00125 \cdot \lambda^2 - 0,25 \cdot \lambda + 19$$

$$\frac{\partial k_v(\lambda)}{\partial \lambda} = 0,0025 \cdot \lambda - 0,25 \overset{!}{=} 0$$

$$\Leftrightarrow \quad \lambda^* = 100 \qquad \in [40; 150]$$

$$\frac{\partial^2 k_v(\lambda)}{(\partial \lambda)^2} = 0,0025 > 0$$

$$
\begin{aligned}
k_{vmin} = k_v(\lambda^*) &= 0,00125 \cdot (\lambda^*)^2 - 0,25 \cdot \lambda^* + 19 \\
&= 0,00125 \cdot (100)^2 - 0,25 \cdot 100 + 19 \\
&= 6,5
\end{aligned}
$$

$$
K = \begin{cases}
6,5 \cdot x & \text{für} & 0 \le x \le 800 \\
\dfrac{1}{51.200} \cdot x^3 - \dfrac{1}{32} \cdot x^2 + 19 \cdot x & \text{für} & 800 \le x \le 1.200 .
\end{cases}
$$

Die Kostenfunktion im Intervall $800 \le x \le 1.200$ erhält man dadurch, dass man in der Gleichung für $k_v(\lambda)$ zunächst λ durch $x/8$ ersetzt und anschließend $k_v(\lambda)$ mit x multipliziert.

9.4 Lösungen zu den Übungsaufgaben zu Kapitel 4

9.4.1 Lösungen zu Kapitel 4.4.1 Kostenartenrechnung

Lösung zur Übungsaufgabe 4.1:   Grundsätze und Gliederungskriterien bei der Kostenartenbildung

Zur Lösung der Übungsaufgabe 4.1 vgl. Kapitel 4.12 sowie Abb. 4.1.

Lösung zur Übungsaufgabe 4.2:   Erfassung von Materialverbrauchsmengen

Zur Lösung der Übungsaufgabe 4.2 vgl. Kapitel 4.1.3.1.1 sowie die nachfolgenden Erläuterungen und Berechnungen.

– Erfassung ohne Bestandsführung:

Materialverbrauchsmenge = Materialzugangsmenge

$r_K = 3.500 + 3.500 + 4.000 = 11.000 \, \text{ME}$.

– Inventurverfahren:

Materialverbrauchsmenge = Anfangsbestand + Zugang – Endbestand

$r_K = 3.000 + 11.000 - 4.200 = 9.800 \, \text{ME}$.

– Retrogrades Verfahren:

$$r_i^{(P)} = \sum_{j=1}^{J} a_{ij}^{(P)} \cdot x_j$$

$$r_K^{(P)} = 2 \cdot 3 \cdot 400 + 6 \cdot 400 + 3 \cdot 1 \cdot 200 + 7 \cdot 500 = 8.900 \text{ ME} .$$

– Materialentnahmescheinverfahren:

Materialverbrauchsmenge = Summe der Verbrauchsmengen laut Materialentnahmeschein

$$r_K = 4.800 + 650 + 4.000 = 9.450 \text{ ME} .$$

Lösung zur Übungsaufgabe 4.3:   Bewertung von Materialverbrauchsmengen

Zur Lösung der Übungsaufgabe 4.3 vgl. Kapitel 4.1.3.1.2 sowie die nachfolgenden Berechnungen.

– Partieweise Istpreisbewertung:

	Datum	ME	€	$\dfrac{€}{ME}$
Anfangsbestand	01.01.	3.000	16.800,00	5,60
Verbrauch	04.01.	– 1.000	– 5.600,00	5,60
Zugang	05.01.	4.500	23.850,00	5,30
Zugang	06.01.	1.000	5.350,00	5,35
Verbrauch	07.01.	– 2.000	– 11.200,00	5,60
		– 4.000	– 21.200,00	5,30
Zugang	10.01.	2.500	13.625,00	5,45
Verbrauch	11.01.	– 500	– 2.650,00	5,30
		– 600	– 3.210,00	5,35
Zugang	25.01.	1.000	4.950,00	4,95
Verbrauch	26.01.	– 400	– 2.140,00	5,35
		– 2.500	– 13.625,00	5,45
Endbestand	31.01.	1.000	4.950,00	4,95

– Periodische Durchschnittspreisbildung:

	Datum	ME	€	€/ME
Anfangsbestand	01.01.	3.000	16.800,00	5,60000
Zugang	05.01.	4.500	23.850,00	5,30000
Zugang	06.01.	1.000	5.350,00	5,35000
Zugang	10.01.	2.500	13.625,00	5,45000
Zugang	25.01.	1.000	4.950,00	4,95000
		12.000	64.575,00	5,38125
Summe Verbrauch		– 11.000	– 59.193,75	5,38125
Endbestand	31.01.	1.000	5.381,25	5,38125

– Permanente Durchschnittspreisbildung:

	Datum	ME	€	€/ME
Anfangsbestand	01.01.	3.000	16.800,00	5,60000
Verbrauch	04.01.	– 1.000	– 5.600,00	5,60000
Zugang	05.01.	4.500	23.850,00	5,30000
Zugang	06.01.	1.000	5.350,00	5,35000
		7.500	40.400,00	5,38666
Verbrauch	07.01.	– 6.000	– 32.320,00	5,38666
Zugang	10.01.	2.500	13.625,00	5,45000
		4.000	21.705,00	5,42625
Verbrauch	11.01.	– 1.100	– 5.968,88	5,42625
Zugang	25.01.	1.000	4.950,00	4,95000
		3.900	20.686,12	5,30413
Verbrauch	26.01.	– 2.900	– 15.381,99	5,30413
Endbestand	31.01.	1.000	5.304,13	5,30413

– Planpreisbewertung:

	Datum	ME	€	$\dfrac{€}{ME}$
Anfangsbestand	01.01.	3.000	15.600,00	5,20
Summe Zugang		9.000	46.800,00	5,20
		12.000	62.400,00	5,20
Summe Verbrauch		– 11.000	– 57.200,00	5,20
Endbestand	31.01.	1.000	5.200,00	5,20

Lösung zur Übungsaufgabe 4.4:   Lohnabrechnung

Zur Lösung der Übungsaufgabe 4.4 vgl. Kapitel 4.1.3.2.1.

Lösung zur Übungsaufgabe 4.5:   Gehaltsabrechnung

Zur Lösung der Übungsaufgabe 4.5 vgl. Kapitel 4.1.3.2.2.

Lösung zur Übungsaufgabe 4.6:   Sozialkosten

Zur Lösung der Übungsaufgabe 4.6 vgl. Kapitel 4.1.3.2.3.

Lösung zur Übungsaufgabe 4.7:   Kalkulatorische Abschreibungen und Zinsen

Zur Lösung der Übungsaufgabe 4.7 vgl. Kapitel 4.1.3.3.1, Kapitel 4.1.3.3.2 und Kapitel 4.1.3.4 sowie die nachfolgenden Berechnungen.

a) Abschreibungssummen:

Druckereimaschinen: $28.000 \cdot 1,25 = 35.000$ €
Einrichtungen Druckerei: $42.000 \cdot 1,5 \ = 63.000$ €
Einrichtungen Verwaltung und Vertrieb: $60.000 \cdot 1,5 \ = 90.000$ €

b) Abschreibungsbeträge:

Druckereimaschinen: $35.000 : 5 \ = \ 7.000$ €
Einrichtungen Druckerei: $63.000 : 9 \ = \ 7.000$ €
Einrichtungen Verwaltung und Vertrieb: $90.000 : 9 \ = 10.000$ €

c) Kalkulatorische Zinsen:

(in €)	Druckerei	Verwaltung und Vertrieb	Gesamt
Maschinen	28.000 : 2 = 14.000	–	14.000
Einrichtungen	42.000 : 2 = 21.000	60.000 : 2 = 30.000	51.000
Roh-, Hilfs-, Betriebsstoffe	(5.500 + 4.500) : 2 = 5.000	–	5.000
Eigene Erzeugnisse	(500 + 900) : 2 = 700	(2.100 + 2.700) : 2 = 2.400	3.100
Forderung aus Lieferungen und Leistungen	–	(2.700 + 3.100) : 2 = 2.900	2.900
Betriebsnotwendiges Vermögen			76.000
Kundenanzahlungen (hier: Abzugskapital)		(900 + 1.100) : 2 = 1.000	– 1.000
Betriebsnotwendiges Kapital			75.000

Kalkulatorische Zinsen

= betriebsnotwendiges Kapital · kalkulatorischer Zinssatz

$= 75.000 \cdot 0{,}1 = 7.500$ €.

d) Jährliche kalkulatorische Kosten:

Summe kalkulatorische Abschreibungen + kalkulatorische Zinsen

$= 7.000 + 7.000 + 10.000 + 7.500 = 31.500$ €.

9.4.2 Lösungen zu Kapitel 4.4.2 Kostenstellenrechnung

Lösung zur Übungsaufgabe 4.8:	Grundsätze und Gliederungsprinzipien für die Kostenstellenbildung

Zur Lösung der Übungsaufgabe 4.8 vgl. Kapitel 4.2.2.

Lösung zur Übungsaufgabe 4.9:	Einordnung der innerbetrieblichen Leistungsverrechnung

Zur Lösung der Übungsaufgabe 4.9 vgl. Abb. 4.2.

Lösung zur Übungsaufgabe 4.10: Bezugsgrößen

Zur Lösung der Übungsaufgabe 4.10 vgl. Kapitel 4.2.3, Kapitel 4.2.3.1 und Kapitel 4.2.3.2.

Lösung zur Übungsaufgabe 4.11: Innerbetriebliche   Leistungsverrechnung   mit dem BAB

Zur Lösung der Übungsaufgabe 4.11 vgl. Kapitel 4.2.4.1.

Lösung zur Übungsaufgabe 4.12: Verfahren der innerbetrieblichen Leistungsverrechnung

- Anbauverfahren:

Hilfskostenstelle R: $q_R = \dfrac{9.710}{110 - 10} = 97,10 \, \dfrac{€}{\text{Std.}}$

Hilfskostenstelle E: $q_E = \dfrac{1.440}{6.020 - (300 + 20 + 130)} = 0,2585 \, \dfrac{€}{\text{kWh}}$

Hilfskostenstelle S: $q_S = \dfrac{24.321}{45 - 5} = 608,025 \, \dfrac{€}{\text{m}^3}$

Hilfskostenstelle T: $q_T = \dfrac{25.200}{215 - (10 + 3 + 22 + 5)} = 144,00 \, \dfrac{€}{\text{Std.}}$.

- Stufenleiterverfahren:

Bei eingehender Betrachtung der Leistungsverflechtungen stellt man fest, dass für die Berechnungsreihenfolge T - E - S - R keine der Hilfskostenstellen Leistungen von noch nicht abgerechneten Hilfskostenstellen empfängt. Folglich liefert das Stufenleiterverfahren bei dieser Berechnungsreihenfolge die exakten Verrechnungspreise.

Hilfskostenstelle T: $q_T = \dfrac{25.200}{215 - 5} = 120,00 \, \dfrac{€}{\text{Std.}}$

Hilfskostenstelle E: $q_E = \dfrac{1.440 + 3 \cdot 120}{6.020 - 20} = 0,30 \, \dfrac{€}{\text{kWh}}$

Hilfskostenstelle S: $q_S = \dfrac{24.321 + 22 \cdot 120 + 130 \cdot 0,3}{45} = 600,00 \, \dfrac{€}{\text{m}^3}$

$$\text{Hilfskostenstelle R:} \quad q_R = \frac{9.710 + 10 \cdot 120 + 300 \cdot 0,3 + 5 \cdot 600}{110 - 10} = 140,00 \, \frac{\text{€}}{\text{Std.}}.$$

9.4.3 Lösungen zu Kapitel 4.4.3 Kostenträgerrechnung

Lösung zur Übungsaufgabe 4.13: Inhalt und Aufgaben der Kostenträgerstückrechnung

Zur Lösung der Übungsaufgabe 4.13 vgl. Kapitel 4.3.1 und Kapitel 4.3.1.2.

Lösung zur Übungsaufgabe 4.14: Grundschema der Kalkulation

	Materialeinzelkosten	$2 \cdot 8 + 4 \cdot 12 + 3 \cdot 6 =$	82,00 €/ME
	+ Materialgemeinkosten	$0,15 \cdot 82 =$	12,30 €/ME
	= Materialkosten	$=$	94,30 €/ME
	Fertigungseinzelkosten	$2 \cdot 25 + 1,5 \cdot 38 =$	107,00 €/ME
	+ Fertigungsgemeinkosten	$0,35 \cdot 107 =$	37,45 €/ME
	+ Sondereinzelkosten der Fertigung	$3.200/500 =$	6,40 €/ME
	= Fertigungskosten	$=$	150,85 €/ME
	= Herstellkosten	$=$	245,15 €/ME
	+ Verwaltungsgemeinkosten	$0,20 \cdot 245,15 =$	49,03 €/ME
	+ Vertriebsgemeinkosten	$0,20 \cdot 245,15 =$	49,03 €/ME
	+ Sondereinzelkosten des Vertriebs	$5 + 0,10 \cdot 520 =$	57,00 €/ME
	= Verwaltungs- und Vertriebskosten	$=$	155,06 €/ME
	= Selbstkosten	$=$	400,21 €/ME

Lösung zur Übungsaufgabe 4.15: Kalkulationsarten

Zur Lösung der Übungsaufgabe 4.15 vgl. Kapitel 4.3.2.

Lösung zur Übungsaufgabe 4.16: Kalkulationsverfahren

Zur Lösung der Übungsaufgabe 4.16 vgl. Kapitel 4.3.3.1 sowie Abb. 4.6.

Lösung zur Übungsaufgabe 4.17: Divisionskalkulation

a) Einstufige Divisionskalkulation:

$$k_H = \frac{225.000}{1.500.000} = 0,15 \frac{\text{€}}{\text{Tafel}}$$

$$k_S = \frac{225.000 + 23.900 + 21.100}{1.500.000} = 0,18 \frac{\text{€}}{\text{Tafel}} \, .$$

b) Zweistufige Divisionskalkulation:

$$k_H = \frac{225.000}{1.500.000} = 0,15 \frac{\text{€}}{\text{Tafel}}$$

$$k_S = \frac{225.000}{1.500.000} + \frac{23.900 + 21.100}{1.250.000} = 0,186 \frac{\text{€}}{\text{Tafel}} \, .$$

Lösung zur Übungsaufgabe 4.18: Äquivalenzziffernkalkulation

Für die Materialkosten erhält man als Summe der Rechnungseinheiten:

$$\sum_{j=1}^{4} x_{Pj} \cdot \alpha_{Mj} = 1.250 \cdot 1,00 + 4.000 \cdot 1,25 + 1.500 \cdot 1,50 + 1.500 \cdot 3,00 = 13.000 \text{ RE} \, .$$

Für die Fertigungskosten erhält man als Summe der Rechnungseinheiten:

$$\sum_{j=1}^{4} x_{Pj} \cdot \alpha_{Fj} = 1.250 \cdot 0,90 + 4.000 \cdot 1,20 + 1.500 \cdot 1,60 + 1.500 \cdot 2,00 = 11.325 \text{ RE}$$

Somit ergeben sich als Materialkosten pro Rechnungseinheit:

$$\frac{K_M}{\sum_{j=1}^{4} x_{Pj} \cdot \alpha_{Mj}} = \frac{40.956}{13.000} = 3,15 \frac{\text{€}}{\text{RE}}$$

und als Fertigungskosten pro Rechnungseinheit:

$$\frac{K_F}{\sum_{j=1}^{4} x_{Pj} \cdot \alpha_{Fj}} = \frac{31.831}{11.325} = 2,81 \frac{\text{€}}{\text{RE}} \, .$$

Als Herstellkosten pro Einheit der jeweiligen Produktart erhält man somit für

Produktart 1: $k_{H1} = 3,15 \cdot 1,00 + 2,81 \cdot 0,90$ $= 5,68 \dfrac{€}{\text{Stück}}$

Produktart 2: $k_{H2} = 3,15 \cdot 1,25 + 2,81 \cdot 1,20$ $= 7,31 \dfrac{€}{\text{Stück}}$

Produktart 3: $k_{H3} = 3,15 \cdot 1,50 + 2,81 \cdot 1,60$ $= 9,22 \dfrac{€}{\text{Stück}}$

Produktart 4: $k_{H4} = 3,15 \cdot 3,00 + 2,81 \cdot 2,00$ $= 15,07 \dfrac{€}{\text{Stück}} \, .$

Lösung zur Übungsaufgabe 4.19:   (Lohn-) Zuschlagskalkulation

– Kumulative (Lohn-) Zuschlagskalkulation:

Berechnung der in der Abrechnungsperiode angefallenen Materialeinzelkosten:

$$K_{ME} = 200 \cdot 150 + 450 \cdot 80 + 600 \cdot 40 = 90.000 \dfrac{€}{\text{Periode}} \, .$$

Als Materialgemeinkostenzuschlagssatz ergibt sich dann:

$$d_M = \dfrac{45.000}{90.000} \cdot 100 = 50 \, \% \, .$$

Als Fertigungsgemeinkostenzuschlagssatz erhält man:

$$d_F = \dfrac{8.640 + 6.600 + 15.360 + 6.450}{9.600 + 4.400 + 19.200 + 8.600} \cdot 100 = \dfrac{37.050}{41.800} \cdot 100 = 88,64 \, \% \, .$$

Die Kostensätze der einzelnen Fertigungsstellen betragen für die

Säge: $\dfrac{9.600}{6.400}$ $= 1,50 \dfrac{€}{\text{Min.}}$

Schleiferei: $\dfrac{4.400}{3.300}$ $= 1,\overline{33} \dfrac{€}{\text{Min.}}$

Malerwerkstatt: $\dfrac{19.200}{12.800}$ $= 1,50 \dfrac{€}{\text{Min.}}$

Montage: $\dfrac{8.600}{4.300}$ $= 2,00 \dfrac{€}{\text{Min.}} \, .$

Für die einzelnen Türelemente ergeben sich folgende Fertigungslöhne pro Stück:

Türelement 1: $k_{FL1} = 1,50 \cdot 20 + 1,\overline{33} \cdot 10 + 1,50 \cdot 40 + 2,00 \cdot 10 = 123,\overline{33} \, \dfrac{€}{\text{Stück}}$

Türelement 2: $k_{FL2} = 1,50 \cdot 30 + 1,\overline{33} \cdot 15 + 1,50 \cdot 60 + 2,00 \cdot 20 = 195,00 \, \dfrac{€}{\text{Stück}}$

Türelement 3: $k_{FL3} = 1,50 \cdot 25 + 1,\overline{33} \cdot 15 + 1,50 \cdot 50 + 2,00 \cdot 30 = 192,50 \, \dfrac{€}{\text{Stück}}$.

Die jeweiligen Herstellkosten pro Stück betragen dann für

Türelement 1: $k_{H1} = 200 \cdot \left(1 + \dfrac{50}{100}\right) + 123,\overline{33} \cdot \left(1 + \dfrac{88,64}{100}\right) = 532,656 \, \dfrac{€}{\text{Stück}}$

Türelement 2: $k_{H2} = 450 \cdot \left(1 + \dfrac{50}{100}\right) + 195 \cdot \left(1 + \dfrac{88,64}{100}\right) = 1.042,848 \, \dfrac{€}{\text{Stück}}$

Türelement 3: $k_{H3} = 600 \cdot \left(1 + \dfrac{50}{100}\right) + 192,5 \cdot \left(1 + \dfrac{88,64}{100}\right) = 1.263,132 \, \dfrac{€}{\text{Stück}}$.

Als Selbstkosten pro Stück erhält man für

Türelement 1: $k_{S1} = 532,656 \cdot \left(1 + \dfrac{20}{100}\right) = 639,19 \, \dfrac{€}{\text{Stück}}$

Türelement 2: $k_{S2} = 1.042,848 \cdot \left(1 + \dfrac{20}{100}\right) = 1.251,42 \, \dfrac{€}{\text{Stück}}$

Türelement 3: $k_{S3} = 1.263,132 \cdot \left(1 + \dfrac{20}{100}\right) = 1.515,76 \, \dfrac{€}{\text{Stück}}$.

– Elektive (Lohn-) Zuschlagskalkulation:

Fertigungsgemeinkostenzuschlagssatz in der Fertigungsstelle

Säge: $\qquad d_{F\text{Säge}} = \dfrac{8.640}{9.600} \cdot 100 = 90 \, \%$

Schleiferei: $\qquad d_{F\text{Schleiferei}} = \dfrac{6.600}{4.400} \cdot 100 = 150 \, \%$

Malerwerkstatt: $d_{F\text{Malerwerkstatt}} = \dfrac{15.360}{19.200} \cdot 100 = 80 \, \%$

Montage: $d_{FMontage} = \dfrac{6.450}{8.600} \cdot 100 = 75\,\%$.

Die jeweiligen Herstellkosten pro Stück betragen dann für

Türelement 1:

$$k_{H1} = 200 \cdot \left(1 + \frac{50}{100}\right) + 1{,}50 \cdot 20 \cdot \left(1 + \frac{90}{100}\right) + 1{,}\overline{33} \cdot 10 \cdot \left(1 + \frac{150}{100}\right)$$

$$+ 1{,}50 \cdot 40 \cdot \left(1 + \frac{80}{100}\right) + 2{,}00 \cdot 10 \cdot \left(1 + \frac{75}{100}\right) = 533{,}\overline{33}\ \frac{\text{\euro}}{\text{Stück}}$$

Türelement 2:

$$k_{H2} = 450 \cdot \left(1 + \frac{50}{100}\right) + 1{,}50 \cdot 30 \cdot \left(1 + \frac{90}{100}\right) + 1{,}\overline{33} \cdot 15 \cdot \left(1 + \frac{150}{100}\right)$$

$$+ 1{,}50 \cdot 60 \cdot \left(1 + \frac{80}{100}\right) + 2{,}00 \cdot 20 \cdot \left(1 + \frac{75}{100}\right) = 1.042{,}50\ \frac{\text{\euro}}{\text{Stück}}$$

Türelement 3:

$$k_{H3} = 600 \cdot \left(1 + \frac{50}{100}\right) + 1{,}50 \cdot 25 \cdot \left(1 + \frac{90}{100}\right) + 1{,}\overline{33} \cdot 15 \cdot \left(1 + \frac{150}{100}\right)$$

$$+ 1{,}50 \cdot 50 \cdot \left(1 + \frac{80}{100}\right) + 2{,}00 \cdot 30 \cdot \left(1 + \frac{75}{100}\right) = 1.261{,}25\ \frac{\text{\euro}}{\text{Stück}}\,.$$

Als Selbstkosten pro Stück erhält man für

Türelement 1: $k_{S1} = 533{,}\overline{33} \cdot \left(1 + \dfrac{20}{100}\right) = 640{,}00\ \dfrac{\text{\euro}}{\text{Stück}}$

Türelement 2: $k_{S2} = 1.042{,}50 \cdot \left(1 + \dfrac{20}{100}\right) = 1.251{,}00\ \dfrac{\text{\euro}}{\text{Stück}}$

Türelement 3: $k_{S3} = 1.261{,}25 \cdot \left(1 + \dfrac{20}{100}\right) = 1.513{,}50\ \dfrac{\text{\euro}}{\text{Stück}}\,.$

Lösung zur Übungsaufgabe 4.20: Kalkulation für mehrteilige Produkte

– Stufenkalkulation:

Herstellkosten der Basissubstanz (Bs):

$$k_{HBs} = 2{,}40 \cdot 1{,}2 + 1{,}30 \cdot 1{,}0 + 5{,}50 = 9{,}68\ \frac{\text{\euro}}{\text{kg}}$$

Herstellkosten der Feincreme (Fc):

$$k_{HFc} = 8,70 \cdot 0,1 + 9,68 \cdot 0,6 + 11,30 = 17,978 \frac{\text{€}}{\text{kg}}$$

Herstellkosten der Sonnencreme (Sc):

$$k_{HSc} = 2,40 \cdot 0,3 + 17,978 \cdot 0,8 + 28,70 = 43,8024 \frac{\text{€}}{\text{kg}}.$$

− Summarische Kalkulation:

pro kg Sonnencreme insgesamt benötigte Menge an

Öl: $\qquad 1,2 \cdot 0,6 \cdot 0,8 + 0,3 = 0,876 \dfrac{\text{Einheiten}}{\text{kg}}$

Basiscreme: $\quad 1,0 \cdot 0,6 \cdot 0,8 = 0,48 \dfrac{\text{Einheiten}}{\text{kg}}$

Duftstoff: $\qquad 0,1 \cdot 0,8 = 0,08 \dfrac{\text{Einheiten}}{\text{kg}}$

Basissubstanz: $0,6 \cdot 0,8 = 0,48 \dfrac{\text{Einheiten}}{\text{kg}}$

Feincreme: $\qquad 0,8 \dfrac{\text{Einheiten}}{\text{kg}}.$

Herstellkosten der Sonnencreme (Sc):

$$k_{HSc} = 2,40 \cdot 0,876 + 1,30 \cdot 0,48 + 8,70 \cdot 0,08$$
$$+ 5,50 \cdot 0,48 + 11,30 \cdot 0,8 + 28,70 = 43,8024 \frac{\text{€}}{\text{kg}}.$$

Lösung zur Übungsaufgabe 4.21: Kalkulation für Kuppelprodukte

a) Die Herstellkosten des Kuppelprozesses setzen sich zusammen aus den Kosten für die Beschaffung und Entsteinung von 1.000 kg Sauerkirschen:

$$K_H = 1,35 \frac{\text{€}}{\text{kg}} \cdot 1.000 \text{ kg} + 0,06 \frac{\text{€}}{\text{kg}} \cdot 1.000 \text{ kg} = 1.410,00 \text{ €}.$$

b) Kosten der Weiterverarbeitung für

100 Flaschen Kirschsaft: $(0,20 + 0,70 + 0,15) \cdot 100 = 105,00 \text{ €}$

10 Beutel Kirschkerne: $0,60 \cdot 10 = 6,00$ €

100 Gläser Konserven: $(0,4 \cdot 1,00 + 0,10 + 0,50) \cdot 100 = 100,00$ €.

Vertriebskosten für

100 Flaschen Kirschsaft: $0,45 \cdot 100 = 45,00$ €

10 Beutel Kirschkerne: $(0,50 + 1,40) \cdot 10 = 19,00$ €

100 Gläser Konserven: $\left(\dfrac{0,50 + 1,50 + 0,50}{10} \right) \cdot 100 = 25,00$ € .

c) Aus 1.000 kg Kirschen können hergestellt werden:

Kirschsaft: $\dfrac{400 \text{ Liter Saft}}{0,5 \dfrac{\text{Liter Saft}}{\text{Flasche}}} = 800 \text{ Flaschen}$

Kirschkerne: $\dfrac{100 \text{ kg Kerne}}{20 \dfrac{\text{kg Kerne}}{\text{Beutel}}} = 5 \text{ Beutel}$

Konserven: $\dfrac{500 \text{ kg Kirschen}}{0,5 \dfrac{\text{kg Kirschen}}{\text{Glas}}} = 1.000 \text{ Gläser}$

Kartons: $\dfrac{1.000 \text{ Gläser}}{10 \dfrac{\text{Gläser}}{\text{Karton}}} = 100 \text{ Kartons}$.

d) Auf eine Flasche Saft entfallende Herstellkosten des Kuppelproduktionsprozesses:

$$k_{HSaft} = 2,00 - 1,05 - 0,45 = 0,50 \, \frac{\text{€}}{\text{Flasche}} \, .$$

Auf einen Beutel Kirschkerne entfallende Herstellkosten des Kuppelproduktionsprozesses:

$$k_{HBeutel} = 4,50 - 0,60 - 1,90 = 2,00 \, \frac{\text{€}}{\text{Beutel}} \, .$$

Selbstkosten pro Glas entsteinte Kirschen:

$$k_{SKirschen} = \frac{1.410,00 - 0,50 \cdot 800 - 2,00 \cdot 5}{1.000} + 1,00 + 0,25 = 2,25 \, \frac{\text{€}}{\text{Glas}} \, .$$

Lösung zur Übungsaufgabe 4.22: Kostenträgerzeitrechnung

Zur Lösung der Übungsaufgabe 4.22 vgl. Kapitel 4.3.4.

9.5 Lösungen zu den Übungsaufgaben zu Kapitel 5

Lösung zur Übungsaufgabe 5.1: Voll- und Teilkostenrechnungen

Zur Lösung der Übungsaufgabe 5.1 vgl. Kapitel 5.2 und dort insbesondere die Abb. 5.1.

Lösung zur Übungsaufgabe 5.2: Deckungsbeitragsrechnung

Zur Lösung der Übungsaufgabe 5.2 vgl. Kapitel 5.3 und dort insbesondere die Einleitung.

Lösung zur Übungsaufgabe 5.3: Einstufige Deckungsbeitragsrechnung und stufenweise Fixkostendeckungsrechnung

Zur Lösung der Übungsaufgabe 5.3 vgl. Kapitel 5.3.1 und Kapitel 5.3.2.1 sowie die nachfolgenden Erläuterungen.

– Ermittlung der Deckungsbeiträge je ME einer Erzeugnisart:

(in €/ME)	A_1	A_2	B_1	B_2
(ausschließlich variable) Fertigungslöhne	90	100	100	75
Materialeinzelkosten	75	40	50	50
variable Fertigungs- und Materialgemeinkosten	150	140	150	125
Summe = Variable Herstellkosten	315	280	300	250
variable Verwaltungs- und Vertriebskosten	80	110	40	80
Sondereinzelkosten des Vertriebs	60	50	20	30
Summe = variable Selbstkosten $\left(k_{vj}\right)$	455	440	360	360
Verkaufspreis $\left(p_j\right)$	655	840	760	660
$db_j = p_j - k_{vj}$	200	400	400	300

– Einstufige Deckungsbeitragsrechnung:

$$G = \sum_{j=1}^{J} DB_j - K_f$$

		A_1	A_2	B_1	B_2
$db_j = p_j - k_{vj}$	€/ME	200	400	400	300
x_{Aj}	ME	150	100	100	50
$DB_j = db_j \cdot x_{Aj}$	€	30.000	40.000	40.000	15.000

$$\sum_{j=1}^{J} DB_j = 125.000 \ \text{€}$$

$$K_f = (10.000 + 5.000 + 4.000 + 3.000) + 15.000 + (13.000 + 15.000)$$
$$= 65.000 \ \text{€}$$

$$G = 125.000 - 65.000 = 60.000 \ \text{€}.$$

– Stufenweise Fixkostendeckungsrechnung:

(in €)	Erzeugnisgruppe A		Erzeugnisgruppe B	
	A_1	A_2	B_1	B_2
$DB \ \text{I} \ (DB_j = db_j \cdot x_{Aj})$	30.000	40.000	40.000	15.000
– Erzeugnisfixkosten	10.000	5.000	4.000	3.000
$= DB \ \text{II}$	20.000	35.000	36.000	12.000
Summe DB II (je Erzeugnisgruppe)	55.000		48.000	
– Erzeugnisgruppenfixkosten	15.000		13.000	
$= DB \ \text{III}$	40.000		35.000	
Summe DB III		75.000		
– Unternehmensfixkosten		15.000		
= Periodenerfolg		60.000		

Lösung zur Übungsaufgabe 5.4:   Grundrechnung, Auswertungsrechnung und Deckungsbudgets

a) Grundrechnung:

Kostenkategorien	Kostenarten	Produkt A	Produkt B	Kostenst. 1	Σ (A–B)	Produkt C	Kostenst. 2	Σ (C)	Produkt D	Kostenst. 3	Σ (D)	Verwaltung	Vertrieb	Unternehmen	Σ (gem.)	Gesamtsumme
absatzabhängige Kosten	Provision	4.000	1.500		5.500	4.050		4.050	15.000		15.000					24.550
erzeugnisabhängige Kosten	Verpackungskosten	8.000	1.000		9.000	4.500		4.500	9.000		9.000					22.500
erzeugnisabhängige Kosten	Lizenzgebühren		2.000		2.000											2.000
erzeugnisabhängige Kosten	Materialkosten	16.000	8.000		24.000	10.800		10.800	36.000		36.000					70.800
erzeugnisabhängige Kosten	Energiekosten (erzeugnisabhängig)	4.000	1.000		5.000	1.800		1.800	3.000		3.000					9.800
sonstige Kosten – sofort	Energiekosten (erzeugnisunabhängig)						500	500		700	700	100	100		200	1.400
sonstige Kosten – sofort	Fertigungslöhne			2.000	2.000		2.500	2.500		3.500	3.500					8.000
sonstige Kosten – monatl.	Gehälter											3.000	4.000		7.000	7.000
sonstige Kosten – 1/2 jährl.	Miete						1.300	1.300								1.300
sonstige Kosten – jährl.	Steuern													500	500	500
GK geschlossener Perioden	Instandhaltungskosten			400	400		750	750		150	150					1.300
GK offener Perioden	Abschreibungen			250	250		250	250		250	250					750
	Summe Gesamtkosten	32.000	13.500	2.650	48.150	21.150	5.300	26.450	63.000	4.600	67.600	3.100	4.100	500	7.700	149.900

Strukturierung der Zurechnungsbereiche: Zurechnungsbereich A–B (Produkt A, Produkt B, Kostenst. 1), Zurechnungsbereich C (Produkt C, Kostenst. 2), Zurechnungsbereich D (Produkt D, Kostenst. 3), Gemeinsamer Zurechnungsbereich (Verwaltung, Vertrieb, Unternehmen).

Kostenkategorien: Leistungskosten (absatzabhängige Kosten, erzeugnisabhängige Kosten) = Periodeneinzelkosten; Betriebsbereitschaftskosten (sonstige Kosten, GK geschlossener Perioden, GK offener Perioden) = Periodengemeinkosten.

b) Deckungsbeitragsrechnung:

Gesamtunternehmung

Kostenstelle		1		2	3	Ver-waltung	Vertrieb
Produkt	A	B	C	D			
Erlös	40.000	15.000	27.000	75.000			
− Provision	4.000	1.500	4.050	15.000			
− Verpackungskosten	8.000	1.000	4.500	9.000			
− Materialkosten	16.000	8.000	10.800	36.000			
− Lizenzgebühren	−	2.000	−	−			
− Energiekosten (erzeugnisabhängig)	4.000	1.000	1.800	3.000			
= *DB* I der Produkte	8.000	1.500	5.850	12.000			
		9.500		−	−		
− Energiekosten (erzeugnisunabhängig)		−	500	700	100	100	
= *DB* II der Fertigungsstellen (sofort disponierbar)		9.500	5.350	11.300			
− Fertigungslöhne (monatlich disponierbar)		2.000	2.500	3.500			
= *DB* III der Fertigungsstellen (monatlich disponierbar)		7.500	2.850	7.800			
− Miete		−	1.300	−			
= *DB* IV der Fertigungsstellen (halbjährlich disponierbar)		7.500	1.550	7.800			
			16.850				
− Gehälter			−			3.000	4.000
= *DB* V der Gesamtunternehmung (halbjährlich disponierbar)			9.650				
− Steuern			500				
= *DB* VI der Gesamtunternehmung (jährl. disponierbar) = jährl. Periodenbeitrag			9.150				

c) Vorgabe von Deckungsbudgets für die Kostenstelle 1:

– Jährliche Leistungskosten:
$$K_{\text{Leistung}} = (5.500 + 9.000 + 2.000 + 24.000 + 5.000) \cdot 12 = 546.000 \, \text{€}.$$

– Jährliches Deckungsbudget für Fertigungslöhne:
$$DBudget_{\text{Fertigungslöhne}} = 2.000 \cdot 12 = 24.000 \, \text{€}.$$

– Jährliches Deckungsbudget für Instandhaltungs- und Amortisationskosten:
$$DBudget_{\text{Instandhaltung + Amortisation}} = (400 + 250) \cdot 12 = 7.800 \, \text{€}.$$

– Jährliches Deckungsbudget für Kosten allgemeiner Abteilungen und Steuern:
$$DBudget_{\text{allg. Abteilungen + Steuern}} = \frac{(200 + 7.000 + 500) \cdot 12}{3} = 30.800 \, \text{€}.$$

– Sollgewinn:
$$\text{Sollgewinn} = \frac{3.000}{3} \cdot 12 = 12.000 \, \text{€}.$$

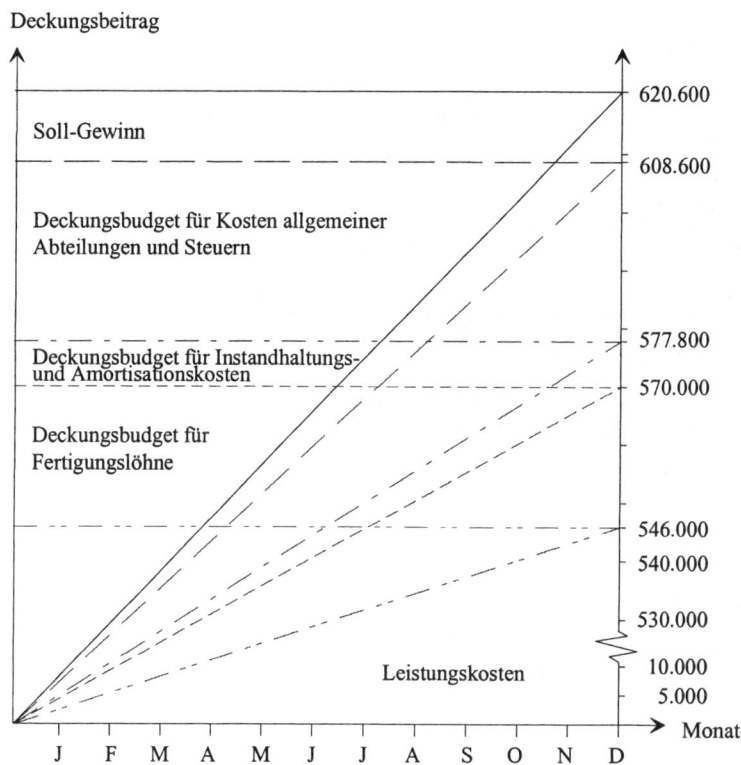

Die berechneten Deckungsbudgets werden üblicherweise kumuliert und in Form der folgenden Abbildung dargestellt. Diese zeigt die vorgegebenen Deckungsbeiträge, die im Zeitablauf und speziell nach Ablauf eines Jahres erwirtschaftet werden sollten

Lösung zur Übungsaufgabe 5.5:   Stufenweise Fixkostendeckungsrechnung versus relative Einzelkosten und Deckungsbeitragsrechnung

Zur Lösung der Übungsaufgabe 5.5 vgl. Kapitel 5.3.2.3 sowie die nachfolgende Übersicht.

	Stufenweise Fixkostendeckungsrechnung	relative Einzelkosten- und Deckungsbeitragsrechnung
Zurechnungsprinzip	Verursachungsprinzip	Identitätsprinzip
Kostenbegriff	wertmäßig	pagatorisch
Einbeziehung kalkulatorischer Kosten?	ja	nein
Trennung in fixe und variable Kosten?	ja	nein
Trennung in Einzel- und Gemeinkosten?	ja	ja
Betriebserfolg	je Periode bestimmbar	kann nur über die Totalperiode ermittelt werden
Ausrichtung auf Entscheidung und Kontrolle?	ja	ja
Anwendungsbereich	kurzfristige Entscheidungen	auch für Fragen der Investitions- und Finanzrechnung
Kostenerfassung in	Betriebsabrechnungsbogen	Grundrechnung

Lösung zur Übungsaufgabe 5.6:   Break-even-Punkt

a) Break-even-Punkt:

$$x_A^{BeP} = \frac{50.000}{125 - 75} = 1.000 \text{ ME} .$$

Deckungsumsatz:

$$U_D = \frac{50.000}{1 - \dfrac{75}{125}} = 125.000 \text{ €} .$$

b) Break-even-Punkt bei einem Gewinn von 10.000 €:

$$x_A^{BeP} = \frac{50.000 + 10.000}{125 - 75} = 1.200 \text{ ME} .$$

c) Beurteilung folgender Maßnahmen:

– Werbekampagne:

$$x_A^{BeP} = \frac{90.000}{150 - 75} = 1.200 \text{ ME} .$$

Der Break-even-Punkt ist gegenüber der Ausgangssituation gestiegen, d.h. es müssen mehr Stück verkauft werden, um die Gewinnschwelle zu erreichen. Da aber keine zusätzlichen Absatzmöglichkeiten geschaffen werden, führt die Werbekampagne zu einem schlechteren Ergebnis und ist damit abzulehnen.

– Zusätzliche Funktion:

$$x_A^{BeP} = \frac{50.000}{125 - 85} = 1.250 \text{ ME}.$$

Hier ist ebenfalls der Break-even-Punkt gegenüber der Ausgangssituation gestiegen. Trotzdem fällt die Entscheidung für den Einbau des zusätzlichen Teils, da die Nachfrage stärker gestiegen ist als der Break-even-Punkt. Geht man von einer Nachfrage in Höhe von 1.000 Stück aus, die in der Ausgangssituation dem Break-even-Punkt entspricht, so erhält man durch die Maßnahme eine Absatzmenge von 1.300 Stück, die über dem Break-even-Punkt von 1.250 Stück liegt und sich folglich schon in der Gewinnzone befindet.

Lösung zur Übungsaufgabe 5.7:   Planung des Produktions- und Absatzprogramms

---

Zur Ermittlung des optimalen Produktions- und Absatzprogramms sind zunächst für sämtliche Produktarten die (absoluten) Deckungsbeiträge zu bestimmen. Man erhält für

Produkt A: $db_A = 60 - 3 - 3 \cdot 1 - 12 \cdot 1{,}5 \quad = 36{,}00 \dfrac{€}{ME}$

Produkt B: $db_B = 62 - 5 - 2 \cdot 1 - 10 \cdot 1{,}5 \quad = 40{,}00 \dfrac{€}{ME}$

Produkt C: $db_C = 62 - 6 - 4 \cdot 1 - 8 \cdot 1{,}5$ $= 40{,}00 \, \dfrac{\text{\texteuro}}{\text{ME}}$.

Da sämtliche Produktarten positive Deckungsbeiträge aufweisen, muss nun überprüft werden, ob die verfügbaren Kapazitäten ausreichen, um die einzelnen Produktarten mit ihren Absatzhöchstmengen zu produzieren.

Kapazitätsbeanspruchung in Fertigungsstelle I:

$3 \cdot 100 + 2 \cdot 200 + 4 \cdot 150 = 1.300$ Min. < 1.600 Min. $\Rightarrow$ kein Engpass!

Kapazitätsbeanspruchung in Fertigungsstelle II:

$12 \cdot 100 + 10 \cdot 200 + 8 \cdot 150 = 4.400$ Min. > 3.800 Min. $\Rightarrow$ Engpass!

Ermittlung der engpassbezogenen (relativen) Deckungsbeiträge für

Produkt A: $db_{EA} = \dfrac{36{,}00}{12} = 3{,}00 \, \dfrac{\text{\texteuro}}{\text{Min.}}$

Produkt B: $db_{EB} = \dfrac{40{,}00}{10} = 4{,}00 \, \dfrac{\text{\texteuro}}{\text{Min.}}$

Produkt C: $db_{EC} = \dfrac{40{,}00}{8} = 5{,}00 \, \dfrac{\text{\texteuro}}{\text{Min.}}$.

Nach der Höhe ihrer engpassbezogenen Deckungsbeiträge sind die Produkte in der Reihenfolge C - B - A in das Produktionsprogramm aufzunehmen. Nach der Einlastung der Produkte C und B mit ihren jeweiligen Absatzhöchstmengen, erhält man als verfügbare Restkapazität T_{RE} in der Engpassstelle:

$T_{RE} = 3.800 - 8 \cdot 150 - 10 \cdot 200 = 600$ Min.

Von Produkt A kann somit nur folgende Menge produziert werden:

$x_{PA} = \dfrac{600}{12} = 50$ ME .

Das optimale Produktions- und Absatzprogramm lautet für

Produkt A: $x_{PA} = 50$ ME

Produkt B: $x_{PB} = 200$ ME

Produkt C: $x_{PC} = 150$ ME .

Lösung zur Übungsaufgabe 5.8:	Preisuntergrenze, Preisobergrenze

a) Zu den variablen Kosten zählen:

- die Rohstoffkosten in Höhe von 180.000 €,
- die Akkordlöhne in Höhe von 340.000 €,
- die Leistungskosten für Hilfsstoffe in Höhe von 80.000 €,
- die Energiekosten in Höhe von 80.000 € $(= 104.000 - 4.000 - 20.000)$,
- die Verpackungskosten in Höhe von 120.000 € $(= 3 \cdot 40.000)$ und
- die Verkaufsprovisionen in Höhe von 320.000 €.

Die Summe der variablen Kosten beträgt somit 1.120.000 €. Als variable Stückkosten des Endproduktes F erhält man:

$$k_{vF} = \frac{1.120.000}{40.000} = 28,00 \; \frac{€}{\text{Stück}} \; .$$

b) Ein Engpass entsteht durch die Annahme des Zusatzauftrags in Höhe von 2000 Stück des Produktes F nicht, da in der Ausgangssituation lediglich 80 % der Kapazitäten genutzt werden. Zusammen mit dem Zusatzauftrag ergibt sich dann eine Kapazitätsbelastung von 84 %. Bei der Ermittlung der Preisuntergrenze pro Stück des Produktes F muss beachtet werden, dass die Verkaufsprovision prozentual zum Verkaufspreis anfällt. Gemäß der Ausgangssituation beträgt die Verkaufsprovision:

$$\frac{320.000}{40.000} = 8,00 \; \frac{€}{\text{Stück}} \; .$$

Bezogen auf den Verkaufspreis in Höhe von 40 € pro Stück sind somit 20 % des Verkaufspreises als Verkaufsprovision anzusetzen. Ohne Berücksichtigung der Verkaufsprovision betragen die variablen Stückkosten 20 € pro Stück des Endproduktes F. Als Preisuntergrenze, bei der der Zusatzauftrag gerade noch angenommen wird, erhält man dann:

$$p - (20 + 0,2 \cdot p) \overset{!}{=} 0 \Rightarrow p = 25 \; \frac{€}{\text{Stück}} \; .$$

c) Bei der Bestimmung der Preisobergrenze für 1 kg des qualitativ höherwertigen Rohstoffs müssen die variablen Stückkosten sowohl um die Verkaufsprovision als auch um die bisherigen Rohstoffkosten bereinigt werden. In der Ausgangssituation betragen die Rohstoffkosten:

$$\frac{180.000}{40.000} = 4,50 \; \frac{€}{\text{Stück}} \; .$$

Ohne Verkaufsprovision und Rohstoffkosten ergeben sich somit für das Endprodukt F variable Stückkosten in Höhe von:

$$28 - 8 - 4,5 = 15,5 \, \frac{€}{\text{Stück}} \,.$$

Bei dem Verkaufspreis in Höhe von 30 € pro Stück des Produktes F muss beachtet werden, dass dieser ebenfalls um die darin enthaltene Verkaufsprovision in Höhe von 6 € $(= 20\,\%)$ bereinigt werden muss. Da pro Stück des Produktes F 0,5 kg des neuen Rohstoffes benötigt werden, erhält man als Preisobergrenze, bei der der Zusatzauftrag gerade noch akzeptiert wird:

$$15,5 + 0,5 \cdot p_{\text{Roh}} \overset{!}{=} 24 \Rightarrow p_{\text{Roh}} = 17 \, \frac{€}{\text{kg}} \,.$$

Lösung zur Übungsaufgabe 5.9:   Entscheidung zwischen Eigenfertigung und Fremdbezug

---

a) Zur Ermittlung des optimalen Produktionsprogramms für die Produktionsperiode 1 sind zunächst für sämtliche Endprodukte die (absoluten) Deckungsbeiträge zu bestimmen. Man erhält für

Endprodukt A: $db_A = 60 - 15 = 45,00 \, \dfrac{€}{\text{ME}}$

Endprodukt B: $db_B = 75 - 25 = 50,00 \, \dfrac{€}{\text{ME}}$

Endprodukt C: $db_C = 54 - 10 = 44,00 \, \dfrac{€}{\text{ME}} \,.$

Da sämtliche Produktarten positive Deckungsbeiträge aufweisen, muss nun überprüft werden, ob die verfügbaren Kapazitäten in den Fertigungsstellen I und II ausreichen, um die einzelnen Endprodukte mit ihren Absatzhöchstmengen zu produzieren.

Kapazitätsbeanspruchung in Fertigungsstelle I:

$$3 \cdot 150 + 4 \cdot 200 + 2 \cdot 180 = 1.610 \, \text{Min.} > 1.510 \, \text{Min.} \Rightarrow \text{Engpass!}$$

Kapazitätsbeanspruchung in Fertigungsstelle II:

$$2 \cdot 150 + 2 \cdot 200 + 2 \cdot 180 = 1.060 \, \text{Min.} < 2.000 \, \text{Min.} \Rightarrow \text{kein Engpass!}$$

Ermittlung der engpassbezogenen (relativen) Deckungsbeiträge für

Endprodukt A: $db_{EA} = \dfrac{45,00}{3} = 15,00\,\dfrac{\text{€}}{\text{Min.}}$

Endprodukt B: $db_{EB} = \dfrac{50,00}{4} = 12,50\,\dfrac{\text{€}}{\text{Min.}}$

Endprodukt C: $db_{EC} = \dfrac{44,00}{2} = 22,00\,\dfrac{\text{€}}{\text{Min.}}$.

Nach der Höhe ihrer engpassbezogenen Deckungsbeiträge sind die Endprodukte in der Reihenfolge C - A - B in das Produktionsprogramm aufzunehmen. Nach der Einlastung der Endprodukte C und A mit ihren jeweiligen Absatzhöchstmengen, erhält man als verfügbare Restkapazität T_{RE} in der Engpassstelle:

$$T_{RE} = 1.510 - 2 \cdot 180 - 3 \cdot 150 = 700\ \text{Min.}$$

Von Endprodukt B kann somit nur folgende Menge produziert werden:

$$x_{PB} = \frac{700}{4} = 175\ \text{ME}\,.$$

Das optimale Produktionsprogramm lautet für

Endprodukt A: $x_{PA} = 150\ \text{ME}$

Endprodukt B: $x_{PB} = 175\ \text{ME}$

Endprodukt C: $x_{PC} = 180\ \text{ME}$.

b) Zunächst sind für die zusätzlichen Endprodukte mit positivem (absolutem) Deckungsbeitrag die jeweiligen engpassbezogenen (relativen) Deckungsbeiträge zu bestimmen. Diese betragen für

Endprodukt D: $db_{ED} = \dfrac{56 - 40}{2} = 8,00\,\dfrac{\text{€}}{\text{Min.}}$

Endprodukt E: $db_{EE} = \dfrac{60 - 30}{5} = 6,00\,\dfrac{\text{€}}{\text{Min.}}$

Endprodukt F: $db_{EF} = \dfrac{59 - 50}{3} = 3,00\,\dfrac{\text{€}}{\text{Min.}}$.

Anschließend müssen für die bislang eigengefertigten Zwischenprodukte die engpassbezogenen Mehrkosten ermittelt werden, die aufgrund des Übergangs von Eigenfertigung zu Fremdbezug entstehen. Diese betragen für

Zwischenprodukt a: $\Delta k_a = \dfrac{27-15}{3} = 4{,}00 \ \dfrac{\text{€}}{\text{Min.}}$

Zwischenprodukt b: $\Delta k_b = \dfrac{45-25}{4} = 5{,}00 \ \dfrac{\text{€}}{\text{Min.}}$

Zwischenprodukt c: $\Delta k_c = \dfrac{34-10}{2} = 12{,}00 \ \dfrac{\text{€}}{\text{Min.}}$.

Der Übergang zum Fremdbezug bei den bislang eigengefertigten Zwischenprodukten und im Gegenzug die Aufnahme der zusätzlichen Endprodukte in das Produktionsprogramm ist sinnvoll, solange die engpassbezogenen Mehrkosten der Zwischenprodukte niedriger sind als die engpassbezogenen Deckungsbeiträge der Endprodukte. Die Zwischenprodukte werden also nach der Höhe ihrer engpassbezogenen Mehrkosten – beginnend mit der Zwischenproduktart, die die geringsten engpassbezogenen Mehrkosten aufweist – aus dem Produktionsprogramm genommen. Gleichzeitig werden die zusätzlichen Endprodukte nach der Höhe ihrer engpassbezogenen Deckungsbeiträge – beginnend mit dem Endprodukt, das den höchsten engpassbezogenen Deckungsbeitrag besitzt – mit ihren Absatzhöchstmengen in das Produktionsprogramm aufgenommen. Dies geschieht solange, bis die engpassbezogenen Mehrkosten eines Zwischenproduktes größer sind als der engpassbezogene Deckungsbeitrag des an seiner Stelle einzulastenden Endproduktes.

Als Erstes wird das Endprodukt D in das Produktionsprogramm aufgenommen, und dafür das Zwischenprodukt a, dessen engpassbezogene Mehrkosten geringer sind als der engpassbezogene Deckungsbeitrag von D, aus dem Produktionsprogramm gestrichen. Wird das Zwischenprodukt a vollständig verdrängt, so werden 450 Min. $(= 150 \cdot 3)$ Kapazität frei. Dadurch können 225 ME $(= 450/2)$ von Endprodukt D gefertigt werden. Die Produktion der bis zur Absatzhöchstmenge von D verbleibenden 60 ME $(= 285 - 225)$ erfordern eine weitere Kapazität in Höhe von 120 Min. $(= 60 \cdot 2)$. Da die engpassbezogenen Mehrkosten des an nächster Stelle zu verdrängenden Zwischenproduktes b ebenfalls geringer sind als der engpassbezogene Deckungsbeitrag von D, werden zur Bereitstellung der geforderten Kapazität 30 ME $(= 120/4)$ des bislang eigengefertigten Zwischenproduktes b fremdbezogen. Da der engpassbezogene Deckungsbeitrag des an nächster Stelle einzulastenden Endproduktes E größer ist als die engpassbezogenen Mehrkosten des Zwischenproduktes b, wird auch das Endprodukt E in das Produktionsprogramm aufgenommen. Die Einlastung von E mit seiner Absatzhöchstmenge erfordert Kapazität in Höhe von 300

Min. $(=60 \cdot 5)$. Folglich müssen weitere 75 ME $(=300/4)$ von Zwischenprodukt b fremdbezogen werden. Damit werden nur noch 70 ME $(=175-30-75)$ von Zwischenprodukt b eigengefertigt. Eine Einlastung des Endproduktes F erfolgt nicht, da sein engpassbezogener Deckungsbeitrag niedriger ist als die engpassbezogenen Mehrkosten des Zwischenproduktes b.

Von den einzelnen Endprodukten werden somit die folgenden Mengen komplett in Eigenfertigung hergestellt:

Endprodukt A: $x_{PA} = 0$ ME

Endprodukt B: $x_{PB} = 70$ ME

Endprodukt C: $x_{PC} = 180$ ME

Endprodukt D: $x_{PD} = 285$ ME

Endprodukt E: $x_{PE} = 60$ ME

Endprodukt F: $x_{PF} = 0$ ME .

Des Weiteren werden zur Herstellung von 150 ME des Endproduktes A bzw. 105 ME des Endproduktes B die Zwischenprodukte a und b in den entsprechenden Mengen fremdbezogen.

Abschließend muss noch überprüft werden, ob durch die Hinzunahme der zusätzlichen Endprodukte eventuell ein neuer Engpass in der Fertigungsstelle II entsteht. Dabei sind auch die Endprodukte zu berücksichtigen, deren Zwischenprodukte nun fremdbezogen werden, da die Fertigungsstelle II ausschließlich von den Endprodukten in Anspruch genommen wird.

Kapazitätsbeanspruchung in Fertigungsstelle II:

$$2 \cdot 150 + 2 \cdot 175 + 2 \cdot 180 + 1 \cdot 285 + 1 \cdot 60 = 1.355 \text{ Min.} < 2.000 \text{ Min.}$$

$\Rightarrow$ kein neuer Engpass!

c) Lineares Programm zur Bestimmung des optimalen Produktionsprogramms:

$$16x_{PD} + 30x_{PE} + 9x_{PF} - 12x_{Fa} - 20x_{Fb} - 24x_{Fc} \rightarrow \max!$$

unter den Nebenbedingungen:

(1) $2x_{PD} + 5x_{PE} + 3x_{PF} - 3x_{Fa} - 4x_{Fb} - 2x_{Fc} = 0$

(2) $x_{PD} \leq 285$

(3) $x_{PE} \leq 60$

(4) $x_{PF} \leq 120$

(5) $x_{Fa} \leq 150$

(6) $x_{Fb} \leq 175$

(7) $x_{Fc} \leq 180$

(8) $x_{PD}, x_{PE}, x_{PF}, x_{Fa}, x_{Fb}, x_{Fc} \geq 0$.

Die Fremdbezugshöchstmengen der Zwischenprodukte a, b und c ergeben sich dabei aus dem optimalen Produktionsprogramm der Produktionsperiode 1.

9.6 Lösungen zu den Übungsaufgaben zu Kapitel 6

9.6.1 Lösungen zu Kapitel 6.4.1
Entwicklungsformen der Plankostenrechnung

Lösung zur Übungsaufgabe 6.1:   Differenzierung zwischen Plan-, Soll- und Ist-bezugsgrößen

Planbezugsgröße:

$B^{(P)} = 1.000 \cdot 2 = 2.000$ Maschinenstunden.

Sollbezugsgröße:

$B^{(S)} = 800 \cdot 2 = 1.600$ Maschinenstunden.

Istbezugsgröße:

$B^{(I)} = 800 \cdot 2,25 = 1.800$ Maschinenstunden.

Lösung zur Übungsaufgabe 6.2:   Entscheidungsrelevanz von Vollkosten

Vollkostenrechnung:
Die Preisuntergrenze entspricht in der Vollkostenrechnung den Vollkosten, und bei der Artikelwahl geht man von Stückerfolgen aus.

Produkt	A	B	C
Verkaufspreis	20	25	55
– Vollkosten	15	28	50
= Gewinn / Verlust	5	– 3	5

Das Produkt B sollte nicht produziert werden, da es einen Verlust erwirtschaftet. A und C erzielen den gleichen Stückgewinn und sind damit gleich förderungswürdig.

Teilkostenrechnung:

Die Preisuntergrenze entspricht in der Teilkostenrechnung den Grenzkosten. Bei der Artikelwahl geht man von Deckungsbeiträgen aus.

Produkt	A	B	C
Verkaufspreis	20	25	55
– Grenzkosten	10	20	25
= Deckungsbeitrag	10	5	30

Auch das verlustbringende Produkt B trägt noch zur Deckung der fixen Kosten bei, wenn auch mit einem relativ geringen Beitrag. Es sollte daher produziert werden. Obwohl die Produkte A und C den gleichen Gewinn erwirtschaften, zeigt die Teilkostenrechnung, dass Produkt C stärker gefördert werden sollte, da es mehr zur Deckung der fixen Kosten beiträgt.

Die in der Vollkostenrechnung miteinbezogenen fixen Kosten sind nicht entscheidungsrelevant, da sie unabhängig davon, ob von den Produkten A, B und C höhere oder geringere Mengen hergestellt werden, in gleicher Höhe anfallen. Der Deckungsbeitrag ist also für die Artikelwahl das geeignete Kriterium. Ebenso gilt für die Festlegung der Preisuntergrenze, dass jeder Preis, der unter den Vollkosten und über den Grenzkosten liegt, noch einen Teil der fixen Kosten deckt. Die kurzfristige Preisuntergrenze auf Basis von Grenzkosten ist folglich die geeignete Größe. Grundsätzlich sollte hier allerdings darauf geachtet werden, dass die Summe der Deckungsbeiträge zur Deckung der gesamten fixen Kosten ausreicht; sonst kann die Teilkostenrechnung – wie häufig von Kritikern angemerkt wird – zu einer zu nachgiebigen und verlustbringenden Preispolitik führen.

Lösung zur Übungsaufgabe 6.3:	Periodengewinn in Voll- und Teilkostenrechnungen – Auswirkungen der unterschiedlichen Bestandsbewertung

Ermittlung des Periodengewinns:

Vergleichen Sie zum Gesamtkostenverfahren Kapitel 4.3.4.

Fall a (Produktionsmenge = 1.000 ME):

Vollkostenrechnung:

Umsatz	$1.000 \cdot 20 =$	20.000 €
– volle Herstellkosten	$1.000 \cdot 10 + 3.000 =$	13.000 €
– volle Verw.- und Vertriebskosten		2.000 €
= Gewinn		5.000 €

Teilkostenrechnung:

Umsatz	$1.000 \cdot 20 =$	20.000 €
– prop. Herstellkosten	$1.000 \cdot 10 =$	10.000 €
– fixe Herstellkosten		3.000 €
– fixe Verw.- und Vertriebskosten		2.000 €
= Gewinn		5.000 €

Treten keine Bestandsveränderungen auf, so wird der Periodenerfolg nicht durch das zugrunde liegende Rechensystem beeinflusst. Voll- und Teilkostenrechnung führen dann immer zum gleichen Ergebnis.

Fall b (Produktionsmenge = 500 ME):

Vollkostenrechnung:

Umsatz	$1.000 \cdot 20 =$	20.000 €
– volle Herstellkosten	$500 \cdot 10 + 3.000 =$	8.000 €
– volle Verw.- und Vertriebskosten		2.000 €
– Lagerbestandsabnahme	$500 \cdot 13 =$	6.500 €
= Gewinn		3.500 €

Teilkostenrechnung:

Umsatz	$1.000 \cdot 20 =$	20.000 €
– prop. Herstellkosten	$500 \cdot 10 =$	5.000 €
– fixe Herstellkosten		3.000 €
– fixe Verw.- und Vertriebskosten		2.000 €
– Lagerbestandsabnahme	$500 \cdot 10 =$	5.000 €
= Gewinn		5.000 €

Bei Lagerverkauf fällt der Gewinn in der Vollkostenrechnung geringer aus als in der Teilkostenrechnung, da in der Vollkostenrechnung die Lagerbestände zu vollen Herstellkosten bewertet werden. Folglich werden auch noch fixe Kostenanteile vergangener Perioden als Kosten berücksichtigt. Die Differenz entspricht also genau den in der Lagerbestandsabnahme enthaltenen fixen Kostenanteilen. Diese werden zusätzlich zu den fixen Kosten der Periode verrechnet.

Fall c (Produktionsmenge = 1500 ME):

Vollkostenrechnung:

Umsatz:	$1.000 \cdot 20 =$	20.000 €
– volle Herstellkosten:	$1.500 \cdot 10 + 3.000 =$	18.000 €
– volle Verw.- und Vertriebskosten:		2.000 €
+ Lagerbestandszunahme	$500 \cdot 13 =$	6.500 €
= Gewinn:		6.500 €

Teilkostenrechnung:

Umsatz:	$1.000 \cdot 20 =$	20.000 €
– prop. Herstellkosten:	$1.500 \cdot 10 =$	15.000 €
– fixe Herstellkosten:		3.000 €
– fixe Verw.- und Vertriebskosten:		2.000 €
+ Lagerbestandszunahme	$500 \cdot 10 =$	5.000 €
= Gewinn:		5.000 €

Bei Vorratsproduktion fällt der Gewinn in der Vollkostenrechnung höher aus als in der Teilkostenrechnung, da in der Vollkostenrechnung ein Teil der fixen Kosten in der Lagerbestandserhöhung enthalten ist und folglich nicht den Gewinn der Periode mindert. Die Differenz entspricht also genau den in der Lagerbestandszunahme enthaltenen fixen Kostenanteilen. Diese werden erst beim Abbau des Lagerbestandes als Kosten verrechnet.

Beurteilung:

Vorteil der Teilkostenrechnung ist, dass der Periodenerfolg bei konstanten Kapazitäten nicht durch die Produktionsmenge, sondern durch den Umsatz bestimmt wird. Dies wird dadurch erreicht, dass die fixen Kosten immer in der Periode verrechnet werden, in der sie anfallen. Die Vollkostenrechnung ist zur Ermittlung des Periodenerfolges ungeeignet. Eine reine Erhöhung des Lagerbestandes signalisiert bereits eine Erfolgssteigerung. Diese Information kann zu Fehlentscheidungen führen.

Lösung zur Übungsaufgabe 6.4:   Starre Plankostenrechnung auf Basis der Istbeschäftigung

---

a) Istbeschäftigung:

$$B^{(I)} = 3.600 \cdot 12 = 43.200 \text{ Min.} \,\hat{=}\, 720 \text{ Std.}$$

Das Abweichen von Soll- und Istbeschäftigung ist darauf zurückzuführen, dass sich die Fertigungszeit pro Mengeneinheit erhöht hat. Dies wirkt sich in der tatsächlich gemessenen Beschäftigung aus, jedoch nicht in der Sollbeschäftigung, da diese ausschließlich die Veränderung der Ausbringungsmenge berücksichtigt.

b) Kostengesamtabweichung auf der Basis der Istbeschäftigung:

$$\Delta KGA_1 = K^{(I)} - K_{Voll.}^{(verr.)}(720) = 135.000 - 150 \cdot 720 = 27.000 \,€\,.$$

Die Kostengesamtabweichung auf Basis der Istbeschäftigung ist geringer als auf Basis der Sollbeschäftigung – die Abweichung lag hier bei 45.000 € je Periode –, da die auf die erhöhte Fertigungszeit zurückzuführende Abweichung in ΔKGA_1 nicht enthalten ist.

c) Kostengesamtabweichung mit der Produktionsmenge als Bezugsgröße:

Plankostenverrechnungssatz in € je Mengeneinheit:

$$h_{Voll.}^{(P)} = \frac{150.000}{6.000} = 25 \, \frac{€}{\text{ME}}\,.$$

Kostengesamtabweichung:

$$\Delta KGA_2 = K^{(I)} - K_{Voll.}^{(verr.)}(3.600) = 135.000 - 25 \cdot 3.600 = 45.000 \,€\,.$$

Das Ergebnis entspricht dem der Abweichungsanalyse auf Basis der Sollbezugsgröße Produktionsstunden aus Kapitel 6.1.1.3. Es wird hierdurch deutlich, dass die Verwendung der tatsächlichen Produktionszeit als Bezugsgröße zu einem verfälschten Ergebnis führt. Diese Erkenntnis hat ebenso für die flexible Plankostenrechnung Gültigkeit.

d) Grafische Darstellung der Abweichungsanalyse aus b) und c):

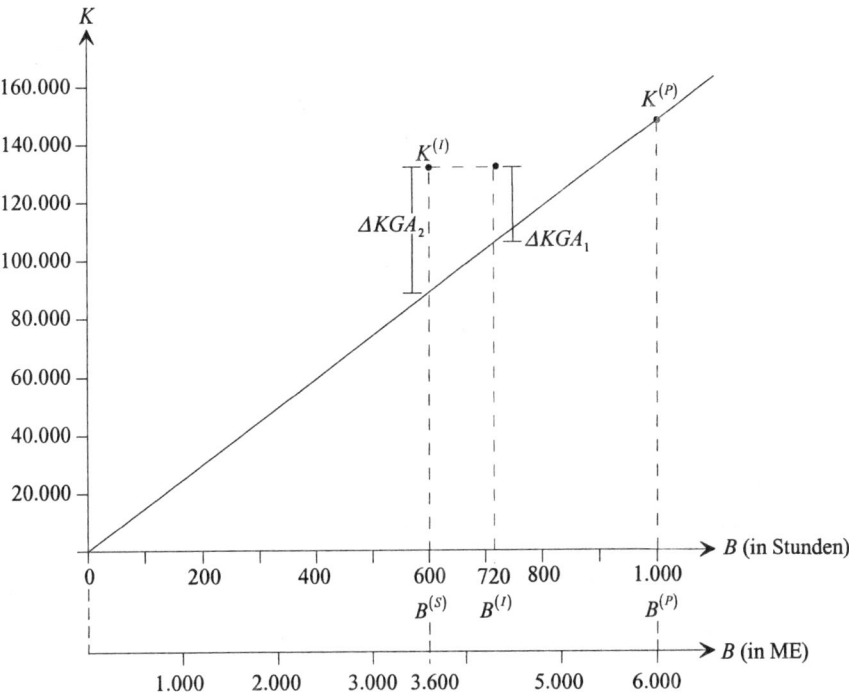

9.6.2 Lösungen zu Kapitel 6.4.2
Kostenplanung in der Grenzplankostenrechnung

Lösung zur Übungsaufgabe 6.5:   Planung der Materialeinzelkosten

a) Standards für Gutteile und anzusetzende Standards:

Materialart	Standards für Gutteile für Produkt			Anzusetzende Standards für Produkt		
	A	B	C	A	B	C
1	1,35	1,80	1,52	1,5	2,0	1,6
2	0,17	1,60	–	0,2	2,0	–
3	1,00	8,00	10,00	1,0	8,0	10,0
4	1,00	–	–	1,0	–	–

b) Gesamte Brutto-Planmaterialeinzelkosten der Materialarten 1 bis 4:

$$K_1^{(P)} = 12 \cdot (1,5 \cdot 500 + 2 \cdot 300 + 1,6 \cdot 1.000) = 35.400 \text{ €}$$

$$K_2^{(P)} = 5 \cdot (0,2 \cdot 500 + 2 \cdot 300) = 3.500 \text{ €}$$

$$K_3^{(P)} = 0,1 \cdot (1 \cdot 500 + 8 \cdot 300 + 10 \cdot 1.000) = 1.290 \text{ €}$$

$$K_4^{(P)} = 1 \cdot (1 \cdot 500) = 500 \text{ €}.$$

Gesamte Brutto-Planmaterialeinzelkosten der Produkte A, B und C:

$$K_A^{(P)} = 500 \cdot (12 \cdot 1,5 + 5 \cdot 0,2 + 0,1 \cdot 1 + 1 \cdot 1) = 500 \cdot 20,1 = 10.050 \text{ €}$$

$$K_B^{(P)} = 300 \cdot (12 \cdot 2 + 5 \cdot 2 + 0,1 \cdot 8) = 300 \cdot 34,8 = 10.440 \text{ €}$$

$$K_C^{(P)} = 1.000 \cdot (12 \cdot 1,6 + 0,1 \cdot 10) = 1.000 \cdot 20,2 = 20.200 \text{ €}.$$

c) Bestimmungsgleichung zur Ermittlung der gesamten Brutto-Planmaterialeinzelkosten eines Produktes für den Fall der einstufigen Produktion:

$$K_j^{(P)} = x_j^{(P)} \cdot \sum_{i=1}^{I} q_i^{(P)} \cdot a_{ij}^{(P)}, \qquad j = 1, ..., J.$$

Zur Erläuterung der Symbole siehe Kapitel 6.2.2.1.

Lösung zur Übungsaufgabe 6.6:   Planung der Lohneinzelkosten (Akkordlohn)

a) Geplante Gesamtarbeitszeit T_{Januar} der Periode in Minuten:

$$T_{\text{Januar}} = 21 \cdot 8 \cdot 60 = 10.080 \text{ Min.}$$

b) Planarbeitszeit je Mengeneinheit:

$$\text{Planarbeitszeit} = \frac{3}{1,2} = 2,5 \frac{\text{Min.}}{\text{ME}} \, .$$

c) Geplante Produktionsmenge $x^{(P)}$ der Periode:

$$x^{(P)} = \frac{10.080}{2,5} = 4.032 \frac{\text{ME}}{\text{Periode}} \, .$$

d) Geplante Lohnsumme $K_L^{(P)}$ der Periode:

- Ermittlung über die Ausbringungsmenge:

$$K_L^{(P)} = 4.032 \cdot 3 \cdot \frac{1}{60} \cdot 60 = 12.096 \frac{\text{€}}{\text{Periode}} \, .$$

- Ermittlung über den Planleistungsgrad:

$$K_L^{(P)} = 10.080 \cdot 1,2 \cdot \frac{1}{60} \cdot 60 = 12.096 \frac{\text{€}}{\text{Periode}} \, .$$

Lösung zur Übungsaufgabe 6.7: Hoch-Tiefpunkt-Methode und Bezugsgrößen-wahl

a) Sollkostenfunktion für die Bezugsgröße 1 (Durchsatzgewicht):

$$h_{Teil.1}^{(P)} = \frac{1.100 - 1.000}{350 - 100} = 0,4 \frac{\text{€}}{\text{t}}$$

$$K_{f1}^{(P)} = 1.000 - 0,4 \cdot 100 = 960 \text{ €}$$

$$K_1^{(S)} = 960 + 0,4 \cdot B_1^{(S)} \, .$$

Sollkostenfunktion für die Bezugsgröße 2 (Betriebszeit):

$$h_{Teil.2}^{(P)} = \frac{1.650 - 1.050}{500 - 300} = 3 \frac{\text{€}}{\text{Std.}}$$

$$K_{f2}^{(P)} = 1.050 - 3 \cdot 300 = 150 \text{ €}$$

$$K_2^{(S)} = 150 + 3 \cdot B_2^{(S)} \, .$$

b) Die erste Abbildung auf der folgenden Seite zeigt die in der Vergangenheit angefallenen Kosten in Abhängigkeit unterschiedlicher Durchsatzgewichte und die entsprechende – nach der Hoch-Tiefpunkt-Methode ermittelte – Sollkosten-funktion.

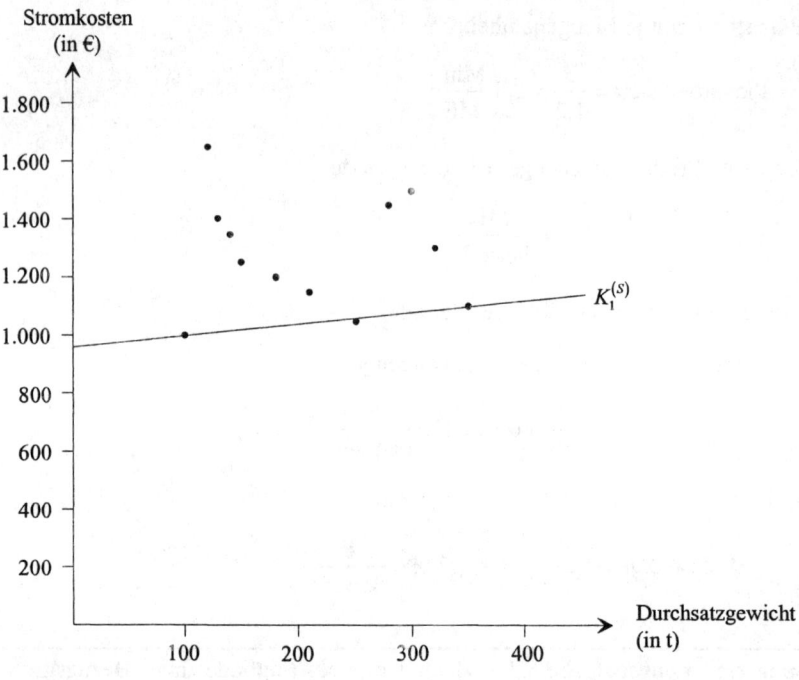

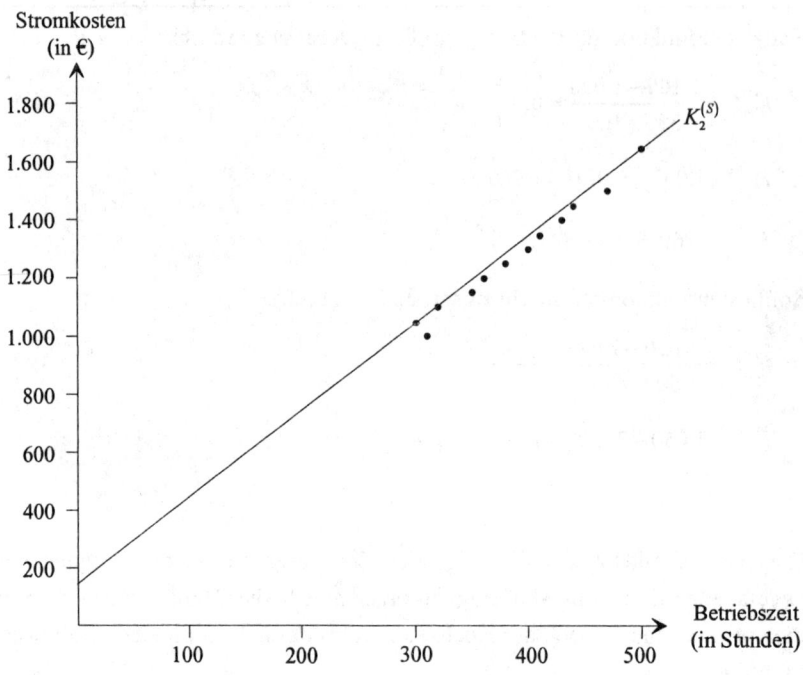

Die zweite Abbildung auf der vorherigen Seite zeigt die in der Vergangenheit angefallenen Kosten in Abhängigkeit unterschiedlicher Betriebszeiten und die entsprechende – nach der Hoch-Tiefpunkt-Methode ermittelte – Sollkostenfunktion.

c) Die Abbildungen aus Aufgabenteil b) zeigen deutlich, dass nur die Sollkostenfunktion für die Bezugsgröße Betriebszeit eine gute Beschreibung der Punktewolke ist. Die Stromkosten verhalten sich annähernd proportional zu den Betriebsstunden. Daher kann eine lineare Funktion den Kostenverlauf gut darstellen. Zwischen den Stromkosten und der Bezugsgröße Durchsatzgewicht besteht keine Beziehung, wie die Abbildung zeigt. Zur Planung und Kontrolle der Stromkosten stellt das Durchsatzgewicht also keine geeignete Bezugsgröße dar.

Lösung zur Übungsaufgabe 6.8:   Variatoren

$v^{(P)} = 0$:

Es handelt sich um eine rein fixe Kostenart wie beispielsweise Zinsen auf Anlagevermögen und Versicherungsprämien für Gebäude und Anlagen.

$v^{(P)} = 10$:

Es handelt sich um eine rein proportionale Kostenart wie beispielsweise leistungsproportionaler Akkordlohn.

$v^{(P)} = 6$:

Es handelt sich um eine Kostenart, die zu 60 % aus variablen und zu 40 % aus fixen Kosten besteht, wie beispielsweise Hilfslöhne oder kalkulatorische Abschreibungen. Die meisten Kostenarten sind in einen fixen und einen variablen Teil aufzuspalten.

Lösung zur Übungsaufgabe 6.9:   Variatoren

a) Variable Plankosten:

$$K_v^{(P)} = 150.000 \cdot 0,8 = 120.000 \; \text{€} \, .$$

Fixe Plankosten:

$$K_f^{(P)} = 150.000 \cdot 0,2 = 30.000 \; \text{€} \, .$$

Sollkostenfunktion:

$$K^{(S)} = 30.000 + 600 \cdot B^{(S)}.$$

b) Variatoren in Abhängigkeit von der Planbeschäftigung:

$B^{(P)}$	25	50	75	100	125	150	175
$v^{(P)}$	3,33	5	6	6,67	7,14	7,5	7,78

Grafische Darstellung des Zusammenhangs zwischen Variatoren und Planbeschäftigung:

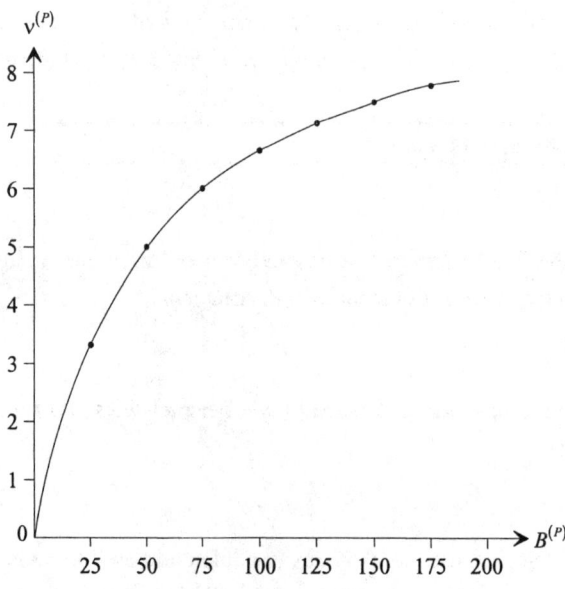

Aus diesen Berechnungen wird deutlich, dass ein Variator nur solange Gültigkeit behält, wie sich die Planbeschäftigung nicht ändert.

c) Diese Aussage trifft nur dann zu, wenn man von der Planbeschäftigung ausgeht. Beziehen sich die Änderungen auf andere Ausgangsgrößen, erhält man mit dieser Regel falsche Sollkosten.

Sinkt die Beschäftigung ausgehend von $B^{(P)} = 200$ um 10 % auf $B_1^{(S)} = 180$, dann würden nach der Aussage die Sollkosten um 8 % unter den Plankosten liegen:

$$K_1^{(S)} = 150.000 \cdot (1 - 0,08) = 138.000 \, \text{€}.$$

Diese Sollkosten lassen sich ebenfalls durch Einsetzen in die Sollkostenfunktion aus Aufgabenteil a) ermitteln:

$$K_1^{(s)} = 30.000 + 600 \cdot 180 = 138.000 \, €.$$

Die Aussage führt folglich in diesem Fall zu einem richtigen Ergebnis.

Geht man weiterhin von dem Variator 8 aus und betrachtet ausgehend von 180 Stunden eine Änderung um 10 %, so dass $B_2^{(s)} = 162$ ist, so ergeben sich nach der Aussage Sollkosten in Höhe von:

$$K_2^{(s)} = 138.000 \cdot (1 - 0,08) = 126.960 \, €.$$

Durch Einsetzen in die Sollkostenfunktion aus Aufgabenteil a) erhält man aber:

$$K_2^{(s)} = 30.000 + 600 \cdot 162 = 127.200 \, €.$$

Es wird deutlich, dass die Aussage nur dann zutrifft, wenn man die Änderung der Bezugsgröße ausgehend von der Planbeschäftigung betrachtet.

Lösung zur Übungsaufgabe 6.10: Ableitung von Variatoren aus Kostenfunktionen

a) Variable Kosten, fixe Kosten und Variatoren:

Kostenart	variable Kosten bei $B^{(s)} = 250$	fixe Kosten	Variator
1	3.000	2.000	6
2	0	5.000	0
3	750	400	6,52
4	6.250	0	10

b) Gesamtkosten der Kostenstelle bei Planbeschäftigung:

$$K_{ges.}^{(P)} = 17.400 \, €.$$

Gesamte Sollkostenfunktion:

$$K_{ges.}^{(s)} = 7.400 + 40 \cdot B^{(s)}.$$

Variator der Gesamtkosten:

$$v_{ges.}^{(P)} = \frac{10.000}{17.400} \cdot 10 = 5,75.$$

9.6.3 Lösungen zu Kapitel 6.4.3
Kostenkontrolle in der Grenzplankostenrechnung

Lösung zur Übungsaufgabe 6.11: Sollkosten und modifizierte Istkosten

$K^{(S1)} < K_2^{(I)}$ gilt, wenn der Planwert des KBF_2 kleiner ist als sein Istwert,

$K^{(S1)} = K_2^{(I)}$ gilt, wenn der Planwert des KBF_2 gleich dem Istwert ist und

$K^{(S1)} > K_2^{(I)}$ gilt, wenn der Planwert des KBF_2 größer ist als sein Istwert.

Lösung zur Übungsaufgabe 6.12: Spezialabweichungsbedingte Kostendifferenzen

Ja, z.B. bei unbegründeter Intensitätsabweichung (Ermittlung der spezialabweichungsbedingten Kostendifferenz durch Vergleich der Kosten bei Sollintensität und der tatsächlich gemessenen Intensität) oder bei sonstigem unbegründeten Abweichen der Istgrößen von ihren Sollwerten.

Lösung zur Übungsaufgabe 6.13: Kontrolle der Materialeinzelkosten

a) Sollkosten für die Kostenarten 1, 2, 3 und 4:

$$K_1^{(S)} = 12 \cdot (1,5 \cdot 400 + 2 \cdot 400 + 1,6 \cdot 800) = 32.160 \,\text{€}$$

$$K_2^{(S)} = 5 \cdot (0,2 \cdot 400 + 2 \cdot 400) = 4.400 \,\text{€}$$

$$K_3^{(S)} = 0,1 \cdot (1 \cdot 400 + 8 \cdot 400 + 10 \cdot 800) = 1.160 \,\text{€}$$

$$K_4^{(S)} = 1 \cdot (1 \cdot 400) = 400 \,\text{€}.$$

Materialverbrauchsabweichungsbedingte Kostendifferenzen ΔKVA_i für die Materialarten $i = 1, \ldots, 4$:

$$\Delta KVA_1 = 34.920 - 32.160 = 2.760 \,\text{€}$$

$$\Delta KVA_2 = 5.000 - 4.400 = 600 \,\text{€}$$

$$\Delta KVA_3 = 1.200 - 1.160 = 40 \,\text{€}$$

$$\Delta KVA_4 = 500 - 400 = 100 \,\text{€}.$$

b) Alternative Abweichungsanalyse als Plan-Ist-Ansatz:

Die materialverbrauchsabweichungsbedingten Kostendifferenzen lassen sich noch genauer untersuchen. Dabei können die folgenden Abweichungen abgespalten werden:

– Materialverbrauchsabweichungsbedingte Kostendifferenzen, die auf die Schnittänderungen (auftragsbedingt) zurückzuführen sind $\left(KBF_{\text{Auftrag}}\right)$, wobei jeweils zunächst noch die modifizierten Istkosten, die KBF_{Auftrag} mit ihrem Istwert berücksichtigen, zu bestimmen sind für

Kostenart 1:

$$K^{(I)}_{1,\text{Auftrag}} = 12 \cdot \left(1,5 \cdot 400 + 2,2 \cdot 400 + 1,6 \cdot 800\right) = 33.120 \; €$$

$$\Delta KBF^{alt.\,P-I}_{1,\text{Auftrag}} = 33.120 - 32.160 = 960 \; €$$

Kostenart 2:

$$K^{(I)}_{2,\text{Auftrag}} = 5 \cdot \left(0,2 \cdot 400 + 2,2 \cdot 400\right) = 4.800 \; €$$

$$\Delta KBF^{alt.\,P-I}_{2,\text{Auftrag}} = 4.800 - 4.400 = 400 \; € \, .$$

Für die Kostenarten 3 und 4 lässt sich diese spezialabweichungsbedingte Kostendifferenz nicht abspalten, da sie durch die Auftragsänderung nicht beeinflusst werden.

– Materialverbrauchsabweichungsbedingte Kostendifferenzen, die aus der schlechten Qualität der Reißverschlüsse (materialbedingt) resultieren $\left(KBF_{\text{Material}}\right)$:

Durch die Materialabweichung sinkt für das Produkt A der Ausbeutegrad auf 80 %, was sich in einer Erhöhung der anzusetzenden Standards aller Materialarten widerspiegelt.

Zunächst werden jeweils die modifizierten Istkosten, die KBF_{Material} mit ihrem Istwert berücksichtigen, bestimmt für

Kostenart 1:

$$K^{(I)}_{1,\text{Material}} = 12 \cdot \left(1,875 \cdot 400 + 2 \cdot 400 + 1,6 \cdot 800\right) = 33.960 \; €$$

$$\Delta KBF^{alt.\,P-I}_{1,\text{Material}} = 33.960 - 32.160 = 1.800 \; €$$

Kostenart 2:

$$K^{(I)}_{2,\text{Material}} = 5 \cdot \left(0,25 \cdot 400 + 2 \cdot 400\right) = 4.500 \; €$$

$$\Delta KBF^{alt.\,P-I}_{2,\text{Material}} = 4.500 - 4.400 = 100 \; €$$

Kostenart 3:

$$K^{(I)}_{3,\,\text{Material}} = 0{,}1 \cdot \left(1{,}25 \cdot 400 + 8 \cdot 400 + 10 \cdot 800\right) = 1.170 \ \euro$$

$$\Delta KBF^{alt.\,P-I}_{3,\,\text{Material}} = 1.170 - 1.160 = 10 \ \euro$$

Kostenart 4:

$$K^{(I)}_{4,\,\text{Material}} = 1 \cdot \left(1{,}25 \cdot 400\right) = 500 \ \euro$$

$$\Delta KBF^{alt.\,P-I}_{4,\,\text{Material}} = 500 - 400 = 100 \ \euro \ .$$

Durch den gesunkenen Ausbeutegrad sind 500 ME von Produkt A herzustellen, damit man 400 Gutteile erhält. Die Summe

$$\sum_{i=1}^{4} \Delta KBF^{alt.\,P-I}_{i,\,\text{Material}} = 2.010 \ \euro$$

entspricht folglich auch den Produktionskosten für 100 zusätzlich hergestellte ME von Produkt A (vgl. Lösung zur Übungsaufgabe 6.5 b).

c) Kumulative Abweichungsanalyse als Plan-Ist-Ansatz:

Die kumulative Abweichungsanalyse ist nur für die Kostenarten 1 und 2 relevant, da nur hier beide Kostenbestimmungsfaktoren die Kosten beeinflussen. Dazu sind zunächst die modifizierten Istkosten, die beide Kostenbestimmungsfaktoren mit ihren Istwerten berücksichtigen, zu bestimmen:

$$K^{(I)}_{1,\,\text{Auftrag-Material}} = 12 \cdot \left(1{,}875 \cdot 400 + 2{,}2 \cdot 400 + 1{,}6 \cdot 800\right) = 34.920 \ \euro$$

$$K^{(I)}_{2,\,\text{Auftrag-Material}} = 5 \cdot \left(0{,}25 \cdot 400 + 2{,}2 \cdot 400\right) = 4.900 \ \euro \ .$$

Als materialverbrauchsabweichungsbedingte Kostendifferenzen ergeben sich bei der Abspaltungsreihenfolge

– Material-Auftrag für

Kostenart 1:

$$\Delta KBF^{kum.\,P-I}_{1,\,\text{Material}} = 33.960 - 32.160 = 1.800 \ \euro$$

$$\Delta KBF^{kum.\,P-I}_{1,\,\text{Auftrag}} = 34.920 - 33.960 = 960 \ \euro$$

Kostenart 2:

$$\Delta KBF^{kum.\,P-I}_{2,\,\text{Material}} = 4.500 - 4.400 = 100 \ \euro$$

$$\Delta KBF_{2,\,\text{Auftrag}}^{kum.\,P-1} = 4.900 - 4.500 = 400 \,\text{€}.$$

– Auftrag-Material für

Kostenart 1:

$$\Delta KBF_{1,\,\text{Auftrag}}^{kum.\,P-1} = 33.120 - 32.160 = 960 \,\text{€}$$

$$\Delta KBF_{1,\,\text{Material}}^{kum.\,P-1} = 34.920 - 33.120 = 1.800 \,\text{€}$$

Kostenart 2:

$$\Delta KBF_{2,\,\text{Auftrag}}^{kum.\,P-1} = 4.800 - 4.400 = 400 \,\text{€}$$

$$\Delta KBF_{2,\,\text{Material}}^{kum.\,P-1} = 4.900 - 4.800 = 100 \,\text{€}.$$

Unabhängig davon, ob man eine alternative oder kumulative – und hier ebenfalls unabhängig von der Abspaltungsreihenfolge – Abweichungsanalyse durchführt, erhält man als Abweichung für die einzelnen *KBF* immer das gleiche Ergebnis. Die Ursache dafür liegt in der additiven Verknüpfung der Kostenbestimmungsfaktoren.

d) Restabweichungen ΔKRA_i der einzelnen Kostenarten $i = 1, \ldots, 4$ nach Abspaltung von $\Delta KBF_{\text{Auftrag}}$ und $\Delta KBF_{\text{Material}}$:

$$\Delta KRA_1 = 2.760 - (1.800 + 960) = 0 \,\text{€}$$

$$\Delta KRA_2 = 600 - (100 + 400) = 100 \,\text{€}$$

$$\Delta KRA_3 = 40 - 10 = 30 \,\text{€}$$

$$\Delta KRA_4 = 100 - 100 = 0 \,\text{€}.$$

Nur die Kostenabweichungen bei den Materialarten 1 und 4 können vollständig durch die Auftragsänderung und die schlechte Materialqualität erklärt werden. Bei den anderen Materialarten treten noch positive Restabweichungen auf, die entweder auf weitere Ursachen zurückgeführt werden können oder echte Unwirtschaftlichkeiten darstellen.

Lösung zur Übungsaufgabe 6.14: Kontrolle der Materialeinzelkosten

---

a) Gesamte materialverbrauchsabweichungsbedingte Kostendifferenz:

$$\Delta KVA = K^{(I)} - K^{(S)}$$

$$= 13.200 \cdot 2 + 33.000 \cdot 5 + 8.800 \cdot 0,1$$

$$- \left(10.000 \cdot 2 + 25.000 \cdot 5 + 15.000 \cdot 0,1 \right)$$

$$= 192.280 - 146.500$$

$$= 45.780 \text{ €} .$$

b) Kumulative Abweichungsanalyse als Plan-Ist-Ansatz:

Zunächst sind die modifizierten Istkosten $K^{(I)}_{\text{Mischung}}$ zu bestimmen, die zwar das tatsächliche Mischungsverhältnis berücksichtigen, aber mit den Mengen, die sich bei der geplanten Relation zwischen Input- und Outputmengen ergeben würden. Der Istverbrauch ist daher zu korrigieren um das Verhältnis:

$$\text{Ist-Input / Output} = \frac{55.000}{50.000} = 1,1 .$$

$$K^{(I)}_{\text{Mischung}} = \frac{13.200}{1,1} \cdot 2 + \frac{33.000}{1,1} \cdot 5 + \frac{8.800}{1,1} \cdot 0,1 = 174.800 \text{ €} .$$

Daraus ergibt sich als materialverbrauchsabweichungsbedingte Kostendifferenz, die mischungsbedingt ist:

$$\Delta KBF^{kum.\,P-I}_{\text{Mischung}} = K^{(I)}_{\text{Mischung}} - K^{(S)} = 174.800 - 146.500 = 28.300 \text{ €} .$$

Anschließend ist die Kostendifferenz aufgrund der unwirtschaftlichkeitsbedingten Mengenabweichung zu bestimmen. Dazu sind die modifizierten Istkosten $K^{(I)}_{\text{Mischung-Menge}}$ zu berechnen, die sowohl die geänderte Mischungszusammensetzung als auch die Mengenabweichung berücksichtigen und damit hier den Istkosten in Höhe von 192.280 € entsprechen.

$$\Delta KBF^{kum.\,P-I}_{\text{Menge}} = K^{(I)}_{\text{Mischung-Menge}} - K^{(I)}_{\text{Mischung}} = 192.280 - 174.800 = 17.480 \text{ €}$$

Die gesamte materialverbrauchsabweichungsbedingte Kostendifferenz kann durch $\Delta KBF^{kum.\,P-I}_{\text{Mischung}}$ und $\Delta KBF^{kum.\,P-I}_{\text{Menge}}$ erklärt werden:

$$\Delta KBF^{kum.\,P-I}_{\text{Mischung}} + \Delta KBF^{kum.\,P-I}_{\text{Menge}} = 28.300 + 17.480 = 45.780 \text{ €} = \Delta KVA .$$

Lösung zur Übungsaufgabe 6.15: Kontrolle der Lohneinzelkosten (Akkordlohn)

a) Tatsächlich angefallene Lohnsumme $K_L^{(I)}$:

$$K_L^{(I)} = 3.600 \cdot 3 \cdot \frac{1}{60} \cdot 60 = 10.800 \, € \, .$$

Da in der Periode keine Zusatzlohnscheine ausgestellt wurden, lässt sich die Lohnsumme $K_L^{(I)}$ durch den Akkordrichtsatz, die Produktionsmenge und die Vorgabezeit ermitteln.

Differenz zwischen der geplanten Lohnsumme $K_L^{(P)}$ und der tatsächlich angefallenen Lohnsumme $K_L^{(I)}$:

$$K_L^{(P)} - K_L^{(I)} = 12.096 - 10.800 = 1.296 \, € \, .$$

Diese Differenz ist ausschließlich darauf zurückzuführen, dass die Istproduktionsmenge um 432 ME unter der Planmenge liegt. Bei der Vorgabezeit von 3 Min. je ME und dem Akkordrichtsatz von 60 € je Std. entstehen Stücklohnkosten in Höhe von:

$$k_L = 3 \cdot \frac{1}{60} \cdot 60 = 3 \, \frac{€}{ME} \, .$$

Insgesamt fallen also durch die Mengenreduzierung um 432 ME Kosten in Höhe von

$$432 \cdot k_L = 432 \cdot 3 = 1.296 \, € = K_L^{(P)} - K_L^{(I)}$$

weniger an.

b) Nein. In a) ist nach der Differenz zwischen Plan- und Istlohnkosten gefragt, während ΔKVA_L sich auf die Differenz zwischen Ist- und Solllohnkosten bezieht. Da hier $x^{(I)} \neq x^{(P)}$ gilt, sind die beiden Differenzen nicht gleich groß.

Bei reinen Akkordlöhnen (ohne Zusatzlohnscheine) gilt allgemein:

$$\Delta KVA_L = 0 \, ,$$

da unabhängig von der Leistung immer nur die Vorgabezeit je ME gezahlt wird.

c) Leistungsgradanalyse:

$$\text{Istleistungsgrad} = \frac{3.600 \cdot 3}{10.080} \cdot 100 = 107,14 \, \% \, .$$

Der Leistungsgrad ist im Vergleich zur Plansituation von 120 % auf etwa 107 % gesunken, was nicht verwundert, da bei konstanter Arbeitszeit die Ausbringungsmenge niedriger als vorgesehen ausgefallen ist. Worauf der schlechtere Leistungsgrad zurückzuführen ist, muss im Einzelfall genauer untersucht werden.

d) Auswirkungen auf die Gemeinkosten:

Zur Herstellung von 3.600 ME ergibt sich eine Sollmaschinenlaufzeit von:

$$t^{(S)}_{\text{Maschine}} = 3.600 \cdot \frac{10.080}{4.032} = 9.000 \, \text{Min.}$$

In der Istsituation entspricht die Maschinenlaufzeit aber der gesamten Bearbeitungszeit:

$$t^{(I)}_{\text{Maschine}} = 10.080 \, \text{Min.}$$

Da die Sollmaschinenlaufzeit nicht eingehalten wurde, entsteht eine Kostenabweichung in Höhe von:

$$\Delta KBF_{\text{Leistungsgrad}} = (10.080 - 9.000) \cdot \frac{1}{60} \cdot 200 = 3.600 \, \text{€}.$$

Lösung zur Übungsaufgabe 6.16: Alternative Abweichungsanalyse als Ist-Plan-Ansatz

---

Spezialabweichungsbedingte Kostendifferenz $\Delta KBF_2^{alt. \, I-P}$:

Zunächst sind die modifizierten Plankosten $K_2^{(P)}$ zu bestimmen, indem man den Planwert der Bearbeitungszeit von 2 Min. je ME einsetzt:

$$K_2^{(P)} = 10.000 \cdot 2 \cdot \frac{1}{0,8} \cdot 4 = 100.000 \, \text{€}.$$

Die spezialabweichungsbedingte Kostendifferenz $\Delta KBF_2^{alt. \, I-P}$, die daraus resultiert, dass die Istbearbeitungszeit mit 3 Min. je ME von der Planbearbeitungszeit in der Höhe von 2 Min. je ME abweicht, ergibt sich nun wie folgt:

$$\Delta KBF_2^{alt. \, I-P} = 150.000 - 100.000 = 50.000 \, \text{€}.$$

Diese Abweichung basiert auf dem Istwert des Kostenbestimmungsfaktors Ausbeutegrad von 80 % und berücksichtigt damit bereits, dass sich auch für die zusätzlich bearbeitete Menge (aufgrund des gesunkenen Ausbeutegrades) die Bearbeitungszeit erhöht hat.

Spezialabweichungsbedingte Kostendifferenz $\Delta KBF_3^{alt.\,I-P}$:

Zunächst sind die modifizierten Plankosten $K_3^{(P)}$ zu bestimmen, indem man den Planwert des Ausbeutegrades von 90 % einsetzt:

$$K_3^{(P)} = 10.000 \cdot 3 \cdot \frac{1}{0,9} \cdot 4 = 133.333,33 \ \text{€} \ .$$

Die spezialabweichungsbedingte Kostendifferenz $\Delta KBF_3^{alt.\,I-P}$, die daraus resultiert, dass der Istausbeutegrad mit 80 % von dem Planausbeutegrad mit 90 % abweicht, ergibt sich nun wie folgt:

$$\Delta KBF_3^{alt.\,I-P} = 150.000 - 133.333,33 = 16.666,67 \ \text{€} \ .$$

Diese Abweichung basiert auf dem Istwert des Kostenbestimmungsfaktors Bearbeitungszeit von 3 Min. je ME und berücksichtigt damit ebenfalls, dass sich auch für die zusätzlich bearbeitete Menge (aufgrund des gesunkenen Ausbeutegrades) die Bearbeitungszeit erhöht hat.

Erklärung der Differenz zwischen

$$\sum_{n=2}^{N} \Delta KBF_n^{alt.\,I-P} \ \text{und} \ \Delta KVA :$$

$$\Delta KBF_2^{alt.\,I-P} + \Delta KBF_3^{alt.\,I-P} = 66.666,67 \ \text{€} > 61.111,11 \ \text{€} = \Delta KVA \ .$$

Die Summe der spezialabweichungsbedingten Kostendifferenzen ist um 5.555,56 € höher als die verbrauchsabweichungsbedingte Kostendifferenz. Das liegt daran, dass sowohl in $\Delta KBF_2^{alt.\,I-P}$ als auch in $\Delta KBF_3^{alt.\,I-P}$ die Kostendifferenz für die erhöhte Bearbeitungszeit der zusätzlich bearbeiteten Menge (aufgrund des gesunkenen Ausbeutegrades) enthalten ist. Diese von beiden Kostenbestimmungsfaktoren bedingte Abweichung $\Delta KBF_{2,3}$ ist also doppelt enthalten. Zu zeigen bleibt, dass sie den 5.555,56 € entspricht.

$\Delta KBF_{2,3}$ wird wie folgt ermittelt:

$$\Delta KBF_{2,3} = 10.000 \cdot (3-2) \cdot \left(\frac{1}{0,8} - \frac{1}{0,9} \right) \cdot 4 = 5.555,56 \ \text{€} \ .$$

Durch den gesunkenen Ausbeutegrad steigt die zu bearbeitende Menge um 1388,89 Einheiten. Für diese Stückzahl fallen dann, entsprechend der erhöhten Bearbeitungszeit, zusätzliche 1388,89 Fertigungsminuten an. Bei einem Minutensatz von 4 € ergeben sich dadurch zusätzliche Kosten von 5.555,56 €.

Lösung zur Übungsaufgabe 6.17: Kumulative Abweichungsanalyse als Ist-Plan-Ansatz

Fall a:

Bearbeitungszeit wird zuerst abgespalten, d.h.:

$$K = K \left(\text{Ausbringungsmenge, Bearbeitungszeit, Ausbeutegrad} \right).$$

Spezialabweichungsbedingte Kostendifferenz, die auf den Kostenbestimmungsfaktor Bearbeitungszeit zurückzuführen ist:

$$K_{2a}^{(P)} = 10.000 \cdot 2 \cdot \frac{1}{0,8} \cdot 4 = 100.000 \, €$$

$$\Delta KBF_{2a}^{kum.\,I-P} = 150.000 - 100.000 = 50.000 \, €.$$

Spezialabweichungsbedingte Kostendifferenz, die auf den Kostenbestimmungsfaktor Ausbeutegrad zurückzuführen ist:

$$K_{2a-3a}^{(P)} = 10.000 \cdot 2 \cdot \frac{1}{0,9} \cdot 4 = 88.888,89 \, €$$

$$\Delta KBF_{3a}^{kum.\,I-P} = 100.000 - 88.888,89 = 11.111,11 \, €.$$

Fall b:

Ausbeutegrad wird zuerst abgespalten, d.h.:

$$K = K \left(\text{Ausbringungsmenge, Ausbeutegrad, Bearbeitungszeit} \right).$$

Spezialabweichungsbedingte Kostendifferenz, die im Fall b auf den Kostenbestimmungsfaktor Ausbeutegrad zurückzuführen ist:

$$K_{2b}^{(P)} = 10.000 \cdot 3 \cdot \frac{1}{0,9} \cdot 4 = 133.333,33 \, €$$

$$\Delta KBF_{2b}^{kum.\,I-P} = 150.000 - 133.333,33 = 16.666,67 \, €.$$

Spezialabweichungsbedingte Kostendifferenz, die auf den Kostenbestimmungsfaktor Bearbeitungszeit zurückzuführen ist:

$$K_{2b-3b}^{(P)} = 10.000 \cdot 2 \cdot \frac{1}{0,9} \cdot 4 = 88.888,89 \, €$$

$$\Delta KBF_{3b}^{kum.\,I-P} = 133.333,33 - 88.888,89 = 44.444,44 \, €.$$

Vergleich der Ergebnisse:

	Plan-Ist-Ansatz				Ist-Plan-Ansatz		
Fall a		Fall b		Fall a		Fall b	
1. Bearbeitungszeit	2. Ausbeutegrad	1. Ausbeutegrad	2. Bearbeitungszeit	1. Bearbeitungszeit	2. Ausbeutegrad	1. Ausbeutegrad	2. Bearbeitungszeit
44.444,44 €	16.666,67 €	11.111,11 €	50.000 €	50.000 €	11.111,11 €	16.666,67 €	44.444,44 €

Bei umgekehrter Abspaltungsreihenfolge führen Plan-Ist-Ansatz und Ist-Plan-Ansatz der kumulativen Abweichungsanalyse zu gleichen Teilabweichungen.

Lösung zur Übungsaufgabe 6.18: Alternative und kumulative Abweichungsanalyse bei drei Kostenbestimmungsfaktoren

a) Alternative Abweichungsanalyse als Ist-Plan-Ansatz:

$$\Delta KBF_{\beta'}^{alt.\,I-P}$$

$$= q \cdot x^{(I)} \cdot \beta'^{(I)} \cdot t_B^{(I)} \cdot t_R^{(I)} - q \cdot x^{(I)} \cdot \beta'^{(P)} \cdot t_B^{(I)} \cdot t_R^{(I)}$$

$$= q \cdot x^{(I)} \cdot \Delta\beta' \cdot t_B^{(P)} \cdot t_R^{(P)} \qquad \text{Primärabweichung}$$

$$+ q \cdot x^{(I)} \cdot \Delta\beta' \cdot \Delta t_B \cdot t_R^{(P)} + q \cdot x^{(I)} \cdot \Delta\beta' \cdot t_B^{(P)} \cdot \Delta t_R \qquad \text{Sek.-abweichung}$$

$$+ q \cdot x^{(I)} \cdot \Delta\beta' \cdot \Delta t_B \cdot \Delta t_R \qquad \text{Tertiärabweichung}$$

$$= 13.333,33 + 6.666,67 + 1.111,11 + 555,56$$

$$= 21.666,67 \text{ €}$$

$$\Delta KBF_{t_B}^{alt.\,I-P}$$

$$= q \cdot x^{(I)} \cdot \beta'^{(I)} \cdot t_B^{(I)} \cdot t_R^{(I)} - q \cdot x^{(I)} \cdot \beta'^{(I)} \cdot t_B^{(P)} \cdot t_R^{(I)}$$

$$= q \cdot x^{(I)} \cdot \beta'^{(P)} \cdot \Delta t_B \cdot t_R^{(P)} \qquad \text{Primärabweichung}$$

$$+ q \cdot x^{(I)} \cdot \Delta\beta' \cdot \Delta t_B \cdot t_R^{(P)} + q \cdot x^{(I)} \cdot \beta'^{(P)} \cdot \Delta t_B \cdot \Delta t_R \qquad \text{Sek.-abweichung}$$

$$+ q \cdot x^{(I)} \cdot \Delta\beta' \cdot \Delta t_B \cdot \Delta t_R \qquad \text{Tertiärabweichung}$$

$$= 53.333,33 + 6.666,67 + 4.444,44 + 555,56$$

$$= 65.000 \text{ €}$$

$$\Delta KBF_{t_R}^{alt.\ I-P}$$

$$= q \cdot x^{(I)} \cdot \beta'^{(I)} \cdot t_B^{(I)} \cdot t_R^{(I)} - q \cdot x^{(I)} \cdot \beta'^{(I)} \cdot t_B^{(I)} \cdot t_R^{(P)}$$

$$= q \cdot x^{(I)} \cdot \beta'^{(P)} \cdot t_B^{(P)} \cdot \Delta t_R \qquad\qquad \text{Primärabweichung}$$

$$+ q \cdot x^{(I)} \cdot \Delta \beta' \cdot t_B^{(P)} \cdot \Delta t_R + q \cdot x^{(I)} \cdot \beta'^{(P)} \cdot \Delta t_B \cdot \Delta t_R \qquad \text{Sek.-abweichung}$$

$$+ q \cdot x^{(I)} \cdot \Delta \beta' \cdot \Delta t_B \cdot \Delta t_R \qquad\qquad \text{Tertiärabweichung}$$

$$= 8.888,89 + 1.111,11 + 4.444,44 + 555,56$$

$$= 15.000\ \text{€}.$$

b) Alternative Abweichungsanalyse als Plan-Ist-Ansatz:

   Nur die primären Teilabweichungen werden berücksichtigt!

$$\Delta KBF_{\beta'}^{alt.\ P-I}$$

$$= q \cdot x^{(I)} \cdot \Delta \beta' \cdot t_B^{(P)} \cdot t_R^{(P)} \qquad\qquad \text{Primärabweichung}$$

$$= 13.333,33\ \text{€}$$

$$\Delta KBF_{t_B}^{alt.\ P-I}$$

$$= q \cdot x^{(I)} \cdot \beta'^{(P)} \cdot \Delta t_B \cdot t_R^{(P)} \qquad\qquad \text{Primärabweichung}$$

$$= 53.333,33\ \text{€}$$

$$\Delta KBF_{t_R}^{alt.\ P-I}$$

$$= q \cdot x^{(I)} \cdot \beta'^{(P)} \cdot t_B^{(P)} \cdot \Delta t_R \qquad\qquad \text{Primärabweichung}$$

$$= 8.888,89\ \text{€}.$$

Kumulative Abweichungsanalyse als Ist-Plan-Ansatz:

Die zuerst abgespaltene Teilabweichung entspricht $\Delta KBF_{\beta'}^{alt.\ I-P}$, die zuletzt abgespaltene Teilabweichung enthält keine Abweichungsinterdependenz und außerdem wird jede Abweichungsinterdependenz nur einmal verrechnet.

$$\Delta KBF_{\beta'}^{kum.\ I-P}$$

$$= q \cdot x^{(I)} \cdot \Delta \beta' \cdot t_B^{(P)} \cdot t_R^{(P)} \qquad\qquad \text{Primärabweichung}$$

$$+ q \cdot x^{(I)} \cdot \Delta \beta' \cdot \Delta t_B \cdot t_R^{(P)} + q \cdot x^{(I)} \cdot \Delta \beta' \cdot t_B^{(P)} \cdot \Delta t_R \qquad \text{Sek.-abweichung}$$

$$+ q \cdot x^{(I)} \cdot \Delta \beta' \cdot \Delta t_B \cdot \Delta t_R \qquad\qquad \text{Tertiärabweichung}$$

$$= 13.333,33 + 6.666,67 + 1.111,11 + 555,56$$

$$= 21.666,67\ \text{€}$$

$\Delta KBF_{t_B}^{kum.\,I-P}$

$$
\begin{aligned}
&= q \cdot x^{(I)} \cdot \beta'^{(P)} \cdot \Delta t_B \cdot t_R^{(P)} && \text{Primärabweichung} \\
&+ q \cdot x^{(I)} \cdot \beta'^{(P)} \cdot \Delta t_B \cdot \Delta t_R && \text{Sek.-abweichung} \\
&= 53.333,33 + 4.444,44 \\
&= 57.777,78 \; \text{€}
\end{aligned}
$$

$\Delta KBF_{t_R}^{kum.\,I-P}$

$$
\begin{aligned}
&= q \cdot x^{(I)} \cdot \beta'^{(P)} \cdot t_B^{(P)} \cdot \Delta t_R && \text{Primärabweichung} \\
&= 8.888,89 \; \text{€} .
\end{aligned}
$$

Kumulative Abweichungsanalyse als Plan-Ist-Ansatz:

Die zuerst abgespaltete Teilabweichung enthält keine Abweichungsinterdependenz die zuletzt abgespaltete Teilabweichung entspricht $\Delta KBF_{t_R}^{alt.\,I-P}$ und außerdem wird auch hier jede Abweichungsinterdependenz nur einmal verrechnet.

$\Delta KBF_{\beta'}^{kum.\,P-I}$

$$
\begin{aligned}
&= q \cdot x^{(I)} \cdot \Delta\beta' \cdot t_B^{(P)} \cdot t_R^{(P)} && \text{Primärabweichung} \\
&= 13.333,33 \; \text{€}
\end{aligned}
$$

$\Delta KBF_{t_B}^{kum.\,P-I}$

$$
\begin{aligned}
&= q \cdot x^{(I)} \cdot \beta'^{(P)} \cdot \Delta t_B \cdot t_R^{(P)} && \text{Primärabweichung} \\
&+ q \cdot x^{(I)} \cdot \beta'^{(P)} \cdot \Delta t_B \cdot \Delta t_R && \text{Sekundärabweichung} \\
&= 53.333,33 + 6.666,67 \\
&= 60.000 \; \text{€}
\end{aligned}
$$

$\Delta KBF_{t_R}^{kum.\,P-I}$

$$
\begin{aligned}
&= q \cdot x^{(I)} \cdot \beta'^{(P)} \cdot t_B^{(P)} \cdot \Delta t_R && \text{Primärabweichung} \\
&+ q \cdot x^{(I)} \cdot \Delta\beta' \cdot t_B^{(P)} \cdot \Delta t_R + q \cdot x^{(I)} \cdot \beta'^{(P)} \cdot \Delta t_B \cdot \Delta t_R && \text{Sek.-abweichung} \\
&+ q \cdot x^{(I)} \cdot \Delta\beta' \cdot \Delta t_B \cdot \Delta t_R && \text{Tertiärabweichung} \\
&= 8.888,89 + 1.111,11 + 4.444,44 + 555,56 \\
&= 15.000 \; \text{€} .
\end{aligned}
$$

c) Betrag $\left| \Delta KVA - \sum_{n=2}^{N} \Delta KBF_n^{alt.\,I-P} \right|$ nach dem Ist-Plan-Ansatz:

$$\left| 88.333,33 - \left(21.666,67 + 65.000 + 15.000\right) \right| = 13.333,33 \ \text{€} .$$

Betrag $\left| \Delta KVA - \sum_{n=2}^{N} \Delta KBF_n^{alt. P-I} \right|$ nach dem Plan-Ist-Ansatz:

$$\left| 88.333,33 - \left(13.333,33 + 53.333,33 + 8.888,89\right) \right| = 12.777,78 \ \text{€} .$$

Die Differenz zwischen beiden Beträgen entspricht der Tertiärabweichung in Höhe von 555,56 €. Sie wurde nach dem Ist-Plan-Ansatz dreimal verrechnet, während der Plan-Ist-Ansatz sie überhaupt nicht als Teilabweichungen ausweist. Dagegen sind bei den Sekundärabweichungen die zuviel bzw. zuwenig verrechneten Beträge identisch.

Folglich sind die Beträge nach beiden Varianten der alternativen Abweichungsanalyse dann gleich hoch, wenn nur zwei Kostenbestimmungsfaktoren abgespalten werden, oder wenn die Tertiärabweichung – und bei mehr als drei Kostenbestimmungsfaktoren auch alle höheren Abweichungen – Null sind.

Lösung zur Übungsaufgabe 6.19: Intensitätsabweichungsbedingte   Kostendifferenz

---

a) Aus den Plankosten in Abhängigkeit von der Bezugsgröße Ausbringungsmenge x:

$$K^{(P)} = K_f^{(P)} + k_v\left(\lambda^{(P)}\right) \cdot x^{(P)}$$

folgt wegen der Relation $x = \lambda \cdot t$:

$$K^{(P)} = K_f^{(P)} + k_v\left(\lambda^{(P)}\right) \cdot \lambda^{(P)} \cdot t^{(P)},$$

und durch die Zeit-Kosten-Leistungsfunktion $z(\lambda) = k(\lambda) \cdot \lambda$ ergibt sich daraus:

$$K^{(P)} = K_f^{(P)} + z_v\left(\lambda^{(P)}\right) \cdot t^{(P)},$$

wobei $z_v\left(\lambda^{(P)}\right)$ den variablen Kosten pro Zeiteinheit bei geplanter Leistungsintensität entspricht.

Alle weiteren Kosten können analog dazu bestimmt werden.

b) Für die Aufgabe können folgende Informationen aus dem Beispiel unverändert übernommen werden:

$$K_f^{(P)} = 5.000 \ \text{€} \qquad\qquad x^{(I)} = 112.500 \ \text{ME}$$

$$\lambda^{(P)} = \lambda^* = 10 \frac{\text{ME}}{\text{Min.}} \qquad\qquad \lambda^{(I)} = 12,5 \frac{\text{ME}}{\text{Min.}}$$

$$k_v\left(\lambda^{(P)}\right) = 6 \frac{\text{€}}{\text{ME}} \qquad\qquad k_v\left(\lambda^{(I)}\right) = 6,75 \frac{\text{€}}{\text{ME}}.$$

Die optimale Leistungsintensität wird hier ebenfalls über die Kostenleistungsfunktion bestimmt und bleibt folglich unverändert.

Neu zu berechnen sind die Werte der Zeit-Kosten-Leistungsfunktion als Kosten pro Minute:

$$z_v\left(\lambda^{(P)}\right) = k_v\left(\lambda^{(P)}\right) \cdot \lambda^{(P)} = 6 \cdot 10 = 60 \frac{\text{€}}{\text{Min.}}$$

$$z_v\left(\lambda^{(I)}\right) = k_v\left(\lambda^{(I)}\right) \cdot \lambda^{(I)} = 6,75 \cdot 12,5 = 84,375 \frac{\text{€}}{\text{Min.}}.$$

Die Kosten pro Minute sind gestiegen, da sich zum einen die Stückkosten erhöht haben und zum anderen, weil die produzierte Menge je Minute gestiegen ist.

Auf der Basis dieser Informationen lassen sich die folgenden Kosten bestimmen:

– Plankosten:

$$K^{(P)} = K_f^{(P)} + z_v\left(\lambda^{(P)}\right) \cdot t^{(P)} = 5.000 + 60 \cdot 9.000 = 545.000 \text{ €},$$

wobei $t^{(P)} = 150 \cdot 60 = 9.000$ Min. der geplanten Bearbeitungszeit von 150 Std. entspricht.

– Sollkosten $K^{(S1)}$:

$$K^{(S1)} = K_f^{(P)} + z_v\left(\lambda^{(P)}\right) \cdot t^{(S)} = 5.000 + 60 \cdot 11.250 = 680.000 \text{ € mit}$$

$$t^{(S)} = \frac{x^{(I)}}{\lambda^{(P)}} = \frac{112.500}{10} = 11.250 \text{ Min.}$$

Definitionsgemäß wird zur Bestimmung der Sollkosten $K^{(S1)}$ also nur die Ausbringungsmenge mit ihrem Istwert berücksichtigt.

– Sollkosten $K_\lambda^{(I)}$ – bei Istausbringung und Istintensität:

$$K_\lambda^{(I)} = K_f^{(P)} + z_v\left(\lambda^{(I)}\right) \cdot t^{(S')} = 5.000 + 84,375 \cdot 9.000 = 764.375 \text{ €}.$$

Mit der Leistungsintensität ändern sich nicht nur die Zeit-Kosten sondern auch die zur Istausbringung notwendige Bearbeitungszeit:

$$t^{(S')} = \frac{x^{(I)}}{\lambda^{(I)}} = \frac{112.500}{12,5} = 9.000 \text{ Min.}$$

Die Bezugsgröße entspricht in dieser Aufgabe ihrem Planwert, da eine zeitliche Anpassung nicht möglich war und die intensitätsmäßige Anpassung bei u-förmigem Verlauf immer so erfolgt, dass mit der maximal zulässigen Zeit produziert wird. Wird eine Kombination aus zeitlicher und intensitätsmäßiger Anpassung durchgeführt, dann gilt:

$$t^{(P)} = \frac{x^{(P)}}{\lambda^{(P)}} \neq \frac{x^{(I)}}{\lambda^{(I)}} = t^{(S')}.$$

Anhand dieser Kosten lässt sich die folgende intensitätsabweichungsbedingte Kostendifferenz $\Delta KBF_\lambda^{alt.\ P-I}$ bestimmen:

$$\Delta KBF_\lambda^{alt.\ P-I} = K_\lambda^{(I)} - K^{(S1)} = 764.375 - 680.000 = 84.375 \text{ €}.$$

Das Ergebnis ist mit dem der intensitätsabweichungsbedingten Kostendifferenz auf Basis der Bezugsgröße Ausbringungsmenge identisch, was gezeigt werden sollte.

c) Für die Bezugsgröße ergeben sich folgende zwei Besonderheiten:

– Durch die intensitätsmäßige Anpassung ändern sich nicht nur die Kosten je Bezugsgrößeneinheit (Zeit-Kosten) sondern auch die Zahl der benötigten Bezugsgrößeneinheiten.

– Die Sollbezugsgröße $t^{(S)} = 11.250 \text{ Min.} \left(\hat{=} 187,5 \text{ Std.}\right)$ gibt an, wie viele Minuten zur Produktion der Istausbringung bei geplanter Intensität benötigt würden. Dass dieser Wert nicht Element des zulässigen Zeitintervalls ist, spielt hier keine Rolle. Vielmehr zeigt eine nicht realisierbare Sollbezugsgröße, dass von der geplanten Intensität abgewichen werden muss, um die Istausbringung zu realisieren. Ein Teil der verbrauchsabweichungsbedingten Kostendifferenz wird daher auf die Intensitätsabweichung zurückzuführen sein.

Lösung zur Übungsaufgabe 6.20:   Bedienungsverhältnisbedingte Kostendifferenz

a) Fertigungskosten $K^{(s)}$:

$$K^{(s)} = \frac{3 \cdot 500}{4} \cdot 1 \cdot 4 = 1.500 \; €.$$

b) Fertigungskosten $K^{(I)}_{\substack{\text{Bedienungs-} \\ \text{verhältnis}}}$:

$$K^{(I)}_{\substack{\text{Bedienungs-} \\ \text{verhältnis}}} = \frac{3 \cdot 500}{4} \cdot 2 \cdot 4 = 3.000 \; €.$$

c) Bedienungsverhältnisbedingte Kostendifferenz $\Delta KBF^{alt.\,P-I}_{\substack{\text{Bedienungs-} \\ \text{verhältnis}}}$:

$$\Delta KBF^{alt.\,P-I}_{\substack{\text{Bedienungs-} \\ \text{verhältnis}}} = K^{(I)}_{\substack{\text{Bedienungs-} \\ \text{verhältnis}}} - K^{(s)} = 3.000 - 1.500 = 1.500 \; €.$$

9.7 Lösungen zu den Übungsaufgaben zu Kapitel 7

Lösung zur Übungsaufgabe 7.1:   Proportionalitätsannahmen

Proportionalitätsannahmen:

1) Die Prozessmengen und die Aktivitätsmengen sollten sich proportional zueinander verhalten (siehe Kapitel 7.2.2).

2) Die Kostentreiber- und Aktivitätsmenge sollen möglichst korrelieren (siehe Kapitel 7.2.3).

3) Es soll eine Proportionalität zwischen Kostentreibermenge und Ressourcenbeanspruchung bestehen (siehe Kapitel 7.2.3).

4) Es wird – zumindest langfristig – eine Proportionalität zwischen Kostentreibermenge und angefallenen Kosten unterstellt (siehe Kapitel 7.2.3).

5) Bei der Planung der Kosten wird unter Umständen eine Proportionalität von Personalkosten (bzw. Mannjahren) und sonstigen Kosten angenommen (siehe Kapitel 7.2.4).

6) Es soll ein eindeutiger proportionaler Zusammenhang zwischen Aktivitäts- bzw. Prozessmenge und der Produktionsmenge bestehen (siehe Kapitel 7.3.1).

Zur Kritik vergleiche die jeweils angegebenen Kapitel und Kapitel 7.3.3.

Lösung zur Übungsaufgabe 7.2:   Direkte Prozesskalkulation

Ergebnisse der direkten Kalkulation:

	Produkte				Summe
	A	B	C	D	
Materialeinzelkosten in €	2.000	4.000	30.000	60.000	96.000
Fertigungs- und Materialgemein- kosten 40 € je Stunde	8.000	20.000	80.000	200.000	308.000
Rüstkosten 5.000 € je Vorgang	10.000	10.000	20.000	20.000	60.000
Kosten der Einkaufsabteilung 4.000 € je Vorgang	12.000	12.000	8.000	8.000	40.000
Kosten der Vertriebsabteilung 12.000 € je Vorgang	12.000	12.000	12.000	12.000	48.000
gesamte Selbstkosten in €	44.000	58.000	150.000	300.000	552.000
Selbstkosten pro Stück in €/ME	440	580	150	300	

Lösung zur Übungsaufgabe 7.3:   Indirekte Prozesskalkulation

a) Gesamte Plankosten auf Basis der Personalkosten ermittelt:

Kosten- stelle	Nr.	Aktivität	Personal- kosten (€)	Raum- und Energie- kosten (€)	Büro- material- und EDV- Kosten (€)	Gesamt- kosten (€)
Einkauf	1	Angebote einholen	40.000	8.000	4.000	52.000
	2	Verhandeln	120.000	24.000	12.000	156.000
	3	Bestellungen aufgeben	40.000	8.000	4.000	52.000
Vertrieb	4	Kundenakquisition	50.000	15.000	5.000	70.000
	5	Angebote abgeben	40.000	12.000	4.000	56.000
	6	technische Absprache	110.000	33.000	11.000	154.000
	7	Terminplanung	20.000	6.000	2.000	28.000
	8	Auftragsbedingungen aushandeln	30.000	9.000	3.000	42.000

b) Indirekte Kalkulation:

Mengenvolumenabhängige Kosten:

$$k_1^{Akt.\,M} = \frac{52.000 \cdot 0,3}{1.520} = 10,26 \, \frac{€}{\text{Stück}} \qquad k_5^{Akt.\,M} = \frac{56.000 \cdot 0,7}{1.520} = 25,79 \, \frac{€}{\text{Stück}}$$

$$k_2^{Akt.\,M} = \frac{156.000 \cdot 0,4}{1.520} = 41,05\,\frac{€}{Stück} \qquad k_6^{Akt.\,M} = \frac{154.000 \cdot 0,8}{1.520} = 81,05\,\frac{€}{Stück}$$

$$k_3^{Akt.\,M} = \frac{52.000 \cdot 0,5}{1.520} = 17,11\,\frac{€}{Stück} \qquad k_7^{Akt.\,M} = \frac{28.000 \cdot 0,5}{1.520} = 9,21\,\frac{€}{Stück}$$

$$k_4^{Akt.\,M} = \frac{70.000 \cdot 0,6}{1.520} = 27,63\,\frac{€}{Stück} \qquad k_8^{Akt.\,M} = \frac{42.000 \cdot 0,2}{1.520} = 5,53\,\frac{€}{Stück}.$$

Variantenabhängige Kosten für

Produkt A:

$$k_{A1}^{Akt.\,V} = \frac{52.000 \cdot 0,7}{2 \cdot 1.500} = 12,13\,\frac{€}{Stück} \qquad k_{A5}^{Akt.\,V} = \frac{56.000 \cdot 0,3}{2 \cdot 1.500} = 5,60\,\frac{€}{Stück}$$

$$k_{A2}^{Akt.\,V} = \frac{156.000 \cdot 0,6}{2 \cdot 1.500} = 31,20\,\frac{€}{Stück} \qquad k_{A6}^{Akt.\,V} = \frac{154.000 \cdot 0,2}{2 \cdot 1.500} = 10,27\,\frac{€}{Stück}$$

$$k_{A3}^{Akt.\,V} = \frac{52.000 \cdot 0,5}{2 \cdot 1.500} = 8,67\,\frac{€}{Stück} \qquad k_{A7}^{Akt.\,V} = \frac{28.000 \cdot 0,5}{2 \cdot 1.500} = 4,67\,\frac{€}{Stück}$$

$$k_{A4}^{Akt.\,V} = \frac{70.000 \cdot 0,4}{2 \cdot 1.500} = 9,33\,\frac{€}{Stück} \qquad k_{A8}^{Akt.\,V} = \frac{42.000 \cdot 0,8}{2 \cdot 1.500} = 11,20\,\frac{€}{Stück}$$

Produkt B:

$$k_{B1}^{Akt.\,V} = \frac{52.000 \cdot 0,7}{2 \cdot 20} = 910\,\frac{€}{Stück} \qquad k_{B5}^{Akt.\,V} = \frac{56.000 \cdot 0,3}{2 \cdot 20} = 420\,\frac{€}{Stück}$$

$$k_{B2}^{Akt.\,V} = \frac{156.000 \cdot 0,6}{2 \cdot 20} = 2.340\,\frac{€}{Stück} \qquad k_{B6}^{Akt.\,V} = \frac{154.000 \cdot 0,2}{2 \cdot 20} = 770\,\frac{€}{Stück}$$

$$k_{B3}^{Akt.\,V} = \frac{52.000 \cdot 0,5}{2 \cdot 20} = 650\,\frac{€}{Stück} \qquad k_{B7}^{Akt.\,V} = \frac{28.000 \cdot 0,5}{2 \cdot 20} = 350\,\frac{€}{Stück}$$

$$k_{B4}^{Akt.\,V} = \frac{70.000 \cdot 0,4}{2 \cdot 20} = 700\,\frac{€}{Stück} \qquad k_{B8}^{Akt.\,V} = \frac{42.000 \cdot 0,8}{2 \cdot 20} = 840\,\frac{€}{Stück}.$$

Prozessorientiert verrechnete Kosten für

Produkt A:

$$k_A = 10{,}26 + 41{,}05 + 17{,}11 + 27{,}63 + 25{,}79 + 81{,}05 + 9{,}21 + 5{,}53$$
$$+ 12{,}13 + 31{,}20 + 8{,}67 + 9{,}33 + 5{,}60 + 10{,}27 + 4{,}67 + 11{,}20$$
$$= 310{,}70 \, \frac{\text{€}}{\text{Stück}}$$

Produkt B:

$$k_B = 10{,}26 + 41{,}05 + 17{,}11 + 27{,}63 + 25{,}79 + 81{,}05 + 9{,}21 + 5{,}53$$
$$+ 910 + 2.340 + 650 + 700 + 420 + 770 + 350 + 840$$
$$= 7.197{,}63 \, \frac{\text{€}}{\text{Stück}} \, .$$

c) Gemäß der Formel zur Bestimmung der mengenabhängigen bzw. variantenabhängigen Aktivitätskosten sind im Zähler die Aktivitätsmengen einzusetzen
(vgl. Kapitel 7.3.2):

$$k_h^{Akt.\,M} = \frac{x_h^{Akt.} \cdot \alpha_h^{Akt.\,M} \cdot k_h^{Akt.}}{\sum\limits_{j=1}^{J} x_j} \qquad \text{bzw.} \qquad k_{jh}^{Akt.\,V} = \frac{x_h^{Akt.} \cdot \alpha_h^{Akt.\,V} \cdot k_h^{Akt.}}{J \cdot x_j} \, .$$

Da $x_h^{Akt.} \cdot k_h^{Akt.} = K_h^{Akt.}$ gilt, reicht folglich die Kenntnis der gesamten Kosten
der Aktivität $\left(K_h^{Akt.} \right)$ zur Berechnung der Aktivitätskosten je Produkteinheit
aus.

Als weitere Informationen lassen sich bei Kenntnis der Aktivitätsmenge die
Aktivitätskosten je Mengeneinheit der Aktivität bestimmen.

Lösung zur Übungsaufgabe 7.4:   Prozesskosten- und Grenzplankostenrechnung

a) Deckungsbeitragsrechnung:

	Produkt A	Produkt B	Zusatzauftrag
Erlöse	800.000	150.000	1.500
– Materialeinzelkosten	200.000	50.000	500
– Fertigungseinzelkosten	130.000	40.000	400
– variable Fertigungs-gemeinkosten	150.000	32.000	320
= Deckungsbeiträge	320.000	28.000	280
– Materialgemeinkosten		50.000	
– Verwaltungs- und Ver-triebskosten		120.000	
= Nettogewinn (ohne Zusatz-auftrag)		178.000	

Da für das Produkt B positive Deckungsbeiträge erzielt werden und keine Engpasssituation vorliegt, ist der Zusatzauftrag anzunehmen.

b) Bestimmung der Aktivitätskostensätze:

$$k_1^{Akt.} = \frac{20.000}{100} = 200 \frac{\€}{Angebot}$$

$$k_2^{Akt.} = \frac{15.000}{25} = 600 \frac{\€}{Bestellung}$$

$$k_3^{Akt.} = \frac{15.000}{200} = 75 \frac{\€}{Lagerung}$$

$$k_4^{Akt.} = \frac{20.000}{160} = 125 \frac{\€}{Verkaufsgespräch}$$

$$k_5^{Akt.} = \frac{20.000}{80} = 250 \frac{\€}{Auftrag}.$$

Prozessorientierte Deckungsbeitragsrechnung:

Deckungsbeitrag = Erlös

– Einzelkosten

– variable Gemeinkosten

– prozessorientiert verrechnete Gemeinkosten .

	Produkt A	Produkt B	Zusatzauftrag
Erlöse	800.000	150.000	1.500
– Materialeinzelkosten	200.000	50.000	500
– Materialgemeinkosten	14.000	6.000	60
(Aktivitäten 1-3)	9.000	6.000	60
	7.500	7.500	75
– Fertigungseinzelkosten	130.000	40.000	400
– variable Fertigungs-gemeinkosten	150.000	32.000	320
– Vertriebsgemeinkosten	15.000	5.000	50
(Aktivitäten 4-5)	15.000	5.000	250
= Deckungsbeiträge	259.500	–1.500	–215
– Kosten lmn-Aktivitäten		80.000	
= Nettogewinn (ohne Zusatz-auftrag)		178.000	

Der Unternehmensberater schlägt vor, den Zusatzauftrag nicht anzunehmen, da er einen negativen Deckungsbeitrag erwirtschaftet.

c) Auch wenn die Kosten der leistungsmengenneutralen Aktivitäten hier außen vor gelassen werden, verrechnet der Unternehmensberater fixe kurzfristig nicht beeinflussbare Kosten. Für den Zusatzauftrag bedeutet dies, dass Kosten zugerechnet werden für Aktivitäten, die zwar anfallen aber kurzfristig keinen Kostenanstieg in entsprechender Höhe bewirken werden, da man für die Abwicklung des Zusatzauftrages beispielsweise kaum neues Personal einstellen wird. Zu überprüfen bleibt allerdings, ob die vorhandene Kapazität im Material- und Vertriebsbereich noch ausreicht, wenn der Zusatzauftrag angenommen wird. Ebenso problematisch wäre die auf dem Ergebnis basierende Entscheidung, das Produkt B ganz aus dem Produktionsprogramm zu nehmen, da es offensichtlich einen negativen Deckungsbeitrag erzielt. Hieraus folgt das noch schwerwiegendere Problem, dass die Kapazität kurzfristig nicht entsprechend abgebaut werden kann, was dazu führt, dass ein Teil der fixen Kosten unabhängig von der Entscheidung anfallen wird und der Nettogewinn bei Verzicht auf die Produktion des Produktes B insgesamt sinkt.

Lösung zur Übungsaufgabe 7.5:	Allokations-, Komplexitäts- und Degressions-effekt

a) Allokationseffekt:

Die folgende Tabelle stellt die Kalkulationsergebnisse der Zuschlags- und Prozesskostenrechnung (in € je ME) gegenüber. Die Differenz bezeichnet man als den Allokationseffekt.

Variante	Material-einzelkosten	Materialgemeinkosten		Allokations-effekt
		Zuschlags-kalkulation	Prozesskosten-rechnung	
I	22	4,40	2,25	−2,15
II	12	2,40	18,00	+15,60
III	22	4,40	2,07	−2,33

Der Allokationseffekt fällt bei der Variante II aus folgenden Gründen so hoch aus:

- die Materialeinzelkosten der Variante II sind mit 12 € am niedrigsten und damit auch die Zuschlagsbasis,
- von der Variante II werden die meisten Aktivitäten beansprucht, was hohe Prozesskosten zur Folge hat und
- die Produktionsmenge der Variante II ist am geringsten. Daraus resultieren hohe Prozesskosten pro Stück, da die Prozesskosten auf eine geringe Stückzahl verteilt werden.

b) Degressionseffekt:

Mit steigender Ausbringungsmenge ändern sich die Kalkulationssätze der Prozesskostenrechnung wie folgt:

Produktionsmenge (in ME)	Kalkulationssatz (in € je ME)
500	18,00
1.000	9,00
1.500	6,00
2.000	4,50
2.500	3,60

Während bei der Zuschlagskalkulation der Kostensatz unabhängig von der Ausbringungsmenge unverändert bei 2,40 € je Mengeneinheit bleibt, sinkt der Kostensatz bei der Prozesskostenrechnung mit steigender Ausbringungsmenge.

c) Komplexitätseffekt:

Die Aktivität A wird je Teil zweimal durchgeführt und die Aktivität B dreimal.

Die gesamten Kosten und die Kalkulationssätze in Abhängigkeit von der Teilezahl sind der folgenden Tabelle zu entnehmen:

Variante	Teilezahl	Materialgemeinkosten	Materialgemeinkosten je ME
I	5	4.500	2,25
II	10	9.000	4,50
IV	20	18.000	9,00

In der Prozesskostenrechnung schlägt sich die Komplexität im Gemeinkostensatz nieder, während beispielsweise der Kalkulationssatz für Variante II bei der Zuschlagskalkulation wegen der geringen Einzelkosten niedrigerer ausfällt als bei Variante I, deren Komplexität deutlich geringer ist.

Lösung zur Übungsaufgabe 7.6:   Abweichungsanalyse

a) Die Aktivitätsmenge der Aktivität $h =$ I, II je Produktart $j =$ A, B, C ergibt sich gemäß der Formel:

$$x_{hj}^{Akt.} = a_{hj}^{Akt.} \cdot x_j \, .$$

Die Ergebnisse sind der folgenden Tabelle zu entnehmen:

		$x_{hj}^{Akt.(P)}$			$x_{hj}^{Akt.(I)}$			$\Delta x_{hj}^{Akt.}$		
h	j	A	B	C	A	B	C	A	B	C
I		25	15	10	24	12	20	−1	−3	+10
II		5	3	2	4	2,25	2	−1	−0,75	0

b) Die Summe der Aktivitätsmengen über alle Produkte ergibt sich aus:

$$x_h^{Akt.} = \sum_{j=1}^{J} x_{hj}^{Akt.} = \sum_{j=1}^{J} a_{hj}^{Akt.} \cdot x_j \, ,$$

dabei kann neben den Ist- und Planwerten auch ein Sollwert bestimmt werden, für den nur die Ausbringungsmenge mit dem Istwert angesetzt wird. Es gilt dann:

$$x_h^{Akt.(S)} = \sum_{j=1}^{J} a_{hj}^{Akt.(P)} \cdot x_j^{(I)}.$$

	$x_h^{Akt.(P)}$	$x_h^{Akt.(I)}$	$x_h^{Akt.(S)}$	$x_h^{Akt.(I)} - x_h^{Akt.(P)}$	$x_h^{Akt.(I)} - x_h^{Akt.(S)}$
I	50	56,00	41,25	+6,00	+14,75
II	10	8,25	8,25	−1,75	0

c) Abweichungsanalyse für die variablen Kosten der leistungsmengeninduzierten Aktivitäten $h = $ I, II :

Für Aktivität I:

$$K_{vI}^{Akt.(S)} = 30 \cdot 25 \cdot 41,25 + 20 \cdot 15 \cdot 41,25 = 43.312,50 \text{ €}$$

$$K_{vI}^{Akt.(I)} = 30 \cdot 30 \cdot 56 + 25 \cdot 18 \cdot 56 = 75.600 \text{ €}.$$

Durch einen Soll-Ist-Vergleich wird die verbrauchsabweichungsbedingte Kostendifferenz $\Delta KVA_I^{Akt.}$ bestimmt:

$$\Delta KVA_I^{Akt.} = K_{vI}^{Akt.(I)} - K_{vI}^{Akt.(S)} = 75.600 - 43.312,50 = 32.287,50 \text{ €}$$

$$= 0 \cdot 25 \cdot 41,25 + (+5) \cdot 15 \cdot 41,25 \qquad (= 3.093,75 \text{ €})$$

beschaffungs-
abweichungsbedingt

$$+ 30 \cdot (+5) \cdot 41,25 + 20 \cdot (+3) \cdot 41,25 \qquad (= 8.662,50 \text{ €})$$

faktorverbrauchs-
abweichungsbedingt

$$+ 30 \cdot 25 \cdot (+14,75) + 20 \cdot 15 \cdot (+14,75) \qquad (= 15.487,50 \text{ €})$$

aktivitätskoeffizienten-
abweichungsbedingt

$$+ \text{ Teilabweichungen höherer Ordnung} \qquad (= 5.043,75 \text{ €}).$$

$\Delta KVA_I^{Akt.}$ gibt an, wie sich die variablen Kosten der Aktivität im Vergleich zur Sollsituation (tatsächliche Ausbringungsmenge wird berücksichtigt) verändern. Da es sich hier um variable Kosten handelt, gibt sie eine tatsächliche Kostenänderung an.

Ein wesentlicher Teil der verbrauchsabweichungsbedingten Kostendifferenz ist darauf zurückzuführen, dass die Zahl der Aktivität „Angebote einholen" noch gestiegen ist, obwohl die Ausbringungsmenge gesunken ist. Dies spiegelt sich in einer Erhöhung der Aktivitätskoeffizienten wider und entspricht der aktivitätskoeffizientenabweichungsbedingten Kostendifferenz von 15.487,50 €. Zusätzlich wirkt sich noch verstärkt auf die Höhe der verbrauchsabweichungsbedingten Kostendifferenz aus, dass der Beschaffungspreis der Faktorart 2 und der Verbrauch an Faktoren je Aktivität gestiegen sind.

Die Teilabweichungen zeigen Ansatzpunkte für eine weitere Analyse auf. Beispielsweise muss untersucht werden, weshalb für die Aktivitätserstellung von den Faktoren 1 und 2 mehr Ressourcen in Anspruch genommen wurden als geplant, und weshalb mehr Angebote eingeholt wurden als geplant, obwohl die Ausbringungsmenge gesunken ist. Die Teilabweichungen zeigen aber auch die kostenmäßige Bedeutung der Abweichung einzelner Koeffizienten von ihrem Planwert.

Die Abweichungen höherer Ordnung sollen exemplarisch für diesen Fall genauer analysiert werden. Sie lassen sich auf zwei Wegen berechnen:

– Teilabweichungen höherer Ordnung

$$= \Delta KVA_h^{Akt.} - \sum \text{Teilabweichungen (erster Ordnung)}$$

$$= 32.287,50 - (3.093,75 + 8.662,50 + 15.487,50) = 5.043,75 \, €.$$

– Teilabweichungen höherer Ordnung

$$= \sum \text{Teilabweichungen zweiter und dritter Ordnung}$$
$$= 0 \cdot (+5) \cdot 41,25 + (+5) \cdot (+3) \cdot 41,25$$
$$\quad + 0 \cdot 25 \cdot (+14,75) + (+5) \cdot 15 \cdot (+14,75)$$
$$\quad + 0 \cdot (+5) \cdot (+14,75) + 20 \cdot (+3) \cdot (+14,75)$$
$$\quad + 30 \cdot (+5) \cdot (+14,75) + (+5) \cdot (+3) \cdot (+14,75)$$
$$= 5.043,75 \, €.$$

Für Aktivität II:

$$K_{vII}^{Akt.(S)} = 30 \cdot 40 \cdot 8{,}25 + 20 \cdot 5 \cdot 8{,}25 = 10.725\ \text{€}$$

$$K_{vII}^{Akt.(I)} = 30 \cdot 42 \cdot 8{,}25 + 25 \cdot 6 \cdot 8{,}25 = 11.632{,}50\ \text{€}\ .$$

$$\Delta KVA_{II}^{Akt.} = K_{vII}^{Akt.(I)} - K_{vII}^{Akt.(S)} = 11.632{,}50 - 10.725 = 907{,}50\ \text{€}$$

$$= 0 \cdot 40 \cdot 8{,}25 + (+5) \cdot 5 \cdot 8{,}25 \qquad\qquad (= 206{,}25\ \text{€})$$

beschaffungspreis-
abweichungsbedingt

$$+ 30 \cdot (+2) \cdot 8{,}25 + 20 \cdot (+1) \cdot 8{,}25 \qquad\qquad (= 660\ \text{€})$$

faktorverbrauchs-
abweichungsbedingt

$$+ 30 \cdot 40 \cdot 0 + 20 \cdot 5 \cdot 0 \qquad\qquad (= 0\ \text{€})$$

aktivitätskoeffizienten-
abweichungsbedingt

$$+ \text{Teilabweichungen höherer Ordnung} \qquad\qquad (= 41{,}25\ \text{€})\ .$$

Die Zahl der Bestellungen ist entsprechend des Rückgangs der Ausbringungsmenge gesunken, was sich in einer aktivitätskoeffizientenabweichungsbedingten Kostendifferenz von Null widerspiegelt. Die verbrauchsabweichungsbedingte Kostendifferenz ist damit zurückzuführen auf den gestiegenen Beschaffungspreis des Faktors 2 und den Verbrauch der Faktoren je Aktivität, deren Ursache noch genauer zu analysieren ist.

Abweichungsanalyse für die fixen Kosten der leistungsmengeninduzierten Aktivitäten $h = \text{I, II}$:

Für Aktivität I:

Die gesamten Plankosten lassen sich aufteilen in:

$$K_{fI}^{Akt.(P)} = 4.500 \cdot \frac{2}{3} \cdot 40 = 120.000\ \text{€}$$

$$= 40 \cdot 50 \cdot 50 + (120.000 - 40 \cdot 50 \cdot 50)$$

$$= 100.000\ \text{€} + 20.000\ \text{€}$$

$$= \text{Nutzkosten} + \text{Leerkosten}\ .$$

Die Kosten der Kapazität haben sich durch den geänderten Kapazitätskostensatz von 120.000 € auf 135.000 € erhöht; aber auch die Nutzkosten haben sich geändert. Beides hat Auswirkungen auf die Veränderung der Leerkosten:

$$\Delta K_{fL\,I}^{Akt.} = 135.000 - 120.000 - \left(45 \cdot 50 \cdot 56 - 40 \cdot 50 \cdot 50\right)$$

$$= 15.000 - 26.000 = -11.000 \; € .$$

Die Leerkosten sind trotz Erhöhung der Kapazitätskosten um 11.000 € auf 9.000 € gefallen, d.h. die vorhandene Kapazität wurde besser als geplant ausgenutzt. Worauf dies zurückzuführen, und wie die gefallenen Leerkosten zu beurteilen sind, ergibt sich aus der folgenden Analyse der Nutzkosten:

$$\Delta K_{fN\,I}^{Akt.} = K_{fN\,I}^{Akt.(I)} - K_{fN\,I}^{Akt.(P)} = 45 \cdot 50 \cdot 56 - 40 \cdot 50 \cdot 50 = 26.000 \; €$$

$$= \left(+5\right) \cdot 50 \cdot 50 \qquad\qquad \left(= 12.500 \; €\right)$$

kapazitätskostensatzabweichungsbedingt

$$+\, 40 \cdot 0 \cdot 50 \qquad\qquad \left(= 0 \; €\right)$$

beanspruchungsabweichungsbedingt

$$+\, 40 \cdot 50 \cdot \left(\left(+0{,}001\right) \cdot 5.000 + \left(+0{,}0005\right) \cdot 2.000 + \left(+0{,}05\right) \cdot 200\right)$$

$$\left(= 32.000 \; €\right)$$

aktivitätskoeffizientenabweichungsbedingt

$$+\, 40 \cdot 50 \cdot \left(0{,}005 \cdot \left(-1.000\right) + 0{,}0075 \cdot \left(-500\right) + 0{,}05 \cdot 0\right) \; \left(= 0 \; €\right)$$

produktionsmengenabweichungsbedingt

$$+ \text{ Teilabweichungen höherer Ordnung} \qquad \left(= -1.500 \; €\right).$$

Die Nutzkostenerhöhung ist darauf zurückzuführen, dass die Zahl der Angebote je Ausbringungseinheit und der Kapazitätskostensatz gestiegen sind. Kompensiert wird diese Tendenz lediglich durch die niedrigere Ausbringungsmenge.

Für zukünftige Dispositionsentscheidungen gibt das Ergebnis folgende Hinweise:

– Die Nutzkostenänderung aufgrund der Kapazitätskostensatzabweichung zeigt kein Kapazitätsveränderungspotential auf. Steigt der Kapazitätskostensatz bei gleicher Kapazität (in Leistungseinheiten gemessen), so folgt daraus, dass sich auch die Kapazitätskosten erhöhen. In dieser Aufgabe steigen die Kapazitätskosten entsprechend von

$$3.000 \text{ Std.} \cdot 40 \frac{\text{€}}{\text{Std.}} = 120.000 \text{ € auf}$$

$$3.000 \text{ Std.} \cdot 45 \frac{\text{€}}{\text{Std.}} = 135.000 \text{ €}.$$

Die kapazitätskostensatzabweichungsbedingte Kostendifferenz entspricht dann lediglich dem planmäßig genutzten Anteil der Kapazitätserhöhung:

$$15.000 \cdot \frac{100.000}{120.000} = 12.500 \text{ €}.$$

– Die hohe aktivitätskoeffizientenabweichungsbedingte Kostendifferenz zeigt, dass sich die gestiegene Zahl der eingeholten Angebote je produzierter ME erheblich auf die Nutzkosten ausgewirkt hat. Bei Realisierung der geplanten Ausbringungsmenge wären die Nutzkosten höher gewesen als die vorhandene Kapazität, d.h. es wäre zu einem Engpass gekommen, der unter Umständen dazu hätte führen können, dass die Einkaufsabteilung nicht ausreichend Rohstoffe beschafft. Geht man für die Zukunft von höheren Ausbringungsmengen aus und ist nicht zu erwarten, dass die geplanten Aktivitätskoeffizienten realisiert werden, muss die Kapazität erhöht werden. Eventuell lassen sich aber auch Rationalisierungspotentiale aufdecken, so dass die vorhandene Kapazität ausreicht.

– Die produktionsmengenabweichungsbedingte Kostendifferenz zeigt die Reduzierung der Nutzkosten aufgrund der gesunkenen Produktionsmenge. Unter konstanten Bedingungen ergibt sich hieraus ein Potential zur Reduzierung der Kapazität. Zu beachten ist allerdings hier auch, dass eine Kapazitätsreduzierung nur dann sinnvoll ist, wenn langfristig eine niedrige Ausbringungsmenge erwartet wird.

Für Aktivität II:

$$K_{fII}^{Akt.(P)} = 60.000 \ €$$

$$= 40 \cdot 150 \cdot 10 + (60.000 - 40 \cdot 150 \cdot 10)$$

$$= 60.000 \ € + 0 \ €$$

$$= \text{Nutzkosten} + \text{Leerkosten} .$$

Die Leerkosten haben sich gegenüber der Plansituation wie folgt geändert:

$$\Delta K_{fLII}^{Akt.} = 67.500 - 60.000 - (45 \cdot 140 \cdot 8,25 - 40 \cdot 150 \cdot 10)$$

$$= 7.500 - (-8.025) = 15.525 \ € .$$

Die Leerkosten sind aufgrund der Kapazitätsänderung und der Nutzkosten-änderung von 0 € auf 15.525 € gestiegen. Wie die gestiegenen Leerkosten zu beurteilen sind, ergibt sich aus der folgenden Analyse der Nutzkosten:

$$\Delta K_{fNII}^{Akt.} = K_{fNII}^{Akt.(I)} - K_{fNII}^{Akt.(P)} = 45 \cdot 140 \cdot 8,25 - 40 \cdot 150 \cdot 10 = -8.025 \ €$$

$$= (+5) \cdot 150 \cdot 10 \qquad\qquad\qquad (= 7.500 \ €)$$

kapazitätskostensatz-
abweichungsbedingt

$$+ 40 \cdot (-10) \cdot 10 \qquad\qquad\qquad (= -4.000 \ €)$$

beanspruchungs-
abweichungsbedingt

$$+ 40 \cdot 150 \cdot (0 \cdot 5.000 + 0 \cdot 2.000 + 0 \cdot 200) \qquad (= 0 \ €)$$

aktivitätskoeffizienten-
abweichungsbedingt

$$+ 40 \cdot 150 \cdot (0,001 \cdot (-1.000) + 0,0015 \cdot (-500) + 0,01 \cdot 0)$$

$$(= -10.500 \ €)$$

produktionsmengen-
abweichungsbedingt

$$+ \text{Teilabweichungen höherer Ordnung} \qquad (= -1.025 \ €) .$$

Hier wirken sich im Wesentlichen die gesunkenen Produktionsmengen auf die Kapazitätsauslastung aus. Die Aktivitätskoeffizienten sind konstant geblieben. Die Zahl der Bestellungen hat also entsprechend der Produktionsmenge ebenfalls in gleicher Relation abgenommen. Verstärkt wird dieser Effekt noch durch den günstigeren Faktorverbrauch bei der Erstellung der Aktivitäten. Dem entgegen wirkt allerdings eine Kapazitätskostensatzerhöhung. Sonst wäre der Leerkostenanteil noch höher ausgefallen.

Für zukünftige Dispositionsentscheidungen gibt das Ergebnis folgende Hinweise:

- Die Nutzkostenänderung aufgrund der Kapazitätskostensatzabweichung zeigt kein Kapazitätsveränderungspotential auf. Hier gelten analog die Aussagen für Aktivität I.
- Die beanspruchungsabweichungsbedingte Kostendifferenz zeigt, dass die Aktivität mit weniger Faktoreinsatz als geplant erstellt wurde. Hier können eventuell noch weitere Rationalisierungspotentiale liegen. Ist langfristig mit in der Istsituation günstigerer Aktivitätserstellung zu rechnen, so kann die vorhandene Kapazität entsprechend verringert werden.
- Die aktivitätskoeffizientenabweichungsbedingte Kostendifferenz von Null zeigt, dass die Zahl der Bestellungen je produzierter Mengeneinheit konstant geblieben ist. Dies bedeutet, dass je nach der langfristig geplanten Ausbringungsmenge die Kapazität entsprechend festzulegen ist.
- Für die produktionsmengenabweichungsbedingte Kostendifferenz gilt das gleiche wie bei Aktivität I.

Abweichungsanalyse für die Kosten der leistungsmengenneutralen Aktivität $h = \mathrm{III}$:

$$K_{f\mathrm{III}}^{Akt.(P)} = 20.000 + 150.000 = 170.000 \; \text{€}$$

$$K_{f\mathrm{III}}^{Akt.(I)} = 20.000 + 150.000 = 170.000 \; \text{€}$$

$$\Delta K_{f\mathrm{III}}^{Akt.} = 0.$$

Die Kosten der leistungsmengenneutralen Aktivitäten werden in geplanter Höhe realisiert. Eine weitere Aufspaltung in Teilabweichungen erfolgt hier nicht.

9.8 Lösungen zu den Übungsaufgaben zu Kapitel 8

Lösung zur Übungsaufgabe 8.1:   Target Costing und Life Cycle Costing

Zur Lösung der Übungsaufgabe 8.1 vgl. Kapitel 8.1.1 und Kapitel 8.6.1.

Lösung zur Übungsaufgabe 8.2:   Wertanalyse

Zur Lösung der Übungsaufgabe 8.2 vgl. Kapitel 8.2.2.

Lösung zur Übungsaufgabe 8.3:   Gemeinkostenplanung

Zur Lösung der Übungsaufgabe 8.3 vgl. Kapitel 8.3.1 und Kapitel 8.3.2.

Lösung zur Übungsaufgabe 8.4:   Investitionstheoretische Kostenrechnung

Zur Lösung der Übungsaufgabe 8.4 vgl. Kapitel 8.4.

Lösung zur Übungsaufgabe 8.5:   Verhaltenssteuerung

Zur Lösung der Übungsaufgabe 8.5 vgl. Kapitel 8.5.1 und Kapitel 8.5.2.

Abbildungsverzeichnis

Tabellenverzeichnis

Autorenverzeichnis

Sachverzeichnis

Literaturverzeichnis

Agthe, K.: Kostenplanung und Kostenkontrolle im Industriebetrieb, Baden-Baden 1963.

Ahlert, D. et al. (Hrsg.): Finanz- und Rechnungswesen als Führungsinstrument, H. Vormbaum zum 65. Geburtstag, Wiesbaden 1990.

Baetge, J.: Überwachung, in: Bitz, M. et al. (Hrsg.): Vahlens Kompendium der Betriebswirtschaftslehre, Bd. 2, 2. Aufl., München 1990, S. 165-208.

Bauer, M.: Prozeßkostenrechnung als Instrument der innerbetrieblichen Leistungsverrechnung in der chemischen Industrie, in: Kostenrechnungspraxis (1995) 3, S. 171-173.

Berkau, C. / Hirschmann, P. (Hrsg.): Kostenorientiertes Geschäftsprozeßmanagement, München 1996.

Betz, S.: Gemeinkostencontrolling auf Basis der Prozeßkostenrechnung, in: Kostenrechnungspraxis (1995) 3, S. 135-144.

Biel, A.: Einführung der Prozeßkostenrechnung, in: Kostenrechnungspraxis (1991) 2, S. 85-90.

Bitz, M. et al. (Hrsg.): Vahlens Kompendium der Betriebswirtschaftslehre, Bd. 2, 2. Aufl., München 1990.

Bobsin, R. (Hrsg.): Handbuch der Kostenrechnung, 2. Aufl., München 1974.

Brink, H.-J.: Zur Planung des optimalen Fertigungsprogramms, Köln et al. 1966.

Brockhoff, K. / Krelle, W. (Hrsg.): Unternehmensplanung, Berlin et al. 1981, S. 193-212.

Bungenstock, C.: Entscheidungsorientierte Kostenrechnungssysteme, Eine entwicklungsgeschichtliche Analyse, Wiesbaden 1995.

Burger, A. / Schellberg, B. : Kostenmanagemment mittels Wertanalyse, in: Kostenmanagement (1995) 3, S. 145-151.

Burger, A.: Kostenmanagement, 3. Aufl., München 1999.

Busse von Colbe, W. / Laßmann, G.: Betriebswirtschaftstheorie, Bd. 1, Grundlagen, Produktions- und Kostentheorie, 5. Aufl., Berlin et al. 1991.

Chmielewicz, K. (Hrsg.): Entwicklungslinien der Kosten- und Erlösrechnung, Stuttgart 1983.

Chmielewicz, K.: Rechnungswesen, Bd. 2, Pagatorische und kalkulatorische Erfolgsrechnung, Bochum 1988.

Chmielewicz, K. / Schweitzer, M. (Hrsg.): Handwörterbuch des Rechnungswesens, 3. Aufl., Stuttgart 1993.

Coenenberg, A.G. / Fischer, T.M.: Prozeßkostenrechnung – Strategische Neuorientierung in der Kostenrechnung, in: Die Betriebswirtschaft (1991) 1, S. 21-38.

Coenenberg, A.G.: Kostenrechnung und Kostenanalyse, 5. Aufl., Landsberg am Lech 2003.

Cooper, R. / Kaplan, R.S.: Measure Costs Right: Make the Right Decisions, in: Harvard Business Review (1988) September-October, S. 96-103.

Cooper, R.: Activity-Based Costing – Einführung von Systemen des Activity-Based Costing (Teil 3), in: Kostenrechnungspraxis (1990) 6, S. 345-351.

Cooper, R.: Activity-Based Costing – Was ist ein Activity-Based Cost-System?, in: Kostenrechnungspraxis (1990) 4, S. 210-220.

Corsten, H. (Hrsg.): Lexikon der Betriebswirtschaftslehre, 4. Aufl., München-Wien 2000.

Däumler, K.-D. / Grabe, J.: Kostenrechnung 3, Plankostenrechnung, Mit Fragen und Aufgaben, Antworten und Lösungen, Testklausur, 6. Aufl., Herne-Berlin 1998.

Däumler, K.-D. / Grabe, J.: Kostenrechnung 1, Grundlagen, 8. Aufl., Herne-Berlin 2000.

Dellmann, K. / Franz, K.-P. (Hrsg.): Neuere Entwicklungen im Kostenmanagement, Bern 1994.

Dierkes, S.: Planung und Kontrolle von Prozeßkosten, Kostenmanagement im indirekten Leistungsbereich, Wiesbaden 1998.

Ebert, G.: Kosten- und Leistungsrechnung, Mit einem ausführlichen Fallbeispiel, 8. Aufl., Wiesbaden 1997.

Eisele, W.: Technik des betrieblichen Rechnungswesens, 7. Aufl., München 2002.

Elschen, R.: Gegenstand und Anwendungsmöglichkeiten der Agency-Theorie, in: Zeitschrift für Betriebswirtschaftliche Forschung (1991) 11, S. 1002-1012.

Fandel, G.: Teilebedarfsrechnung in der Mehrstufenfertigung, in: Wirtschaftswissenschaftliches Studium (1980) 10, S. 449-456.

Fandel, G.: Zur Berücksichtigung von Überschuß- bzw. Vernichtungsmengen in der optimalen Programmplanung bei Kuppelproduktion, in: Brockhoff, K. / Krelle, W. (Hrsg.): Unternehmensplanung, Berlin et al. 1981.

Fandel, G.: Produktion I, Produktions- und Kostentheorie, 5. Aufl., Berlin et al. 1996.

Fandel, G. / François, P. / Gubitz, K.: PPS-Systeme: Grundlagen, Methoden, Software, Marktanalyse, 2. Aufl., Berlin et al. 1997.

Fischer, T.M.: Variantenvielfalt und Komplexität als betriebliche Kostenbestimmungsfaktoren?, in: Kostenrechnungspraxis (1993) 1, S. 27-31.

Fischer, T.M. (Hrsg.): Kosten-Controlling: neue Methoden und Inhalte, Stuttgart 2000.

Franz, K.-P.: Die Prozeßkostenrechnung – Darstellung und Vergleich mit der Plankosten- und Deckungsbeitragsrechnung, in: Ahlert, D. et al. (Hrsg.): Finanz- und Rechnungswesen als Führungsinstrument, H. Vormbaum zum 65. Geburtstag, Wiesbaden 1990, S. 109-136.

Franz, K.-P.: Die Prozeßkostenrechnung als modernes Instrument zur Kostenbeeinflussung und Kostenkontrolle, in: Männel, W. (Hrsg.): Kongreß Kostenrechnung '90, Lauf an der Pegnitz 1990, S. 75-96.

Franz, K.-P.: Die Prozeßkostenrechnung im Vergleich mit der flexiblen Plankostenrechnung und der Deckungsbeitragsrechnung, in: Horváth, P. (Hrsg.): Strategieunterstützung durch das Controlling: Revolution im Rechnungswesen?, Stuttgart 1990, S. 195-210.

Franz, K.-P.: Prozeßkostenrechnung – Renaissance der Vollkostenidee?, Stellungnahme zu Coenenberg, A.G. / Fischer, T.M.: Prozeßkostenrechnung – Strategische Neuorientierung in der Kostenrechnung, in: Die Betriebswirtschaft (1991) 4, S. 536-540.

Freidank, C.-C.: Zum Einsatz der Grenzplankosten- und Deckungsbeitragsrechnung zur Lösung von Entscheidungsaufgaben, in: Kostenrechnungspraxis (1979) 6, S. 249-255.

Freidank, C.-C.: Die buchhalterische Organisation der kurzfristigen Erfolgsrechnung im System einer flexiblen Plankostenrechnung auf Vollkostenbasis, in: Kostenrechnungspraxis (1985) 2, S. 57-61.

Fröhling, O.: Prozeßkostenrechnung – System mit Zukunft?, in: io Management Zeitschrift (1989) 10, S. 67-69.

Fröhling, O.: Dynamisches Kostenmanagement, Konzeptionelle Grundlagen und praktische Umsetzung im Rahmen eines strategischen Kosten- und Erfolgs-Controlling, München 1994.

Fuchs, E. / von Neumann-Cosel, R.: Kostenrechnung, Grundlegende Einführung in programmierter Form, 6. Aufl., München 1988.

Gabele, E. / Fischer, P.: Kostenstellenrechnung, in: Corsten, H. (Hrsg.): Lexikon der Betriebswirtschaftslehre, 4. Aufl., München-Wien 2000, S. 509-516.

Gaugler, E.: Personalkosten, in: Chmielewicz, K. / Schweitzer, M. (Hrsg.): Handwörterbuch des Rechnungswesens, 3. Aufl., Stuttgart 1993, Sp. 1525-1537.

Gerlach, T.: Kostenabweichungsanalyse in der flexiblen Plankostenrechnung, in: Das Wirtschaftsstudium (1994) 3, S. 195-197.

Glaser, H.: Zur Erfassung von Teilabweichungen und Abweichungsüberschneidungen bei der Kostenkontrolle, in: Kostenrechnungspraxis (1986) 4, S. 141-148.

Glaser, H.: Kritische Anmerkungen zur Prozeßkostenrechnung, Arbeitsunterlagen zur 11. Saarbrücker Arbeitstagung Rechnungswesen und EDV 1990, Saarbrücken 1990, S. 1-18.

Glaser, H.: Prozeßkostenrechnung als Kontroll- und Entscheidungsinstrument, in: Scheer, A.-W. (Hrsg.): 12. Saarbrücker Arbeitstagung Rechnungswesen und EDV, Heidelberg 1991, S. 222-240.

Glaser, H. / Geiger, W. / Rohde, V.: PPS, Produktionsplanung und -steuerung, Grundlagen – Konzepte – Anwendungen, 2. Aufl., Wiesbaden 1992.

Glaser, H.: Prozeßkostenrechnung und Kalkulationsgenauigkeit – Zur allgemeinen Erfassung von Kostenverzerrungen, in: Kostenrechnungspraxis (1996) 1, S. 28-34.

Gornas, J.: Grundzüge einer Verwaltungskostenrechnung, 2. Aufl., Baden-Baden 1992.

Götze, U.: Lebenszykluskosten, in: Fischer, T.M. (Hrsg.): Kosten-Controlling: neue Methoden und Inhalte, Stuttgart 2000, S. 267-289.

Götzelmann, F.: Kosten, in: Corsten, H. (Hrsg.): Lexikon der Betriebswirtschaftslehre, 4. Aufl., München-Wien 2000, S. 490-493.

Grochla, E. / Wittmann, W. (Hrsg.): Handwörterbuch der Betriebswirtschaft, Bd. I/1, 4. Aufl., Stuttgart 1974.

Grochla, E. / Wittmann, W. (Hrsg.): Handwörterbuch der Betriebswirtschaft, Bd. I/3, 4. Aufl., Stuttgart 1976.

Günther, T. / Kriegbaum, C.: Life Cycle Costing, in: Das Wirtschaftsstudium (1997) 10, S. 900-912.

Gutenberg, E.: Grundlagen der Betriebswirtschaftslehre, Bd. I: Die Produktion, 24. Aufl., Berlin et al. 1983.

Haberstock, L.: Kostenrechnung II, (Grenz-) Plankostenrechnung mit Fragen, Aufgaben und Lösungen, 8. Aufl., Hamburg 1999.

Haberstock, L.: Kostenrechnung I, Einführung mit Fragen, Aufgaben, einer Fallstudie und Lösungen, 11. Aufl., Hamburg 2002.

Haidacher, O.B.: Der Break-even-Punkt als Instrument unternehmerischer Führung, Das Verfahren des „toten Punktes" Anwendungsmöglichkeiten und historischer Abriß, München 1969.

Handelsgesetzbuch (HGB) vom 10. Mai 1897 (RGBl. S. 219) (BGBl. III 4100-1).

Harris, J.N.: What Did We Earn Last Month, in: N.A.C.A.-Bulletin vom 15. Januar 1936.

Hartung, W.: Implementierung von ABC in bestehende Finanz- und Operationssysteme – vom Konzept zur Umsetzung, Tagungsunterlagen zu: Institute of International Research in Zusammenarbeit mit Arthur Andersen & Co. GmbH (Veranstalter): Effektives Kostenmanagement und Activity Based Costing, in Stuttgart-Sindelfingen vom 06. bis 07. März 1991.

Heil, J.: Einführung in die Ökonometrie, 6. Aufl., München 2000.

Heinen, E.: Kosten und Kostenrechnung, Nachdruck der 1. Aufl., Wiesbaden 1992.

Heni, B.: Betriebswirtschaft und Steuern: Grundzüge der Plankostenrechnung, in: Deutsches Steuerrecht (1986) 10, S. 322-327.

Herzog, E. / Assmann, M.: Grenzplankostenrechnung als geschlossenes Planungs-, Abrechnungs- und Informationssystem für das Kosten- und Deckungsbeitragsmanagement, in: Kostenrechnungspraxis (1993) 1, S. 9-16.

Hessenmüller, B. / Schnaufer, E. (Hrsg.): Absatzwirtschaft, Handbücher für Führungskräfte II, Baden-Baden 1964.

Hofmann, C.: Gestaltung von Erfolgsrechnungen zur Steuerung von Verantwortungsbereichen, in: Zeitschrift für Betriebswirtschaft (2002) 11, S. 1177-1205.

Hoitsch, H.-J.: Kosten- und Erlösrechnung, Eine controllingorientierte Einführung, 2. Aufl., Berlin et al. 1997.

Hörner, W.: Zurechnung, in: Grochla, E. / Wittmann, W. (Hrsg.): Handwörterbuch der Betriebswirtschaft, Bd. I/3, 4. Aufl., Stuttgart 1976, Sp. 4752-4767.

Horváth, P. / Kleiner, R. / Mayer, R.: Differenzierte Kosteninformationen zur Entscheidungsunterstützung in der flexiblen Montage, in: Kostenrechnungspraxis (1986) 4, S. 133-139.

Horváth, P. / Kleiner, R. / Mayer, R.: Zweckneutrale Kostenerfassung in der flexiblen Montage mit Hilfe von Datenbanken, in: Kostenrechnungspraxis (1987) 3, S. 93-104.

Horváth, P. / Mayer, R.: Prozeßkostenrechnung, Der neue Weg zu mehr Kostentransparenz und wirkungsvolleren Unternehmensstrategien, in: Controlling (1989) 4, S. 214-219.

Horváth, P. (Hrsg.): Strategieunterstützung durch das Controlling: Revolution im Rechnungswesen?, Stuttgart 1990.

Horváth, P. / Mayer, R.: Anmerkungen zum Beitrag von A.G. Coenenberg / T.M. Fischer: „Prozeßkostenrechnung – Strategische Neuorientierung in der Kostenrechnung", in: Die Betriebswirtschaft (1991) 4, S. 540-542.

Horváth, P.: Funktion und Organisation des Target Costing im Controllingsystem, in: Kostenrechnungspraxis (1998) Sonderheft 1, S. 75-80.

Hug, W. / Weber, J.: Zum Zeitbezug der Grundrechnung im entscheidungsorientierten Rechnungswesen, in: Kostenrechnungspraxis (1980) 2, S. 81-92.

Hummel, S. / Männel, W.: Kostenrechnung 1, Grundlagen, Aufbau und Anwendung, Nachdruck der 4. Aufl., Wiesbaden 1990.

Hummel, S. / Männel, W.: Kostenrechnung 2, Moderne Verfahren und Systeme, Nachdruck der 3. Aufl., Wiesbaden 1993.

Jacob, H. (Hrsg.): Moderne Kostenrechnung, Wiesbaden 1978.

Jacob, H. (Hrsg.): Allgemeine Betriebswirtschaftslehre: Handbuch für Studium und Prüfung, 5. Aufl., Wiesbaden 1988.

Johnson, T.H.: Activity-Based Information: A Blueprint for World-Class Management Accounting, in: Management Accounting (1988) June, S. 23-30.

Joos-Sachse, T.: Controlling, Kostenrechnung und Kostenmanagement, 2. Aufl., Wiesbaden 2002.

Jost, H.: Kosten- und Leistungsrechnung, Praxisorientierte Darstellung, 7. Aufl., Wiesbaden 1996.

Kiesel, M.: Kostenartenrechnung, in: Corsten, H. (Hrsg.): Lexikon der Betriebswirtschaftslehre, 4. Aufl., München-Wien 2000, S. 493-497.

Kilger, W.: Produktions- und Kostentheorie, Wiesbaden 1972.

Kilger, W.: Optimale Produktions- und Absatzplanung, Opladen 1973.

Kilger, W.: Die Entstehung und Weiterentwicklung der Grenzplankostenrechnung als entscheidungsorientiertes System der Kostenrechnung, in: Jacob, H. (Hrsg.): Moderne Kostenrechnung, Wiesbaden 1978, S. 107-137.

Kilger, W.: Bestimmung von Preisuntergrenzen (I), in: Das Wirtschaftsstudium (1982) 4, S. 167-171.

Kilger, W.: Betriebliches Rechnungswesen, in: Jacob, H. (Hrsg.): Allgemeine Betriebswirtschaftslehre: Handbuch für Studium und Prüfung, 5. Aufl., Wiesbaden 1988, S. 921-1044.

Kilger, W.: Offene Probleme der Plankosten- und Deckungsbeitragsrechnung, in: Scheer, A.-W. (Hrsg.): Grenzplankostenrechnung, Stand und aktuelle Probleme, 2. Aufl., Wiesbaden 1991, S. 83-104.

Kilger, W.: Einführung in die Kostenrechnung, 3. Aufl., Wiesbaden 1992.

Kilger, W. / Pampel, J. / Vikas, K.: Flexible Plankostenrechnung und Deckungsbeitragsrechnung, 11. Aufl., Wiesbaden 2002.

Kloock, J. / Bommes, W.: Methoden der Kostenabweichungsanalyse, in: Kostenrechnungspraxis (1982) 5, S. 225-237.

Kloock, J.: Kostenkontrolle auf der Basis kombinierter und lernorientierter Feedback-Feedforward-Prozesse, Diskussionsbeiträge zum Rechnungswesen der Wirtschafts- und Sozialwissenschaftlichen Fakultät Köln, Beitrag Nr. 1, Köln 1990.

Kloock, J.: Prozeßkostenrechnung als Rückschritt und Fortschritt der Kostenrechnung (Teil 1), in: Kostenrechnungspraxis (1992) 4, S. 183-192.

Kloock, J.: Prozeßkostenrechnung als Rückschritt und Fortschritt der Kostenrechnung (Teil 2), in: Kostenrechnungspraxis (1992) 5, S. 237-245.

Kloock, J.: Neuere Entwicklungen des Kostenkontrollmanagements, in: Dellmann, K. / Franz, K.-P. (Hrsg.): Neuere Entwicklungen im Kostenmanagement, Bern 1994, S. 607-644.

Kloock, J. / Dierkes, S.: Kostenkontrolle mit der Prozeßkostenrechnung, in: Berkau, C. / Hirschmann, P. (Hrsg.): Kostenorientiertes Geschäftsprozeßmanagement, München 1996, S. 93-119.

Kloock, J.: Betriebliches Rechnungswesen, 2. Aufl., Köln 1997.

Kloock, J. / Sieben, G. / Schildbach, T.: Kosten- und Leistungsrechnung, 8. Aufl., Düsseldorf 1999.

Kosiol, E.: Kostenrechnung der Unternehmung, 2. Aufl., Wiesbaden 1979.

Kreuzer, P.: Kapazität, Beschäftigungsgrad und Plankosten, in: Zeitschrift für Betriebswirtschaft (1951), S. 651-656.

Küpper, H.-U.: Verknüpfung von Investitions- und Kostenrechnung als Kern einer umfassenden Planungs- und Kontrollrechnung, in: Betriebswirtschaftliche Forschung und Praxis (1990) 4, S. 253-267.

Küpper, H.-U. / Bösl, K. / Breid, V. / Koch, I.: Übungsbuch zur Kosten- und Erlösrechnung, 3. Aufl., München 1999.

Kußmaul, H.: Grundzüge der Grenzplankostenrechnung (Teil 2), in: Der Steuerberater (1991) 10, S. 368-371.

Layer, H. / Strebel, H. (Hrsg.): Festschrift für Gerhard Krüger zu seinem 65. Geburtstag, Berlin 1969.

Lengsfeld, S. / Schiller, U.: Mengen- und wertbasierte Kostenplanung in der Grenzplan- und der Prozeßkostenrechnung, in: Betriebswirtschaftliche Forschung und Praxis (1998) 1, S. 118-139.

Lorson, P.: Prozeßkostenrechnung versus Grenzplankostenrechnung, in: Kostenrechnungspraxis (1992) 1, S. 7-14.

Lotz, D. / Rogalski, M.:Entscheidungsorientierte Kostenrechnung in Kleinbetrieben – am Beispiel eines Dienstleisters, in: Controlling (1995) 1, S. 12-21.

Maier-Scheubeck, N.: Prozeßkostenrechnung – im Westen nichts Neues, Stellungnahme zum Beitrag „Prozeßkostenrechnung – Strategische Neuorientierung in der Kostenrechnung" von Adolf G. Coenenberg und Thomas M. Fischer, in: Die Betriebswirtschaft (1991) 4, S. 543-547.

Männel, W.: Zur Gestaltung der Erlösrechnung, in: Chmielewicz, K. (Hrsg.): Entwicklungslinien der Kosten- und Erlösrechnung, Stuttgart 1983, S. 119-150.

Männel, W. (Hrsg.): Kongreß Kostenrechnung '90, Lauf an der Pegnitz 1990.

Männel, W.: Mängel und Gefahren traditioneller Vollkosten- und Nettoergebnisrechnungen, in: Kostenrechnungspraxis (1994) 4, S. 271-280.

Mayer, R.: Prozeßkostenrechnung (Fallbeispiel), in: Kostenrechnungspraxis (1990) 5, S. 307-312.

Mayer, R.: Prozeßkostenrechnung (Stichwort), in: Kostenrechnungspraxis (1990) 1, S. 74-75.

Mayer, E. / Liessmann, K. / Mertens, H.W.: Kostenrechnung, Grundwissen für den Controllerdienst, 5. Aufl., Stuttgart 1994.

Mellerowicz, K.: Planung und Plankostenrechnung, Bd. II, Plankostenrechnung, Freiburg 1972.

Meyer-Piening, A.: Zero-Base Budgeting, Planungs- und Analysetechnik zur Anpassung der Gemeinkosten in der Rezession, in: Zeitschrift Führung und Organisation (1982) 5-6, S. 257-266.

Meyer-Piening, A.: Zero Base Planning: Zukunftssicherndes Instrument der Gemeinkostenplanung, Köln 1990.

Michel, M.: Die Kostenspaltung in fixe und variable Bestandteile sowie die Verrechnung der fixen Kosten auf die einzelnen Kostenträger, Basel 1984.

Miller, J.G. / Vollmann, T.E.: Die verborgene Fabrik, in: HARVARDmanager (1986) 1, S. 84-89.

Moews, D.: Kosten- und Leistungsrechnung, 7. Aufl., München-Wien 2002.

Möller, H.P.: Erfolgsanalyse mit Erfolgsfunktionen (II), in: Das Wirtschaftsstudium (1985) 2, S. 81-87.

Muff, M.: Marktorientiertes Management indirekter Leistungen, Ein Konzept zur Straffung des Mitteleinsatzes in den Gemeinkostenbereichen, in: Controlling (1990) 2, S. 82-85.

Olfert, K.: Kostenrechnung, 12. Aufl., Ludwigshafen (Rhein) 2001.

Ossadnik, W. / Maus, S.: Kostenabweichungsanalyse als Instrument des operativen Controlling, in: Wirtschaftswissenschaftliches Studium (1994) 9, S. 446-450.

Pfeiffer, T.: Kostenbasierte oder verhandlungsorientierte Verrechnungspreise? Weiterführende Überlegungen zur Leistungsfähigkeit der Verfahren, in: Zeitschrift für Betriebswirtschaft (2002) 12, S. 1269-1296.

Pfitzner, K.: Die Beschäftigungsabweichung in der flexiblen Plankostenrechnung, Eine kostenstellenorientierte Betrachtung, in: Buchführung, Bilanz, Kostenrechnung (1991) 21, S. 1509-1520.

Plaut, H.G.: Entwicklungsformen der Plankostenrechnung (II), Vom Standard-Cost-Accounting zur Grenzplankostenrechnung, in: Zeitschrift für Betriebswirtschaft (1978) 6, S. 81-88.

Plaut, H.G.: Grenzplankosten- und Deckungsbeitragsrechnung als modernes Kostenrechnungssystem (II), in: Kostenrechnungspraxis (1984) 2, S. 67-72.

Plaut, H.G.: Grenzplankosten- und Deckungsbeitragsrechnung als modernes Kostenrechnungssystem, in: Kostenrechnungspraxis (1984) 1, S. 20-26.

Plinke, W.: Industrielle Kostenrechnung, 6. Aufl., Berlin et al. 2002.

Plützer, A.G.: Die Kosten in der Kalkulation, in: Bobsin, R. (Hrsg.): Handbuch der Kostenrechnung, 2. Aufl., München 1974, S. 63-91.

Raps, A. / Nuppeney, W.: Produktkosten-Controlling im System der Grenzplankostenrechnung, in: Kostenrechnungspraxis (1993) 3, S. 145-155.

Rau, K.-H. / Rüd, M.: Erfahrungen mit der Prozeßkostenrechnung, in: Kostenrechnungspraxis (1991) 1, S. 13-17.

Reichmann, T. / Fröhling, O.: Fixkostenmanagementorientierte Plankostenrechnung vs. Prozeßkostenrechnung. Zwei Welten oder Partner?, in: Controlling (1991) 1, S. 42-44.

Riebel, P.: Die Kuppelproduktion, Köln 1955.

Riebel, P.: Deckungsbeitrag und Deckungsbeitragsrechnung, in: Grochla, E. / Wittmann, W. (Hrsg.): Handwörterbuch der Betriebswirtschaft, Bd. I/1, 4. Aufl., Stuttgart 1974, Sp. 1137-1155.

Riebel, P.: Einzelkosten- und Deckungsbeitragsrechnung, Grundfragen einer markt- und entscheidungsorientierten Unternehmungsrechnung, 7. Aufl., Wiesbaden 1994.

Riebel, P.: Die Gestaltung der Kostenrechnung für Zwecke der Betriebskontrolle und Betriebsdisposition, in: Zeitschrift für Betriebswirtschaft (1956) 5, S. 278-289, abgedruckt in: Riebel, P.: Einzelkosten- und Deckungsbeitragsrechnung, Grundfragen einer markt- und entscheidungsorientierten Unternehmungsrechnung, 7. Aufl., Wiesbaden 1994, S. 11-22.

Riebel, P.: Das Rechnen mit Einzelkosten und Deckungsbeiträgen, in: Zeitschrift für handelswissenschaftliche Forschung, Neue Folge, (1959), S. 213-238, abgedruckt in: Riebel, P.: Einzelkosten- und Deckungsbeitragsrechnung, Grundfragen einer markt- und entscheidungsorientierten Unternehmungsrechnung, 7. Aufl., Wiesbaden 1994, S. 35-59.

Riebel, P.: Die Anwendung des Rechnens mit relativen Einzelkosten und Deckungsbeiträgen bei Investitionsentscheidungen, in: Neue Betriebswirtschaft (1961), S. 152-154, abgedruckt in: Riebel, P.: Einzelkosten- und Deckungsbeitragsrechnung, Grundfragen einer markt- und entscheidungsorientierten Unternehmungsrechnung, 7. Aufl., Wiesbaden 1994, S. 60-66.

Riebel, P.: Die Fragwürdigkeit des Verursachungsprinzips im Rechnungswesen, in: Layer, H. / Strebel, H. (Hrsg.): Festschrift für Gerhard Krüger zu seinem 65. Geburtstag, Berlin 1969, S. 49-64, abgedruckt in: Riebel, P.: Einzelkosten- und Deckungsbeitragsrechnung, Grundfragen einer markt- und entscheidungsorientierten Unternehmungsrechnung, 7. Aufl., Wiesbaden 1994, S. 67-79.

Riebel, P.: Der Aufbau der Grundrechnung im System des Rechnens mit relativen Einzelkosten und Deckungsbeiträgen, in: Zeitschrift der Buchhaltungsfachleute „Aufwand und Ertrag" (1964), S. 84-87, abgedruckt in: Riebel, P.: Einzelkosten- und Deckungsbeitragsrechnung, Grundfragen einer markt- und entscheidungsorientierten Unternehmungsrechnung, 7. Aufl., Wiesbaden 1994, S. 149-157.

Riebel, P.: Durchführung und Auswertung der Grundrechnung im System des Rechnens mit relativen Einzelkosten und Deckungsbeiträgen, in: Zeitschrift der Buchhaltungsfachleute „Aufwand und Ertrag" (1964), S. 117-120 und S. 142-146, abgedruckt in: Riebel, P.: Einzelkosten- und Deckungsbeitragsrechnung, Grundfragen einer markt- und entscheidungsorientierten Unternehmungsrechnung, 7. Aufl., Wiesbaden 1994, S. 158-175.

Riebel, P.: Die Deckungsbeitragsrechnung als Instrument der Absatzanalyse, in: Hessenmüller, B. / Schnaufer, E. (Hrsg.): Absatzwirtschaft, Handbücher für Führungskräfte II, Baden-Baden 1964, S. 595-627, abgedruckt in: Riebel, P.: Einzelkosten- und Deckungsbeitragsrechnung, Grundfragen einer markt- und entscheidungsorientierten Unternehmungsrechnung, 7. Aufl., Wiesbaden 1994, S. 176-203.

Riebel, P.: Systemimmanente und anwendungsbedingte Gefahren von Differenzkosten- und Deckungsbeitragsrechnungen, in: Betriebswirtschaftliche Forschung und Praxis, (1974) 11, S. 493-529, abgedruckt in: Riebel, P.: Einzelkosten- und Deckungsbeitragsrechnung, Grundfragen einer markt- und entscheidungsorientierten Unternehmungsrechnung, 7. Aufl., Wiesbaden 1994, S. 356-385.

Riebel, P.: Deckungsbudgets als Führungsinstrument, in: Der Betrieb (1981) 13, S. 649-658, abgedruckt in: Riebel, P.: Einzelkosten- und Deckungsbeitragsrechnung, Grundfragen einer markt- und entscheidungsorientierten Unternehmungsrechnung, 7. Aufl., Wiesbaden 1994, S. 475-497.

Riebel, P.: Ansätze und Entwicklung des Rechnens mit relativen Einzelkosten und Deckungsbeiträgen, in: Kostenrechnungspraxis (1984), S. 173-178 und S. 215-220, abgedruckt in: Riebel, P.: Einzelkosten- und Deckungsbeitragsrechnung, Grundfragen einer markt- und entscheidungsorientierten Unternehmungsrechnung, 7. Aufl., Wiesbaden 1994, S. 615-631.

Riebel, P.: Ansätze und Entwicklungen des Rechnens mit relativen Einzelkosten und Deckungsbeiträgen (I), in: Kostenrechnungspraxis (1995) Sonderheft 1, S. 43-48.

Riebel, P.: Ansätze und Entwicklungen des Rechnens mit relativen Einzelkosten und Deckungsbeiträgen (II), in: Kostenrechnungspraxis (1995) Sonderheft 1, S. 49-53.

Riegler, C.: Zielkosten, in: Fischer, T.M. (Hrsg.): Kosten-Controlling: neue Methoden und Inhalte, Stuttgart 2000, S. 239-263.

Roever, M.: Gemeinkosten-Wertanalyse, Erfolgreiche Antwort auf den wachsenden Gemeinkostendruck, in: Zeitschrift Führung und Organisation (1982) 5-6, S. 249-253.

Roever, M.: Gemeinkosten-Wertanalyse, in: Kostenmanagement (1985) 1, S. 19-22.

Rummel, K.: Einheitliche Kostenrechnung, 3. Aufl., Düsseldorf 1967.

Scheer, A.-W. (Hrsg.): 12. Saarbrücker Arbeitstagung Rechnungswesen und EDV, Heidelberg 1991.

Scheer, A.-W. (Hrsg.): Grenzplankostenrechnung, Stand und aktuelle Probleme, 2. Aufl., Wiesbaden 1991.

Schiller, U. / Lengsfeld, S.: Strategische und operative Planung mit der Prozeßkostenrechnung, in: Zeitschrift für Betriebswirtschaft (1998) 5, S. 525-547.

Schmalenbach, E.: Kostenrechnung und Preispolitik, 8. Aufl., Köln-Opladen 1963.

Schneeweiß, C. / Steinbach, J.: Zur Beurteilung der Prozeßkostenrechnung als Planungsinstrument, in: Die Betriebswirtschaft (1996) 4, S. 459-473.

Schönfeld, H.-M.: Kostenrechnung I, 7. Aufl., Stuttgart 1974.

Schuh, G. / Steinfatt, E.: Konstruktionsbegleitende Prozeßkostenrechnung, in: Zeitschrift für wirtschaftliche Fertigung (1993) 7-8, S. 344-346.

Schweitzer, M. / Küpper, H.-U: Systeme der Kosten- und Erlösrechnung, 7. Aufl., München 1998.

Seicht, G.: Moderne Kosten- und Leistungsrechnung, Grundlagen und praktische Gestaltung, 11. Aufl., Wien 2001.

Seidenschwarz, S.: Target Costing, München 1993.

Troßmann, E. / Trost, S.: Was wissen wir über steigende Gemeinkosten? – Empirische Belege zu einem vieldiskutierten betrieblichen Problem, in: Kostenrechnungspraxis (1996) 2, S. 65-72.

Verband für Arbeitsstudien und Betriebsorganisation e.V. (Hrsg.): Methodenlehre des Arbeitsstudiums, : Verband für Arbeitsstudien und Betriebsorganisation e.V., Teil 2, Datenermittlung, München 1978.

Vikas, K.: Weiterentwicklung controllingorientierter Plankostenrechnungssysteme im Industrie- und Dienstleistungsbereich, in: Kostenrechnungspraxis (1988) Sonderheft 1, S. 35-40.

Vormbaum, H.: Kalkulationsarten und Kalkulationsverfahren, 4. Aufl., Stuttgart 1977.

Wäscher, D.: Gemeinkosten-Management im Material- und Logistik-Bereich, in: Zeitschrift für Betriebswirtschaft (1987) 3, S. 297-315.

Weber, J.: Einführung in das Controlling, Teil 1: Konzeptionelle Grundlagen, 3. Aufl., Stuttgart 1991.

Weber, H.K.: Betriebswirtschaftliches Rechnungswesen, Bd. 1: Bilanz- und Erfolgsrechnung, 4. Aufl., München 1993.

Wimmer, K.: Kostenabweichungsanalyse und Kostensenkung, Zur Inkonsistenz zwischen theoretischem Anspruch und praktischer Realisierung, in: Zeitschrift für Betriebswirtschaft (1994) 8, S. 981-998.

Wöhe, G.: Einführung in die Allgemeine Betriebswirtschaftslehre, 19. Aufl., München 1996.

Wöhe, G.: Bilanzierung und Bilanzpolitik, 9. Aufl., München 1997.

Wolfstetter, G.: Bezugsgrößenwahl und Abweichungsanalysen in der teilflexiblen Vollplan-Kostenrechnung, in: Kostenrechnungspraxis (1990) 3, S. 155-159.

Zehbold, C.: Frühzeitige, lebenszyklusbezogene Kostenbeeinflussung und Ergebnisrechnung, in: Kostenrechnungspraxis (1996) 1, S. 46-51.

Zentrum Wertanalyse: Wertanalyse: Idee – Methode – System, 5. Aufl., Düsseldorf 1995.

Zimmermann, G.: Grundzüge der Kostenrechnung, 7. Aufl., München-Wien 1998.

Zimmermann, J.: Die flexible Plankostenrechnung und Deckungsbeitragsrechnung als entscheidungs- und kontrollorientiertes System der Kosten- und Leistungsrechnung, Probleme und Entwicklungsmöglichkeiten, Kitzingen 1990.

Druck und Bindung: Strauss GmbH, Mörlenbach